Springer-Lehrbuch

Norbert Straumann

Quantenmechanik

Ein Grundkurs über
nichtrelativistische Quantentheorie

2., überarbeitete und aktualisierte Auflage

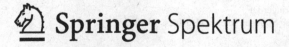

Norbert Straumann
Mathematisch-Naturwissenschaftliche Fakultät
Institut für Theoretische Physik
Universität Zürich
Zürich
Schweiz

ISSN 0937-7433
ISBN 978-3-642-32174-0   ISBN 978-3-642-32175-7 (eBook)
DOI 10.1007/978-3-642-32175-7

Die Deutsche Nationalbibliothek verzeichnet diese Publikation in der Deutschen Nationalbibliografie;
detaillierte bibliografische Daten sind im Internet über http://dnb.d-nb.de abrufbar.

Springer Spektrum
© Springer-Verlag Berlin Heidelberg 2002, 2013

Lektorat: Vera Spillner, Birgit Münch
Einbandentwurf: deblik, Berlin

Gedruckt auf säurefreiem und chlorfrei gebleichtem Papier

Springer Spektrum ist eine Marke von Springer DE.
Springer DE ist Teil der Fachverlagsgruppe Springer Science+Business Media
www.springer-spektrum.de

Man kann die Welt mit dem p-Auge und
man kann sie mit dem q-Auge ansehen,
aber wenn man beide Augen zugleich
aufmachen will, wird man irre.
(Pauli an Heisenberg, aus Brief
vom 19. Oktober 1926)

Markus Fierz gewidmet

Vorwort zur zweiten Auflage

Seit Erscheinen meiner *Quantenmechanik* haben mich verschiedene Stellung-nahmen erreicht, insbesondere auch von Kollegen, die das Buch benutzt haben. Positive Reaktionen erhielt ich zudem von Studierenden, die eine mathematisch etwas strengere Behandlung des Stoffes schätzen. So schrieb mir ein Student, „dass das Lesen Ihrer Bücher mir das Vertrauen in die Physik zurück gegeben hat". Solche Aussagen haben mich natürlich gefreut.

In dieser zweiten Auflage habe ich zahlreiche Versehen korrigiert und an verschiedenen Stellen Verbesserungen und Ergänzungen vorgenommen. Vor allem im historischen Prolog und dem Epilog zu den interessanten Grundlagenfragen bemühte ich mich, die Dinge noch deutlicher herauszustellen. Als gewichtigste Ergänzung sind die Lösungen der nicht immer leichten Übungsaufgaben am Ende des Buches hinzugekommen. Ich hoffe, dass damit Leser, die das Buch im Selbststudium benutzen, ihr Verständnis zusätzlich überprüfen können. Gewisse meiner Skripten, auf die ich in der Erstausgabe hingewiesen habe, sind nun leichter zugänglich geworden. Man findet diese Quellen unter: www.vertigocenter.ch/straumann/norbert

Besonderen Dank für Hinweise auf Versehen schulde ich Ruth Durrer und Günther Rasche. Meiner Frau Maria danke ich herzlich für ihre Mühe, das Buch sorgfältig auf sprachliche Mängel hin durchzusehen.. Auf ihr sicheres Urteil kann ich mich immer verlassen.

Bald nach dem dieses Buch erstmals erschien, wurde vom Springer-Verlag auch meine Vorlesung „Quantenmechanik II" unter dem Titel „*Relativistische Quantentheorie*" veröffentlicht. Diese schließt direkt an das vorliegende Buch an, und gibt vor allem eine Einführung in die Quantenfeldtheorie.

Zürich, im August 2012   *Norbert Straumann*

Vorwort zur ersten Auflage

Dieses Buch enthält den ersten Teil einer zweisemestrigen Vorlesung, welche ich an der Universität Zürich im Laufe der Jahre schon oft gehalten habe. Die Fortsetzung „Quantenmechanik II" sollte in absehbarer Zukunft ebenfalls erscheinen.

Ich habe lange gezögert meine Quantenmechanik-Vorlesungen herauszugeben. Nachdem mich aber Studenten beider Hochschulen in Zürich und Mitarbeiter immer wieder dazu ermunterten, habe ich schließlich den Text nochmals überarbeitet.

Im Unterschied zu heute gab es zu meiner Studienzeit nur ganz wenige Lehrbücher über Quantenmechanik, jedoch ein paar großartige Texte, die eine starke und nachhaltige Wirkung auf mich ausübten. Dazu gehören vor allem Paulis Handbuchartikel über Wellenmechanik (der auch heute noch das meiste in den Schatten stellt), Weyls faszinierende „Gruppentheorie und Quantenmechanik" und von Neumanns „Mathematische Grundlagen der Quantenmechanik". Neben der Lektüre dieser bedeutenden Werke hatte ich das Privileg, Paulis letzte Kursvorlesung über Wellenmechanik mitzuerleben (mitten im Semester ist Pauli leider viel zu früh verstorben). Bei Res Jost hörte ich u. a. seine geschliffene Vorlesung über relativistische Quantentheorie und bei Van der Waerden einen engagierten Kurs über Gruppentheorie und Quantenmechanik.

Ich hoffe, dass etwas vom Geist meiner Lehrer und den erwähnten Klassikern in mein Lehrbuch eingegangen ist. Dazu gehört auch die Verwendung der adäquaten mathematischen Hilfsmittel aus der Funktionalanalysis und der Gruppentheorie. Ich habe persönlich nichts gegen formales Rechnen, sehe aber nicht ein, weshalb wir Physiker die Errungenschaften der Mathematiker – dort wo sie hilfreich sind – nicht dankbar verwenden sollen. Manches wird damit viel einfacher und klarer und hat nichts mit falscher Gelehrsamkeit zu tun.

Ohne die Hilfe von Carlo Albert, Lukas Grenacher und Marcus Strässle wäre mein Manuskript nie zur Druckreife gelangt. Ihnen möchte ich für ihre Unterstützung herzlich danken.

Zürich, im November 2001 *Norbert Straumann*

Inhaltsverzeichnis

1. Einleitung

> „Anyone who is not shocked
> by quantum theory has not
> understood it.“
>
> N. Bohr

Die Quantenmechanik (QM) hat gegenüber der klassischen Mechanik und
den klassischen Feldtheorien (Elektrodynamik, Allgemeine Relativitätstheorie) eine tief greifende Erweiterung unseres physikalischen Denkens gebracht.
Den genannten klassischen Theorien liegt – in einer Formulierung von Einstein – folgende gemeinsame Idealisierung zugrunde: „Es gibt so etwas wie
einen realen Zustand eines physikalischen Systems, was unabhängig von jeder
Beobachtung oder Messung objektiv existiert und mit den Ausdrucksmitteln
der Physik im Prinzip beschrieben werden kann.“ In der QM erweist sich
diese Loslösung des Beobachters als eine Idealisierung, welche für atomare
und subatomare Phänomene nicht mehr möglich ist. Der Beobachter, bzw.
die Wahl der Versuchsanordnung, werden in der QM wesentlich mit in die
theoretische Beschreibung eingeschlossen. In den Worten von W. Pauli [42]

1. Die Unteilbarkeit elementarer Quantenprozesse (Endlichkeit des
Wirkungsquantums) aussext sich in einer Unbestimmtheit der Wechselwirkung von Beobachtungsmittel (Subjekt) mit dem beobachteten System (Objekt), die nicht durch determinierbare Korrekturen
eliminierbar ist. Deshalb definiert erst die Versuchsanordnung den
physikalischen Zustand eines Systems, in dessen Charakterisierung
eine Kenntnis über das System also wesentlich eingeht. Denn jede
Beobachtung ist ein Eingriff von unbestimmbarem Umfang in das
Beobachtungsmittel wie in das beobachtete System und unterbricht
den kausalen Zusammenhang der ihr vorausgehenden mit den ihr
nachfolgenden Erscheinungen. Der Gewinn an Kenntnissen durch eine Beobachtung hat naturnotwendig den Verlust anderer Kenntnisse
zur Folge. Der Beobachter hat jedoch die freie Wahl, zwei einander
ausschließenden Versuchsanordnungen entsprechend, zu bestimmen,

N. Straumann, *Quantenmechanik*, Springer-Lehrbuch
DOI 10.1007/978-3-642-32175-7_1, © Springer-Verlag Berlin Heidelberg 2013

welche einen Kenntnisse gewonnen und welche anderen verloren werden (komplementäre Gegensatzpaare). Deshalb ändert jeder unwiderrufliche Eingriff in die Informationsquellen über ein System durch eine Beobachtung dessen Zustand und schafft im Sinne *Bohrs* ein neues Phänomen, ohne das Ziel der Unterteilung des ursprünglichen Phänomens zu erreichen. Dieses weist somit neue, der klassischen Naturbeschreibung fremde Züge von Unteilbarkeit oder Ganzheit auf.

2. Bei gegebenem Zustand eines Systems (Objektes) lassen sich über die Resultate künftiger Beobachtungen im Allgemeinen nur statistische Voraussagen machen (primäre Wahrscheinlichkeit), während das Resultat der Einzelbeobachtung nicht durch Gesetze bestimmt, also letzte Tatsache ohne Ursache ist. Dies ist notwendig dafür, dass die Quantenmechanik als rationale Verallgemeinerung der klassischen Physik, die Komplementarität als Verallgemeinerung der Kausalität im engeren Sinne aufgefasst werden kann.

Der in diesem Zitat geschilderte Verzicht der QM auf eine eindeutige Objektivierbarkeit der Naturvorgänge hatte zur Folge, dass sogar bedeutende Mitbegründer der QM – vor allem Einstein und Schrödinger – sich mit dieser Theorie nie abfinden konnten, obschon sie die QM als logisch widerspruchsfreie und physikalisch höchst erfolgreiche Theorie anerkennen mussten. Heute gibt es kaum noch (?) ernst zu nehmende Physiker, die zum engeren Wirklichkeitsbegriff der klassischen Physik zurückkehren möchten. Das letzte Wort zur Interpretation der QM ist aber noch nicht gesagt worden. Die Debatte über diese grundsätzlichen Fragen ist in jüngerer Zeit wieder sehr viel intensiver geworden. (Siehe dazu den Epilog am Schluss dieser Vorlesung sowie die dort zitierte Literatur.)

Die nichtrelativistische QM, die wir in dieser Vorlesung kennen lernen werden, ist nach einer komplizierten Vorgeschichte, auf deren Anfänge ich kurz eingehen werde, in den Jahren 1925–26 entstanden. Diese Theorie hat sich seither in mannigfaltigsten Anwendungen auf atomare und subatomare Phänomene vollumfänglich bewährt und kann zum gesicherten Bestand der Physik gezählt werden. In ihr haben wir im Prinzip eine vollständige Theorie der uns umgebenden Materie.

Ungelöste, tief liegende Probleme ergeben sich beim Versuch, die QM mit der Speziellen Relativitätstheorie in widerspruchsfreier Weise zu vereinigen. Darauf werden wir in der Relativistischen Quantentheorie [15] zu sprechen kommen. (Noch völlig ausstehend ist die Verbindung von Quantentheorie und Allgemeiner Relativitätstheorie.)

Die Probleme der QM haben auch befruchtend auf die mathematische Forschung (insbesondere im Bereich der Funktionalanalysis) gewirkt. Dies wiederum hatte zur Folge, dass die QM in einer Form dargestellt werden kann, welche allen Forderungen mathematischer Strenge genügt. Diesem Ideal werden wir in dieser Vorlesung freilich nicht immer nachkommen, um nicht zu viel Zeit mit „unwesentlichen Subtilitäten" zu verbringen.

Voraussetzungen

a) *Physik*:   Gründliches Verständnis der klassischen Mechanik (siehe z. B. [18]); bescheidene Kenntnisse der Elektrodynamik (siehe z. B. [19]).

b) *Mathematik*:   Wesentliche Teile der Vorlesung „Mathematische Methoden der Physik" (siehe z. B. [22]).

Bei Bedarf werde ich die jeweiligen Stellen meines Skriptes [22] zitieren; Ergänzungen über Gruppentheorie und Funktionalanalysis sind auf Anhänge verschoben. Für funktionalanalytische Vertiefungen (mit vollständigen Beweisen) verweise ich gelegentlich auf mein Skript „Mathematische Methoden der Quantenmechanik" (MMQM) [23]. Stattdessen kann der Leser aber auch die Quellen benutzen, die im Literaturverzeichnis unter „Mathematische Hilfsmittel" aufgeführt sind.

2. Prolog: „Wie es anfing"

> „Wer sich mit einer Wissenschaft
> bekannt machen will, darf nicht nur
> nach den reifen Früchten greifen –
> er muss sich darum kümmern, wie
> und wo sie gewachsen sind."
>
> J.C. Poggendorff

Zwischen der Planckschen Entdeckung (1900) des Wirkungsquantums und dem endgültigen Durchbruch zur QM in ihrer abschließenden Form (1925–26) verstrich genau das erste Viertel dieses Jahrhunderts. Dies scheint eine lange Zeit zu sein. Aber auch in der Retrospektive hätte kaum viel Zeit gewonnen werden können, denn die Entdeckung der QM war eine ungeheuer schwierige Aufgabe. Die Quantentheorie war eine „neue Physik" mit neuer Art zu denken. Sie konnte „nicht aus dem hohlen Bauch gezogen werden", wie sich Einstein ausdrückte.

Es wäre außerordentlich verlockend und instruktiv, den Verlauf der Geschichte, die Motive, Irrwege und Hemmungen der beteiligten Forscher nachzuzeichnen. Für den Studenten wäre dies aber ein sehr mühsamer Weg zur QM. Ich werde in dieser Vorlesung deshalb unhistorisch vorgehen. An den Anfang möchte ich aber doch ein paar historische Bemerkungen stellen, die zeigen sollen „wie es anfing". Ich will damit an einem zentralen Beispiel verdeutlichen, wie verschlungen und seltsam es in der Forschung meist zugeht. Da ich kein Historiker bin, ist das Folgende mit einem Korn Salz zu nehmen.

Die Geburtsstunde der Quantenphysik fällt, wie gesagt, ins Jahr 1900. Genauer hat Planck die entscheidende Arbeit in der Sitzung der physikalischen Gesellschaft (Berlin) am 14. Dez. 1900 vorgetragen. [Man vergegenwärtige sich: Einstein war damals 21 Jahre alt (Student an der ETH), Pauli war ein paar Monate alt und Heisenberg wurde ziemlich genau ein Jahr später geboren.]

Wie war es dazu gekommen? Die Geschichte wurde schon oft – aber nicht immer zutreffend – geschildert.[1, 2]

---

[1] Friedrich Hund: *Geschichte der Quantentheorie*, B.I., 1975.

[2] Abraham Pais: *„Raffiniert ist der Herrgott ... "*, Albert Einstein, Eine wissenschaftliche Biographie, Vieweg 1986.

N. Straumann, *Quantenmechanik*, Springer-Lehrbuch
DOI 10.1007/978-3-642-32175-7_2, © Springer-Verlag Berlin Heidelberg 2013

Die Motive, die Planck dazu führten, sich mit Hohlraumstrahlung zu befassen, sind sehr merkwürdig. Diese haben ihre Wurzeln in seiner Auffassung des 2. Hauptsatzes der Thermodynamik, mit welchem er sich seit seiner Dissertation viel beschäftigt hatte. Planck war ein scharfer Gegner der Boltzmannschen statistischen Auffassung der Entropie und damit des 2. Hauptsatzes der Thermodynamik. Nach Boltzmann ist die Entropie[3]

$$S = k \cdot \log W \tag{2.1}$$

wobei W die Zahl der Möglichkeiten ist, durch die ein makroskopischer Zustand verwirklicht werden kann; k ist die Boltzmann Konstante. Einstein nannte (2.1) das Boltzmannsche Prinzip und hat auch die Umkehrung von (2.1) $[W = \exp(S/k)]$ in unerhört fruchtbarer Weise benutzt (siehe unten).

Planck glaubte an eine absolute Irreversibilität und an eine *deterministische* Interpretation der Entropiezunahme. Für ein rein mechanisches System war dies aber unmöglich, wie sein Assistent E. Zermelo (derselbe Zermelo, nach dem das Auswahlaxiom in der Mengenlehre benannt wird) in einer höchst bemerkenswerten Arbeit zeigte. Zermelo bewies nämlich in für heutige Begriffe sehr moderner Manier, dass fast alle Zustände (Punkte des Phasenraumes) beliebig genau wiederkehren[4] ($\rightarrow$ Zermeloscher Wiederkehreinwand). Dies beruht wesentlich darauf, dass die Zeitevolution durch eine Gruppe beschrieben wird und deshalb keine Zeitrichtung ausgezeichnet ist. Planck lehnte deshalb auch die „endlichen" Atome der kinetischen Theorie von Boltzmann ab und stellte sich auf die Seite von Zermelo, der mit jugendlicher Unverschämtheit Boltzmann angriff.[5]

In einer Entgegnung versuchte Boltzmann klar zu machen, dass für seine Auffassung der Entropie der Zermelosche Wiederkehreinwand gegenstandslos war, allerdings ohne Planck zu überzeugen. [Die Frage, wie es möglich ist, dass

---

[3]Die Gl. 2.1 findet man nirgends in Boltzmanns Werk. Er spricht aber von der Proportionalität von S und dem Logarithmus der Wahrscheinlichkeit des Zustandes. Die grundlegende Beziehung (2.1) wurde erstmals von Planck aufgeschrieben. Mit Recht steht aber diese Formel auf Boltzmanns Grab in Wien. Auch die Konstante k hat nicht Boltzmann, sondern Planck eingeführt und zwar in seiner berühmten Arbeit vom 14. Dez. 1900.

[4]Genauer hat Zermelo in heutiger Terminologie folgendes gezeigt: Sei (M, μ, Φ_t) ein differenzierbares dynamisches System [M: differenzierbare Mannigfaltigkeit, μ: (reguläres) Borel-Maß mit $\mu(M) < \infty$, Φ_t: 1-parametrige Transformationsgruppe, welche das Maß μ invariant lässt], dann ist *das Maß der Wiederkehrpunkte gleich* $\mu(M)$. Dabei ist $x \in M$ ein Wiederkehrpunkt, falls für alle $T > 0$

$$x \in \overline{\{\Phi_t(x): \ t > T\}}.$$

[5]Res Jost: *„Boltzmann und Planck: Die Krise des Atomismus um die Jahrhundertwende und ihre Überwindung durch Einstein"*, Einstein Symposium Berlin, Lecture Notes in Physics, Vol. 100 (1979); S. 128. Diesen Aufsatz findet man auch in Res Jost: *„Das Märchen vom Elfenbeinernen Turm"*, *Reden und Aufsätze, Lecture Notes in Physics (1995)*.

eine zeitumkehrinvariante Mechanik trotzdem zu irreversiblem Verhalten von (makroskopischen) mechanischen Systemen führen kann, ist aber auch heute noch nicht in allen Teilen wirklich befriedigend beantwortet.]

Planck hatte nun die merkwürdige Hoffnung, den 2. Hauptsatz als strenge Folge der Elektrodynamik begründen zu können. Es war keineswegs seine Absicht, eine neue Formel für die Hohlraumstrahlung zu finden. [Er glaubte nämlich an die Gültigkeit des Wienschen Gesetzes.] Planck übersah dabei, dass auch die Elektrodynamik keine Zeitrichtung auszeichnet und deshalb waren seine Bemühungen zum vornherein zum Scheitern verurteilt. Seine Fehler wurden ihm von Boltzmann deutlich unter die Nase gerieben, bis er schließlich die Aussichtslosigkeit seines Unterfangens einsah. Alles schien umsonst. Aber dann nahm die Geschichte eine höchst dramatische Wende, und Planck machte eine Entdeckung, welche ein neues Zeitalter der Physik einleiten sollte.

Was war über die schwarze Strahlung vor Plancks Entdeckung bekannt? Bezeichnet $\rho(T, \nu)$ die spektrale Energiedichte der thermodynamischen Gleichgewichtsstrahlung, so wusste man aus der *Elektrodynamik* und der *Thermodynamik*:

(i) $\rho(T, \nu)$ ist unabhängig von den materiellen Eigenschaften der den Hohlraum umgebenden Körper (Kirchhoff).

(ii) Für die Energiedichte $u(T) = \int_0^\infty \rho(T, \nu)\, d\nu$ gilt das Stephan-Boltzmannsche Gesetz:

$$u(T) = a\,T^4 \tag{2.2}$$

a = Stephan-Boltzmann Konstante.

(iii) Es gilt das Wiensche Verschiebungsgesetz:[6] Die Kombination $\rho(T, \nu)/\nu^3$ ist nur eine Funktion von ν/T:

$$\rho(T, \nu)/\nu^3 = F(\nu/T)\,. \tag{2.3}$$

Unbekannt ist also nur die Funktion $F(x)$.

(iv) Planck hatte in einer früheren Arbeit (1899) einen materiellen Oszillator, als einfachstes mechanisches System, im Strahlungshohlraum betrachtet. Bezeichnet $E(T, \nu)$ die mittlere Energie des Oszillators mit der Frequenz ν im Gleichgewicht, so erhielt Planck (auf sehr komplizierte Weise) die Beziehung

$$\rho(T, \nu) = \frac{8\,\pi\nu^2}{c^3} E(T, \nu)\,. \tag{2.4}$$

---

[6]Res Jost: *Quantenmechanik I*, Ausarbeitung durch W. Schneider und E. Zehnder, Verlag des Vereins der Mathematiker und Physiker an der ETH Zürich, 1969; Abschn. *I*.3.

[Dieses Resultat kann man einfach bekommen.[7]] Bei der Herleitung von (2.4) geht die Annahme wesentlich ein, dass das Spektrum der Strahlungsmoden zu lauter *inkohärenten* Oszillatorschwingungen Anlass gibt. Diese Inkohärenzforderung bezeichnet Planck als *„Hypothese der natürlichen Strahlung"*.

An dieser Stelle sei erwähnt, dass 1900 Rayleigh die elektromagnetischen Eigenschwingungen eines Hohlraumes analysierte und ebenfalls die Formel (2.4) erhielt, wobei aber $E(T, \nu)$ jetzt die mittlere Energie eines Feldoszillators der Frequenz ν bezeichnet. [Bei Rayleigh war noch ein Faktor 8 falsch, welcher 1905 durch Jeans richtiggestellt wurde.] Die spektrale Anzahl $N(\nu)$ der Oszillatoren im Hohlraum ist, wie eine einfache Abzählung zeigt, gleich $8\,\pi V \nu^2/c^3$ (V = Volumen). Deshalb gilt $\rho(T, \nu) = (N(\nu)/V)\,E(T, \nu)$, d. h. (2.4).

Nun kommt alles auf die Berechnung von $E(T, \nu)$ an. Für Planck wäre es mehr als natürlich gewesen, für $E(T, \nu)$ den Aequipartitionswert $E(T, \nu) = kT$ der klassischen statistischen Mechanik zu benutzen. Das hat er aber nicht getan, wohl aber Rayleigh (1900) und dieser erhielt so (mit der Korrektur von Jeans 1905) das sog. *Rayleigh-Jeans-Gesetz*:

$$\rho(T, \nu) = \frac{8\,\pi}{c^3}\nu^2 kT \ . \tag{2.5}$$

Dieses Gesetz ist tatsächlich eine unausweichliche Folge der klassischen Physik; es führt aber auf eine Katastrophe

$$u(T) = \int_0^\infty \rho(T, \nu)\, \mathrm{d}\nu = \infty \quad : \text{Ultraviolettkatastrophe}.$$

Planck scheint die Arbeit von Rayleigh nicht gekannt zu haben oder hat ihr keine Bedeutung beigemessen.

Schon 1896 hatte W. Wien ein Gesetz angegeben, welches die damaligen Messungen von Paschen, Rubens und Wien gut wiedergab. In unserer heutigen Terminologie lautet dieses

$$E(T, \nu) = h\nu\, e^{-h\nu/kT} \quad (h : \text{Planck-Konstante}). \tag{2.6}$$

Dazu ist folgendes anzumerken. Nach dem Wienschen Verschiebungsgesetz hat $E(T, \nu)$ die Form $E(T, \nu) = \nu F(\nu/T)$, oder $E(T, \nu) = kTG(\nu/kT)$. Hierin ist G dimensionslos, aber das Argument von G ist dimensionsbehaftet. Im klassischen Fall ergibt sich daraus kein Problem, da $G = 1$ ist. Falls aber G nichttrivial ist, muss eine *neue Naturkonstante* (h) existieren, so dass $h\nu/kT$ dimensionslos wird. Die Plancksche Konstante kündigt sich hier historisch erstmals auf sehr harmlose Weise an.[8]

---

[7]Siehe z. B. A. Sommerfeld, Bd. *V*, S. 139.

[8]In seinem Aufsatz[5] sagt Res Jost dazu: „Wenn in der fünften Mitteilung Planck schließlich im Abschnitt über „Thermodynamische Folgerungen" sein eigentliches

Planck glaubte ursprünglich (1899), Argumente innerhalb der klassischen Physik (!) gefunden zu haben, welche genau zu diesem Gesetz führten. Wir lesen bei ihm:

„Ich glaube hieraus schließen zu müssen, dass (...) das Wiensche Energievertheilungsgesetz eine nothwendige Folge der Anwendung des Princips der Vermehrung der Entropie auf die elektromagnetische Strahlungstheorie ist und dass daher die Grenzen der Gültigkeit dieses Gesetzes, falls solche überhaupt existieren, mit denen des zweiten Hauptsatzes der Wärmetheorie zusammenfallen."

Bei seiner Argumentation hat er die Formel (2.6) wie folgt umgeschrieben: Für einen Oszillator gilt nach dem 2. Hauptsatz für die Entropie

$$\frac{\mathrm{d}S}{\mathrm{d}E} = \frac{1}{T} \ . \tag{2.7}$$

Also mit (2.6)

$$\frac{\mathrm{d}S}{\mathrm{d}E} = -\frac{k}{h\nu} \ln\left(\frac{E}{h\nu}\right) \tag{2.8}$$

und damit

$$\frac{\mathrm{d}^2 S}{\mathrm{d}E^2} = -\frac{k}{h\nu}\frac{1}{E} \ . \tag{2.9}$$

Im Jahre 1900 fanden nun Rubens und Kurlbaum in der Physikalisch-Technischen Reichsanstalt[9] deutliche Abweichungen vom Wienschen Gesetz

---

Gebiet der Meisterschaft betritt, dann lichten sich die Wolken: er erkennt als erster klar, dass das Wiensche Strahlungsgesetz zwei neue *universelle Konstanten* (er nennt sie a und b) enthält, die zusammen mit der Lichtgeschwindigkeit c und der Gravitationskonstanten f natürliche Einheiten der Zeit, der Länge, der Masse und der Temperatur ergeben. Er schließt triumphierend-rätselhaft mit der Periode:

„Diese Größen behalten ihre natürliche Bedeutung so lange bei, als die Gesetze der Gravitation, der Lichtfortpflanzung im Vakuum und die beiden Hauptsätze der Wärmetheorie in Gültigkeit bleiben; sie müssen also, von den verschiedensten Intelligenzen nach den verschiedensten Methoden gemessen, sich immer wieder als die nämlichen ergeben."

Hier ist das Neuland in Sicht, das Planck ein Jahr später, dank seiner Standhaftigkeit betreten sollte."

[9]Entscheidend für die Entdeckung des Planckschen Gesetzes war ein experimenteller Durchbruch im fernen Infrarot. Zwei hervorragende Gruppen arbeiteten unabhängig voneinander an der Physikalisch-Technischen Reichsanstalt – dem wohl am besten ausgerüsteten Physiklaboratorium seiner Zeit – über Strahlung schwarzer Körper. Otto Lummer und Ernst Pringsheim führten Messungen im bisher unerforschten Wellenlängenbereich $\lambda = 12 - 18\,\mu$m (und $T = 300 - 1650$ K) durch. Sie stellten ihre Ergebnisse im Februar 1900 vor und zeigten, dass in diesem Wellenlängenbereich das Wiensche Gesetz versagte. Heinrich Rubens und Ferdinand Kurlbaum drangen noch tiefer ins Infrarot vor ($\lambda = 30 - 60\,\mu$m bei $T = 200 - 1500\,^\circ$C) und kamen zum gleichen Schluss. Ihre Arbeit ist ein Klassiker der Physikgeschichte. (Mehr dazu findet man im Buch von A. Pais[3], S. 371.

bei kleinen Frequenzen (s. Abb. 2.1). Planck, dem diese Ergebnisse mitgeteilt wurden,[10] musste also nach einem anderen Ausdruck für die Entropie des materiellen Oszillators suchen.

In einer ersten Arbeit versuchte er gegenüber (2.9) folgende ad hoc Verallgemeinerung (beachte, dass er immer mit der Entropie operiert):

$$\frac{\mathrm{d}^2 S}{\mathrm{d}E^2} = -\frac{\alpha}{E\,(\beta + E)} \; . \tag{2.10}$$

Dies gibt mit (2.7) (und spezieller Wahl der Integrationskonstante)

$$\frac{1}{T} = \frac{\mathrm{d}S}{\mathrm{d}E} = \frac{\alpha}{\beta} \ln\left(\frac{\beta + E}{E}\right) \tag{2.11}$$

oder

$$E = \frac{\beta}{e^{\beta/\alpha T} - 1} \; . \tag{2.12}$$

Mit (2.4) erhält man daraus

$$\rho(T,\nu) = \frac{8\,\pi}{c^3}\nu^2 \frac{\beta}{e^{\beta/\alpha T} - 1} \; . \tag{2.13}$$

Dies hat nur die Form des Wienschen Verschiebungsgesetzes (2.3), wenn β proportional zu ν ist und α von ν unabhängig ist. Dieses Gesetz (2 Konstanten) gab die neuen Messungen sehr gut wieder. Planck stand nun natürlich vor der Aufgabe, seinen ad hoc Ansatz (2.10) zu begründen. Mit diesem hatte er $(\mathrm{d}^2 S/\mathrm{d}E^2)^{-1}$ zwischen $\propto -E$ und $\propto -E^2$ interpoliert. Beachte, dass man für den klassischen Ausdruck $E = kT$ mit (2.7) $\mathrm{d}S/\mathrm{d}E = k/E$, d. h. $\mathrm{d}^2 S/\mathrm{d}E^2 = -k/E^2$ erhält. Planck interpolierte also in einfacher Weise zwischen dem Wienschen und dem Rayleighschen Gesetz, ohne allerdings das letztgenannte zu beachten.

An dieser Stelle greife ich etwas vor. In der später zu besprechenden Arbeit über die Lichtquantenhypothese von Einstein (1905) beginnt dieser damit, indem er klar auseinandersetzt, dass die klassische Physik notwendig das Rayleigh-Jeans-Gesetz impliziert, welches seinerseits zu einer Ultraviolett-Katastrophe führt. (Einstein hat dies selbständig eingesehen, denn er zitiert

---

[10]Es gibt Dokument, nach denen Rubens und seine Frau die Plancks am 7. Oktober (einem Sonntag) besucht haben. Im Laufe der Konversation an jenem Nachmittag soll Rubens gegenüber Planck bemerkt haben, dass $\rho(\nu, T)$ für kleine ν proportional zu T gefunden wurde. Nachdem die Besucher weggegangen waren, machte sich Planck an die Arbeit und fand am gleichen Abend seine „Interpolationsformel". An demselben Abend teilte er Rubens sein Resultat auf einer Postkarte mit.

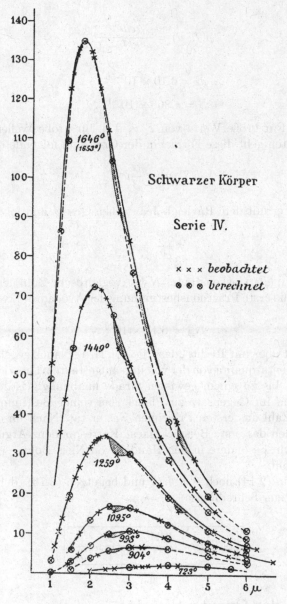

Abb. 2.1. Messungen des Strahlungsspektrums bei verschiedenen Temperaturen von H. Rubens und F. Kurlbaum (Sitzungsb. Preuss. Akad. Wiss., 1900, S. 929), die Planck zu seiner Strahlungsformel führten. Die Daten zeigen merkliche Abweichungen vom Wienschen Gesetz bei langen Wellenlängen und höheren Temperaturen

nur zwei Arbeiten von Planck, sowie drei experimentelle Arbeiten von Lenard und Stark.) Er nimmt sodann die Plancksche Formel (2.13) als richtige empirische Formel zum Ausgangspunkt seiner Untersuchungen und schreibt sie so

$$\rho(T, \nu) = \frac{\alpha \nu^3}{e^{\beta \nu / T} - 1} \,,\tag{2.14}$$

wobei

$$\alpha = 6.10 \times 10^{-56} \,,$$

$$\beta = 4.866 \times 10^{-11} \,.$$

Dann sagt er: Für große Werte von T/ν, d. h. für große Wellenlängen und Strahlungsdichten geht diese Formel in der Grenze in folgende über:

$$\rho(T, \nu) = \frac{\alpha}{\beta} \nu^2 T \,.\tag{2.15}$$

Dies vergleicht er mit dem Rayleigh-Jeansschen Gesetz und folgert

$$k \frac{8 \pi}{c^3} = \frac{\alpha}{\beta} \,.\tag{2.16}$$

Mit $k = R/N_A$ (R: Gaskonstante, N_A: Avogadrosche Zahl) erhält er, wie schon Planck, die erste Präzisionsbestimmung der Avogadro- Loschmidtschen Zahl:

$$N_A = 6.17 \times 10^{23} \,.$$

Einstein betont aber mit Recht, „dass die von Hrn. Planck gegebene Bestimmung der Elementarquanta von der von ihm aufgestellten Theorie der ‚schwarzen Strahlung' bis zu einem gewissen Grade unabhängig ist." Tatsächlich wusste Einstein, im Gegensatz zu Planck, bei seiner Bestimmung der Loschmidtschen Zahl aus ersten Prinzipien was er tat. Nach unserem Wissen ist sein Vorgehen das erste Beispiel eines „Korrespondenz-Arguments", das in der Folge – insbesondere in den Händen von Niels Bohr – eine wichtige Rolle spielen sollte.

Setzen wir in (2.14) noch $\beta =: h/k$ und benutzen (2.16) (d. h. $\alpha = \frac{8 \pi}{c^3} h$), so folgt in heutiger Schreibweise

$$\boxed{\rho(T, \nu) = \frac{8 \pi}{c^3} \nu^2 \frac{h \nu}{e^{h \nu / kT} - 1}} \,.\tag{2.17}$$

2.1 Geburt der Quantentheorie

Planck hatte seine neue Strahlungsformel in der Sitzung vom 19. Okt. (1900) vorgetragen. Bis zum 14. Dez. arbeitete er eine theoretische Erklärung seiner „Interpolationsformel" aus, welche ein neues Kapitel in der Geschichte der Physik eröffnen sollte.

Planck blieb schließlich nichts anderes mehr übrig, als auf die so lange bekämpften Boltzmannschen Ideen zurückzugreifen. Der 2. Abschnitt seines

Abb. 2.2. Zur Herleitung von (2.18)

Vortrages beginnt ganz im Sinne Boltzmanns: „Entropie bedingt Unordnung (...)". Ausgangspunkt war das Boltzmannsche Prinzip (2.1). Zur Bestimmung von W ging Planck folgendermaßen vor. Er betrachtete ein Ensemble von N Oszillatoren einer gegebenen Frequenz. Planck wählt für die mittlere Energie E_N der N Oszillatoren ein ganzzahliges Vielfaches P einer Energie Δ ($E_N = P\Delta$) und fragt nach der Anzahl der Möglichkeiten W, die P gleichen Teile Δ über die N Oszillatoren zu verteilen. Es ist

$$W = \frac{(N + P - 1)!}{(N - 1)! \, P!} \, . \tag{2.18}$$

Begründung: W ist die Anzahl der Möglichkeiten $N - 1$ Striche (welche die Resonatoren voneinander trennen) und P Punkte nebeneinander (siehe Abb. 2.2) anzuordnen. [$W =$ Zahl der Partitionen $(P_1, \ldots, P_N)$ mit $\sum_{i=1}^{N} P_i = P$.] Nun gibt es $(N - 1 + P)!$ Permutationen dieser $N - 1 + P$ Elemente; durch die $(N - 1)!$ Permutationen der Striche und die $P!$ Permutationen der Punkte entsteht aber keine neue Partition.

Da N und P große Zahlen sind, können wir die 1 in Zähler und Nenner vernachlässigen und die Stirlingsche Formel verwenden,

$$\ln N! \simeq N(\ln N - 1) \, .$$

Nach dem Boltzmannschen Prinzip ist die Entropie der N Oszillatoren

$$S_N = k \ln W \simeq k[\ln(N + P)! - \ln N! - \ln P!]$$
$$\simeq k[(N + P)\ln(N + P) - N\ln N - P\ln P] \, .$$

Pro Oszillator gibt dies ($S = S_N/N$, $NE = P\Delta \Longrightarrow \frac{P}{N} = \frac{E}{\Delta}$)

$$S = k\left\{\left(1 + \frac{E}{\Delta}\right)\ln\left(N\left(1 + \frac{E}{\Delta}\right)\right) - \ln N - \frac{E}{\Delta}\ln\left(N\frac{E}{\Delta}\right)\right\}$$
$$= k\left\{\left(1 + \frac{E}{\Delta}\right)\ln\left(1 + \frac{E}{\Delta}\right) - \frac{E}{\Delta}\ln\frac{E}{\Delta}\right\} \, . \tag{2.19}$$

Daraus finden wir

$$\frac{\mathrm{d}^2 S}{\mathrm{d}E^2} = -\frac{k}{E(\Delta + E)} \, . \tag{2.20}$$

Dies stimmt – oh Wunder – mit der Interpolationsformel (2.10) überein, wenn dort $\alpha = k$, $\Delta = \beta$ gesetzt werden. Wie schon im Anschluss an (2.10)

erklärt wurde, erhalten wir nur Übereinstimmung mit dem Wienschen Verschiebungsgesetz, wenn Δ proportional zu ν ist:

$$\boxed{\Delta = h\nu\ .}\tag{2.21}$$

Damit wird aus (2.12) und (2.13)

$$E = \frac{h\nu}{e^{h\nu/kT} - 1}\tag{2.22}$$

und mit (2.4)

$$\rho(T, \nu) = \frac{8\,\pi}{c^3}\nu^2\,\frac{h\nu}{e^{h\nu/kT} - 1}\ .\tag{2.23}$$

Planck unterstreicht, dass h *endlich sein muss*, um Übereinstimmung mit
dem Experiment zu erzielen. Klassisch müsste h gegen 0 gehen, woraus sich
aus (2.23) das Rayleigh-Jeans-Gesetz ergeben würde.

An dieser Herleitung ist folgendes hervorzuheben:

Die Plancksche Abzählung (2.2) weicht von derjenigen ab, die man im Sin-
ne Boltzmanns zu erwarten hätte, wenn man Energiequanten verteilt. Nach
Boltzmann wäre nämlich ein Fall durch die Angabe definiert, in welchem
Kasten das erste Quant, in welchem Kasten das zweite Quant, etc. liegt.
Diese Abzählung würde auf die Wiensche Formel führen. Die Plancksche
Fallzählung entspricht dem, was man heute *Bose-Einstein-Statistik* nennt!
Seine Art zu zählen kann durch keine klassische Vorstellung begründet wer-
den.

Planck bestimmte durch Vergleich von (2.18) mit dem Experiment die
Zahlen h und k und erhielt so nebenbei den damals genauesten Wert der
Loschmidtschen Zahl. [Wie Einstein denselben Wert 1905 fand, habe ich
schon besprochen.]

Die empirische Gültigkeit von Plancks Strahlungsformel wurde rasch ak-
zeptiert, doch ging man auf die theoretische Begründung zunächst nicht ein.
Erst 1905 reagierte Rayleigh und fragte, wie Planck etwas anderes als das
„Rayleigh-Jeans-Gesetz" bekommen konnte. Jeans warf Planck vor, unrich-
tige Statistik zu machen, er müsse doch h gegen Null gehen lassen.

Planck schrieb 1943: . . . „Durch mehrere Jahre hindurch machte ich immer
wieder Versuche, das Wirkungsquant irgendwie in das System der klassischen
Physik einzubauen."

Rückblickend wollen wir Folgendes festhalten:

1) Plancks Durchbruch geschah erst, nachdem experimentell *klassische* Abweichungen im Quantegebiet (wo das Wiensche Gesetz zuständig ist) gefunden wurden.

2) Hätte Planck den Gleichverteilungssatz der klassischen Statistischen Mechanik benutzt, so wäre er möglicherweise nie auf seine Strahlungsformel gekommen. Wie konnte er diesen grundlegenden Satz, der seit etwa 30 Jahren

bekannt war, ignorieren? Dies muss mit seiner negativen Einstellung zur Statistischen Mechanik von Boltzmann zusammenhängen.

3) Hätte Planck im Sinne Boltzmanns gezählt, wäre das Wiensche Gesetz herausgekommen. Seinen statistischen Schritt bezeichnete Planck[11] 1931 als einen „Akt der Verzweiflung ..., dass ich unter allen Umständen, koste es, was es wolle, ein positives Resultat herbeiführen müsste."

Zur Planckschen Herleitung meinte A. Pais[12] treffend:

> „Daher bestand die einzige Rechtfertigung für die beiden Verzweiflungsschritte darin, dass sie ihm das gewünschte Resultat lieferten. Seine Beweisführung war verrückt, doch hatte diese Verrücktheit jene göttliche Qualität, die nur die grössten Persönlichkeiten in Zeiten des Übergangs der Wissenschaft geben können. Dadurch wurde Planck, der von Natur aus konservativ eingestellt war, in die Rolle eines Revolutionärs wider Willen gedrängt. Tief im Denken und den Vorurteilen des 19. Jahrhunderts verwurzelt, vollführte er den ersten gedanklichen Bruch, der die Physik des 20. Jahrhunderts so völlig anders erscheinen lässt als jene der vorhergegangenen Zeit. Obwohl es seit dem Dezember 1900 andere wichtige Neuheiten in der Physik gegeben hat, hat die Welt einen Kopf wie Planck nie mehr hervorgebracht."

Sehr interessant sind auch Einsteins Bemerkungen in seinen autobiographischen Notizen.[13] Zur Planckschen Formel schreibt er u. a.:

> „Planck fand tatsächlich eine Begründung, deren Unvollkommenheiten zunächst verborgen blieben, welch letzterer Umstand ein wahres Glück war für die Entwicklung der Physik."

Dazu zitieren wir noch Einsteins Kritik im Anschluss an den Vortrag von Planck im November 1911, anlässlich des berühmten ersten Solvay Kongresses. Er eröffnet die ausgedehnte interessante Diskussion mit folgenden Worten:

> „An der Art und Weise, wie Herr Planck Boltzmanns Gleichung anwendet, ist für mich befremdend, dass eine Zustandswahrscheinlichkeit W eingeführt wird, ohne dass diese Größe physikalisch definiert wird. Geht man so vor, so hat Boltzmanns Gleichung zunächst gar keinen physikalischen Inhalt. Auch der Umstand, dass W der Anzahl der zu einem Zustand gehörigen Komplexionen gleichgesetzt wird, ändert daran nichts; denn es wird nicht angegeben, was die Aussage,

---

[11] A. Hermann, *Frühgeschichte der Quantentheorie 1899–1913*. S. 32. Mosbach, Baden 1969.

[12] A. Pais[2], S. 376.

[13] A. Einstein: *„Autobiographisches"*, in: Paul Schilpp (Hrsg.), *Albert Einstein als Philosoph und Naturforscher*. Vieweg, Braunschweig 1979.

dass irgend zwei Komplexionen gleich wahrscheinlich seien, bedeuten soll. Wenn es auch gelingt, die Komplexionen so zu definieren, dass die aus der Boltzmannschen Gleichung abgeleitete Entropie der gewöhnlichen Definition entspricht, scheint es mir bei der Art, wie Planck sich dieses Prinzips Boltzmanns bedient, nicht möglich zu sein, über die Zulässigkeit irgend einer Elementartheorie auf Grund der empirisch bekannten thermodynamischen Eigenschaften eines Systems Schlüsse zu ziehen."

Für eine Darstellung der Planck'schen Entdeckung nach hundert Jahren sei schließlich noch auf [14] verwiesen.

2.2 Lichtquanten

Der nächste wichtige Beitrag zur Quantentheorie stammt von Einstein aus seinem unglaublich fruchtbaren Jahr 1905:

> *A. Einstein:* Über einen die Erzeugung und Verwandlung des Lichtes betreffenden heuristischen Gesichtspunkt, Ann. Phys. **17**, 132 (1905). [Für diese Arbeit erhielt Einstein den Nobelpreis.]

Unter der heutigen Physikergeneration ist die Meinung weit und unausrottbar verbreitet, dass sich diese Arbeit von Einstein in 1. Linie mit einer Erklärung des photoelektrischen Effektes befasst hätte. In Wirklichkeit waren damals die Messungen dieses Effektes viel zu ungenau, um darauf die Photonenhypothese zu begründen. Ich will den wesentlichen Inhalt von Einsteins Arbeit kurz besprechen.

Wie schon früher erwähnt, schließt Einstein zunächst, dass für große Wellenlängen und hohe Temperaturen die klassische Begründung gelten muss. Für kleine Werte von T/ν ($\frac{h\nu}{kT} \gg 1$) hingegen versagt die klassische Theorie. In diesem Bereich ist die Wiensche Strahlungsformel zuständig. Diese enthält also „neue Physik". Einstein geht nun daran zu analysieren, was diese Strahlungsformel über das Licht aussagt.

Dazu berechnet er zunächst die Entropie ΔS der Strahlung in einem kleinen Frequenzintervall $(\nu, \nu + \Delta\nu)$. Diese kann man so erhalten (Einstein wiederholt hier eine Überlegung von Wien): Für die mittlere Energie $E(T, \nu)$ des Oszillators gilt im Wienschen Fall die Gl. 2.6:

$$E(T,\nu) = h\nu e^{-h\nu/kT} \tag{2.24}$$

woraus die Gl. 2.8 folgt,

$$\frac{\mathrm{d}S}{\mathrm{d}E} = -\frac{k}{h\nu}\ln\frac{E}{h\nu}\ . \tag{2.25}$$

---

[14]D. Giulini und N. Straumann: „... *ich dachte mir nicht viel dabei ...*", *Planck's ungerader Weg zur Strahlungsformel.* Physikalische Blätter **56**, 37 (2000).

Folglich ist

$$S(E) = -k\frac{E}{h\nu}\left(\ln\frac{E}{h\nu} - 1\right) . \qquad (2.26)$$

Bezeichnet $\sigma(\nu, T)$ die spektrale Entropiedichte der Strahlung, so ist $\Delta S = \sigma V \Delta \nu$ und zwischen σ und der spektralen Energiedichte ρ besteht ebenfalls die thermodynamische Beziehung (2.7),

$$\frac{\partial \sigma}{\partial \rho} = \frac{1}{T} . \qquad (2.27)$$

Zwischen ΔS und $S(E)$ vermittelt deshalb derselbe Faktor $V 8\pi \nu^2 \Delta \nu / c^3$ wie nach der Planck'schen Beziehung (2.4) zwischen der Gesamtenergie $\Delta E = \rho(T, \nu) V \Delta \nu$ im betrachteten Frequenzintervall und $E(T, \nu)$. Es ist also

$$\Delta S = -\frac{k\Delta E}{h\nu}\left(\ln\frac{E}{h\nu} - 1\right) . \qquad (2.28)$$

Benutzen wir hier nochmals (2.4), so folgt

$$\Delta S = -k\frac{\Delta E}{h\nu}\left[\ln\frac{\Delta E}{V\frac{8\pi h\nu^3}{c^3}\Delta\nu} - 1\right] . \qquad (2.29)$$

Wir vergleichen die Entropie ΔS mit der Entropie ΔS_0 für die gleiche Menge an Strahlungsenergie ΔE im gleichen Frequenzintervall, jedoch im Volumen V_0, und finden

$$\Delta S - \Delta S_0 = k\frac{\Delta E}{h\nu}\ln\left(\frac{V}{V_0}\right) = k\ln\left(\frac{V}{V_0}\right)^{\Delta E/h\nu} . \qquad (2.30)$$

Nun verwendet Einstein das Boltzmannsche Prinzip (2.1) und erhält für die relative Wahrscheinlichkeit W der zwei betrachteten Situationen

$$W = \left(\frac{V}{V_0}\right)^{\Delta E/h\nu} . \qquad (2.31)$$

Dieses Resultat vergleicht er mit der entsprechenden Wahrscheinlichkeit für ein ideales Gas (N: Teilchenzahl)

$$W = \left(\frac{V}{V_0}\right)^{N} \qquad (2.32)$$

und der zugehörigen Entropiedifferenz

$$S(V, T) - S(V_0, T) = Nk\ln\frac{V}{V_0} . \qquad (2.33)$$

Geradezu handgreiflich treten in (2.31) (im Vergleich zu (2.32)) die Energiequanten $h\nu$ als Teilchen (Lichtquanten) auf. Einstein beschließt diese Betrachtung mit den berühmten Worten:

„Monochromatische Strahlung von geringer Dichte (innerhalb des Gültigkeitsbereiches der Wienschen Strahlungsformel) verhält sich in wärmetheoretischer Beziehung so, wie wenn sie aus voneinander unabhängigen Energiequanten von der Größe $h\nu$ bestünde."

Diese Einsicht ist eine Frucht der statistischen Mechanik, welche Einstein tief verstand, hatte er diese doch zuvor weitgehend selbständig entwickelt.[15]

Für Einstein liegt es nun nahe, „zu untersuchen, ob auch die Gesetze der Erzeugung und Verwandlung des Lichtes so beschaffen sind, wie wenn das Licht aus derartigen Energiequanten bestünde". Dies führt ihn zur Untersuchung der Stokeschen Regel und des photoelektrischen Effektes.[16]

Man kann die skizzierte Argumentation Einsteins nicht genügend hoch einschätzen. Es ist geradezu unheimlich, wie vorurteilsfrei er die neue Strahlungsformel analysiert und die sich ergebenden Schlüsse ernst nimmt. Es war ein unerhörter Mut erforderlich, um nach den überwältigenden Erfolgen der Wellentheorie des Lichtes den korpuskularen Aspekt überhaupt ernst zu nehmen.

Die Einsteinschen Überlegungen hat lange Zeit niemand ernst genommen. Auch Planck selbst hielt die Einsteinschen Folgerungen für allzu kühn und radikal. Die Lichtquanten sind nur langsam ins Bewusstsein der Quantentheoretiker eingedrungen. Die eigentliche Anerkennung fand das Lichtquant erst 1923, als man es geradezu handgreiflich im Comptoneffekt beobachten konnte. Damit liess sich schließlich auch Niels Bohr, der letzte engagierte Gegner der Quantennatur des Lichtes, überzeugen. Gleichzeitig prophezeite dieser, dass eine noch viel tiefer gehende Revolution bevorstand.

Ich weise noch auf zwei subtile Punkte in Einsteins Arbeit hin. In der oben zitierten Schlüsselstelle werden die Energiequanten als *voneinander unabhängig* angesehen. Nun wissen wir seit 1925 – dank Bose und Einstein – dass das Photonengas der Bose-Statistik gehorcht und deshalb die Energiequanten i.a. nicht unabhängig sind und somit die Analogie mit einem Gas nicht bei allen Frequenzen stimmt. In seiner Ableitung nimmt Einstein ferner stillschweigend an, dass die Zahl der Energiequanten *erhalten* ist. Tatsächlich ist aber die Photonenzahl nicht erhalten. Dazu bemerkt A. Pais in seinem Buch treffend:[17]

---

[15]A. Einstein, Annalen der Physik **II**, 170 (1903). Für Einsteins Beiträge zur statistischen Mechanik siehe auch Kap. 4 in A. Pais[2)] und die *Collected Papers*, Vol. 2.

[16]Zur komplizierten Geschichte des Photoeffektes siehe Abschn. 19e in A. Pais[2)]. Die Experimente dazu waren erst Ende 1915 gut genug um Einsteins Formel ($E_{max} = h\nu - P$) zu bestätigen. Dazu trugen vor allem die jahrelangen Versuche von Millikan bei, der seine schönen Ergebnisse 1916 in einer langen Arbeit zusammenfasste und durch Anpassung an Einsteins Formel für die Plancksche Konstante den Wert $h = 6.57 \times 10^{-27}$ erg s erhielt.

[17]Ref. 2), S. 383.

„Nennen wir es Genie oder nennen wir es Glück -im Wienschen Bereich ergeben zufällig die Abzählung nach Boltzmann und die Abzählung nach Bose dieselbe Antwort, während gleichzeitig die Nichterhaltung der Photonenzahl keine Rolle spielt."

Es muss betont werden, dass Einsteins kühne Lichtquantenhypothese sehr weit von Plancks Auffassungen abwich. Planck fasste weder eine Quantisierung des Strahlungsfeldes, noch des materiellen Oszillators – wie das oft behauptet wird – ins Auge. Was er tatsächlich – wie oben ausgeführt – tat war eine Aufteilung der *gesamten* Energie einer großen Zahl von Oszillatoren in *endliche* Energieelemente der Größe $h\nu$. Er schlug nicht vor, dass die Energie von einzelnen materiellen Oszillatoren physikalisch quantisiert sind. Die Energieelemente $h\nu$ wurden lediglich als formales Hilfsmittel zur Abzählung eingeführt, welche aber am Ende der Rechnung nicht gleich Null gesetzt werden konnten. Ansonsten wäre die Entropie divergiert. Es war Einstein, der Plancks Ergebnis 1906 wie folgt interpretierte:

„Wir müssen daher folgenden Satz als der Planckschen Theorie der Strahlung zugrunde liegend ansehen: Die Energie eines Elementarresonators kann nur Werte annehmen, die ganzzahlige Vielfache von $h\nu$ sind; die Energie eines Resonators ändert sich durch Absorption und Emission sprungweise, und zwar um ein ganzzahliges Vielfaches von $h\nu$."

Einstein ist im Folgenden wiederholt auf das Plancksche Strahlungsgesetz zurückgekommen. Er wurde nicht müde, die physikalische Bedeutung dieses Gesetzes zu analysieren. Hier wollen wir nur noch eine bedeutsame Ergänzung zu den obigen Betrachtungen aus dem Jahre 1909 kurz vor seinem Amtsantritt an der Uni Zürich besprechen.

In diesem Beitrag studiert Einstein nicht nur den Wienschen Grenzfall, sondern leitete aus dem exakten Planckschen Gesetz eine Formel für die Energieschwankungen her.

Um dies zu verstehen, kehren wir das Boltzmannsche Prinzip (2.1) um. Aus ihm ergibt sich die Wahrscheinlichkeit P, mit der ein Zustand mit der Entropie S angetroffen wird zu

$$P = C\, e^{S/k}\,, \qquad\qquad (2.34)$$

worin C ein Normierungsfaktor ist. S und P seien jetzt Funktionen der Energie E, und E möge um einen Gleichgewichtswert $E^{(0)}$ schwanken, z. B. weil E die Energie eines kleinen Untersystems eines größeren Systems mit konstanter Gesamtenergie ist. Für den Gleichgewichtswert $E^{(0)}$ ist P ein Maximum. Wir entwickeln $S(E)$ um $E^{(0)}$ $(\partial S/\partial E(E^{(0)}) = 0)$:

$$S(E) = S(E^{(0)}) + \frac{1}{2}\frac{\partial^2 S}{\partial E^2}(E^{(0)})(E - E^{(0)})^2 + \dots\,. \qquad (2.35)$$

Die zweite Ableitung $\partial^2 S/\partial E^2(E^{(0)})$ ist negativ, da $S(E^{(0)})$ ein Maximum ist. Aus (2.34) und (2.35) erhalten wir für die Energieschwankung $\langle(\Delta E)^2\rangle$:

$$\langle(\Delta E)^2\rangle := \langle(E - E^{(0)})^2\rangle = \frac{\int (E - E^{(0)})^2\, P(E)\mathrm{d}E}{\int P(E)\mathrm{d}E} \qquad (2.36)$$

$$\approx \frac{\int (E - E^{(0)})^2 \exp\left(\frac{1}{2k}\frac{\partial^2 S}{\partial E^2}(E^{(0)})\,(E - E^{(0)})^2\right)\mathrm{d}E}{\int \exp(\ldots)\,\mathrm{d}E} \qquad (2.37)$$

d. h.

$$\boxed{\langle(\Delta E)^2\rangle = -\frac{k}{\partial^2 S/\partial E^2(E^{(0)})}\,.} \qquad (2.38)$$

Diese Formel zeigt die physikalische Bedeutung der von Planck immer wieder benutzten zweiten Ableitung der Entropie. Für das Plancksche Gesetz ist (siehe (2.20) und (2.21)) für einen Oszillator (wir lassen den Index (0) weg):

$$\langle(\Delta E)^2\rangle = E(h\nu + E) = E^2 + h\nu E\,. \qquad (2.39)$$

Für das Rayleigh-Jeans-Gesetz würden wir nur den ersten Term und für das Wiensche Gesetz nur den zweiten Term erhalten.

Setzen wir, in Übereinstimmung mit Einsteins Lichtquantenhypothese, $E = nh\nu$, so wird aus dieser Gleichung

$$\boxed{\langle(\Delta n)^2\rangle = n^2 + n\,.} \qquad (2.40)$$

Im Wienschen Grenzfall erhalten wir $\langle(\Delta n)^2\rangle = n$ und dies ist genau der Ausdruck für die statistischen Schwankungen der Zahl von unabhängigen Teilchen in einem bestimmten Volumen,[18] in Übereinstimmung mit dem Ergebnis von 1905. Dies ist ein Ausdruck für die Teilchenstruktur des Lichtes. Der klassische erste Term in (2.40) drückt hingegen die Wellennatur des

---

[18]Wir betrachten ein Volumen V_0 mit N_0 Teilchen, welche unterscheidbar, statistisch unabhängig und homogen verteilt sind. V sei ein Teilvolumen; $\lambda = V/V_0$ ist die Wahrscheinlichkeit, dass ein bestimmtes Teilchen sich in V befindet. Die Wahrscheinlichkeit W_N, genau N (beliebige) Teilchen in V zu finden ist nach durch die Bernoulli-Verteilung gegeben:

$$W_N = \frac{N_0!}{(N_0 - N)!\,N!}\lambda^N(1 - \lambda)^{N_0 - N}\,.$$

Wir betrachten die erzeugende Funktion

$$\chi(t) := \sum_{N=0}^{N_0} W_N t^N = (1 - \lambda + t\lambda)^{N_0}\,.$$

Es folgt

$$\langle N\rangle = \sum_{N=0}^{N_0} N W_N = \frac{\partial \chi}{\partial t}(t = 1) = N_0\lambda = N_0\frac{V}{V_0}$$

Lichtes aus. Die Schwankungen eines Wellenfeldes rühren von der Interferenz der Lichtwellen mit annähernd gleichen Wellenzahlvektoren (Schwebungen) her. Einstein bestätigte dies durch eine Dimensionsbetrachtung[19] (ohne Thermodynamik und Entropiebegriff), welche später durch H.A. Lorentz in quantitativer Weise ergänzt wurde.

Mit diesen Untersuchungen hat Einstein auf eine merkwürdige *Welle-Teilchen Doppelnatur der Strahlung* aufmerksam gemacht. Ein paar Monate später sagte er dazu in einer berühmten Rede in Salzburg prophetisch:

> „Deshalb ist es meine Meinung, dass die nächste Phase der Entwicklung der Theoretischen Physik uns eine Theorie des Lichtes bringen wird, welche sich als eine Art Verschmelzung von Undulations- und Emissionstheorie des Lichtes auffassen lässt."

Viel später (1923–24) hat de Broglie diese Doppelnatur auf materielle Teilchen ausgedehnt (worin er von Einstein[20] sofort unterstützt wurde). Wir

und

$$\langle N(N-1)\rangle = \langle N^2\rangle - \langle N\rangle = \sum_0^{N_0} N(N-1)W_N = \frac{\partial^2\chi}{\partial t^2}(t=1) = N_0(N_0-1)\lambda^2 \ .$$

Da andererseits

$$\langle (\Delta N)^2\rangle = \langle (N-\langle N\rangle)^2\rangle = \langle N^2\rangle - \langle N\rangle^2 \ ,$$

so folgt

$$\langle (\Delta N)^2\rangle = \langle N(N-1)\rangle + \langle N\rangle - \langle N\rangle^2$$

$$= N_0\lambda(N_0-1)\lambda + \langle N\rangle(1-N_0\lambda) = \langle N\rangle(1-\lambda) = \langle N\rangle\left(1-\frac{V}{V_0}\right) \ .$$

Hält man N_0/V_0 fest und lässt $V_0\to\infty$ gehen, so wird

$$\boxed{\langle (\Delta N)^2\rangle = \langle N\rangle \ .} \tag{2.41}$$

[19]Wir erwarten für die Schwankung der Energie U für die Strahlung mit Frequenzen zwischen ν und $\nu+\Delta\nu$ im Volumen V:

$$\langle (\Delta U)^2\rangle \approx \int_\nu^{\nu+\Delta\nu} \langle (\Delta E)^2\rangle\frac{V8\pi\nu^2}{c^3}\mathrm{d}\nu \approx \langle (\Delta E)^2\rangle\frac{8\pi\nu^2 V\Delta\nu}{c^3} \ .$$

Ferner erwarten wir, dass $\langle (\Delta U)^2\rangle$ nur von der Wellenlänge λ ($= c/\nu$), von $\Delta\lambda$ ($= c\Delta\nu/\nu^2$), von der Energiedichte $\rho(T,\lambda)$ der Strahlung und von V abhängt. Ausserdem wird, wegen der Unabhängigkeit der verschiedenen Komponenten des Strahlungsfeldes, $\langle (\Delta U)^2\rangle$ proportional zu V und zu $\Delta\lambda$ sein. Aus Dimensionsgründen folgt dann

$$\langle (\Delta U)^2\rangle = C\ (\rho(T,\lambda))^2\ \lambda^4 V\Delta\lambda \ , \tag{2.42}$$

worin C ein dimensionsloser Zahlenfaktor ist; die genaue Rechnung von Lorentz gibt $C = 1/8\pi$. Aus (2.42) und (2.4) folgt tatsächlich $\langle (\Delta E)^2\rangle = E^2$.

[20]In seinem Aufsatz „*Einsteins Beitrag zur Quantentheorie*" sagt W. Pauli: „Der Autor erinnert sich, dass während einer Diskussion bei der Physikertagung in Inns-

werden im Folgenden die Wellennatur der Materie zum Ausgangspunkt des systematischen Teils dieser Vorlesung nehmen und an dieser Stelle die historischen Betrachtungen abbrechen. Die weiteren Entwicklungen machten es immer klarer, dass die klassische Physik in mancher Weise versagt und dass eine „neue Mechanik" zu finden war, in welcher das Wirkungsquantum h eine zentrale Rolle spielen musste.

2.3 Aufgaben

Aufgabe 1

Betrachte elektromagnetische Eigenschwingungen in einem kubischen Hohlraum L^3 mit leitenden Wänden. Zeige, dass die spektrale Anzahl $N(\nu)d\nu$ der Oszillatoren, bei Vernachlässigung von Oberflächeneffekten, gegeben ist durch

$$N(\nu) = V\frac{8\pi}{c^3}\nu^2 , \qquad V = L^3 .$$

Aufgabe 2

Unter alleiniger Benutzung der Gln. 2.7, 2.22 und 2.38 leite man die wichtige Formel 2.39 für das Schwankungsquadrat der Energie eines harmonischen Oszillators nochmals direkt her.

---

bruck im Herbst 1924 Einstein die Suche nach Interferenz- und Beugungserscheinungen bei Molekularstrahlen vorschlug".

3. Materiewellen und Schrödingergleichung

Die Wellennatur der Elektronen wurde erst nach der Entdeckung der QM experimentell nachgewiesen. 1927 erhielten *C.J. Davisson* und *L.H. Germer* deutliche Interferenzmaxima bei der Reflexion von Elektronen an Nickelein-kristallen.[1] Im gleichen Jahr konnte *G.P. Thomson* an Interferenzen beim Durchgang von Elektronen durch dünne Metallfolien die Beziehung $\lambda = h/mv$ von de Broglie gut prüfen und bestätigen. Auch bei Atomstrahlen wurden 1929 Andeutungen von Interferenzen gefunden, nämlich von *O. Stern* bei He-Strahlen an Steinsalzkristallen, deutlichere von *I. Estermann* und *O. Stern* mit He- und H_2-Strahlen an LiF-Kristallen.

Heutzutage wird z. B. die Wellennatur von Neutronen in großem Stil bei Strukturuntersuchungen aller Art eingesetzt. *Der Welle-Teilchen-Dualismus ist universell.*

3.1 Experimenteller Nachweis der Materiewellen

Mit den Methoden der Neutronenoptik ist es heute möglich, Beugungsexperimente am Einzel- und Doppelspalt durchzuführen. Man verwendet dabei Neutronen aus einer „kalten Quelle". Der Einzelspalt besteht aus zwei sehr präzise gefertigten Glasbacken, denen Gadoliniumoxyd beigemischt ist, wodurch diese für Neutronen praktisch undurchlässig werden. Für Einzelheiten der Experimente verweise ich auf [44].

In Abb. 3.1 ist die gemessene Neutronenverteilung und Beugung an einem Spalt von 23 µm Breite gezeigt. Die durch einen Monochromator ausgewählten Neutronen hatten ein Wellenlänge von etwa 19 Å (entsprechend einer Temperatur von ca. 25 K und einer Geschwindigkeit von etwa 200 m/s). Die Messpunkte liegen sehr genau auf der Intensitätsverteilung, welche aufgrund der Wellentheorie nach der de Broglie-Beziehung erwartet werden.

---

[1]Für eine Besprechung der Experimente von Davisson und Germer verweise ich auf das Buch [45], in welchem sich auch eine Übersetzung der Arbeit der beiden Autoren befindet. Es ist interessant, dass diese Experimente ursprünglich gar nicht in der Absicht begonnen wurden, die de Broglie-Beziehung zu überprüfen, sondern den sehr praktischen Grund hatten, bessere Kathoden für Vakuumröhren herzustellen. (Siehe dazu [46].)

N. Straumann, *Quantenmechanik*, Springer-Lehrbuch   23
DOI 10.1007/978-3-642-32175-7_3, © Springer-Verlag Berlin Heidelberg 2013

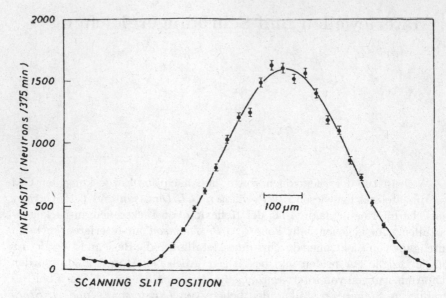

Abb. 3.1. Beugung von Neutronen am Einzelspalt

Interessant ist dabei auch, dass die Neutronenintensität – trotz Hochfluss-reaktor – so niedrig war, dass die Neutronen nur einzeln im Apparat vorhan-den waren. Während also im Experiment ein Neutron gerade gezählt wird, ist der Atomkern, von dem das nächste Neutron stammt, noch nicht gespalten.

Beim Doppelspaltexperiment wurde zwischen die beiden absorbierenden Glasbacken eines Einzelspaltes ein Bordraht montiert, der ebenfalls Neutro-nen stark absorbiert.

In Abb. 3.2 ist das resultierende Interferenzbild gezeigt, welches uns von der Lichtoptik (Fraunhofer-Beugung) vertraut ist (siehe mein ED-Skript [19]).

3.2 Dispersionsgesetz für Materiewellen, kräftefreie Schrödingergleichung

Die Welleneigenschaften eines kräftefreien Teilchens sind erst bestimmt, wenn das Dispersionsgesetz $\omega(\boldsymbol{k})$ (ω: Kreisfrequenz) bekannt ist. Letzteres werden wir aus der Forderung erhalten, dass die Gruppengeschwindigkeit eines Wel-lenpaketes gleich der Teilchengeschwindigkeit sein soll.

3.2.1 Der Satz von der Gruppengeschwindigkeit

Wir betrachten für ein beliebiges Dispersionsgesetz $\omega(\boldsymbol{k})$ ein Wellenpaket

$$\Psi(\boldsymbol{x},\,t) = (2\pi)^{-3/2} \int_{\mathbb{R}^3} A(\boldsymbol{k}) e^{i(\boldsymbol{k}\cdot\boldsymbol{x} - \omega(\boldsymbol{k})t)} \mathrm{d}^3 k\,. \qquad (3.1)$$

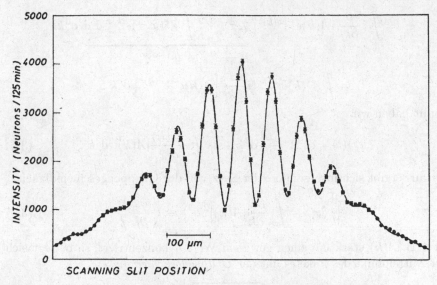

Abb. 3.2. Doppelspaltversuch mit kalten Neutronen

Dabei sei die Amplitude $A(\boldsymbol{k})$ z. B. aus dem Schwartz-Raum $\mathcal{S}(\mathbb{R}^3)$. Die Umkehrformel von (3.1) lautet

$$A(\boldsymbol{k}) = (2\pi)^{-3/2} \int_{\mathbb{R}^3} \Psi(\boldsymbol{x},\, t) e^{-i(\boldsymbol{k}\cdot\boldsymbol{x} - \omega(\boldsymbol{k})t)} \mathrm{d}^3 x \,, \qquad (3.2)$$

und es gilt die Parseval-Gleichung (siehe [22]):

$$\int_{\mathbb{R}^3} |\Psi(\boldsymbol{x},\, t)|^2 \mathrm{d}^3 x = \int_{\mathbb{R}^3} |A(\boldsymbol{k})|^2 \mathrm{d}^3 k \,. \qquad (3.3)$$

Wir definieren den Ortsmittelpunkt des Paketes (3.1) durch

$$\langle\, \boldsymbol{x}\,\rangle(t) := \int_{\mathbb{R}^3} \boldsymbol{x} |\Psi(\boldsymbol{x},\, t)|^2 \mathrm{d}^3 x \,. \qquad (3.4)$$

Dabei sei Ψ normiert (beide Seiten von (3.3) gleich 1). Setzen wir die Fourierzerlegung (3.1) ein, so folgt mit partieller Integration und (3.2):

$$\langle\, x_l \,\rangle = (2\pi)^{-3/2} \int x_l \Psi^*(\boldsymbol{x},\, t) \int A(\boldsymbol{k}) e^{i(\boldsymbol{k}\cdot\boldsymbol{x} - \omega(\boldsymbol{k})t)} \mathrm{d}^3 k \, \mathrm{d}^3 x$$

$$= (2\pi)^{-3/2} \int \Psi^*(\boldsymbol{x},\, t) \int A(\boldsymbol{k}) e^{-i\omega(\boldsymbol{k})t} \frac{1}{i} \frac{\partial}{\partial k_l} \left(e^{i\boldsymbol{k}\cdot\boldsymbol{x}} \right) \mathrm{d}^3 k \, \mathrm{d}^3 x$$

$$= (2\pi)^{-3/2} \int \Psi^*(\boldsymbol{x},\, t) \int i \frac{\partial}{\partial k_l} \left[A(\boldsymbol{k}) e^{-i\omega(\boldsymbol{k})t} \right] e^{i\boldsymbol{k}\cdot\boldsymbol{x}} \mathrm{d}^3 k \, \mathrm{d}^3 x$$

$$= \int i \frac{\partial}{\partial k_l} \left[A(\mathbf{k}) e^{-i\omega(\mathbf{k})t} \right] \underbrace{(2\pi)^{-3/2} \int \Psi^*(\mathbf{x}, t) e^{i\mathbf{k}\cdot\mathbf{x}} \, \mathrm{d}^3 x}_{A^*(\mathbf{k}) e^{i\omega(\mathbf{k})t}} \, \mathrm{d}^3 k$$

$$= \int A^*(\mathbf{k}) e^{i\omega(\mathbf{k})t} i \frac{\partial}{\partial k_l} \left[A(\mathbf{k}) e^{-i\omega(\mathbf{k})t} \right] \mathrm{d}^3 k \ .$$

Somit haben wir

$$\langle\, x_l \,\rangle(t) = \int A^* i \frac{\partial A}{\partial k_l} \mathrm{d}^3 k + t \cdot \int \frac{\partial \omega(\mathbf{k})}{\partial k_l} |A(\mathbf{k})|^2 \mathrm{d}^3 k \ . \tag{3.5}$$

Daraus ergibt sich insbesondere der Satz von der Gruppengeschwindigkeit:

$$\frac{\mathrm{d}}{\mathrm{d}t} \langle\, \mathbf{x} \,\rangle = \int_{\mathbb{R}^3} \frac{\partial \omega}{\partial \mathbf{k}} |A(\mathbf{k})|^2 \, \mathrm{d}^3 k \equiv \left\langle \frac{\partial \omega}{\partial \mathbf{k}} \right\rangle \ . \tag{3.6}$$

Ist z. B. $A(\mathbf{k})$ stark um einen gewissen Wert $\mathbf{k}$ konzentriert, so bewegt sich der Mittelpunkt des Paketes mit der *Gruppengeschwindigkeit*

$$\boxed{ \mathbf{v}_g = \frac{\partial \omega}{\partial \mathbf{k}} } \ . \tag{3.7}$$

Wir setzen nun versuchsweise die Teilchengeschwindigkeit $\mathbf{v}$ gleich der Gruppengeschwindigkeit und benutzen außerdem die experimentell bestätigte de Broglie-Beziehung

$$\mathbf{p} = \hbar\mathbf{k} \qquad (\mathbf{p} = m\mathbf{v}, \ \hbar = h/2\pi) \ . \tag{3.8}$$

Dann muss gelten: $\partial\omega/\partial\mathbf{k} = \hbar\mathbf{k}/m$; das Dispersionsgesetz lautet somit – bis auf eine irrelevante additive Konstante –

$$\boxed{ \omega(\mathbf{k}) = \frac{\hbar}{2m} \mathbf{k}^2 } \ . \tag{3.9}$$

Umgekehrt folgt aus (3.9) $\mathbf{v} = \mathbf{v}_g$.

Bezeichnet $E = \mathbf{p}^2/2m$ die Energie des Teilchens, so gilt nach (3.8) und (3.9): $E = \hbar\omega$. Wir erhalten also die grundlegenden *Einstein-de Broglie-Beziehungen*:

$$\boxed{ E = \hbar\omega, \quad \mathbf{p} = \hbar\mathbf{k} } \ . \tag{3.10}$$

Wir bemerken noch, dass die Phasengeschwindigkeit ω/k gleich $\hbar k/2m = v/2$ ist. Diese hat aber keine direkte physikalische Bedeutung.

3.2.2 Die Schrödingergleichung im kräftefreien Fall

Für das Wellenpaket (3.1) ist aufgrund der Dispersionsbeziehung (3.9)

$$\left(i\frac{\partial}{\partial t} + \frac{\hbar}{2m}\Delta \right) \Psi(\mathbf{x}, t) = \int A(\mathbf{k}) \left[\omega(\mathbf{k}) - \frac{\hbar}{2m}\mathbf{k}^2 \right] e^{i(\mathbf{k}\cdot\mathbf{x} - \omega t)} \, \mathrm{d}^3 k = 0 \ .$$

Für Materiewellen gilt also im kräftefreien (und nichtrelativistischen) Fall die Wellengleichung

$$-\frac{\hbar^2}{2m}\Delta\Psi = i\hbar\frac{\partial\Psi}{\partial t}\ . \tag{3.11}$$

Dies ist die *freie Schrödingergleichung*. Sie sieht ähnlich aus wie die Wärmeleitungsgleichung, mit dem wichtigen Unterschied, dass rechts ein imaginärer Koeffizient steht. Das hat zur Folge, dass keine Zeitrichtung ausgezeichnet ist: Gl. (3.11) bleibt invariant unter der Substitution

$$t \longrightarrow -t, \qquad\qquad \Psi \longrightarrow \Psi^*\ . \tag{3.12}$$

(Die Phase von Ψ ist, wie wir später sehen werden, nicht messbar.)

3.2.3 Das Anfangswertproblem der kräftefreien Schrödingergleichung

Die allgemeinste Lösung von (3.11) können wir in der Form (3.1) darstellen. Die Fourieramplitude $A(\boldsymbol{k})$ ergibt sich z. B. aus den Anfangsbedingungen $\Psi(\cdot,0)$. Wir wollen hier die Distributionslösung betrachten mit der Anfangsbedingung

$$\Psi(\cdot,\,0) = \delta^3\ .$$

Wenden wir auf die Gl. (3.11) die partielle Fouriertransformation in $\boldsymbol{x}$ an, so kommt

$$\frac{\hbar^2}{2m}\boldsymbol{k}^2\hat{\Psi}(\boldsymbol{k},\,t) = i\hbar\frac{\partial\hat{\Psi}}{\partial t}(\boldsymbol{k},\,t)\ .$$

Die Lösung dieser Gl. ist offensichtlich

$$\hat{\Psi}(\boldsymbol{k},\,t) = \hat{\Psi}(\boldsymbol{k},\,0)e^{-i\frac{\hbar}{2m}\boldsymbol{k}^2 t}\ .$$

Daraus erhalten wir $\Psi(\boldsymbol{x},t)$ durch Anwendung der inversen Fouriertransformation $\mathcal{F}_{\boldsymbol{k}}^{-1}$:

$$\Psi(\boldsymbol{x},\,t) = \mathcal{F}_{\boldsymbol{k}}^{-1}\left[\hat{\Psi}(\boldsymbol{k},\,0)e^{-i\frac{\hbar}{2m}\boldsymbol{k}^2 t}\right](\boldsymbol{x})$$

$$= \underbrace{\Psi(\boldsymbol{x},\,0)}_{\delta^3(\boldsymbol{x})} *\mathcal{F}_{\boldsymbol{k}}^{-1}\left[e^{-i\frac{\hbar}{2m}\boldsymbol{k}^2 t}\right](\boldsymbol{x})$$

$$= \mathcal{F}_{\boldsymbol{k}}^{-1}\left[e^{-i\frac{\hbar}{2m}\boldsymbol{k}^2 t}\right](\boldsymbol{x})\ .$$

Die letzte Fouriertransformation lässt sich im Raum $\mathcal{S}'$ leicht ausführen. Für $t = 0$ erhalten wir wie gewünscht $\delta^3(\boldsymbol{x})$ und für $t > 0$ werden wir auf das folgende Fresnel-Integral geführt:

$$\Psi(\boldsymbol{x},\,t) = (2\pi)^{-3}\int e^{i\left[\boldsymbol{k}\cdot\boldsymbol{x} - \frac{\hbar\boldsymbol{k}^2}{2m}t\right]}\,\mathrm{d}^3 k\ . \tag{3.13}$$

(Streng genommen wäre hier noch eine Überlegung notwendig, die in Wladimirow [25], S. 123, Beispiel 6c) durchgeführt wird.) Zur Berechnung von (3.13) machen wir im Exponenten eine quadratische Ergänzung,

$$k \cdot x - \frac{\hbar k^2}{2m}t = - \left(\hbar k - \frac{m}{t}x \right)^2 \frac{t}{2m\hbar} + \frac{m}{2t\hbar}x^2 \, ,$$

und erhalten nach der Substitution $k \longrightarrow q = \hbar k - \frac{m}{t}x$

$$\Psi(x, t) = \frac{1}{(2\pi\hbar)^3} \exp\left(\frac{im}{2t\hbar}x^2 \right) \int_{\mathbb{R}^3} e^{-\frac{it}{2m\hbar}q^2} \, \mathrm{d}^3 q \, .$$

Unter Benutzung des Fresnel-Integrals (siehe [22])

$$\int_{-\infty}^{\infty} e^{-iu^2} \, \mathrm{d}u = \sqrt{\pi}e^{-i\pi/4} = \frac{\sqrt{\pi}}{\sqrt{i}}$$

erhält man schließlich

$$\boxed{\Psi(x, t) = \frac{1}{(2\pi\hbar i)^{3/2}} \left(\frac{m}{t} \right)^{3/2} e^{\frac{i}{\hbar}\frac{m}{2t}x^2} \, .} \tag{3.14}$$

Man kann an dieser Stelle auch durch direkte Rechnung verifizieren, dass das Resultat (3.14) richtig ist (siehe Aufgabe 1).

Ersetzen wir rechts in (3.14) x durch $x - x'$, so erhalten wir die Distributionslösung

$$K(x - x', t) = \frac{1}{(2\pi\hbar i)^{3/2}} \left(\frac{m}{t} \right)^{3/2} \exp\left[\frac{i}{\hbar}\frac{m}{2t}|x - x'|^2 \right] \tag{3.15}$$

der kräftefreien Schrödingergleichung mit der Anfangsbedingung $K(x - x', t) \xrightarrow{t \to 0} \delta^3(x - x')$. Damit können wir das Anfangswertproblem der Schrödingergleichung (3.11) lösen:[2] Sei $\Psi(x, 0) = \varphi(x)$, so ist

$$\Psi(x, t) = \int_{\mathbb{R}^3} K(x - x', t)\, \varphi(x')\, \mathrm{d}^3 x \, . \tag{3.16}$$

Ist $\varphi \in \mathcal{S}(\mathbb{R}^3)$, so folgt aus dieser Gleichung und (3.15)

$$|\Psi(x, t)| \leq \frac{C}{(1 + |t|)^{3/2}} \, , \tag{3.17}$$

wo C nur von φ, aber nicht von x und t abhängt. Diese Ungleichung zeigt das *Zerfließen der kräftefreien Wellenpakete*. Sie spielt in der Streutheorie eine gewisse Rolle.

---

[2]Vergleiche dies mit der Lösung des Anfangswertproblems für die Wärmeleitungsgleichung in [22], § V.3.

Verhalten eines kräftefreien Wellenpaketes für große Zeiten

(nach [26], Bd. 2, Theorem IX. 31)

Es sei $\varphi \in \mathcal{S}(\mathbb{R}^n)$ und Ψ_t die Lösung von $i\partial_t\Psi = -\Delta\Psi$ mit der Anfangsbedingung $\Psi = \varphi$ für $t = 0$. Ferner sei

$$\chi_t(x) = (2it)^{-n/2}\, e^{ix^2/4t}\hat{\varphi}\left(x/2t\right) \tag{3.18}$$

($\hat{\varphi}$ =Fouriertransformierte von φ). Dann gilt

$$\|\Psi_t - \chi_t\|_{L^2} \longrightarrow 0 \text{ für } t \longrightarrow \infty. \tag{3.19}$$

Beweis: Nach dem oben gezeigten ist ($\hbar = 1$, $2m = 1$)

$$\Psi_t(x) = \frac{1}{(4\pi it)^{n/2}} \int e^{i|x-y|^2/4t}\varphi(y)\mathrm{d}y.$$

Damit haben wir

$$\Psi_t - \chi_t = \frac{1}{(4\pi it)^{n/2}} e^{ix^2/4t} \int \left(e^{iy^2/4t} - 1\right) e^{-ix\cdot y/2t}\varphi(y)\mathrm{d}y$$

$$= \frac{1}{(2it)^{n/2}} e^{ix^2/4t}\hat{G}_t\left(x/2t\right),$$

wo

$$G_t(y) = \left(e^{iy^2/4t} - 1\right)\varphi(y).$$

Also gilt

$$\|\Psi_t - \chi_t\|_{L^2} = \frac{1}{(2it)^{n/2}}\|\hat{G}_t\left(\cdot/2t\right)\| = \|\hat{G}_t\left(\cdot\right)\| = \|G_t\|.$$

Jetzt benutzen wir

$$\left|\left(e^{iy^2/4t} - 1\right)\right| = \left|\int_0^{y^2/4t} \frac{\mathrm{d}}{\mathrm{d}x}\left(e^{ix}\right)\mathrm{d}x\right| \le y^2/4t,$$

und finden damit

$$\|G_t\| \le \frac{1}{4t}\|y^2\varphi(y)\|_{L^2} \longrightarrow 0 \text{ für } t \longrightarrow \infty.$$

Interpretation: Führen wir die Masse wieder ein, so verhält sich also die kräftefreie Lösung Ψ_t mit Anfangsbedingung φ so, dass für große Zeiten

$$|\Psi_t(x)|^2 \simeq \left(\frac{m}{t}\right)^n \left|\hat{\varphi}\left(m\frac{x}{t}\right)\right|^2. \tag{3.20}$$

Da $|\hat{\varphi}(p)|^2$ die anfängliche W-Verteilung im Impulsraum ist (siehe Kap. 4), ist also die Wahrscheinlichkeit, das Teilchen zur Zeit t an der Stelle x zu finden, proportional zur Wahrscheinlichkeit für den anfänglichen Impuls $m(x/t)$. Für große Zeiten verhält sich also ein freies Teilchen in der Wellenmechanik wie ein klassisches freies Teilchen, welches zur Zeit $t = 0$ bei $x = 0$ mit der Impulsdichte $|\hat{\varphi}(p)|^2$ startet.

3.3 Schrödingergleichung für ein Teilchen in äußeren Feldern

Im Folgenden wollen wir die Wellengleichung für ein Teilchen in äußeren Feldern durch eine Betrachtung erraten, die auch für Schrödinger leitend war. Die „Richtigkeit" der erhaltenen Gleichung kann natürlich nur durch Konfrontation mit dem Experiment sichergestellt werden.

Wir beschreiben ein Teilchen vorderhand durch eine skalare Wellenfunktion $\Psi(x, t)$. Dies muss später für Teilchen mit Spin verallgemeinert werden (W. Pauli). Um das experimentell gesicherte Superpositionsprinzip zu erfüllen, suchen wir nach einer *linearen* Wellengleichung, die wir symbolisch wie folgt ansetzen

$$W\left(\boldsymbol{x}, \frac{1}{i}\boldsymbol{\nabla}, t, i\frac{\partial}{\partial t}\right)\Psi(\boldsymbol{x}, t) = 0 , \tag{3.21}$$

wobei W ein Polynom in den Differentialoperatoren $\boldsymbol{\nabla}$, ∂_t sei. Im kräftefreien Fall ist (s. (3.11))

$$W_{\text{frei}} = \left(\frac{\hbar}{i}\boldsymbol{\nabla}\right)^2 - i\hbar\frac{\partial}{\partial t} . \tag{3.22}$$

Für langsam veränderliche elektromagnetische Felder ist das Teilchenbild der klassischen Mechanik eine sehr gute Beschreibung. [Diese Situation hat man z. B. bei einem Teilchenbeschleuniger; dessen Funktionieren basiert ausschließlich auf klassischen Rechnungen.] So wie man die Strahlenoptik als Grenzfall der Wellenoptik für kurze Wellenlängen erhalten kann (siehe ein Elektrodynamik-Buch), sollte es möglich sein, die klassische Mechanik aus dem Wellenbild und der Wellengleichung (3.21) als Näherung zu bekommen. Die Analyse dieses Übergangs zum Teilchenbild, in welchem wir die Bewegungsgleichungen kennen (Hamiltonsche Gleichungen), wird uns umgekehrt Hinweise auf die gesuchte Wellengleichung liefern. Natürlich führt rückwärts kein eindeutiger Weg von der Mechanik zur Wellentheorie.

Für langsam veränderliche elektromagnetische Felder setzen wir als Lösung von (3.21) eine ‚fast ebene Welle' an:

$$\Psi(\boldsymbol{x}, t) = e^{i\tilde{S}(\boldsymbol{x}, t)} . \tag{3.23}$$

„Fast eben" bedeutet, dass die Funktionen

$$\boldsymbol{k} := \boldsymbol{\nabla}\tilde{S}, \qquad\qquad \omega := -\frac{\partial\tilde{S}}{\partial t} \tag{3.24}$$

zwar nicht mehr konstant sind wie bei einer ebenen Welle, aber doch nur *schwach veränderlich*. Wir nennen das Vektorfeld $\boldsymbol{k}(\boldsymbol{x}, t)$ den Wellenzahlvektor und die Funktion $\omega(\boldsymbol{x}, t)$ die (Kreis-) Frequenz.

Nun setzen wir (3.23) in (3.21) ein und vernachlässigen –aufgrund der gemachten Annahmen– die 2. Ableitungen von $\tilde{S}$ nach $\boldsymbol{x}$ und t. Dann erhalten wir näherungsweise

$$W(\boldsymbol{x}, \boldsymbol{\nabla}\tilde{S}, t, -\partial_t\tilde{S}) = W(\boldsymbol{x}, \boldsymbol{k}, t, \omega) = 0 \; . \tag{3.25}$$

Nun sei $\boldsymbol{x}(t)$ der Mittelpunkt einer Wellengruppe mit fast einheitlichem $\boldsymbol{k}$. Dann gilt nach (3.6)

$$\dot{\boldsymbol{x}} = \frac{\partial\omega}{\partial\boldsymbol{k}} \; . \tag{3.26}$$

Dabei soll, man ω gemäß (3.25) als Funktion von $(\boldsymbol{x}, \boldsymbol{k}, t)$ auffassen:

$$\omega = \tilde{H}(\boldsymbol{x}, \boldsymbol{k}, t) \; . \tag{3.27}$$

Für $\tilde{S}$ gilt dann nach (3.24) und (3.27)

$$\boxed{\tilde{H}(\boldsymbol{x}, \boldsymbol{\nabla}\tilde{S}, t) + \partial_t\tilde{S} = 0 \; ,} \tag{3.28}$$

d. h. $\tilde{S}$ erfüllt die Hamilton-Jacobi-(HJ)-Gleichung zur „Hamiltonfunktion" $\tilde{H}$. Ferner lautet (3.26)

$$\boxed{\dot{\boldsymbol{x}} = \frac{\partial\tilde{H}}{\partial\boldsymbol{k}}(\boldsymbol{x}, \boldsymbol{\nabla}\tilde{S}, t) \; .} \tag{3.29}$$

Durch diese Gleichung wird die Bahn $\boldsymbol{x}(t)$ –bei gegebenem $\tilde{S}$– festgelegt (1. kanonische Gleichung). Aus den beiden letzten Gleichungen folgt aber für $\boldsymbol{k}(t) := \boldsymbol{\nabla}\tilde{S}(\boldsymbol{x}(t), t)$ auch die 2. kanonische Gleichung

$$\boxed{\dot{\boldsymbol{k}} = -\frac{\partial\tilde{H}}{\partial\boldsymbol{x}} \; .} \tag{3.30}$$

Dies sieht man so: Zunächst gilt mit der Kettenregel

$$\dot{\boldsymbol{k}} = \frac{\mathrm{d}}{\mathrm{d}t}\frac{\partial\tilde{S}}{\partial\boldsymbol{x}} = \frac{\partial^2\tilde{S}}{\partial\boldsymbol{x}\partial x_j}\dot{x}_j + \frac{\partial^2\tilde{S}}{\partial\boldsymbol{x}\partial t} \; . \tag{3.31}$$

Sodann folgt aus der HJ-Gleichung 3.28 durch Ableiten

$$\frac{\partial^2\tilde{S}}{\partial t\partial\boldsymbol{x}} + \frac{\partial\tilde{H}}{\partial\boldsymbol{x}} + \frac{\partial\tilde{H}}{\partial k_j}\frac{\partial^2\tilde{S}}{\partial x_j\partial\boldsymbol{x}} = 0 \; .$$

Setzt man dies in (3.31) ein und benutzt die 1. kanonische Gleichung (3.29), so folgt in der Tat (3.30).

Dies sieht genauso aus wie in der Hamiltonschen Mechanik: Die kanonischen Gln. 3.29 und 3.30 (oder äquivalent die HJ-Gleichung 3.28 zusammen mit (3.29) beschreiben die Wellenausbreitung in langsam veränderlichen Feldern. [Es ist hilfreich, die entsprechenden Überlegungen in der Optik nochmals nachzuschauen.] Um den Anschluss an das bekannte Teilchenbild korrekt zu bekommen, verlangen wir, dass die kanonischen Gleichungen

$$\dot{\boldsymbol{x}} = \frac{\partial H}{\partial \boldsymbol{p}}, \qquad \dot{\boldsymbol{p}} = -\frac{\partial H}{\partial \boldsymbol{x}} \tag{3.32}$$

für

$$H = \frac{1}{2m} \left(\boldsymbol{p} - \frac{e}{c} \boldsymbol{A} \right)^2 + e\varphi \tag{3.33}$$

(siehe Mechanik-Vorlesung) dieselben Bahnen $\boldsymbol{x}(t)$ geben. Dies ist der Fall, wenn $H = \alpha \tilde{H}$, $\boldsymbol{p} = \alpha \boldsymbol{k}$, mit einem zunächst willkürlichen Zahlenfaktor α. Wir wählen α wie im kräftefreien Fall gleich $\hbar$. Dann ist

$$\hbar \tilde{H}(\boldsymbol{x}, \boldsymbol{k}, t) = \frac{1}{2m} \left(\hbar \boldsymbol{k} - \frac{e}{c} \boldsymbol{A} \right)^2 + e\varphi \ . \tag{3.34}$$

Rückwärts ist aus dem durch (3.25) und (3.27) definierten $\tilde{H}$ der Operator W in (3.21) natürlich nicht eindeutig bestimmt. Wir versuchen es aber mit der einfachsten Möglichkeit:

$$W(\boldsymbol{x}, \boldsymbol{k}, t, \omega) = \tilde{H}(\boldsymbol{x}, \boldsymbol{k}, t) - \omega \ . \tag{3.35}$$

Dann lautet mit (3.34) die Wellengleichung (3.21)

$$\boxed{ i\hbar \partial_t \Psi = \frac{1}{2m} \left(\frac{\hbar}{i} \boldsymbol{\nabla} - \frac{e}{c} \boldsymbol{A} \right)^2 \Psi + e\varphi \Psi \ . } \tag{3.36}$$

Darin ist $\left(\frac{\hbar}{i} \boldsymbol{\nabla} - \frac{e}{c} \boldsymbol{A} \right)^2 \Psi$ so auszumultiplizieren, dass $\boldsymbol{\nabla}$ auch auf $\boldsymbol{A}$ angewandt wird. Dies kann aus der obigen „Ableitung" nicht zwingend gefolgert werden, da die Ableitungen von $\boldsymbol{A}$, neben denen von $\tilde{S}$, für schwach veränderliche Felder zu vernachlässigen sind.

Die Gl. 3.36 ist die *Schrödingergleichung*. In dieser zeitabhängigen Form findet man sie erstmals in der vierten Mitteilung von Schrödingers unglaublicher Serie von Arbeiten aus dem Jahre 1926 in Zürich. Ich empfehle jedem, einmal in diesen Originalarbeiten zu lesen. Schon am 16. April schrieb Einstein auf den Seitenrand eines Briefes an Schrödinger: „Der Gedanke Ihrer Arbeit zeugt von ächter Genialität!"

Die folgende Form der Gl. (3.36) ist verallgemeinerungsfähig:

$$\boxed{ H\left(\boldsymbol{x}, \frac{\hbar}{i} \boldsymbol{\nabla}, t \right) \Psi(\boldsymbol{x}, t) = i\hbar \partial_t \Psi(\boldsymbol{x}, t) \ . } \tag{3.37}$$

Darin ist $H\left(\boldsymbol{x}, \frac{\hbar}{i} \boldsymbol{\nabla}, t \right)$ der *Hamiltonoperator* der Wellentheorie. Er ergibt sich aus der klassischen Hamiltonfunktion durch die Substitution

$$\boxed{ \boldsymbol{p} \longrightarrow \frac{\hbar}{i} \boldsymbol{\nabla} \ . } \tag{3.38}$$

In dieser Korrespondenzvorschrift ist die rechte Seite der Impulsoperator $\boldsymbol{p}^{op}$.

Diese Operatoren können wir als dicht definierte Transformationen im Hilbertraum $L^2(\mathbb{R}^3)$ auffassen. [Weshalb gerade dieser Raum zu wählen ist, wird sich aus der Interpretation der Ψ-Funktion in Kap. II ergeben.] Auf einem geeignet gewählten Definitionsbereich, z. B. auf $\mathcal{S}(\mathbb{R}^3)$, ist $\boldsymbol{p}^{op}$ wesentlich selbstadjungiert. Dasselbe gilt für H, wenn über $\boldsymbol{A}$ und φ gewisse Annahmen getroffen werden. Wir werden die mit unbeschränkten Operatoren verbundenen mathematischen Probleme vorerst meistens ignorieren, da für uns zunächst die Physik im Vordergrund steht. (Ich verweise in diesem Zusammenhang aber nochmals auf das Skript [23], speziell auf das Kap. V.)

Die Frage nach der physikalischen Interpretation der Ψ-Funktion stellen wir zurück (Kap. 4) und lösen als Nächstes die Schrödingergleichung für den harmonischen Oszillator und das Wasserstoffatom.

3.4 Der harmonische Oszillator

Die klassische Hamiltonfunktion eines linearen ($f = 1$) harmonischen Oszillators lautet

$$H = \frac{1}{2m}p^2 + \frac{1}{2}m\omega^2 q^2 \; . \tag{3.39}$$

Mit dem Übersetzungsschlüssel (3.38) [eindimensional: $p \longrightarrow \frac{\hbar}{i}\frac{\partial}{\partial x}$] erhalten wir die zugehörige Schrödingergleichung ($q \equiv x$):

$$-\frac{\hbar^2}{2m}\frac{\partial^2 \psi}{\partial x^2} + \frac{1}{2}m\omega^2 x^2 \psi = i\hbar\frac{\partial \psi}{\partial t} \; . \tag{3.40}$$

Die Koeffizienten dieser partiellen Differentialgleichung sind zeitunabhängig. Deshalb suchen wir nach stationären Lösungen der Form

$$\psi(x, t) = u(x)\, e^{-\frac{i}{\hbar}Et} \; . \tag{3.41}$$

E interpretieren wir als die Energie der Welle $\psi(x, t)$. Aus (3.40) erhalten wir für $u(x)$ die gewöhnliche Differentialgleichung:

$$-\frac{\hbar^2}{2m}\frac{d^2 u}{dx^2} + \frac{1}{2}m\omega^2 x^2 u = Eu \; . \tag{3.42}$$

Es ist zweckmäßig, folgende dimensionslose Größen ε, ξ einzuführen:

$$E =: \hbar\omega\varepsilon \; , \quad \xi := \sqrt{\frac{m\omega}{\hbar}}x \; . \tag{3.43}$$

Dann gilt für $u(\xi)$

$$-u'' + \xi^2 u = 2\varepsilon u \; . \tag{3.44}$$

Um eine Vorstellung zu erhalten, wie sich $u(\xi)$ für $\xi \to \infty$ verhält, vernachlässigen wir für große ξ den Term $2\varepsilon u$ gegenüber $\xi^2 u$. Die Gleichung

$$-u''_\infty + \xi^2 u_\infty = 0$$

hat die Lösungen $u_\infty(\xi) = e^{\pm\frac{1}{2}\xi^2}$. Wir erwarten, dass sich die Lösungen von (3.44) $u_\infty(\xi)$ anschmiegen. Aus physikalischen Gründen verlangen wir, dass die Wellenfunktion beschränkt bleibt (Schrödingersche Randbedingung). In diesem Fall erwarten wir das asymptotische Verhalten $u(\xi) \sim e^{-\frac{1}{2}\xi^2}$. Deshalb setzen wir

$$u(\xi) = e^{-\frac{1}{2}\xi^2} w(\xi) \ . \tag{3.45}$$

Gleichung 3.44 gibt für $w(\xi)$ die Gleichung

$$\frac{d^2 w}{d\xi^2} - 2\xi \frac{dw}{d\xi} + (2\varepsilon - 1) w = 0 \ . \tag{3.46}$$

Für $w(\xi)$ setzen wir eine Potenzreihe an ($\xi = 0$ ist ein regulärer Punkt der Gl. 3.46):

$$w(\xi) = \sum_{k=0}^{\infty} a_k \xi^k \tag{3.47}$$

und erhalten aus (3.46) die Rekursion

$$(k+2)(k+1) a_{k+2} - 2k a_k + (2\varepsilon - 1) a_k = 0 \ , \tag{3.48}$$

also

$$a_{k+2} = \frac{2k - (2\varepsilon - 1)}{(k+2)(k+1)} a_k \ , \quad k \in \mathbb{N}_0 \ . \tag{3.49}$$

Falls die Folge der Koeffizienten a_k nicht abbricht, erhält man asymptotisch (für große k)

$$a_{k+2} \sim \frac{2}{k} a_k \ .$$

Die Reihe (3.47) konvergiert also für alle ξ, und für große ξ erhält man $w(\xi) \sim e^{\xi^2}$, somit $u \sim e^{\xi^2/2}$. Deshalb muss die Reihe für physikalische Lösungen abbrechen,[3] d.h. $w(\xi)$ ist ein *Polynom*. Nach (3.49) bricht nur für die diskreten ε-Werte

$$\boxed{\varepsilon = n + \frac{1}{2} \ , \quad n \in \mathbb{N}_0} \tag{3.50}$$

entweder die Folge der Koeffizienten mit geradem oder mit ungeradem Index ab. Setzt man die Koeffizienten der jeweils anderen Folge gleich Null, so ergibt sich für $w(\xi)$ ein Polynom n-ten Grades für $\varepsilon = n + \frac{1}{2}$. Die zugehörige Eigenfunktion u ist demnach von der Form

$$u_n(\xi) = e^{-\frac{1}{2}\xi^2} \times \text{Polynom n-ten Grades.}$$

Bezeichnen wir das Polynom mit H_n, so gilt dafür die Differentialgleichung (siehe (3.46) und (3.50))

$$H_n'' - 2\xi H_n' + 2n H_n = 0 \ . \tag{3.51}$$

---

[3]Eine strenge Diskussion wird im Anhang zu Kap. 3 geführt.

Für $n = 0$ haben wir

$$u_\circ(\xi) = C_\circ e^{-\frac{1}{2}\xi^2} . \tag{3.52}$$

Mit einem einfachen algebraischen Verfahren bestimmen wir nun die H_n und u_n. Dazu betrachten wir den linearen Teilraum von $L^2(\mathbb{R})$:

$$\mathcal{D} = \left\{ e^{-\frac{1}{2}\xi^2} p(\xi) \mid p = \text{Polynom in } \xi \right\} . \tag{3.53}$$

Wir wissen, dass u_n ein Element von $\mathcal{D}$ ist. $\mathcal{D}$ ist invariant unter den Operatoren ξ und $d/d\xi$ und damit auch unter den Operatoren

$$D_\pm = \xi \mp \frac{\mathrm{d}}{\mathrm{d}\xi} . \tag{3.54}$$

Für $\mathcal{C}^2$-Funktionen f gilt

$$D_+ D_- f = -\frac{\mathrm{d}^2 f}{\mathrm{d}\xi^2} + \xi^2 f - f ,$$

$$D_- D_+ f = -\frac{\mathrm{d}^2 f}{\mathrm{d}\xi^2} + \xi^2 f + f ,$$

also

$$D_- D_+ = D_+ D_- + 2 . \tag{3.55}$$

Die Differentialgleichung 3.44 lässt sich so schreiben

$$D_+ D_- u = (2\varepsilon - 1) u . \tag{3.56}$$

Speziell gilt

$$D_+ D_- u_n = 2n u_n , \tag{3.57}$$

d. h. u_n ist ein Eigenvektor des Operators $D_+ D_-$ zum Eigenwert $2n$. Wir zeigen nun: $D_+ u_n$ verschwindet nicht und ist ein Eigenvektor von $D_+ D_-$ zum Eigenwert $2(n+1)$. Dies beruht auf

$$D_+ D_- (D_+ u_n) = D_+ (D_+ D_- + 2) u_n = 2(n+1) D_+ u_n ,$$

wobei wir noch sicherstellen müssen, dass $D_+ u_n \neq 0$ ist. Dazu (und für weitere Zwecke) führen wir in $\mathcal{D}$ das folgende Skalarprodukt ein:

$$(u, v) = \int_{\mathbb{R}} u^*(\xi) v(\xi) \, \mathrm{d}\xi . \tag{3.58}$$

Damit wird $\mathcal{D}$ zu einem Prähilbertraum, welcher in $L^2(\mathbb{R})$ dicht ist.

Durch partielle Integration folgt, dass D_+ und D_- zueinander adjungiert sind:

$$(u, D_+ v) = (D_- u, v) \quad \text{für } u, v \in \mathcal{D} . \tag{3.59}$$

Nun betrachten wir die Norm von $D_+ u_n$:

$$(D_+ u_n, D_+ u_n) = (u_n, D_- D_+ u_n) = (u_n, (D_+ D_- + 2) u_n) \qquad (3.60)$$
$$= 2(n+1)(u_n, u_n) \ .$$

Da diese nicht verschwindet, folgt die obige Behauptung.

Ausgehend von u_o haben wir damit für jedes n eine Eigenfunktion gefunden. Wir wollen diese noch passend normieren. Wählen wir den Grundzustand

$$u_o = \pi^{-\frac{1}{4}} e^{-\frac{1}{2}\xi^2} \qquad (3.61)$$

so ist $\|u_o\| = 1$, und nach (3.60) ist

$$u_n(\xi) = \pi^{-\frac{1}{4}} 2^{-\frac{n}{2}} \frac{1}{\sqrt{n!}} D_+^n \left(e^{-\frac{1}{2}\xi^2} \right) \qquad (3.62)$$

eine normierte (reelle) Lösung von (3.57), $u_n^* = u_n$, $\|u_n\| = 1$. Wir werden weiter unten sehen, dass die $\{u_n\}$ ein vollständiges orthonormiertes System von $L^2(\mathbb{R})$ bilden, was zeigt, dass wir keine Lösungen verloren haben. Insbesondere folgt daraus, dass die Eigenräume von $D_+ D_-$ eindimensional sind.

Aus (3.62) erhalten wir auch explizite Formeln für die Polynome H_n. Da

$$e^{-\frac{1}{2}\xi^2} D_+ e^{+\frac{1}{2}\xi^2} f = -\frac{\mathrm{d}f}{\mathrm{d}\xi}$$

für eine $\mathcal{C}^1$-Funktion f, ist

$$D_+ = e^{\frac{1}{2}\xi^2} \left(-\frac{\mathrm{d}}{\mathrm{d}\xi} \right) e^{-\frac{1}{2}\xi^2} \ .$$

Benutzen wir dies in (3.62), so finden wir

$$\boxed{ u_n(\xi) = \pi^{-\frac{1}{4}} 2^{-\frac{n}{2}} \frac{1}{\sqrt{n!}} e^{-\frac{1}{2}\xi^2} H_n(\xi) } \qquad (3.63)$$

mit den *Hermite-Polynomen*

$$\boxed{ H_n(\xi) = e^{\xi^2} \left(-\frac{\mathrm{d}}{\mathrm{d}\xi} \right)^n e^{-\xi^2} \ . } \qquad (3.64)$$

Diese wichtigen Polynome wollen wir noch etwas untersuchen. Mit dem Satz von Cauchy folgt

$$H_n(x) = e^{x^2} (-1)^n \frac{n!}{2\pi i} \oint_C \frac{e^{-\xi^2}}{(\xi - x)^{n+1}} \mathrm{d}\xi \ ,$$

wobei die geschlossene Kurve C den Punkt $x \in \mathbb{C}$ einmal umläuft.

Die *erzeugende Funktion* Φ der Hermite-Polynome ist definiert durch

$$\Phi(x, t) := \sum_{n=0}^{\infty} \frac{t^n}{n!} H_n(x) , \qquad (3.65)$$

und ist gleich

$$\Phi(x, t) = \frac{1}{2\pi i} \oint_C e^{x^2} e^{-\xi^2} \frac{1}{\xi - x} \sum_{n=0}^{\infty} \left(\frac{-t}{\xi - x} \right)^n d\xi ,$$

$$= \frac{1}{2\pi i} \oint_C e^{x^2} e^{-\xi^2} \frac{1}{\xi - (x-t)} d\xi = e^{x^2} e^{-(x-t)^2} ,$$

d. h.

$$\boxed{\Phi(x, t) = e^{-t^2 + 2tx}} . \qquad (3.66)$$

Die Eigenfunktionen (3.63) sind orthonormiert

$$(u_m, u_n) = \delta_{mn} . \qquad (3.67)$$

Für $m = n$ ist diese Gleichung nach Konstruktion richtig. Für $n \neq m$ ist diese eine Folge der Differentialgleichung für u_n: Aus

$$u_m \left(-u_n'' + \xi^2 u_n \right) = 2 \left(n + \frac{1}{2} \right) u_m u_n ,$$

$$\left(-u_m'' + \xi^2 u_m \right) u_n = 2 \left(m + \frac{1}{2} \right) u_m u_n$$

folgt

$$\frac{d}{d\xi} \left(u_m' u_n - u_m u_n' \right) = 2 \left(n - m \right) u_m u_n .$$

Da für $f \in \mathcal{D}$

$$\int_{\mathbb{R}} \frac{df}{d\xi} d\xi = 0 .$$

ist somit $2 (n - m) (u_m, u_n) = 0$.

Nun zeigen wir, dass die u_n ein vollständiges System in $L^2(\mathbb{R})$ bilden.

Satz 3.4.1. *Sei* $f \in L^2(\mathbb{R})$ *und* $(u_n, f) = 0$ *für* $n \in \mathbb{N}_\circ$. *Dann ist* $f = 0$.

Beweis. Für $z \in \mathbb{C}$ bilden wir

$$F(z) = \frac{1}{\sqrt{2\pi}} \int_{\mathbb{R}} \exp\left(-izx - \frac{x^2}{2} \right) \bar{f}(x) \, dx . \qquad (3.68)$$

Dies ist für alle z definiert und die Funktion $F(z)$ ist in der ganzen z-Ebene analytisch. Für die Ableitungen gilt

$$F^{(n)}(z) = \frac{1}{\sqrt{2\pi}} (-i)^n \int_{\mathbb{R}} x^n \exp\left(-izx - \frac{x^2}{2} \right) \bar{f}(x) \, dx . \qquad (3.69)$$

Nach Voraussetzung ist

$$F^{(n)}(0) = \frac{1}{\sqrt{2\pi}}(-i)^n \int_{\mathbb{R}} x^n e^{-\frac{x^2}{2}} \bar{f}(x) \, \mathrm{d}x = 0 \qquad (3.70)$$

für alle $n \in \mathbb{N}_\circ$. Die $\{u_n\}$ werden nämlich durch den Gram-Schmidt-Prozess aus den $\left\{x^n e^{-x^2/2}\right\}$ gewonnen, denn dieser ist eindeutig (bis auf Phasenfaktoren) und die H_n sind vom Grade n. Deshalb ist $F \equiv 0$. Für reelle z gibt das

$$0 = F(s+i0) = \frac{1}{\sqrt{2\pi}} \int_{\mathbb{R}} e^{-isx} e^{-\frac{x^2}{2}} \bar{f}(x) \, \mathrm{d}x \ .$$

Dies impliziert $\exp\left(-x^2/2\right) f(x) = 0$, fast überall. Also ist $f = 0$ fast überall.

Korollar 3.4.1. *Jedes $u \in L^2(\mathbb{R})$ kann nach den u_n entwickelt werden*

$$u = \sum_{n=0}^{\infty} c_n u_n \ , \quad c_n = (u_n, u) \ .$$

Ist auch

$$v = \sum_{n=0}^{\infty} \mathrm{d}_n u_n \ , \quad \mathrm{d}_n = (u_n, v) \ , \quad v \in L^2(\mathbb{R}) \ ,$$

so gilt die Parseval Gleichung

$$(u, v) = \sum_{n=0}^{\infty} c_n^* d_n$$

(siehe [22] oder ein Analysis-Buch).

Wir notieren noch, dass der Hamiltonoperator des harmonischen Oszillators wie folgt geschrieben werden kann

$$\boxed{H = \frac{1}{2}\hbar\omega\left(D_+ D_- + 1\right) \ .} \qquad (3.71)$$

Das Spektrum von H ist rein diskret; die Energieeigenwerte sind

$$\boxed{E = \hbar\omega\left(n + \frac{1}{2}\right) \ , \quad n \in \mathbb{N}_\circ \ .} \qquad (3.72)$$

Die allgemeinste Lösung der zeitabhängigen Schrödingergleichung lässt sich wie folgt darstellen

$$\psi(x, t) = \sum_n c_n u_n e^{-i(E_n/\hbar)t} \ .$$

Mit (3.72) sind wir wieder bei Planck (bis auf die „Nullpunktsenergie" $\hbar\omega/2$) angelangt und können den Anschluss an die Betrachtungen im

Prolog herstellen. Die mittlere Energie des Oszillators im Gleichgewicht ist ($\omega = 2\pi\nu$):

$$E\left(T,\,\nu\right) = \frac{\sum_{n=0}^{\infty} E_n e^{-\frac{E_n}{kT}}}{\sum_{n=0}^{\infty} e^{-\frac{E_n}{kT}}} \tag{3.73}$$

$$= \frac{1}{2}h\nu + \frac{\sum_n h\nu n e^{-\frac{nh\nu}{kT}}}{\sum_n e^{-\frac{nh\nu}{kT}}}$$

$$= \frac{1}{2}h\nu - \frac{\partial}{\partial\beta}\log Z\,;\ \ Z := \sum_{n=0}^{\infty} e^{-\frac{nh\nu}{kT}}\,,\ \ \beta = \frac{1}{kT}\,.$$

Aber

$$Z = \frac{1}{1 - e^{-\beta h\nu}}\,.$$

Daraus folgt

$$E\left(T,\,\nu\right) = \frac{h\nu}{e^{h\nu/kT} - 1} + \frac{1}{2}h\nu\,. \tag{3.74}$$

Da die Anzahl der Hohlraum Oszillatoren $= \frac{8\pi\nu^2}{c^3}V$ ist (siehe Übung 2.3), erhalten wir für die spektrale Energiedichte

$$\rho\left(T,\,\nu\right) = \frac{8\pi\nu^2}{c^3}\left[\frac{h\nu}{e^{h\nu/kT} - 1} + \frac{1}{2}h\nu\right]\,. \tag{3.75}$$

Der zweite Term – die sogenannte Nullpunktsenergie – liefert einen unendlichen Beitrag zur Energiedichte $u\left(T\right)$. Diese lässt man einfach weg, da nur Energieunterschiede beobachtbar sind. Formal kann man dies wie folgt erreichen: Da in der QM die Operatoren x und p nicht vertauschen, ist der Übergang von der Hamiltonfunktion zum Hamiltonoperator *nicht eindeutig*. Eine andere Wahl der Faktoren gibt

$$H' = \frac{\hbar\omega}{2}D_+D_- = H - \frac{\hbar\omega}{2}\,. \tag{3.76}$$

Die Rolle der Nullpunktsenergie beim Casimir-Effekt wird in [15]) besprechen.[4]

Die Betrachtungen am Schluss dieses Abschnittes spielen auch in der Debye-Theorie des festen Körpers eine wichtige Rolle.

Bemerkung: Studiere an dieser Stelle den Anhang zu Kap. 3, Abschn. 3.7.4, über orthogonale Polynome.

---

[4]Siehe in diesem Zusammenhang auch [47].

3.5 Das Wasserstoffatom

Wir werden im folgenden sehen, dass die Schrödingergleichung das Balmer-spektrum des H-Atoms richtig wiedergibt. Neben dem diskreten Spektrum, welches sich bei $E = 0$ häuft, werden wir (im Unterschied zum harmonischen Oszillator) auch ein kontinuierliches Spektrum ($E \geq 0$) finden.

Wir betrachten ein Elektron, welches sich in einem Coulombfeld

$$V\left(r\right) = -\frac{Ze^2}{r} \tag{3.77}$$

bewegt. (Wie in der klassischen Mechanik kann man die Bewegung des Kernes berücksichtigen, indem man die Elektronenmasse durch die reduzierte Masse ersetzt; siehe Kap. 4.) Die stationäre Schrödingergleichung $H\psi = E\psi$ lautet

$$\left[-\frac{\hbar^2}{2m}\Delta - \frac{Ze^2}{r}\right]\psi\left(\boldsymbol{x}\right) = E\psi\left(\boldsymbol{x}\right) \ . \tag{3.78}$$

Es ist zweckmäßig, atomare Einheiten einzuführen:

$$\text{Längeneinheit: } a = \frac{\hbar^2}{Ze^2m} = \frac{1}{Z} \cdot \text{Bohr-Radius} \ , \tag{3.79}$$

$$\text{Energieeinheit: } \frac{Z^2e^4m}{2\hbar^2} = \frac{Ze^2}{2a} = Z^2 \cdot \text{Rydberg-Energie} \ . \tag{3.80}$$

Mit der Substitution

$$\boldsymbol{x} = a\boldsymbol{r} \ , \quad E = \frac{Z^2e^4m}{2\hbar^2}\varepsilon \tag{3.81}$$

lautet die Schrödingergleichung

$$\left(\Delta + \frac{2}{r} + \varepsilon\right)\psi\left(\boldsymbol{r}\right) = 0 \quad \left(r = |\boldsymbol{r}|\right) \ . \tag{3.82}$$

Nun führen wir Kugelkoordinaten ein,

$$\boldsymbol{r} = \left(r\sin\vartheta\cos\varphi, \, r\sin\vartheta\sin\varphi, \, r\cos\varphi\right)$$

$$\left(0 \leq \vartheta \leq \pi, \, 0 \leq \varphi \leq 2\pi\right) \ .$$

In diesen lautet der Laplace-Operator (siehe Abschn. 3.7.1 des Anhangs zu Kap. 3)

$$\Delta = \frac{\partial^2}{\partial r^2} + \frac{2}{r}\frac{\partial}{\partial r} + \frac{1}{r^2}\Lambda \ , \tag{3.83}$$

wobei

$$\Lambda = \frac{1}{\sin\vartheta}\frac{\partial}{\partial\vartheta}\sin\vartheta\frac{\partial}{\partial\vartheta} + \frac{1}{\sin^2\vartheta}\frac{\partial^2}{\partial\varphi^2}$$

der Laplace-Operator der 2-Sphäre S^2 ist. Mit dem Separationsansatz

$$\psi\left(r, \vartheta, \varphi\right) = \chi\left(r\right)Y\left(\vartheta, \varphi\right) \ , \tag{3.84}$$

erhält man aus (3.82)

$$\Lambda Y = -\lambda Y \tag{3.85}$$

und

$$\frac{d^2\chi}{dr^2} + \frac{2}{r}\frac{d\chi}{dr} - \frac{\lambda}{r^2}\chi + \frac{2}{r}\chi + \varepsilon\chi = 0 \,. \tag{3.86}$$

Im Anhang zu Kap. 3 (siehe Abschn. 3.7.1) werden wir zeigen, dass die Gl. 3.85 nur eindeutige und beschränkte Lösungen besitzt, wenn

$$\lambda = l\,(l+1) \,, \quad l = 0, 1, 2, \ldots \,. \tag{3.87}$$

Die zugehörigen Eigenfunktionen sind die Kugelfunktionen $Y_{lm}(\vartheta, \varphi)$, $-l \leq m \leq l$ ($m \in \mathbb{Z}$). Diese bilden ein vollständiges orthonormiertes System in $L^2(S^2, d\Omega)$ (mit dem natürlichen Maß $d\Omega$ auf S^2). Explizite Formeln für Y_{lm} werden ebenfalls im Anhang abgeleitet.

Nun wenden wir uns der Gl. 3.86 zu. Dies ist eine gewöhnliche Differentialgleichung mit analytischen Koeffizienten, die bei $r = 0$ Singularitäten besitzen. Es ist deshalb naheliegend, den folgenden Ansatz zu versuchen:

$$\chi(r) = r^s \sum_{k=0}^{\infty} a_k r^k \,, \quad a_\circ \neq 0 \,. \tag{3.88}$$

In (3.86) eingesetzt ergibt

$$[s\,(s+1) - l\,(l+1)]\,a_\circ r^{s-2} + \{[(s+1)\,(s+2) - l\,(l+1)]\,a_1 + 2a_\circ\}\,r^{s-1}$$

$$+ r^s \sum_{k=0}^{\infty} \{[(k+s+2)\,(k+s+3) - l\,(l+1)]\,a_{k+2} + 2a_{k+1} + \varepsilon a_k\}\,r^k = 0 \,.$$

$$\tag{3.89}$$

In (3.89) muss jeder der Summanden verschwinden:

$$[s\,(s+1) - l\,(l+1)]\,a_\circ = 0 \,,$$
$$[(s+1)\,(s+2) - l\,(l+1)]\,a_1 + 2a_\circ = 0 \,,$$
$$[(k+s+2)\,(k+s+3) - l\,(l+1)]\,a_{k+2} + 2a_{k+1} + \varepsilon a_k = 0 \,. \tag{3.90}$$

Da $a_\circ \neq 0$, liefert die erste dieser Gleichungen

$$s = l \,, \quad \text{oder } s = -l - 1 \,. \tag{3.91}$$

Mit den beiden anderen Gleichungen lassen sich die a_k rekursiv berechnen. Wir werden aber von den Gln. 3.90 keinen weiteren Gebrauch machen, da wir auch das Verhalten von χ im Unendlichen berücksichtigen wollen.

Nur für die Lösung mit $s = l$ erhalten wir ein beschränktes (d.h. physikalisch akzeptierbares) $\chi(r)$. Diesen Fall wollen wir weiter untersuchen. Zunächst interessieren wir uns für das Verhalten bei $r \longrightarrow \infty$. Heuristisch können wir dieses wie folgt bekommen. Wir machen in den Koeffizienten der Differentialgleichung (3.86) den Übergang $r \longrightarrow \infty$ und erhalten

$$\frac{d^2 \chi_\infty}{dr^2} + \varepsilon \chi_\infty = 0 \,, \qquad (3.92)$$

mit der allgemeinen Lösung

$$\chi_\infty (r; \varepsilon) = a_1 (\varepsilon) e^{\sqrt{-\varepsilon}r} + a_2 (\varepsilon) e^{-\sqrt{-\varepsilon}r} \,. \qquad (3.93)$$

Nun treffen wir eine Fallunterscheidung:

$$(a) \; \Re\sqrt{-\varepsilon} > 0 \,, \quad (b) \; \varepsilon \geq 0 \,. \qquad (3.94)$$

(Damit werden alle komplexen ε erfasst.) Zunächst betrachten wir den Fall (a). Für diesen wächst der erste Term in (3.93) unbeschränkt an. Dies ist physikalisch nicht zulässig. Deshalb muss $a_1 (\varepsilon) = 0$ sein. Für eine Lösung der Form (3.88) (mit $s = l$), welche durch (3.90) bestimmt ist, führt dies zu einer Einschränkung der Werte von ε („Quantisierung"). Diese wollen wir nun bestimmen. Dazu führen wir in (3.86) die folgende Substitution aus

$$\rho = 2\sqrt{-\varepsilon}r \,, \quad n = \frac{1}{\sqrt{-\varepsilon}} \qquad (3.95)$$

und erhalten

$$\chi'' + \frac{2}{\rho}\chi' + \left(\frac{n}{\rho} - \frac{1}{4} - \frac{l(l+1)}{\rho^2} \right) \chi = 0 \qquad (3.96)$$

($'$ = Ableitung nach ρ).

Aufgrund der obigen heuristischen Betrachtung über das asymptotische Verhalten von χ liegt der folgende Ansatz nahe:

$$\chi (\rho) = e^{-\frac{1}{2}\rho}\rho^l w (\rho) \,, \qquad (3.97)$$

womit das Verhalten für $\rho \longrightarrow 0$ richtig ist für $w (0) \neq 0$. Mit einer sturen Rechnung findet man

$$\rho w'' + (2l + 2 - \rho) w' + (n - l - 1) w = 0 \,. \qquad (3.98)$$

Diese Gleichung ist vom Typ

$$\rho w'' + (\gamma - \rho) w' - \alpha w = 0 \,, \qquad (3.99)$$

mit $\gamma = 2l + 2$, $\alpha = l + 1 - n$. Die Gl. 3.99 ist die sog. *konfluente hypergeometrische Differentialgleichung*. Diese werden wir im Anhang zu Kap. 3 (Abschn. 3.7.3) ausführlich diskutieren.

Für $w(\rho)$ machen wir einen Potenzreihen-Ansatz

$$w(\rho) = \sum_{k=0}^{\infty} a_k \rho^k \qquad (3.100)$$

und erhalten aus (3.99)

$$\sum_{k=0}^{\infty} \{(k+1)(k+\gamma) a_{k+1} - (k+\alpha) a_k\} \rho^k = 0 \,.$$

Daraus folgt die Rekursionsformel

$$a_{k+1} = \frac{k+\alpha}{(k+1)(k+\gamma)} a_k \,, \qquad (3.101)$$

womit

$$a_k = \frac{\alpha(\alpha+1)(\alpha+2)\dots(\alpha+k-1)}{\gamma(\gamma+1)(\gamma+2)\dots(\gamma+k-1)} \frac{1}{k!} a_\circ \,. \qquad (3.102)$$

Die Reihe

$$F(\alpha,\gamma;\rho) = \sum_{k=0}^{\infty} \frac{\alpha(\alpha+1)(\alpha+2)\dots(\alpha+k-1)}{\gamma(\gamma+1)(\gamma+2)\dots(\gamma+k-1)} \frac{1}{k!} \rho^k \qquad (3.103)$$

heißt *konfluente hypergeometrische Reihe*. Sie ist für alle $\gamma \neq 0, -1, -2, -3, \dots$ definiert und stellt eine ganze analytische Funktion dar. Für $\alpha = 0, -1, -2, \dots$ bricht die Reihe ab und wir erhalten ein Polynom in ρ.

Aus (3.97), (3.100) und (3.103) erhalten wir

$$\chi(\rho) = a_\circ e^{-\frac{1}{2}\rho} \rho^l F(l+1-n, 2l+2; \rho) \quad (a_\circ \neq 0 \text{ beliebig}) \,. \qquad (3.104)$$

Etwas heuristisch können wir nun wie folgt argumentieren. Für große k folgt aus (3.101)

$$a_{k+1} \sim \frac{1}{k+1} a_k \,,$$

d. h. $w(\rho) \sim e^\rho$. Damit $\chi(\rho)$ beschränkt bleibt, muss also die Reihe abbrechen. Streng kann man dies wie folgt sehen. Im Anhang zu Kap. 3 werden wir für $F(\alpha, \gamma; z)$ die folgende asymptotische Formel ableiten:

$$F(\alpha, \gamma; z) = \frac{\Gamma(\gamma)}{\Gamma(\gamma-\alpha)} (-z)^\alpha \left\{ 1 + \mathcal{O}\left(\frac{1}{|z|}\right) \right\}$$
$$+ \frac{\Gamma(\gamma)}{\Gamma(\alpha)} e^z z^{\alpha-\gamma} \left\{ 1 + \mathcal{O}\left(\frac{1}{|z|}\right) \right\} \,. \qquad (3.105)$$

Die Γ-Funktion ist meromorph und hat einfache Pole für $z = 0, -1, -2, \dots$. Für akzeptable χ muss also $-\alpha \in \mathbb{N}_\circ$ sein, sonst ist $\chi(\rho)$ im Unendlichen nicht beschränkt. Dies bedeutet $n - l - 1 \in \mathbb{N}_o$; da ferner $l \in \mathbb{N}_o$ folgt $n \in \mathbb{N}$. Die erlaubten Werte von ε sind also nach (3.95)

$$\boxed{\varepsilon = -\frac{1}{n^2}\,, \quad n \in \mathbb{N}\,.} \tag{3.106}$$

In üblichen Einheiten erhalten wir mit (3.81) die negativen Energieeigenwerte (Balmer-Spektrum):

$$\boxed{E_n = -\frac{Z^2 e^4 m}{2\hbar^2}\frac{1}{n^2}\,, \quad n \in \mathbb{N}\,.} \tag{3.107}$$

Die zugehörigen Lösungen sind (siehe (3.95) und (3.104)):

$$\chi_{n,l}(r) = C'_{n,l} e^{-\frac{r}{n}} \left(\frac{2r}{n}\right)^l F\left(l + 1 - n,\, 2l + 2;\, \frac{2}{n}r\right)$$
$$(l = 0, 1, 2, \ldots n - 1)\,. \tag{3.108}$$

(Beachte: r ist in atomaren Einheiten (siehe (3.79)) gemessen.)

Da zu gegebenem $l\,(l + 1)$ genau $2l + 1$ linear unabhängige Kugelfunktionen existieren, gehören zu festem n (d. h. zu gegebenem E_n)

$$\sum_{l=0}^{n-1} (2l + 1) = n^2$$

unabhängige Lösungen. Mit anderen Worten: *Die Entartung des Energieeigenwertes E_n ist n^2*. Die zugehörigen Eigenfunktionen sind

$$\boxed{\begin{aligned} \psi_{n,l,m}(r, \vartheta, \varphi) = C_{n,l} e^{-\frac{r}{n}} \frac{1}{r} \left(\frac{2r}{n}\right)^{l+1} F\left(l + 1 - n,\, 2l + 2;\, \frac{2}{n}r\right) \\ \times Y_l^m(\vartheta, \varphi)\,. \end{aligned}} \tag{3.109}$$

Die Normierungskonstanten $C_{n,l}$ werden im Anhang bestimmt (siehe 3.237) zu

$$C_{n,l} = \frac{1}{n}\frac{1}{(2l+1)!}\sqrt{\frac{(n+l)!}{(n-l-1)!}}\,. \tag{3.110}$$

Mit dieser Wahl gelten, wie dort gezeigt wird, die *Orthogonalitätsrelationen*

$$\int_{\mathbb{R}^3} \psi_{n,l,m}^*(\boldsymbol{r})\,\psi_{n',l',m'}(\boldsymbol{r})\,\mathrm{d}^3 r = \delta_{nn'}\delta_{ll'}\delta_{mm'}\,. \tag{3.111}$$

Für den Fall (b) $(\varepsilon \geq 0)$ siehe ebenfalls den Anhang.

Bemerkungen:

1. Der Entartungsgrad n^2 hat einen gruppentheoretischen Hintergrund (W. Pauli). Darauf wird in der Aufgabe 1 eingegangen.
2. Für eine strenge Diskussion müsste man zeigen, dass der Hamiltonoperator des H-Atoms selbstadjungiert ist und dass dessen diskretes Spektrum durch (3.107) gegeben ist. Dafür sind aber gehobene funktionalanalytische Methoden erforderlich[5].

3.6 Aufgaben

Aufgabe 1

In der Vorlesung wird die Lösung der kräftefreien Schrödingergleichung mit der Anfangsbedingung $\psi_{t=0} = \delta^{(3)}$ hergeleitet, mit dem Resultat:

$$\psi(\boldsymbol{x}, t) = \frac{1}{(2\pi i\hbar)^{3/2}} \left(\frac{m}{t}\right)^{3/2} \exp\left[\frac{i}{\hbar}\frac{m}{2t}\boldsymbol{x}^2\right] .$$

Verifiziere durch eine strenge Betrachtung, dass ψ tatsächlich die gewünschten Eigenschaften hat.

Anleitung: Lediglich die Behauptung $\psi \xrightarrow{t \searrow 0} \delta^{(3)}$ ist nicht trivial. Es genügt hier den eindimensionalen Fall zu betrachten, also zu zeigen, dass für eine Testfunktion f folgendes gilt:

$$\lim_{t \searrow 0} \int \psi(x, t)f(x)\mathrm{d}x = f(0) , \qquad \psi(x, t) = \frac{1}{\sqrt{i\pi t}}e^{ix^2/t} .$$

Aufgabe 2

Berechne mit Hilfe der erzeugenden Funktion der Hermite-Polynome die Funktion

$$\chi(t, x) := \sum_{n=0}^{\infty} \frac{(\sqrt{2}\,t)^n}{\sqrt{n!}} u_n(x) ,$$

wo u_n die Lösung des harmonischen Oszillators zu $\varepsilon = n + \frac{1}{2}$ ist. Bestimme mit Hilfe des Resultats die Summe

$$\sum_{m=0}^{\infty} \sum_{n=0}^{\infty} \frac{(\sqrt{2}\,s)^m}{\sqrt{m!}} \frac{(\sqrt{2}\,t)^n}{\sqrt{n!}} (u_m, u_n)$$

und schließe aus dem Ergebnis auf

$$(u_m, u_n) = \delta_{mn} .$$

---

[5]Für Beweise, siehe z. B. [27].

Aufgabe 3

Berechne die Fouriertransformierte von $u_n(x)$ mit Hilfe der Funktion $\chi(t,x)$ aus Aufgabe 2 und ferner die Integrale

$$\int_{\mathbb{R}} u_m(x) x u_n(x) \mathrm{d}x .$$

Aufgabe 4: Van der Waals-Wechselwirkung

Als Van der Waals-Kräfte bezeichnet man die zwischen zwei neutralen Atomen oder Molekülen in relativ großem Abstand wirkende Anziehung. Diese soll in der folgenden Übung in einem vereinfachten Modell berechnet werden.

Wir betrachten zwei Wasserstoffatome, deren Kerne durch den Vektor $\boldsymbol{R}$ verbunden werden. Die Verbindungsvektoren der Kerne zu ihren Elektronen seien $\boldsymbol{x}_1$ und $\boldsymbol{x}_2$. Die Wechselwirkungsenergie zwischen den beiden Atomen ist die Summe der verschiedenen Coulomb-Wechselwirkungen:

$$V = e^2 \left[\frac{1}{R} + \frac{1}{|\boldsymbol{R} + \boldsymbol{x}_2 - \boldsymbol{x}_1|} - \frac{1}{|\boldsymbol{R} + \boldsymbol{x}_2|} - \frac{1}{|\boldsymbol{R} - \boldsymbol{x}_1|} \right] , \qquad (3.112)$$

wobei $R = |\boldsymbol{R}|$. Ist R viel größer als der Bohrradius, kann man die Nenner in (3.112) nach $\boldsymbol{x}_1/R$ und $\boldsymbol{x}_2/R$ entwickeln.

(a) Zeige, dass man in niedrigster Näherung den folgenden Ausdruck erhält (Dipol-Dipol Wechselwirkung):

$$V = \frac{e^2}{R^3} \left[(\boldsymbol{x}_1, \boldsymbol{x}_2) - 3 \frac{(\boldsymbol{x}_1, \boldsymbol{R})(\boldsymbol{x}_2, \boldsymbol{R})}{R^2} \right] . \qquad (3.113)$$

Der Hamiltonoperator des gesamten Systems ist

$$H = H_0 + V , \qquad (3.114)$$

wobei H_0 die Summe der Hamiltonoperatoren der beiden ungestörten H-Atome ist:

$$H_0 = -\frac{\hbar^2}{2m} \Delta_{\boldsymbol{x}_1} - \frac{\hbar^2}{2m} \Delta_{\boldsymbol{x}_2} - \frac{e^2}{|\boldsymbol{x}_1|} - \frac{e^2}{|\boldsymbol{x}_2|} . \qquad (3.115)$$

Auch in der Näherung (3.113) kann man die Grundzustandsenergie von (3.114) nur mit Näherungsmethoden berechnen. Deshalb betrachten wir in dieser Übung eine „Karikatur" des Problems. Wir ersetzen die beiden H-Atome durch zwei eindimensionale harmonische Oszillatoren, zwischen denen eine quadratische Wechselwirkung proportional zu e^2/R^3 (wie in (3.113)) existiert. Es sei also

$$H = H_0 + V \qquad (3.116)$$

mit

$$H_0 = -\frac{\hbar^2}{2m} \frac{\partial^2}{\partial x_1^2} - \frac{\hbar^2}{2m} \frac{\partial^2}{\partial x_2^2} + \frac{1}{2} m \omega_0^2 \left(x_1^2 + x_2^2 \right) \qquad (3.117)$$

und

$$V = \frac{e^2}{R^3} x_1 x_2 \; . \tag{3.118}$$

(b) Berechne die Grundzustandsenergie dieses Problems. Vereinfache das Resultat im Grenzfall $m\omega_0 \gg \frac{e^2}{R^3}$. Welches Vorzeichen hat die Kraft? Gibt es die Van der Waals-Kräfte auch klassisch?

Aufgabe 5

Transformiere die Schrödingergleichung für den harmonischen Oszillator gemäß

$$\hat{\psi}(p) = \frac{1}{\sqrt{2\pi\hbar}} \int_{\mathbb{R}} \psi(x) e^{-(i/\hbar)p \cdot x} \mathrm{d}x$$

in den Impulsraum und berechne die Impulsverteilung $|\hat{\psi}(p)|^2$ der Energieeigenzustände.

Aufgabe 6

Man berechne die Eigenwerte und Eigenfunktionen für ein Teilchen im Potential

$$V(x) = A(e^{-2\alpha x} - 2\,e^{-\alpha x}) \; .$$

(Das Problem spielt eine gewisse Rolle in der Molekülphysik.)

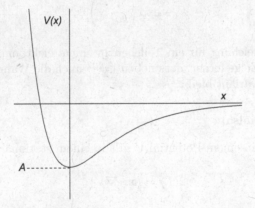

Anleitung: Das Spektrum ist für $E > 0$ kontinuierlich und für $E < 0$ diskret. In der Schrödingergleichung führe man die Substitution

$$\xi = \frac{2\sqrt{2mA}}{\alpha\hbar}\,e^{-\alpha x}$$

aus. Mit den Bezeichnungen

$$s = \frac{\sqrt{-2mE}}{\alpha\hbar} \; , \quad n = \frac{\sqrt{2mA}}{\alpha\hbar} - \left(s + \frac{1}{2} \right)$$

nimmt dann die Schrödingergleichung folgende Form an ($' = d/d\xi$):

$$\psi'' + \frac{1}{\xi}\,\psi' + \left(-\frac{1}{4} + \frac{n+s+1/2}{\xi} - \frac{s^2}{\xi^2}\right)\psi = 0 \; .$$

Untersuche das asymptotische Verhalten für kleine und große ξ.
Mache für $\psi(\xi)$ einen Ansatz, der dieses Verhalten explizit in Rechnung zieht.
Damit kommt man wieder auf die konfluente hypergeometrische Funktion.

Aufgabe 7: Eichinvarianz und Schrödingergleichung

Die elektromagnetischen Felder E und B ändern sich nicht, wenn man in

$$B = \mathrm{rot}A, \;\; E = -\mathrm{grad}\varphi - \frac{1}{c}\,\partial_t A$$

die folgenden Ersetzungen (Eichtransformationen) der Potentiale ausführt:

$$A \to A + \mathrm{grad}\chi, \;\; \varphi \to \varphi - \frac{1}{c}\,\partial_t\chi \; . \tag{3.119}$$

Zeige, dass unter (3.119) und

$$\psi \to \exp\left(\frac{ie}{\hbar c}\,\chi\right)\psi \tag{3.120}$$

die Schrödingergleichung für ein Teilchen in einem elektomagnetischen Feld invariant bleibt. Zeige ferner, dass neben $|\psi|^2$ auch die Wahrscheinlichkeitsstromdichte J invariant bleibt.

Aufgabe 8: Virialsatz

Für ein Teilchen in einem Potential V gilt in einem stationären Zustand ψ:

$$2\langle T\rangle = \langle x \cdot \nabla V\rangle \; . \tag{3.121}$$

Leite diese Beziehung her durch Betrachtung der Größe $\langle [x \cdot p, H]\rangle$. Spezialisiere (3.121) auf $V = const. \cdot r^n$ und betrachte speziell $n = 2$ (harmonischer Oszillator) und $n = -1$ (Coulombpotential).

Aufgabe 9

(a) Bestimme das Spektrum und die Entartungsgrade der Energieeigenzustände für den ebenen isotropen harmonischen Oszillator.

(b) Transformiere die dimensionslose Form der Schrödingergleichung für den isotropen ebenen harmonischen Oszillator auf Polarkoordinaten und mache für die stationären Eigenzustände den Separationsansatz

$$u(r, \varphi) = v_m(r) e^{im\varphi}, \qquad m \in \mathbb{Z} . \tag{3.122}$$

In der resultierenden Gleichung für $v_m(r)$ benutze man die Koordinatentransformation $x = r^2$ und schreibe diese auf $w(x)$, definiert durch

$$v_m(x) = x^{|m|/2} e^{-x/2} w(x) , \tag{3.123}$$

um. Es zeigt sich, dass w der konfluenten hypergeometrischen Differentialgleichung genügt. Man überzeuge sich, dass die Regularität im Ursprung ($r = 0$) verlangt, dass $w(x)$ durch eine konfluente hypergeometrische Reihe $F(\alpha, \gamma; x)$ gegeben wird (siehe dazu den Abschn. 3.7.3 des Anhangs zu Kap. 3). Schließlich benutze man die asymptotischen Eigenschaften (3.105) für $F(\alpha, \gamma; z)$ zur Bestimmung der Eigenwerte. Durch Vergleich mit der Formel (3.218) von 3.7.3 kann man auch feststellen, dass w proportional zu einem Laguerre-Polynom ist. Als Resultat erhält man die Eigenwerte

$$E = \hbar\omega(n+1), \qquad n = 2k + |m| + 1 \quad \text{mit} \quad m \in \mathbb{Z}, \ k \in \mathbb{N}_0 . \tag{3.124}$$

Die zugehörigen Eigenfunktionen sind

$$v_{m,k}(x) = N_{km} x^{|m|/2} e^{-x/2} L_{k+m}^m(x) . \tag{3.125}$$

Mit den Formeln in 3.7.3 kann man leicht zeigen, dass die $v_{m,k}(x)$ normiert sind, falls

$$N_{km} = \frac{[(k+m)!]^3}{k!} . \tag{3.126}$$

Aufgabe 10: H-Atom in parabolischen Koordinaten

(a) Schreibe die Eigenwertgleichung (3.82) auf parabolische Koordinaten u, v, φ um, welche mit den sphärischen Polarkoordinaten r, θ, φ folgendermaßen zusammenhängen:

$$u = r(1 + \cos\theta)$$
$$v = r(1 - \cos\theta) . \tag{3.127}$$

Anleitung: Man findet das Linienelement am besten ausgehend von seiner Form in Zylinderkoordinaten (ρ, z, φ), unter Benutzung von

$$z = \frac{1}{2}(u - v) , \qquad \rho^2 = uv . \tag{3.128}$$

Das Resultat lautet:

$$ds^2 = \frac{u+v}{4} \left[\frac{du^2}{u} + \frac{dv^2}{v} + 4\left(\frac{1}{u} + \frac{1}{v}\right)^{-1} d\varphi^2 \right] . \tag{3.129}$$

Mit den Hilfsmitteln von 3.7.1 des Anhangs zu Kap. 3 findet man

$$\frac{\partial}{\partial u}\left(u\frac{\partial\psi}{\partial u}\right) + \frac{\partial}{\partial v}\left(v\frac{\partial\psi}{\partial v}\right) + \frac{1}{4}\left(\frac{1}{u}+\frac{1}{v}\right)\frac{\partial^2\psi}{\partial\varphi^2} + \left[\frac{\varepsilon}{4}(u+v)+1\right]\psi = 0 .$$

(3.130)

(b) Nun separiere man diese Gleichung mit dem Ansatz

$$\psi = f(u)g(v)e^{\pm im\varphi} .$$

(3.131)

Die resultierenden Differentialgleichungen haben dieselbe Form wie die Differentialgleichung für v_m in der Aufgabe 9b. Nutze dies aus, um einmal mehr das Balmer-Spektrum zu erhalten. Ferner zeige man, dass die Eigenfunktionen wie folgt lauten:

$$\psi_{k_1 k_2 m} = const.\ \exp\left(-\frac{u+v}{2n}\right)\left(\frac{uv}{n^2}\right)^{(m/2)} L_{m+k_1}^m\left(\frac{u}{n}\right) L_{m+k_2}^m\left(\frac{v}{n}\right) e^{\pm im\varphi} ,$$

(3.132)

wobei $k_i \in \mathbb{N}_0$ und $n = k_1 + k_2 + m + 1$ die Hauptquantenzahl ist.

3.7 Anhang: Kugelfunktionen, die konfluente hypergeometrische Funktion, orthogonale Polynome

In diesem Anhang behandeln wir einige spezielle Funktionen, die bei der Lösung von wellenmechanischen Problemen besonders häufig vorkommen. Als eine der Anwendungen werden wir auch die Wellenfunktionen zum kontinuierlichen Spektrum des H-Atoms bestimmen.

3.7.1 Krummlinige Koordinaten

Es seien $\{x_i\}$ Cartesische Koordinaten des dreidimensionalen Euklidischen Raumes. Durch die Transformation (Diffeomorphismus):

$$x_i = f_i(u_1, u_2, u_3) \quad (i = 1, 2, 3)$$

(3.133)

führen wir krummlinige Koordinaten ein. Wir wollen die Differentialoperatoren *grad*, *rot*, *div* und Δ durch die Ableitungen nach den u_i ausdrücken. Dazu betrachten wir den Abstand zwischen zwei „infinitesimal benachbarten" Punkten:

$$ds^2 = \sum dx_i^2 = \sum_i\left(\sum_j \frac{\partial f_i}{\partial u_j}du_j\right)^2$$

$$= \sum_{j,k} g_{jk}(u)\, du_j du_k ,$$

(3.134)

wobei

$$g_{jk} = \sum_i \frac{\partial f_i}{\partial u_j} \frac{\partial f_i}{\partial u_k} \, . \tag{3.135}$$

Wir betrachten im folgenden nur orthogonale Koordinaten: $g_{jk} = \delta_{jk} g_k^2$,

$$ds^2 = \sum_i g_i^2 du_i^2 \, . \tag{3.136}$$

Beispiel 3.7.1. Polarkoordinaten (r, ϑ, φ). Für diese ist

$$ds^2 = dr^2 + r^2 \left(d\vartheta^2 + \sin^2 \vartheta d\varphi^2 \right) \, . \tag{3.136}$$

Setzen wir $u_1 = r$, $u_2 = \vartheta$, $u_3 = \varphi$, dann ist

$$g_1 = 1 \, , \quad g_2 = r \, , \quad g_3 = r \sin \vartheta \, . \tag{3.136}$$

In orthogonalen Koordinaten stehen die Kurvenscharen $\boldsymbol{f}(\boldsymbol{u})$, mit je zwei Koordinaten festgehalten, senkrecht aufeinander. Das Linienelement in einer der drei Koordinatenrichtungen ist

$$ds_1 = g_1 du_1 \, , \quad ds_2 = g_2 du_2 \, , \quad ds_3 = g_3 du_3 \, . \tag{3.137}$$

Die Komponenten des Gradienten einer Funktion φ in diesen drei orthogonalen Richtungen sind also

$$grad \, \varphi = \left(\frac{1}{g_1} \frac{\partial \varphi}{\partial u_1} \, , \frac{1}{g_2} \frac{\partial \varphi}{\partial u_2} \, , \frac{1}{g_3} \frac{\partial \varphi}{\partial u_3} \right) \, . \tag{3.138}$$

Es sei D das infinitesimale Parallelepiped $(\boldsymbol{u}, \boldsymbol{u} + d\boldsymbol{u})$ (siehe Abb. 3.3). Aus dem Gauss'schen Satz folgt für die Divergenz eines Vektorfeldes $\boldsymbol{A}$ ($|D| =$ Volumen von D):

$$div \boldsymbol{A} = \lim_{|D| \to 0} \frac{1}{|D|} \int_{\partial D} (\boldsymbol{A}, \boldsymbol{n}) \, d\sigma \, . \tag{3.139}$$

A_i ($i = 1, 2, 3$) seien die Komponenten von $\boldsymbol{A}$ in den drei Koordinatenrichtungen u_i. Nun ist

$$|D| = g_1 du_1 g_2 du_2 g_3 du_3 = g_1 g_2 g_3 du_1 du_2 du_3$$

und z. B. für die Oberfläche $u_1 = const.$, $(\boldsymbol{A}, \boldsymbol{n}) \, d\sigma = \pm A_1 g_2 g_3 du_2 du_3$. Die Summe dieser Größen für die Deck- und Grundfläche ($u_1 + du_1 = const.$, bzw. $u_1 = const.$) ist gleich (beachte die Richtungen von $\boldsymbol{n}$):

$$\frac{\partial}{\partial u_1} \left(A_1 g_2 g_3 \right) du_1 du_2 du_3 \, .$$

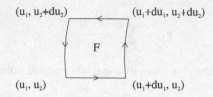

(u₁, u₂+du₂)   (u₁+du₁, u₂+du₂)

(u_1, u_2+du_2) (u_1+du_1, u_2+du_2)

(u_1, u_2) (u_1+du_1, u_2)

Abb. 3.3. Infenitesimales Parallelepiped

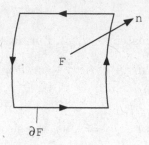

Abb. 3.4. Diagramm zum Stokes'schen Satz

Damit erhalten wir aus (3.139):

$$div\boldsymbol{A} = \frac{1}{g_1 g_2 g_3} \left\{ \frac{\partial}{\partial u_1}(A_1 g_2 g_3) + \frac{\partial}{\partial u_2}(A_2 g_3 g_1) + \frac{\partial}{\partial u_3}(A_3 g_1 g_2) \right\}.$$

(3.140)

Aus (3.138) und (3.140) erhalten wir für den Laplace-Operator in krummlinigen Koordinaten

$$\Delta\varphi = \frac{1}{g_1 g_2 g_3} \left[\frac{\partial}{\partial u_1}\left(\frac{g_2 g_3}{g_1} \frac{\partial\varphi}{\partial u_1} \right) + \frac{\partial}{\partial u_2}\left(\frac{g_3 g_1}{g_2} \frac{\partial\varphi}{\partial u_2} \right) + \frac{\partial}{\partial u_3}\left(\frac{g_1 g_2}{g_3} \frac{\partial\varphi}{\partial u_3} \right) \right].$$

(3.141)

Zur Berechnung von $rot\boldsymbol{A}$ gehen wir analog vor. Nach dem Stokes'schen Satz ist (siehe Abb. 3.4)

$$(\boldsymbol{n}, rot\boldsymbol{A}) = \lim_{|F|\to 0} \int_{\partial F} \boldsymbol{A}\cdot d\boldsymbol{s}.$$

(3.142)

Für F wählen wir z. B. das folgende „infinitesimale Rechteck" mit $u_3 = const$.

Dann ist $|F| = g_1 g_2 du_1 du_2$ und (fasse die Beiträge von gegenüberliegenden Wegen zusammen)

$$\int_{\partial F} \boldsymbol{A}\cdot d\boldsymbol{s} = -\frac{\partial}{\partial u_2}(A_1 g_1)\, du_1 du_2 + \frac{\partial}{\partial u_1}(A_2 g_2)\, du_2 du_1.$$

Folglich

$$(rot\boldsymbol{A})_3 = \frac{1}{g_1 g_2} \left[\frac{\partial}{\partial u_1}(A_2 g_2) - \frac{\partial}{\partial u_2}(A_1 g_1) \right].$$

(3.143)

Die anderen Komponenten erhält man durch *zyklische* Vertauschungen.

Setzen wir in diese Formeln (3.7.1) ein, so erhalten wir für Polarkoordinaten die Ausdrücke:

$$grad\,\Phi = \left(\frac{\partial\Phi}{\partial r}, \frac{1}{r}\frac{\partial\Phi}{\partial\vartheta}, \frac{1}{r\sin\vartheta}\frac{\partial\Phi}{\partial\varphi}\right), \tag{3.144}$$

$$div\,\boldsymbol{A} = \frac{1}{r^2}\frac{\partial}{\partial r}\left(r^2 A_r\right) + \frac{1}{r\sin\vartheta}\frac{\partial}{\partial\vartheta}\left(\sin\vartheta A_\vartheta\right) + \frac{1}{r\sin\vartheta}\frac{\partial A_\varphi}{\partial\varphi}, \tag{3.145}$$

$$\Delta\Phi = \frac{1}{r^2}\frac{\partial}{\partial r}\left(r^2\frac{\partial\Phi}{\partial r}\right) + \frac{1}{r^2}\Lambda_{\vartheta,\varphi}\Phi, \tag{3.146}$$

mit

$$\Lambda_{\vartheta,\varphi} = \frac{1}{\sin\vartheta}\frac{\partial}{\partial\vartheta}\sin\vartheta\frac{\partial}{\partial\vartheta} + \frac{1}{\sin^2\vartheta}\frac{\partial^2}{\partial\varphi^2}, \tag{3.147}$$

$$(rot\,\boldsymbol{A})_r = \frac{1}{r\sin\vartheta}\left[\frac{\partial}{\partial\vartheta}\left(\sin\vartheta A_\varphi\right) - \frac{\partial}{\partial\varphi}A_\vartheta\right], \tag{3.148}$$

$$(rot\,\boldsymbol{A})_\vartheta = \frac{1}{r\sin\vartheta}\left[\frac{\partial}{\partial\varphi}A_r - \frac{1}{r}\frac{\partial}{\partial r}\left(r A_\varphi\right)\right],$$

$$(rot\,\boldsymbol{A})_\varphi = \frac{1}{r}\left[\frac{\partial}{\partial r}\left(r A_\vartheta\right) - \frac{\partial}{\partial\vartheta}A_r\right].$$

3.7.2 Kugelfunktionen

Es sei H_l der Vektorraum der homogenen Polynome vom Grade l über $\mathbb{R}^3$. Ein Element $u_l\left(\boldsymbol{x}\right) \in H_l$ hat also die Form

$$u_l(\boldsymbol{x}) = \sum_{\substack{i,j,k \\ (i+j+k=l)}} c_{ijk}x_1^i x_2^j x_3^k \tag{3.149}$$

mit beliebigen Koeffizienten $c_{ijk} \in \mathbb{C}$. Die Dimension von H_l ist offensichtlich gleich der Zahl der geordneten Tripel (n_1, n_2, n_3) mit $n_i \in \mathbb{N}_0$ und $n_1 + n_2 + n_3 = l$. Diese Tripel kann man wie folgt anordnen:

n_1	n_2	n_3
l	0	0
$l-1$	1	0
	0	1
$\vdots$		
0	l	0
	$l-1$	1
	$\vdots$	
	0	l

Also ist

$$dim\, H_l = 1 + 2 + \cdots + (l+1) = \frac{1}{2}(l+1)(l+2) \ . \tag{3.150}$$

In H_l definieren wir das Skalarprodukt

$$(u_l, v_l) := \int_{S^2} u_l\,(\hat{\boldsymbol{x}}^*)\, v_l\,(\hat{\boldsymbol{x}})\, \mathrm{d}\Omega \ , \quad \hat{\boldsymbol{x}} = \frac{\boldsymbol{x}}{\|\boldsymbol{x}\|} \ , \tag{3.151}$$

wobei $\mathrm{d}\Omega$ das Oberflächenelement der 2-Sphäre ist; in Polarkoordinaten ist $\mathrm{d}\Omega = \sin\vartheta \mathrm{d}\vartheta \mathrm{d}\varphi$. Das Maß $\mathrm{d}\Omega$ ist invariant gegenüber Rotationen: Für $f \in L^1\left(S^2, \mathrm{d}\Omega\right)$ und $R \in SO\,(3)$ gilt

$$\int_{S^2} f\,(R\boldsymbol{x})\, \mathrm{d}\Omega = \int_{S^2} f\,(\boldsymbol{x})\, \mathrm{d}\Omega \ . \tag{3.152}$$

Mit dem Skalarprodukt (3.151) ist H_l ein endlichdimensionaler unitärer Raum. Die Gruppe $SO\,(3)$ operiert in natürlicher Weise in diesem Vektorraum:

$$R \in SO\,(3) \longmapsto U\,(R): \quad (U\,(R)\,u_l)\,(\boldsymbol{x}) = u_l\left(R^{-1}\boldsymbol{x}\right) \ . \tag{3.153}$$

Die Zuordnung $R \longmapsto U\,(R)$ ist eine *Darstellung* von $SO\,(3)$, d.h. es gilt $U\,(R_1 R_2) = U\,(R_1)\,U\,(R_2)$. Die linearen Transformationen $U\,(R)$ sind wegen (3.152) unitär. Nun betrachten wir die lineare Abbildung

$$\Delta: \quad H_l \longrightarrow H_{l-2} \quad (l \geq 2) \tag{3.154}$$

definiert durch

$$(\Delta u_l)\,(\boldsymbol{x}) = \sum_{k=1}^{3} \frac{\partial^2 u_l}{\partial x_k^2}\,(\boldsymbol{x}) \ . \tag{3.155}$$

Den Kern von Δ bezeichnen wir mit V_l. Da für $l = 0, 1$ $\Delta u_l = 0$ ist, setzen wir $V_l = H_l$ für $l = 0, 1$. Es gilt

$$dim V_l \geq dim H_l - dim H_{l-2} = 2l + 1 \ . \tag{3.156}$$

Definition 3.7.1. *Jede Funktion $u_l\,(\hat{\boldsymbol{x}})$, $u_l \in V_l$, auf der Sphäre S^2 ist eine Kugelfunktion zum Index l. Mit $\hat{V}_l$ bezeichnen wir den Vektorraum der Kugelfunktionen zum Index l.*

Notiere: Mit Y_l ist auch Y_l^* eine Kugelfunktion zum Index l. In $\hat{V}_l$ definieren wir das Skalarprodukt

$$(Y_l, Y_l') = \int_{S^2} Y_l\,(\boldsymbol{e})^*\, Y_l'\,(\boldsymbol{e})\, \mathrm{d}\Omega \ . \tag{3.157}$$

Für jedes $u_l \in V_l$ ist $u_l\,(\boldsymbol{x}) = |\boldsymbol{x}|^l Y_l\,(\hat{\boldsymbol{x}})$ mit $Y_l \in \hat{V}_l$. Die Zuordnung $u_l \longmapsto Y_l$ ist natürlich eine Isometrie von V_l auf $\hat{V}_l$.

Im Folgenden betrachten wir auch den Raum $\mathcal{C}\left(S^2\right)$ der stetigen Funktionen über S^2 mit dem Skalarprodukt

$$(f, g) = \int_{S^2} f\left(e\right)^* g\left(e\right) \, d\Omega \, . \tag{3.158}$$

Der Hilbertraum $L^2\left(S^2, d\Omega\right)$ ist die vollständige Hülle von $\mathcal{C}\left(S^2\right)$ bezüglich (3.158). Natürlich ist $\hat{V}_l$ ein endlichdimensionaler Unterraum von $L^2\left(S^2, d\Omega\right)$.

Lemma 3.7.1. *Die Unterräume $\hat{V}_l$, $\hat{V}_{l'}$ von $L^2\left(S^2, d\Omega\right)$ sind für $l \neq l'$ zueinander orthogonal.*

Beweis. Wir wenden auf die Einheitskugel $K = \left\{x \in \mathbb{R}^3 \,|\, |x| \leq 1\right\}$, $\partial K = S^2$ den Greenschen Satz an: Sei $u_l \in V_l$, $u_l' \in V_l'$, so gilt

$$0 = \int_K \left(u_l^* \Delta u_{l'} - u_{l'} \Delta u_l^*\right) d^3 x = \int_{S^2} \left(u_l^* \frac{\partial u_{l'}}{\partial r} - u_{l'} \frac{\partial u_l^*}{\partial r}\right) d\Omega$$

$$= \int_{S^2} \left(Y_l^* l' Y_{l'} - Y_{l'} l Y_l^*\right) d\Omega \, ; \quad u_l\left(x\right) = |x|^l Y_l\left(\hat{x}\right) \, , \text{etc.} \tag{3.159}$$

Für $l \neq l'$ folgt also in der Tat $(Y_l, Y_{l'}) = 0$.

□

Nun beweisen wir den

Satz 3.7.1. *Die Räume $r^{2k} V_{l-2k} = \left\{r^{2k} v_{l-2k} \,|\, v_{l-2k} \in V_{l-2k}\right\}$ $(r = |x|)$ sind für alle $k = 0, 1, 2, \dots [l/2]$ paarweise orthogonale Unterräume von H_l. Ferner gilt*

$$H_l = \bigoplus_{k=0}^{[l/2]} r^{2k} V_{l-2k} \tag{3.160}$$

und

$$dim V_l = 2l + 1 \, . \tag{3.161}$$

Beweis. Trivialerweise ist $r^{2k} V_{l-2k}$ ein Unterraum von H_l. Die Orthogonalität dieser Unterräume für verschiedene k ist eine unmittelbare Folge von Lemma (3.7.1). Damit gilt mit (3.156) sicher die Ungleichung

$$\dim H_l \geq \sum_{k=0}^{[\frac{l}{2}]} \dim \hat{V}_{l-2k} \geq \sum_{k=0}^{[\frac{l}{2}]} (2l - 4k + 1) = \frac{1}{2}(l+1)(l+2) \, .$$

Zusammen mit (3.150) folgt $dim V_l = 2l + 1$ und damit (3.160).

□

Lemma 3.7.2. *Die Unterräume $V_l \subset H_l$ sind invariant unter der Darstellung (3.153) von $SO\,(3)$.*

Beweis. Sei $\boldsymbol{x}' = R^{-1}\boldsymbol{x}$; eine einfache Rechnung zeigt

$$\sum \frac{\partial^2}{\partial x_k^2} u_l\,(\boldsymbol{x}') = \sum \frac{\partial^2}{\partial x_k'^2} u_l\,(\boldsymbol{x}')\ .$$

Mit u_l ist deshalb auch $U\,(R)\,u_l$ in V.

$\square$

Mit dem Satz (3.7.1) haben wir die Darstellung U in H_l ausreduziert. (Die Restriktion von U auf $r^{2k}V_{l-2k}$ ist sogar irreduzibel, d. h. $r^{2k}V_{l-2k}$ enthält keine nichttrivialen Unterräume; dies benötigen wir aber im Folgenden nicht.)

Definieren wir in $\hat{V}_l$ die Darstellung

$$\left(\hat{U}\,(R)\,Y_l\right)(\boldsymbol{e}) = Y_l\left(R^{-1}\boldsymbol{e}\right)\ ,\tag{3.162}$$

so ist nach Lemma (3.7.1) $\hat{V}_l$ bezüglich $\hat{U}\,(R)$ invariant. Wir halten noch fest, dass nach (3.161)

$$dim\hat{V}_l = 2l + 1\ .\tag{3.163}$$

Vollständigkeit. Es gilt der

Satz 3.7.2. *Die Menge der Kugelfunktionen $\left\{Y_l | Y_l \in \hat{V}_l,\, l \in \mathbb{N}_\circ\right\}$ ist total im Banach-Raum $\mathcal{C}\,(S^2)$ (mit der sup-Norm).*

Beweis. Sei $p_L\,(x)$ ein Polynom vom Grade L. Wir setzen $\hat{p}_L = p_L | S^2$. Nach dem Satz von Weierstrass ist die Menge der $\hat{p}_L$, $L \in \mathbb{N}_\circ$, dicht in $\mathcal{C}\,(S^2)$. Anderseits ist offensichtlich

$$p_L = \sum_{l=0}^{L} u_l\ ,\quad u_l \in H_l$$

und nach Satz (3.7.1) ist

$$u_l = \sum_{k=0}^{\left[\frac{l}{2}\right]} r^{2k} v_{l-2k}\ ,\quad v_{l-2k} \in V_{l-2k}\ .$$

Daraus folgt, dass $\hat{p}_L$ eine endliche Linearkombination von Kugelfunktionen ist.

$\square$

Korollar 3.7.1. *Die Menge $\left\{Y_l | Y_l \in \hat{V}_l,\, l \in \mathbb{N}_\circ\right\}$ der Kugelfunktionen ist total im Hilbertraum $L^2\,(S^2,\, d\Omega)$. Ist für festes l, $\{Y_{lm},\, -l \leq m \leq l\}$ eine orthonormierte Basis von $\hat{V}_l$, so bilden die*

$$\{Y_{lm},\, l \in \mathbb{N}_\circ,\, m = l, l-1, \ldots, -l\}$$

eine Orthonormalbasis in $L^2\,(S^2,\, d\Omega)$.

Explizite Form der Y_{lm}. Wir beginnen mit einer Vorbemerkung. Eine Funktion der Form

$$\Phi(x) = \int_\pi^\pi f(z + ix\cos t + iy\sin t, t)\,dt, \quad x = (x, y, z)$$

erfüllt die Laplace-Gleichung, falls $f(\tau, t)$ so beschaffen ist, dass man unter dem Integral differenzieren darf:

$$\Delta\Phi = \int_{-\pi}^\pi (1 - \sin^2 t - \cos^2 t) f''(\ldots, t)\,dt = 0.$$

(f'' ist die 2. Ableitung von $f(\tau, t)$ nach dem 1. Argument.) Mit dieser Bemerkung konstruieren wir jetzt $(2l+1)$ homogene Polynome vom Grade l, welche die Laplace-Gleichung erfüllen:

$$\int_{-\pi}^\pi (z + ix\cos t + iy\sin t)^l \cos(mt)\,dt, \tag{3.164}$$

$$\int_{-\pi}^\pi (z + ix\cos t + iy\sin t)^l \sin(mt)\,dt. \tag{3.165}$$

In räumlichen Polarkoordinaten (r, ϑ, φ) lautet (3.164) auf S^2:

$$\int_{-\pi}^\pi [\cos\vartheta + i\sin\vartheta\cos(t - \varphi)]^l \cos(mt)\,dt$$

$$= \int_{-\pi-\varphi}^{\pi-\varphi} [\cos\vartheta + i\sin\vartheta\cos(\psi)]^l \cos m(\varphi + \psi)\,d\psi.$$

Da der Integrand bezüglich ψ die Periode 2π hat, kann man ein beliebiges Integrationsintervall der Länge 2π wählen. Also ist das letzte Integral auch gleich

$$\int_{-\pi}^\pi [\cos\vartheta + i\sin\vartheta\cos(\psi)]^l \cos m(\varphi + \psi)\,d\psi.$$

Nach Aufspaltung von $\cos m(\varphi + \psi)$ kann man diese Kugelfunktion auf folgende Gestalt bringen (da $\sin m\psi$ in ψ ungerade ist):

$$\cos m\varphi \int_{-\pi}^\pi [\cos\vartheta + i\sin\vartheta\cos(\psi)]^l \cos m\psi\,d\psi \tag{3.166}$$

$$(m = 0, 1, 2, \ldots, l).$$

Entsprechend führt das Integral (3.165) auf die Kugelfunktion

$$\sin m\varphi \int_{-\pi}^\pi [\cos\vartheta + i\sin\vartheta\cos(\psi)]^l \cos m\psi\,d\psi \tag{3.167}$$

$$(m = 1, 2, \ldots, l).$$

Die lineare Unabhängigkeit der $(2l+1)$ Kugelfunktionen (3.166) und (3.167) ist offensichtlich (φ-Abhängigkeit!).

Nun definieren wir die *Legendreschen Polynome* P_l durch

$$P_l(x) = \frac{1}{l!\,2^l} \frac{d^l}{dx^l}\left[(x^2-1)^l\right] \tag{3.168}$$

und die daraus gebildeten Funktionen

$$P_l^m(x) := (-1)^m (1-x^2)^{\frac{m}{2}} \frac{d^m}{dx^m} P_l(x) = (-1)^m \frac{(1-x^2)^{\frac{m}{2}}}{l!\,2^l} \frac{d^{l+m}}{dx^{l+m}}\left[(x^2-1)^l\right] . \tag{3.169}$$

Ich behaupte, dass die Kugelfunktionen (3.166) und (3.167) proportional sind zu

$$P_l(\cos\vartheta),\ P_l^m(\cos\vartheta)\cos m\varphi,\ P_l^m(\cos\vartheta)\sin m\varphi \tag{3.170}$$

$$(m = 1, 2, \dots, l) .$$

Beweis. Nach der Cauchy-Formel ist

$$(x^2-1)^l = \frac{1}{2\pi i} \int_\gamma \frac{(z^2-1)^l}{z-x}\,dz ,$$

wo γ ein beliebiger geschlossener, positiv orientierter Weg ist, in dessen Inneren der Punkt x liegt; γ ist dabei entgegen dem Uhrzeigersinn zu durchlaufen. Daraus erhalten wir

$$P_l(x) = \frac{1}{2^{l+1}\pi i} \int_\gamma \frac{(z^2-1)^l}{(z-x)^{l+1}}\,dz .$$

Wir wählen für γ den Kreis um x mit dem Radius $|x^2-1|$ (x sei $\neq \pm 1$). Dann kann die Integrationsvariable wie folgt dargestellt werden:

$$z = x + \sqrt{x^2-1}\,e^{i\psi} .$$

Die Wahl des Vorzeichens von $\sqrt{x^2-1}$ ist willkürlich. Man kann annehmen, dass ψ zwischen $-\pi$ und $+\pi$ variiert. Mit dieser Variablensubstitution kommt

$$P_l(x) = \frac{1}{2\pi} \int_{-\pi}^{\pi} \left\{ \frac{\left[x - 1 + \sqrt{x^2-1}\,e^{i\psi}\right]\left[x + 1 + \sqrt{x^2-1}\,e^{i\psi}\right]}{2\sqrt{x^2-1}\,e^{i\psi}} \right\}^l d\psi .$$

Es ergibt sich nach elementarer Rechnung

$$\frac{1}{2\pi} \int_{-\pi}^{\pi} \left[x + \sqrt{x^2-1}\cos\psi\right]^l d\psi . \tag{3.171}$$

Deshalb ist $P_l(\cos\vartheta)$ proportional zu (3.166) für $m = 0$. Ganz analog findet man für P_l^m

$$P_l^m(x) = (-1)^m e^{-im\frac{\pi}{2}} \frac{(l+1)(l+2)\dots(l+m)}{2\pi}$$

$$\times \int_{-\pi}^{\pi} \left[x + \sqrt{x^2-1}\cos\psi\right]^l \cos m\psi\,d\psi$$

$$= (-1)^m e^{-im\frac{\pi}{2}} \frac{(l+m)!}{l!\,2\pi} \int_{-\pi}^{\pi} \left[x + \sqrt{x^2-1}\cos\psi\right]^l \cos m\psi\,d\psi , \tag{3.172}$$

womit die Behauptung bewiesen ist.

$\square$

Aus der letzten Formel folgt nebenbei

$$P_l^{-m}(x) = (-1)^m \frac{(l-m)!}{(l+m)!} P_l^m(x) .$$ (3.173)

An Stelle der Basis (3.170) können wir auch folgende wählen

$$P_l(\cos\vartheta), \ P_l^m(\cos\vartheta)e^{\pm im\varphi} , \quad m = 1, 2, \ldots, l .$$ (3.174)

Als Übung leite man die folgende Normierung her:

$$\int_{-1}^{1} [P_l^m(x)]^2 \, \mathrm{d}x = \frac{2}{2l+1} \frac{(l+m)!}{(l-m)!} .$$ (3.175)

Wir wissen schon, dass die Kugelfunktionen für verschiedene l orthogonal zueinander sind. Für gleiche l sind die Basiselemente (3.174) ebenfalls zueinander orthogonal, wie aus der φ-Abhängigkeit hervorgeht. Für die Normierung gilt nach (3.175)

$$\int_{S^2} [P_l(\cos\vartheta)]^2 \, \mathrm{d}\Omega = \frac{4\pi}{2l+1} ,$$ (3.176)

$$\int_{S^2} [P_l^m(\cos\vartheta)\cos m\varphi]^2 \, \mathrm{d}\Omega = \frac{4\pi}{2l+1} \frac{(l+m)!}{(l-m)!} ,$$ (3.177)

$$\int_{S^2} [P_l(\cos\vartheta)\sin m\varphi]^2 \, \mathrm{d}\Omega = \frac{4\pi}{2l+1} \frac{(l+m)!}{(l-m)!} .$$

Die in der Physik gebräuchliche Basis von Kugelfunktionen ist wie folgt definiert

$$\boxed{Y_{lm}(\vartheta, \varphi) = \sqrt{\frac{2l+1}{4\pi} \frac{(l-m)!}{(l+m)!}} P_l^m(\cos\vartheta)e^{im\varphi} \quad (-l \leq m \leq l) .}$$ (3.178)

Diese Basis ist orthonormiert:

$$\int_{S^2} Y_{lm}^*(\hat{x}) Y_{l'm'}(\hat{x}) \mathrm{d}\Omega = \delta_{ll'}\delta_{mm'} .$$ (3.179)

Aus (3.173) folgt

$$Y_{l-m}(\vartheta, \varphi) = (-1)^m Y_{lm}^*(\vartheta, \varphi) .$$ (3.180)

Notiere auch

$$Y_{l0}(\vartheta, \varphi) = \sqrt{\frac{2l+1}{4\pi}} P_l(\cos\vartheta) .$$ (3.181)

Additionstheorem der Kugelfunktionen. Für zwei Einheitsvektoren $\hat{x}$ und $\hat{x}'$ gilt

$$P_l\left(\hat{x}\cdot\hat{x}'\right) = \frac{4\pi}{2l+1}\sum_{m=-l}^{l}Y_{lm}^*\left(\hat{x}'\right)Y_{lm}\left(\hat{x}\right)\ . \qquad (3.182)$$

Beweis. Da (für festes l) die lineare Hülle von $\{Y_{lm},\ m=-l,\ \ldots,\ +l\}$ invariant ist unter $\hat{U}\left(R\right)$ (siehe (3.162)), können wir $Y_{lm}\left(R^{-1}\hat{x}\right)$, $R\in SO\left(3\right)$, wie folgt entwickeln:

$$Y_{lm}\left(R^{-1}\hat{x}\right) = \sum Y_{lm'}\left(\hat{x}\right)D_{m'm}^l\left(R\right)\ . \qquad (3.183)$$

Die $D^l\left(R\right)$ sind die Matrizen zu den Darstellungsoperatoren $\hat{U}\left(R\right)$ bezüglich der orthonormierten Basis $\{Y_{lm}\}$ und sind deshalb unitär; ferner ist $D^l\left(R_1\right)D^l\left(R_2\right) = D^l\left(R_1R_2\right)$. Nun sei e der Einheitsvektor in der z-Richtung und $\hat{x}' = Re$. Dann ist nach (3.181) und (3.183) für jede Wahl von R:

$$P_l\left(\hat{x}\cdot\hat{x}'\right) = P_l\left(\hat{x}\cdot Re\right) = P_l\left(R^{-1}\hat{x}\cdot e\right) = \sqrt{\frac{4\pi}{2l+1}}Y_{l0}\left(R^{-1}\hat{x}\right)$$

$$= \sqrt{\frac{4\pi}{2l+1}}\sum_m Y_{lm}\left(\hat{x}\right)D_{m0}^l\left(R\right)\ . \qquad (3.184)$$

Nun gilt die wichtige Beziehung

$$D_{m0}^l\left(R\right) = \sqrt{\frac{4\pi}{2l+1}}Y_{lm}^*\left(\hat{x}'\right)\ . \qquad (3.185)$$

In der Tat ist

$$Y_{lm}\left(\hat{x}'\right) = Y_{lm}\left(Re\right) = \sum_{m'}Y_{lm'}\left(e\right)D_{m'm}^l\left(R^{-1}\right)$$

$$= \sqrt{\frac{2l+1}{4\pi}}D_{0m}^l\left(R^{-1}\right) = \sqrt{\frac{2l+1}{4\pi}}D_{m0}^l\left(R\right)^*\ ,$$

wobei wir

$$Y_{lm'}\left(e\right) = \delta_{m'0}Y_{l0}\left(e\right) = \delta_{m'0}\sqrt{\frac{2l+1}{4\pi}}P_l\left(1\right)$$

und $P_l\left(1\right) = 1$ benutzt haben. Setzen wir (3.185) in (3.184) ein, so folgt die Behauptung (3.185) für jedes R mit $\hat{x}' = Re$.

3.7.3 Die konfluente hypergeometrische Funktion

Bei vielen Problemen der Wellenmechanik (H-Atom (3.99), etc.) und anderen Gleichungen der mathematischen Physik stößt man auf die konfluente hypergeometrische Funktion. Diese wollen wir hier näher untersuchen. Dabei werden komplex analytische Methoden zum Tragen kommen.

Die konfluenten hypergeometrischen Funktionen sind definitionsgemäß die Lösungen der *konfluenten hypergeometrischen Differentialgleichung*:

$$Lw := z\frac{d^2w}{dz^2} + (\gamma - z)\frac{dw}{dz} - \alpha w = 0 \ . \qquad (3.186)$$

Darin variieren die unabhängige Variable z und die Parameter α, γ in $\mathbb{C}$.

Zur Auffindung von Lösungen setzen wir eine Potenzreihe an

$$w(z) = z^s \sum_{k=0}^{\infty} a_k z^k, \quad a_0 \neq 0 \ . \qquad (3.187)$$

Durch Einsetzen in (3.186) ergibt sich

$$Lw = [s(s-1) + s\gamma]a_0 z^{s-1} + z^2 \sum_{k=0}^{\infty} [(\gamma + k + s)(k + s + 1)a_{k+1}$$

$$-(k + s + \alpha)a_k]z^k = 0 \ . \qquad (3.188)$$

Dies gibt

$$s(s-1) + \gamma s = 0$$

und die Rekursionsformel

$$a_{k+1} = \frac{k + s + \alpha}{(k + s + \gamma)(k + s + 1)}a_k \ . \qquad (3.189)$$

Für s erhalten wir $s = 0$ oder $s = 1 - \gamma$.

Im Falle $s = 0$ ergibt sich (für $a_0 = 1$) die *konfluente hypergeometrische Reihe*:

$$F(\alpha, \gamma; z) = \sum_{k=0}^{\infty} \frac{(\alpha)_k}{(\gamma)_k k!} z^k \ . \qquad (3.190)$$

Dabei haben wir folgende Abkürzung verwendet:

$$(x)_k := x(x+1)(x+2)\cdots(x+k-1), \quad k \in \mathbb{N} \ . \qquad (3.191)$$

Die Koeffizienten der Reihe (3.190) sind wohldefiniert für $-\gamma \notin \mathbb{N}_0$ und diese stellt eine ganze Funktion dar. Für $\alpha = 0, -1, -2, \ldots$ bricht die Reihe ab und wir erhalten ein Polynom in z vom Grade $|\alpha|$.

Nun betrachten wir die Lösung mit $s = 1 - \gamma$. Wir setzen $w = z^{1-\gamma}v$ und erhalten

$$Lw = z^{1-\gamma}[zv'' + (2 - \gamma - z)v' - (1 + \alpha - \gamma)v] = 0 \ .$$

Für v gilt also

$$zv'' + (2 - \gamma - z)v' - (1 + \alpha - \gamma)v = 0 \ .$$

Der Vergleich dieser Gleichung mit (3.186) zeigt, dass $v(z) = F(\alpha', \gamma'; z)$ mit $\alpha' = 1 + \alpha - \gamma$, $\gamma' = 1 - \gamma$.

Zusammenfassend sind die Funktionen

$$F(\alpha, \gamma; z) , \quad \gamma \neq 0, -1, -2, \ldots$$

und

$$z^{1-\gamma} F(1 + \alpha - \gamma, 2 - \gamma; z) , \quad \gamma \neq 2, 3, 4, \ldots \tag{3.192}$$

Lösungen von (3.186). Für $\gamma = 1$ fallen diese beiden Lösungen zusammen. Ansonsten sind sie linear unabhängig, denn für $\gamma \notin \mathbb{Z}$ ist $z^{1-\gamma} F(1 + \alpha - \gamma, 2 - \gamma; z)$ eine mehrdeutige Funktion.

Die allgemeine Lösung von (3.186) ist eine Linearkombination von zwei linear unabhängigen Lösungen.

Integraldarstellung. Wir lösen nun (3.186) mit einer anderen Methode. Dazu versuchen wir eine Integraldarstellung der Form

$$w(z) = \frac{1}{2\pi i} \int_\gamma e^{tz} f(t) \, \mathrm{d}t , \tag{3.193}$$

mit einem noch zu bestimmenden Weg γ. Für die unbekannte Funktion $f(t)$ erhalten wir wegen

$$\left(\frac{\mathrm{d}}{\mathrm{d}z}\right)^k w(z) = \frac{1}{2\pi i} \int_\gamma e^{tz} t^k f(t) \, \mathrm{d}t$$

die Bedingung

$$\int_\gamma e^{tz} [zt^2 + (\gamma - z)t - \alpha] f(t) \, \mathrm{d}t = 0 .$$

Mit $z e^{tz} = \frac{\mathrm{d}}{\mathrm{d}t} e^{tz}$ und partieller Integration wird daraus

$$\int_\gamma \frac{\mathrm{d}}{\mathrm{d}t} [e^{tz} t(t-1) f(t)] \mathrm{d}t + \int_\gamma e^{tz} \left[-\frac{\mathrm{d}}{\mathrm{d}t} (t(t-1) f(t)) + \gamma t f(t) - \alpha f(t) \right] \mathrm{d}t = 0 .$$

Dies ist sicher erfüllt falls

$$\int_\gamma \frac{\mathrm{d}}{\mathrm{d}t} [e^{tz} t(t-1) f(t)] \mathrm{d}t = 0$$

und

$$-\frac{\mathrm{d}}{\mathrm{d}t} (t(t-1) f(t)) + (\gamma t - \alpha) f(t) = 0 .$$

Die letzte Gleichung kann auch so geschrieben werden:

$$\frac{f'}{f} = \frac{(\gamma - 2)t + 1 - \alpha}{t(t-1)} = \frac{\alpha - 1}{t} + \frac{\gamma - \alpha - 1}{t - 1} .$$

Ein partikuläres Integral davon ist

$$f(t) = t^{\alpha-1}(t-1)^{\gamma-\alpha-1} \; .$$

Falls also

$$\int_\gamma \frac{\mathrm{d}}{\mathrm{d}t}[e^{tz}t^\alpha(t-1)^{\gamma-\alpha}]\mathrm{d}t = 0 \; , \tag{3.194}$$

so ist

$$w(z) = \frac{1}{2\pi i}\int_\gamma e^{tz}t^{\alpha-1}(t-1)^{\gamma-\alpha-1}\,\mathrm{d}t \tag{3.195}$$

eine Lösung von (3.186).

Wie oben ist dann auch

$$w(z) = z^{1-\gamma}\frac{1}{2\pi i}\int_{C'} e^{tz}t^{\alpha-\gamma}(t-1)^{-\alpha}\,\mathrm{d}t \tag{3.196}$$

eine Lösung von (3.186), wobei der Weg C' die folgende Bedingung erfüllen muss:

$$\int_{C'} \frac{\mathrm{d}}{\mathrm{d}t}[e^{tz}t^{\alpha-\gamma+1}(t-1)^{-\alpha+1}]\,\mathrm{d}t = 0 \; . \tag{3.197}$$

Gleichung 3.196 kann man wie folgt schreiben

$$w(z) = \frac{1}{2\pi i}\int_{C'} e^{tz}(tz)^{\alpha-\gamma}(tz-z)^{-\alpha}z\,\mathrm{d}t$$

oder (mit der Substitution $tz = \tau$)

$$w(z) = \frac{1}{2\pi i}\int_C e^\tau \tau^{\alpha-\gamma}(\tau-z)^{-\alpha}\,\mathrm{d}\tau \; . \tag{3.198}$$

Dabei lautet die Bedingung an den Weg C

$$\int_C \frac{\mathrm{d}}{\mathrm{d}\tau}[e^\tau \tau^{\alpha-\gamma+1}(\tau-z)^{-\alpha+1}]\,\mathrm{d}\tau = 0 \; .$$

Letztere ist erfüllt, wenn wir C wie in der Abb. 3.5 wählen:

C umläuft die beiden Punkte 0 und z und erstreckt sich ins Unendliche beidseitig der negativen reellen Achse. Der Integrand von (3.198) hat im Gebiet, das von C umschlossen wird, bei $\tau = 0$ einen Verzweigungspunkt. Wir legen längs der negativen reellen Achse einen Verzweigungsschnitt und definieren τ^a, wie üblich, mit dem *Hauptast des Logarithmus*.

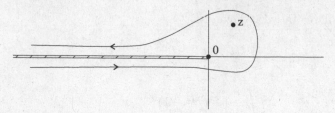

Abb. 3.5. Integrationsweg in (3.200)

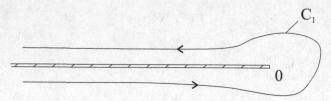

Abb. 3.6. Integrationsweg in der Hankel-Darstellung der Γ-Funktion

Nun beweisen wir, dass $w(z)$ in (3.198) mit $F(\alpha, \gamma; z)$ folgendermaßen zusammenhängt

$$F(\alpha, \gamma; z) = \Gamma(\gamma)w(z) \,, \tag{3.199}$$

d. h., es gilt

$$F(\alpha, \gamma; z) = \Gamma(\gamma)\frac{1}{2\pi i}\int_C e^\tau \tau^{\alpha-\gamma}(\tau - z)^{-\alpha}\, d\tau \,. \tag{3.200}$$

Um dies zu zeigen, wählen wir die Schleife um z so groß, dass $|z/\tau| \leq \rho < 1$ für alle $\tau \in C$. Dann gilt längs C die Entwicklung

$$(\tau - z)^{-\alpha} = \tau^{-\alpha}\left(1 - \frac{z}{\tau}\right)^{-\alpha} = \tau^{-\alpha}\sum_{n=0}^{\infty}\binom{-\alpha}{n}\left(-\frac{z}{\tau}\right)^n \,.$$

Dies setzen wir rechts in (3.200) ein und erhalten (nach Vertauschung von Summation und Integration)

$$F(\alpha, \gamma; z) = \Gamma(\gamma)\sum_{k=0}^{\infty}\binom{-\alpha}{n}(-z)^n\frac{1}{2\pi i}\int_C e^\tau \tau^{-\gamma-n}\, d\tau \,.$$

Hier können wir C in C_1 von Abb. 3.6 deformieren.

Mit Hilfe der bekannten Hankel-Darstellung der Γ-Funktion (siehe [22]),

$$\frac{1}{\Gamma(z)} = \frac{1}{2\pi i}\int_{C_1} e^\tau \tau^{-z}\, d\tau \,, \tag{3.201}$$

ergibt sich

$$F(\alpha, \gamma; z) = \sum_{n=0}^{\infty} \frac{\Gamma(\gamma)}{\Gamma(\gamma+n)} \binom{-\alpha}{n} (-z)^n \; .$$

Nun wenden wir wiederholt die Beziehung $\Gamma(z+1) = z\Gamma(z)$ an:

$$\Gamma(\gamma+n) = (\gamma)_n \Gamma(\gamma)$$

und benutzen

$$\binom{-\alpha}{n} = (-1)^n \frac{(\alpha)_n}{n!} \; .$$

Dies gibt schließlich

$$F(\alpha, \gamma; z) = \sum_{n=0}^{\infty} \frac{(\alpha)_n}{(\gamma)_n} \frac{1}{n!} z^n \; ,$$

was mit (3.190) übereinstimmt, q.e.d.

Asymptotik. Das asymptotische Verhalten von F ist z.B. sehr wichtig bei der Herleitung des diskreten Spektrums des H-Atoms (siehe Abschn. 3.5).

Ausgangspunkt der Diskussion ist die Integraldarstellung (3.200). Für große $|z|$ leiten wir unten das folgende Resultat her:

$$F(\alpha, \gamma, z) = \frac{\Gamma(\gamma)}{\Gamma(\gamma-\alpha)} (-z)^{-\alpha}$$

$$\times \left[\sum_{n=0}^{M} \frac{(\alpha)_n (\alpha-\gamma+1)_n}{n!} (-z)^{-n} + \mathcal{O}(|z|^{-M-1}) \right]$$

$$+ \frac{\Gamma(\gamma)}{\Gamma(\alpha)} e^z z^{\alpha-\gamma} \left[\sum_{n=0}^{N} \frac{(\gamma-\alpha)_n (1-\alpha)_n}{n!} z^{-n} + \mathcal{O}(|z|^{-N-1}) \right] \; . \quad (3.202)$$

Speziell für $M = N = 1$ kommt

$$\boxed{\begin{aligned} F(\alpha, \gamma, z) &= \frac{\Gamma(\gamma)}{\Gamma(\gamma-\alpha)} (-z)^{-\alpha} \left[1 + \mathcal{O}\left(\frac{1}{|z|}\right) \right] \\ &+ \frac{\Gamma(\gamma)}{\Gamma(\alpha)} e^z z^{\alpha-\gamma} \left[1 + \mathcal{O}\left(\frac{1}{|z|}\right) \right] \; . \end{aligned}} \quad (3.203)$$

Darf z.B. der exponentiell anwachsende Term aus physikalischen Gründen nicht vorkommen, so muss $-\alpha \in \mathbb{N}_\circ$ sein.

Zur Diskussion des asymptotischen Verhaltens von F spalten wir den Weg C in Abb. 3.5 in die zwei Wege C_1 und C_2 von Abb. 3.7 auf und setzen (siehe (3.200))

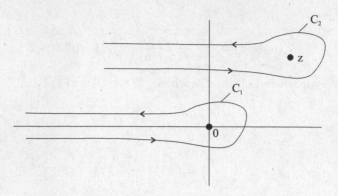

Abb. 3.7. Zerlegung des Weges von Abb. 3.5

$$\Phi_s(\alpha, \gamma, z) = \frac{\Gamma(\gamma)}{2\pi i} \int\limits_{C_s} e^\tau \tau^{\alpha-\gamma} (\tau - z)^{-\alpha}\, d\tau\,. \qquad (3.204)$$

Natürlich ist

$$F(\alpha, \gamma, z) = \Phi_1(\alpha, \gamma, z) + \Phi_2(\alpha, \gamma, z)\,. \qquad (3.205)$$

Für $s = 2$ führen wir die Substitution $\tau' = \tau - z$ aus und finden

$$\Phi_2(\alpha, \gamma, z) = e^z \frac{\Gamma(\gamma)}{2\pi i} \int\limits_{C_1} e^{\tau'} \tau'^{-\alpha} (\tau' + z)^{\alpha-\gamma}\, d\tau'\,.$$

Dies zeigt

$$\Phi_2(\alpha, \gamma, z) = e^z \Phi_1(\gamma - \alpha, \gamma, -z)\,. \qquad (3.206)$$

Φ_1 und Φ_2 sind im allgemeinen mehrdeutige Funktionen von z.

Nun machen wir eine heuristische Rechnung. Eine strenge Betrachtung wird anschließend folgen. Wir entwickeln

$$(\tau - z)^{-\alpha} = (-z)^{-\alpha} (1 - \tau/z)^{-\alpha} = (-z)^{-\alpha} \sum_{n=0}^{\infty} \binom{-\alpha}{n} \left(-\frac{\tau}{z}\right)^n\,,$$

und setzen dies in (3.204) für $s = 1$ ein (obschon die obige Reihe nur auf einem kleinen Stück von C_1 konvergiert!). Ebenso ungeniert vertauschen wir Integration und Summation und erhalten mit (3.201)

$$\Phi_1(\alpha, \gamma, z) = \Gamma(\gamma) (-z)^{-\alpha} \sum_{n=0}^{\infty} \binom{-\alpha}{n} \frac{1}{2\pi i} \int\limits_{C_1} e^\tau \tau^{\alpha-\gamma} \left(-\frac{\tau}{z}\right)^n d\tau$$

$$= \Gamma(\gamma) (-z)^{-\alpha} \sum_{n=0}^{\infty} \binom{-\alpha}{n} \frac{1}{\Gamma(\gamma - \alpha - n)} (-z)^{-n}\,.$$

Benutzen wir hier

$$\Gamma(\gamma - \alpha) = \Gamma(\gamma - \alpha - n)(\gamma - \alpha - n)(\gamma - \alpha - n + 1)\ldots(\gamma - \alpha - 1) \ .$$

sowie

$$\binom{-\alpha}{n} = (-1)^n \frac{(\alpha)_n}{n!} \ .$$

so kommt

$$\Phi_1(\alpha, \gamma, z) = \frac{\Gamma(\gamma)}{\Gamma(\gamma - \alpha)}(-z)^{-\alpha} \sum_{n=0}^{\infty} \frac{(\alpha)_n (\alpha - \gamma + 1)_n}{n!}(-z)^{-n} \ . \qquad (3.207)$$

Dies ist eine Entwicklung nach negativen Potenzen von z. Wir können bestenfalls hoffen, dass die rechte Seite von (3.207) das asymptotische Verhalten von Φ_1 in einem noch zu spezifizierenden Sinne beschreibt. Dies wollen wir nun diskutieren.

Wir setzen für $u \in \mathbb{C}$:

$$(1 - u)^{-\alpha} =: \sum_{n=0}^{N} \binom{-\alpha}{n}(-u)^n + r_N(u) \ . \qquad (3.208)$$

Aus

$$r_N(u)(1 - u)^{\alpha} = 1 - (1 - u)^{\alpha} \sum_{n=0}^{N} \binom{-\alpha}{n}(-u)^n \ ,$$

ergibt sich durch Ableiten nach u

$$\frac{\mathrm{d}}{\mathrm{d}u}[r_N(u)(1 - u)^{\alpha}] = \frac{(\alpha)_{N+1}}{N!}u^N(1 - u)^{\alpha-1} \ .$$

Damit folgt (da $r_N(0) = 0$)

$$r_N(u) = \frac{(\alpha)_{N+1}}{N!}(1 - u)^{-\alpha} \int_0^u v^N(1 - v)^{\alpha-1} \, \mathrm{d}v \ . \qquad (3.209)$$

Dabei muss man über einen Weg von $v = 0$ bis $v = u$ integrieren der nicht durch $v = 1$ geht. Benutzen wir (3.208) in der Definition von Φ_1, so folgt wie oben

$$\Phi_1(\alpha, \gamma, z) = \frac{\Gamma(\gamma)}{\Gamma(\gamma - \alpha)}(-z)^{-\alpha}$$

$$\times \left\{ \sum_{n=0}^{N} \frac{(\alpha)_n(\alpha - \gamma + 1)_n}{n!}(-z)^{-n} + R_N(\alpha, \gamma, z) \right\} \ , \qquad (3.210)$$

wobei

$$R_N(\alpha, \gamma, z) = \frac{1}{2\pi i} \int_{C_1} e^{\tau} \tau^{\alpha-\gamma} r_N\left(\frac{\tau}{z}\right) \mathrm{d}\tau \ . \qquad (3.211)$$

Dieses Restglied schätzen wir ab. Da (siehe (3.208))

$$\lim_{u \to 0} u^{-N-1} r_N(u) = (-1)^N \binom{-\alpha}{N+1},$$

verhält sich $r_N(u)$ wie u^{N+1} für $u \longrightarrow 0$. Wählen wir deshalb $\Re(\alpha - \gamma + N) > -1$, so können wir in (3.211) den Weg C_1 auf die beiden Ufer längs der negativen reellen Achse zusammenziehen. Dies gibt

$$R_N(\alpha, \gamma, z) = (1 - e^{-2\pi i(\alpha-\gamma)}) \frac{1}{2\pi i} \int_0^\infty e^\tau \tau^{\alpha-\gamma} r_N\left(\frac{\tau}{z}\right) d\tau. \qquad (3.212)$$

Dabei ist nach (3.209)

$$r_N\left(\frac{\tau}{z}\right) = \frac{(\alpha)_{N+1}}{N!} \left(1 - \frac{\tau}{z}\right)^{-\alpha} \int_0^{\tau/z} v^N (1-v)^{\alpha-1} dv. \qquad (3.213)$$

Wir zeigen nun, dass

$$\boxed{|R_N(\alpha, \gamma, z)| \le \frac{A_N}{|z|^{N+1}},} \qquad (3.214)$$

wobei A_N noch von $arg\, z$, aber nicht von $|z|$ abhängt. Dazu beweisen wir weiter unten die folgende Ungleichung: Sei $\rho \ge 0$; $\beta, \lambda_1, \lambda_2 \in \mathbb{R}$, dann gilt

$$|(1 - \rho e^{i\beta})^{\lambda_1 + i\lambda_2}| \le \left(\frac{1+\rho}{|\sin\beta|}\right)^{|\lambda_1|} e^{\pi|\lambda_2|}. \qquad (3.215)$$

Damit folgt aus (3.213) für $|z| > 1$

$$|r_N(\tau/z)| \le const. \left|(1 - \tau/z)^{-\alpha}\right| \left|\int_0^{\tau/z} v^N (1-v)^{\alpha-1} dv\right|$$

$$\le const. (1 + |\tau/z|)^{|\alpha|} \int_0^{|\tau/z|} v^N \underbrace{|(1-v)^{\alpha-1}|}_{\le const.|1+v|^{|\alpha|}} dv$$

$$\le const. (1 + |\tau|)^{|\alpha|} |\tau/z|^{N+1} \int_0^1 u^N (1 + |\tau|)^{|\alpha|} du$$

$$\le const. \frac{1}{|z|^{N+1}} (1 + |\tau|)^{2|\alpha|} |\tau|^{N+1}.$$

Deshalb gilt (3.214), q.e.d.

Wir beweisen noch (3.215): Setzen wir $1 - \rho e^{i\beta} = \rho_1 e^{i\beta_1}$, $\rho_1 \geq 0$, $|\beta_1| \leq \pi$.
Dann ist

$$\rho_1 = \left| 1 - \rho e^{i\beta} \right| \leq 1 + \rho$$

und

$$\rho_1^2 - \sin^2 \beta = (1 + \rho e^{i\beta})(1 + \rho e^{-i\beta}) - \sin^2 \beta$$
$$= (\rho + \cos \beta)^2 \geq 0 \Longrightarrow \rho_1 \geq |\sin \beta| .$$

Damit gilt

$$\left| (1 - \rho e^{i\beta})^{\lambda_1 + i\lambda_2} \right| = \left| (\rho_1 e^{i\beta_1})^{\lambda_1 + i\lambda_2} \right| = \rho_1^{\lambda_1} e^{-\beta_1 \lambda_2} .$$

Aber

$$\rho_1^{\lambda_1} \leq \left(\frac{1 + \rho}{|\sin \beta|} \right)^{|\lambda_1|} , \quad e^{-\beta_1 \lambda_2} \leq e^{\pi |\lambda_2|} .$$

Daraus folgt die Behauptung.

Aus (3.210) und (3.214) erhalten wir für $|z| > 1$:

$$\Phi_1(\alpha, \gamma, z) = \frac{\Gamma(\gamma)}{\Gamma(\gamma - \alpha)} (-z)^{-\alpha}$$
$$\times \left[\sum_{n=0}^{N} \frac{(\alpha)_n (\alpha - \gamma + 1)_n}{n!} (-z)^{-n} + \mathcal{O}(|z|^{-N-1}) \right] . \quad (3.216)$$

Damit und mit (3.206) folgt für $|z| > 1$ auch:

$$\Phi_2(\alpha, \gamma, z) = \frac{\Gamma(\gamma)}{\Gamma(\alpha)} e^z z^{\alpha - \gamma} \left[\sum_{n=0}^{N} \frac{(\gamma - \alpha)_n (1 - \alpha)_n}{n!} z^{-n} + \mathcal{O}(|z|^{-N-1}) \right] .$$
$$(3.217)$$

Mit (3.205) erhalten wir daraus das angekündigte Resultat (3.202) (welches
bei der Herleitung des Wasserstoffspektrums benutzt wurde).

Die Laguerreschen Polynome. Die Laguerreschen Polynome sind durch
folgende Gleichung definiert

$$\boxed{L_k^m(z) := \frac{(-1)^m (k!)^2}{m!(k-m)!} F(m - k, m + 1, z); \quad k, m \in \mathbb{N}_\circ, m \leq k .} \quad (3.218)$$

Dies ist ein Polynom vom Grade $k - m$. Mit der Integraldarstellung (3.200)
können wir diesen Ausdruck umformen. Da m, k ganz sind kann man den
Weg C auf einen Kreis um $\tau = 0$ zusammenziehen (der Schnitt fällt weg):

$$F(m - k, m + 1, z) = m! \frac{1}{2\pi i} \oint e^\tau \frac{(\tau - z)^{k-m}}{\tau^{k+1}} \, d\tau . \quad (3.219)$$

Benutzen wir hier

$$(\tau - z)^{k-m} = (-1)^m \frac{(k-m)!}{k!} \left(\frac{d}{dz} \right)^m (\tau - z)^k \,,$$

so kommt

$$F(m-k, \, m+1, \, z) = (-1)^m \frac{m!(k-m)!}{k!} \left(\frac{d}{dz} \right)^m \frac{1}{2\pi i} \oint e^\tau \frac{(\tau - z)^k}{\tau^{k+1}} \, d\tau \,.$$

Der Satz von Cauchy gibt

$$\frac{1}{2\pi i} \oint e^\tau \frac{(\tau - z)^k}{\tau^{k+1}} \, d\tau = \frac{1}{k!} \left(\frac{d}{d\tau} \right)^k \Big|_{\tau=0} \big[\underbrace{e^\tau (\tau - z)^k}_{e^z e^{\tau - z} (\tau - z)^k} \big]$$

$$= \frac{1}{k!} e^z \left(\frac{d}{dz} \right)^k (e^{-z} z^k) \,.$$

Damit gilt

$$\boxed{L_k^m(z) = \left(\frac{d}{dz} \right)^m L_k(z) \,,} \tag{3.220}$$

wobei

$$\boxed{L_k(z) \equiv L_k^0(z) = e^z \left(\frac{d}{dz} \right) (z^k e^{-z}) \,.} \tag{3.221}$$

Nun bestimmen wir die erzeugende Funktion der Laguerre-Polynome L_k:

$$\Phi(z, t) := \sum_{k=0}^\infty \frac{t^k}{k!} L_k(z) = \sum_{k=0}^\infty t^k F(-k, \, 1, \, z) \,. \tag{3.222}$$

Nach (3.219) haben wir die Integraldarstellung

$$F(-k, \, 1, \, z) = \frac{1}{2\pi i} \oint \frac{e^\tau (\tau - z)^k}{\tau^{k+1}} \, d\tau \,.$$

Folglich

$$\Phi(z, \, t) = \frac{1}{2\pi i} \oint \frac{e^\tau}{\tau} \sum_{k=0}^\infty \left[\frac{t(\tau - z)}{\tau} \right]^k \, d\tau$$

$$= \frac{1}{2\pi i} \oint \frac{e^\tau}{\tau - t(\tau - z)} \, d\tau = \frac{e^{-tz/(1-t)}}{1 - t} \,,$$

d. h.

$$\Phi(z, \, t) = \frac{e^{-tz/(1-t)}}{1 - t} \,. \tag{3.223}$$

Daraus erhalten wir mit (3.220) leicht die erzeugende Funktion für die L_k^m:

$$\Phi_m(z,\, t) = \sum_{k=0}^{\infty} \frac{t^k}{k!} L_k^m(z) = \frac{\partial^m}{\partial z^m} \Phi(z,\, t)\,;$$

$$\boxed{\Phi_m(z,\, t) = \left(\frac{-t}{1-t}\right)^m \frac{e^{-tz/(1-t)}}{1-t}\,.}$$
(3.224)

Anwendung An verschiedenen Stellen benötigen wir Integrale der Form

$$N_{k,l}^m(\sigma) := \frac{1}{k!\,l!} \int_0^{\infty} e^{-x} x^{m+\sigma} L_k^m(x) L_l^m(x)\,\mathrm{d}x\,.$$
(3.225)

Nun findet man für den entsprechenden Ausdruck mit L_k^m, $L_l^m \longrightarrow \Phi_m$ völlig elementar

$$f^m(\sigma;\, s,\, t) := \int_0^{\infty} e^{-x} x^{m+\sigma} \Phi_m(x,\, s) \Phi_m(s,\, t)\,\mathrm{d}x$$

$$= \Gamma(m+\sigma+1) \frac{(st)^m[(1-s)(1-t)]^\sigma}{(1-st)^{m+\sigma+1}}\,.$$
(3.226)

Anderseits ist natürlich

$$f^m(\sigma;\, s,\, t) = \sum_{k,l=0}^{\infty} N_{k,l}^m(\sigma) s^k t^l\,.$$
(3.227)

Die $N_{k,l}^m(\sigma)$ erhält man deshalb aus (3.226), indem man in einer Potenzreihenentwicklung den richtigen Term herausfischt (Methode von Schrödinger).

Beispiel 3.7.2.

$$N_{k,k}^m(1) = \frac{1}{(k!)^2} \int_0^{\infty} e^{-x} x^{m+1} L_k^m(x) L_k^m(x)\,\mathrm{d}x$$

ist der Koeffizient von $(st)^k$ in

$$\Gamma(m+2) \frac{(st)^m[(1-s)(1-t)]}{(1-st)^{m+2}}\,,$$

also

$$\boxed{N_{k,k}^m(1) = \frac{k!}{(k-m)!}(2k-m+1)\,.}$$
(3.228)

Normierung der Wellenfunktion des H-Atoms. Wir kommen auf die Differentialgleichung (3.86) für die radiale Wellenfunktionen des H-Atoms (mit $\lambda = l\,(l+1)$) zurück,

$$\frac{d^2\chi}{dr^2} + \frac{2}{r}\frac{d\chi}{dr} + \left\{\varepsilon + \frac{2}{r} - \frac{l\,(l+1)}{r^2}\right\}\chi = 0 \;. \tag{3.229}$$

Die physikalisch zulässige Lösung verhält sich für $r \longrightarrow 0$ wie r^l (siehe Seite 41). Für $r \longrightarrow \infty$ erwarten wir (siehe Seite 42) $\chi \sim e^{-\sqrt{-\varepsilon}r}$. Deshalb setzen wir

$$\chi\,(r) = r^l e^{-\sqrt{-\varepsilon}r} w\,(r) \;,$$

wobei $w\,(r)$ für $r \longrightarrow 0$ endlich bleiben soll. w erfüllt, wie man leicht nachrechnet, die konfluente hypergeometrische Differentialgleichung (3.186), mit

$$\alpha = -\frac{1}{\sqrt{-\varepsilon}} + l + 1 \;, \quad \gamma = 2\,(l+1) \;, \quad x = +2\sqrt{-\varepsilon}r \;.$$

Da $F\,(\alpha,\,\beta,\,0) = 1$ hat $w\,(r) \propto F\,(\alpha,\,\beta,\,x)$ das richtige Verhalten bei $r \longrightarrow 0$. Folglich ist

$$\boxed{\chi_{\varepsilon,l}\,(r) = const.\,e^{-\sqrt{-\varepsilon}r} r^l F\left(l+1 - \frac{1}{\sqrt{-\varepsilon}},\, 2l+2,\, 2\sqrt{-\varepsilon}r\right) \;.} \tag{3.230}$$

Das asymptotische Verhalten dieser Wellenfunktion ergibt sich aus (3.203)

$$\chi_{\varepsilon,l}\,(r) = \; const.\,e^{-\sqrt{-\varepsilon}r} r^l \left\{ \frac{(2l+1)!}{\Gamma\left(l+1+\frac{1}{\sqrt{-\varepsilon}}\right)} \left(-2\sqrt{-\varepsilon}r\right)^{\frac{1}{\sqrt{-\varepsilon}}-l-1} \right.$$

$$\times \left[1 + \mathcal{O}\left(\frac{1}{|\varepsilon|^{1/2}r}\right)\right] + \frac{(2l+1)!}{\Gamma\left(l+1-\frac{1}{\sqrt{-\varepsilon}}\right)} e^{2\sqrt{-\varepsilon}r} \left(2\sqrt{-\varepsilon}r\right)^{-\frac{1}{\sqrt{-\varepsilon}}-l-1}$$

$$\times \left.\left[1 + \mathcal{O}\left(\frac{1}{|\varepsilon|^{1/2}r}\right)\right] \right\} \;. \tag{3.231}$$

Die Wellenfunktionen sind nur beschränkt für

$$\varepsilon = \begin{cases} -1/n^2 \;, n = l+1, l+2, l+3, \ldots \\ \geq 0 \;. \end{cases} \tag{3.232}$$

Die negativen Werte in (3.232) bilden das *diskrete* und die positiven ε-Werte das *kontinuierliche Spektrum* des „radialen Hamiltonoperators"

$$-\frac{d^2}{dr^2} - \frac{2}{r}\frac{d}{dr} - \left[\frac{2}{r} - \frac{l\,(l+1)}{r^2}\right] \;.$$

Mit

$$\varphi(r) := r\chi(r) ,$$

erhalten wir für φ die Gleichung

$$-\frac{d^2\varphi}{dr^2} + V_l\varphi = \varepsilon\varphi , \qquad (3.233)$$

wobei

$$V_l(r) = \frac{l(l+1)}{r^2} - \frac{2}{r} . \qquad (3.234)$$

(Mache eine Skizze des „effektiven Potentials" $V_l(r)$.)

Die zu $\varepsilon = -1/n^2$ gehörigen Lösungen von (3.233) haben nach (3.230) die Form

$$\varphi_{n,l} = C_{n,l}e^{-r/n}\left(\frac{2}{n}r\right)^{l+1} F\left(l+1-n, 2l+2, \frac{2}{n}r\right) . \qquad (3.235)$$

Notiere, dass nach (3.218)

$$F\left(l+1-n, 2l+2, \frac{2}{n}r\right) = \frac{(-1)^m (2l+1)! (n-l-1)!}{[(l+m)!]^2} L_{l+n}^{2l+1}\left(\frac{2}{n}r\right) .$$

Die Konstanten $C_{n,l}$ in (3.236) legen wir fest durch die Forderung

$$\int_0^\infty |\varphi_{n,l}|\, dr = 1 . \qquad (3.236)$$

Aus (3.235) und (3.228) folgt

$$C_{n,l} = \frac{1}{n}\frac{1}{(2l+1)!}\sqrt{\frac{(n+l)!}{(n-l-1)!}} . \qquad (3.237)$$

Betrachten wir zwei Lösungen $\varphi_{n_1,l}$, $\varphi_{n_2,l}$, so folgt aus (3.233)

$$\varphi_{n_1,l}'' - V_l\varphi_{n_1,l} = \frac{1}{n_1^2}\varphi_{n_1,l} ,$$

$$\varphi_{n_2,l}'' - V_l\varphi_{n_2,l} = \frac{1}{n_2^2}\varphi_{n_2,l} .$$

Multipliziert man die erste Gleichung mit $\varphi_{n_2,l}$ und die zweite mit $\varphi_{n_1,l}$ und subtrahiert die resultierenden Gleichungen, finden wir

$$\left(-\frac{1}{n_1^2} + \frac{1}{n_2^2}\right)\varphi_{n_1,l}\varphi_{n_2,l} = \frac{d}{dr}\left(\varphi_{n_1,l}\frac{d\varphi_{n_2,l}}{dr} - \frac{d\varphi_{n_1,l}}{dr}\varphi_{n_2,l}\right) .$$

Durch Integration folgt für $n_1 \neq n_2$, mit dem Verhalten von φ bei $r=0$ und $r \longrightarrow \infty$:

$$\int_0^\infty \varphi_{n_1,l}(r)\,\varphi_{n_2,l}(r)\, dr = 0 .$$

Diese Gleichung und (3.236) können wir zusammenfassen in

$$\boxed{\int_0^\infty \varphi_{n_1,l}(r)\,\varphi_{n_2,l}(r)\,\mathrm{d}r = \delta_{n_1 n_2}\,.}$$
(3.238)

Zeige analog, dass für $\varepsilon > 0$ und $n = l+1, l+2, \ldots$

$$\int_0^\infty \varphi_{n_1,l}(r)\,\varphi_{\varepsilon,l}(r)\,\mathrm{d}r = 0\,.$$
(3.239)

Diskussion von $\varphi_{n,l}$ für $\varepsilon > 0$ Wir setzen $\sqrt{-\varepsilon} = ik$, $k > 0$, und

$$\varphi_{\varepsilon,l}(r) \equiv \varphi_l(k,r) = C_l(k,)\,e^{-ikr}\,(2kr)^{l+1}\,F\left(l+1+\frac{i}{k},\,2l+2,\,2ikr\right).$$
(3.240)

Wählen wir $c_l(k)$ reell, so ist auch $\varphi_l(k,r)$ *reell*. Um dies zu zeigen, benötigen wir

$$F(\alpha,\gamma,z) = e^z F(\gamma-\alpha,\gamma,-z)$$
(3.241)

und

$$F(\alpha,\gamma,z)^* = F(\alpha^*,\gamma^*,z^*)\,.$$
(3.242)

Die erste dieser beiden Gleichungen folgt daraus, dass beide Seiten ganze Funktionen sind, die für $z = 0$ den Wert 1 annehmen und Lösungen der konfluenten hypergeometrischen Differentialgleichung sind. Die Gl. 3.242 folgt sofort aus der Reihendarstellung von $F(\alpha,\gamma,z)$ (siehe (3.190)).

Damit folgt

$$e^{-ikr}F\left(l+1+\frac{i}{k},\,2l+2,\,2ikr\right) = e^{ikr}F\left(l+1-\frac{i}{k},\,2l+2,\,-2ikr\right)$$

$$= \left[e^{-ikr}F\left(l+1+\frac{i}{k},\,2l+2,\,2ikr\right)\right]^*\,.\quad\text{q.e.d.}$$

Wir interessieren uns für das asymptotische Verhalten von (3.240). Dieses ergibt sich aus (3.203):

$$\varphi_l(k,r) = C_l(k)\,e^{-ikr}\,(2kr)^{l+1}\left\{\frac{\Gamma(2l+2)}{\Gamma(l+1-i/k)}\,(-2ikr)^{-l-1-\frac{i}{k}}\right.$$

$$\times\left(1+\mathcal{O}\left(\frac{1}{kr}\right)\right) + \frac{\Gamma(2l+2)}{\Gamma(l+1+i/k)}\,e^{2ikr}\,(2ikr)^{\frac{i}{k}-l-1}\left(1+\mathcal{O}\left(\frac{1}{kr}\right)\right)\right\}.$$

Mit

$$\Gamma(z^*) = \Gamma(z)^*\,,$$

und

$$2ikr = e^{\ln(2kr)+i\pi/2}\,,\quad (2ikr)^{\frac{i}{k}-l-1} = 2^{-l-1}(kr)^{-l-1}\cdot e^{\frac{i}{k}\ln(2kr)}e^{i\pi/2\left(\frac{i}{k}-l-1\right)}\,,$$

folgt

$$\varphi_l(k, r) = C_l(k) e^{-ikr} (2kr)^{l+1} \left\{ \frac{\Gamma(2l+2)}{\Gamma(l+1-i/k)} (-2ikr)^{-l-1-i/k} \right.$$

$$\left. \times \left(1 + \mathcal{O}\left(\frac{1}{kr}\right)\right)\right\} + \text{konj. komplex} ,$$

d. h.

$$\varphi_l(k, r) = C_l(k) \frac{2(2l+1)! e^{-\pi/2k}}{|\Gamma(l+1+i/k)|} \sin\left(kr + \frac{\ln 2kr}{k} - \delta_l(k) - \frac{l\pi}{2}\right)$$

$$\times \left(1 + \mathcal{O}\left(\frac{1}{kr}\right)\right) , \tag{3.243}$$

wobei

$$\delta_l(k) := arg\Gamma(l+1+i/k) , \quad \delta_l(\infty) = 0 . \tag{3.244}$$

Wir wählen die Normierung (die sich als zweckmäßig erweisen wird)

$$C_l(k) \frac{2(2l+1)! e^{-\pi/2k}}{|\Gamma(l+1+i/k)|} = \sqrt{\frac{2}{\pi}} . \tag{3.245}$$

Damit erhalten wir die asymptotische Formel

$$\varphi_l(k, r) = \sqrt{\frac{2}{\pi}} \sin\left(kr + \frac{\ln 2kr}{k} - \delta_l(k) - \frac{l\pi}{2}\right)$$

$$\times \left(1 + \mathcal{O}\left(\frac{1}{kr}\right)\right) . \tag{3.246}$$

Ohne Beweis geben wir die Normierung von $\varphi_l(k, r)$ an. (Eine Herleitung findet man in der QMI von Jost, S. 64ff.) Es sei für eine Funktion f

$$f(\Delta) := \int_{k_1}^{k_2} f(k) \, dk , \quad \Delta = [k_1, k_2] .$$

Ferner sei $m(\Delta)$ die Länge (Lebesque-Maß) von Δ. Dann gilt

$$\int_0^\infty \varphi_l(\Delta_1, r) \varphi_l(\Delta_2, r) \, dr = m(\Delta_1 \cap \Delta_2) . \tag{3.247}$$

Formal geschrieben lautet diese Gleichung

$$\int_0^\infty \varphi_l(k_1, r) \varphi_l(k_2, r) \, dr = \delta(k_1 - k_2) . \tag{3.248}$$

Ferner kann man zeigen: Jedes $f \in \mathcal{S}(\mathbb{R}_+)$ lässt sich wie folgt darstellen:

$$f(r) = \sum_{n>l} c_{n,l} \varphi_{n,l}(r) + \int_0^\infty \hat{f}(k) \varphi_l(k, r) \, \mathrm{d}k , \qquad (3.249)$$

mit

$$c_{n,l} = \int_0^\infty \varphi_{n,l}(r) f(r) \, \mathrm{d}r ,$$

$$\hat{f}(k) = \int_0^\infty \varphi_l(k, r) f(r) \, \mathrm{d}r . \qquad (3.250)$$

Ergänzungen zum harmonischen Oszillator. Wir gehen auf die Gln. 3.45 und 3.46 zurück:

$$u(\xi) = e^{-\frac{1}{2}\xi^2} w(\xi) ,$$

$$\frac{\mathrm{d}^2 w}{\mathrm{d}\xi^2} - 2\xi \frac{\mathrm{d}w}{\mathrm{d}\xi} + 2(\varepsilon - 1) w = 0 .$$

Diese Differentialgleichung kann man auch so schreiben:

$$\xi^2 \frac{\mathrm{d}^2 w}{\mathrm{d}(\xi^2)^2} + \left(\frac{1}{2} - \xi^2\right) \frac{\mathrm{d}w}{\mathrm{d}(\xi)^2} - \frac{1-2\varepsilon}{4} w = 0 . \qquad (3.251)$$

Vergleicht man dies mit (3.186), so sieht man, dass w proportional zur konfluenten hypergeometrischen Funktion mit $\alpha = \frac{1-2\varepsilon}{4}$, $\gamma = \frac{1}{2}$ ist. Folglich ist die allgemeinste Lösung nach (3.192)

$$u(\xi) = A e^{-\frac{1}{2}\xi^2} F\left(\frac{1-2\varepsilon}{4}, \frac{1}{2}; \xi^2\right) + B e^{-\frac{1}{2}\xi^2} \xi F\left(\frac{3-2\varepsilon}{4}, \frac{3}{2}; \xi^2\right) . \qquad (3.252)$$

Um herauszufinden, welche Lösungen beschränkt sind, benutzen wir die asymptotische Formel (3.203). Danach ist

$$e^{-\frac{1}{2}\xi^2} F\left(\frac{1-2\varepsilon}{4}, \frac{1}{2}; \xi^2\right) = \frac{\Gamma(\frac{1}{2})}{\Gamma(\frac{1+2\varepsilon}{4})} e^{-\frac{1}{2}\xi^2} (-\xi^2)^{\frac{2\varepsilon-1}{4}} \left(1 + \mathcal{O}\left(\frac{1}{\xi^2}\right)\right)$$
$$+ \frac{\Gamma(\frac{1}{2})}{\Gamma(\frac{1-2\varepsilon}{4})} e^{\frac{1}{2}\xi^2} (\xi^2)^{-\frac{1+2\varepsilon}{4}} \left(1 + O\left(\frac{1}{\xi^2}\right)\right) ,$$

und

$$e^{-\frac{1}{2}\xi^2} F\left(\frac{3-2\varepsilon}{4}, \frac{3}{2}; \xi^2\right) = \frac{\Gamma(\frac{3}{2})}{\Gamma(\frac{3+2\varepsilon}{4})} e^{-\frac{1}{2}\xi^2} \xi (-\xi^2)^{\frac{2\varepsilon-3}{4}}$$
$$\times \left(1 + \mathcal{O}\left(\frac{1}{\xi^2}\right)\right) + \frac{\Gamma(\frac{3}{2})}{\Gamma(\frac{3-2\varepsilon}{4})} e^{\frac{1}{2}\xi^2} \xi (-\xi^2)^{\frac{2\varepsilon-3}{4}} \left(1 + \mathcal{O}\left(\frac{1}{\xi^2}\right)\right) .$$

Daraus liest man Folgendes ab:

$$e^{-\frac{1}{2}\xi^2} F\left(\frac{1 - 2\varepsilon}{4}, \frac{1}{2}; \xi^2\right) \quad \text{beschränkt} \Leftrightarrow -\left(\frac{1 - 2\varepsilon}{4}\right) \in \mathbb{N}_\circ \, ,$$

$$e^{-\frac{1}{2}\xi^2} F\left(\frac{3 - 2\varepsilon}{4}, \frac{3}{2}; \xi^2\right) \quad \text{beschränkt} \Leftrightarrow -\left(\frac{3 - 2\varepsilon}{4}\right) \in \mathbb{N}_\circ \, .$$

Die erlaubten ε-Werte sind demnach wie gehabt:

$$\varepsilon = \frac{1}{2} + n \, , \quad n \in \mathbb{N}_\circ \, . \tag{3.253}$$

Für die zugehörigen Eigenfunktionen müssen wir eine Fallunterscheidung treffen. Für *gerade* n ($n = 2k$, $k \in \mathbb{N}_\circ$) haben wir

$$u_{2k}(\xi) = C_{2k} e^{-\frac{1}{2}\xi^2} F\left(-k, \frac{1}{2}; \xi^2\right) \, , \tag{3.254}$$

und für *ungerade* n ($n = 2k + 1$, $k \in \mathbb{N}_\circ$):

$$u_{2k+1}(\xi) = C_{2k+1} e^{-\frac{1}{2}\xi^2} F\left(-k, \frac{3}{2}; \xi^2\right) \, . \tag{3.255}$$

Die Hermite-Polynome $H_n(\xi)$ sind also proportional zu $F\left(-k, \frac{1}{2}, \xi^2\right)$, bzw. $\xi \cdot F\left(-k, \frac{3}{2}, \xi^2\right)$. Zeige, dass der genaue Zusammenhang wie folgt lautet:

$$\begin{cases} (-1)^k \frac{(2k)!}{k!} F(-k, \frac{1}{2}; \xi^2) \text{ für } n = 2k, \\[2mm] (-1)^k \frac{2(2k+1)!}{k!} \xi F(-k, \frac{3}{2}; \xi^2) \text{ für } n = 2k + 1 \, . \end{cases} \tag{3.256}$$

3.7.4 Orthogonale Polynome

Beim harmonischen Oszillator und bei den gebundenen Zuständen des H-Atoms sind wir auf reelle orthogonale Polynome gestoßen (Hermite-, Legendre- und Laguerre-Polynome). An dieser Stelle wollen wir die orthogonalen Polynome noch etwas eingehender (und allgemeiner) diskutieren. Grundlegend für diese Diskussion ist das elementare Orthogonalisierungsverfahren von E. Schmidt. Der Vollständigkeit halber sei dieses hier (in abstrakter Formulierung) kurz wiederholt.

Sei $\{v_0, v_1, v_2, \dots\}$ eine Folge von Vektoren in einem separablen Hilbertraum $\mathcal{H}$, mit den folgenden Eigenschaften:

(i) Jeder Abschnitt $\{v_0, v_1, v_2, \dots, v_k\}$ bildet ein linear unabhängiges System von Vektoren.

(ii) Ist w ein Element des Hilbertraumes $\mathcal{H}$ mit der Eigenschaft $(v_k, w) = 0$ für alle k, so ist $w = 0$.

Unter diesen Voraussetzungen bilden die Vektoren

$$e_0 = \frac{v_0}{\|v_0\|} \tag{3.257}$$

$$e_1 = \frac{v_1 - (e_0, v_1)\, e_0}{\|v_1 - (e_0, v_1)\, e_0\|}$$

$$e_k = \frac{v_k - \sum_{l=1}^{k-1} (e_l, v_k)\, e_l}{\|v_k - \sum_{l=1}^{k-1} (e_l, v_k)\, e_l\|}$$

eine Orthonormalbasis von $\mathcal{H}$ (verifiziere dies im Detail).

Nun sei ρ eine Dichte im Intervall (a, b), $-\infty \le a < b \le +\infty$. Für $x \in (a, b)$ sei $\rho(x) > 0$ und ρ stetig. (Wir könnten allgemeiner messbare ρ betrachten.) Ferner existiere ein $\alpha > 0$ so, dass

$$e^{\alpha|x|} \rho(x) < C \text{ für } x \in (a, b) \ , \ C < \infty \ .$$

Wir benutzen die Funktion

$$\chi = \left\{ \begin{array}{l} 1 \text{ für } x \in (a, b), \\ 0 \text{ sonst} . \end{array} \right.$$

Wir suchen nun Polynome p_k vom Grade k mit

$$\int_a^b p_k(x)\, p_l(x)\, \rho(x)\, dx = \delta_{kl} \ . \tag{3.258}$$

Um diese zu konstruieren, betrachten wir die Funktionsfolge

$$\{\chi\sqrt{\rho},\ x\chi\sqrt{\rho},\ x^2\chi\sqrt{\rho},\ \dots\} \tag{3.259}$$

in $L^2((a, b))$. Diese Folge erfüllt offensichtlich die Voraussetzung (i) des Schmidtschen Orthogonalisierungsverfahrens. Aber auch die Bedingung (ii) ist erfüllt. Zum Beweis verallgemeinern wir die Überlegung im Beweis von Satz 3.4.1 für die Hermite-Polynome (siehe Seite 37). Sei $f \in L^2((a, b))$ und es gelte

$$\int_a^b \bar{f}(x)\, x^k \sqrt{\rho}\, dx = 0 \ , \quad k \in \mathbb{N}_\circ \ . \tag{3.260}$$

Wir betrachten die Funktion

$$F(z) = \int_a^b e^{-izx} \sqrt{\rho}\, \bar{f}(x)\, dx \ .$$

Diese Funktion ist analytisch für $|\Im z| < \alpha/2$. Für die k-te Ableitung erhalten wir dort

$$F^{(k)}(z) = (-i)^k \int_a^b e^{-izx} x^k \sqrt{\rho}\, \bar{f}(x)\, dx \ .$$

Nach Voraussetzung ist

$$F^{(k)}(0) = (-i)^k \int_a^b x^k \sqrt{\rho}\,\bar{f}(x)\,\mathrm{d}x = 0\,, \quad k \in \mathbb{N}_\circ \,.$$

Daraus folgt $F \equiv 0$. Für reelle z gibt dies

$$0 = F(s + i0) = \int_a^b e^{-isx}\,\bar{f}(x)\,\sqrt{\rho}\,\mathrm{d}x \,.$$

Dies ist nur möglich für $f = 0$, fast überall.

Für die Folge (3.259) können wir also das Schmidtsche Orthogonalisierungsverfahren anwenden und erhalten dabei eine *Orthonormalbasis von* $L^2((a, b))$. Die Basiselemente haben die folgende Gestalt

$$e_k = p_k \chi \sqrt{\rho}\,, \tag{3.261}$$

wo p_k ein Polynom k-ten Grades ist, und erfüllen nach Konstruktion (3.258). Beachte, dass die k-te Potenz von p_k *strikte positiv* ist.

Beispiele:

a	b	ρ	Name
$-\infty$	$+\infty$	e^{-x^2}	Hermite
0	∞	e^{-x}	Laguerre
-1	1	1	Legendre

Eigenschaften orthogonaler Polynome. (a) *Ist* $a = -b$ *und* $\rho(-x) = \rho(x)$, *dann gilt*

$$p_k(-x) = (-1)^k\,p_k(x)\,.$$

Beweis. Sind $\{p_\circ(x), p_1(x), \dots\}$ orthogonale Polynome zum Gewicht ρ im Intervall (a, b) mit strikte positiven Koeffizienten zur höchsten Potenz, so sind diese *eindeutig bestimmt*. Mit den gemachten Voraussetzungen erfüllt aber auch die Folge $\{p_\circ(-x), p_1(-x), \dots\}$ die charakterisierenden Eigenschaften.

(b) p_k *besitzt in* (a, b) *genau k einfache Nullstellen.*

Beweis. Es seien $a < x_1 < x_2 < \cdots < x_h < b$ die sämtlichen ungeraden Nullstellen von p_k in (a, b). Wir nehmen an, es sei $h < k$. Für das Polynom

$$q_h(x) := \prod_{l=1}^h (x - x_l)\,, \tag{3.262}$$

gilt

$$\int_a^b q_k(x)\,p_k(x)\,\rho(x)\,\mathrm{d}x = 0\,, \tag{3.263}$$

denn für $h < k$ ist

$$q_h = \sum_{l=1}^{h} c_l p_l \, ,$$

woraus (3.263) auf Grund der Orthogonalitätseigenschaften (3.258) folgt. Nach Konstruktion ist aber $q_h \cdot p_k$ entweder nicht negativ (für alle $x \in (a, b)$) oder nicht positiv (und sicher nicht identisch gleich Null). Deshalb gilt

$$\int_a^b q_h(x)\, p_k(x)\, \rho(x)\, \mathrm{d}x > 0 \, , \quad \text{bzw.} < 0 \, ,$$

im Widerspruch zu (3.263). Dies beweist $h = k$.

(c) *Zwischen zwei Nullstellen von p_{k+1} liegt genau eine Nullstelle von p_k.*
Zum Beweis von (c) benötigen wir zwei Hilfssätze.

Lemma 3.7.3. *Das Polynom*

$$q_k(\lambda, x) = p_k(x) + \lambda p_{k-1}(x) \, , \quad \lambda \in \mathbb{R}$$

hat für alle λ genau k einfache reelle Nullstellen.

Beweis. Die Zahl der reellen Nullstellen eines Polynoms vom Grade k ist entweder k oder $\le k - 2$. Es habe $q_k(\lambda, x)$ die reellen Nullstellen $x_1 < x_2 < \cdots < x_h$, $h \le k - 2$. Dann gilt für das Polynom

$$r_h(x) = \prod_{l=1}^{h} (x - x_l)$$

wie im Beweis von (b)

$$\int_a^b r_h(x)\, q_k(\lambda, x)\, \rho(x)\, \mathrm{d}x = 0 \, .$$

Dies ist wieder im Widerspruch zu

$$r_h(x)\, q_k(\lambda, x) \ge 0 \text{ resp.} \le 0 \text{ für } alle \ x \in (a, b) \, .$$

Lemma 3.7.4. *Es gibt kein $y \in (a, b)$ mit*

$$p_k(y) = p_{k-1}(y) = 0 \, .$$

Beweis. Gäbe es ein solches y, so folgt

$$q_k(\lambda, y) = 0 \text{ für alle } \lambda \in \mathbb{R} \, .$$

Wählen wir speziell $\lambda = \lambda_\circ = -p_k'(y)/p_{k-1}'(y)$ (beachte $p_{k-1}'(y) \ne 0$, da die Nullstellen nach (b) einfach sind), dann ist

$$q_k(\lambda_\circ, x) = 0 \, , \quad q_k'(\lambda_\circ, x) = 0 \, ,$$

d.h. y wäre eine Doppelwurzel von $q_k(\lambda, x)$, im Widerspruch zu Lemma 3.7.3.

Beweis (von (c)). Wäre (c) falsch, dann gäbe es zwei Nullstellen $a < \alpha < \beta < b$ von p_k, so dass (siehe Lemma 3.7.4)

$$p_k(x) \neq 0 \text{ für } x \in (\alpha, \beta),$$

$$p_{k-1}(x) \neq 0 \text{ für } x \in [\alpha, \beta].$$

Nun besitzt für jedes $x \in [\alpha, \beta]$ das Polynom $q_k(\lambda, x)$ die Nullstelle

$$\lambda_\circ(x) = -\frac{p_k(x)}{p_{k-1}(x)}.$$

Es ist $\lambda_\circ(x) = \lambda_\circ(\beta) = 0$ und $\lambda_\circ(x) \neq 0$ für $x \in (\alpha, \beta)$. Daher hat $\lambda_\circ(x)$ in (α, β) ein bestimmtes Vorzeichen und besitzt dort ein Extremum an der Stelle $x_\circ \in (\alpha, \beta)$. In $x_\circ$ gilt also $\frac{d\lambda_\circ}{dx}(x_\circ) = 0$. Leiten wir aber

$$q_k(\lambda_\circ(x), x) = p_k(x) + \lambda_\circ(x)\, p_{k-1}(x) = 0$$

nach x ab, so finden wir an der Stelle $x_\circ$:

$$p_k'(x_\circ) + \lambda_\circ(x_\circ)\, p_{k-1}'(x_\circ) = 0.$$

Dies bedeutet, dass $q_k(\lambda_\circ(x_\circ), x)$ in $x_\circ$ eine Nullstelle mindestens zweiter Ordnung besitzt, im Widerspruch zu Lemma 3.7.3.

Anwendung: Die Quantenzahl n beim linearen harmonischen Oszillator ist gleich der Anzahl Nullstellen (Knoten) der Eigenfunktion u_n.

Zu (b) und (c) analoge Aussagen gelten für viele in der Physik auftretenden 1-dimensionalen Probleme.

4. Statistische Deutung der Wellenfunktion, Unschärferelationen und Messprozess

„Der Student lernt zunächst die Kunstgriffe ... dann wird er unruhig, da er nicht versteht, was er eigentlich tut. Dieser Zustand dauert oft sechs Monate und länger und ist anstrengend und unerfreulich. Höchst unerwartet meint der Student aber schließlich zu sich: ‚Ich verstehe nun, dass gar nichts zu verstehen ist'... für jede neue Studentengeneration muss weniger Widerstand gebrochen werden, bevor sie sich an die Ideen der Quantenmechanik gewöhnt hat."

F. Dyson

Die Interpretation der QM wurde historisch erst geklärt, nachdem die formale Struktur der Theorie bereits einige Zeit vorlag. Die grundlegenden Arbeiten gehen auf *Born, Heisenberg* und *Bohr* zurück. Bohr und Heisenberg haben sich auch später wiederholt zur „Kopenhagener Deutung" – von manchen etwas abschätzig als die „orthodoxe Interpretation" bezeichnet – geäußert und kritische Punkte weiter vertieft. Es ist aber nicht einfach, sich aus den vorliegenden Schriften Klarheit zu verschaffen. Vor allem die Arbeiten von Bohr sind nicht leicht zugänglich. Seine sorgfältig gewählten Formulierungen legen sich wie ein Schleier um die Kopenhagener Deutung. Heisenbergs Aufsätze sind viel direkter und einfacher zu verstehen. Etwas verwirrend ist jedoch, dass er zum Teil unterschiedliche Ansatzpunkte als wesentlich erachtet. Eine befriedigende, lehrbuchartige Darstellung der Kopenhagener Deutung gibt es nicht.

Die im Zitat von Dyson ausgesprochenen Schwierigkeiten beim Verständnis der QM haben ihre Wurzeln oft in einer (unbewussten) realistischen philosophischen Haltung. Dies war auch der hauptsächliche Grund, weshalb sich Einstein und Schrödinger nie mit der QM abfinden konnten. Pauli drückte dies so aus: „Einstein befürwortet jedoch eine engere Fassung des Wirklichkeitsbegriffs, der eine völlige Scheidung eines objektiv vorhandenen physika-

N. Straumann, *Quantenmechanik*, Springer-Lehrbuch
DOI 10.1007/978-3-642-32175-7_4, © Springer-Verlag Berlin Heidelberg 2013

lischen Zustandes von irgend einer Art seiner Beobachtung annimmt. Eine
Einigung wurde leider nicht mehr erzielt." Wie unzufrieden Einstein über die
neue Situation war, zeigt z. B. die folgende Briefstelle an Schrödinger vom
31. Mai 1928: „Die Heisenberg-Bohrsche Beruhigungsphilosophie – oder Re-
ligion? – ist so fein ausgeheckt, dass sie dem Gläubigen einstweilen ein sanftes
Ruhekissen liefert, von dem er nicht so leicht sich aufscheuchen lässt. Also
lasse man ihn liegen."

Zunächst könnte man mit Schrödinger versuchen, die Wellenfunktion als
ein klassisches Feld aufzufassen, das genauso real ist wie etwa das elektromagnetische Feld. Die Schrödingergleichung würde damit die Fortpflanzung von
Kathodenwellen beschreiben. Für eine solche Interpretation spricht auf den
ersten Blick, dass aus (3.36) eine Kontinuitätsgleichung folgt

$$\frac{\partial}{\partial t}\left(\Psi^*\Psi\right) + \boldsymbol{\nabla}\cdot\boldsymbol{J} = 0\,,$$

wo

$$\boldsymbol{J} = \frac{\hbar}{2mi}\left[\Psi^*\boldsymbol{\nabla}\Psi - (\boldsymbol{\nabla}\Psi)^*\,\Psi\right] - \frac{e}{mc}\Psi^*\Psi\boldsymbol{A}\,.$$

(Multipliziere (3.36) mit Ψ^* und subtrahiere davon die konjugiert komplexe
Gleichung.) Ganz im Rahmen klassischer Begriffsbildung bietet sich folgende
Interpretation an:

$$|\Psi(\boldsymbol{x},\,t)|^2 = \text{Ladungsdichte}, \quad \boldsymbol{J}(\boldsymbol{x},\,t) = \text{Stromdichte}.$$

Eine solche Interpretation stößt aber auf große Schwierigkeiten und musste schnell verlassen werden. Zunächst würde man doch erwarten, dass in der
Schrödingergleichung noch ein Term hinzuzufügen wäre, der eine Wechselwirkung des elektrisch geladenen Materiefeldes mit sich selbst berücksichtigt,
wodurch die Theorie nichtlinear würde (Verletzung des Superpositionsprin-
zips). Die eigentliche Kritik an einer klassisch-feldtheoretischen Interpretation muss aber an folgender Stelle einsetzen: Atomare Teilchen haben auch
experimentell gesicherte korpuskelhafte Züge. Beispielsweise ist die Gesamtladung immer ein ganzzahliges Vielfaches der Elementarladung. Im Bild eines klassischen Wellenfeldes ergeben sich aber keine Einschränkungen an die
Gesamtladung. Überdies haben wir in Abschn. 3.2.3 gesehen, dass Wellenpakete auseinanderfließen. Deshalb müsste man in endlichen Raumgebieten
auch Bruchteile der Elementarladung vorfinden. Allgemeiner wäre es völlig
unverständlich, dass die Materie oft in Gestalt genau lokalisierter Teilchen
auftritt. (Dies wurde erstmals in Briefen von H.A. Lorentz an E. Schrödinger
im Detail ausgeführt.)

4.1 Die statistische Interpretation der Ψ-Funktion

> „Wenn es bei dieser verdammten Quanten-
> springerei bleiben sollte, so bedaure ich, mich
> mit der Quantentheorie überhaupt beschäftigt
> zu haben."
>
> E. Schrödinger

Die Schwierigkeiten einer klassisch feldtheoretischen Auffassung werden besonders deutlich, wenn man den Ablauf eines Beugungsexperiments mit Materiewellen genauer analysiert.

Wir betrachten das Ergebnis eines Doppelschlitzexperiments, diesmal mit monoenergetischen Elektronen, das vor einigen Jahren mit Hilfe eines Elektronenmikroskops durchgeführt wurde [48]. Die Intensität des Elektronenstrahls war dabei so klein, dass auf dem Schirm eine Folge wohllokalisierter Stöße beobachtet wurde, die über den ganzen Schirm verstreut liegen (s. Abb. 4.1). Erst wenn eine genügende Zahl von Elektronen auf den Schirm gefallen ist, zeigt sich, dass die Verteilung der Auftreffpunkte der Beugungsfigur folgt: Die Elektronen bevorzugen solche Stellen, wo sich die Maxima der Beugungsfigur gemäß der Schrödingergleichung befinden; in den Minima werden nur sehr wenige Elektronen registriert.

Offenbar ist es nicht möglich vorauszusagen, wo irgend ein einzelnes Elektron auf dem Schirm erscheinen wird. Dies führt uns dazu, $|\Psi|^2$ als die *Wahrscheinlichkeitsdichte* dafür zu interpretieren, dass ein einzelnes Elektron den Schirm in einem bestimmten Punkt trifft.

Mit *M. Born* postulieren wir allgemeiner:

$$w(\Delta) = \int_{\Delta} |\Psi(\boldsymbol{x}, t)|^2 \, \mathrm{d}^3 x \qquad (4.1)$$

ist die *Wahrscheinlichkeit* dafür, dass das Teilchen im Gebiet Δ anzutreffen ist, wenn Ψ gemäß

$$\int_{\mathbb{R}^3} |\Psi(\boldsymbol{x}, t)|^2 \, \mathrm{d}^3 x = 1 \qquad (4.2)$$

normiert ist.

Die frühere Kontinuitätsgleichung können wir nun dahingehend interpretieren, dass die Normierungsbedingung (4.2) zeitlich erhalten ist. In der statistischen Auffassung ist $|\Psi|^2$ die *Wahrscheinlichkeitsdichte* und $\boldsymbol{J}$ die *Wahrscheinlichkeits-Stromdichte*.

Aus dem statistischen Postulat ergibt sich, dass nur *quadratintegrierbare* Wellenfunktionen physikalisch sinnvoll sind. Solche Ψ-Funktionen, welche außerdem noch normiert sind, nennen wir (reine) *physikalische Zustände*.

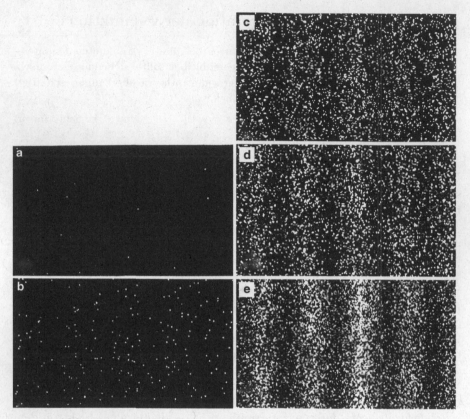

Abb. 4.1. Entstehung eines Elektroneninterferenzbildes (loc. cit.)

Ich erinnere daran, dass die im Lebesque'schen Sinne quadratintegrierbaren Funktionen über $\mathbb{R}^3$ mit dem Skalarprodukt

$$(\Psi, \Phi) = \int_{\mathbb{R}^3} \Psi^*(\boldsymbol{x}) \, \Phi(\boldsymbol{x}) \, \mathrm{d}^3 x \qquad (4.3)$$

einen Hilbertraum $L^2(\mathbb{R}^3)$ bilden, falls man Funktionen, die sich nur auf einer Nullmenge unterscheiden, als nicht verschieden betrachtet.

4.2 Verallgemeinerung auf Mehrteilchensysteme

Mit der statistischen Deutung der Wellenfunktion ist es nun einfach, die Beschreibung eines N-Teilchensystems zu erraten. [In einer klassischen Feldtheorie wäre dies gar nicht klar, da das Feld eine Funktion der physikalischen Raumstellen (und der Zeit) sein müsste.]

Wir beschreiben das N-Teilchensystem mit einer normierten Funktion $\Psi(x_1, \ldots, \boldsymbol{x}_N, t)$ der Cartesischen Koordinaten der N (unterscheidbaren)

Teilchen mit der Interpretation:

$$|\Psi(\boldsymbol{x}_1, \ldots, \boldsymbol{x}_N, t)|^2$$

ist die *Wahrscheinlichkeitsdichte* dafür, zur Zeit t (im Zustand $\Psi(\cdot, t)$) das 1. Teilchen in $\boldsymbol{x}_1$, das 2. Teilchen in $\boldsymbol{x}_2$, ..., das N. Teilchen in $\boldsymbol{x}_N$ zu finden. Die Wellenfunktion genügt der Schrödingergleichung

$$\boxed{i\hbar\frac{\partial\Psi}{\partial t} = H\Psi\,,} \tag{4.4}$$

wobei der *Hamiltonoperator* H aus der klassischen Hamiltonfunktion (als Funktion von $\boldsymbol{x}_1, \ldots, \boldsymbol{x}_N, \boldsymbol{p}_1, \ldots, \boldsymbol{p}_N, t$) durch die Korrespondenzregel

$$\boldsymbol{p}_k \longrightarrow \frac{\hbar}{i}\frac{\partial}{\partial\boldsymbol{x}_k} \tag{4.5}$$

hervorgeht. [Dadurch erhält man zunächst nur einen formalen Operator; Definitionsbereichs-Fragen wollen wir aber im Moment ignorieren.] Die Normierung

$$\int_{\mathbb{R}^{3N}} |\Psi(\boldsymbol{x}_1, \ldots, \boldsymbol{x}_N, t)|^2 \mathrm{d}^{3N}x = 1 \tag{4.6}$$

ist zeitlich erhalten, wenn der Operator H *hermitesch* (*symmetrisch*) ist: Aus (4.4) erhalten wir

$$\frac{\partial}{\partial t}|\Psi|^2 = \frac{1}{i\hbar}\left[\Psi^* H\Psi - (H\Psi)^*\Psi\right]\,.$$

Mit dem Skalarprodukt

$$(\varphi, \chi) := \int_{\mathbb{R}^{3N}} \varphi^*(\boldsymbol{x}_1, \ldots, \boldsymbol{x}_N)\,\chi(\boldsymbol{x}_1, \ldots, \boldsymbol{x}_N)\,\mathrm{d}^{3N}x \tag{4.7}$$

in $L^2(\mathbb{R}^{3N})$ folgt (wobei $\Psi_t(\boldsymbol{x}_1, \ldots, \boldsymbol{x}_N) := \Psi(\boldsymbol{x}_1, \ldots, \boldsymbol{x}_N, t)$):

$$\frac{\partial}{\partial t}||\Psi_t||^2 = \frac{1}{i\hbar}\left[(\Psi_t, H\Psi_t) - (H\Psi_t, \Psi_t)\right] = 0\,.$$

[Im letzten Gleichheitszeichen wurde die Symmetrie von H benutzt.]

Mehrdeutigkeiten für H

Die Korrespondenzvorschrift (4.5), welche einer klassischen Hamiltonfunktion einen (formalen) Operator in $L^2(\mathbb{R}^{3N})$ zuordnet, führt zu Mehrdeutigkeiten. Dies beruht darauf, dass den kommutativen klassischen Größen nicht kommutierende Operatoren zugeordnet werden. Als Beispiel werden den zwei gleichen klassischen Ausdrücken für die kinetische Energie (bei einem 1-dimensionalen Problem)

$$\frac{p^2}{2m} \quad \text{und} \quad \frac{1}{2m}\frac{1}{\sqrt{q}}pqp\frac{1}{\sqrt{q}}$$

die Operatoren

$$-\frac{\hbar^2}{2m}\frac{\partial^2}{\partial q^2} \quad \text{und} \quad -\frac{\hbar^2}{2m}\left(\frac{1}{\sqrt{q}}\frac{\partial}{\partial q}q\frac{\partial}{\partial q}\frac{1}{\sqrt{q}}\right)$$

$$=-\frac{\hbar^2}{2m}\left(\frac{\partial^2}{\partial q^2}+\frac{1}{4q^2}\right)$$

zugeordnet, die sich um $\hbar^2/8mq^2$ unterscheiden.

Es gibt keine allgemeine Vorschrift, welche diese Mehrdeutigkeiten beseitigt. Letztlich kann der richtige Hamiltonoperator nur durch Vergleich mit dem Experiment festgestellt werden. In der Praxis ist $H(q_i, p_i)$ in *Cartesischen Koordinaten* die Summe aus einer quadratischen Funktion in p, die nicht von q abhängt, einer Funktion, die ausschließlich von q abhängt, und schließlich einer in p linearen Funktion der Gestalt $\sum p_i f_i(q_1, \ldots, q_f)$. Ist die Hamiltonfunktion auf diese Form gebracht, so ersetze man den letzten Term der Summe durch den „symmetrisierten" Ausdruck $\frac{1}{2}\sum[p_i f_i(q) + f_i(q)p_i]$. Auf die sich ergebende Hamilton-Funktion wende man jetzt die Korrespondenzregel $p_k \longrightarrow \frac{\hbar}{i}\frac{\partial}{\partial q_k}$ an. Damit wird der Hamiltonoperator *symmetrisch* (auf einem geeigneten Definitionsbereich), womit die statistische Interpretation erst möglich ist.

Als *Beispiel* betrachten wir einen Atomkern der Ladung Ze und der Masse M, sowie Z Elektronen der Ladung $-e$ und der Masse m. Die Hamiltonfunktion ist (in offensichtlicher Bezeichnungsweise)

$$H(\boldsymbol{X}, \boldsymbol{x}_1, \ldots, \boldsymbol{x}_Z, \boldsymbol{P}, \boldsymbol{p}_1, \ldots, \boldsymbol{p}_Z)$$

$$= \frac{1}{2M}\boldsymbol{P}^2 + \sum_{i=1}^{Z}\frac{1}{2m}\boldsymbol{p}_i^2 - \sum_i \frac{Ze^2}{|\boldsymbol{X}-\boldsymbol{x}_i|} + \sum_{i<j}\frac{e^2}{|\boldsymbol{x}_i-\boldsymbol{x}_j|}. \qquad (4.8)$$

Daraus ergibt sich die Schrödingergleichung für die Wellenfunktion $\Psi(\boldsymbol{X}, \boldsymbol{x}_1, \ldots, \boldsymbol{x}_Z, t)$ zu

$$i\hbar\frac{\partial\Psi}{\partial t} = \left\{-\frac{\hbar^2}{2M}\Delta_{\boldsymbol{X}} + \sum_{i=1}^{Z}\frac{\hbar^2}{2m}\Delta_{\boldsymbol{x}_i} - \sum_{i=1}^{Z}\frac{Ze^2}{|\boldsymbol{X}-\boldsymbol{x}_i|} + \sum_{i<j}\frac{e^2}{|\boldsymbol{x}_i-\boldsymbol{x}_j|}\right\}\Psi.$$

$$(4.9)$$

Die Korrespondenzregel soll man nur in Cartesischen Koordinaten anwenden, sonst kommt man im Allgemeinen zu falschen Resultaten (siehe dazu die Aufgabe 2).

4.3 Grenzübergang zur klassischen Mechanik

Die statistische Interpretation der Ψ-Funktion wird auch durch die Betrachtung des klassischen Grenzfalls gestützt. Dieser Grenzübergang ist selbständig interessant und hat uns schon in Abschn. 3.3 beschäftigt.

Wir machen wie dort den Ansatz

$$\Psi = \exp\left(\frac{i}{\hbar} S\right) \tag{4.10}$$

für (der Einfachheit halber) eine 1-Teilchen Wellenfunktion $\Psi(\boldsymbol{x}, t)$, welche

$$i\hbar \frac{\partial \Psi}{\partial t} = H\left(\boldsymbol{x}, \frac{\hbar}{i}\boldsymbol{\nabla}, t\right)\Psi \tag{4.11}$$

genügt (wobei $H(\boldsymbol{x}, \boldsymbol{p}, t)$ die klassische Hamiltonfunktion ist). Als Beispiel wählen wir

$$H(\boldsymbol{x}, \boldsymbol{p}) = \frac{1}{2m}\boldsymbol{p}^2 + V(\boldsymbol{x}) . \tag{4.12}$$

Der Grenzübergang zur klassischen Mechanik ergibt sich aus $\hbar \longrightarrow 0$. Deshalb entwickeln wir

$$S = S^{(0)} + \frac{\hbar}{i} S^{(1)} + \ldots , \tag{4.13}$$

setzen wir in die Schrödingergleichung ein und sammeln nach Potenzen von $\hbar$.

Wir finden, dass $S^{(0)}$ die Hamilton-Jacobi-Gleichung

$$\frac{\partial S^{(0)}}{\partial t} + H\left(\boldsymbol{x}, \boldsymbol{\nabla} S^{(0)}, t\right) = 0 \tag{4.14}$$

erfüllt. Ferner gilt für das Beispiel (4.12)

$$\frac{\partial S^{(1)}}{\partial t} + \frac{1}{m}\left(\boldsymbol{\nabla} S^{(0)}, \boldsymbol{\nabla} S^{(1)}\right) + \frac{1}{2m}\Delta S^{(0)} = 0 . \tag{4.15}$$

Dies ist, im Gegensatz zur Hamilton-Jacobi-Gleichung, eine lineare Gleichung für $S^{(1)}$.

Zu einer gegebenen Lösung $S^{(0)}$ der Hamilton-Jacobi-Gleichung betrachten wir die Integralkurven $\boldsymbol{x}(t)$ an das Vektorfeld

$$\boldsymbol{v} := \frac{\partial H}{\partial \boldsymbol{p}}\left(\boldsymbol{x}, \boldsymbol{\nabla} S^{(0)}, t\right) . \tag{4.16}$$

[Für das Beispiel (4.12) ist $\boldsymbol{v} = \frac{1}{m}\boldsymbol{\nabla} S^{(0)}$.]

Wie in Abschn. 3.3 folgt, dass $\boldsymbol{x}\,(t)$ und $\boldsymbol{p}\,(t) := \boldsymbol{\nabla} S^{(0)}\,(\boldsymbol{x}\,(t)\,,\,t)$ die kanonischen Gleichungen

$$\dot{\boldsymbol{x}} = \frac{\partial H}{\partial \boldsymbol{p}}, \qquad \dot{\boldsymbol{p}} = -\frac{\partial H}{\partial \boldsymbol{x}} \tag{4.17}$$

erfüllen. Ferner gilt für

$$\rho := e^{2S^{(1)}}, \qquad \boldsymbol{J} := \rho \boldsymbol{v} \tag{4.18}$$

auf Grund von (4.14) und (4.15) die Kontinuitätsgleichung

$$\frac{\partial \rho}{\partial t} + \boldsymbol{\nabla} \cdot \boldsymbol{J} = 0\,, \tag{4.19}$$

welche äquivalent zur Gl. 4.15 für $S^{(1)}$ ist.

Für ein reelles $S^{(0)}$ (für ein klassisches mechanisches System kommen nur reelle Lösungen der Hamilton-Jacobi-Gleichung in Frage) ist auch $S^{(1)}$ reell, d. h. $\rho \geq 0$. Ist zu irgendeinem Zeitpunkt die Normierungsbedingung

$$\int \rho\,\mathrm{d}^3 x = 1 \tag{4.20}$$

erfüllt, so gilt dies wegen (4.19) für alle Zeiten. Unsere Näherungslösung beschreibt also ein *statistisches Ensemble* von Systemen mit der Dichte $\rho = \exp 2 S^{(1)}$ im Konfigurationsraum,[1] deren Bahnen den klassischen (kanonischen) Bewegungsgleichungen genügen. Da

$$\Psi \simeq \exp\left(\frac{i}{\hbar}S^{(0)} + S^{(1)}\right) \tag{4.21}$$

ist, folgt

$$\boxed{\rho = e^{2S^{(1)}} \simeq |\Psi|^2\,.} \tag{4.22}$$

Dieses Ergebnis stützt die statistische Interpretation der Ψ-Funktion.

4.4 Mittelwerte von Funktionen der Koordinaten und Impulse

Sei $\Psi\,(\boldsymbol{x}_1, \ldots, \boldsymbol{x}_N)$ ein physikalischer Zustand (eventuelle Zeitabhängigkeiten deuten wir nicht explizit an) und $\mathrm{d}W_\Psi$ das zugehörige *Wahrscheinlichkeitsmaß* $|\Psi\,(\boldsymbol{x}_1, \ldots, \boldsymbol{x}_N)|^2 \mathrm{d}^{3N} x$ im Sinne der Born'schen Interpretation, so ist der

---

[1]und nicht im Phasenraum, wie dies in der klassischen statistischen Mechanik der Fall ist.

Erwartungswert einer Funktion $F : \mathbb{R}^{3N} \longrightarrow \mathbb{R}$ im Zustand Ψ gegeben durch

$$\langle F \rangle_\Psi = \int_{\mathbb{R}^{3N}} F\left(\boldsymbol{x}_1, \ldots, \boldsymbol{x}_N\right) \left| \Psi\left(\boldsymbol{x}_1, \ldots, \boldsymbol{x}_N\right) \right|^2 \mathrm{d}^{3N} x \ . \qquad (4.23)$$

Funktionen auf dem Konfigurationsraum $\mathbb{R}^{3N}$ sind *Observablen*. Die Gl. 4.23 gibt den Erwartungswert einer solchen Observablen im Zustand Ψ. Beachte, dass Ψ und $e^{i\alpha}\Psi$, $\alpha \in \mathbb{R}$, dieselben Erwartungswerte geben. Tatsächlich sind diese beiden Zustände physikalisch ununterscheidbar. Ein physikalischer Zustand entspricht deshalb genauer einem sog. *Einheitsstrahl* $\left\{ e^{i\alpha}\Psi \mid \|\Psi\| = 1, \, \alpha \in \mathbb{R} \right\}$.

Gleichung 4.23 können wir auch wie folgt interpretieren: Die *Verteilung* W_Ψ^F zu F (im Sinne der Wahrscheinlichkeitstheorie), welche zum Wahrscheinlichkeitsmaß W_Ψ gehört, ist gegeben durch

$$W_\Psi^F\left(\Delta\right) = W_\Psi\left(F^{-1}\left(\Delta\right)\right), \qquad \Delta = \text{Borelmenge in } \mathbb{R} \ , \qquad (4.24)$$

und es gilt

$$\langle F \rangle_\Psi = \int_\mathbb{R} \lambda \, \mathrm{d} W_\Psi^F\left(\lambda\right) \ . \qquad (4.25)$$

Schließlich schreiben wir (4.23) auch noch wie folgt

$$\boxed{\langle F \rangle_\Psi = \left(\Psi, F^{op}\Psi\right) \ ,} \qquad (4.26)$$

wo F^{op} den Multiplikationsoperator

$$\left(F^{op}\Psi\right)\left(\boldsymbol{x}_1, \ldots, \boldsymbol{x}_N\right) = F\left(\boldsymbol{x}_1, \ldots, \boldsymbol{x}_N\right) \Psi\left(\boldsymbol{x}_1, \ldots, \boldsymbol{x}_N\right)$$

bezeichnet. Die Formel (4.26) wird sich als verallgemeinerungsfähig erweisen.

Wie sind nun Erwartungswerte von Observablen zu definieren, welche Funktionen der Impulse sind? Um diese Frage zu beantworten, betrachten wir (im wesentlichen) die Fouriertransformierte von Ψ

$$\hat\Psi\left(\boldsymbol{p}_1, \ldots, \boldsymbol{p}_N\right) = \left(2\pi\hbar\right)^{-\frac{3N}{2}} \int_{\mathbb{R}^{3N}} \Psi\left(\boldsymbol{x}_1, \ldots, \boldsymbol{x}_N\right) e^{-\frac{i}{\hbar} \sum \left(\boldsymbol{p}_k \cdot \boldsymbol{x}_k\right)} \mathrm{d}^{3N} x \ . \qquad (4.27)$$

Die Umkehrformel lautet [für Präzisierungen siehe die Fußnote 3]:

$$\Psi\left(\boldsymbol{x}_1, \ldots, \boldsymbol{x}_N\right) = \left(2\pi\hbar\right)^{-\frac{3N}{2}} \int_{\mathbb{R}^{3N}} \hat\Psi\left(\boldsymbol{p}_1, \ldots, \boldsymbol{p}_N\right) e^{\frac{i}{\hbar} \sum \left(\boldsymbol{p}_k \cdot \boldsymbol{x}_k\right)} \mathrm{d}^{3N} p \ . \qquad (4.28)$$

Die Transformation (4.27), und damit (4.28), ist unitär in $L^2\left(\mathbb{R}^{3N}\right)$ (genauer,[2] sie lässt sich eindeutig zu einer solchen erweitern):

$$\left(\Psi_1, \Psi_2\right) = \left(\hat\Psi_1, \hat\Psi_2\right) \ . \qquad (4.29)$$

---

[2] *Präzisierungen*: Die obigen Formeln sind alle wohldefiniert für Ψ (und damit für $\hat\Psi$) in $\mathcal{S}\left(\mathbb{R}^{3N}\right)$. Auf diesem Bereich sind der Multiplikationsoperator mit $\boldsymbol{x}_k$ und der Impulsoperator $\frac{\hbar}{i}\boldsymbol{\nabla}_k$ *wesentlich selbstadjungiert*. Ihre eindeutigen selbstadjungierten Erweiterungen gehen durch die Fouriertransformation auseinander hervor. (Für Einzelheiten verweise ich auf die Vorlesung [23].)

Nun betrachten wir die *Impulsoperatoren*

$$\boldsymbol{p}_k^{op} = \frac{\hbar}{i}\boldsymbol{\nabla}_k \qquad \left(\boldsymbol{\nabla}_k = \frac{\partial}{\partial \boldsymbol{x}_k}\right) . \tag{4.30}$$

Nach (4.28) gilt

$$(\boldsymbol{p}_k^{op}\Psi)(\boldsymbol{x}_1,\ldots,\boldsymbol{x}_N) = (2\pi\hbar)^{-\frac{3N}{2}}\int \boldsymbol{p}_k\hat{\Psi}(\boldsymbol{p}_1,\ldots,\boldsymbol{p}_N)\,e^{\frac{i}{\hbar}\sum(\boldsymbol{p}_k,\boldsymbol{x}_k)}\mathrm{d}^{3N}p , \tag{4.31}$$

d. h. „im Impulsraum" wirkt $\boldsymbol{p}_k^{op}$ als Multiplikationsoperator:

$$\left(\widehat{\boldsymbol{p}_k^{op}\Psi}\right)(\boldsymbol{p}_1,\ldots,\boldsymbol{p}_N) = \boldsymbol{p}_k\hat{\Psi}(\boldsymbol{p}_1,\ldots,\boldsymbol{p}_N) . \tag{4.32}$$

Deshalb soll man $|\hat{\Psi}(\boldsymbol{p}_1,\ldots,\boldsymbol{p}_N)|^2$ als *Wahrscheinlichkeitsdichte im Impulsraum* interpretieren.[3] Für eine Funktion $\hat{F}(\boldsymbol{p}_1,\ldots,\boldsymbol{p}_N)$ auf dem Impulsraum ist der Erwartungswert im Zustand Ψ

$$\langle\hat{F}\rangle_\Psi = \int_{\mathbb{R}^{3N}}\hat{F}(\boldsymbol{p}_1,\ldots,\boldsymbol{p}_N)|\hat{\Psi}(\boldsymbol{p}_1,\ldots,\boldsymbol{p}_N)|^2\mathrm{d}^{3N}p . \tag{4.33}$$

Speziell für $\boldsymbol{p}_k$ erhalten wir

$$\langle\boldsymbol{p}_k\rangle_\Psi = \int_{\mathbb{R}^{3N}}\boldsymbol{p}_k|\hat{\Psi}(\boldsymbol{p}_1,\ldots,\boldsymbol{p}_N)|^2\mathrm{d}^{3N}p . \tag{4.34}$$

Formal können wir dies auch so schreiben

$$\langle\boldsymbol{p}_k\rangle_\Psi = \int_{\mathbb{R}^{3N}}\Psi^*(\boldsymbol{x}_1,\ldots,\boldsymbol{x}_N)\left(\frac{\hbar}{i}\boldsymbol{\nabla}_k\right)\Psi(\boldsymbol{x}_1,\ldots,\boldsymbol{x}_N)\mathrm{d}^{3N}x . \tag{4.35}$$

[Dies ist „wörtlich" richtig für $\Psi \in \mathcal{S}\left(\mathbb{R}^{3N}\right)$. Für allgemeinere $\Psi \in L^2\left(\mathbb{R}^{3N}\right)$ muss man $\frac{\hbar}{i}\boldsymbol{\nabla}_k$ durch die selbstadjungierte Erweiterung dieses Operators ersetzen.]

Allgemeiner gilt für ein Polynom $\hat{Q}(\boldsymbol{p}_1,\ldots,\boldsymbol{p}_N)$

$$\left\langle\hat{Q}\right\rangle_\Psi = \int_{\mathbb{R}^{3N}}\hat{Q}(\boldsymbol{p}_1,\ldots,\boldsymbol{p}_N)|\hat{\Psi}(\boldsymbol{p}_1,\ldots,\boldsymbol{p}_N)|^2\mathrm{d}^{3N}p$$

$$= \int_{\mathbb{R}^{3N}}\Psi^*(\boldsymbol{x}_1,\ldots,\boldsymbol{x}_N)\hat{Q}\left(\frac{\hbar}{i}\boldsymbol{\nabla}_1,\ldots,\frac{\hbar}{i}\boldsymbol{\nabla}_N\right)\Psi(\boldsymbol{x}_1,\ldots,\boldsymbol{x}_N)\mathrm{d}^{3N}x . \tag{4.36}$$

Eine Verallgemeinerung dieser Formel erhält man wie folgt: Zunächst ist

$$\left\langle\hat{F}\right\rangle_\Psi = \left(\hat{\Psi},\hat{F}^{op}\hat{\Psi}\right) ,$$

---

[3]Dies hat 1926 W. Pauli in einem Brief an Heisenberg als erster dargelegt.

wo $\hat{F}^{op}$ den Multiplikationsoperator im Impulsraum bezeichnet. Da die Fouriertransformation $\mathcal{F}$ ein unitärer Operator ist (Plancherel-Theorem) gilt

$$\left\langle \hat{F} \right\rangle_{\Psi} = \left(\mathcal{F}\hat{\Psi}, \mathcal{F}\hat{F}^{op}\mathcal{F}^{-1}\mathcal{F}\hat{\Psi} \right) = (\Psi, F^{op}\Psi) \ ,$$

wo

$$F^{op} = \mathcal{F}\hat{F}^{op}\mathcal{F}^{-1} \ . \tag{4.37}$$

Die Fouriertransformation ist der Prototyp einer „kanonischen" Transformation in der QM.

Schließlich betrachten wir eine Funktion $F(\boldsymbol{x}_1, \ldots, \boldsymbol{x}_N, \boldsymbol{p}_1, \ldots, \boldsymbol{p}_N)$, welche in den $\boldsymbol{p}_k$ ein Polynom ist. Den zugehörigen Operator definieren wir durch

$$(F^{op}\Psi)(\boldsymbol{x}_1, \ldots, \boldsymbol{x}_N) = F\left(\boldsymbol{x}_1, \ldots, \boldsymbol{x}_N, \frac{\hbar}{i}\boldsymbol{\nabla}_1, \ldots, \frac{\hbar}{i}\boldsymbol{\nabla}_N \right) \Psi(\boldsymbol{x}_1, \ldots, \boldsymbol{x}_N) \ .$$

Die natürliche Verallgemeinerung des Born'schen Postulates für den Erwartungswert von F im Zustand Ψ lautet

$$\boxed{\langle F \rangle_{\Psi} = (\Psi, F^{op}\Psi) \ .} \tag{4.38}$$

Analoge Bemerkungen gelten für den Fall, dass F ein Polynom in den $\boldsymbol{x}_k$ ist (was in der Praxis seltener vorkommt).

4.5 Kanonische Vertauschungsrelationen und Unschärferelationen

Im Folgenden seien die Orts- und Impulskoordinaten, wie in der klassischen Mechanik, fortlaufend von 1 bis $f = 3N$ durchnummeriert und mit $q_1, \ldots, q_f, p_1, \ldots, p_f$ bezeichnet. Die zugehörigen Operatoren versehen wir mit dem Index „op". Man findet sofort die (formalen) Heisenberg'schen (oder kanonischen) Vertauschungsrelationen (VR):

$$[p_k^{op}, p_l^{op}] = 0 \ ,$$
$$[q_k^{op}, q_l^{op}] = 0 \ ,$$
$$[p_k^{op}, q_l^{op}] = \frac{\hbar}{i}\delta_{kl} \cdot \mathbb{1} \ . \tag{4.39}$$

Dabei ist für zwei Operatoren A^{op}, B^{op}:

$$[A^{op}, B^{op}] := A^{op}B^{op} - B^{op}A^{op} \ .$$

(Definitionsbereiche werden ignoriert). Die VR (4.39) stehen in engster Analogie zu den Poissonklammern der klassischen Mechanik. Beachte ferner, dass die Poissonklammer dieselben algebraischen Eigenschaften wie das „Kommutatorprodukt" hat. Diese formale Analogie wurde vor allem von Dirac betont und ausgenutzt.

Für einen festen Zustand Ψ sei

$$\Delta q_k := q_k^{op} - \langle q_k^{op} \rangle \ , \quad \Delta p_k := p_k^{op} - \langle p_k^{op} \rangle \ . \tag{4.40}$$

Nach (4.39) gilt

$$[\Delta p_k, \ \Delta q_l] = \frac{\hbar}{i} \delta_{kl} \ . \tag{4.41}$$

Ferner ist für $\alpha \in \mathbb{R}$

$$((\alpha \Delta q_l + i \Delta p_k) \Psi, \ (\alpha \Delta q_l + i \Delta p_k) \Psi) \geq 0 \ . \tag{4.42}$$

Da q_k und p_l symmetrisch sind, folgt aus (4.41) und (4.42)

$$\alpha^2 \left\langle (\Delta q_l)^2 \right\rangle - \alpha \hbar \delta_{kl} + \left\langle (\Delta p_k)^2 \right\rangle \geq 0 \ . \tag{4.43}$$

Die Diskriminante der quadratischen Form auf der linken Seite muss deshalb negativ sein, d. h.

$$\left\langle (\Delta q_l)^2 \right\rangle \left\langle (\Delta p_k)^2 \right\rangle \geq \frac{\hbar^2}{4} \delta_{kl} \ . \tag{4.44}$$

Setzen wir $\overline{\Delta} q_k := \sqrt{\left\langle (\Delta q_k)^2 \right\rangle}$ (Standardabweichung), so lautet (4.44)

$$\boxed{\overline{\Delta} q_k \overline{\Delta} p_l \geq \frac{\hbar}{2} \delta_{kl}} \ \text{(Heisenberg 1927)} \ . \tag{4.45}$$

Diese *Unschärferelationen* von Heisenberg besagen: *Die Schwankungsquadrate (Varianzen) der Ortskoordinaten und Impulse sind nicht unabhängig (für $k = l$). Je kleiner $\overline{\Delta} q_l$ desto größer ist $\overline{\Delta} p_l$ und umgekehrt. In der QM gibt es keine Zustände, für welche Orts- und Impulsvarianzen simultan beliebig kleine vorgegebene Werte annehmen. In (4.45) sieht man wieder die wesentliche Rolle des Wirkungsquantums $\hbar$.*

Wir zeigen noch, dass die Ungleichung (4.45) optimal ist. In (4.43) erhält man das Gleichheitszeichen (bei gegebenem α) für $f = 1$, wenn

$$(\alpha \Delta q + i \Delta p) \Psi = 0 \ ,$$

oder

$$\alpha \left(q - \langle q \rangle \right) \Psi + i \left(\frac{\hbar}{i} \frac{d}{dq} - \langle p \rangle \right) \Psi = 0 \ .$$

Diese gewöhnliche Differentialgleichung hat die Lösung

$$\Psi(q) = \left(\frac{\pi \hbar}{\alpha} \right)^{-1/4} e^{-\frac{\alpha}{2\hbar} \left[q - \langle q \rangle - \frac{i}{\alpha} \langle p \rangle \right]^2} \ \text{(Gausspaket)} \tag{4.46}$$

und gibt nach Konstruktion in (4.45) das Gleichheitszeichen,

$$\overline{\Delta}q \cdot \overline{\Delta}p = \frac{\hbar}{2} \ .$$

Für die Standardabweichungen findet man aus (4.46) leicht

$$\overline{\Delta}q = \left(\frac{\hbar}{2\alpha}\right)^{1/2} , \quad \overline{\Delta}p = \left(\frac{\hbar\alpha}{2}\right)^{1/2} \ .$$

Illustration: Mit Hilfe der Operatoren $D_\pm$ in Abschn. 3.4 lassen sich die Varianzen von p und q für die Energie-Eigenzustände des harmonischen Oszillators einfach berechnen. Man findet:

$$\langle(\Delta q)^2\rangle = \frac{\hbar}{m\omega}(n+1/2), \ \langle(\Delta p)^2\rangle = m\hbar\omega(n+1/2) \ \Rightarrow \ \overline{\Delta}q \cdot \overline{\Delta}p = \left(n + \frac{1}{2}\right)\hbar \ .$$

4.6 Unschärferelationen und Komplementarität

„Ich erinnere mich an viele Diskussionen mit Bohr, die bis spät in die Nacht dauerten und fast in Verzweiflung endeten. Und wenn ich am Ende solcher Diskussionen noch allein einen kurzen Spaziergang im benachbarten Park unternahm, wiederholte ich mir immer und immer wieder die Frage, ob die Natur wirklich so absurd sein könne, wie sie uns in diesen Atomexperimenten erschien."

W. Heisenberg (Physik & Philosophie, S. 25)

In diesem Abschnitt wollen wir die Unschärferelationen zwischen Ort und Impuls anschaulich interpretieren und die Rolle des Messprozesses in der QM diskutieren. Auf gewisse schwierige Punkte werden wir am Schluss der Vorlesung zurückkommen (s. Epilog).

Natürlich soll man die Unschärfen $\overline{\Delta}q$, $\overline{\Delta}p$ in (4.45) nicht mit üblichen Messfehlern verwechseln, die auf Unvollkommenheiten der Messinstrumente beruhen. Die Theorie enthält *primäre Wahrscheinlichkeiten*[4] und die Größen $\overline{\Delta}q$ und $\overline{\Delta}p$ sind die Standardabweichungen der Observablen p und q in einem Zustand Ψ. Deshalb stellen die Unschärferelationen inhärente Begrenzungen dar.

---

[4] Die Existenz von *primären* Wahrscheinlichkeiten bedeutet, dass sich diese nicht, wie in der klassischen statistischen Mechanik, auf deterministische Naturgesetze zurückführen lassen. Zu dieser fundamentalen Neuerung in der QM bemerkte Pauli einmal: „An Opposition dagegen hat es nicht gefehlt, jedoch ist diese im Stadium regressiver Hoffnungen unfruchtbar stecken geblieben."

4.6.1 Zustandsänderung bei einer Ortsmessung

Wir betrachten zuerst eine Ortsmessung. Die Messapparatur sei so konstruiert, dass eine Messung entscheiden kann, ob ein einzelnes Teilchen in einem gewissen Gebiet Δ ist oder nicht (Ja-Nein-Messung).

Vor der Messung sei das Teilchen im Zustand Ψ. Die Wahrscheinlichkeit, dieses bei der Ortsmessung in Δ zu finden, ist nach (4.1)

$$W_\Psi(\Delta) = \int_\Delta |\Psi(\boldsymbol{x})|^2 \mathrm{d}^3 x \ . \tag{4.47}$$

Wenn aber die Messapparatur angezeigt hat, dass das Teilchen in Δ ist, so befindet sich dieses in einem *neuen* Zustand. Unmittelbar nach der Messung ist das Teilchen mit Sicherheit im Gebiet Δ. Wir erwarten auch, dass im neuen Zustand Ψ' feinere Ortsmessungen gleich verteilt sind wie für Ψ. Als Spezialfall der allgemeinen Diskussion weiter unten in Abschn. 5.3 (insbesondere Gl. (5.11)) ist Ψ' gegeben durch

$$\boxed{\Psi'(x) = \chi_\Delta(x)\,\Psi(x) / \|\chi_\Delta \Psi\| \ ,} \tag{4.48}$$

wobei χ_Δ die Indikatorfunktion des Gebietes Δ ist. Dies ist der Zustand nach der (idealen) Ortsmessung.

Den Übergang $\Psi \longrightarrow \Psi'$ gemäß (4.48) nennt man die *Reduktion (Kollaps) der Wellenfunktion*. Dieser akausale Sprung des Zustandes bei einer Messung hat zu unendlich vielen Diskussionen geführt. Er ist der eigentliche Stein des Anstoßes bei der Interpretationsdebatte. Wie soll man diesen angeblichen Kollaps verstehen? Mit Feynman möchte man ausrufen: „nobody understands quantum mechanics."

Ich werde in diesem Abschnitt und im Epilog die sog. Kopenhagener Interpretation vertreten. Alternativvorschläge dazu erscheinen mir wenig überzeugend, doch muss ich gestehen, dass mich der Stand der Debatte (mit zunehmendem Alter) auch nicht voll befriedigt.

Wesentlich für die weitere Diskussion ist der folgende Sachverhalt: Aufgrund der Endlichkeit des Wirkungsquantums ist es unmöglich, den ganzen Einfluss des Messapparates auf das gemessene Objekt durch determinierbare Korrekturen in Rechnung zu stellen. Dies ist das grundsätzlich Neue im Vergleich zum *makroskopischen* Bereich, wo man es immer so einrichten kann, dass die störende Einwirkung des Messapparates auf das System entweder vernachlässigbar oder aber hinreichend genau bekannt ist. Zum Beispiel kann die Lage eines makroskopischen Objektes bestimmt werden, indem man durch ein optisches System sein Bild auf eine photographische Platte bringt. In der klassischen Näherung kann dabei der Strahlungsdruck beliebig klein gehalten werden (empfindliche Photoplatte) oder man kann die Veränderung des Systems unter seinem Einfluss berechnen. Für *mikroskopische* Objekte muss die Quantennatur der Strahlung berücksichtigt werden. Der Impulsübertrag eines Photons, etwa auf ein Atom, ist nicht genau bestimmt, d. h. bis zu einem gewissen Grade unkontrollierbar.

Deshalb hat der *Gewinn* an Kenntnissen über ein System aufgrund einer Beobachtung notwendig den *Verlust* anderer Kenntnisse zur Folge. Im Beispiel der Ortsmessung kann man zwar das Gebiet Δ beliebig klein wählen,[5] wegen der Unschärferelation wird dann aber die Impulsunschärfe immer größer (und somit größer als im ursprünglichen Zustand Ψ, wenn das Gebiet Δ hinreichend klein gewählt wird). Anderseits ist es möglich, den Impuls beliebig genau zu bestimmen, wenn auf eine Kenntnis des Ortes verzichtet wird. Deshalb nennt man q und p nach Bohr ein *komplementäres Gegensatzpaar*. [Wir werden später in Kap. 5 die Diskussion verallgemeinern.] Die Messung von q bzw. p erfordert *einander ausschließende Messanordnungen*.

Diesen Sachverhalt wollen wir im folgenden an einigen Gedankenexperimenten illustrieren. Ich empfehle dazu als Ergänzung wärmstens den Aufsatz[6] von *Niels Bohr*: „Diskussionen mit Einstein über erkenntnistheoretische Probleme in der Atomphysik."

4.6.2 Ortsmessungen

Wir diskutieren zwei Methoden für eine Ortsmessung.

a) Verwendung einer Blende

Wir betrachten einen Strahl praktisch monoenergetischer Elektronen. Eine einfache Möglichkeit, den Ort der Elektronen senkrecht zur Ausbreitungsrichtung in engen Grenzen zu fixieren, kann durch Einführen einer Blende erreicht werden: Senkrecht zur Strahlrichtung stellen wir einen Schirm auf, welcher einen Spalt der Breite d hat (siehe Abb. 4.2). Nachdem ein Elektron die Blende durchquert hat, ist es in x-Richtung mit der Ungenauigkeit $\Delta x = d$ lokalisiert. Aufgrund der Beugung ist aber dann auch der Impuls unscharf. Der Strahl verbreitet sich um einen Winkel α der Größe

$$\sin \alpha \simeq \frac{\lambda}{d} = \frac{h}{p \cdot \Delta x} \ . \tag{4.49}$$

Die zugehörige Unschärfe des Elektronenimpulses in der x-Richtung ist

$$\Delta p_x \simeq p \sin \alpha \simeq \frac{h}{\Delta x} \ . \tag{4.50}$$

Wie erwartet, gilt also $\Delta x \cdot \Delta p_x \simeq h$.

Man könnte vielleicht denken, dass es möglich sein sollte, den vom Schirm auf das Elektron übertragenen Impuls genauer zu messen, in dem man diesen als frei beweglich belässt. Damit aber der Ort des Elektrons festgestellt werden kann, muss die Lage des Schirms bis auf eine Unschärfe $\delta x \ll \Delta x$

---

[5]Dies ist freilich nur wahr in der nichtrelativistischen QM. In der relativistischen Theorie gibt es auch dafür Einschränkungen (Comptonwellenlänge).

[6]Dieser ist z. B. abgedruckt in [49].

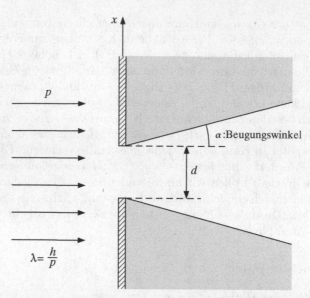

Abb. 4.2. Ortsmessung mit Hilfe einer Blende

festgehalten werden. Nun ist es ganz entscheidend, dass auch der *Schirm als Quantenobjekt* behandelt wird. Für diesen gilt ebenfalls die Heisenberg'sche Unschärferelation und deshalb ist seine Unschärfe $\delta p \gtrsim h/\delta x \gg h/\Delta x$. Dies zeigt, dass eine Impulsmessung des Schirms nichts nützt. Gleichzeitig wird klar, dass die *Unschärferelation auch für makroskopische Messapparate gültig* sein muss, sonst könnte man sie für Elektronen umgehen.

b) Verwendung eines Mikroskops (Heisenberg)

Eine andere Möglichkeit, den Ort eines Objektes zu bestimmen, besteht darin, dieses zu beleuchten und sein Bild durch ein Mikroskop zu betrachten. Um eine möglichst genaue Ortsauflösung zu erzielen, muss man kurze Wellenlängen benutzen. Das Bild jedes Punktes ist nämlich ein *Beugungsfleck* (verursacht durch die Eintrittsblende, bzw. den Linsenrand) mit der Ausdehnung[7]

$$\Delta x \simeq \lambda/\sin\vartheta \, , \tag{4.51}$$

wo λ die Wellenlänge des verwendeten Lichtes und ϑ der halbe Öffnungswinkel des am Elektron gestreuten und im Mikroskop fokussierten Lichtbündels ist (siehe Abb. 4.3).

Wir stellen uns vor, dass das Elektron an die Objektebene des Mikroskops gebunden ist. Bei der Streuung des Lichtes am Elektron wird Impuls übertragen, der bis zu einem gewissen Grade unkontrollierbar ist, da wir nicht

---

[7]Siehe z. B. [16] oder [17], § 43.

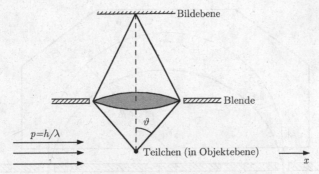

Abb. 4.3. Ortsmessung unter Verwendung eines Mikroskops

feststellen können, welchen Weg das Lichtquant im Mikroskop genommen hat, ohne das Mikroskop zu zerstören. Der Spielraum des Lichtquants liegt innerhalb des Winkels ϑ. Daraus ergibt sich die Impulsunsicherheit

$$\Delta p_x \simeq \frac{h}{\lambda} \sin \vartheta \qquad (4.52)$$

und es ist wieder $\Delta p_x \cdot \Delta x \simeq h$.

4.6.3 Impulsmessung

Der Impuls von Teilchen wird häufig durch Ablenkung in einem homogenen Magnetfeld (Spektrometer) bestimmt. Ist R der Krümmungsradius der (klassischen) Bahn, so ist der Impuls

$$p = mR\omega_{\text{Larmor}} = \frac{e}{c}BR \quad \text{(B: Magnetfeld, e: Ladung des Teilchens)}.$$

Wir zeigen nun: Je kleiner die Unschärfe von R (und damit von p) gehalten wird, desto größer wird die Unschärfe des Teilchenortes. Die Versuchsanordnung ist in Abb. 4.4 skizziert. Wir können (der Einfachheit halber) annehmen, dass beim Eintritt in die Blende A der transversale Impuls und die longitudinale Ortslage scharf sind (benutze Kollimator mit rasch funktionierendem Verschluss). Die Breiten der beiden Blenden A, B seien $2d$, bzw. $2d'$. Damit wird die longitudinale Impulsunschärfe der Teilchen

$$\Delta p = \frac{e}{c}B\,(d+d') = \frac{p}{R}\,(d+d')$$

(R = halber Abstand der Blenden).

Die Ortsunschärfe kommt durch die Beugung der Elektronenwelle an der Blende A zustande. Ohne diesen Effekt würde das Elektron einen Halbkreis von A nach B beschreiben, für welchen es die Zeit $t = \pi/\omega_L$ ($\omega_L = eB/mc$) benötigen würde. [Beachte, dass diese Zeit unabhängig vom Impuls ist.] Aufgrund des Beugungseffektes ist die Impulsrichtung mit einer Unsicherheit der

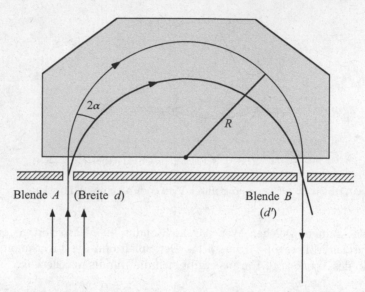

Abb. 4.4. Impulsmessung mit magnetischem Spektrometer

Größe $\alpha \simeq \lambda/d = h/pd$ verbunden; siehe (4.49). Die Bahn des Elektrons (in der geometrisch-optischen Näherung) ist ein, bis auf 2α definierter Kreisbogen. Der Zeitpunkt, in welchem das Elektron die Blende B erreicht, weist also eine Unschärfe $\Delta t = 2\alpha/\omega_L$ auf. Die zugehörige Unschärfe in der longitudinalen Richtung ist deshalb $\Delta x = \Delta t \cdot p/m = 2\alpha pc/eB \simeq (2h/pd)\,(pc/eB) = 2hc/edB$. Wir erhalten also für das Produkt der Unschärfen wie erwartet

$$\Delta p \cdot \Delta x \simeq 2h\,(1 + d'/d)\ .$$

Diese und andere Beispiele zeigen, dass die Unschärferelation nicht umgangen werden kann. Damit hat sich schließlich auch Einstein abgefunden, nachdem seine ausgeklügeldsten Versuche, die Unschärferelationen zu unterbieten, einen negativen Ausgang hatten. Seinen verblüffendsten Vorschlag (anlässlich der Solvay-Konferenz 1930) werden wir in den Übungen behandeln.

4.6.4 Das Doppelspaltexperiment

Die Unmöglichkeit, das Verhalten von Elektronen, Photonen und anderen Mikrosystemen in anschaulichen raumzeitlichen Bildern zu beschreiben, kann auf eindrückliche Weise beim Doppelspaltversuch deutlich gemacht werden. Hier zeigen sich bereits alle grundsätzlichen Züge der QM. Wir werden weiter unten auch eine neue Variante besprechen, welche auf Methoden der Quantenoptik beruht, bei der sich die Komplementarität auf ganz andere Weise zeigt.

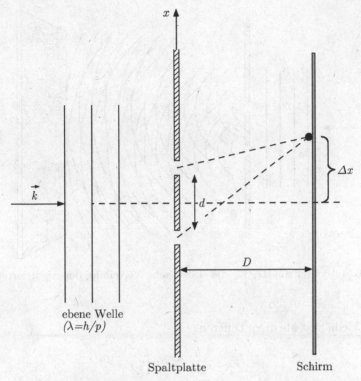

Abb. 4.5. Skizze des Doppelspaltexperiments

Experimentelle Ergebnisse des Doppelspaltversuchs für Elektronen und Neutronen haben wir schon früher besprochen. Für die weitere Diskussion wollen wir die schematische Anordnung in Abb. 4.5 festhalten.

Wenn die Lage der Spaltplatte hinreichend fixiert ist, folgen die Aufschläge der Teilchen auf dem Schirm dem bekannten Interferenzmuster, welches man aus der Wellentheorie erhält (vergleiche Abb. 4.6):

Dabei muss die Unsicherheit δx in der Lage der Doppelspaltplatte kleiner sein als der Streifenabstand $\Delta x \simeq \lambda D / d$,

$$\delta x < \lambda D / d \,. \tag{4.53}$$

An dieser Stelle schlug Einstein anlässlich der Solvay-Tagung im Jahre 1927 vor, dass eine Kontrolle der Impulsübertragung auf die verschiedenen Teile der Spaltplatte eine genauere Analyse des Vorgangs gestatten würde. Im besonderen sollte dies eine Entscheidung ermöglichen, durch welchen Spalt das Teilchen hindurchgegangen ist. Je nach dem das Teilchen oben oder unten durchgegangen ist, ergibt sich ein Unterschied des Impulsübertrags von der Größe $\Delta p_x \simeq pd/D \simeq h/\Delta x$. Um den Weg des Teilchens zu bestimmen, müssen wir den Impuls der Platte mit einer Genauigkeit δp_x messen, die

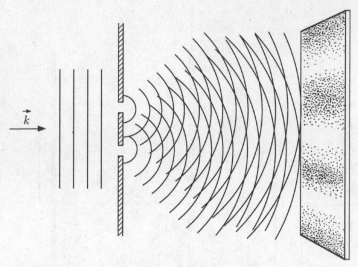

Abb. 4.6. Interferenzmuster für die statistische Verteilung der registrierten Teilchenorte

deutlich kleiner ist als diese Differenz

$$\delta p_x < \frac{h}{\Delta x} \simeq h \frac{\mathrm{d}}{\lambda D} \ . \tag{4.54}$$

Die beiden Ungleichungen (4.53) und (4.54) können aber nicht gleichzeitig erfüllt sein, da sonst die Unschärferelation für den Schirm verletzt wäre. Falls also (4.54) garantiert ist, wir somit entscheiden können durch welchen Spalt das Teilchen gegangen ist, so wird das Interferenzphänomen zerstört, und umgekehrt.

Verschiedene Abwandlungen des Einstein'schen Vorschlages, die wir im folgenden besprechen werden, führen immer zum gleichen Ergebnis: *Wellen- und Teilchenaspekt können nicht gleichzeitig in Erscheinung treten*; diese beiden Aspekte sind zueinander *komplementär*. Die jeweiligen Versuchsanordnungen, welche einen der beiden Aspekte hervortreten lassen, *schließen sich gegenseitig aus*.

In seinen „Lectures on Physics" (3. Band) betrachtet Feynman die folgende Variante des Doppelspalt-Versuchs für Elektronen. Man platziere knapp hinter der Platte eine Lichtquelle symmetrisch zwischen den beiden Spalten. Das Licht wird an den durchfliegenden Elektronen gestreut und wir können grundsätzlich feststellen, durch welchen Spalt das Elektron gegangen ist. Das Experiment wird zeigen, dass das Elektron immer durch einen bestimmten Spalt gegangen ist. Dabei wird aber wieder das Interferenzmuster zerstört. Zwischen an- und abgeschalteter Lichtquelle kann man auch verschiedene Zwischenstufen betrachten (siehe die ausgezeichnete Diskussion von Feynman).

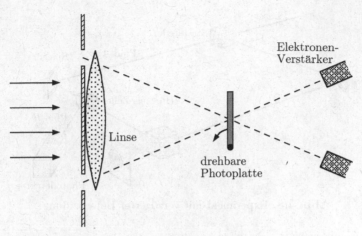

Abb. 4.7. Gedankenexperiment mit verzögerter Entscheidung

Wir kommen nun zu einer besonders dramatischen Abwandlung des Doppelspalt-Versuchs.

Experiment mit verzögerter Entscheidung

Hinter dem Schirm bringen wir eine Linse an und weiter eine drehbare Photoplatte in der Fokalebene (siehe Abb. 4.7). An Stelle der Photoplatte können wir auch zwei Elektronenzähler weiter weg aufstellen, mit denen wir die Elektronen zählen, die entweder durch den Spalt 1 oder den Spalt 2 treten. Mit der Photoplatte untersuchen wir den Wellenaspekt und mit den Zählern den komplementären Teilchenaspekt.

Wir wählen die Intensität des Elektronenstrahls so, dass sich nie mehr als ein Elektron in der Apparatur befindet. Nun lassen wir die Photoplatte sehr schnell drehen. Wenn sie den Weg der Elektronenstrahlen durch die beiden Spalten versperrt, wird gelegentlich ein Emulsionskorn schwarz gefärbt werden und mit der Zeit entsteht ein Interferenzmuster. Aber immer dann, wenn die Platte den Weg nicht versperrt, registrieren wir in den Zählern Elektronen, welche entweder durch den oberen oder den unteren Spalt gegangen sind. Wir können es nun so einrichten, dass die Wahl der sich ausschließenden Versuchsanordnungen erst getroffen wird, *nachdem* das Elektron bereits durch die Spaltplatte getreten ist. In unangemessenen Worten können wir somit *nach* dem Durchgang bestimmen, ,ob das Elektron nur durch einen Spalt oder durch beide gegangen ist'. Es scheint also, dass die Vergangenheit durch unsere jetzigen Entscheidungen beeinflusst wird.

Experimente mit verzögerter Entscheidung sind tatsächlich erfolgreich durchgeführt worden. In diesen benutzt man ein Interferometer, bei dem ein Lichtstrahl aufgespalten wird und anschließend die Teilstrahlen wieder vereinigt werden können (siehe Abb. 4.8). Ein Lichtpuls von einem Laser

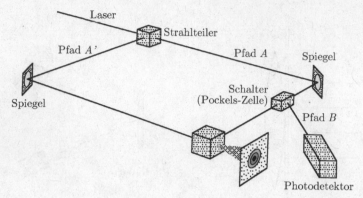

Abb. 4.8. Experiment mit verzögerter Entscheidung

trifft auf den Strahlteiler, der so beschaffen ist, dass die Hälfte des Lichts durch den Strahlteiler hindurchläuft und die andere Hälfte rechtwinklig zur Einfallsrichtung des Pulses reflektiert wird. Werden anschließend die beiden Teilstrahlen wiedervereinigt, so ergibt sich das vertraute Interferenzmuster. Versucht man aber festzustellen, welchen Weg ein Photon gewählt hat, so verhält sich dieses wie ein Teilchen und die Interferenz verschwindet. Soweit ist alles wie beim Doppelspaltversuch für Elektronen.

   Neu an den Experimenten ist nun, dass die Entscheidung, Teilchen- oder Welleneigenschaften festzustellen, erst fiel, *nachdem* das Photon den Strahlenteiler bereits passiert hatte. Dies geschah mit Hilfe einer sog. *Pockels-Zelle*, die innerhalb von weniger als 9 Nanosekunden betätigt werden kann. Eine derartige Zelle enthält einen Kristall, der doppelbrechend wird, wenn man an ihn eine Spannung anlegt. Dann wird das Photon in einen Detektor abgelenkt. Auf die technischen Einzelheiten kommt es hier nicht an. Die Ergebnisse der Experimente sind aber eindeutig: Im Einklang mit der Quantentheorie benimmt sich das Photon als Teilchen oder als Welle, selbst wenn der Schalter erst betätigt wird, nachdem das Photon den Strahlteiler passiert hat.

Umgehung der Unschärferelation

Ich will noch eine weitere Variante des Doppelspaltversuchs besprechen, deren Besonderheit darin liegt, dass die Beschränkung durch die Unschärferelation umgangen wird.[8] Die Rolle der Komplementarität macht sich dabei auf eine ganz andere Weise bemerkbar.

   Der neue Vorschlag stützt sich auf Entwicklungen der Quantenoptik und ist schematisch in Abb. 4.9 gezeigt.

   Atome werden nach Passieren eines Blendensystems durch einen Laserstrahl in langlebige Rydberg-Zustände versetzt (z. B. in den $63p_{3/2}$ Zustand von Rubidium). Danach müssen sie eine der beiden Kavitäten

---

[8]Siehe dazu auch [50].

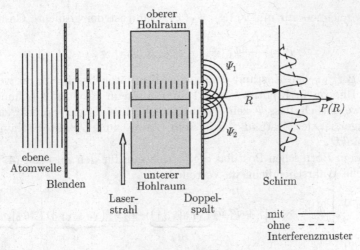

Abb. 4.9. Doppelspalt-Experiment und Komplementarität

durchqueren, welche vor die zwei Spalten gestellt sind. Diese Sprechweise ist korrekt, denn die Geometrie der beiden Hohlräume kann so
gewählt werden, dass die angeregten Atome gezwungen sind, in einen
niedrigeren Zustand überzugehen, wobei sie ein relativ langwelliges Photon aussenden. (Da dies auf Hohlraum-Quantenelektrodynamik beruht,
können wir das erst in der Relativistischen Quantentheorie [15] näher er-
klären. Siehe aber die populäre Darstellung in „Spektrum der Wissenschaften", Juni 1993, S. 48.) Durch die Deposition eines Photons wird
die Information hinterlassen, welchen Hohlraum -und folglich welchen
Spalt- das Atom durchquert hat. Wichtig ist auch, dass der translatori-
sche Anteil der Wellenfunktion der Atome unwesentlich gestört wird (jedenfalls bei Verwendung von tiefgekühlten Kavitäten und supraleitenden
Wänden).

Für das Folgende ist es nicht nötig, dass das Messgerät ermittelt, in welcher der vorher leeren Kavitäten das Photon deponiert wurde. Da bei der
Photonemission die Bewegung des Atoms nicht merklich gestört wird, sieht
es auf den ersten Blick so aus, als würde nun auf dem Schirm hinter dem
Doppelspalt doch ein Interferenzmuster entstehen. Das darf nicht sein, aber
wie muss man sich in diesem Experiment das Verschwinden des Interferenzmusters vorstellen? Die Antwort ist einfach, aber aufschlussreich. Wir müssen
uns überlegen, wie der Zustand eines Atoms *plus* den beiden Kavitäten nach
dem Durchgang – ohne Nachweis des Photons – durch die Kavitäten aus-
sieht.[9]

Der langlebige innere Rydbergzustand des Atoms sei φ_a und der Endzustand nach der Photonemission sei φ_b. Die beiden Schwerpunktswellenfunk-

---

[9]Die Einzelheiten der folgenden Analyse werden erst später – nach Kap. 5 –
verständlich.

tionen bezeichnen wir mit $\Psi_1(x)$, $\Psi_2(x)$. Dann ist der gesuchte Gesamtzustand

$$\Psi = \frac{1}{\sqrt{2}} \left[\Psi_1 \otimes \chi_{1,0} + \Psi_2 \otimes \chi_{0,1} \right] \otimes \varphi_b \,, \qquad (4.55)$$

wobei z. B. $\chi_{1,0}$ den Zustand der beiden Kavitäten beschreibt in welchem sich ein Photon in Kavität 1 und kein Photon in Kavität 2 befindet. Es ist sehr wesentlich, dass Ψ kein Produktzustand ist. In der Sprechweise von Schrödinger ist der Zustand von System (Atom) und Detektor (Kavitäten) „verschränkt".

Aus dem Born'schen Postulat ergibt sich nun für den Zustand (4.55) für die örtliche Wahrscheinlichkeits-Verteilung

$$W = \frac{1}{2} \left[|\Psi_1|^2 + |\Psi_2|^2 + \Psi_1^* \Psi_2 \underbrace{(\chi_{1,0}|\chi_{0,1})}_{0} + \Psi_2^* \Psi_1 \underbrace{(\chi_{0,1}|\chi_{1,0})}_{0} \right] \underbrace{(\varphi_b|\varphi_b)}_{1}$$

$$= \frac{1}{2} \left[|\Psi_1|^2 + |\Psi_2|^2 \right] \,. \qquad (4.56)$$

Wir sehen: Da die Zustände $\chi_{1,0}$ und $\chi_{0,1}$ zueinander orthogonal sind, verschwinden die Interferenzterme und damit das Interferenzmuster auf dem Schirm. Die Komplementarität zeigt sich in diesem Experiment auf subtilere Weise, nämlich als Korrelation zwischen Atom und Photonen im Hohlraum. Die Welcher-Weg-Information wird nicht ausgelesen, aber man könnte sie auslesen. Es genügt für das Verschwinden der Interferenz, dass *die Information prinzipiell vorliegt*.

Die praktische Ausführung dieses Versuchs (in etwas abgewandelter Form) wird wahrscheinlich bald möglich werden (private Mitteilung von H. Walther in 2001).

Inzwischen ist ein verwandtes Experiment von einer Gruppe an der Universität Konstanz durchgeführt worden [51]. In einem Atom-Interferometer wurde es mit Hilfe eines Mikrowellenfeldes möglich, den Wegverlauf der Atome in internen atomaren Zuständen zu speichern. Die mit der Wegbestimmung einhergehende Zerstörung des Interferenzmusters ist wiederum auf Korrelationen zwischen der Atombewegung und dem „Welcher-Weg-Detektor" zurückzuführen. Analog zu (4.56) sind die Interferenzterme proportional zum verschwindenden Skalarprodukt von zwei internen Zuständen.

Mit diesen Diskussionen sollte deutlich geworden sein, wie merkwürdig die Quantenwelt ist. Aber an den Tatsachen lässt sich nichts ändern. Die eindeutige Objektivierbarkeit der physikalischen Phänomene und insbesondere eine kausale raum-zeitliche Beschreibung sind offenbar nicht möglich. Die QM beschreibt jedoch die besprochenen Phänomene –und noch unendlich viel mehr– auf perfekte Weise. Niemand hat die leiseste Andeutung für ein Versagen der Theorie entdeckt.

Ist damit aber alles gesagt? Gibt es vielleicht doch ein tieferliegendes kohärentes Bild der „Wirklichkeit"? Zu Fragen dieser Art meinte Pauli einmal: „Ob etwas, worüber man nichts wissen kann, doch existiert, darüber soll man sich (. . .) doch wohl ebensowenig den Kopf zerbrechen wie über die Frage, wie viele Engel auf einer Nadelspitze sitzen können." Diese Haltung findet aber nicht allgemeine Zustimmung. Stellvertretend für viele zitiere ich einen Kommentar von D. Mermin: „If I were forced to sum up in one sentence what the Copenhagen interpretation says to me, it would be 'shut up and calculate!'." Damit drückte er ein verbreitetes Unbehagen aus. Dies mag für Sie tröstlich sein. Jedenfalls lohnt es sich, über die durch die QM entstandenen erkenntnistheoretischen Probleme nachzudenken, auch wenn dies keine praktischen Folgen hat. Für weitere Betrachtungen verweise ich nochmals auf den Epilog und die dort zitierte Literatur.

4.7 Aufgaben

Aufgabe 1: Zur Unschärferelation zwischen Energie und Zeit

Auf der Solvay-Konferenz 1930 schlug Einstein das folgende Gedankenexperiment vor, welches auf den ersten Blick eine gleichzeitige scharfe Bestimmung von Energie und Zeit ermöglicht: Man benutze eine Apparatur, bestehend aus einem Kasten mit einem Loch auf einer Seite, das durch einen Schieber geöffnet oder geschlossen werden kann, der mit Hilfe eines Uhrwerks im Innern des Kastens bewegt wird (vergleiche die von Bohr angefertigte pseudorealistische Abb. 4.10). Wenn der Kasten am Anfang Strahlung enthält, und die Uhr so eingestellt ist, dass sich der Schieber zu einer gegebenen Zeit während eines sehr kurzen Intervalls öffnet, könnte man es erreichen, dass ein einzelnes Photon in einem Augenblick durchgelassen wird, der mit einer gewünschten Genauigkeit bekannt ist. Weiterhin wäre es, unter Benutzung der Formel $E = mc^2$, auch möglich durch wägen des Kastens vor und nach diesem Vorgang die Energie des Photons mit jeder gewünschten Genauigkeit zu messen – in striktem Widerspruch zur reziproken Unbestimmtheit von Zeit- und Energiegrößen in der Quantenmechanik.

Aufgabe: Diskutiere die Unschärfen in diesem Experiment und zeige, dass $\Delta E \cdot \Delta T > h$ gilt. Wesentlich dafür ist die Tatsache, dass der Gang von Uhren im Gravitationspotential ortsabhängig ist.

Aufgabe 2

Betrachte ein kräftefreies Teilchen im zweidimensionalen Raum. Stelle zunächst die Schrödingergleichung in Cartesischen Koordinaten auf und transformiere diese in Polarkoordinaten. Andererseits wende man auf die klassische Hamiltonfunktion in Polarkoordinaten direkt die Substitution $p_k \to \frac{\hbar}{i} \frac{\partial}{\partial q_k}$ an und vergleiche die beiden Ergebnisse.

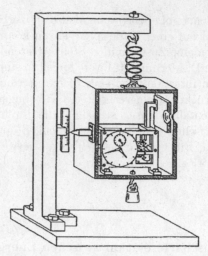

Abb. 4.10. Ein Gedankenexperiment von Einstein nach einer Zeichnung von Bohr

Aufgabe 3

Es sei $\psi(\boldsymbol{x}, t)$ die Welle eines kräftefreien Teilchens. Wir betrachten die spezielle Galileitransformation

$$\boldsymbol{x}' = \boldsymbol{x} + \boldsymbol{v}t , \qquad t' = t .$$

Zeige, dass ($\hbar$ sei gleich 1)

$$\hat{\psi}(\boldsymbol{x}, t) = \psi(\boldsymbol{x} - \boldsymbol{v}t, t) \exp\left(im\boldsymbol{v} \cdot \boldsymbol{x} - \frac{i}{2}mv^2 t\right)$$

wieder die kräftefreie Schrödingergleichung erfüllt. Der Phasenfaktor in dieser Gleichung zeigt, dass die Galileigruppe projektiv dargestellt ist.

Aufgabe 4

Man schreibe für den (fiktiven) Hamiltonoperator

$$H = \frac{1}{2}p^2 - g\frac{1}{r}$$

im $\mathbb{R}^3$ die Bedingung $\langle H \rangle \geq$ Grundzustandsenergie aus und leite daraus das folgende „lokale Unschärfeprinzip" her:

$$\left\langle p^2 \right\rangle^{1/2} \left\langle 1/r \right\rangle^{-1} \geq \hbar . \tag{4.57}$$

Zeige umgekehrt, dass (4.57) eine optimale *untere* Schranke für die Grundzustandsenergie des H-Atoms impliziert.

Aufgabe 5

Berechne die Grundzustandsenergie von

$$H = -\frac{\hbar^2}{2m}\Delta - \frac{e^2}{|\boldsymbol{x}|}$$

im $\mathbb{R}^N$ und verallgemeinere die Resultate von Aufgabe 4 auf $N \geq 3$.

Anleitung: Die Grundzustandswellenfunktion hängt nur von $|\boldsymbol{x}|$ ab. Zeige zuerst

$$\Delta\psi(r) = \frac{1}{r^{N-1}}\partial_r(r^{N-1}\partial_r\psi) \, .$$

Sodann schreibe man die N-dimensionale Schrödingergleichung auf φ, $\psi =:$ $r^{-(N-1)/2}\varphi$ um und benutze die Ergebnisse für das gewöhnliche H-Atom (für $N = 3$).

Aufgabe 6: Aharanov-Bohm Effekt

In gewissen Gebieten des Raumes sei ein statisches $\boldsymbol{B}$-Feld vorhanden. Falls das feldfreie Gebiet nicht einfach zusammenhängend ist (wie z. B. in der Abb. 4.11), so kann dort das Vektorpotential $\boldsymbol{A}(\boldsymbol{x})$ nicht auf Null umgeeicht werden. Wir betrachten zunächst einen einfach zusammenhängenden Teilbereich D im feldfreien Raum. Zeige, dass in D die Lösungen der zeitunabhängigen Schrödingergleichung wie folgt dargestellt werden können

$$\psi(\boldsymbol{x}) = \psi^{(0)}(\boldsymbol{x})\exp\left[\frac{ie}{\hbar c}\int_{\boldsymbol{x}_0}^{\boldsymbol{x}}\boldsymbol{A}\cdot d\boldsymbol{s}\right] \, ,$$

wobei $\psi^{(0)}$ eine Lösung der kräftefreien Schrödingergleichung ist. Das Integral erstreckt sich längs eines beliebigen Weges in D mit festem (aber beliebigem) Anfangspunkt $\boldsymbol{x}_0$ und Endpunkt $\boldsymbol{x}$. Wie ändert sich der obige Ausdruck bei einer Eichtransformation?

Nun betrachten wir die folgende experimentelle Anordnung (siehe Abb. 4.11). Ein Elektronenstrahl wird durch einen Doppelspalt in zwei Teile aufgespalten, welche später auf einem Schirm zur Interferenz gebracht werden. Zwischen den beiden Schlitzen ist ein magnetisches Feld so eingeschlossen, dass die Elektronen des Strahles nicht in das Gebiet mit $B \neq 0$ eindringen können.

Man überlege sich, dass auf dem Schirm die Wellenfunktion nach dem ersten Teil der Übungsaufgabe wie folgt geschrieben werden kann:

$$\psi = \psi_1^{(0)}\exp\left[\frac{ie}{\hbar c}\int_{\text{Weg }1}^{\boldsymbol{x}}\boldsymbol{A}\cdot d\boldsymbol{s}\right] + \psi_2^{(0)}\exp\left[\frac{ie}{\hbar c}\int_{\text{Weg }2}^{\boldsymbol{x}}\boldsymbol{A}\cdot d\boldsymbol{s}\right] \, .$$

Gegenüber $\boldsymbol{A} = 0$ ergibt sich eine Phasenänderung der beiden Wellen von der Größe

$$\exp\left[\frac{ie}{\hbar c}\oint\boldsymbol{A}\cdot d\boldsymbol{s}\right] = e^{\frac{ie}{\hbar c}\Phi} \, ,$$

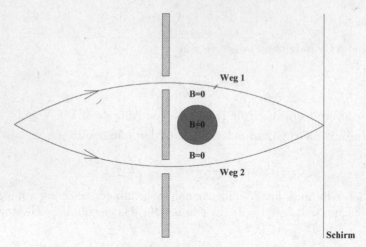

Abb. 4.11. Anordnung zum Aharonov-Bohm-Effekt

wo Φ der magnetische Fluss ist, der von den beiden Wegen 1 und 2 einge-schlossen wird. Mit variierendem B-Feld wird damit das Interferenzbild auf dem Schirm verschoben, obschon die Elektronen nie in das Gebiet $B \neq 0$ eindringen. Dieser von Aharonov und Bohm entdeckte Effekt wurde experi-mentell durch Chambers nachgewiesen. Er illustriert die merkwürdige Rolle, welche die Eichpotentiale in der Quantentheorie spielen. **Literatur:** [52], [53].

Aufgabe 7: Diamagnetische Ungleichung

Für die Familie von Schrödingeroperatoren

$$H(\boldsymbol{a}) = (-i\boldsymbol{\nabla} - \boldsymbol{a})^2 + V \tag{4.58}$$

beweise man die Ungleichung

$$(\psi,\, H(\boldsymbol{a})\psi) \geq (|\psi|,\, H(\boldsymbol{0})|\psi|) \,. \tag{4.59}$$

Anleitung: Benutze die „kovariante Ableitung" $\boldsymbol{D} = \boldsymbol{\nabla} - i\boldsymbol{a}$ und zeige zuerst, dass

$$|\psi|\boldsymbol{\nabla}|\psi| = 2\Re(\psi^*\boldsymbol{D}\psi) \,.$$

Dies benutze man zur Herleitung von $|(\boldsymbol{\nabla}|\psi|)| \leq |\boldsymbol{D}\psi|$, woraus sich die Be-hauptung unmittelbar ergibt.

Bemerkung: Mit dem Rayleigh-Ritzschen-Variationsprinzip (8.40) folgt aus (4.59), dass das Infimum des Spektrums von $H(\boldsymbol{a})$ nicht unterhalb desjeni-gen von $H(\boldsymbol{0})$ liegen kann, d. h. man kann die Grundzustandsenergie eines Systems (z. B. Atoms), das durch (4.58) beschrieben wird, durch die Energie *ohne* Magnetfeld nach unten begrenzen.

5. Die formalen Prinzipien der Quantenmechanik

„Aber das Wesen der neuen Heisenberg- Schrödingerschen Quantenmechanik kann man mit einigem Recht darin erblicken, dass zu jedem physikalischen Gebilde ein eigenes Größensystem gehört, eine nicht kommutative Algebra im technisch-mathematischen Sinne, deren Individuen die physikalischen Größen selbst sind."

H. Weyl (1928)

In diesem etwas abstrakten Kapitel werden wir die allgemeine formale Struktur der QM besprechen. Diese ergibt sich durch eine naheliegende Abstraktion der Wellenmechanik und wurde – wenn ich das richtig sehe – zuerst von H. Weyl in seiner Gruppentheorie und Quantenmechanik (siehe [12]) klar formuliert. Verallgemeinerungen der in den beiden ersten Kapiteln entwickelten Wellenmechanik werden sich natürlich in den allgemeinen Rahmen einfügen. Dies gilt insbesondere für die Theorie des Spins (Kap. 4) und die Theorie der quantisierten Wellenfelder (siehe, z. B., [15]).

5.1 Die kinematische Struktur der QM

In der Wellenmechanik, soweit wir sie bis jetzt kennen (Kap. 4), werden Zustände eines N-Teilchensystems durch Einheitsstrahlen

$$[\Psi] = \left\{ e^{i\alpha}\Psi : \Psi \in L^2\left(\mathbb{R}^{3N}\right), \|\Psi\| = 1, \alpha \in \mathbb{R} \right\}$$

im Hilbertraum $L^2\left(\mathbb{R}^{3N}\right)$ beschrieben. Den Observablen entsprechen lineare selbstadjungierte Operatoren. Der Erwartungswert einer Observablen in einem Zustand $[\Psi]$ ist $(\Psi, A\Psi)$, $\Psi \in [\Psi]$. Diese Aussagen wollen wir in naheliegender Weise verallgemeinern.

Die Grundbegriffe sind: *Zustände, Observable, Wahrscheinlichkeitsverteilung einer Observablen in einem Zustand.*

Sei S ein physikalisches System. Die QM beschreibt die kinematische Struktur dieses Systems wie folgt (wir sehen vorläufig von sog. Superauswahlregeln ab):

N. Straumann, *Quantenmechanik*, Springer-Lehrbuch
DOI 10.1007/978-3-642-32175-7_5, © Springer-Verlag Berlin Heidelberg 2013

- *Zustände*: Die reinen Zustände entsprechen eineindeutig den *Einheitsstrahlen* eines Hilbertraums $\mathcal{H}$.
- *Observablen*: Die Observablen entsprechen (im allgemeinen unbeschränkten) *selbstadjungierten Operatoren* von $\mathcal{H}$.
- *Wahrscheinlichkeits-Interpretation*: Ist A eine Observable (selbstadjungierter Operator) und $E^A(\cdot)$ das zu A gehörige Spektralmaß (siehe Anhang zu Kap. 5), so ist die Wahrscheinlichkeit, $W^A_{[\Psi]}(\Delta)$, bei der Messung von A im Zustand $[\Psi]$ einen Wert in Δ zu finden:

$$W^A_{[\Psi]}(\Delta) = \left(\Psi, E^A(\Delta)\Psi\right) \quad (\Psi \in [\Psi]) \ . \tag{5.1}$$

$W^A_{[\Psi]}(\cdot)$ ist ein W-Maß und ist die *Verteilung* (im Sinne der W-Theorie) der Observablen A im Zustand $[\Psi]$. Der Erwartungswert von A im Zustand $[\Psi]$ ist demnach, unter Benutzung von (5.95)

$$\langle A \rangle_{[\Psi]} = \int \lambda \mathrm{d}W^A_{[\Psi]}(\lambda) = (\Psi, A\Psi) \ . \tag{5.2}$$

(Dieser existiert nur wenn Ψ im Definitionsbereich von A ist.) Die *charakteristische Funktion* der Verteilung $W^A_{[\Psi]}$ ist (siehe (5.90))

$$\Phi^A_{[\Psi]}(t) = \int e^{it\lambda} \mathrm{d}W^A_{[\Psi]}(\lambda) = \left(\Psi, e^{itA}\Psi\right) \ . \tag{5.3}$$

Der Träger des W-Maßes $W^A_{[\Psi]}$ ist im Träger des Spektralmaßes E^A = Spektrum $\sigma(A)$ von A enthalten. In diesem Sinne nimmt die Observable A nur Werte in $\sigma(A)$ an.

Wir postulieren: Mit A ist auch $f(A)$, für jede Borel-messbare reelle Funktion f, eine Observable. Ferner sollen die *Observablen die Zustände separieren*: Falls $[\Phi] \neq [\Psi]$, dann existiert eine Observable A, sodass $\langle A \rangle_{[\Phi]} \neq \langle A \rangle_{[\Psi]}$.

Nach dem Anhang dieses Kapitels ist das Spektralmaß $E^{f(A)}$ von $f(A)$ gegeben durch

$$E^{f(A)}(\Delta) = E^A\left(f^{-1}(\Delta)\right) \ . \tag{5.4}$$

Deshalb ist das W-Maß $W^{f(A)}_{[\Psi]}$ das Bildmaß von $W^A_{[\Psi]}$ unter der Abbildung $f: \mathbb{R} \longmapsto \mathbb{R}$, d. h.

$$W^{f(A)}_{[\Psi]}(\Delta) = W^A_{[\Psi]}\left(f^{-1}(\Delta)\right) \ . \tag{5.5}$$

Da mit A auch $1_\Delta(A)$ (1_Δ: Indikatorfunktion) eine Observable ist und $1_\Delta(A) = E^A(\Delta)$ ist, sind auch alle $E^A(\Delta)$ Observablen. Als Projektoren haben die $E^A(\Delta)$ nur die Eigenwerte 0 und 1 und entsprechen „Ja-Nein-Aussagen". Die Spektralzerlegung einer Observablen kann man als eine Zerlegung nach solchen Ja-Nein-Aussagen auffassen.

Beispiel 5.1.1. Es sei $E^A\left(\{\lambda_0\}\right) \neq 0$. Nach dem Satz (5.12.1) ist dann λ_0 ein Eigenwert von A und $E^A\left(\{\lambda_0\}\right)$ projiziert auf den Eigenraum. Wird letzterer von der orthonormierten Basis $\{\Phi_i\}$ aufgespannt, so ist

$$W_{[\Psi]}^A\left(\{\lambda_0\}\right) = \left(\Psi,\, E^A\left(\{\lambda_0\}\right)\Psi\right) = \sum_i |\left(\Phi_i,\, \Psi\right)|^2 \,. \qquad (5.6)$$

Ist speziell $W_{[\Psi]}^A\left(\{\lambda_0\}\right) = 1$, d. h., das W-Maß $W_{[\Psi]}^A$ in $\{\lambda_0\}$ konzentriert, so ist nach dem mittleren Ausdruck $E^A\left(\{\lambda_0\}\right)\Psi = \Psi$ und folglich ist Ψ ein Eigenvektor von $A : A\Psi = \lambda_0\Psi$. Damit ist der Erwartungswert $\langle A\rangle_{[\Psi]} = \lambda_0$ und die *Unschärfe* (Streuung) $(\Delta A)_{[\Psi]}$,

$$(\Delta A)_{[\Psi]}^2 := \int \lambda^2 dW_{[\Psi]}^A\left(\lambda\right) - \left(\int \lambda dW_{[\Psi]}^A\left(\lambda\right)\right)^2 \,, \qquad (5.7)$$

verschwindet. Man sagt dann A sei im Zustand $[\Psi]$ *scharf.*

Beispiel 5.1.2. Es sei $A = Q =$ Ortsoperator: $(Q\Psi)(x) = x\Psi(x)$. Dafür ist $E^Q\left(\Delta\right)$ der Multiplikationsoperator mit der Indikatorfunktion 1_Δ (siehe Anhang), also

$$W_{[\Psi]}^Q\left(\Delta\right) = \left(\Psi,\, E^Q\left(\Delta\right)\Psi\right) = \left(\Psi,\, 1_\Delta\Psi\right) = \int_\Delta |\Psi|^2 dx \,, \qquad (5.8)$$

womit gezeigt ist, dass die ursprüngliche Born'sche Interpretation (S. 85) ein Spezialfall von (5.1) ist.

5.2 Allgemeine Unschärferelation, kompatible Observablen

Die Unschärfe (5.7) ist für $\Psi \in \mathcal{D}(A)$ (Definitionsbereich von A)

$$(\Delta A)_{[\Psi]}^2 = \|A\Psi\|^2 - (\Psi,\, A\Psi)^2 = \|\,[A - (\Psi,\, A\Psi)]\,\Psi\|^2 \,,$$

d. h.

$$(\Delta A)_{[\Psi]} = \|\,[A - (\Psi,\, A\Psi)]\,\Psi\| \,. \qquad (5.9)$$

[Für eine nähere Begründung des ersteren Gleichheitszeichens, siehe [23], Satz 14.2.[1]]

---

[1]Danach gilt für eine messbare Funktion f

$$\|f(A)\Psi\|^2 = \int |f|^2 dW_{[\Psi]} \,,$$

falls die rechte Seite endlich ist.

Nun beweisen wir die folgende allgemeine Unschärferelation für zwei Observablen A, B

$$(\Delta A)_{[\Psi]} \, (\Delta B)_{[\Psi]} \geq \frac{1}{2} | \, \langle [A, \, B] \rangle_{[\Psi]} \, | \, . \tag{5.10}$$

[Für unbeschränkte Operatoren muss man dies etwas anders formulieren; siehe [23], Satz 18.1.]

Zur Herleitung setzen wir $\hat{A} = A - \langle A \rangle$ ($\langle A \rangle = (\Psi, \, A\Psi)$), $\hat{B} = B - \langle B \rangle$. Dann ist nach (5.9) für $\alpha \in \mathbb{R}$

$$0 \leq || \left(\hat{A} + i\alpha\hat{B} \right) \Psi ||^2 = (\Delta A)_{[\Psi]}^2 + \alpha^2 \, (\Delta B)_{[\Psi]}^2 + \alpha \left\langle i \left[\hat{A}, \, \hat{B} \right] \right\rangle \, .$$

Die Diskriminante der quadratischen Form rechts muss deshalb ≤ 0 sein; diese Bedingung ist aber äquivalent zu (5.10).

Für $A = p$, $B = q$ erhält man aus (5.10) als Spezialfall die ursprüngliche Heisenbergsche Unschärferelation. Sind A und B zwei beschränkte selbstadjungierte Operatoren, so können die Unschärfen von A und B nur dann gleichzeitig beliebig klein werden, wenn A und B kommutieren. Wir sagen deshalb, dass zwei oder mehrere Observablen *kompatibel* sind, falls alle Projektionsoperatoren der zugeordneten projektionswertigen Masse miteinander vertauschen. Dafür gibt es auch andere äquivalente Formulierungen. Es gilt der

Satz 5.2.1. *Für zwei selbstadjungierte Operatoren A und B sind die folgenden Aussagen äquivalent:*

(i) $\left[e^{itA}, \, E^B (\Delta) \right] = 0$ *für alle $t \in \mathbb{R}$ und alle Borelmengen Δ;*

(ii) $\left[e^{itA}, \, e^{isB} \right] = 0$ *für alle $t, \, s \in \mathbb{R}$;*

(iii) $\left[E^A (\Delta), \, E^B (\Delta') \right] = 0$ *für alle Borelmengen Δ, Δ';*

(iv) $[f (A), \, g (B)] = 0$ *für alle beschränkten, messbaren Funktionen f, g.*

Beweis. Siehe [23], Satz 18.3, oder [26], § VIII.5.

5.3 Idealmessung, Zustandsreduktion

An dieser Stelle verallgemeinern wir die Diskussion von § II.6.1.

Wenn an einem System S im Zustand $[\Psi]$ eine Messung ausgeführt wird, befindet sich dieses nach der Messung i.a. in einem neuen Zustand $[\Psi']$. Die durch den Messprozess bewirkte Änderung des Zustandes nennt man *Zustandsreduktion* (oder Kollaps der Wellenfunktion). Sie kommt durch eine Wechselwirkung des Systems mit der Messapparatur zustande, welche eine unkontrollierbare Störung des Systems hervorruft. Die Wirkung dieser Störung besteht, grob gesagt, darin, dass die zur gemessenen Größe komplementären (nicht-kompatiblen) Observablen um so weniger scharf sind, je exakter die Messung wird.

Der Messprozess ist eine komplizierte und theoriebeladene Angelegenheit, und wir wollen an dieser Stelle lediglich eine *Idealmessung* (Messung 1. Art) betrachten, die wie folgt charakterisiert ist: Es sei A eine Observable, $[\Psi]$ der Zustand des Systems vor der Messung und $[\Psi']$ der Zustand nach der Messung. Falls das Resultat der Messung von A in Δ liegt, soll gelten:

(i) Bei erneuter Messung von A ist der Messwert mit Sicherheit in Δ: $W^A_{[\Psi']}(\Delta) = 1$, d. h.

$$\left(\Psi', E^A(\Delta)\Psi'\right) = 1 \text{ für alle } \Psi' \in [\Psi'] \ .$$

(ii) Im neuen Zustand $[\Psi']$ sollen feinere Messungen im Verhältnis zur Observablen $E^A(\Delta)$ ungeändert bleiben:

$$\frac{(\Psi', P\Psi')}{(\Psi', E^A(\Delta)\Psi')} = \frac{(\Psi, P\Psi)}{(\Psi, E^A(\Delta)\Psi)} \text{ für alle Projektoren } P \leq E^A(\Delta) \ .$$

Ich behaupte, dass dann der Zustand $[\Psi']$ durch

$$\boxed{\Psi' = \frac{E^A(\Delta)\Psi}{||E^A(\Delta)\Psi||}} \tag{5.11}$$

repräsentiert wird.

Beweis. Aus (i) folgt $E^A(\Delta)\Psi' = \Psi'$. Setzen wir Φ gleich der rechten Seite von (5.11) so gilt[2] für $P \leq E^A(\Delta)$

$$P\Phi = \frac{P\Psi}{||E^A(\Delta)\Psi||} \ ,$$

$$(\Phi, P\Phi) = (P\Phi, P\Phi) = \frac{(P\Psi, P\Psi)}{||E^A(\Delta)\Psi||^2} = \frac{(\Psi, P\Psi)}{(\Psi, E^A(\Delta)\Psi)} \ .$$

Damit ist (ii) äquivalent zu

$$(\Psi', P\Psi') = (\Phi, P\Phi) \text{ für alle } P \leq E^A(\Delta) \ .$$

Wählen wir hier speziell $P = P_\chi$: Projektion auf $\chi \in E^A(\Delta)\mathcal{H}$, so folgt (wegen $P_\chi\Phi = (\chi, \Phi)\chi$)

$$|(\chi, \Phi)| = |(\chi, \Psi')| \Longleftrightarrow (\chi, P_\Phi\chi) = (\chi, P_{\Psi'}\chi) \ .$$

Da Ψ' und Φ beide in $E^A(\Delta)\mathcal{H}$ sind folgt $[\Phi] = [\Psi']$.

□

---

[2]Nach [22], Kap. VIII, Satz 7.3 sind die folgenden Eigenschaften für zwei Projektoren $P_\mathcal{M}$, $P_\mathcal{N}$ auf Unterräume $\mathcal{M}$ und $\mathcal{N}$ äquivalent: (i) $P_\mathcal{M} \leq P_\mathcal{N}$, (ii) $\mathcal{M} \subset \mathcal{N}$, (iii) $P_\mathcal{N}P_\mathcal{M} = P_\mathcal{M}$, (iv) $P_\mathcal{M}P_\mathcal{N} = P_\mathcal{M}$.

Die Formel 5.11 stellt die Verallgemeinerung von (4.48) dar. Die damit verbundenen Interpretationsfragen wollen wir an dieser Stelle nicht weiter vertiefen. Merkwürdig ist dieser akausale Sprung der Wellenfunktion schon. Ironisch meinte J.S. Bell in einer seiner letzten Arbeiten (im Epilog zitiert): „Hat die Wellenfunktion der Welt tausende von Millionen Jahren mit dem Sprung gewartet, bis der erste Einzeller auftauchte? Oder musste sie noch ein bisschen länger warten, auf ein qualifizierteres System – mit einem Doktorgrad?"

5.4 Verallgemeinerung des Zustandsbegriffs

Für viele Zwecke (insbesondere die Quantenstatistik) erweist sich eine Verallgemeinerung des Zustandsbegriffs als sehr nützlich. Wir betrachten eine Folge von (reinen) Zuständen $\{[\Phi]_k\}$ mit den zugehörigen 1-dimensionalen Projektoren $P_{[\Phi]_k}$. Die $\Phi_k \in [\Phi_k]$ mögen ein orthonormiertes System bilden. Es kann nun sein, dass die Information über ein physikalisches System insofern unvollständig ist, als wir nur wissen, dass sich das System mit den Wahrscheinlichkeiten p_k in den reinen Zuständen $[\Phi]_k$ befindet. Dabei sei

$$0 \leq p_k \leq 1 \,, \quad \sum_k p_k = 1 \,. \tag{5.12}$$

Wir bilden den zugehörigen *Dichteoperator* (statistischen Operator)

$$\rho = \sum_k p_k P_{[\Phi]_k} \,. \tag{5.13}$$

In dieser Situation ist der Erwartungswert einer Observablen

$$\langle A \rangle_\rho = \sum_k p_k \langle A \rangle_{[\Phi]_k} = \sum_k p_k \left(\Phi_k, A\Phi_k \right) \,. \tag{5.14}$$

Da $(\Phi_k, A\Phi_k) = Sp\left(AP_{[\Phi]_k}\right)$, gilt also – zumindest für einen beschränkten Operator A –

$$\langle A \rangle_\rho = Sp\left(A\rho\right) = Sp\left(\rho A\right) \,. \tag{5.15}$$

Aus (5.12) folgt, dass ρ *in der Spurklasse* ist. Letztere wird in [22] (Kap. VIII, speziell § VIII.9) behandelt. Operatoren in dieser Klasse (auch *nukleare* Operatoren genannt) sind insbesondere kompakt.[3] Der Operator (5.13) hat also folgende Eigenschaften:

(i) ρ ist positiv hermitesch: $\rho^* = \rho$, $\rho > 0$

(ii) ρ ist in der Spurklasse, $Sp\,\rho = 1$.

---

[3]Sie bilden ein zweiseitiges ⋆-Ideal im Raum der beschränkten Operatoren.

Wenn umgekehrt ein Operator ρ diese beiden Eigenschaften hat, dann ist er von der Form

$$\rho = \sum_j p_j P_j \, , \quad \sum_j p_j = 1 \, , \quad p_j \geq 0 \, , \tag{5.16}$$

was sich unmittelbar aus dem Spektralsatz für kompakte selbstadjungierte Operatoren ([22], Satz VIII.8.7) ergibt. Dabei sind die P_j *endlichdimensionale* Projektoren. Ferner können sich die Eigenwerte p_j höchstens im Nullpunkt häufen. Wir erinnern auch noch an die folgenden wichtigen Eigenschaften der Spur:

$$Sp \, (\alpha_1 A_1 + \alpha_2 A_2) = \alpha_1 Sp \, A_1 + \alpha_2 Sp \, A_2 \, , \quad A_1, \, A_2 \text{ nuklear};$$

$$Sp \, (AB) = Sp \, (BA) \, , \quad A \text{ nuklear, } B \text{ beschränkt.}$$

Wir erwähnen an dieser Stelle eine sehr tiefliegende Charakterisierung von statistischen Operatoren der Form (5.16). Dazu ordnen wir jedem Projektor P die Zahl $\mu \, (P) = Sp \, (P\rho)$ zu. Offensichtlich gilt

(i) $\mu \, (P) \geq 0$ für jedes P,

(ii) $\mu \, (1) = 1$,

(iii) $\mu \, (P_1 + P_2) - \mu \, (P_1) + \mu \, (P_2)$ falls $P_1 \cdot P_2 = 0$, (P_1, P_2 kompatibel).

Eine Abbildung $\mu \, : \, P \longmapsto \mu \, (P)$, welche diese drei Eigenschaften erfüllt, nennt man ein *positives normiertes Maß auf dem Hilbertraum*. Nun gilt der

Satz 5.4.1 (Gleason). *Jedes positive normierte Maß μ auf einem Hilbertraum $\mathcal{H}$ mit $\dim \mathcal{H} \geq 3$ ist von der Form*

$$\mu \, (P) = Sp \, (\rho P) \, ,$$

wobei ρ ein statistischer Operator der Form (5.16) ist.

Beweis. Siehe [28], ferner [29] für den Fall nichtseparabler Hilberträume.

Der Satz von Gleason zeigt, dass wir Dichteoperatoren mit Recht als *Zustände* eines Systems betrachten. Offensichtlich ist die Menge dieser Zustände konvex. Die reinen Zustände entsprechen den Extremalpunkten dieser konvexen Menge. Falls ρ kein reiner Zustand ist, spricht man auch von einem *Gemisch*. Einen reinen Zustand kann man, wie leicht zu sehen ist, durch die Gleichung

$$\rho^2 = \rho \tag{5.17}$$

charakterisieren.

Wir zeigen im Folgenden, dass es *keine dispersionsfreien Zustände* gibt, d. h.

$$(Sp\,\rho A)^2 = Sp\,\rho A^2 \text{ für alle beschränkten } A \text{ ist } \textit{unmöglich.} \qquad (5.18)$$

Dies sieht man leicht: Zunächst wählen wir für A in (5.18) einen Projektor P_Φ. Falls es einen dispersionsfreien Zustand gäbe, so müsste gelten

$$(Sp\,\rho P_\Phi)^2 = Sp\,\rho P_\Phi \Longrightarrow \underbrace{Sp\,\rho P_\Phi}_{(\Phi,\,\rho\Phi)} = 0 \text{ oder } 1 \text{ für jedes } \Phi. \qquad (5.19)$$

Nun ist aber $(\Phi, \rho\Phi) = 0$ für alle Φ unmöglich, sonst wäre $\rho = 0$. Ebenso ist $(\Phi, \rho\Phi) = 1$ für alle Φ unmöglich, da sonst $\rho = 1$, im Widerspruch zu $Sp\,\rho = 1$ ($dim\mathcal{H}$ sei > 1). Es gibt also sicher ein Φ mit $(\Phi, \rho\Phi) = 1$. Dann gilt nach (5.19) $Sp\,\rho\,(1 - P_\Phi) = 0$. Insbesondere ist für jedes $\chi \perp \Phi : Sp\,\rho P_\chi = 0$. Bilden wir also $\Psi = \cos\alpha\,\chi + \sin\alpha\,\Phi$ ($\|\chi\| = 1$, $\|\Phi\| = 1 \Longrightarrow \|\Psi\| = 1$), so haben wir

$$Sp\,(\rho P_\Psi) = (\Psi, \rho\Psi) = \cos\alpha\sin\alpha\,[(\chi, \rho\Phi) + (\Phi, \rho\chi)] + \sin^2\alpha\,(\Phi, \rho\Phi)\ .$$

Dieser Ausdruck verschwindet für $\alpha = 0$ und für $\alpha = \frac{\pi}{2}$ wird er gleich 1. Deshalb gibt es einen Vektor Ψ mit $0 < Sp\,(\rho P_\Psi) < 1$, im Widerspruch zu (5.19).

$$\square$$

Ergänzung: Zu A, ρ gehört das W-Maß μ_ρ,

$$\mu_\rho\,(\Delta) = Sp\,\big(\rho E^A\,(\Delta)\big)\ . \qquad (5.20)$$

Zerlegen wir ρ gemäß (5.13), so erhalten wir für μ_ρ eine Zerlegung in eine konvexe Summe von W-Maßen:

$$\mu_\rho = \sum p_i\mu_{\Phi_i}\ ,\quad \mu_{\Phi_i}\,(\Delta) = \big(\Phi_i,\, E^A\,(\Delta)\,\Phi_i\big)\ . \qquad (5.21)$$

Man kann sich nun fragen, wann *alle* W-Maße μ_{Φ_i} dispersionsfrei sind. Nun ist ein W-Maß ν auf $\mathbb{R}$ dispersionsfrei, wenn

$$\int (x - a)^2\,\mathrm{d}\nu\,(x) = 0 \quad \text{für}\quad a = \int x\mathrm{d}\nu\,(x)\ .$$

Dies ist nur möglich falls $supp\,\nu = \{a\}$. Angewandt auf μ_{Φ_i} bedeutet dies, dass $supp\,\mu_{\Phi_i} = \{a_i\}$, d. h.

$$\mu_{\Phi_i}\,(\{a_i\}) = 1 = \big(\Phi_i,\, E^A\,(\{a_i\})\,\Phi_i\big)\ .$$

Dies impliziert, wie im Beispiel 5.1.1, dass die a_i Eigenwerte von A sind mit $A\Phi_i = a\Phi_i$. Also gilt $A = \sum a_iP_{\Phi_i}$. (Insbesondere vertauschen A und ρ.) Umgekehrt ist für ein solches A natürlich μ_ρ eine konvexe Kombination von dispersionsfreien W-Maßen.

Verallgemeinere die Formel (5.11) für die Zustandsreduktion für den Fall, dass das System anfänglich in einem gemischten Zustand ist (Übung 5.11).

5.5 Vereinigung zweier quantenmechanischer Systeme

Wir verallgemeinern jetzt den folgenden Sachverhalt in der Wellenmechanik: In dieser ist der Hilbertraum eines 1-Teilchensystems der Raum $L^2\left(\mathbb{R}^3\right)$ und der Raum eines (gekoppelten) 2-Teilchensystems ist $L^2\left(\mathbb{R}^6\right)$, also gleich (isomorph) dem Tensorprodukt der 1-Teilchen-Hilberträume,

$$L^2\left(\mathbb{R}^6\right) \cong L^2\left(\mathbb{R}^3\right) \otimes L^2\left(\mathbb{R}^3\right) .$$

Der Begriff des Tensorproduktes von zwei Hilberträumen wird z.B. in meinem Skript [22], (§2.4) besprochen. Ohne auf die Einzelheiten zurückzukommen, erinnern wir an Folgendes:

In der linearen Algebra lernt man den Begriff des Tensorproduktes von zwei beliebigen Vektorräumen (über demselben Körper) kennen, den man begrifflich am einfachsten über eine Universalitätseigenschaft einführt (siehe z.B. [30]). Haben die beiden Vektorräume $\mathcal{H}_1$, $\mathcal{H}_2$ innere Produkte $(\cdot, \cdot)_{\mathcal{H}_i}$, so gibt es genau ein Skalarprodukt von $\mathcal{H}_1 \otimes \mathcal{H}_2$ mit der Eigenschaft

$$(\Psi_1 \otimes \Phi_1, \Psi_2 \otimes \Phi_2) = (\Psi_1, \Psi_2)_{\mathcal{H}_1} (\Phi_1, \Phi_2)_{\mathcal{H}_2} .$$

Damit wird $\mathcal{H}_1 \otimes \mathcal{H}_2$ zu einem Prä-Hilbertraum = *algebraisches* Tensorprodukt der inneren Produkträume. Das algebraische Tensorprodukt ist insbesondere für zwei Hilberträume $\mathcal{H}_1$, $\mathcal{H}_2$ erklärt. Dann ist es aber naheliegend, dessen Vervollständigung zu bilden, und diese nennt man das (topologische) Tensorprodukt der beiden Hilberträume. Darin liegen endliche Linearkombinationen von einfachen Tensoren $\Psi \otimes \Phi$ dicht. Wichtig ist auch: bilden $\{\Psi_i\}_{i \in I}$ und $\{\Phi_j\}_{j \in J}$ Orthogonalbasen von $\mathcal{H}_1$ bzw. $\mathcal{H}_2$, so ist $\{\Psi_i \otimes \Phi_j\}_{(i, j) \in I \times J}$ eine Orthogonalbasis des Tensorproduktes von $\mathcal{H}_1$ mit $\mathcal{H}_2$ (welches wir im folgenden auch mit $\mathcal{H}_1 \otimes \mathcal{H}_2$ bezeichnen; oft wird die Bezeichnung $\mathcal{H}_1 \hat{\otimes} \mathcal{H}_2$ verwendet, um Verwechslungen mit dem algebraischen Tensorprodukt zu vermeiden).

Auf die konkrete Realisierung des Tensorproduktes kommt es zumeist nicht an, da alle zueinander isomorph sind.

Vereinigen wir nun zwei physikalische Systeme S_1, S_2, mit zugehörigen Hilberträumen $\mathcal{H}_1$, $\mathcal{H}_2$ zu einem Gesamtsystem S (z.B. Atomkern+Elektron), so beschreiben wir dieses durch $\mathcal{H}_1 \otimes \mathcal{H}_2$. Dieses *Postulat* ist mehr als natürlich. Jeder Observablen A_1 von S_1 ist die Observable $A_1 \otimes \mathbb{1}$ von S und jeder Observablen A_2 von S_2 die Observable $\mathbb{1} \otimes A_2$ von S zugeordnet.[4] Sind die beiden Systeme nicht gekoppelt und S_i im Zustand $[\Psi_i]$ $(i = 1, 2)$, so ist das Gesamtsystem im Zustand $[\Psi_1 \otimes \Psi_2]$ (Produktzustand).

---

[4]Für zwei Operatoren A_1 von $\mathcal{H}_1$ und A_2 von $\mathcal{H}_2$ definieren wir das Tensorprodukt $A_1 \otimes A_2$ von $\mathcal{H}_1 \otimes \mathcal{H}_2$ durch

$$(A_1 \otimes A_2)(\Psi_1 \otimes \Psi_2) = A_1\Psi_1 \otimes A_2\Psi_2 .$$

Man zeigt leicht, dass diese Definition sinnvoll ist (benutze die Universalitätseigenschaft).

Diese Beschreibung des Gesamtsystems ist auch deshalb vernünftig, weil z. B.

$$W^{A_1 \otimes \mathbb{1}}_{[\Psi_1 \otimes \Psi_2]}(\Delta) = \left(\Psi_1 \otimes \Psi_2, \left(E^{A_1}(\Delta) \otimes \mathbb{1}\right)(\Psi_1 \otimes \Psi_2)\right) =$$

$$= \left(\Psi_1 \otimes \Psi_2, E^{A_1}(\Delta)\Psi_1 \otimes \Psi_2\right) = \left(\Psi_1, E^{A_1}(\Delta)\Psi_1\right) = W^{A_1}_{[\Psi_1]}(\Delta) . \quad (5.22)$$

5.6 Automorphismen, Satz von Wigner

In der QM spielen Symmetrien eine noch größere Rolle als in der klassischen Mechanik. Die Gründe dafür werden wir später kennenlernen.

An die Stelle der (verallgemeinerten) kanonischen Transformationen der klassischen Mechanik treten in der QM Automorphismen, die wie folgt definiert sind:

Ein *Automorphismus* ist eine Abbildung α, welche jedem Zustand $[\Psi]$ einen Zustand $\alpha([\Psi])$ und jeder Observablen A eine Observable $\alpha(A)$ so zuordnet, dass gilt:

(i) $[\Psi] \longmapsto \alpha([\Psi])$ ist surjektiv;

(ii) $W^{\alpha(A)}_{\alpha([\Psi])} = W^A_{[\Psi]}$ (Invarianz der Verteilungen.)

Wir zeigen, dass daraus die Gleichung

$$(\alpha([\Phi]), \alpha([\Psi])) = ([\Phi], [\Psi]) \quad (5.23)$$

folgt, wobei

$$([\Phi], [\Psi]) := |(\Phi, \Psi)|, \quad \Phi \in [\Phi], \Psi \in [\Psi] . \quad (5.24)$$

Eine Bijektion der Zustände, welche (5.23) erfüllt, nennt man eine *Strahlenkorrespondenz* oder einen *Wigner-Automorphismus*.

Zum Beweis der obigen Behauptung benötigen wir: Ist α ein Automorphismus, dann gilt für jede reelle Borelfunktion f

$$\alpha(f(A)) = f(\alpha(A)) . \quad (5.25)$$

Dies sieht man so: Es gilt

$$W^{\alpha(f(A))}_{\alpha([\Psi])}(\Delta) = W^{f(A)}_{[\Psi]}(\Delta) \overset{(5.5)}{=} W^A_{[\Psi]}\left(f^{-1}(\Delta)\right)$$

$$= W^{\alpha(A)}_{\alpha([\Psi])}\left(f^{-1}(\Delta)\right) \overset{(5.5)}{=} W^{f(\alpha(A))}_{\alpha([\Psi])}(\Delta) , \quad (5.26)$$

d. h.

$$\left(\Psi, E^{f(\alpha(A))}(\Delta)\Psi\right) = \left(\Psi, E^{\alpha(f(A))}(\Delta)\Psi\right) \quad \text{für alle } \Psi.$$

Deshalb stimmen die Spektralmaße $E^{f(\alpha(A))}$ und $E^{\alpha(f(A))}$ und folglich auch die Operatoren $f(\alpha(A))$ und $\alpha(f(A))$ miteinander überein.

Als Folge von (5.25) gilt für einen Automorphismus α und reelle beschränkte Borelfunktionen f_1, f_1:

$$\alpha\left(f_1\left(A\right) + f_2\left(A\right)\right) = f_1\left(\alpha\left(A\right)\right) + f_2\left(\alpha\left(A\right)\right) \ ,$$
$$\alpha\left(f_1\left(A\right) f_2\left(A\right)\right) = f_1\left(\alpha\left(A\right)\right) f_2\left(\alpha\left(A\right)\right) \ . \tag{5.27}$$

Tatsächlich ist

$$\alpha\left(f_1\left(A\right) + f_2\left(A\right)\right) = \alpha\left(\left(f_1 + f_2\right)\left(A\right)\right) = \left(f_1 + f_2\right)\left(\alpha\left(A\right)\right)$$
$$= f_1\left(\alpha\left(A\right)\right) + f_2\left(\alpha\left(A\right)\right) \ ; \tag{5.28}$$

ebenso ergibt sich die 2. Gleichung in (5.27).

Insbesondere folgt für einen Projektor P (wegen $P^2 = P$): $\alpha\left(P\right) = \alpha\left(PP\right) = \alpha\left(P\right)\alpha\left(P\right)$; also ist auch $\alpha\left(P\right)$ ein Projektor.

Jedem Einheitsstrahl $[\Phi]$ ist eindeutig der Projektor $P_{[\Phi]}$ auf den von Φ erzeugten 1-dimensionalen Unterraum zugeordnet:

$$P_{[\Phi]}\Psi = \left(\Phi, \Psi\right)\Phi \ , \quad \Phi \in [\Phi] \ . \tag{5.29}$$

Wir benötigen auch noch folgendes Hilfsmittel: Sei α ein Automorphismus. Dann gilt für jeden Zustand $[\Phi]$

$$\alpha\left(P_{[\Phi]}\right) = P_{\alpha([\Phi])} \ . \tag{5.30}$$

Zum Beweis sei $\Psi \in [\Psi]$ und $\Psi' \in \alpha\left([\Psi]\right)$. Aus der Invarianz der Erwartungswerte unter α folgt insbesondere

$$\left(\Psi', \alpha\left(P_{[\Phi]}\right)\Psi'\right) = \left(\Psi, P_{[\Phi]}\Psi\right) \ . \tag{5.31}$$

Speziell für $[\Psi] = [\Phi]$ gibt dies

$$\left(\Phi', \alpha\left(P_{[\Phi]}\right)\Phi'\right) = 1 \quad \left(\Phi' \in \alpha\left([\Phi]\right)\right) \ ,$$

und deshalb $\alpha\left(P_{[\Phi]}\right)\Phi' = \Phi'$, d.h. Φ' liegt im Wertebereich von $\alpha\left(P_{[\Phi]}\right)$. Da andererseits Φ' nach Definition im Wertebereich von $P_{\alpha([\Phi])}$ liegt, gilt (siehe Fußnote auf S. 115)

$$\alpha\left(P_{[\Phi]}\right) = P_{\alpha([\Phi])} + Q \tag{5.32}$$

mit einem Projektor Q, welcher orthogonal zu $P_{\alpha([\Phi])}$ ist: $QP_{\alpha([\Phi])} = 0$. Für $[\Psi] \perp [\Phi]$ folgt aber aus (5.31): $\left(\Psi', \alpha\left(P_{[\Phi]}\right)\Psi'\right) = 0$, d.h.

$$\left(\Psi', P_{\alpha([\Phi])}\Psi'\right) + \left(\Psi', Q\Psi'\right) = |\left(\Psi', \Phi'\right)|^2 + \|Q\Psi'\|^2 = 0 \ ,$$

also $\left(\Psi', \Phi'\right) = 0$ und $Q\Psi' = 0$. Die erste Gleichung besagt: aus $[\Psi] \perp [\Phi]$ folgt $\alpha\left([\Psi]\right) \perp \alpha\left([\Phi]\right)$. Deshalb folgt aus der 2. Gleichung entweder $Q = 0$ oder $Q = P_{\alpha([\Phi])}$. Letzteres ist aber ausgeschlossen $\left(QP_{\alpha([\Phi])} = 0\right)$; deshalb ist nach (5.32) $\alpha\left(P_{[\Phi]}\right) = P_{\alpha([\Phi])}$, wie behauptet.

Nun können wir endlich (5.23) beweisen: Aus (5.30) und (5.31) folgt $\left(\Psi', P_{\alpha([\Phi])}\Psi'\right) = \left(\Psi, P_{[\Phi]}\Psi\right)$, d.h. $\left(\alpha\left([\Psi]\right), \alpha\left([\Phi]\right)\right) = \left([\Psi], [\Phi]\right)$.

Ein Automorphismus im Sinne unserer ursprünglichen Definition induziert also einen Wigner-Automorphismus der Einheitsstrahlen (des *komplexen projektiven Raumes* $P\left(\mathcal{H}\right)$ zu $\mathcal{H}$).

Beispiele für Wigner-Automorphismen.

Beispiel 5.6.1. Es sei U ein unitärer Operator von $\mathcal{H}$. Wir setzen

$$[U] : [\Phi] \longmapsto [U\Phi] \ , \ \ \Phi \in [\Phi] \ . \tag{5.33}$$

Die Abbildung $[\Phi] \longmapsto [U] [\Phi]$ ist offensichtlich ein Wigner-Automorphismus.

Beispiel 5.6.2. Sei jetzt A ein *antiunitärer* Operator von $\mathcal{H}$, d. h., eine Bijektion von $\mathcal{H}$ mit

$$(i) \ A (a\Phi + b\Psi) = \bar{a} A\Phi + \bar{b} A\Psi \quad (\text{antilinear}) \ ,$$

$$(ii) \ (A\Phi, \, A\Psi) = \overline{(\Phi, \, \Psi)} \ . \tag{5.34}$$

Wieder setzen wir

$$[A] : [\Phi] \longmapsto [A\Phi] \ , \ \ \Phi \in [\Phi] \ . \tag{5.35}$$

Auch $[A]$ ist ein Wigner-Automorphismus.

Ein wichtiger Satz von Wigner besagt nun, dass man auf diese Weise *alle* Wigner-Automorphismen erhält:

Satz 5.6.1 (Wigner). *Jeder Wigner-Automorphismus ist von der Form*

$$\alpha \left([\Psi]\right) = [U\Psi] \ , \ \ \Psi \in [\Psi] \ , \tag{5.36}$$

wobei U entweder eine unitäre oder eine antiunitäre Transformation ist, welche bis auf eine Phase bestimmt ist, d. h., falls $\alpha \left([\Psi]\right) = [U'\Psi]$, dann ist $U' = e^{i\theta} U$, $\theta \in \mathbb{R}$.

Beweis. Siehe [23], Kap. 12 oder [54] (der Beweis ist ziemlich aufwendig).

Wir betrachten jetzt wieder einen Automorphismus α im ursprünglichen Sinne. Nach (5.24) und dem Satz von Wigner existiert ein unitärer, bzw. antiunitärer Operator U derart, dass (5.36) gilt. Ich behaupte, dass auch $\alpha (A) = U A U^{-1}$ für alle Observablen A. Dies sieht man so: Aus

$$W^{\alpha(A)}_{\alpha([\Phi])} (\Delta) = \left(U\Phi, \, E^{\alpha(A)} (\Delta) U\Phi \right) = \left(\Phi, \, U^{-1} E^{\alpha(A)} (\Delta) U\Phi \right)$$
$$= W^{A}_{[\Phi]} (\Delta) = \left(\Phi, \, E^{A} (\Delta) \Phi \right) \tag{5.37}$$

folgt

$$U^{-1} E^{\alpha(A)} (\Delta) U = E^{A} (\Delta)$$

oder

$$E^{\alpha(A)} (\Delta) = U E^{A} (\Delta) U^{-1} = E^{U A U^{-1}} (\Delta) \ .$$

Zur Begründung des letzten Gleichheitszeichens notieren wir zuerst, dass $U E^{A} (\cdot) U^{-1}$ offensichtlich ein projektionswertiges Maß ist (siehe Anhang dieses Kapitels). Ferner ist für alle Ψ im Definitionsbereich von $U A U^{-1}$

$$\int \lambda d \left(\Psi, \, U E^{A} (\lambda) U^{-1}\Psi \right) = \int \lambda d \left(U^{-1}\Psi, \, E^{A} (\lambda) U^{-1}\Psi \right)$$

$$= \left(U^{-1}\Psi, AU^{-1}\Psi \right) = \left(\Psi, UAU^{-1}\Psi \right) = \int \lambda d \left(\Psi, E^{UAU^{-1}}(\lambda)\Psi \right)$$

$$\Longrightarrow UE^A(\cdot)U^{-1} = E^{UAU^{-1}}(\cdot) \ . \tag{5.38}$$

Damit ist gezeigt, dass $\alpha(A)$ und UAU^{-1} dieselben Spektralmaße haben. Deshalb sind die Operatoren gleich.

Zusammenfassend haben wir also:

$$\boxed{\alpha([\Phi]) = [U\Phi] \ , \ \alpha(A) = UAU^{-1} \ ,} \tag{5.39}$$

wobei U ein, bis auf eine Phase eindeutiger, unitärer oder antiunitärer Operator ist.

5.7 Allgemeine Form des dynamischen Gesetzes

Nach der Kinematik kommen wir nun zur Dynamik. Wir betrachten ein *abgeschlossenes* System. Die Zeitevolution wird von folgender Form sein: Ist das System zur Zeit $t = 0$ im Zustand $[\Psi]$, so geht der Zustand $[\Psi]_t$ zur Zeit t daraus durch einen t-abhängigen Wigner-Automorphismus α_t hervor:

$$[\Psi]_t = \alpha_t([\Psi]) \ . \tag{5.40}$$

Für die t-Abhängigkeit von α_t genügt eine sehr milde Annahme: Wir verlangen, dass $t \longmapsto \alpha_t$ messbar ist, womit gemeint ist, dass $t \longmapsto (\alpha_t([\Phi]), [\chi])$ für alle $[\Phi], [\chi] \in P(\mathcal{H})$ messbar ist.

Natürlich soll α_t auch die Gruppeneigenschaft

$$\alpha_t \circ \alpha_s = \alpha_{t+s} \tag{5.41}$$

erfüllen.

Diese allgemeine Form des dynamischen Gesetzes wollen wir nun in eine handlichere Form übersetzen. In einem ersten Schritt benutzen wir den

Satz 5.7.1. *Ist $t \longmapsto \alpha_t$ eine messbare Familie von Wigner-Automorphismen, welche die Gruppeneigenschaft (5.41) erfüllt, dann gibt es eine Familie $U(t)$ von unitären Operatoren derart, dass $\alpha_t([\Psi]) = [U(t)\Psi]$, wobei $U(t)$ außerdem schwach messbar ist ($(\Phi, U(t)\Psi)$ ist für alle Φ, Ψ in t messbar).*

Beweis. Siehe [23], Kap. 13 oder [54].

Die messbare Auswahl $t \longmapsto U(t)$ muss eine Gleichung der Form

$$U(t)U(s) = \omega(t, s)U(t + s) \tag{5.42}$$

erfüllen, wobei $\omega(t, s)$ eine Phase ist (Eindeutigkeitsaussage im Satz von Wigner), die außerdem eine messbare Funktion ist.

Aus (5.42) folgert man unmittelbar, dass ω ein (Borel-)*Multiplikator* auf $\mathbb{R}$ ist, d. h., ω ist eine messbare Abbildung $\omega : \mathbb{R} \times \mathbb{R} \longmapsto \{\alpha \in \mathbb{C} : |\alpha| = 1\}$, welche für alle $a, b, c \in \mathbb{R}$

$$\omega\,(a,\,b)\,\omega\,(a+b,\,c) = \omega\,(a,\,b+c)\,\omega\,(b,\,c) \tag{5.43}$$

erfüllt.

Spezielle Multiplikatoren erhält man aus messbaren Funktionen $\lambda : \mathbb{R} \longmapsto \{\alpha : |\alpha| = 1\}$ durch

$$\partial\lambda\,(a,\,b) := \lambda\,(a+b)\,\lambda\,(a)^{-1}\,\lambda\,(b)^{-1} \tag{5.44}$$

(verifiziere (5.43)).

Wichtig ist nun der folgende (kohomologische)

Satz 5.7.2. *Jeder Borel-Multiplikator auf $\mathbb{R}$ ist von der Form $\omega = \partial\lambda$ für eine messbare Funktion λ.*

Beweis. Siehe [23], Kap. 14 oder [54].

Setzen wir also $\tilde{U}\,(t) = \lambda\,(t)\,U\,(t)$, so ist $\tilde{U}\,(t)$ schwach messbar und aus (5.42) wird

$$\tilde{U}\,(t)\,\tilde{U}\,(s) = \tilde{U}\,(t+s)\ , \tag{5.45}$$

d. h. $t \longmapsto \tilde{U}\,(t)$ ist eine schwach messbare unitäre Darstellung von $\mathbb{R}$. Nach einem Satz von Neumann ([23], Satz 11.8.) ist dann $\tilde{U}\,(t)$ sogar stark stetig.

Nun tritt der fundamentale *Satz von Stone* in Aktion. Nach diesem wird jede stark stetige unitäre Darstellung von $\mathbb{R}$ durch einen selbstadjungierten Operator erzeugt:

$$\tilde{U}\,(t) = \exp\left(-\frac{i}{\hbar}Ht\right)$$

([23], Satz 11.7).

Wir haben insgesamt gezeigt, dass zu α_t ein selbstadjungierter Operator H gehört, sodass

$$\alpha_t\,([\varPsi]) = \left[e^{-\frac{i}{\hbar}Ht}\varPsi\right]\ ,\quad \varPsi \in [\varPsi]\ . \tag{5.46}$$

Dieser ist, bis auf eine additive Konstante, eindeutig bestimmt. Physikalisch ist H der *Hamilton-Operator*.

Für geeignete Repräsentanten in (5.40) haben wir also

$$\varPsi_t = e^{-\frac{i}{\hbar}Ht}\varPsi\ . \tag{5.47}$$

Falls $\varPsi \in \mathcal{D}\,(H)$ ist, so gilt ([23], Satz 15.4)

$$\boxed{i\hbar\frac{\partial\varPsi_t}{\partial t} = H\varPsi_t\ .} \tag{5.48}$$

Dies ist die allgemeine Form der *Schrödinger-Gleichung* für die dynamische Entwicklung des Zustandes.

Erhaltungssätze

Eine Observable A ist eine *Konstante der Bewegung* (zeitlich erhalten), falls A kompatibel mit der zeitlichen Evolution $U(t)$ ist. Nach dem Satz auf Seite 114 ist dies gleichbedeutend mit

$$U^{-1}(t)\, E^A(\Delta)\, U(t) = E^A(\Delta) \quad \text{für alle } \Delta. \tag{5.49}$$

Damit äquivalent ist

$$W^A_{[\Psi](t)}(\Delta) = W^A_{[\Psi](0)}(\Delta)\,, \tag{5.50}$$

denn diese Gleichung besagt mit anderen Worten

$$\big(\Psi(t),\, E^A(\Delta)\,\Psi(t)\big) = \big(\Psi,\, E^A(\Delta)\,\Psi\big)\,, \tag{5.51}$$

was wegen $\Psi_t = U(t)\,\Psi$ mit (5.49) übereinstimmt. Gleichung 5.50 besagt, dass die Verteilung von A zeitlich konstant ist.

Anwendungen

a) Sei A eine Konstante der Bewegung und a ein Eigenwert von A mit dem Eigenraum $\mathcal{M} \subset \mathcal{H}$ und dem zugehörigen Projektor P. Aus dem Satz im Abschn. 5.2 (S. 114) folgt $[U(t),\, P] = 0$ und deshalb $HP \supset PH$. Daraus erhalten wir

$$PHP = (PH)\,P \subseteq (HP)\,P = HP.$$

Aber PHP und HP haben denselben Definitionsbereich, weshalb

$$PHP = HP\,. \tag{5.52}$$

Da der komplementäre Projektor $Q = 1 - P$ ebenfalls mit H vertauscht, gilt analog

$$QHQ = HQ\,. \tag{5.53}$$

Ferner ist

$$H = (P + Q)\,H = PH + QH \subseteq HP + HQ \subseteq H\,(P + Q) = H\,.$$

Da das letzte und erste Glied gleich sind, folgt

$$H = HP + HQ = PHP + QHQ\,. \tag{5.54}$$

Diese Gleichungen besagen: Beschränkt man H auf diejenigen Elemente von $\mathcal{D}(H)$, welche in $\mathcal{M} = P\mathcal{H}$ oder in $\mathcal{M}^\perp = Q\mathcal{H}$ enthalten sind, so erhält man lineare Abbildungen H_1, bzw. H_2, deren Werte wieder in $\mathcal{M}$, bzw. $\mathcal{M}^\perp$ liegen. Wir sagen auch: H *zerfällt* bezüglich der Zerlegung $\mathcal{H} = \mathcal{M} \oplus \mathcal{M}^\perp$. Damit ist das Studium von H auf dasjenige von H_1 und H_2 zurückgeführt. In dieser Reduktion liegt der Nutzen von Bewegungsintegralen.

b) H und A seien kompatibel und mögen beide ein rein diskretes Spektrum haben. In den Übungen (siehe Übung 5.11) wird gezeigt, dass dann beide Operatoren ein gemeinsames vollständiges Orthogonalsystem von Eigenvektoren besitzen.

Die obigen Betrachtungen werden später sehr wichtig werden, wenn (Liesche-)Gruppen als Symmetrien vorliegen.

5.8 Schrödinger-, Heisenberg- und Wechselwirkungsbild

Bis jetzt haben wir das *Schrödingerbild* verwendet. Dieses ist dadurch gekennzeichnet, dass die Observablen – sofern sie nicht von äußeren Feldern abhängen – zeitunabhängig sind. Die Dynamik wird über die Zeitabhängigkeit der Zustände beschrieben.

Nun ist aber nur wichtig, dass die Zeitabhängigkeit der Verteilungen (und somit der Erwartungswerte) der Observablen richtig beschrieben wird. Im *Heisenbergbild* werden die Zustände zeitunabhängig gewählt; die Zeitabhängigkeit der Observablen ergibt sich dann aus der folgenden Betrachtung der Verteilungen: Sei $[\Psi](t)$ der zeitabhängige Zustand im Schrödingerbild mit dem Anfangszustand $[\Psi]$ zur Zeit $t = 0$, dann gilt für eine Observable A (mit $\Psi(t) = U(t)\Psi$)

$$W^A_{[\Psi](t)}(\Delta) = \left(\Psi(t), E^A(\Delta)\Psi(t)\right) = \left(U(t)\Psi, E^A(\Delta)U(t)\Psi\right)$$

$$= \left(\Psi, U^{-1}(t)E^A(\Delta)U(t)\Psi\right) \overset{(5.38)}{=} \left(\Psi, E^{U^{-1}(t)AU(t)}(\Delta)\Psi\right),$$

d. h.

$$W^A_{[\Psi](t)}(\Delta) = W^{U^{-1}(t)AU(t)}_{[\Psi]}(\Delta) . \tag{5.55}$$

Deshalb definiert man das Heisenbergbild durch

$$\boxed{A_H(t) := U^{-1}(t)AU(t) , \quad \Psi(t) =: U(t)\Psi_H .} \tag{5.56}$$

(Operatoren und Zustände im Heisenbergbild werden mit einem Index H versehen. Da wir meistens im Schrödingerbild arbeiten werden, verzichten wir darauf, dafür einen Index S einzuführen.) Es ist dann nach (5.55), wie gefordert,

$$W^A_{[\Psi](t)}(\Delta) = W^{A_H(t)}_{[\Psi]_H}(\Delta) . \tag{5.57}$$

Der Erwartungswert hat natürlich ebenfalls die richtige Zeitabhängigkeit:

$$(\Psi_H, A_H(t)\Psi_H) = (\Psi(t), A\Psi(t)) = \langle A\rangle_{[\Psi](t)} . \tag{5.58}$$

Wir berechnen (formal) die Zeitableitung von $A_H(t)$. Dazu notieren wir, dass nach (5.47) für ein abgeschlossenes System

$$U(t) = \exp\left(-\frac{i}{\hbar}Ht\right) \tag{5.59}$$

und somit

$$\dot{U}(t) = -\frac{i}{\hbar} U(t) H = -\frac{i}{\hbar} H U(t) \tag{5.60}$$

gelten. Damit ergibt sich

$$\dot{A}_H(t) = U(-t) A \dot{U}(t) - \dot{U}(-t) A U(t) = \frac{i}{\hbar} [H, A_H(t)] .$$

Operatoren im Heisenbergbild genügen also der *Heisenbergschen Bewegungsgleichung*

$$\boxed{\dot{A}_H(t) = \frac{i}{\hbar} [H, A_H(t)] .} \tag{5.61}$$

Diese ist das Quantenanalogon zur Liouville-Gleichung in der klassischen Mechanik. (Weitere Analogien werden wir später zusammenstellen; siehe Seite 131.)

Daraus ergibt sich speziell: A ist genau dann ein Integral der Bewegung falls $\dot{A}_H = 0$ ist.

Durch teilweise Überwälzung der Zeitabhängigkeit der Zustände im Schrödingerbild auf die Observablen entstehen sogenannte Wechselwirkungsbilder. Wir spalten H auf gemäß

$$H = H_0 + H_I . \tag{5.62}$$

Diese Zerlegung ist willkürlich, wird aber für konkrete physikalische Probleme (wie bei störungstheoretischen Zugängen in der klassischen Mechanik) oft nahegelegt. Es sei

$$U_0(t) = \exp\left(-\frac{i}{\hbar} H_0 t\right) . \tag{5.63}$$

Damit definieren wir Operatoren und Zustände im *Wechselwirkungsbild* (*Dirac-Bild*) zur Zerlegung (5.62) gemäß

$$\boxed{A_W(t) := U_0^{-1}(t) A U_0(t) , \quad \Psi_W(t) := U_0^{-1}(t) \Psi(t) = U_0^{-1}(t) U(t) \Psi_H .} \tag{5.64}$$

Insbesondere ist also die „Wechselwirkung" H_I im Dirac-Bild

$$H_I^W(t) = U_0(-t) H_I U_0(t) . \tag{5.65}$$

Für $\Psi_W(t)$ ergibt sich die Bewegungsgleichung

$$i\hbar\dot{\Psi}_W(t) = -i\hbar\dot{U}_0(-t) \Psi + i\hbar U_0(-t) \dot{\Psi} = -H_0 \Psi_W + U_0(-t) H \Psi$$

$$= -H_0 \Psi_W(t) + U_0(-t) H_0 U_0(t) \Psi_W + U_0(-t) H_I U_0(t) \Psi_W ,$$

d. h.

$$\boxed{i\hbar\dot{\Psi}_W(t) = H_I^W(t) \Psi_W(t) .} \tag{5.66}$$

Analog erhalten wir

$$\dot{A}_W(t) = \frac{i}{\hbar}[H_0, A_W(t)] \ . \tag{5.67}$$

Für alle drei Bilder kann man formale Integrationsformeln angeben. Diese werden wir im Zusammenhang mit störungstheoretischen Methoden besprechen. Für letztere ist das Wechselwirkungsbild besonders zweckmäßig.

Wir bestimmen noch die Zeitabhängigkeit des Dichteoperators. Im Heisenbergbild ist dieser natürlich zeitunabhängig. Nun ist mit (5.64)

$$\langle A \rangle_\rho = Sp\left(\rho_H A_H(t)\right) = Sp\left(\rho_H U^{-1}(t) A U(t)\right)$$

$$= Sp\left(U(t)\rho_H U^{-1}(t) A\right) = Sp\left(\rho(t) A\right) \ ,$$

wobei

$$\rho(t) = U(t)\rho_H U^{-1}(t) \tag{5.68}$$

der Dichteoperator im Schrödingerbild ist. Beachte dabei den Unterschied zur ersten Gleichung in (5.56). Es ergibt sich deshalb gegenüber (5.61) ein *Vorzeichenwechsel* (!)

$$\dot{\rho}(t) = -\frac{i}{\hbar}[H, \rho(t)] \quad \text{(von Neumann-Gleichung)} \ . \tag{5.69}$$

(Für die klassische Entsprechung siehe [58] §I.1., sowie Tab. 5.1.)

5.9 Darstellungen der kanonischen Vertauschungsrelationen

Für N (unterscheidbare, spinlose) Massenpunkte ist der Hilbertraum der Zustände $\mathcal{H} = L^2(\mathbb{R}^f)$, $f = 3N$. Die Koordinaten des Konfigurationsraumes $\mathbb{R}^f$ seien $x_1, \ldots, x_f$. Die Positionsoperatoren $(q_1, \ldots, q_f)$ und die Impulsoperatoren $(p_1, \ldots, p_f)$ sind auf $\mathcal{S}(\mathbb{R}^f)$ wesentlich selbstadjungiert und gegeben durch (wir setzen in diesem Abschnitt $\hbar = 1$)

$$(q_k \Psi)(x_1, \ldots, x_f) = x_k \Psi(x_1, \ldots, x_f) \ ,$$

$$(p_k \Psi)(x_1, \ldots, x_f) = \frac{1}{i}\frac{\partial \Psi}{\partial x_k}(x_1, \ldots, x_f) \ . \tag{5.70}$$

Die q_k und p_k lassen $\mathcal{S}(\mathbb{R}^f)$ invariant und auf diesem dichten Teilraum gelten die Vertauschungsrelationen

$$[p_k, q_l] = \frac{1}{i}\delta_{kl} \ , \quad [p_k, p_l] = [q_k, q_l] = 0 \ . \tag{5.71}$$

Man kann nun fragen, inwieweit die VR (5.71) die Operatoren $\{q_k,\, p_k\}$ bestimmen. Ist vielleicht jede Darstellung im wesentlichen die *Schrödingerdarstellung* (5.70)? Diese Frage muss man präzisieren. Wir diskutieren hier eine Formulierung von H. Weyl. Dazu betrachten wir die f-parametrigen unitären Gruppen ($\boldsymbol{a},\, \boldsymbol{b} \in \mathbb{R}^f$):

$$U\left(\boldsymbol{a}\right) = e^{i\sum a_k p_k} \,,\; V\left(\boldsymbol{b}\right) = e^{i\sum b_k q_k} \,. \tag{5.72}$$

Formal erhalten wir aus (5.71) leicht die Multiplikationsregeln (s. Aufgabe 2, Kap. 5):

$$U\left(\boldsymbol{a}_1\right) U\left(\boldsymbol{a}_2\right) = U\left(\boldsymbol{a}_1 + \boldsymbol{a}_2\right) \,,\quad V\left(\boldsymbol{b}_1\right) V\left(\boldsymbol{b}_2\right) = V\left(\boldsymbol{b}_1 + \boldsymbol{b}_2\right) \,,$$
$$U\left(\boldsymbol{a}\right) V\left(\boldsymbol{b}\right) = e^{i\left(\boldsymbol{a},\, \boldsymbol{b}\right)} V\left(\boldsymbol{b}\right) U\left(\boldsymbol{a}\right) \,;\quad \left(\boldsymbol{a},\, \boldsymbol{b}\right) := \sum a_l b_l \,. \tag{5.73}$$

Wir fragen nun nach den Darstellungen dieser *Weylschen Relationen*. Darüber gibt der folgende zentrale Satz Auskunft.

Satz 5.9.1 (von Neumann). *Es seien $\boldsymbol{a} \longmapsto U\left(\boldsymbol{a}\right),\, \boldsymbol{b} \longmapsto V\left(\boldsymbol{b}\right)$ stark stetige unitäre Darstellungen von $\mathbb{R}^f$ in einem Hilbertraum $\mathcal{H}$, welche die Weylschen Relationen (5.73) erfüllen. Ist diese Darstellung irreduzibel, so ist sie unitär äquivalent zur Schrödingerdarstellung $\{U_S\left(\boldsymbol{a}\right),\, V_S\left(\boldsymbol{b}\right)\}$ im $L^2(\mathbb{R}^f)$, definiert durch*

$$\left(U_S\left(\boldsymbol{a}\right) \Psi\right)\left(\boldsymbol{x}\right) = \Psi\left(\boldsymbol{x} + \boldsymbol{a}\right) \,,$$
$$\left(V_S\left(\boldsymbol{b}\right) \Psi\right)\left(\boldsymbol{x}\right) = e^{i\left(\boldsymbol{b},\, \boldsymbol{x}\right)} \Psi\left(\boldsymbol{x}\right) \,. \tag{5.74}$$

Die allgemeine Darstellung lautet (bis auf unitäre Äquivalenz):

$$\mathcal{H} = L^2\left(\mathbb{R}^f\right) \otimes \mathcal{H}' \,,\quad \mathcal{H}' : \text{Hilbertraum} \,,$$
$$U\left(\boldsymbol{a}\right) = U_S\left(\boldsymbol{a}\right) \otimes \mathbb{1} \,,\, V\left(\boldsymbol{b}\right) = V_S\left(\boldsymbol{b}\right) \otimes \mathbb{1} \,. \tag{5.75}$$

Bemerkungen:

1. Nichttriviale Faktoren $\mathcal{H}'$ in (5.75) treten bei Teilchen mit inneren Freiheitsgraden (Spin, Isospin, etc.) auf.
2. Die Schrödingerdarstellung (5.74) ist irreduzibel (Übung).
3. Der Satz lässt sich *nicht auf unendlich viele Freiheitsgrade* (Feldtheorie) ausdehnen. Tatsächlich gibt es dann unendlich viele inäquivalente irreduzible Darstellungen der kanonischen VR.
4. Von Neumann hat seinen Satz 1931 bewiesen. Diesen Beweis findet man z.B. in [55]. Inzwischen gibt es auch andere Beweise; siehe z.B. [56], sowie [57].
5. Der von Neumannsche Satz bildet die Basis der quantenmechanischen Transformationstheorie, zu der wir im nächsten Abschnitt etwas sagen werden. (Verschiedene Bilder oder Darstellungen sind unitär äquivalent.)

5.10 Die spektrale Darstellung einer Observablen

In Kap. 4 haben wir die Orts- und Impulsdarstellungen der Wellenmechanik kennengelernt. Diese beiden Darstellungen gehen durch eine unitäre Transformation – die Fouriertransformation – auseinander hervor. In der Ortsdarstellung wirken die q_k und in der Impulsdarstellung die p_k als Multiplikationsoperatoren. Im Folgenden wollen wir die „A-Darstellung" (oder *spektrale Darstellung*) eines selbstadjungierten Operators A besprechen, in welcher dieser ebenfalls als Multiplikationsoperator wirkt.

Der Einfachheit halber beschränke ich mich hier[5] auf einen *zyklischen Operator A*. Ein selbstadjungierter Operator in einem Hilbertraum $\mathcal{H}$ heißt dabei zyklisch, wenn ein Vektor $\Psi_0 \in \mathcal{H}$ existiert, sodass die Menge der Linearkombinationen von Vektoren aus $\left\{ E^A(\Delta)\Psi_0 \mid \Delta \in \mathcal{B}(\mathbb{R}) \right\}$ in $\mathcal{H}$ dicht liegt. Der Vektor Ψ_0 wird ein *zyklischer Vektor* genannt. In dieser Situation gilt der

Satz 5.10.1. *Es sei A ein zyklischer selbstadjungierter Operator eines Hilbertraums $\mathcal{H}$ mit dem Spektralmaß $E^A(\cdot)$ und zyklischem Vektor Ψ_0 ($\|\Psi_0\| = 1$). Bezeichnet μ_{Ψ_0} das Maß $\mu_{\Psi_0}(\Delta) = \left(\Psi_0, E^A(\Delta)\Psi_0\right)$, so existiert eine unitäre Transformation U von $\mathcal{H}$ auf $L^2(\mathbb{R}, \mu_{\Psi_0})$, unter welcher der Operator A in den Multiplikationsoperator*

$$f(\lambda) \longmapsto \lambda f(\lambda) \, , \tag{5.76}$$

$f \in L^2(\mathbb{R}, \mu_{\Psi_0})$, $\int_{\mathbb{R}} \lambda^2 |f(\lambda)|^2 d\mu_{\Psi_0}(\lambda) < \infty$, *übergeht.*

Beweis. Die Transformation U wird wie folgt konstruiert: Jedem Vektor $E^A(\Delta)\Psi_0$ ordnen wir die charakteristische Funktion $\chi_\Delta(x)$ zu. Insbesondere geht der zyklische Vektor Ψ_0 in die identische Funktion über. Diese Abbildung ist eine Isometrie, denn zunächst gilt

$$\|E^A(\Delta)\Psi_0\|^2 = \left(E^A(\Delta)\Psi_0, E^A(\Delta)\Psi_0\right) = \left(\Psi_0, E^A(\Delta)\Psi_0\right)$$

$$= \mu_{\Psi_0}(\Delta) = \int_\Delta d\mu_{\Psi_0}(\lambda) = \int_{\mathbb{R}} |\chi_\Delta(\lambda)|^2 d\mu_{\Psi_0}(\lambda) = \|\chi_\Delta\|_{L^2}^2 \, .$$

Ähnlich zeigt man für endliche Linearkombinationen (Übung)

$$\| \sum_i c_i E^A(\Delta_i)\Psi_0 \|^2 = \| \sum_i c_i \chi_{\Delta_i} \|^2 \, .$$

Deshalb ist die lineare Erweiterung

$$U : \sum_i c_i E^A(\Delta_i)\Psi_0 \longmapsto \sum_i c_i \chi_{\Delta_i}$$

wohldefiniert und ebenfalls eine Isometrie. Durch Grenzübergang können wir U nochmals erweitern. Da die Menge der Vektoren $\left[E^A(\Delta)\Psi_0\right]$ nach Voraussetzung total ist, erhalten wir dadurch eine isometrische Abbildung von $\mathcal{H}$ auf $L^2(\mathbb{R}, \mu_{\Psi_0})$.

---

[5]Für den allgemeinen Fall siehe [23], S. 123ff.

Nun zeigen wir, dass der transformierte Operator $U A U^{-1}$ der Multiplikationsoperator (5.76) ist. Dazu betrachten wir für Vektoren der Form $\Phi = \sum_j c_j E^A(\Delta_j) \Psi_\circ$ (endliche Summe!):

$$U\left(E^A(\Delta)\Phi\right) = U\left(\sum_j c_j \underbrace{E^A(\Delta) E^A(\Delta_j)}_{E^A(\Delta \cap \Delta_j)} \Psi_\circ\right) = \sum_j c_j \underbrace{\chi_{\Delta \cap \Delta_j}}_{\chi_\Delta \chi_{\Delta_j}}$$

$$= \chi_\Delta U\Phi = E^Q(\Delta) U\Phi,$$

wo $E^Q(\cdot)$ das Spektralmaß des Multiplikationsoperators bezeichnet. Daraus folgt

$$U^{-1} E^Q(\Delta) U = E^A(\Delta)$$

und damit die Behauptung.

Die konkrete Realisierung (5.76) von A in $L^2(\mathbb{R}, \mu_{\Psi_\circ})$ nennt man die *A-Darstellung*. Die quantenmechanische *Transformationstheorie*, welche auf Dirac zurückgeht, befasst sich mit Darstellungswechseln von einer *A*-Darstellung in eine *B*-Darstellung. Die Fouriertransformation vermittelt als Beispiel den Wechsel von der *q*- in die *p*-Darstellung. Das andere Extrem erhält man für zwei Operatoren A und B mit rein diskreten, nichtentarteten Spektren. Wie sieht in diesem Fall die *A*-Darstellung aus? Welche Transformation vermittelt von der *A*- zur *B*-Darstellung? („Matrizenmechanik").

In den meisten Lehrbüchern wird die Transformationstheorie – nach dem Vorbild von Dirac – sehr formal behandelt. Der Diracsche Kalkül ist aber sehr handlich.

5.11 Aufgaben

Aufgabe 1

Es seien A und B zwei beschränkte selbstadjungierte Operatoren, welche beide ein reines Punktspektrum haben und miteinander kommutieren.
Zeige, dass A und B ein gemeinsames vollständiges Orthonormalsystem von Eigenvektoren besitzen.

Aufgabe 2: Weylsche Relationen

(a) Leite *formal* aus der kanonischen VR $[q,p] = i\hbar$, für zwei selbstadjungierte Operatoren q und p, die Weyl'sche Relation

$$e^{ibq}\, e^{iap} = e^{-i\hbar ab}\, e^{iap}\, e^{ibq}\,, \quad a, b \in \mathbb{R}$$

ab.

Tabelle 5.1. Vergleich klassische Mechanik – Quantenmechanik

Begriff	Klassische Mechanik	Quantenmechanik
Zustände	Punkte im Phasenraum (M, ω) : symplektische Mannigfaltigkeit.	1-dim. Unterräume des Hilbertraumes $\mathcal{H}$.
▷ reine	*Beispiel* Kreisel: $M = T^*SO\,(3)$ mit natürlicher symplektischer Struktur.	*Beispiel* Kreisel: $\mathcal{H} = L^2\,(SO\,(3)\,, d\mu_{Haar})$
▷ gemischte	Wahrscheinlichkeitsmasse auf M, typisch $d\mu = \rho\,d\mu_{Liouville}, d\mu_{Liouville} \longleftrightarrow$ Volumenform $\Omega = \sharp\,\omega \wedge \cdots \wedge \omega$.	Masse auf Unterräumen von $\mathcal{H}$: $\mu\,(\mathcal{M}) = Sp\,(\rho P_{\mathcal{M}})$, ρ : Dichteoperator (Gleason).
Observable	(messbare, differenzierbare) Funktionen auf M.	selbstadjungierte Operatoren von $\mathcal{H}$.
Messwerte, Erwartungswerte	Messwert einer Observablen f in reinem Zustand (δ-Mass in $x \in M$) $= f\,(x)$; Erwartungswert für Gemisch (Mass μ) $\langle f \rangle = \int f\,d\mu$.	Verteilung in reinem Zustand $[\Psi]$: $W^A_{[\Psi]}\,(\Delta) = \left(\Psi,\, E^A\,(\Delta)\,\Psi\right)$, A : Observable für Gemisch $\langle A \rangle_\rho = Sp\,(\rho A)$.
Zeitentwicklung	Φ_t: Fluss zu hamiltonschem Vektorfeld X_H $(i_{X_H}\omega = dH)$, Liouville-Gleichung: $\frac{d}{dt}\Phi_t^*\,(f) = \{\Phi_t^*\,(f),\, H\} = \{f,\, H\} \circ \Phi_t$ Schrödingerdarstellung: $\dot{\rho} = \{H, \rho\}$	U_t: 1-parametrige unitäre Gruppe, $U_t = e^{-iHt}$ (Stone) $\longrightarrow$ Schrödingergleichung $i\dot\Psi = H\Psi$; Heisenberg-Gleichung: $\dot{A} = i\,[H, A]$ Schrödingerdarstellung: $\dot\rho = -i\,[H, \rho]$ (von Neumann-Gleichung)

(b) Umgekehrt seien A und B zwei selbstadjungierte Operatoren in $\mathcal{H}$, welche

$$e^{iaA}\ e^{ibB} = e^{-iab}\ e^{ibB}\ e^{iaA}$$

für alle $a, b \in \mathbb{R}$ erfüllen.
Zeige, dass daraus (streng!) folgt

$$AB\psi = i\psi + BA\psi \quad \text{für alle } \psi \in \mathcal{D}(\text{AB} - \text{BA})\ .$$

Aufgabe 3

Als Ergänzung zur Aufgabe 2 betrachte man die $2f$-parametrige Schar

$$W(\boldsymbol{a}, \boldsymbol{b}) := U(\boldsymbol{a})V(\boldsymbol{b})e^{-(i/2)\boldsymbol{a}\cdot\boldsymbol{b}} \qquad (\boldsymbol{a}, \boldsymbol{b} \in \mathbb{R}^f)\ , \tag{5.77}$$

wobei $U(\boldsymbol{a})$ und $V(\boldsymbol{b})$ zwei unitäre Darstellungen der Translationsgruppe $\mathbb{R}^f$ sind, welche die Weyl'schen Relationen

$$U(\boldsymbol{a})V(\boldsymbol{b}) = e^{i\boldsymbol{a}\cdot\boldsymbol{b}}V(\boldsymbol{b})U(\boldsymbol{a}) \tag{5.78}$$

erfüllen (siehe (5.73)).

(a) Folgere aus (5.78) die Relationen

$$W(\boldsymbol{a}_1, \boldsymbol{b}_1)W(\boldsymbol{a}_2, \boldsymbol{b}_2) = e^{(i/2)\Omega((\boldsymbol{a}_1, \boldsymbol{b}_1),(\boldsymbol{a}_2, \boldsymbol{b}_2))} W(\boldsymbol{a}_1 + \boldsymbol{a}_2, \boldsymbol{b}_1 + \boldsymbol{b}_2) \,, \quad (5.79)$$

wo Ω die symplektische Standardform von $\mathbb{R}^{2f}$ ist:

$$\Omega((\boldsymbol{a}_1, \boldsymbol{b}_1),(\boldsymbol{a}_2, \boldsymbol{b}_2)) = \boldsymbol{a}_1 \cdot \boldsymbol{b}_2 - \boldsymbol{a}_2 \cdot \boldsymbol{b}_1 \,. \quad (5.80)$$

(b) Umgekehrt schließe man aus (5.79) auf die Weyl'schen Relationen in der ursprünglichen Form (5.78).

Bemerkung. Formal sind die Relationen (5.79) äquivalent zu den kanonischen Vertauschungsrelationen mit $W(\boldsymbol{a}, \boldsymbol{b}) := e^{i(\boldsymbol{a}\cdot\boldsymbol{p})+\boldsymbol{b}\cdot\boldsymbol{q}}$.

Aufgabe 4: Untere Schranke für H-Atom mit Sobolev-Ungleichung

In dieser Aufgabe wird eine untere Schranke für die Grundzustandsenergie des H-Atoms hergeleitet, ohne dass eine Differentialgleichung gelöst werden muss.

Wir wählen die Einheiten so, dass $\hbar^2/2 = 1$, $m = 1$ und $|e| = 1$ ist; dann ist ein Rydberg gleich $1/4$. Für die Abschätzung der kinetischen Energie des Hamiltonoperators

$$H = -\Delta - \frac{Z}{|\boldsymbol{x}|} \quad (5.81)$$

benutze man die *Sobolev-Ungleichung*:[6]

$$\int |\boldsymbol{\nabla}\psi|^2 \mathrm{d}^3 x \geq K_s \|\rho_\psi\|_3, \qquad \rho_\psi := |\psi|^2 \,. \quad (5.82)$$

Dabei ist $K_s = 3(\pi/2)^{4/3} = 5.478\ldots$ und $\|\cdot\|_3$ bedeutet die Norm

$$\|\rho\|_3 = \left(\int \rho^3 \mathrm{d}^3 x\right)^{1/3} \,.$$

K_s ist die bestmögliche Konstante.

Zeige, dass

$$(\psi, H\psi) \geq \min_\rho \left\{ h(\rho) : \rho(x) \geq 0, \quad \int \rho \mathrm{d}^3 x = 1 \right\} \,, \quad (5.83)$$

wobei

$$h(\rho) = K_s \|\rho\|_3 - Z \int \frac{\rho}{|\boldsymbol{x}|} \mathrm{d}^3 x \quad (5.84)$$

und zeige, dass das Minimum in (5.83) für $\overline{\rho}$ der folgenden Form angenommen wird:

$$\overline{\rho}(\boldsymbol{x}) = \begin{cases} \alpha \left[\frac{1}{|\boldsymbol{x}|} - \frac{1}{R}\right]^{1/2}, & |\boldsymbol{x}| \leq R \,, \\ 0, & |\boldsymbol{x}| > R \,. \end{cases} \quad (5.85)$$

---

[6]Für einen Beweis der Sobolev-Ungleichung siehe z. B. [31].

Berechne die Konstanten R und α in (5.85) und zeige, dass $h(\overline{p}) \geq -\frac{4}{3}$ Ry ist. Damit folgt, dass die Grundzustandsenergie der folgenden Ungleichung genügt:

$$E_0 \geq -\frac{4}{3}Z^2 \text{ Ry} . \qquad (5.86)$$

Dies ist eine recht gute Schranke für das exakte Resultat $E_0 = -Z^2$ Ry.

Aufgabe 5: Zustandsreduktion, Lüders-Regel

Verallgemeinere die Formel (5.11) für den Fall, dass das System anfänglich in einem gemischten Zustand ist. Wende das Resultat auf eine Geschichte mit zwei Ereignissen an.

Aufgabe 6

Beweise, dass die Schrödingerdarstellung irreduzibel ist.

Anleitung: Man benutze das Schursche Lemma in Hilberträumen (siehe Kap. 13.1) und ferner die folgende Tatsache: Falls ein beschränkter Operator B von $L^2(\mathbb{R}^f)$ mit allen Multiplikationsoperatoren zu wesentlich beschränkten messbaren Funktionen vertauscht, so ist er selber ein Operator von diesem Typ.

Letzteres beweist man so: Sei $\rho \in L^2(\mathbb{R}^f)$ eine positive Funktion, z. B. $e^{-|x|^2}$. Wir setzen $B\rho = \psi_0$ und $\omega_0 = \psi_0/\rho$. Nun sei ψ eine wesentlich beschränkte Funktion aus L^2, für die ψ/ρ ebenfalls wesentlich beschränkt ist. Dann gilt

$$B\psi = B\left(\frac{\psi}{\rho}\rho\right) = \frac{\psi}{\rho}B\rho = \omega_0\psi .$$

Diese Funktionen liegen aber in L^2 dicht und da B ein beschränkter Operator ist, gilt $B\psi = \omega_0\psi$ für alle $\psi \in L^2$.

5.12 Anhang: Spektralmaße und Spektralzerlegung eines selbstadjungierten Operators

Wir behandeln in diesem Anhang, weitgehend ohne Beweise, die Verallgemeinerung der Hauptachsentransformation auf unendlichdimensionale Räume. Ich begnüge mich dabei mit einer kurzen Einführung in den Gegenstand. Eine ausführliche Behandlung mit vollständigen Beweisen findet man in meinem Skript [23] (siehe auch die dort zitierte Literatur[7]).

Zunächst betrachten wir zwei einfache (extreme) Beispiele und abstrahieren von diesen die zentralen Begriffe.

---

[7]Ich empfehle besonders [26] Bd. 1 und [32].

Beispiel 5.12.1. Multiplikationsoperator. Es sei Q der folgende Multiplikationsoperator in $L^2(\mathbb{R})$:

$$(Q\Psi)(x) = x\Psi(x) \ . \tag{5.87}$$

Q ist unbeschränkt, aber auf $\mathcal{S}(\mathbb{R})$ wesentlich selbstadjungiert und auf

$$\mathcal{D}(Q) = \{\Psi \mid x\Psi(x) \in L^2(\mathbb{R})\} \tag{5.88}$$

selbstadjungiert.

Nun ordnen wir jeder Borelmenge Δ den Operator $E(\Delta)$ zu, der so definiert ist

$$(E(\Delta)\Psi)(x) = \chi_\Delta(x)\Psi(x) \ , \tag{5.89}$$

wobei χ_Δ die Indikatorfunktion von Δ ist. Die folgenden Eigenschaften von $E(\cdot)$ sind offensichtlich:

(i) $E(\emptyset) = 0$, $E(\mathbb{R}) = 1$;
(ii) jedes $E(\Delta)$ ist ein Projektor;
(iii) $E(\Delta_1 \cap \Delta_2) = E(\Delta_1)E(\Delta_2)$;
(iv) für $\Delta_1 \cap \Delta_2 = \emptyset$ ist $E(\Delta_1 \cup \Delta_2) = E(\Delta_1) + E(\Delta_2)$;
(v) für alle $\varphi, \psi \in \mathcal{H}$ ist die Mengenfunktion $E_{\varphi,\psi}$, definiert durch

$$E_{\varphi,\psi}(\Delta) = (\varphi, E(\Delta)\psi) \ ,$$

ein komplexes Maß auf $\mathcal{B}(\mathbb{R})$ (Borel-σ-Algebra).

Zeige, als Übungsaufgabe, dass (iii) aus (i), (ii) und (iv) folgt. Man kann aus den obigen Eigenschaften auch folgendes ableiten ([23], Proposition 11.3): Ist $\Delta = \bigcup_{k=1}^\infty \Delta_k$, mit $\Delta_k \cap \Delta_l = \emptyset$ für $k \neq l$, dann gilt

$$E(\Delta) = \sum_{k=1}^\infty E(\Delta_k) \ ,$$

wobei die rechte Seite stark konvergiert (σ-Additivität von $E(\cdot)$).

Eine projektionswertige Mengenfunktion $E(\cdot)$, welche die Eigenschaften (i)–(v) erfüllt, nennen wir ein *projektionswertiges Maß* (*Spektralmaß*, *Auflösung der Eins*). Da $E_{\varphi,\psi}$ ein gewöhnliches beschränktes Maß ist, $|E_{\varphi,\psi}(\Delta)| \leq \|\varphi\|\|\psi\|$, so wird für jede beschränkte Borel-Funktion f durch $\int f \mathrm{d}E_{\varphi,\psi}$ eine beschränkte Sesquilinearform definiert. Nach dem Rieszschen Lemma existiert deshalb ein eindeutiger beschränkter Operator $\hat{E}(f)$ so, dass

$$\left(\varphi, \hat{E}(f)\psi\right) = \int f(\lambda)\,\mathrm{d}E_{\varphi,\psi}(\lambda) \ . \tag{5.90}$$

Für $\hat{E}(f)$ schreiben wir auch

$$\hat{E}(f) = \int f \,\mathrm{d}E \ . \tag{5.91}$$

Diese Formeln lassen sich auch auf unbeschränkte komplexwertige Borelfunktionen ausdehnen, falls man etwa in (5.90) zwar beliebige $\varphi \in \mathcal{H}$ aber nur

$\psi \in \mathcal{D}_f := \{\psi \in \mathcal{H} : \int |f|^2 \mathrm{d}E_{\psi,\psi} < \infty\}$ zulässt. (Einzelheiten findet man in [23], § 14.)

Diese Konstruktion wenden wir auf unser erstes Beispiel an. Für dieses ist

$$\mathrm{d}E_{\varphi,\psi}(x) = \bar{\varphi}(x)\,\psi(x)\,\mathrm{d}x$$

und somit

$$\left(\varphi, \hat{E}(f)\psi\right) = \int_{\mathbb{R}} \bar{\varphi}(x)\,f(x)\,\psi(x)\,\mathrm{d}x \quad \left(f \cdot \psi \in L^2\right) .$$

Insbesondere für $f(x) = x$ und $\psi \in \mathcal{D}(Q)$ haben wir $\left(\varphi, \hat{E}(f)\psi\right) = (\varphi, Q\psi)$, d. h.

$$Q = \int_{\mathbb{R}} \lambda \mathrm{d}E(\lambda) . \tag{5.92}$$

Diese Formel gibt die *Spektralzerlegung des Operators* Q.

Beispiel 5.12.2. Operator mit rein diskretem Spektrum. Der selbstadjungierte Operator A besitze ein vollständiges Orthonormalsystem von Eigenfunktionen. Die Eigenwerte seien $-\infty < \lambda_1 < \lambda_2 < \dots$. Die Lösungen von $A\varphi = \lambda_k \varphi$ bilden den *Eigenraum* $\mathcal{M}_k$ von A zum Eigenwert λ_k. Es ist $\mathcal{M}_k \perp \mathcal{M}_l$ für $k \neq l$. Nach Voraussetzung ist

$$\mathcal{H} = \bigoplus_{k=1}^{\infty} \mathcal{M}_k .$$

P_k bezeichne den orthogonalen Projektor auf $\mathcal{M}_k$. Es gilt

$$P_k P_l = \delta_{kl} P_k \text{ (Orthogonalität)},$$

$$\sum_{k=1}^{\infty} P_k = 1 \text{ (Vollständigkeit)}.$$

In diesem Beispiel setzen wir

$$E(\Delta) = \sum_{\{k|\lambda_k \in \Delta\}} P_k . \tag{5.93}$$

Man überzeugt sich leicht, dass $E(\cdot)$ wieder ein Spektralmaß ist. Ferner ist die Spektralzerlegung

$$A = \sum_k \lambda_k P_k \tag{5.94}$$

äquivalent mit

$$A = \int_{\mathbb{R}} \lambda \mathrm{d}E(\lambda) ,$$

also von derselben Form wie Q in (5.92). Diese Zerlegung in den beiden Extremfällen ist nun allgemein möglich. Dies ist der Inhalt eines der wichtigsten Sätze der Spektraltheorie von Operatoren.

Theorem 5.12.1 (Spektralsatz). *Es gibt eine eineindeutige Beziehung zwischen selbstadjungierten Operatoren A und projektionswertigen Massen $E^A(\cdot)$ auf $\mathcal{H}$. Die Korrespondenz ist gegeben durch*

$$A = \int_{\mathbb{R}} \lambda \mathrm{d}E^A(\lambda) \ . \tag{5.95}$$

Ist f eine reelle Borelfunktion, so verstehen wir unter $f(A)$ den Operator $\hat{E}^A(f)$ (siehe Gl. 5.90). Dieser ist wieder selbstadjungiert (und beschränkt, wenn f beschränkt ist). Sein Spektralmaß ist gegeben durch

$$E^{f(A)}(\Delta) = E^A\left((f^{-1}\Delta)\right) \ . \tag{5.96}$$

Dies kann man leicht einsehen, indem man in (5.90) den Transformationssatz der Maßtheorie verwendet. Danach ist $E^{f(A)}_{\varphi,\psi}$ das Bildmaß von $E^A_{\varphi,\psi}$ unter $f: \mathbb{R} \longmapsto \mathbb{R}$.

Der *Träger* des Spektralmaßes $E(\cdot)$ ist das Komplement der größten offenen Menge $\mathcal{O}$ für welche $E(\mathcal{O}) = 0$ ist. Der Träger von $E^A(\cdot)$ ist das *Spektrum* $\sigma(A)$ des selbstadjungierten Operators A.

Diskretes und wesentliches Spektrum

Wir verabreden folgende Bezeichnungen: Für einen selbstadjungierten Operator A sei $E^A(\cdot)$ das zugehörige Spektralmaß; für $\psi \in \mathcal{H}$ sei μ_ψ das Maß

$$\mu_\psi(\Delta) = \left(\psi, E^A(\Delta)\psi\right) \tag{5.97}$$

mit dem Gewicht $\mu_\psi(\mathbb{R}) = \|\psi\|^2$.

Die folgende Aussage ist nicht sehr überraschend.

Satz 5.12.1. *Mit den obigen Bezeichnungen gilt:*

(i) Ist $\lambda_\circ$ ein Eigenwert von A ($A\psi = \lambda_\circ\psi$, $\psi \neq 0$), so ist $E^A(\{\lambda_\circ\}) \neq 0$ und der Eigenraum zu $\lambda_\circ$ ist gleich $E^A(\{\lambda_\circ\})\mathcal{H}$.

(ii) Ist umgekehrt $E^A(\{\lambda_\circ\}) \neq 0$, so ist $\lambda_\circ$ ein Eigenwert von A und der Eigenraum ist $E^A(\{\lambda_\circ\})\mathcal{H}$.

Beweis. (i) Sei $A\psi = \lambda_\circ\psi$ ($\psi \neq 0$). Es ist

$$\|(A - \lambda_\circ)\psi\|^2 = \int(\lambda - \lambda_\circ)^2\,\mathrm{d}\mu_\psi(\lambda) = 0 \implies supp\,\mu_\psi = \{\lambda_\circ\}.$$

Da $\mu_\psi(\mathbb{R}) = \|\psi\|^2$ folgt $\mu_\psi(\{\lambda_\circ\}) = \|\psi\|^2$, d.h. (da $E^A(\{\lambda_\circ\})$ ein Projektor ist)

$$\|E^A(\{\lambda_\circ\})\psi\| = \|\psi\| \implies E^A(\{\lambda_\circ\})\psi = \psi \ ,$$

für jeden Eigenvektor ψ. Insbesondere folgt $E^A(\{\lambda_\circ\}) \neq 0$. Außerdem ist damit gezeigt, dass $E^A(\{\lambda_\circ\})\mathcal{H}$ den Eigenraum von $\lambda_\circ$ umfasst. Ein

$\psi = E^A(\{\lambda_\circ\})\varphi \neq 0$ ist aber umgekehrt ein Eigenvektor mit Eigenwert $\lambda_\circ$, denn wegen $E^A(\Delta)E^A(\Delta') = E^A(\Delta \cap \Delta')$ haben wir

$$A\psi = \int \lambda \mathrm{d}E^A(\lambda)E^A(\{\lambda_\circ\})\varphi = \lambda_\circ E^A(\{\lambda_\circ\})\varphi = \lambda_\circ \psi .$$

(ii) Sei $\psi \in E^A(\{\lambda_\circ\})\mathcal{H}$ $(\psi \neq 0)$, dann ist $\mu_\psi(\{\lambda_\circ\}) = \|\psi\|^2$. Da andererseits $\mu_\psi(\mathbb{R}) = \|\psi\|^2$, folgt $supp\,\mu_\psi = \{\lambda_\circ\}$, also

$$\|(A - \lambda_\circ)\psi\|^2 = \int (\lambda - \lambda_\circ)^2 \,\mathrm{d}\mu_\psi(\lambda) = 0$$

und folglich $A\psi = \lambda_\circ \psi$; d.h. $\psi \in E^A(\{\lambda_\circ\})\mathcal{H}$ ist ein Eigenvektor zum Eigenwert $\lambda_\circ$. Nach (i) wissen wir, dass $E^A(\{\lambda_\circ\})\mathcal{H}$ gerade der Eigenraum zu $\lambda_\circ$ ist.

Ist $\lambda_\circ \in \sigma(A)$, aber $E^A(\{\lambda_\circ\}) = 0$, so lässt sich Folgendes zeigen ([23], § 16): $A - \lambda_\circ \mathbb{1}$ ist eine ein-eindeutige Abbildung von $\mathcal{D}(A)$ auf einen dichten echten Unterraum von $\mathcal{H}$ und es existiert eine Folge von normierten Vektoren ψ_n, so dass

$$\lim_{n \to \infty}(A\psi_n - \lambda_\circ \psi_n) = 0 .$$

Man sagt deshalb auch $\lambda_\circ$ sei ein *approximativer Eigenwert* von A.

Oft teilt man das Spektrum folgendermaßen auf:

(i) *diskretes Spektrum*:

$$\sigma_d(A) = \left\{\lambda \in \sigma(A) : dim\,E^A((\lambda - \varepsilon, \lambda + \varepsilon)) < \infty \text{ für } ein\ \varepsilon > 0\right\} ; \quad (5.98)$$

(ii) *wesentliches Spektrum*:

$$\sigma_{\text{ess}}(A) = \left\{\lambda \in \sigma(A) : dim\,E^A((\lambda - \varepsilon, \lambda + \varepsilon)) = \infty \text{ für } alle\ \varepsilon > 0\right\} . \quad (5.99)$$

Natürlich gilt

$$\sigma(A) = \sigma_d(A) \cup \sigma_{\text{ess}}(A) , \quad \sigma_d(A) \cap \sigma_{\text{ess}}(A) = \emptyset . \quad (5.100)$$

Das diskrete Spektrum lässt sich auch folgendermaßen charakterisieren.

Satz 5.12.2. $\lambda \in \sigma_d(A) \Longleftrightarrow$ *(i) λ ist ein isolierter Punkt von $\sigma(A)$ (d.h. für ein geeignetes $\varepsilon > 0$ ist $(\lambda - \varepsilon, \lambda + \varepsilon) \cap \sigma(A) = \{\lambda\}$); (ii) λ ist ein Eigenwert endlicher Multiplizität.*

Beweis. $\Longleftarrow$ (i) bedeutet $E(\{\lambda\}) \neq 0$ und folglich ist λ nach dem letzten Satz ein Eigenwert von A. Mit (ii) ergibt sich $dim\,E^A((\lambda - \varepsilon, \lambda + \varepsilon)) < \infty$ für ein $\varepsilon > 0$ mit der Eigenschaft $(\lambda - \varepsilon, \lambda + \varepsilon) \cap \sigma(A) = \{\lambda\}$.

$\Longrightarrow$ Sei $\varepsilon > 0$ so gewählt, dass $dim\,E^A((\lambda - \varepsilon, \lambda + \varepsilon)) < \infty$. Dann ist $(\lambda - \varepsilon, \lambda + \varepsilon) \cap \sigma_{\text{ess}}(A) = \emptyset$ (nach Def. von $\sigma_{\text{ess}}(A)$). Also gilt $(\lambda - \varepsilon, \lambda + \varepsilon) \cap \sigma(A) \subset \sigma_d(A)$. Der endlichdimensionale Unterraum

$\mathcal{H}_{\lambda,\varepsilon} = E^A\left((\lambda - \varepsilon, \lambda + \varepsilon)\right)\mathcal{H}$ bleibt unter A invariant. Die Restriktion $A|\mathcal{H}_{\lambda,\varepsilon}$ ist ein endlichdimensionaler, selbstadjungierter Operator und hat folglich endlich viele Eigenwerte $\lambda_1, \ldots, \lambda_n$. Diese machen gerade $(\lambda - \varepsilon, \lambda + \varepsilon) \cap \sigma(A)$ aus und folglich ist λ ein isolierter Eigenwert endlicher Multiplizität.

Das wesentliche Spektrum kann folgendermaßen charakterisiert werden:

$\sigma_{\text{ess}}(A) = \{\lambda \in \sigma(A) : \lambda$ ist *entweder* ein isolierter Eigenwert unendlicher Multiplizität, *oder* ein Häufungspunkt von $\sigma(A)\}$.

(Für einen Beweis siehe z. B. [33], Theorem 7.24.)

Es gibt auch noch andere nützliche Aufteilungen des Spektrums.

6. Drehimpuls, Teilchen mit Spin

„Alle Quantenzahlen, mit Ausnahme der sog. Hauptquantenzahl, sind Kennzeichen von Gruppendarstellungen."

H. Weyl (1928)

In diesem Kapitel erweitern wir die Wellenmechanik auf Teilchen mit innerem Drehimpuls (Spin). Dies erfolgt auf zwingende Weise auf der Basis von gruppentheoretischen Überlegungen. Besonders wesentlich ist dabei die Beziehung von projektiven Darstellungen der Drehgruppe $SO(3)$ und unitären Darstellungen der universellen Überlagerungsgruppe $SU(2)$. Da in den Anwendungen der QM auf atomare und subatomare Systeme auch andere Symmetriegruppen auftreten, werden im folgenden die gruppentheoretischen Darlegungen etwas allgemeiner gehalten als dies unbedingt nötig ist. Die Kraft gruppentheoretischer Methoden in der Quantenphysik kann nicht überschätzt werden. Grundlegendes über (lineare) Liesche Gruppen und deren zugehörige Liesche Algebren wird in einem Anhang entwickelt.

6.1 Rotationsinvarianz und Drehimpuls für spinlose Teilchen

Als Vorbereitung untersuchen wir zunächst die Rolle der Drehgruppe $O(3)$ in der Wellenmechanik von spinlosen Teilchen. Die Gruppe $O(3)$ operiert in natürlicher Weise im Hilbertraum $\mathcal{H} = L^2(\mathbb{R}^3)$: Jedem $R \in O(3)$ entspricht ein unitärer Operator $U(R)$, definiert durch

$$(U(R)\Psi)(\boldsymbol{x}) = \Psi(R^{-1}\boldsymbol{x}) \ . \tag{6.1}$$

Wegen $|det\,R| = 1$ ist in der Tat $(U(R)\Phi, U(R)\Psi) = (\Phi, \Psi)$ für alle $\Phi, \Psi \in \mathcal{H}$. Ferner gilt

$$U(R_1)U(R_2) = U(R_1 R_2) \ , \tag{6.2}$$

d. h. $R \longmapsto U(R)$ ist eine stetige *unitäre Darstellung* von $O(3)$.

N. Straumann, *Quantenmechanik*, Springer-Lehrbuch
DOI 10.1007/978-3-642-32175-7_6, © Springer-Verlag Berlin Heidelberg 2013

Nun betrachten wir 1-parametrige Untergruppen $R(e, \alpha)$ von Drehungen um feste Richtungen e ($|e| = 1$) mit Drehwinkel α. Es ist (siehe mein Mechanik Buch [18], § 2.4)

$$R(e, \alpha)x = \cos(\alpha)\, x + (1 - \cos(\alpha))\,(e \cdot x)\, e + \sin(\alpha)\, e \wedge x \,. \qquad (6.3)$$

Aus der Gruppeneigenschaft ergibt sich durch Ableiten

$$\frac{\mathrm{d}}{\mathrm{d}\alpha} R(e, \alpha) = \Omega R(e, \alpha), \quad \Omega := \left. \frac{\mathrm{d}}{\mathrm{d}\alpha} R(e, \alpha) \right|_{\alpha=0} \,. \qquad (6.4)$$

Nach (6.3) haben wir

$$\Omega x = e \wedge x, \quad \text{d.h.} \quad \Omega = e \cdot I \,, \qquad (6.5)$$

wobei

$$I_1 = \begin{pmatrix} 0 & 0 & 0 \\ 0 & 0 & -1 \\ 0 & 1 & 0 \end{pmatrix}, \; I_2 = \begin{pmatrix} 0 & 0 & 1 \\ 0 & 0 & 0 \\ -1 & 0 & 0 \end{pmatrix}, \; I_3 = \begin{pmatrix} 0 & -1 & 0 \\ 1 & 0 & 0 \\ 0 & 0 & 0 \end{pmatrix} \,. \qquad (6.6)$$

Aus (6.4) folgt deshalb

$$R(e, \alpha) = \exp(\alpha e \cdot I) \,. \qquad (6.7)$$

Die I_k ($k = 1, 2, 3$) sind die infinitesimalen Erzeugenden der Rotationen um die k-te Achse und bilden eine Basis der Liealgebra $so\,(3)$ von $SO\,(3)$. Sie erfüllen die Vertauschungsrelationen

$$[I_i, I_j] = \sum_k \varepsilon_{ijk} I_k \quad \text{oder} \quad [e_1 \cdot I, e_2 \cdot I] = (e_1 \wedge e_2) \cdot I \,. \qquad (6.8)$$

Für festes e ist $U(R(e, \alpha))$ eine stetige 1-parametrige unitäre Gruppe. Nach dem Stoneschen Satz ist deshalb

$$\boxed{ U(R(e, \alpha)) = \exp\left(-\frac{i}{\hbar} \alpha L(e) \right) \,, } \qquad (6.9)$$

wobei $L(e)$ ein selbstadjungierter Operator ist. Nach demselben Satz ist für ein $\psi \in \mathcal{D}(L(e))$:

$$L(e)\psi = i\hbar \left. \frac{\mathrm{d}}{\mathrm{d}\alpha} \right|_{\alpha=0} U(R(e, \alpha))\psi \,. \qquad (6.10)$$

Ist ψ sogar differenzierbar (z. B. $\psi \in \mathcal{S}(\mathbb{R}^3)$), dann ist die rechte Seite gleich

$$i\hbar \left. \frac{\mathrm{d}}{\mathrm{d}\alpha} \right|_{\alpha=0} \psi\left(R^{-1}(e, \alpha)x\right) = i\hbar \boldsymbol{\nabla}\psi \cdot \left. \frac{\mathrm{d}}{\mathrm{d}\alpha} \right|_{\alpha=0} R^{-1}(e, \alpha)x \,.$$

Benutzen wir noch (6.4), (6.5), so ergibt sich

$$(L\,(e)\,\psi)\,(\boldsymbol{x}) = -i\hbar\boldsymbol{\nabla}\psi \cdot (\boldsymbol{e} \wedge \boldsymbol{x}) = \frac{\hbar}{i}\boldsymbol{e} \cdot (\boldsymbol{x} \wedge \boldsymbol{\nabla}\psi)\;.$$

Somit haben wir

$$L\,(e) = \boldsymbol{e} \cdot \boldsymbol{L}\;,\quad \boldsymbol{L} = \frac{\hbar}{i}\boldsymbol{x} \wedge \boldsymbol{\nabla}\;. \tag{6.11}$$

Dies ist derselbe Operator, den man *korrespondenzmäßig* für den Bahndrehimpuls bekommt:

$$\boldsymbol{L}^{(klassisch)} = \boldsymbol{x} \wedge \boldsymbol{p} \longrightarrow \frac{\hbar}{i}\boldsymbol{x} \wedge \boldsymbol{\nabla}\;.$$

Damit haben wir den Bahndrehimpuls gruppentheoretisch interpretiert: Gemäß Abschn. 12.8 (S. 337–341) induziert jede Darstellung einer Lieschen Gruppe G eine Darstellung der zugehörigen Lieschen Algebra.[1] Bezeichnet $U_\star$ die durch U in (6.1) induzierte Darstellung der Liealgebra $so\,(3)$ von $SO\,(3)$, so zeigt die eben durchgeführte Überlegung, dass

$$\boxed{L_k = i\hbar U_*\,(I_k)\;.} \tag{6.12}$$

Es ist instruktiv, dies mit den analogen Überlegungen in der klassischen Mechanik zu vergleichen (siehe [18], Kap. 8).

Nach dem Satz 12.8.1 des Kap. 12 übertragen sich die VR (6.8) der I_k auf die VR der L_k,

$$\boxed{[L_i,\,L_j] = i\hbar\sum_k \varepsilon_{ijk}L_k\;.} \tag{6.13}$$

Natürlich lassen sich die VR (6.13) für die Ausdrücke (6.1) auch direkt nachrechnen. Für Verallgemeinerungen ist es aber sehr wesentlich, dass diese rein gruppentheoretisch gefolgert werden können, ganz ähnlich wie dies für die Poissonklammern der Drehimpulskomponenten in der klassischen Mechanik der Fall ist.

Ist das System *drehinvariant* (z. B. ein Teilchen in einem zentralsymmetrischen Feld), so vertauscht der Hamiltonoperator H mit allen $U\,(R)$, d. h. es gilt (formal)

$$[H,\,\boldsymbol{L}] = 0\;. \tag{6.14}$$

Die L_k sind dann also *Integrale der Bewegung*. Aus (6.14) folgt insbesondere (siehe S. 125), dass der Eigenraum zu einem diskreten Eigenwert E von H unter $\boldsymbol{L}$ und $U\,(R)$ invariant ist, d. h. die *Darstellung von SO*(3) *reduziert*. Für die weiteren Abschnitte dieses Kapitels sollte sich der Leser an dieser Stelle unbedingt den Inhalt des Kap. 12 aneignen.

---

[1]Im Kap. 12 werden nur endlichdimensionale Darstellungen betrachtet. Die Erweiterung der Theorie auf Darstellungen in Hilberträumen ist aber für *kompakte* Gruppen harmlos, da jede unitäre Darstellung einer kompakten Gruppe in einem Hilbertraum in eine direkte Summe von endlichdimensionalen (irreduziblen) Darstellungen zerlegt werden kann. (Siehe dazu das Kap. 13) Im Folgenden ignorieren wir deshalb die Tatsache, dass die Operatoren L unbeschränkt sind.

6.2 Projektive und unitäre Darstellungen

Nun wollen wir die obigen Betrachtungen verallgemeinern. Eine Gruppe G sei durch Wigner-Automorphismen dargestellt. Jedem Gruppenelement $g \in G$ entspreche also ein Wigner-Automorphismus α_g und es gelte

$$\alpha_{g_1} \circ \alpha_{g_2} = \alpha_{g_1 g_2} \, . \tag{6.15}$$

Wir sagen dann, G sei *projektiv* dargestellt.

Wir nennen G eine *Symmetriegruppe*, falls jedes α_g außerdem mit der 1-parametrigen Gruppe der Zeitentwicklung (siehe S. 124) vertauscht. Vorläufig lassen wir aber die Dynamik noch beiseite und beschäftigen uns näher mit projektiven Darstellungen von Gruppen, insbesondere von Lieschen Gruppen. Nach dem Satz von Wigner wird jedes α_g durch eine unitäre oder antiunitäre Transformation $U(g)$ induziert, welche bis auf eine Phase bestimmt ist. Für jede Auswahl gilt dann nach (6.15)

$$U(g_1)\, U(g_2) = \omega(g_1, g_2)\, U(g_1 g_2) \ , \quad |\omega(g_1, g_2)| = 1 \, . \tag{6.16}$$

Wir nehmen jetzt an, dass G eine topologische Gruppe ist und verlangen, dass $g \longmapsto \alpha_g$ schwach stetig ist. Dies bedeutet, dass $g \longmapsto ([\chi], \alpha_g([\Phi]))$ für alle $[\chi], [\Phi] \in P(\mathcal{H})$ eine stetige Funktion ist. Jedes $U(g)$ für g aus der Einskomponente G° von G ist dann notwendigerweise unitär. Dies ist jedenfalls dann richtig, wenn G eine Liesche Gruppe ist: Zunächst lässt sich jedes Element einer genügend kleinen Umgebung $\mathcal{N}(e) \subset G^\circ$ als Quadrat darstellen. Für $a = \exp X \in \mathcal{N}(e)$ ist $a = b^2$, $b = \exp(X/2)$. Damit ist $U(a)$ unitär für $a \in \mathcal{N}(e)$. Nun lässt sich aber jedes Element $g \in G^\circ$ als endliches Produkt $g = a_1 \ldots a_n$ von Elementen $a_k \in \mathcal{N}(e)$ darstellen.[2] Damit ist die Behauptung bewiesen.

Satz 6.2.1 (Bargmann). *In einer genügend kleinen Umgebung $\mathcal{N}(e) \subset G$ kann durch geeignete Wahl der Phasen die Abbildung $g \longmapsto U(g)$ stark stetig gewählt werden.*

Beweis. Siehe z. B. [59]; speziell § 2.

Kann man wenigstens lokal die Phasen $\omega(g_1, g_2)$ in (6.16) loswerden? Dazu gibt der folgende Satz Auskunft:

Satz 6.2.2. *In einer passend gewählten Umgebung von e lassen sich für eine „große Klasse" von Gruppen die Phasen $\omega(g_1, g_2) \equiv 1$ wählen. Darunter fallen insbesondere halbeinfache Liesche Gruppen (speziell $SO(3)$), die euklidische Bewegungsgruppe und die inhomogene Lorentzgruppe.*

Beweis. Siehe z. B. [59]. Dort wird auch gezeigt, dass dies immer möglich ist, wenn die zweite *Kohomologiegruppe* $H^2(\mathcal{G}, \mathbb{R})$ der Lie-Algebra $\mathcal{G}$ trivial ist.

---

[2]Für einen Beweis siehe z. B. [24], Teil 1, Satz 14 auf S. 148.

Es ist wesentlich und physikalisch bedeutsam, dass die Galilei-Gruppe nicht unter diese Klasse fällt (siehe dazu [65]).

In der Situation von Satz 6.2.2 haben wir eine *lokale stetige unitäre Darstellung der Gruppe* G°:

$$U(g_1) U(g_2) = U(g_1 g_2) \quad \text{(lokal!)} . \tag{6.17}$$

Wenn G° nicht einfach zusammenhängend ist, können wir nicht erwarten, dass sich die Phasenfaktoren $\omega(g_1, g_2)$ *global* wegtransformieren lassen. Dann ist es hilfreich, zur universellen Überlagerungsgruppe $\tilde{G}^\circ$ überzugehen. Diesen Begriff wollen wir nun einführen. Zunächst benötigen wir den Begriff der Überlagerung.

Definition 6.2.1. *Eine Überlagerung eines zusammenhängenden topologischen Raumes M ist ein Paar $(\tilde{M}, \pi)$, bestehend aus einem topologischen Raum $\tilde{M}$ und einer stetigen surjektiven Abbildung $\pi : \tilde{M} \longrightarrow M$, mit der Eigenschaft, dass für jedes $x \in M$ eine offene Umgebung U existiert, deren vollständiges Urbild $\pi^{-1}(U)$ als Vereinigung von endlich oder abzählbar vielen paarweise durchschnittsfremden offenen Mengen darstellbar ist, von denen jede durch π homöomorph auf U abgebildet wird. Der Überlagerungsraum $(\tilde{M}, \pi)$ von M heißt universelle Überlagerung, falls $\tilde{M}$ einfach zusammenhängend ist.*

Man kann zeigen, dass für eine sehr allgemeine Klasse von zusammenhängenden topologischen Räumen eine universelle Überlagerung existiert. Diese ist – bis auf Homöomorphie – eindeutig. Für einen Beweis siehe z. B. [34], speziell Abschn. I.8. Im Abschn. I.9 dieses Buches wird auch gezeigt, dass für eine zusammenhängende Lie-Gruppe G die universelle Überlagerung $\tilde{G}$ von G wieder eine Lie-Gruppe ist und außerdem die Überlagerungsabbildung $\pi : \tilde{G} \longmapsto G$ ein differenzierbarer Gruppenhomomorphismus ist. *Lokal* ist π ein Isomorphismus; insbesondere sind die Lie-Algebren von G und $\tilde{G}$ isomorph.

Beispiel 6.2.1. $G = U(1)$, $\tilde{G} = \mathbb{R}$, $\pi(x) = e^{ix}$, $x \in \mathbb{R}$.

Wie unterscheiden sich G und $\tilde{G}$ global? Offensichtlich ist der Kern von π ein diskreter Normalteiler. Ein solcher ist notwendigerweise im Zentrum enthalten (zentraler Normalteiler). Diesen Sachverhalt wollen wir zur Abwechslung beweisen.

Beweis. Sei also N ein diskreter Normalteiler einer zusammenhängenden topologischen Gruppe G. Zu jedem $a \in N$ gibt es dann eine Umgebung V, die außer a kein Element von N enthält. Da $e^{-1}ae = a$ ist, existiert eine Umgebung U des Einselementes e mit $U^{-1}aU \subset V$. Nun sei $u \in U$; dann ist $u^{-1}au$ in V und in N, folglich haben wir $u^{-1}au = a$. Nun können wir nach einem oben zitierten Satz jedes beliebige Element $x \in G$ als endliches Produkt $x = u_1 u_2 \ldots u_n$ mit $u_i \in U$ darstellen. Da $ua_i = u_i a$ folgt auch $xa = ax$, d. h. jedes $a \in N$ ist im Zentrum von G.

Wir knüpfen nun an (6.17) an. Die lokale Darstellung von G° induziert – via den lokalen Isomorphismus mit $\tilde{G}^\circ$ – eine lokale Darstellung der universellen Überlagerungsgruppe $\tilde{G}^\circ$. Da $\tilde{G}^\circ$ einfach zusammenhängend ist, kann diese Darstellung eindeutig auf ganz $\tilde{G}^\circ$ erweitert werden (siehe, z. B., Hilgert und Neeb, loc. cit., Satz I.9.10). Wir haben also die folgende Situation:

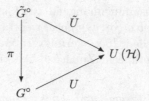

Die geliftete Darstellung $\tilde{U}(\tilde{g})$ auf $\tilde{G}^\circ$ hat die Eigenschaft

$$\tilde{U}(\tilde{g}) = \lambda\mathbb{1} \,, \ |\lambda| = 1 \ \text{für} \ \tilde{g} \in N = ker(\pi) \,. \tag{6.18}$$

Liegt umgekehrt eine Darstellung $\tilde{U} : \tilde{G}^\circ \longmapsto U(\mathcal{H})$ mit der Eigenschaft (6.18) vor, so induziert diese eine projektive Darstellung von G°. Dazu wähle man einen Schnitt $\sigma : G^\circ \longmapsto \tilde{G}^\circ$ mit $\pi \circ \sigma = id_{G^\circ}$ und setze $U(g) := \tilde{U}(\sigma(g))$. Da $\sigma(g_1)\sigma(g_2)$ und $\sigma(g_1 g_2)$ in derselben Nebenklasse von $\tilde{G}^\circ/N$ sind, ist $g \longmapsto U(g)$ eine projektive Darstellung.

Zusammenfassend können wir also Folgendes festhalten: Für zusammenhängende Liesche Gruppen können wir in vielen Fällen (insbesondere für $SO(n)$) die projektiven Darstellungen zu stark stetigen unitären Darstellungen der universellen Überlagerungsgruppe liften.[3] Vom Standpunkt der QM sind alle diese zugelassen. Insbesondere darf man sich – im Unterschied zu den klassischen Feldtheorien – nicht auf eindeutige Darstellungen von $SO(3)$ beschränken. Sonst wären, wie wir sehen werden, keine halbzahligen Drehimpulse zugelassen.

---

[3]Dies ist dann möglich, wenn die zweite *Kohomologiegruppe* $H^2(\mathcal{G}, \mathbb{R})$ der Lie-Algebra $\mathcal{G}$ trivial ist (siehe z. B. [59]).

6.3 $SU(2)$ als universelle Überlagerungsgruppe von $SO(3)$

Nach den Ausführungen des letzten Abschnittes ist es wichtig, die universelle Überlagerungsgruppe von $SO(3)$ zu bestimmen. Es wird sich zeigen, dass dies die Gruppe $SU(2)$ ist, welche oft als quantenmechanische Drehgruppe bezeichnet wird. Um die Beziehung zwischen $SU(2)$ und $SO(3)$ herzustellen, ordnen wir jedem Vektor $\boldsymbol{x} = (x_1,\, x_2,\, x_3)$ in $\mathbb{R}^3$ die Matrix

$$\tilde{x} = \begin{pmatrix} x_3 & x_1 - ix_2 \\ x_1 + ix_2 & -x_3 \end{pmatrix}. \tag{6.19}$$

zu. Es seien σ_k $(k = 1,\, 2,\, 3)$ die *Pauli-Matrizen*

$$\sigma_1 = \begin{pmatrix} 0 & 1 \\ 1 & 0 \end{pmatrix}, \ \sigma_2 = \begin{pmatrix} 0 & -i \\ i & 0 \end{pmatrix}, \ \sigma_3 = \begin{pmatrix} 1 & 0 \\ 0 & -1 \end{pmatrix}; \tag{6.20}$$

dann ist

$$\tilde{x} = \sum_k x_k \sigma_k . \tag{6.21}$$

Offensichtlich gilt

$$Det\,\tilde{x} = -|\boldsymbol{x}|^2 , \ \tilde{x} : \text{hermitesch} , \ Sp\,\tilde{x} = 0 . \tag{6.22}$$

Umgekehrt kann jede spurlose, hermit'sche 2×2 Matrix X in der Form $X = \tilde{x}$ dargestellt werden. Nun sei $U \in SU(2)$. Wir bilden $X' = U\tilde{x}U^*$. Offenbar gilt

$$X'^* = X' , \ Sp\,X' = Sp\,U\tilde{x}U^{-1} = Sp\,\tilde{x} = 0 .$$

Also existiert ein $\boldsymbol{x}' \in \mathbb{R}^3$ mit

$$X' = \tilde{x}' = U\tilde{x}U^* .$$

Durch $\boldsymbol{x} \longmapsto \boldsymbol{x}'$ wird eine lineare Transformation $R(U)$ auf $\mathbb{R}^3$ definiert. Da $\det \tilde{x}' = \det \tilde{x}$, ist $R(U)$ eine Drehung; $R(U)$ ist sogar aus $SO(3)$. Dies folgt aus Stetigkeitsgründen: U kann stetig in $\mathbb{1}$ übergeführt werden (siehe (3.9) unten); dabei ändert sich R und folglich $\det R$ stetig. Das Bisherige zusammenfassend, wird also durch die Gleichung

$$\widetilde{R(U)}\,\boldsymbol{x} = U\tilde{x}U^* \tag{6.23}$$

jedem $U \in SU(2)$ ein Element $R(U) \in SO(3)$ zugeordnet. Wir zeigen, dass diese Abbildung $U \longmapsto R(U)$ *surjektiv* ist. Dazu verifiziere man zuerst, dass

$$U_3(\varphi) := \begin{pmatrix} e^{-i\varphi/2} & 0 \\ 0 & e^{+i\varphi/2} \end{pmatrix} \tag{6.24}$$

zu einer Drehung um die 3. Achse mit dem Drehwinkel φ führt. Ebenso führen die folgenden $SU(2)$ Elemente

$$U_2(\beta) := \begin{pmatrix} \cos\frac{\beta}{2} & -\sin\frac{\beta}{2} \\ \sin\frac{\beta}{2} & \cos\frac{\beta}{2} \end{pmatrix} \quad U_1(\psi) := \begin{pmatrix} \cos\frac{\psi}{2} & -i\sin\frac{\psi}{2} \\ -i\sin\frac{\psi}{2} & \cos\frac{\psi}{2} \end{pmatrix} \tag{6.25}$$

auf Drehungen um die zweite, bzw. erste Achse. Aus solchen Drehungen lässt sich aber eine allgemeine Drehung aufbauen.

Die Abbildung $U \longmapsto R(U)$ ist natürlich ein Homomorphismus (verwende die Gl. 6.23 zweimal). Der Kern ist

$$ker = \left\{ U \in SU(2) \,|\, U\tilde{x}U^* = \tilde{x} ,\ \forall \boldsymbol{x} \in \mathbb{R}^3 \right\} ,$$

d. h.

$$ker = \left\{ U \in SU(2) \,|\, U\tilde{x} = \tilde{x}U \right\} .$$

Jede 2×2 Matrix X lässt sich aber in folgender Form schreiben

$$X = \alpha\mathbb{1} + \tilde{x} + i\left(\beta\mathbb{1} + \tilde{y}\right) .$$

Also gilt sogar $UX = XU$ für alle 2×2 Matrizen. Nach dem Schurschen Lemma (siehe weiter unten) folgt daraus $U = \alpha\mathbb{1}$, wo α eine Phase ist, welche wegen $\det U = 1$ gleich ± 1 sein muss. Also ist

$$ker = \{\mathbb{1}, -\mathbb{1}\} .$$

Nach dem Homomorphiesatz gilt deshalb

$$\boxed{SO(3) \cong SU(2) / \{\mathbb{1}, -\mathbb{1}\} .} \tag{6.26}$$

Wir zeigen jetzt, dass die Gruppe $SU(2)$ *einfach zusammenhängend* ist. Wird $U \in SU(2)$ gemäß

$$U = \begin{pmatrix} a & b \\ c & d \end{pmatrix}$$

parametrisiert, so folgt aus $\det U = 1$ und $U^* = U^{-1}$, dass $d = a^*$, $c^* = -b$. Jedes $U \in SU(2)$ hat also die Form

$$U = \begin{pmatrix} a & b \\ -b^* & a^* \end{pmatrix} ;\ |a|^2 + |b|^2 = 1 .$$

Setzen wir $a = a_1 + ia_2$, $b = b_1 + ib_2$, so gilt $a_1^2 + a_2^2 + b_1^2 + b_2^2 = 1$, d. h. $(a_1, a_2, b_1, b_2) \in S^3$. $SU(2)$ *ist folglich homöomorph zur 3-Sphäre* S^3. S^3 ist aber einfach zusammenhängend. Damit ist gezeigt, dass $SU(2)$ die universelle Überlagerung von $SO(3)$ ist. Die Überlagerungsabbildung $\pi : U \longmapsto R(U)$ ist 2:1 ($\pm U$ gehen in dieselbe Drehung über). Nach Satz 8 des Kap. 12 induziert π einen Isomorphismus $\pi_* = T_e(\pi) : su(2) \longmapsto so(3)$ der Lieschen

Algebren von $SU(2)$ und $SO(3)$. Wir wollen diesen mit der Formel (6.23) explizit bestimmen. Die Matrizen

$$M_j = \frac{1}{2i}\sigma_j, \quad j = 1, 2, 3 \,, \tag{6.27}$$

bilden eine Basis von $su(2)$. Diese Elemente sind die Tangentialvektoren der einparametrigen Gruppen (6.24) und (6.25) bei $\mathbb{1}$:

$$M_k = \left.\frac{\mathrm{d}}{\mathrm{d}\alpha}\right|_{\alpha=0} U_k(\alpha) \,. \tag{6.28}$$

Natürlich gilt dann

$$\pi_*(M_k) = I_k \,. \tag{6.29}$$

Dies kann man auch direkt nachrechnen: Aus (6.23) folgt

$$\pi_*\widetilde{(M_k)}\,\boldsymbol{x} = \left.\frac{\mathrm{d}}{\mathrm{d}\alpha}\right|_{\alpha=0} U_k(\alpha)\,\tilde{x}\,U_k^*(\alpha) = [M_k, \tilde{x}] = \frac{1}{2i}[\sigma_k, \sigma_l]\,x_l \,.$$

Nun ist

$$[\sigma_k, \sigma_l] = 2i\varepsilon_{klj}\sigma_j \,; \tag{6.30}$$

folglich

$$\pi_*\widetilde{(M_k)}\,\boldsymbol{x} = \varepsilon_{klj}\sigma_j x_l \,.$$

Die linke Seite ist

$$(\pi_*(M_k))_{jl}\,x_l\sigma_j \,.$$

Multiplizieren wir die resultierende Gleichung mit $\boldsymbol{\sigma}$, nehmen davon die Spur und benutzen

$$Sp\,\sigma_j\sigma_j = 2\delta_{ij} \,, \tag{6.31}$$

so erhalten wir $(\pi_*(M_k))_{sl}\,x_l = \varepsilon_{kls}x_l$, d. h.

$$\boxed{(\pi_*(M_k))_{sl} = \varepsilon_{kls} \quad (= (I_k)_{sl}) \,.} \tag{6.32}$$

Dies ist die Komponentenform von (6.29). Die VR der M_j sind nach (6.30)

$$[M_i, M_j] = \varepsilon_{ijk}M_k \,. \tag{6.33}$$

Dies muss so sein, da die I_k dieselben VR erfüllen und π_* ein Liealgebren-Isomorphismus ist.

6.4 Drehimpuls und Parität

Wir spezialisieren jetzt die allgemeinen Überlegungen von Abschn. 6.2 auf die Drehgruppe $O(3)$. Es liege ein drehinvariantes quantenmechanisches System vor (Elementarteilchen, Kern, Atom, Molekül, etc.). Dann existiert nach Abschn. 6.3 eine unitäre Darstellung von $SU(2)$ im Hilbertraum der Zustände. (Die Spiegelung betrachten wir weiter unten.) Diese Darstellung $A \longmapsto U(A)$ ($A \in SU(2)$) gibt an, wie sich die Zustände unter Drehungen transformieren. Für ein drehinvariantes System müssen die Transformationen $U(A)$ natürlich mit der Zeitevolution $U(t) = \exp\left(-\frac{i}{\hbar}Ht\right)$ vertauschen:

$$[U(A), U(t)] = 0 \text{ für alle } A \in SU(2) \text{ und alle } t \in \mathbb{R}. \tag{6.34}$$

Die Darstellung $U(\cdot)$ von $SU(2)$ induziert eine Darstellung $U_*(\cdot)$ der zugehörigen Liealgebren $su(2)$. Im Anschluss an (6.12) liegt es nun nahe, die Operatoren

$$\boxed{J_k := i\hbar U_*(M_k)} \tag{6.35}$$

als die *Drehimpulskomponenten* zu interpretieren. Rein gruppentheoretisch folgen die VR (siehe (6.33)):

$$\boxed{[J_j, J_k] = i\hbar\varepsilon_{jkl}J_l.} \tag{6.36}$$

(In ganz $\mathcal{H}$ sind die J_k unbeschränkte Operatoren und deshalb sind die VR (6.36) nicht ganz stubenrein. Nach der Bemerkung auf Seite 143 ist hier alles harmlos.) Aus (6.34) folgt

$$[J_k, H] = 0 \quad (k = 1, 2, 3). \tag{6.37}$$

Die J_k sind also für ein drehinvariantes System *Integrale der Bewegung*. Dies ist eine weitere Rechtfertigung für die Interpretation der J_k als (totale) Drehimpulsoperatoren. Die Drehimpulsoperatoren spielen bezüglich (virtuellen) Drehungen dieselbe Rolle wie der Hamilton-Operator bezüglich den wirklichen Änderungen in der Zeit.

Raumspiegelung

Falls das System spiegelinvariant ist, so gehört zur Raumspiegelung $P : \boldsymbol{x} \longmapsto -\boldsymbol{x}$ eine unitäre Transformation $U(P)$. Warum unitär und nicht antiunitär (beachte: P ist nicht in der Einskomponente von $O(3)$)? Würde P in $\mathcal{H}$ antiunitär operieren, so ergäbe sich aus

$$[U(P), U(t)] = 0$$

durch Differentiation nach t an der Stelle $t = 0$ für $\psi \in \mathcal{D}(\mathcal{H})$

$$[U(P), iH]\psi = 0$$

oder

$$U\left(P\right)H\psi + HU\left(P\right)\psi = 0 \quad \text{(für \textit{anti}unitäres } U\left(P\right)) \, .$$

Dann hätten wir aber

$$\left(\psi, H\psi\right) = -\left(\psi, U^{-1}\left(P\right)HU\left(P\right)\psi\right) = -\left(U\left(P\right)\psi, HU\left(P\right)\psi\right) \, .$$

Dies würde bedeuten, dass der Erwartungswert der Energie für den gespiegelten Zustand das Vorzeichen ändert, was natürlich absurd ist. Da überdies das Energiespektrum im allgemeinen nach oben unbeschränkt ist, müsste es auch nach unten unbeschränkt sein, was total unphysikalisch ist (unendliches Energiereservoir). Also ist $U\left(P\right)$ *unitär*. Da $U\left(P\right)^2$ eine Phase sein muss, können wir $U\left(P\right)$ immer so wählen, dass $U\left(P\right)^2 = \mathbb{1}$ ist. Die Eigenwerte π von $U\left(P\right)$ sind also $\pi = \pm 1$ (π = Parität). Natürlich gilt

$$[U\left(P\right), H] = 0 \, . \tag{6.38}$$

für ein spiegelungsinvariantes System. Die Parität ist also eine Bewegungskonstante.

6.4.1 Gekoppelte Systeme

Wir beginnen mit einer mathematischen Vorbemerkung. Sei G eine Liesche Gruppe mit Liealgebra $\mathcal{G}$. Es seien ρ_1 und ρ_2 zwei (endlichdimensionale) Darstellungen von G in E_1 bzw. E_2. Die zugehörigen Darstellungen von $\mathcal{G}$ bezeichnen wir wie früher mit ρ_{1*}, bzw. ρ_{2*}. Nun betrachten wir die Tensorprodukt-Darstellung $\rho_1 \otimes \rho_2$ in $E_1 \otimes E_2$:

$$\left(\rho_1 \otimes \rho_2\right)\left(g\right) := \rho_1\left(g\right) \otimes \rho_2\left(g\right) \quad g \in G \, .$$

Wie lautet die zugehörige Darstellung $\left(\rho_1 \otimes \rho_2\right)_*$ der Liealgebra $\mathcal{G}$? Es sei $X \in \mathcal{G}$ und $A\left(s\right) = \exp sX$. Nach Definition ist

$$\left(\rho_1 \otimes \rho_2\right)_*\left(X\right) = \left.\frac{\mathrm{d}}{\mathrm{d}s}\right|_{s=0} \left(\rho_1 \otimes \rho_2\right)\left(A\left(s\right)\right) = \left.\frac{\mathrm{d}}{\mathrm{d}s}\right|_{s=0} \rho_1\left(A\left(s\right)\right) \otimes \rho_2\left(A\left(s\right)\right)$$

$$= \left.\frac{\mathrm{d}}{\mathrm{d}s}\right|_{s=0} \rho_1\left(A\left(s\right)\right) \otimes \mathbb{1} + \mathbb{1} \otimes \left.\frac{\mathrm{d}}{\mathrm{d}s}\right|_{s=0} \rho_2\left(A\left(s\right)\right) = \rho_{1*}\left(X\right) \otimes \mathbb{1} + \mathbb{1} \otimes \rho_{2*}\left(X\right) \, ,$$

d. h.

$$\left(\rho_1 \otimes \rho_2\right)_*\left(X\right) = \rho_{1*}\left(X\right) \otimes \mathbb{1} + \mathbb{1} \otimes \rho_{2*}\left(X\right) \, . \tag{6.39}$$

Nun koppeln wir zwei Systeme S_1 und S_2 mit den Hilberträumen $\mathcal{H}_1$ und $\mathcal{H}_2$ zu einem Gesamtsystem S. Der Zustandsraum $\mathcal{H}$ des gekoppelten Systems ist nach Kap. 5 (Seite 119) das Tensorprodukt $\mathcal{H}_1 \otimes \mathcal{H}_2$ der beiden Hilberträume. Darin induziert $O\left(3\right)$ die Tensorproduktdarstellung $U_1 \otimes U_2$ der beiden Darstellungen U_1 in $\mathcal{H}_1$ und U_2 in $\mathcal{H}_2$. Die zugehörigen Drehimpulsoperatoren sind nach (6.39)

$$\boldsymbol{J} = \boldsymbol{J}^{(1)} \otimes \mathbb{1} + \mathbb{1} \otimes \boldsymbol{J}^{(2)} \, . \tag{6.40}$$

6.5 Die irreduziblen Darstellungen von $SU(2)$

Nun wollen wir die irreduziblen[4] Darstellungen von $SU(2)$ explizit bestimmen. Dies werden wir je mit einer globalen und einer infinitesimalen Methode durchführen.

6.5.1 Globale Methode

Dass die folgende Methode *alle* irreduziblen Darstellungen von $SU(2)$ liefert, wird sich erst später erweisen. Wir betrachten die Monome vom Grade $2j$ in den zwei komplexen Variablen ξ_+ und ξ_-

$$\psi_m^j(\xi) = \frac{\xi_+^{j+m}\,\xi_-^{j-m}}{\sqrt{(j+m)!\,(j-m)!}}\ , \quad m = j, j-1, \ldots, -j;\ \ j = 0, \frac{1}{2}, 1, \ldots\ .$$

(6.41)

Jedes $U \in SU(2)$ induziert im linearen Raum, welcher durch diese Monome aufgespannt wird, die folgende lineare Transformation

$$\left(D^j(U)\,\psi\right)(\xi) := \psi\left(U^T\xi\right)\ , \quad \xi = \begin{pmatrix}\xi_+ \\ \xi_-\end{pmatrix}\ .$$

(6.42)

Die Zuordnung $U \longmapsto D^j(U)$ ist offensichtlich eine Darstellung von $SU(2)$. (Dies ist garantiert durch die Wahl von U^T in der letzten Gleichung.) Die Matrixelemente von $D^j(U)$ bezüglich der Basis ψ_m^j sind definiert durch die Gleichung

$$\left(D^j(U)\,\psi_m^j\right)(\xi) = \sum_{m'} \psi_{m'}^j\, D_{m'm}^j(U) = \psi_m^j\left(U^T\xi\right)\ .$$

(6.43)

Die $D_{m'm}^j(U)$ sind komplizierte Polynome in den Matrixelementen von U, die wir im Moment nicht weiter diskutieren wollen.

Der *Charakter* der Darstellung D^j ist definiert durch

$$\chi_j(U) := Sp D^j(U)\ .$$

(6.44)

Der Charakter ist eine *Klassenfunktion*:

$$\chi_j\left(VUV^{-1}\right) = Sp\left[D^j\left(VUV^{-1}\right)\right] = Sp\left[D^j(V)\,D^j(U)\,D^j(V)^{-1}\right]$$

$$= Sp D^j(U) = \chi_j(U)\ ,$$

---

[4]Eine Darstellung ρ einer Gruppe G in einem (endlichdimensionalen) Raum E ist *irreduzibel*, wenn E keine nichttrivialen Unterräume enthält, welche unter G invariant sind.

d. h. χ_j ist konstant auf den Klassen konjugierter Elemente, definiert durch die Äquivalenzrelation: $U \sim U' \iff \exists V$ mit $U' = VUV^{-1}$. Jedes $U \in SU(2)$ kann man auf Diagonalform bringen:

$$U = U_1 \begin{pmatrix} e^{+i\alpha} & 0 \\ 0 & e^{-i\alpha} \end{pmatrix} U_1^{-1} \quad U_1 \in SU(2) \ .$$

Für jede Klasse konjugierter Elemente können wir also einen Repräsentanten der Form

$$U(\alpha) = \begin{pmatrix} e^{+i\alpha} & 0 \\ 0 & e^{-i\alpha} \end{pmatrix} .$$

wählen. Da die Spur auf $SU(2)$ eine Klassenfunktion ist, sind $U(\alpha_1)$ und $U(\alpha_2)$ in verschiedenen Klassen falls $\cos\alpha_1 \neq \cos\alpha_2$ ist, d. h. für $\alpha_1 \neq \pm\alpha_2$. $U(\alpha)$ und $U(-\alpha)$ liegen andererseits in derselben Klasse, denn

$$\sim \quad U(-\alpha) = VU(\alpha)V^{-1} \ , \quad V = \begin{pmatrix} 0 & 1 \\ -1 & 0 \end{pmatrix} \in SU(2) \ .$$

Der Charakter χ einer Darstellung ist also eine Funktion auf dem Einheitskreis mit $\chi(\alpha) = \chi(-\alpha)$. Wir werden in Abschn. 4.6 sehen, dass die *Darstellung genau dann irreduzibel ist, wenn*

$$\frac{1}{\pi} \int_0^{2\pi} \sin^2\alpha |\chi(\alpha)|^2 d\alpha = 1 \ . \tag{6.45}$$

Nun gilt

$$D^j(U(\alpha))\psi_m^j = e^{i(j+m)\alpha} e^{-i(j-m)\alpha} \psi_m^j = e^{2im\alpha}\psi_m^j \ ,$$

d. h.

$$\chi_j(\alpha) = \sum_{m=-j}^{+j} e^{2im\alpha} = \frac{e^{in\alpha} - e^{-in\alpha}}{e^{i\alpha} - e^{-i\alpha}} \ , \tag{6.46}$$

wo $n = 2j + 1$. Die linke Seite von (6.45) gibt für χ_j

$$\frac{1}{\pi} \int_0^{2\pi} \sin^2\alpha |\chi_j(\alpha)|^2 d\alpha = \frac{1}{4\pi} \int_0^{2\pi} d\alpha |e^{in\alpha} - e^{-in\alpha}|^2 = 1 \ ,$$

was zeigt, dass *die Darstellung D^j irreduzibel ist.*

Für $j = 0$ erhalten wir die triviale Darstellung $D^j(U) \equiv \mathbb{1}$. Für $j = \frac{1}{2}$ ist

$$\psi_{\frac{1}{2}}^{\frac{1}{2}} = \xi_+ \ , \quad \psi_{-\frac{1}{2}}^{\frac{1}{2}} = \xi_- \tag{6.47}$$

und

$$D^{\frac{1}{2}}(U)\psi_m^{\frac{1}{2}}(\xi) = \sum_{m'} D_{m'm}^{\frac{1}{2}}(U) = (U^T\xi)_m \ ,$$

d. h.

$$D_{m'm}^{\frac{1}{2}}(U) = U_{m'm} \quad \text{(Selbstdarstellung)} \ . \tag{6.48}$$

Man nennt dies gelegentlich auch die „Spinordarstellung" von $SO(3)$.

Als Nächstes zeigen wir, dass die *Matrizen* $D^j_{m'm}(U)$ *unitär* sind. Dies folgt aus der Identität

$$\sum_m \bar{\psi}^j_m (U\xi)\, \psi^j_m (U\xi) = \sum_m \bar{\psi}^j_m (\xi)\, \psi^j_m (\xi) \ , \tag{6.49}$$

welche wir beweisen wollen. Die rechte Seite, multipliziert mit $(2j)!$, ist

$$(2j)! \sum_m \frac{\bar{\xi}^{j+m}_+ \xi^{j+m}_+ \bar{\xi}^{j-m}_- \xi^{j-m}_-}{(j+m)!\,(j-m)!} \ . \tag{6.50}$$

Da

$$\binom{2j}{j-m} = \frac{(2j)!}{(2j-j+m)!\,(j-m)!} = \frac{(2j)!}{(j+m)!\,(j-m)!} \ ,$$

ist der Ausdruck (6.50) nach dem Binomialsatz gleich

$$\left(\bar{\xi}_+\xi_+ + \bar{\xi}_-\xi_-\right)^{2j} \ .$$

Analog ist die linke Seite von (6.49), mal $(2j)!$, gleich

$$\left(\bar{\xi}'_+\xi'_+ + \bar{\xi}'_-\xi'_-\right)^{2j} \ , \quad \xi' = U\xi \ .$$

Aber

$$\bar{\xi}'_+\xi'_+ + \bar{\xi}'_-\xi'_- = {\xi'}^*\xi' = \xi^* U^* U\xi = \xi^*\xi \ .$$

Nun betrachten wir die induzierte Darstellung D^j_* der Liealgebra $su(2)$. Diese besteht aus allen Matrizen der Form

$$su(2) = \left\{ -i\boldsymbol{\sigma}\cdot\boldsymbol{n} \mid \boldsymbol{n}\in\mathbb{R}^3 \right\} \ .$$

Es ist

$$D^j_*(-i\boldsymbol{\sigma}\cdot\boldsymbol{n}) = \left.\frac{\mathrm{d}}{\mathrm{d}s}\right|_{s=0} D^j\left(\exp(-is\boldsymbol{\sigma}\cdot\boldsymbol{n})\right) \ .$$

Bis *zur ersten Ordnung in* s gilt

$$D^j\left(\exp(-is\boldsymbol{\sigma}\cdot\boldsymbol{n})\right)\psi^j_m(\xi) = \psi^j_m\left(\exp\left(-is(\boldsymbol{\sigma}\cdot\boldsymbol{n})^T\right)\xi\right)$$

$$= \ \psi^j_m\left(\xi - is(\boldsymbol{\sigma}\cdot\boldsymbol{n})^T\xi\right) = [(j+m)!\,(j-m)!]^{-\frac{1}{2}}$$

$$\times\ [\xi_+ - is(n_3\xi_+ + (n_1+in_2)\xi_-)]^{j+m}\,[\xi_- - is((n_1-in_2)\xi_+ - n_3\xi_-)]^{j-m}$$

$$= \ [(j+m)!\,(j-m)!]^{-\frac{1}{2}}$$

$$\times\ \left\{\xi^{j+m}_+ + (j+m)\xi^{j+m-1}_+ (-is)[n_3\xi_+ + (n_1+in_2)\xi_-]\right\}$$

$$\times\ \left\{\xi^{j-m}_- + (j-m)\xi^{j-m-1}_- (-is)[(n_1-in_2)\xi_+ - n_3\xi_-]\right\} \ .$$

Daraus folgt

$$D_*^j\left(-i\boldsymbol{\sigma}\cdot\boldsymbol{n}\right)\psi_m^j$$

$$= \left[(j+m)!\,(j-m)!\right]^{-\frac{1}{2}}(-i)\cdot\left\{(j+m)\,\xi_+^{j+m-1}\left[n_3\xi_+ + (n_1+in_2)\,\xi_-\right]\xi_-^{j-m}\right.$$

$$\left. + \xi_+^{j+m}\,(j-m)\,\xi_-^{j-m-1}\left[(n_1-in_2)\,\xi_+ - n_3\xi_-\right]\right\}$$

$$= -i\left\{2mn_3\psi_m^j + \sqrt{(j-m)\,(j+m+1)}\,(n_1-in_2)\,\psi_{m+1}^j\right. \qquad (6.51)$$

$$\left. + \sqrt{(j+m)\,(j-m+1)}\,(n_1+in_2)\,\psi_{m-1}^j\right\}\;.$$

Nun ist nach (6.35) und (6.27) der Drehimpuls zur Darstellung D^j:

$$\boldsymbol{J}\cdot\boldsymbol{n} = i\hbar\frac{1}{2}D_*^j\left(-i\boldsymbol{\sigma}\cdot\boldsymbol{n}\right)\;; \qquad (6.52)$$

speziell für $j=\frac{1}{2}$: $\boldsymbol{J}=\frac{\hbar}{2}\boldsymbol{\sigma}$. (siehe (6.48)). Deshalb gilt nach (6.51)

$$(\boldsymbol{J}\cdot\boldsymbol{n})\,\psi_m^j = \hbar\left\{mn_3\psi_m^j + \sqrt{(j-m)\,(j+m+1)}\frac{(n_1-in_2)}{2}\psi_{m+1}^j\right.$$

$$\left. + \sqrt{(j+m)\,(j-m+1)}\frac{(n_1+in_2)}{2}\psi_{m-1}^j\right\}\;. \qquad (6.53)$$

Dies schreiben wir noch wie folgt. Es sei

$$J_\pm := J_1 \pm iJ_2\;, \qquad (6.54)$$

dann gilt

$$\boxed{\begin{array}{c} J_3\psi_m^j = \hbar m\psi_m^j\;, \\[2mm] J_+\psi_m^j = \hbar\sqrt{(j-m)\,(j+m+1)}\psi_{m+1}^j\;, \\[2mm] J_-\psi_m^j = \hbar\sqrt{(j+m)\,(j-m+1)}\psi_{m-1}^j\;. \end{array}} \qquad (6.55)$$

Bemerkungen: Die Darstellungen D^j von $SU(2)$ haben die folgende Eigenschaft, welche man unmittelbar aus der Definition entnimmt,

$$D^j\left(-\mathbb{1}\right) = (-1)^{2j}\,\mathbb{1}; \qquad (6.56)$$

mit anderen Worten

$$D^j\left(-\mathbb{1}\right) = \begin{cases} \mathbb{1} & \text{für } j \text{ ganz} \\ -\mathbb{1} & \text{für } j \text{ halbganz}\;. \end{cases}$$

Ganzzahlige j induzieren somit *eindeutige* und halbzahlige j *zweideutige Darstellungen von $SO(3)$*. Die zweideutigen Darstellungen treten in klassischen Feldtheorien natürlich nicht auf, wohl aber in der QM, wie wir noch sehen werden.

6.5.2 Infinitesimale Methode

Wir haben gesehen (siehe Kap. 12), dass die Darstellungen einer Lieschen Gruppe und der zugehörigen Lieschen Algebra in eineindeutiger Beziehung stehen, wenn die Liegruppe (wie z. B. $SU(2)$) *einfach zusammenhängend* ist. Für kompakte Gruppen sind alle Darstellungen in einem komplexen Vektorraum unitär (siehe Kap. 13). Die zugehörigen Darstellungen der Liealgebra sind damit *antihermitesch*. Wir bestimmen jetzt direkt die irreduziblen antihermiteschen Darstellungen der Liealgebra $su(2)$. Sei $\rho : su(2) \longmapsto gl(E)$ eine solche Darstellung (E: endlichdimensionaler unitärer Vektorraum). Wir dehnen ρ komplex auf die Liealgebra $sl(2, \mathbb{C})$ (als Liealgebra über $\mathbb{C}$) aus. (Für $\alpha \in \mathbb{C}$ und $X \in su(2)$ setzen wir $\rho(\alpha X) := \alpha \rho(X)$.) Den hermiteschen Matrizen in $sl(2, \mathbb{C})$ entsprechen dann hermitesche Transformationen in E. Wie in (6.52) setzen wir

$$\boldsymbol{J} = \hbar \rho \left(\frac{1}{2} \boldsymbol{\sigma} \right) . \tag{6.57}$$

Aus den VR der σ_k erhalten wir wie schon früher

$$[J_j, J_k] = \hbar i \varepsilon_{jkl} J_l . \tag{6.58}$$

Im Folgenden setzen wir vorübergehend $\hbar = 1$. Nun benutzt man zweckmäßig wieder die Operatoren (6.55), welche die VR

$$[J_3, J_\pm] = \pm J_\pm \tag{6.59}$$

erfüllen. Sei jetzt ψ_m ein Eigenvektor von J_3 mit dem Eigenwert m,

$$J_3 \psi_m = m \psi_m . \tag{6.60}$$

Falls $J_\pm \psi_m$ nicht verschwindet, so ist dies ein Eigenvektor von J_3 und zwar mit dem Eigenwert $m \pm 1$, denn

$$J_3 (J_\pm \psi_m) = \underbrace{[J_3, J_\pm]}_{\pm J_\pm} \psi_m + J_\pm J_3 \psi_m = \pm J_\pm \psi_m + m J_\pm \psi_m = (m \pm 1)(J_\pm \psi_m) .$$

Für das weitere beachte man

$$(\psi, J_+ J_- \psi) = (J_- \psi, J_- \psi) \geq 0 \text{ für alle } \psi \in E . \tag{6.61}$$

Wir wählen jetzt einen normierten Eigenvektor ψ_j mit dem *höchsten* Eigenwert j von J_3:

$$J_3 \psi_j = j \psi_j . \tag{6.62}$$

Dann gilt $J_+ \psi_j = 0$, also $J_- J_+ \psi_j = 0$. Aber

$$J_- J_+ = (J_1 - iJ_2)(J_1 + iJ_2) = J_1^2 + J_2^2 + i[J_1, J_2] \tag{6.63}$$
$$= J_1^2 + J_2^2 - J_3 = \boldsymbol{J}^2 - J_3^2 - J_3 .$$

Also haben wir

$$J^2 \psi_j = j(j+1)\psi_j .$$ (6.64)

Wir setzen rekursiv

$$J_- \psi_m = \tau_m \psi_{m-1} , \quad m = j, j-1, \dots,$$ (6.65)

wobei τ_m so gewählt ist, dass die ψ_m (falls $\neq 0$) normiert sind. Wir wissen schon, dass

$$J_3 \psi_j = j \psi_j .$$ (6.66)

Da J^2 mit allen J_k vertauscht gilt auch

$$J^2 \psi_m = j(j+1)\psi_m .$$ (6.67)

Da die Darstellung endlichdimensional ist, muss die Folge (6.65) abbrechen: Es gibt ein erstes $m_\circ \leq j$ mit

$$J_- \psi_{m_\circ} = 0 \Longrightarrow J_+ J_- \psi_{m_\circ} = 0 \quad (\psi_{m_\circ} \neq 0) .$$

Mit der Identität

$$J_+ J_- = J^2 - J_3^2 + J_3.$$ (6.68)

gilt also für $\psi_{m_\circ}$

$$J^2 \psi_{m_\circ} = m_\circ (m_\circ - 1)\psi_{m_\circ} = j(j+1)\psi_{m_\circ} ,$$

weshalb $m_\circ = -j$. Umgekehrt ist

$$\|J_- \psi_{-j}\|^2 = (\psi_{-j}, J_+ J_- \psi_{-j}) = (\psi_{-j}, [j(j+1) - j - j^2]\psi_{-j}) = 0 .$$

Berechnung von τ_m: Da

$$|\tau_m|^2 = \|J_- \psi_m\|^2 = (\psi_m, J_+ J_- \psi_m) = \|\psi_m\|^2 [j(j+1) + m - m^2] ,$$

ergibt sich nach einer geeigneten Phasenwahl

$$\tau_m = \sqrt{(j+m)(j-m+1)} .$$

Damit lautet (6.65)

$$J_- \psi_m = \sqrt{(j+m)(j-m+1)}\psi_{m-1} .$$ (6.69)

Da $J_+ = (J_-)^*$ folgt daraus

$$J_+ \psi_m = \sqrt{(j-m)(j+m+1)}\psi_{m+1} .$$ (6.70)

Der von den $\{\psi_m, -j \leq m \leq j\}$ aufgespannte Raum ist offensichtlich irreduzibel, also gleich E.

Betrachtet man umgekehrt einen Vektorraum, aufgespannt durch $(2j+1)$ orthonormierte Vektoren ψ_m, und erklärt darin die Operatoren J_k durch (6.66), (6.69) und (6.70), so erfüllen diese die richtigen VR (6.58). Dies müssen wir nicht nachrechnen, da wir diese Operatoren in (6.55) bereits aus einer Darstellung von $su(2)$ erhalten haben.

Die infinitesimale Methode zeigt, dass wir in (6.5.1) *alle inäquivalenten irreduziblen Darstellungen erhalten haben*. Ferner folgt die Irreduzibilität der Darstellungen D^j ohne die Charakterentheorie.

6.6 Charaktere, Clebsch-Gordan-Reihe für $SU(2)$

Da in der Physik neben $SU(2)$ noch andere Gruppen eine Rolle spielen, beginnen wir mit einigen allgemeinen Bemerkungen über Darstellungen von kompakten Gruppen. (Dies schließt natürlich die endlichen Gruppen ein.) Der Übersichtlichkeit halber werden die meisten Beweise in den Kap. 13 verschoben. Auf jeder kompakten Gruppe G gibt es ein eindeutiges normiertes Maß, das zugleich links- und rechtsinvariant ist. Dieses *Haarsche Maß* erfüllt also

$$\mu\left(g\Delta\right) = \mu\left(\Delta\right) \ , \ \ \mu\left(\Delta g\right) = \mu\left(\Delta\right) \tag{6.71}$$

für jede Borelmenge Δ und jedes $g \in G$, und ferner

$$\mu\left(G\right) = 1.$$

Links- bzw. rechtsinvariante Maße existieren allgemein auf lokalkompakten topologischen Gruppen, wobei diese aber nicht übereinzustimmen brauchen.[5] Die Nützlichkeit des Haarschen Maßes zeigt sich bereits im Beweis des folgenden Sachverhalts:

Satz 6.6.1 (Weylscher Trick). *Sei* $g \longmapsto T_g$ *eine stetige Darstellung einer kompakten Gruppe G in einem Hilbertraum $\mathcal{H}$. Dann existiert ein neues Skalarprodukt in $\mathcal{H}$, welches eine zur ursprünglichen äquivalenten Norm definiert und für das alle Operatoren T_g unitär sind.*

Beweis. Für $\psi, \varphi \in \mathcal{H}$ setzen wir

$$(\psi, \varphi)_1 := \int\limits_G (T_g \psi, T_g \varphi) \ \mathrm{d}\mu(g) \ . \tag{6.72}$$

Dadurch wird, wie man leicht sieht, ein neues Skalarprodukt $(\cdot, \cdot)_1$ definiert. Insbesondere folgt aus $(\psi, \psi)_1 = 0$:

$$\int\limits_G \|T_g \psi\|^2 \, \mathrm{d}\mu(g) = 0 \ \Rightarrow \ \|T_g \psi\| = 0 \quad (\text{denn } T_g \text{ ist stetig}) \ .$$

Für $g = \mathbb{1}$ gibt dies $\|\psi\| = 0$, d.h. $\psi = 0$. Aus der Invarianz des Haarschen Maßes folgt ferner

$$(T_h \psi, T_h \varphi)_1 = \int\limits_G (T_g T_h \psi, T_g T_h \varphi) \ \mathrm{d}\mu(g)$$

$$= \int\limits_G (T_{gh} \psi, T_{gh} \varphi) \ \mathrm{d}\mu(g) = \int\limits_G (T_g \psi, T_g \varphi) \ \mathrm{d}\mu(g) = (\psi, \varphi)_1 \ .$$

---

[5]Für einen Existenzbeweis, siehe z. B. [34], § III.4; [35], § XII.2.

Bezüglich $(\cdot, \cdot)_1$ ist also T_g unitär. Nun sei

$$C = \sup_{g \in G} \|T_g\| \,.$$

Offensichtlich ist

$$\|\psi\|_1^2 = \int\limits_G \|T_g\psi\|^2 \, d\mu(g) \le C^2 \|\psi\|^2 \,.$$

Anderseits erhalten wir aus der Abschätzung

$$\|\psi\|^2 = \|T_{g^{-1}} T_g \psi\|^2 \le C^2 \|T_g\psi\|^2 \,.$$

nach Integration über G

$$\|\psi\|^2 \le C^2 \|\psi\|_1^2 \,.$$

Die beiden Normen sind also äquivalent. Damit ist der Satz bewiesen.

$\square$

Wichtig ist auch der folgende

Satz 6.6.2. *Jede irreduzible stetige (unitäre) Darstellung einer kompakten Gruppe in einem Hilbertraum ist endlichdimensional.*

Beweis. Siehe Kap. 13.

Nun betrachten wir eine stetige Darstellung einer kompakten Gruppe G in einem *endlichdimensionalen* Vektorraum E über $\mathbb{C}$. In E können wir ein willkürliches Skalarprodukt wählen und dann mit dem Weylschen Trick ein solches konstruieren, bezüglich dem die Darstellung unitär ist. (In endlichdimensionalen Räumen sind alle Normen äquivalent.) Ist die Darstellung in E nicht irreduzibel, so wählen wir einen invarianten Unterraum E_1 von minimaler Dimension. Das orthogonale Komplement $E_1^\perp$ ist aufgrund der Unitarität der Darstellung ebenfalls ein invarianter Unterraum. Ist $E_1^\perp$ nicht irreduzibel, so wählen wir davon einen invarianten Unterraum minimaler Dimension, etc. Nach endlich vielen Schritten erhalten wir für E eine Zerlegung

$$E = \bigoplus_{i=1}^n E_i \tag{6.73}$$

in eine direkte Summe von invarianten, irreduziblen Unterräumen. Man sagt dafür, die Darstellung von G in E sei *vollreduzibel*.

Im Kap. 13 wird die volle Reduzibilität auch für unendlichdimensionale Hilberträume bewiesen. Auf die Frage der Eindeutigkeit der Zerlegung (6.73) werden wir weiter unten eingehen.

Charaktere

Es sei (E, ρ) eine endlichdimensionale Darstellung von G, wo ρ den Homomorphismus $G \longrightarrow GL(E)$ bezeichnet. Der *Charakter* dieser Darstellung ist die Funktion

$$\chi(g) = Sp\,\rho(g) \tag{6.74}$$

auf G. Charaktere sind offensichtlich Klassenfunktionen:

$$\chi(hgh^{-1}) = \chi(g) \ . \tag{6.75}$$

Zwei Darstellungen (E_1, ρ_1) und (E_2, ρ_2) nennt man *äquivalent*, wenn es einen Vektorraum-Isomorphismus $\Phi : E_1 \longrightarrow E_2$ gibt, mit

$$\Phi \circ \rho_1(g) = \rho_2(g) \circ \Phi \ \text{ für alle } g \in G \ . \tag{6.76}$$

Die Charaktere von äquivalenten Darstellungen sind offensichtlich gleich. Der Charakter einer irreduziblen Darstellung heißt *einfach* oder *primitiv*.

Für eine vollreduzible Darstellung (E, ρ), mit der Zerlegung (6.73) in irreduzible invariante Unterräume, gilt offensichtlich

$$\chi(g) = \sum_{j=1}^{n} \chi_j(g) \ , \tag{6.77}$$

wo χ_j der primitive Charakter zur induzierten Darstellung in E_j ist.

Nun betrachten wir zwei irreduzible Darstellungen (E_1, ρ_1), (E_2, ρ_2) mit den Charakteren χ_1, χ_2. Ohne Einschränkung der Allgemeinheit können wir die Darstellungen unitär wählen. Dann gelten, wie in Kap. 13 bewiesen wird, die folgenden *Orthogonalitätsrelationen*:

$$\int_G \overline{\chi_1(g)}\chi_2(g)\,\mathrm{d}\mu(g) = \begin{cases} 0 \text{ für inäquivalente Darstellungen,} \\ 1 \text{ für äquivalente Darstellungen.} \end{cases} \tag{6.78}$$

(Im Kap. 13 werden übrigens auch gewisse Vollständigkeitsrelationen für die Charaktere hergeleitet.)

Als wichtige Anwendung betrachten wir jetzt eine endlichdimensionale unitäre Darstellung (E, ρ) einer kompakten Gruppe G. Diese ist, wie wir wissen, vollreduzibel und es sei

$$(E, \rho) = \bigoplus_{j=1}^{N} m_j\,(E_j, \rho_j) \tag{6.79}$$

die Zerlegung in irreduzible Bestandteile (E_j, ρ_j) mit den Multiplizitäten m_j. Für die Charaktere $\chi(g) = Sp\,\rho(g)$, $\chi_j(g) = Sp\,\rho_j(g)$ gilt dann die Beziehung

$$\chi(g) = \sum_{j=1}^{N} m_j\chi_j(g) \ . \tag{6.80}$$

Multiplizieren wir diese Gleichung mit $\overline{\chi_k(g)}$ und integrieren über G, so folgt mit (6.78)

$$\boxed{m_k = \int_G \overline{\chi_k(g)}\chi(g)\,\mathrm{d}\mu(g)\,.}$$ (6.81)

Daraus folgt:

(i) Die Multiplizitäten m_k sind *eindeutig bestimmt*.

(ii) Die Darstellung (E, ρ) ist *genau dann irreduzibel*, falls für den zugehörigen Charakter χ die Gleichung

$$\int_G |\chi(g)|^2\,\mathrm{d}\mu(g) = 1$$ (6.82)

gilt.

Aus (6.80) und (6.81) folgt ferner

$$\int_G |\chi(g)|^2\,\mathrm{d}\mu(g) = \int_G \sum_{k=1}^{N} m_k \chi_k(g)\bar{\chi}(g)\,\mathrm{d}\mu(g) = \sum_{k=1}^{N} m_k^2\,.$$

Dieses Resultat wollen wir festhalten:

$$\boxed{\int_G |\chi(g)|^2\,\mathrm{d}\mu(g) = \sum_{k=1}^{N} m_k^2\,.}$$ (6.83)

Nun wenden wir unsere Ergebnisse auf die Gruppe $SU(2)$ an. Dazu benötigen wir zunächst eine explizite Form für das Haarsche Maß $\mathrm{d}\mu$. Diese wird in Kap. 13 streng hergeleitet. An dieser Stelle gehen wir heuristisch vor. Für $SU(2)$ wählen wir wieder die Parametrisierung:

$$U = \begin{pmatrix} a & b \\ -\bar{b} & \bar{a} \end{pmatrix}\,, \quad |a|^2 + |b|^2 = 1\,,$$

wonach wir $SU(2)$ mit S^3 identifizieren können:

$$U \longmapsto (\Re a,\, \Im a,\, \Re b,\, \Im b) \in S^3\,.$$

Mit dieser Identifikation ist für eine stetige Funktion f auf $SU(2)$ erwartungsgemäß[6]

$$\int_{SU(2)} f\,\mathrm{d}\mu = \int_{S^3} f(x)\,\mathrm{d}\sigma(x)\,,$$

---

[6]Im Kap. 13 wird gezeigt, dass die Linksmultiplikation in $SU(2)$ eine orthogonale Transformation von S^3 induziert.

wo $d\sigma\,(x)$ das normierte Oberflächenmaß von S^3 ist. Eine Klassenfunktion f hängt nur von $Sp\,U = 2\Re a =: 2\cos\alpha$ ab und dafür ist das obige Integral proportional zu

$$-\int d\,(\cos\alpha)\,f\,(\cos\alpha)\int_{\mathbb{R}^4}\delta\,\bigl(|x|^2 - 1\bigr)\,\delta\,(x_1 - \cos\alpha)\,d^4x$$

$$= -\int d\,(\cos\alpha)\,f\,(\cos\alpha)\int_{\mathbb{R}^3}\delta\,\bigl(\cos^2\alpha + \boldsymbol{x}^2 - 1\bigr)\,d^3x$$

$$= -\int d\,(\cos\alpha)\,f\,(\cos\alpha)\,4\pi r^2\,\frac{1}{2r}\Bigg|_{r=\sin\alpha}$$

$$= 2\pi\int_0^{2\pi}f\,(\cos\alpha)\sin^2\alpha\,d\alpha\;.$$

Mit der korrekten Normierung ist somit für eine Klassenfunktion f

$$\int_{SU(2)}f\,d\mu = \frac{1}{\pi}\int_0^{2\pi}f\,(\cos\alpha)\sin^2\alpha\,d\alpha\;. \tag{6.84}$$

Damit liefert (6.82) das folgende Kriterium, das wir bereits in Abschn. 4.5 benutzten: Der Charakter $\chi\,(\alpha)$ ist genau dann primitiv, wenn

$$\frac{1}{\pi}\int_0^{2\pi}|\chi\,(\alpha)|^2\sin^2\alpha\,d\alpha = 1\;. \tag{6.85}$$

6.6.1 Clebsch-Gordan-Reihe von $SU\,(2)$

Die Charaktere χ_j der irreduziblen Darstellungen D^j von $SU\,(2)$ haben wir bereits früher bestimmt. Nach (6.46) ist

$$\chi_j\begin{pmatrix}e^{i\frac{\alpha}{2}} & 0\\ 0 & e^{-i\frac{\alpha}{2}}\end{pmatrix} = \sum_{m=-j}^{j}e^{im\alpha}\;. \tag{6.86}$$

Nun betrachten wir die Tensorproduktdarstellung $D^{j_1}\otimes D^{j_2}$ zweier irreduzibler Darstellungen D^{j_1} und D^{j_2}. Der zugehörige Charakter χ ist, wie man leicht sieht, gleich dem Produkt der Charaktere χ_{j_1} und χ_{j_2}. Zerlegen wir also $D^{j_1}\otimes D^{j_2}$ in irreduzible Bestandteile,

$$D^{j_1}\otimes D^{j_2} = \bigoplus_j m_j D^j\;, \tag{6.87}$$

so gilt

$$\chi_{j_1}\cdot\chi_{j_2} = \sum_j m_j\chi_j\;.$$

Eine Resummation gibt

$$\chi_{j_1}(\alpha) \cdot \chi_{j_2}(\alpha) = \sum_{m_1, m_2} e^{i(m_1 + m_2)\alpha} = \sum_{j=|j_1 - j_2|}^{j_1 + j_2} \sum_{m=-j}^{j} e^{im\alpha}$$

$$= \sum_{j=|j_1 - j_2|}^{j_1 + j_2} \chi_j(\alpha) . \tag{6.88}$$

(Wir überlassen es dem Leser, das 2. Gleichheitszeichen durch eine Abzählung zu verifizieren; siehe Aufgabe 4) Daraus ergeben sich die Multiplizitäten in (6.87) und wir erhalten die sehr wichtige Clebsch-Gordan-Reihe

$$\boxed{D^{j_1} \otimes D^{j_2} = \bigoplus_{j=|j_1 - j_2|}^{j=j_1 + j_2} D^j ,} \tag{6.89}$$

welche in der QM oft verwendet wird.

6.7 Teilchen mit Spin, Pauli-Gleichung

> „The beauty of quantum mechanics becomes visible only when you abandon classical thinking.“
>
> Freeman Dyson

Mit den bereitgestellten gruppentheoretischen Hilfsmitteln ist es nun sehr naheliegend, wie Teilchen mit innerem Drehimpuls (Spin) zu beschreiben sind. Anstelle von skalaren Wellenfunktionen werden wir mehrkomponentige Ortsfunktionen heranziehen müssen, welche sich unter Drehungen i. a. projektiv transformieren. Die Wellenfunktion für ein Teilchen mit Spin wird also ein Element ψ aus $L^2(\mathbb{R}^3) \otimes \mathbb{C}^r$ sein:

$$\psi(\boldsymbol{x}) = \begin{pmatrix} \psi_1(\boldsymbol{x}) \\ \vdots \\ \psi_r(\boldsymbol{x}) \end{pmatrix} . \tag{6.90}$$

Unter Drehungen $R \in O(3)$ wird sich ψ folgendermaßen transformieren

$$\psi \longmapsto (U(R)\psi)(\boldsymbol{x}) = S(R)\psi(R^{-1}\boldsymbol{x}) , \tag{6.91}$$

wobei $S(R)$ eine ein- oder zweideutige Darstellung von $O(3)$ ist:

$$S(R_1) S(R_2) = \pm S(R_1 R_2) \ . \tag{6.92}$$

Lassen wir die Raumspiegelung P zunächst noch beiseite, so können wir nach Abschn. 4.2 diese projektive Darstellung als „gewöhnliche" Darstellung $\tilde{S}$ von $SU(2)$ auffassen. Aus (6.91) wird dann im Hilbertraum $\mathcal{H} = L^2(\mathbb{R}^3) \otimes \mathbb{C}^r$ der Einteilchen-Zustände die Tensorproduktdarstellung

$$U(A) = V(R(A)) \otimes \tilde{S}(A) \ , \quad A \in SU(2) \ , \tag{6.93}$$

wo

$$(V(R)\Phi)(\boldsymbol{x}) = \Phi(R^{-1}\boldsymbol{x}) \ , \quad \Phi \in L^2(\mathbb{R}^3) \ , \tag{6.94}$$

und $R(A)$ die Drehung zu A gemäß (6.23) bezeichnet.

Der totale Drehimpuls ist nach (6.35), (6.93), (6.12) und (6.40)

$$\boldsymbol{J} = i\hbar U_*(M) = \boldsymbol{L} \otimes \mathbb{1} + \mathbb{1} \otimes \boldsymbol{S} \ , \tag{6.95}$$

wobei $\boldsymbol{L} = i\hbar V_*(\boldsymbol{I})$ der Bahndrehimpulsoperator ist und

$$\boldsymbol{S} = i\hbar \tilde{S}_*(M) \quad \left(M = \frac{\boldsymbol{\sigma}}{2i}\right) \tag{6.96}$$

ein innerer Drehimpulsanteil ist. Die Komponenten von $\boldsymbol{S}$ bezeichnet man als *Spinoperatoren*. Die VR der S_k sind natürlich (wie auch für die L_k und J_k) dieselben wie für die $\frac{\hbar}{2}\sigma_k$ und *folgen also aus der Struktur der Drehgruppe*. Für ein drehinvariantes System wird aber i. a. nur $\boldsymbol{J}$ erhalten sein.

Für „elementare" Teilchen, wie Elektronen, Protonen, Neutronen, etc., nehmen wir an, die r-dimensionale Darstellung $\tilde{S}$ sei *irreduzibel*. Dann ist $\tilde{S} = D^s$, $s = 0, \frac{1}{2}, 1, \ldots$ und $r = 2s+1$. Die Zahl s ist der *Spin des Teilchens*. Aus (6.96) wird

$$\boxed{\boldsymbol{S} = \hbar D_*^s(\boldsymbol{\sigma}/2) \ .} \tag{6.97}$$

Der Spin für die *Elektronen* wird z. B. durch die Alkali-Spektren nahegelegt. Außer für $l = 0$ bestehen nämlich alle Terme aus zwei sehr nahegelegenen Spektrallinien. Für $s = \frac{1}{2}$ ist dies unmittelbar verständlich, denn die Zustände des Leuchtelektrons tragen die Darstellung[7]

$$D^l \otimes D^{\frac{1}{2}} = D^{l-\frac{1}{2}} \oplus D^{l+\frac{1}{2}} \ . \tag{6.98}$$

Die Spin-Bahn-Kopplung spaltet deshalb, wie weiter unten in Abschn. 7.2 ausgeführt wird, die Niveaus in zwei benachbarte mit $j = l \pm \frac{1}{2}$ auf – außer für $l = 0$ –, wie es sein sollte.

Von einem gruppentheoretischen Standpunkt aus ist die Theorie des Spins völlig natürlich. Auch für klassische Felder bleibt man schließlich auch nicht

---

[7]Die Kugelfunktionen Y_{lm} zum Bahndrehimpuls l transformieren sich nach der Darstellung D^l, denn der zugehörige Charakter ist offensichtlich gleich $\sum_m e^{im\alpha}$.

bei skalaren Größen stehen. In der QM kommt neu hinzu, dass auch zweideutige Darstellungen der Drehgruppe zugelassen sind. Die Gruppentheorie gibt die adäquate Sprache zur begrifflichen Analyse der Situation.

Wie operiert die Raumspiegelung P im inneren Raum $\mathbb{C}^{2s+1}$? Da P mit $SO(3)$ (und damit mit $SU(2)$) vertauscht und $SU(2)$ in $\mathbb{C}^{2s+1}$ irreduzibel dargestellt ist, muss P nach dem Schurschen Lemma durch ein Vielfaches von $\mathbb{1}$ dargestellt werden: $P \longmapsto \lambda\mathbb{1}$, $|\lambda| = 1$. Wie in Abschn. 4.4 allgemein gezeigt wurde, können wir immer $\lambda = \pm 1$ wählen. Solange nur eine Sorte von Teilchen beschrieben wird, dürfen wir willkürlich $\lambda = 1$ setzen. Verschiedene Elementarteilchen haben aber nicht immer dieselbe *Eigenparität* λ.

Im Folgenden schreiben wir für eine Elektronenwellenfunktion

$$\psi = \begin{pmatrix} \psi_+ (\boldsymbol{x}) \\ \psi_- (\boldsymbol{x}) \end{pmatrix} = \begin{pmatrix} \psi_\uparrow (\boldsymbol{x}) \\ \psi_\downarrow (\boldsymbol{x}) \end{pmatrix} \tag{6.99}$$

oder auch $\psi(\boldsymbol{x}, \mu)$, $\mu = \pm\frac{1}{2}$. Beachte

$$S_3\psi = \frac{\hbar}{2}\sigma_3\psi = \frac{\hbar}{2} \begin{pmatrix} \psi_+ (\boldsymbol{x}) \\ -\psi_- (\boldsymbol{x}) \end{pmatrix} . \tag{6.100}$$

Wir interpretieren deshalb $|\psi_\pm (\boldsymbol{x})|^2$ als die Ortswahrscheinlichkeitsdichten für $S_3 = \pm\frac{\hbar}{2}$.

Nun benötigen wir noch die Erweiterung der Schrödingergleichung auf Teilchen mit Spin. Wir beschränken uns dabei auf $s = \frac{1}{2}$. Die allgemeine Form der Gleichung

$$i\hbar\partial_t\psi = H\psi \tag{6.101}$$

steht nach Abschn. 3.7 fest. Für ein Teilchen der Masse m und Ladung e im elektromagnetischen Feld wird sich dabei H aus einem schon wohlbekannten Teil und einem Spinanteil H_s zusammensetzen:

$$H = \frac{1}{2m} \left(\frac{\hbar}{i}\boldsymbol{\nabla} - \frac{e}{c}\boldsymbol{A} \right)^2 \mathbb{1} + V(\boldsymbol{x}, t) + H_s \tag{6.102}$$

($V = e\Phi + U$). Die Spinkopplung wird durch die folgende Betrachtung nahegelegt. Wir erwarten, dass mit dem inneren Drehimpuls $\boldsymbol{S}$ auch ein magnetisches Moment $\boldsymbol{\mu}_s$ proportional zu $\boldsymbol{S}$ verbunden ist. Für den Bahnanteil des magnetischen Momentes wissen wir von der Elektrodynamik, dass dieser mit dem Bahndrehimpuls $\boldsymbol{L}$ gemäß

$$\boldsymbol{\mu}_{\mathrm{Bahn}} = \frac{e}{2mc}\boldsymbol{L} \tag{6.103}$$

zusammenhängt. Wir setzen deshalb etwas allgemeiner

$$\boldsymbol{\mu}_s = g\frac{e}{2mc}\boldsymbol{S} , \tag{6.104}$$

wobei wir den *Landé-Faktor* g (auch *gyromagnetischer* Faktor genannt) im Moment noch offen lassen, da es keinen Grund gibt, diesen wie in (6.103) gleich 1 zu setzen. Für H_s wählen wir nun die Energie von $\boldsymbol{\mu}_s$ im äußeren Magnetfeld $\boldsymbol{B}$:

$$H_s = -\boldsymbol{\mu}_s \cdot \boldsymbol{B} = -g\frac{e}{2mc}\boldsymbol{S} \cdot \boldsymbol{B} = -\frac{g}{2}\frac{e\hbar}{2mc}\boldsymbol{\sigma} \cdot \boldsymbol{B} \,. \qquad (6.105)$$

Der entsprechende Bahnanteil $-\boldsymbol{\mu}_{\text{Bahn}} \cdot \boldsymbol{B}$ ist übrigens im ersten Term von (6.102) enthalten: Für ein homogenes $\boldsymbol{B}$-Feld ist nämlich das Glied linear in $\boldsymbol{A}$ in der Coulomb-Eichung $\boldsymbol{\nabla} \cdot \boldsymbol{A} = 0$, wegen $\boldsymbol{A} = \frac{1}{2}\boldsymbol{B} \wedge \boldsymbol{x}$, gleich

$$\frac{ie\hbar}{mc}\boldsymbol{A} \cdot \boldsymbol{\nabla} = -\frac{e}{2mc}\boldsymbol{B} \cdot \left(\boldsymbol{x} \wedge \frac{\hbar}{i}\boldsymbol{\nabla}\right) = -\boldsymbol{\mu}_{\text{Bahn}} \cdot \boldsymbol{B} \,. \qquad (6.106)$$

Die Analyse des Zeeman-Effektes in Kap. 5 wird zeigen, dass für Elektronen $g \simeq 2$ ist. Genau den Wert 2 werden wir in der Dirac-Theorie (QM II) erhalten. Die kleinen, äußerst präzise gemessenen Abweichungen $g-2$ werden durch die Quantenelektrodynamik richtig wiedergegeben. Für das Proton ist $g_p = 5.59$. Parametrisiert man das magnetische Moment des Neutrons gemäß

$$\boldsymbol{\mu}_n = g_n\frac{|e|}{2m_p c} \quad (|e| = \text{Elementarladung}, \ m_p = \text{Protonmasse}) \,, \qquad (6.107)$$

so ist experimentell $g_n = -3.83$. Man hofft, diese merkwürdigen Werte für die Nukleonen eines Tages in der Quantenchromodynamik berechnen zu können.

Für $g = 2$ erhalten wir aus (6.101), (6.102) und (6.105) die *Pauli-Gleichung*

$$\boxed{i\hbar\dot{\psi} = \left[\frac{1}{2m}\left(\frac{\hbar}{i}\boldsymbol{\nabla} - \frac{e}{c}\boldsymbol{A}\right)^2 + V - \frac{e\hbar}{2mc}\boldsymbol{\sigma} \cdot \boldsymbol{B}\right]\psi} \qquad (6.108)$$

(beachte, dass $e < 0$). Wie für die spinlose Schrödingergleichung erhält man daraus eine Kontinuitätsgleichung

$$\partial_t\rho + \boldsymbol{\nabla} \cdot \boldsymbol{J}_c = 0 \,, \qquad (6.109)$$

mit

$$\rho = e\psi^*\psi = e\left(|\psi_\uparrow|^2 + |\psi_\downarrow|^2\right) \qquad (6.110)$$

und

$$\boldsymbol{J}_c = e\frac{\hbar}{2mi}\left(\psi^*\boldsymbol{\nabla}\psi - (\boldsymbol{\nabla}\psi)^*\,\psi\right) + \frac{e^2}{mc}\psi^*\psi\boldsymbol{A} \,. \qquad (6.111)$$

Letzteres ist aber nur der *Konvektionsstrom*. Die Magnetisierungsdichte

$$\boldsymbol{M}\left(\boldsymbol{x},\,t\right) = \frac{e\hbar}{2mc}\psi^*\boldsymbol{\sigma}\psi \qquad (6.112)$$

gibt Anlass zu einem Zusatzstrom – wie man aus der Elektrodynamik weiß –

$$\boldsymbol{J}_s = c\boldsymbol{\nabla} \wedge \boldsymbol{M} = \frac{e\hbar}{2m}\boldsymbol{\nabla} \wedge (\psi^*\boldsymbol{\sigma}\psi) \,. \qquad (6.113)$$

Dies ist der Spinanteil des elektrischen Stromes. Der gesamte elektrische Strom, welcher in den Maxwell-Gleichungen vorkommt, ist die Summe $\boldsymbol{J} = \boldsymbol{J}_c + \boldsymbol{J}_s$.

6.8 Aufgaben

Aufgabe 1: Algebraische Bestimmung des H-Spektrums (nach W. Pauli)

(a) Wie in der klassischen Mechanik ist auch in der QM der Lenz'sche Vektor

$$A = \frac{x}{r} + \frac{1}{Ze^2 m} \frac{1}{2} (L \wedge p - p \wedge L) \qquad (6.114)$$

eine Konstante der Bewegung. Zeige, dass tatsächlich $[H, A] = 0$ ist.

(b) Zeige durch eine gruppentheoretische Überlegung, oder durch direkte Rechnung, dass zwischen A und L die folgenden Vertauschungsrelationen bestehen

$$[A_j, L_k] = i\varepsilon_{jkl}A_l . \qquad (6.115)$$

(c) Leite ferner die folgenden VR ab

$$[A_j, A_k] = i\varepsilon_{jkl}L_l \frac{(-2H)}{(Ze^2)^2 m} . \qquad (6.116)$$

(d) Verifiziere die folgenden Identitäten

$$A \cdot L + L \cdot A = 0 ,$$
$$A^2 = \frac{2}{m(Ze^2)^2} (L^2 + 1)H + 1 \qquad (6.117)$$

zwischen L, A und H.

(e) Für das Weitere betrachte man alle Operatoren im Unterraum der gebundenen Zustände wo $H < 0$ ist. Dort setze man aufgrund von (6.116)

$$K := \sqrt{\frac{m}{-2H}} \, Ze^2 A . \qquad (6.118)$$

Aus dem bisherigen folgen die VR

$$[K, H] = 0 ,$$
$$[K_j, K_k] = i\varepsilon_{jkl}L_l ,$$
$$[K_j, L_k] = i\varepsilon_{jkl}K_l ,$$
$$[L_j, L_k] = i\varepsilon_{jkl}L_l . \qquad (6.119)$$

Ferner ist auch nach (6.117)

$$L \cdot K + K \cdot L = 0 , \quad H = -\frac{Z^2 e^4 m}{2(K^2 + L^2 + 1)} . \qquad (6.120)$$

Die Operatoren

$$M := \frac{1}{2} \left(L + K \right) , \ N := \frac{1}{2} \left(L - K \right) \tag{6.121}$$

sind nach (6.119) zwei kommutierende „Drehimpulse", welche mit H vertauschen. Die Symmetriegruppe des Problems ist also $SU(2) \times SU(2)$.
Aus (6.120) folgt

$$M^2 = N^2 , \ H = -\frac{Z^2 e^4 m}{2(4M^2 + 1)} . \tag{6.122}$$

(f) Bestimme das diskrete Spektrum von H, den Entartungsgrad eines Eigenwertes von H, sowie die zugehörigen Werte des Drehimpulses.

Aufgabe 2: Kugelfunktionen und irreduzible Darstellungen der Drehgruppe

(a) Mit Hilfe der Formel (6.12), d. h.

$$L \cdot e = i \left. \frac{\mathrm{d}}{\mathrm{d}\alpha} \right|_{\alpha=0} U(R(e, \alpha))$$

für $\hbar = 1$, drücke man die L_k als Differentialoperatoren in den Polarwinkeln aus.
Resultat:

$$L_x = \frac{1}{i} \left(-\sin\varphi \frac{\partial}{\partial\theta} - \cot\theta \cos\varphi \frac{\partial}{\partial\varphi} \right),$$

$$L_y = \frac{1}{i} \left(+\cos\varphi \frac{\partial}{\partial\theta} - \cot\theta \sin\varphi \frac{\partial}{\partial\varphi} \right),$$

$$L_z = \frac{1}{i} \frac{\partial}{\partial\varphi} . \tag{6.123}$$

Zeige, dass der Laplace-Operator wie folgt dargestellt werden kann:

$$\Delta = \frac{1}{r} \frac{\partial^2}{\partial r^2} r - \frac{1}{r^2} L^2 . \tag{6.124}$$

(b) Man suche in $C^\infty(S^2)$ den Unterraum, der sich bezüglich $SO(3)$ nach der Darstellung D^l transformiert und zeige, dass darin die kanonische Basis mit den Kugelfunktionen Y_{lm}, $-l \le m \le l$, übereinstimmt.
Anleitung: Aus $L_z \psi_m^l = m \psi_m^l$ und $L_+ \psi_l^l = 0$ folgt leicht:

$$\psi_l^l = c(\sin\theta)^l e^{il\varphi}.$$

Die Normierungsbedingung

$$\int |\psi_m^l|^2 \sin\theta \mathrm{d}\theta \mathrm{d}\varphi = 1$$

gibt für c:

$$c = \frac{(-1)^l}{2^l l!} \left[\frac{2l+1}{4\pi} (2l)! \right]^{1/2} . \tag{6.125}$$

Die ψ_m^l erhält man rekursiv mit Hilfe von

$$L_- \psi_m^l = \sqrt{(l+m)(l-m+1)}\, \psi_{m-1}^l . \tag{6.126}$$

Aufgabe 3

Zeige, dass die 1-parametrige Untergruppe

$$U(e, \alpha) = \exp\left(-i\frac{\alpha}{2}\, e \cdot \boldsymbol{\sigma} \right) , \quad |e| = 1 ,$$

von $SU(2)$ unter der Überlagerungsabbildung in die 1-parametrige Untergruppe $R(e, \alpha)$ der Drehungen um die Richtungen e mit Winkel α übergeht.

Anleitung: Benutze die folgende Formel der Pauli-Algebra

$$(a \cdot \boldsymbol{\sigma})(b \cdot \boldsymbol{\sigma}) = a \cdot b + i(a \wedge b) \cdot \boldsymbol{\sigma} , \quad a,\, b \in \mathbb{R}^3 ,$$

und zeige, dass

$$U(e, \alpha) = \cos\frac{\alpha}{2} - i(e \cdot \boldsymbol{\sigma}) \sin\frac{\alpha}{2} .$$

Aufgabe 4

Begründe die Gl. 6.88 für die Charaktere von $SU(2)$.

Aufgabe 5: Spinpräzession

Wir betrachten die Bewegung eines Spins in einem homogenen magnetischen Feld B, wobei wir die räumliche Bewegung des Teilchens (Elektron, Atom, Molekül) weglassen. Der Hamiltonoperator für die Spinbewegung ist

$$H = -\gamma\, B \cdot S \quad (S: \text{Spinoperator zur Darstellung D}^s) .$$

Wie lautet die Heisenberg'sche Bewegungsgleichung für $S(t)$?
Löse diese Gleichung für ein zeitunabhängiges Magnetfeld $B = (0, 0, B)$ und diskutiere die zeitliche Änderung der Mittelwerte $\langle S(t) \rangle$.

Aufgabe 6: Spinresonanz

Nun betrachte man in der vorangegangenen Aufgabe 5 das Magnetfeld $B = (B_1\cos(\omega t), B_1\sin(\omega t), B_0)$ mit dem zugehörigen Hamiltonoperator

$$H = \omega_0 S_3 + \frac{1}{2}\,\omega_1\left(S_+ e^{-i\omega t} + S_- e^{+i\omega t}\right)\;;\;\omega_0 = -\gamma B_0\;,\;\omega_1 = -\gamma B_1\;.$$

Zur Lösung der Schrödingergleichung für den Zustand $\psi(t)$ mache man die kanonische Transformation

$$\psi(t) = U(t)\,\chi(t)\;,\;U(t) := e^{-i\omega t S_3}\;,$$

auf das rotierende System. Mit Hilfe von (leite dies ab)

$$e^{i\omega t S_3} S_\pm e^{-i\omega t S_3} = e^{\pm i\omega t} S_\pm$$

löse man die Gleichung für $\chi(t)$ und bringe $\psi(t)$ in die Form

$$\psi(t) = e^{-i\omega t S_3} e^{-i\Omega t\,\boldsymbol{S}\cdot\boldsymbol{n}}\,\psi(0)\;\;(\boldsymbol{n}:\;\text{Einheitsvektor})\;.$$

Ist $\psi(0) = \psi_m^s$ (kanonische Basis zu D^s), so ist demnach die Wahrscheinlichkeit $P_{m'm}(t)$, das Teilchen zur Zeit t im Zustand $\psi_{m'}^s$ zu finden, gleich

$$P_{m'm}(t) = \left|(\psi_{m'}^s, e^{-i\Omega t\,\boldsymbol{S}\cdot\boldsymbol{n}}\psi_m^s)\right|^2\;.$$

Werte dies für $s = 1/2$, $m = 1/2$, $m' = -1/2$ aus und skizziere das Resultat in einem Diagramm.

Aufgabe 7: Neutron im Magnetfeld

Betrachte die Bewegung eines Neutrons in einem Magnetfeld. Leite aus der Pauli-Gleichung die spinabhängigen Brechungsindizes $n_\pm$ für Neutronenwellen her.

Aufgabe 8: Elektrische Polarisierbarkeit

Ein äußeres elektrisches Feld induziert in einem Atom (oder Molekül) ein elektrisches Dipolmoment. Deshalb ist die dielektrische Suszeptibilität von Gasen proportional zur Dichte und unabhängig von der Temperatur. (Bei Molekülen mit festem Dipolmoment im feldfreien Raum kommt dagegen zusätzlich eine temperaturabhängige Orientierungspolarisation hinzu.)

Der Hamiltonoperator eines Atoms mit Z Elektronen in einem äußeren homogenen elektrischen Feld der Feldstärke F in der z-Richtung lautet (Potential $\varphi = -Fz$, Elektronenladung $= -e$)

$$H = H_0 + eF\sum_{i=1}^{Z} z_i\;, \tag{6.127}$$

wobei H_0 der Hamiltonoperator des Atoms im feldfreien Raum ist. ψ_0 sei der Grundzustand von H_0: $H_0\psi_0 = E_0\psi_0$. E_0 wird in erster Ordnung nicht gestört, da

$$\left(\psi_0, \sum z_i \psi_0\right) = 0 \, . \tag{6.128}$$

Im Sinne einer Variationsrechnung (siehe dazu (8.40)) mache man den Ansatz

$$\psi = \left(1 - \lambda eF \sum_{i=1}^{Z} z_i\right) \psi_0 \, ,$$

wobei λ ein Variationsparameter ist. Man berechne

$$E(\lambda) = \frac{(\psi, H\psi)}{(\psi, \psi)}$$

bis zur zweiten Ordnung in λ. Dabei tritt ein Term der folgenden Form auf: $(\psi_0, \sum z_i(H_0 - E_0) \sum z_j \psi_0)$. Man zeige, dass sich dieser so umformen lässt:

$$\left(\psi_0, \sum z_i(H_0 - E_0) \sum z_j \psi_0\right) = \frac{1}{2}\left(\psi_0, \left[\left[\sum z_i, H_0\right], \sum z_j\right]\psi_0\right) = \frac{Z\hbar^2}{2m} \, .$$

Man überzeuge sich, dass das Minimum von $E(\lambda)$ gleich

$$E = E_0 - F^2 \frac{2e^2m}{Z\hbar^2}\left(\psi_0, \left(\sum z_i\right)^2 \psi_0\right)^2$$

ist. Vernachlässigt man darin Korrelationsterme $(\psi_0, \sum_{i \neq j} z_i z_j \psi_0)$, so ergibt sich für Atome mit $J = 0$ im Grundzustand

$$E = E_0 - \frac{1}{2}\alpha F^2$$

mit

$$\boxed{\alpha = \frac{4Ze^2mR^4}{9\hbar^2}} \, , \tag{6.129}$$

wo R^2 das mittlere Radiusquadrat

$$R^2 = \frac{1}{Z}\left(\psi_0, \sum_{i=1}^{Z} r_i^2 \psi_0\right)$$

ist. Berechne α für ein H-Atom.

Wie groß ist das induzierte Dipolmoment?

Aufgabe 9: Elektron in einem äußeren Magnetfeld

(In dieser Aufgabe arbeite man im Heisenbergbild.)

Sei

$$H = \frac{1}{2m}\left(\frac{\hbar}{i}\,\boldsymbol{\nabla} - \frac{e}{c}\,\boldsymbol{A}\right)^2 - g\,\frac{e}{2mc}\,\boldsymbol{S}\cdot\boldsymbol{B} \qquad (6.130)$$

der Hamiltonoperator der Pauli-Theorie für ein äußeres Magnetfeld $\boldsymbol{B} = \boldsymbol{\nabla}\wedge\boldsymbol{A}$. Stelle die Heisenberg'schen Bewegungsgleichungen für $m\dot{\boldsymbol{x}}$ und $m\ddot{\boldsymbol{x}}$ auf.

Nun betrachte man ein homogenes $\boldsymbol{B}$-Feld

$$\boldsymbol{B} = (0,0,B)\,,\ \ \boldsymbol{A} = \frac{B}{2}\,(-x_2, x_1, 0) \qquad (6.131)$$

und leite die Vertauschungsrelationen

$$[m\dot{x}_1, m\dot{x}_2] = i\hbar\,\frac{eB}{c} \qquad (6.132)$$

her. Deshalb haben

$$a = \frac{m(\dot{x}_2 + i\dot{x}_1)}{\sqrt{2\hbar\omega_c m}}\ \ \left(\omega_c := -\frac{eB}{mc} = \frac{|e|B}{mc}\ :\ \text{Zyklotronfrequenz}\right) \qquad (6.133)$$

und a^* die VR von Erzeugungs- und Vernichtungsoperatoren ($[a, a^*] = 1$). Zeige schließlich, dass der transversale Teil des ersten Terms von (6.130) gleich $\hbar\omega_c\left(a^*a + \frac{1}{2}\right)$ ist. Wie lauten die Energieeigenwerte für die Bewegung senkrecht zu $\boldsymbol{B}$?

7. Störungstheorie und Anwendungen

„In the thirties, under the demoralizing influence of quantum- theoretic perturbation theory, the mathematics required of a theoretical physicist was reduced to a rudimentary knowledge of the Latin and Greek alphabets."

R. Jost

Wie in anderen Gebieten der Physik, lassen sich auch in der QM nur wenige Probleme exakt lösen. Für die Anwendungen der Theorie sind deshalb Näherungsverfahren sehr wichtig. Im Folgenden entwickeln wir zunächst die stationäre Störungstheorie. Wir gehen dabei – wie in den allermeisten Büchern über QM – formal vor. Die Genauigkeit der darauf beruhenden Näherungen bleibt deshalb ungewiss und die entstehenden Störungsreihen sind in physikalisch interessanten Situationen in der Regel nicht konvergent, sondern bestenfalls asymptotisch. Als Warnung weise ich darauf hin, dass sich im Unendlichdimensionalen die Spektren von Operatoren unter ganz „braven" Störungen schlagartig ändern können. Dies gilt insbesondere für das kontinuierliche Spektrum. Ein auf *Weyl* und *von Neumann* zurückgehender Satz besagt, dass zu einem selbstadjungierten Operator H in einem separablen Hilbertraum für jedes $\varepsilon > 0$ ein selbstadjungierter Hilbert-Schmidt-Operator H' mit Hilbert-Schmidt-Norm $< \varepsilon$ existiert, derart, dass $H + H'$ ein reines Punktspektrum hat. Glücklicherweise verhalten sich isolierte Eigenwerte endlicher Multiplizität unter Störungen weniger empfindlich. Falls die Störung *relativ beschränkt* ist, ändern sich diese sogar in analytischer Weise.[1]

7.1 Die stationäre Störungsrechnung

Wir betrachten zunächst einen einfachen Fall und tun so als ob alle Operatoren beschränkt wären. Es sei $H^{(\circ)}$ ein selbstadjungierter Operator mit

---

[1]Das Standardwerk für die strenge Störungstheorie ist [36]. Einen Abriss der Theorie findet man in der Autographie von R. Jost [7], Bd. 1, Kap. V. Siehe auch [13], § 3.5.

rein diskretem, nichtentarteten Spektrum („ungestörtes Problem"). Ferner sei $\left\{\psi_k^{(\circ)}\right\}$ das vollständige orthonormierte System der Eigenfunktionen von $H^{(\circ)}$:

$$H^{(\circ)}\psi_k^{(\circ)} = E_k^{(\circ)}\psi_k^{(\circ)} \ . \tag{7.1}$$

Der Hamiltonoperator H des gestörten Problems habe die Form:

$$H = H^{(\circ)} + \lambda H^{(1)} + \lambda^2 H^{(2)} + \cdots \ . \tag{7.2}$$

Dabei sei λ ein kleiner Parameter, sodass die Störung $\lambda H^{(1)} + \lambda^2 H^{(2)} \ldots$ „klein" ist. (In der Praxis kommen meistens nur die ausgeschriebenen Terme in (7.2) vor.) Wächst λ von Null bis $\lambda_\circ \ll 1$, so erwarten wir, dass sich die Eigenwerte und Eigenzustände von H,

$$H\psi_k(\lambda) = E_k(\lambda)\,\psi_k(\lambda)\ , \tag{7.3}$$

nur wenig ändern. Wir entwickeln deshalb alles in (formale) Potenzreihen:

$$E_k(\lambda) = E_k^{(\circ)} + \lambda E_k^{(1)} + \lambda^2 E_k^{(2)} + \cdots,$$
$$\psi_k(\lambda) = \psi_k^{(\circ)} + \lambda \psi_k^{(1)} + \lambda^2 \psi_k^{(2)} + \cdots \ . \tag{7.4}$$

Wie bereits betont, sind dies in vielen Situationen bestenfalls asymptotische Reihen.[2]

Es erweist sich als günstig, die $\psi_k(\lambda)$ nicht auf Eins normiert zu wählen, sondern die folgende Normierung zu verlangen:

$$\left(\psi_k^{(\circ)},\,\psi_k\right) = 1 \ . \tag{7.5}$$

Setzt man hier die zweite Gleichung von (7.4) ein, so erhalten wir

$$\left(\psi_k^{(\circ)},\,\psi_k^{(1)}\right) = \left(\psi_k^{(\circ)},\,\psi_k^{(2)}\right) = \cdots = 0 \ . \tag{7.6}$$

Durch Koeffizientenvergleich bekommen wir von den Eigenwertgleichungen (7.3) für die erste, bzw. die zweite Ordnung

$$H^{(\circ)}\psi_k^{(1)} + H^{(1)}\psi_k^{(\circ)} = E_k^{(\circ)}\psi_k^{(1)} + E_k^{(1)}\psi_k^{(\circ)}\ , \tag{7.7}$$

$$H^{(\circ)}\psi_k^{(2)} + H^{(1)}\psi_k^{(1)} + H^{(2)}\psi_k^{(\circ)} = E_k^{(\circ)}\psi_k^{(1)} + E_k^{(1)}\psi_k^{(1)} + E_k^{(2)}\psi_k^{(\circ)}\ . \tag{7.8}$$

Nun bilden wir zuerst das Skalarprodukt von (7.7) mit $\psi_k^{(\circ)}$ und erhalten mit (7.6) sofort eine der meist gebrauchten Formeln:

$$\boxed{E_k^{(1)} = \left(\psi_k^{(\circ)},\,H^{(1)}\psi_k^{(\circ)}\right)} \ . \tag{7.9}$$

---

[2]Eine Funktion $f(\lambda)$ auf $(0, a)$, $a > 0$, hat $\sum_{n=0}^{\infty} c_n \lambda^n$ als *asymptotische Reihe* für $\lambda \downarrow 0$ (Schreibweise $f(\lambda) \sim \sum_{n=0}^{\infty} c_n \lambda^n$), falls für alle N: $\lim_{\lambda\downarrow 0}\left[f(\lambda) - \sum_{n=0}^{N} c_n \lambda^n\right]/\lambda^N = 0$.

Nehmen wir jetzt das Skalarprodukt von (7.7) mit $\psi_l^{(\circ)}$, $l \neq k$, so ergibt sich zunächst

$$\underbrace{\left(\psi_l^{(\circ)}, H^{(\circ)}\psi_k^{(1)}\right)}_{E_l^{(\circ)}\left(\psi_l^{(\circ)}, \psi_k^{(1)}\right)} + \left(\psi_l^{(\circ)}, H^{(1)}\psi_k^{(\circ)}\right) = E_k^{(\circ)}\left(\psi_l^{(\circ)}, \psi_k^{(1)}\right) .$$

Nun können wir $\psi_k^{(1)}$ nach der ungestörten Basis entwickeln

$$\psi_k^{(1)} = \sum_{l \neq k} c_l \psi_l^{(\circ)} , \quad c_l = \left(\psi_l^{(\circ)}, \psi_k^{(1)}\right) \quad (l \neq k) . \tag{7.10}$$

Setzen wir dies in die letzte Gleichung ein, so finden wir eine Gleichung für die Entwicklungskoeffizienten c_l:

$$c_l \left(E_l^{(\circ)} - E_k^{(\circ)}\right) = -\left(\psi_l^{(\circ)}, H^{(1)}\psi_k^{(\circ)}\right) .$$

Dies gibt

$$\boxed{\psi_k^{(1)} = \sum_{l \neq k} \frac{\left(\psi_l^{(\circ)}, H^{(1)}\psi_k^{(\circ)}\right)}{E_k^{(\circ)} - E_l^{(\circ)}} \psi_l^{(\circ)} .} \tag{7.11}$$

Damit sind die Eigenwerte und Eigenfunktionen bis zur ersten Ordnung bekannt.

Jetzt bestimmen wir noch die 2. Korrektur der Energieeigenwerte. Dazu nehmen wir jetzt das Skalarprodukt von (7.8) mit $\psi_k^{(\circ)}$ und finden mit (7.6)

$$0 + \left(\psi_k^{(\circ)}, H^{(1)}\psi_k^{(1)}\right) + \left(\psi_k^{(\circ)}, H^{(2)}\psi_k^{(\circ)}\right) = 0 + 0 + E_k^{(2)} .$$

Setzen wir hier noch (7.11) ein, so kommt

$$\boxed{E_k^{(2)} = \left(\psi_k^{(\circ)}, H^{(2)}\psi_k^{(\circ)}\right) + \sum_{l \neq k} \frac{\left|\left(\psi_l^{(\circ)}, H^{(1)}\psi_k^{(\circ)}\right)\right|^2}{E_k^{(\circ)} - E_l^{(\circ)}} .} \tag{7.12}$$

Falls $H^{(2)}$ nicht vorkommt, kann man aus dieser Formel folgendes entnehmen:

(i) Für den Grundzustand ist die Verschiebung zweiter Ordnung *negativ*.

(ii) Aufgrund des Energienenners sind benachbarte Niveaus $E_l^{(\circ)}$ i. a. wichtiger als entfernte.

(iii) Falls ein *wichtiges* Niveau $E_l^{(\circ)}$ (kleiner Abstand, großes Matrixelement) oberhalb $E_k^{(\circ)}$ liegt, so wird E_k (in zweiter Ordnung) nach unten und $E_l^{(\circ)}$ nach oben gedrückt; die *Niveaus stoßen sich ab*.

Diese Regeln sind in der Praxis sehr nützlich.

7.1.1 Verallgemeinerungen

Wir wollen nun die obigen Formeln schrittweise verallgemeinern. Betrachten wir die Störung eines bestimmten Eigenwertes, den wir jetzt mit $E_\circ$ bezeichnen, so wird es keine Rolle spielen, ob die *übrigen* Eigenwerte *entartet* sind oder nicht. Deshalb können wir (7.9) und (7.12) wie folgt verallgemeinern (es sei $H^{(\circ)}\psi_\circ^{(\circ)} = E_\circ^{(\circ)}\psi_\circ^{(\circ)}$):

$$E_\circ^{(1)} = \left(\psi_\circ^{(\circ)}, H^{(1)}\psi_\circ^{(\circ)}\right) , \tag{7.13}$$

$$E_\circ^{(2)} = \left(\psi_\circ^{(\circ)}, H^{(2)}\psi_\circ^{(\circ)}\right) + \sum_{s\neq 0} \frac{\left(\psi_\circ^{(\circ)}, H^{(1)} P_s^{(\circ)} H^{(1)}\psi_\circ^{(\circ)}\right)}{E_\circ^{(\circ)} - E_s^{(\circ)}} , \tag{7.14}$$

wobei $P_s^{(\circ)}$ den Projektor auf den Eigenraum von $H^{(\circ)}$ zum Eigenwert $E_s^{(\circ)}$ bezeichnet.

Falls außerhalb von $E_\circ^{(\circ)}$ separiert auch ein *kontinuierliches* Spektrum vorliegt, so ist die Verallgemeinerung von (7.14) offensichtlich:

$$E_\circ^{(2)} = \left(\psi_\circ^{(\circ)}, H^{(2)}\psi_\circ^{(\circ)}\right) + \int_{\lambda \neq E_\circ^{(\circ)}} \frac{\left(\psi_\circ^{(\circ)} H^{(1)} E^{H^{(\circ)}}(d\lambda) H^{(1)}\psi_\circ^{(\circ)}\right)}{E_\circ^{(\circ)} - \lambda} , \tag{7.15}$$

wo $E^{H^{(\circ)}}(\cdot)$ das Spektralmaß von $H^{(\circ)}$ ist. Das Integral in (7.15) erstreckt sich über $\sigma\left(H^{(\circ)}\right) \setminus \{E_\circ^{(\circ)}\}$.

Schließlich betrachten wir die Störung eines *entarteten* Eigenwertes $E^{(\circ)}$. Der Projektor auf den zugehörigen Eigenraum sei $P^{(\circ)}$. In diesem Fall werden die Formeln (7.11) und (7.12) unsinnig, weil Terme mit verschwindenden Nennern auftreten. Wir beginnen in diesem Falle noch einmal von vorne, beschränken uns aber auf die erste Ordnung Störungstheorie. Der ungestörte Eigenwert $E^{(\circ)}$ wird im allgemeinen in verschiedene Eigenwerte aufspalten.

Es sei $E(\lambda)$ einer dieser Eigenwerte und $\psi(\lambda)$ eine Eigenfunktion. Wieder entwickeln wir

$$E = E^{(\circ)} + \lambda E^{(1)} + \cdots .$$

$$\psi = \psi^{(\circ)} + \lambda \psi^{(1)} + \cdots , \quad \psi^{(\circ)} \in P^{(\circ)}\mathcal{H} .$$

Aus $H\psi = E\psi$ erhalten wir in erster Ordnung

$$H^{(\circ)}\psi^{(1)} + H^{(1)}\psi^{(\circ)} = E^{(\circ)}\psi^{(1)} + E^{(1)}\psi^{(\circ)} . \tag{7.16}$$

Nun ist aber $\left(H^{(\circ)} - E^{(\circ)}\right)\psi^{(1)}$ orthogonal zu $P^{(\circ)}\mathcal{H}$: Für $\varphi \in P^{(\circ)}\mathcal{H}$ haben wir

$$\left(\varphi, \left(H^{(\circ)} - E^{(\circ)}\right)\psi^{(1)}\right) = \left(\left(H^{(\circ)} - E^{(\circ)}\right)\varphi, \psi^{(1)}\right) = 0 .$$

Deshalb ist nach (7.16) auch $\left(H^{(1)} - E^{(1)}\right)\psi^{(\circ)}$ orthogonal auf $P^{(\circ)}\mathcal{H}$, d.h. es gilt

$$\left(P^{(\circ)}H^{(1)}P^{(\circ)} - E^{(1)}\right)\psi^{(\circ)} = 0 . \tag{7.17}$$

Somit ist $E^{(1)}$ *ein Eigenwert von* $P^{(\circ)}H^{(1)}P^{(\circ)}$. In erster Ordnung Störungstheorie ist damit die Aufspaltung eines entarteten Energieeigenwertes auf ein algebraisches Problem (Bestimmung der Wurzeln des charakteristischen Polynoms zu $P^{(\circ)}H^{(1)}P^{(\circ)}$) zurückgeführt. Die Diagonalisierung (Spektralzerlegung)

$$P^{(\circ)}H^{(1)}P^{(\circ)} = \sum E^{(1)}_\alpha Q_\alpha \tag{7.18}$$

kann in den Anwendungen oft (teilweise) gruppentheoretisch ausgeführt werden, da Entartungen häufig auf einer Symmetrie des Problems beruhen. Dies wollen wir nun näher ausführen.

7.2 Symmetrien und Aufspaltung der Eigenwerte

Wir betrachten einen Hamiltonoperator $H(\lambda)$, der von einem reellen Parameter λ (z. B. einem Magnetfeld) abhängt. $E^{(\circ)}$ sei ein Eigenwert von $H(0)$ (= ungestörter Operator) mit endlichdimensionalem Eigenraum, auf den der Projektor $P^{(\circ)}$ projiziert.

Ferner sei G eine kompakte Symmetriegruppe und $U(g)$ deren unitäre Darstellung im Hilbertraum der Zustände $\mathcal{H}$. G lasse dabei den Hamiltonoperator für alle $\lambda \in [0,1]$ invariant:

$$[U(g), H(\lambda)] = 0 . \tag{7.19}$$

Insbesondere vertauscht $U(g)$ mit $P^{(\circ)}$ und lässt damit den Eigenraum $P^{(\circ)}\mathcal{H}$ invariant. Die Restriktion der Darstellung $U(g)$ auf diesen Eigenraum be-

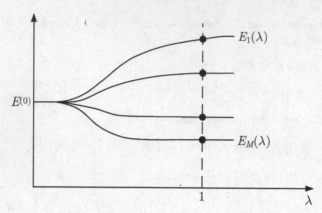

Abb. 7.1. Aufspaltung der Eigenwerte

zeichnen wir mit $P^{(\circ)}U$. Wir denken uns diese endlichdimensionale Darstellung ausreduziert

$$P^{(\circ)}U = m_{\alpha_1}\vartheta_{\alpha_1} \oplus m_{\alpha_2}\vartheta_{\alpha_2} \oplus \cdots \oplus m_{\alpha_N}\vartheta_{\alpha_N} . \tag{7.20}$$

Hier sind m_{α_k} die Multiplizitäten der verschiedenen irreduziblen Darstellungen ϑ_{α_k}. (Für $G = SU(2)$ sind die α_k die verschiedenen Drehimpulse j_k und die ϑ_{α_k} sind die Darstellungen D^{j_k}.)

Falls $P^{(\circ)}U$ nicht irreduzibel ist, sagen wir $E^{(\circ)}$ sei *zufällig entartet*. zufällige Entartungen beruhen in der Regel darauf, dass für $\lambda = 0$ eine höhere (G umfassende) Symmetriegruppe vorliegt (Beispiele folgen). Variiert λ von 0 bis 1, so wird $E^{(\circ)}$ im allgemeinen in mehrere Niveaus $E_1(\lambda), \ldots, E_M(\lambda)$ aufspalten (s. Abb. 7.1). Wir wollen annehmen, dass die Funktionen $E_k(\lambda)$ stetig sind. Außerdem sollen auch die Projektoren $P_k(\lambda)$ auf die Eigenräume zu $E_k(\lambda)$ stetig von λ abhängen. (Diese Stetigkeitsannahmen werden in der exakten Störungstheorie für eine große Klasse von Störungen bewiesen; siehe das zitierte Werk von T. Kato.)

Die $P_k(\lambda)$ vertauschen natürlich ebenfalls mit $U(g)$ und deshalb hat man in $P_k(\lambda)|\mathcal{H}$ induzierte Darstellungen, die wir mit $P_k(\lambda)U$ bezeichnen. Wir wollen annehmen, dass die Eigenwerte $E_k(\lambda)$ *für* $\lambda \neq 0$ *nicht mehr zufällig entartet* sind, die $P_k(\lambda)U$ also irreduzibel sind. Mit variierendem λ bleiben diese für festes k aufgrund der Stetigkeitsannahme *zu sich äquivalent*.[3]

---

[3]Man betrachte etwa das Skalarprodukt des Charakters $\chi_k(\lambda)$ der Darstellung $P_k(\lambda)U$ mit einem beliebigen primitiven Charakter χ. Nun ist einerseits $(\chi_k(\lambda), \chi)$ gleich 0 oder 1 und anderseits hängt dieses Skalarprodukt stetig von λ ab. Deshalb ist $\chi_k(\lambda)$ *unabhängig von λ*.

Im Grenzfall $\lambda = 0$ schließen wir, dass die Zerlegung (7.20) äquivalent zu

$$\bigoplus_{k=1}^{M} {}^{P_k(0)}U$$

ist. Deshalb ist M gleich der Zahl der irreduziblen Bestandteile in (7.20). Wir erhalten also das folgende wichtige Resultat:

Spaltet der zufällig entartete Eigenwert $E^{(\circ)}$ von $H(0)$ unter der Störung in lauter nicht zufällig entartete Eigenwerte $E_1(\lambda), \ldots, E_M(\lambda)$ auf, so ist ihre Anzahl M gleich der Zahl der irreduziblen Bestandteile in der Darstellung $P^{(\circ)}U$, welche zum Eigenwert $E^{(\circ)}$ gehört. (Bleibt eine zufällige Entartung übrig, so ist M natürlich kleiner.)

Diese Aussage ist *exakt* und beruht nicht auf Störungstheoretischen Näherungsformeln.

Ein *Beispiel* haben wir schon in Abschn. 4.7 besprochen. Ohne Spin-Bahn-Kopplung ist ein diskretes Niveau eines H-ähnlichen Atoms für $l > 0$ zufällig entartet. Dies beruht darauf, dass $SU(2)$ bei *unabhängiger* Wirkung in Bahn- und Spinraum den Hamiltonoperator invariant lässt, d. h. $SU(2) \times SU(2)$ ist eine höhere Symmetriegruppe. Lediglich die diagonale Untergruppe $G \cong SU(2)$ respektiert auch die Spin-Bahn-Wechselwirkung. Deren Darstellung zum ungestörten Eigenwert ist

$$D^l \otimes D^{1/2} = D^{l+1/2} \oplus D^{l-1/2} \ .$$

Nach dem obigen Resultat spaltet deshalb unter der Spin-Bahn-Kopplung jedes Niveau mit $l > 0$ in ein Dublett auf. (Umgekehrt haben wir daraus geschlossen, dass der Spin des Elektrons gleich $\frac{1}{2}$ ist.)

7.2.1 Anwendung auf die 1. Ordnung der Störungstheorie

Wir wollen nun diese allgemeinen Betrachtungen auf die Störungsrechnung anwenden und die Diagonalisierung (7.18) für die 1. Ordnung im entarteten Fall zumindest teilweise gruppentheoretisch vornehmen. (Wir benutzen dabei auch die Bezeichnungen im letzten Teil von Abschn. 5.1.)

Da $U(g)$ sowohl mit $H^{(1)}$ als auch mit $P^{(\circ)}$ vertauscht, kommutiert $U(g)$ auch mit dem Operator $P^{(\circ)} H^{(1)} P^{(\circ)}$, der die Aufspaltung des ungestörten Niveaus $E^{(\circ)}$ (in erster Ordnung) bestimmt. Die Situation ist besonders einfach, wenn in der Ausreduktion (7.20) von $P^{(\circ)}U$ die *Multiplizitäten alle gleich 1* sind. Ich behaupte : Sind die Q_k die Projektoren auf die invarianten irreduziblen Unterräume, so sind diese auch *gleichzeitig die Projektoren in der Spektralzerlegung* (7.18). Die Ausreduktion von $P^{(\circ)}U$ liefert also gleichzeitig die Diagonalisierung von $P^{(\circ)} H^{(1)} P^{(\circ)}$. Im allgemeinen Fall (7.20) erhält man nur eine teilweise Diagonalisierung: Für jeden Unterraum zur reduziblen Darstellung $m_{\alpha_k} \vartheta_{\alpha_k}$ bleibt noch ein algebraisches Problem zu lösen.

Beide Aussagen ergeben sich aus der Lösung der folgenden Aufgabe:

7.2.2 Die Kommutante einer vollreduziblen Darstellung

Es sei E ein endlichdimensionaler Vektorraum über $\mathbb{C}$ und $\mathcal{A}$ eine Menge von linearen Transformationen in E (z. B. die Darstellungsoperatoren $U(g)$ einer Gruppe). Die *Kommutante* ist die Menge $\mathcal{A}'$ von linearen Transformationen von E die mit $\mathcal{A}$ vertauschen. Offensichtlich ist $\mathcal{A}'$ eine Algebra. Wir nehmen an, dass E bezüglich $\mathcal{A}$ vollreduzibel ist:

$$E = \bigoplus_k E_k, \quad E_k: \mathcal{A}\text{-invarianter, irreduzibler Unterraum}. \tag{7.21}$$

Diese Zerlegung definiert Projektoren $\pi_k : E \longrightarrow E_k$. Man sieht leicht, dass die π_k in $\mathcal{A}'$ sind und natürlich gilt $\sum \pi_k = \mathbb{1}$. Wie sieht nun ein beliebiges $\gamma \in \mathcal{A}'$ in der Zerlegung (7.21) aus?

Um diese Frage zu beantworten, setzen wir

$$\gamma = \mathbb{1} \circ \gamma \circ \mathbb{1} = \sum \gamma_{ij}, \quad \gamma_{ij} = \pi_i \circ \gamma \circ \pi_j \in \mathcal{A}'. \tag{7.22}$$

Die lineare Transformation γ_{ij} bildet E_j in E_i ab; $\gamma_{ij} \in \mathcal{A}'$ bedeutet, dass γ_{ij} ein $\mathcal{A}$-Homomorphismus ist. Deshalb ist nach dem Schurschen Lemma $\gamma_{ij} = 0$, wenn E_i und E_j nicht-isomorphe $\mathcal{A}$-Moduln sind. Andernfalls ist γ_{ij} ein Isomorphismus.

Fasst man in der Zerlegung (7.21) isomorphe E_i in Gruppen $(E_1, \ldots, E_{n_1})$, $(E_{n_1+1}, \ldots, E_{n_1+n_2}) \ldots$, zusammen, so zerfällt also γ in folgender Weise:

$$\gamma = \begin{pmatrix} \gamma_{11} & \cdots & \gamma_{1n_1} & 0 \ldots & & \\ \vdots & & \vdots & \vdots & & \\ \gamma_{n_2 1} & \cdots & \gamma_{n_1 n_1} & 0 \ldots & & \\ 0 \ldots & & & \ddots & 0 \ldots & \\ \vdots & & & & \vdots & \\ & & & & 0 \ldots & \\ & & & & & \ddots \\ & 0 \ldots & & & & \ddots \end{pmatrix}. \tag{7.23}$$

Nun betrachten wir einen der Blöcke, z. B. $(E_1, \ldots, E_{n_1})$, und wählen darin isomorphe Basen:

$$
\begin{aligned}
E_1 &: \ u_{11}, \ u_{12}, \ \ldots, \ u_{1r}, \\
&\ \ \vdots \\
E_{n_1} &: u_{n_1 1}, u_{n_1 2}, \ldots, u_{n_1 r}.
\end{aligned}
\tag{7.24}
$$

Da γ_{ij} (für $i, j = 1, \ldots, n_1$) ein Isomorphismus ist, muss dieser nach dem 2. Teil des Schurschen Lemmas proportional zur Identität sein:

$$
\gamma_{ij} = \lambda_{ij} \cdot \mathbb{1} .
\tag{7.25}
$$

Die Form 7.23 und Gl. 7.25 zeigen, dass γ weitgehend diagonal ist. Kommt speziell in der Zerlegung (7.21) jeder irreduzible Bestandteil *nur einmal* vor, so ist γ bereits *diagonal*:

$$
\gamma =
\begin{pmatrix}
\lambda_1 \cdot \mathbb{1} & 0 \ldots & \\
& \vdots & \\
& 0 \ldots & \\
0 \ldots & \ddots & 0 \ldots \\
\vdots & & \vdots \\
& \ddots & 0 \ldots \\
& & \ddots \\
\vdots & & \\
0 \ldots & & \ddots
\end{pmatrix}.
\tag{7.26}
$$

Damit sind die obigen Behauptungen bewiesen.

Zeige, dass $\gamma \in \mathcal{A}'$ alle Kolonnen in (7.24) in gleicher Weise transformiert.

7.2.3 Anwendung: Der Zeeman-Effekt

Als einfache, aber wichtige Anwendung unserer Ergebnisse betrachten wir den Zeeman-Effekt. Es sei E ein diskretes Energieniveau eines freien Atoms. Aufgrund der Rotationsinvarianz trägt der zugehörige Eigenraum eine Darstellung von $SU(2)$. Diese sei irreduzibel und gehöre zum Drehimpuls j. Wir denken uns im Eigenraum die übliche kanonische Basis $\{\psi_m^j\}$ zur Darstellung D^j eingeführt.

Wird nun ein äußeres Magnetfeld $\boldsymbol{B}$ eingeschaltet, so ist das System nur noch invariant bezüglich Drehungen um die z-Achse (= Richtung des Magnetfeldes). Hinsichtlich dieser Untergruppe ist der Eigenraum $\mathcal{H}_j$, aufgespannt durch die $\{\psi_m^j\}$, nicht mehr irreduzibel, sondern zerfällt in $2j+1$ eindimensionale Teilräume, da bei Drehungen um die z-Achse jedes der ψ_m^j $(-j \le m \le j)$

mit dem Faktor $\exp(-im\varphi)$ multipliziert wird (φ = Drehwinkel). Durch das Magnetfeld wird deshalb E in $2j + 1$ Niveaus $E_m(B)$ aufspalten (zufällige Entartungen schließen wir aus).

Soviel lässt sich *unabhängig* von der Störungstheorie sagen. In 1. Ordnung Störungsrechnung ist die Basis $\{\psi_m^j\}$ nach unseren allgemeinen Ausführungen bereits an die Störung H' *adaptiert*. Deshalb gilt in erster Ordnung für $\Delta E_m = E_m(B) - E$:

$$\boxed{\Delta E_m^{(1)} = (\psi_m^j, H' \psi_m^j)} \ . \tag{7.27}$$

Diese Formel werten wir in Abschn. 5.4 weiter aus.

7.3 Auswahl- und Intensitäts-Regeln

Die nachfolgenden Überlegungen werden explizit für die Symmetriegruppe $SU(2) \times \{\mathbb{1}, P\}$ durchgeführt. Alle Herleitungen sind aber so gehalten, dass sie sich unmittelbar auf beliebige kompakte Gruppen übertragen lassen. Die geringfügigen Änderungen der Ergebnisse im allgemeinen Fall werden wir am Ende dieses Paragraphen festhalten.

Im Folgenden bezeichne $\mathcal{H}_{j,\pi}$ einen, bezüglich $SU(2) \times \{\mathbb{1}, P\}$, irreduziblen Unterraum von $\mathcal{H}$ zum Drehimpuls j und der Parität π.

Eine äußere Störung, oder etwa die Kopplung an das Strahlungsfeld, kann bewirken, dass ein System Übergänge von $\mathcal{H}_{j_1, \pi_1}$ nach $\mathcal{H}_{j_2, \pi_2}$ macht. Die Übergangswahrscheinlichkeit ist in 1. Ordnung Störungstheorie häufig proportional zum Quadrat eines Matrixelementes der Form

$$M = \left(\psi_{m_2}^{j_2, \pi_2}, T_m^{j, \pi} \psi_{m_1}^{j_1, \pi_1}\right) \ . \tag{7.28}$$

Dabei sind $T_m^{j,\pi}$ ($-j \leq m \leq +j$) eine Menge von Operatoren, die sich wie folgt transformieren:

$$U(A) T_m^{j,\pi} U^{-1}(A) = \sum_{m'} T_{m'}^{j,\pi} D_{m'm}^j(A) \ , \quad A \in SU(2) \ ,$$

$$U_P T_m^{j,\pi} U_P^{-1} = \pi T_m^{j,\pi} \ . \tag{7.29}$$

Das System der Operatoren $\{T_m^{j,\pi}, m = -j, -j+1, \ldots, j\}$ nennt man einen *Tensoroperator vom Typ* (j, π). Seine Komponenten transformieren sich nach (7.29) gleich wie die Zustände $\psi_m^{j,\pi}$.

Beispiel 7.3.1. Ein wichtiges Beispiel gibt die Dipolstrahlung (allgemeiner die Multipolstrahlung) eines Atoms, Kerns, etc. Die Übergangswahrscheinlichkeit dafür ist proportional zum Absolutquadrat des Matrixelementes des Dipoloperators $\boldsymbol{D}$ (siehe QM II). Setzen wir

$$T_m^{1,-1} = \begin{cases} \mp \frac{1}{\sqrt{2}} (D_1 \pm i D_2) \ , & m = \pm 1 \\ D_3 \ , & m = 0 \ , \end{cases} \tag{7.30}$$

so ist dies ein Tensoroperator vom Typ $(j, \pi) = (1, -1)$.

Auch die Berechnung des Matrixelementes (7.27) für den Zeeman Effekt wird auf die Berechnung eines Matrixelementes der Form (7.28) mit $j_1 = j_2$, $m_1 = m_2$ führen (siehe Abschn. 5.4).

Es stellt sich die Frage, wann das Matrixelement verschwindet (Auswahlregeln), und wenn nicht, wie weit dieses gruppentheoretisch eingeschränkt ist (Intensitätsregeln). Diese Fragen wollen wir jetzt beantworten.

Die Auswahlregeln für die Parität sind leicht erhältlich. Es gilt

$$M = \left(U_P \psi_{m_2}^{j_2, \pi_2}, U_P T_m^{j, \pi} U_P^{-1} U_P \psi_{m_1}^{j_1, \pi_1} \right) = \pi_1 \pi \pi_2 M \, .$$

Also gilt die Auswahlregel

$$\boxed{\pi_2 = \pi \pi_1 \, .} \tag{7.31}$$

Für die Dipolstrahlung muss sich die Parität beim Übergang ändern.

Nun lassen wir die π's weg und lösen das gestellte Problem für $SU(2)$. Offensichtlich gilt

$$M = \left(\psi_{m_2}^{j_2}, T_m^j \psi_{m_1}^{j_1} \right) = \left(U(g) \psi_{m_2}^{j_2}, U(g) T_m^j U^{-1}(g) U(g) \psi_{m_1}^{j_1} \right)$$

$$= \sum \bar{D}_{m_2' m_2}^{j_2}(g) D_{m'm}^j(g) D_{m_1' m_1}^{j_1}(g) \left(\psi_{m_2'}^{j_2}, T_{m'}^j \psi_{m_1'}^{j_1} \right) \, . \tag{7.32}$$

Nun benötigen wir eine (auch sonst wichtige) Relation, welche das Produkt von zwei D-Matrizen durch eine D-Matrix ausdrückt. Dazu führen wir die sog. Clebsch-Gordan-Koeffizienten ein. Diese sind durch die zur Clebsch-Gordan-Reihe

$$D^{j_1} \otimes D^{j_2} = \bigoplus_{j=|j_1-j_2|}^{j_1+j_2} D^j \, , \tag{7.33}$$

gehörende Basistransformation (in offensichtlicher Bezeichnung)

$$\psi_{m_1}^{j_1} \otimes \psi_{m_2}^{j_2} = \sum_{j, m} (j_1 m_1 j_2 m_2 | jm) \, \psi_m^j(j_1, j_2) \, , \tag{7.34}$$

definiert. Die Koeffizienten $(j_1 m_1 j_2 m_2 | jm)$ sind die *Clebsch-Gordan-Koeffizienten*. Sie bilden eine unitäre Matrix. Durch geeignete Phasenkonventionen kann man erreichen, dass die CG-Koeffizienten *reell* sind. Im gruppentheoretischen Kap. 14 werden wir sie explizit berechnen.

Die Umkehrformel von (7.34) lautet

$$\psi_m^j(j_1, j_2) = \sum_{m_1, m_2} (j_1 m_1 j_2 m_2 | jm) \, \psi_{m_1}^{j_1} \otimes \psi_{m_2}^{j_2} \, . \tag{7.35}$$

Durch Anwendung von $U_3(\varphi)$ sieht man, dass $(j_1 m_1 j_2 m_2 | jm)$ verschwindet, wenn nicht $m = m_1 + m_2$ ist.

Nun wenden wir auf (7.34) den Operator $U(g)$ an und benutzen die Umkehrformel (7.35). Dies gibt

$$D_{m_1' m_1}^{j_1}(g) D_{m_2' m_2}^{j_2}(g) = \sum (j_1 m_1 j_2 m_2 | jm) D_{m'm}^j(g) (j_1 m_1' j_2 m_2' | jm') \, . \tag{7.36}$$

Wir benötigen auch noch die Orthogonalitäts-Relationen (siehe Kap. 13):

$$\int_{SU(2)} \bar{D}^{j_1}_{m'_1 m_1}(g)\, D^{j_2}_{m'_2 m_2}(g)\, \mathrm{d}\mu(g) = \frac{1}{2j_1 + 1}\delta_{j_1 j_2}\delta_{m_1 m_2}\delta_{m'_1 m'_2} \ . \qquad (7.37)$$

Benutzen wir (7.36) in (7.32) so kommt, nach Integration über die Gruppe mit Hilfe der Relationen (7.37),

$$\left(\psi^{j_2}_{m_2}, T^j_m \psi^j_m\right) = (j_1 m_1 j m | j_2 m_2)\, \frac{1}{2j_2 + 1}$$

$$\times \sum_{m' m'_1 m'_2} (j_1 m'_1 j m' | j_2 m'_2) \cdot \left(\psi^{j_2}_{m'_2}, T^j_{m'} \psi^{j_1}_{m'_1}\right) \ .$$

Die Summe rechts ist unabhängig von m, m_1 und m_2. Wir schreiben dafür

$$\sum_{m' m'_1 m'_2} (j_1 m'_1 j m' | j_2 m'_2) \left(\psi^{j_2}_{m'_2}, T^j_{m'} \psi^{j_1}_{m'_1}\right) = (-1)^{2j}\, (j_2 \| T^j \| j_1)\, \sqrt{2j_2 + 1} \ .$$

$$(7.38)$$

Die Größe $(j_2 \| T^j \| j_1)$ ist das sog. *reduzierte Matrixelement*.

Wir erhalten damit das *Wigner-Eckart-Theorem*:

$$\boxed{\left(\psi^{j_2}_{m_2}, T^j_m \psi^{j_1}_{m_1}\right) = (j_1 m_1 j m | j_2 m_2)\, \frac{(-1)^{2j}}{\sqrt{2j_2 + 1}}\, (j_2 \| T^j \| j_1) \ .} \qquad (7.39)$$

Die ganze Abhängigkeit von m_1, m und m_2 ist also durch die Clebsch-Gordan-Koeffizienten gegeben. (Für letztere gibt es umfangreiche Tabellen.)

Wir führen noch das *Wignersche 3-j-Symbol* ein. Dieses ist definiert durch die Gleichung

$$(j_1 m_1 j_2 m_2 | j m) = (-1)^{j_1 - j_2 + m}\, \sqrt{2j + 1} \begin{pmatrix} j_1 & j_2 & j \\ m_1 & m_2 & -m \end{pmatrix} \ . \qquad (7.40)$$

Die 3-j-Symbole haben einen besonders hohen Grad von Symmetrie:

$$\begin{pmatrix} j_1 & j_2 & j_3 \\ m_1 & m_2 & m_3 \end{pmatrix}$$

ist:

(i) invariant bei zyklischer Vertauschung der Kolonnen;

(ii) wird mit $(-1)^{j_1 + j_2 + j_3}$ bei Vertauschung von zwei Kolonnen multipliziert;

(iii) wird mit $(-1)^{j_1 + j_2 + j_3}$ bei gleichzeitigem Wechsel der Vorzeichen aller m_i multipliziert.

In den 3-j-Symbolen ausgedrückt lautet das Wigner-Eckart-Theorem:

$$\boxed{\left(\psi_{m_2}^{j_2}, T_m^j \psi_{m_1}^{j_1}\right) = (-1)^{j_1+j+m_2} \begin{pmatrix} j_1 & j & j_2 \\ m_1 & m & -m_2 \end{pmatrix} \left(j_2 \| T^j \| j_1\right) \ .} \tag{7.41}$$

Daraus ergeben sich die folgenden *Auswahlregeln*: Damit das Matrixelement $\left(\psi_{m_2}^{j_2}, T_m^j \psi_{m_2}^{j_2}\right)$ nicht verschwindet muss gelten:

$$\begin{aligned} &\text{(i) } m_1 + m = m_2, \\ &\text{(ii) } j_2 \in \{|j_1 - j|, |j_1 - j| + 1, \ldots, j_1 + j\}. \end{aligned} \tag{7.42}$$

D^{j_2} muss also in der Ausreduktion von $D^{j_1} \otimes D^j$ vorkommen.

Weiter erhalten wir die *Intensitätsregeln*: Falls (i) und (ii) erfüllt sind, so ist das betrachtete Matrixelement in seiner Abhängigkeit von m_1, m und m_2 rein *gruppentheoretisch, bis auf eine Konstante bestimmt.*

Beispiel 7.3.2 (Dipolstrahlung).

Auswahlregeln:

Die Änderung des Drehimpulses bei Dipolstrahlung ist $\Delta j = 0, \pm 1$. Falls der Drehimpuls des Anfangszustandes verschwindet ist $\Delta j = 0$ verboten.

Intensitätsregeln:

Die Übergangswahrscheinlichkeit für $(j, m) \longrightarrow (j', m')$ ist (in ihrer Abhängigkeit von m und m') proportional zu

$$|\,(jm, 1\,m' - m|j'm')\,|^2 \,,$$

oder zu

$$\left| \begin{pmatrix} j & 1 & j' \\ m & m' - m & -m' \end{pmatrix} \right|^2 . \tag{7.43}$$

Die hier auftretenden 3-j-Symbole entnimmt man aus den folgenden Formeln[4] (plus Symmetriebeziehungen)

$$\begin{pmatrix} j+1 & j & 1 \\ m & -m-1 & 1 \end{pmatrix} = (-1)^{j-m-1} \sqrt{\frac{(j-m)\,(j-m+1)}{(2j+3)\,(2j+2)\,(2j+1)}} \,,$$

$$\begin{pmatrix} j+1 & j & 1 \\ m & -m & 0 \end{pmatrix} = (-1)^{j-m-1} \sqrt{\frac{(j+m+1)\,(j-m+1)}{(2j+3)\,(2j+1)\,(j+1)}} \,,$$

$$\begin{pmatrix} j & j & 1 \\ m & -m-1 & 1 \end{pmatrix} = (-1)^{j-m} \sqrt{\frac{(j-m)\,(j+m+1)}{2\,(2j+1)\,(j+1)\,j}} \,,$$

---

[4]Ausgedehnte Tafeln findet man in vielen Büchern, z. B. in [40].

$$\begin{pmatrix} j & j & 1 \\ m & -m & 0 \end{pmatrix} = (-1)^{j-m} \frac{m}{\sqrt{(2j+1)\,(j+1)\,j}} \; . \tag{7.44}$$

Für spätere Anwendungen spezialisieren wir noch die Formel (7.35) auf $j_1 = l, j_2 = \frac{1}{2}, j = l \pm \frac{1}{2}$. Aus einer Tabelle von Clebsch-Gordan-Koeffizienten (oder das Kap. 14) entnimmt man

$$\psi_m^{j=l+\frac{1}{2}} = \left[\frac{l+m+1/2}{2l+1}\right]^{\frac{1}{2}} \varphi_{m-1/2}^l \otimes \chi_{1/2}^{1/2}$$

$$+ \left[\frac{l-m+1/2}{2l+1}\right]^{\frac{1}{2}} \varphi_{m+1/2}^l \otimes \chi_{-1/2}^{1/2} \, ,$$

$$\psi_m^{j=l-\frac{1}{2}} = - \left[\frac{l-m+1/2}{2l+1}\right]^{\frac{1}{2}} \varphi_{m-1/2}^l \otimes \chi_{1/2}^{1/2}$$

$$+ \left[\frac{l+m+1/2}{2l+1}\right]^{\frac{1}{2}} \varphi_{m+1/2}^l \otimes \chi_{-1/2}^{1/2} \; . \tag{7.45}$$

Diese Formeln kann man auch direkt mit der bekannten „Absteigetechnik" erhalten (siehe Übung 7.7).

7.3.1 Verallgemeinerung auf beliebige kompakte Gruppen

Die Ergebnisse dieses Abschnittes können wir sofort auf beliebige kompakte Gruppen verallgemeinern. Es bezeichne D^A die (abzählbar vielen) inäquivalenten irreduziblen Darstellungen einer kompakten Gruppe G. Für jede Darstellung D^A denken wir uns eine „kanonische" Basis ψ_M^A eingeführt. Diese transformiert sich gemäß

$$g \in G: \quad \psi_M^A \longmapsto \sum_{M'} \psi_{M'}^A D_{M'M}^A (g) \; . \tag{7.46}$$

Tensoroperatoren werden wie in (7.35) definiert. Eine Besonderheit von $SU(2)$ ist die folgende: In der Ausreduktion des Tensorproduktes $D^{j_1} \otimes D^{j_2}$ tritt jede überhaupt vorkommende Darstellung genau einmal auf. Für beliebige kompakte Gruppen ist dies im allgemeinen nicht der Fall, d.h die Multiplizitäten m_A in

$$D^{A_1} \otimes D^{A_2} = \bigoplus_A m_A D^A \tag{7.47}$$

können > 1 sein. Die Basis, welche an die Zerlegung rechts adaptiert ist, hat also noch einen Entartungsparameter, sagen wir η, welcher äquivalente Darstellungen durchnummeriert. Wir definieren die Clebsch-Gordan-Koeffizienten dementsprechend durch

$$\psi_M^{A,\eta}(A_1, A_2) = \sum_{M_1, M_2} (A_1 M_1 A_2 M_2 | A, \eta, M) \, \psi_{M_1}^{A_1} \otimes \psi_{M_2}^{A_2} \; . \tag{7.48}$$

Im übrigen bleibt sich alles gleich. In derselben Weise wie oben findet man

$$\left(\psi_{M_2}^{\Lambda_2}, \, T_M^\Lambda \psi_{M_1}^{\Lambda_1} \right) = \sum_\eta \left(\Lambda_1 M_1 \Lambda M | \Lambda_2, \, \eta, \, M_2 \right) \left(\Lambda_2 \| T_\eta^\Lambda \| \Lambda_1 \right) \, . \tag{7.49}$$

Es gibt also i.a. mehrere reduzierte Matrixelemente. Daraus entnimmt man wieder die folgenden *Auswahl- und Intensitäts-Regeln*:

(i) Das Matrixelement $\left(\psi_{M_2}^{\Lambda_2}, \, T_M^\Lambda \psi_{M_1}^{\Lambda_1} \right)$ verschwindet wenn D^{Λ_2} nicht in $D^{\Lambda_1} \otimes D^\Lambda$ vorkommt.

(ii) Falls D^{Λ_2} in $D^{\Lambda_1} \otimes D^\Lambda$ enthalten ist, so ist dieses Matrixelement (in seiner Abhängigkeit von M_1, M und M_2) rein gruppentheoretisch, bis auf N Konstanten bestimmt, wobei N die Multiplizität bezeichnet mit der D^{Λ_2} in $D^{\Lambda_1} \otimes D^\Lambda$ vorkommt. Die explizite Abhängigkeit von M_1, M und M_2 ist gemäß (7.49) durch die Clebsch-Gordan-Koeffizienten bestimmt.

7.4 Der Zeeman-Effekt

Qualitativ wurde dieser Effekt bereits in Abschn. 5.2 besprochen. Wir wollen nun die Zeeman-Aufspaltungen auch quantitativ bestimmen. Wir beschränken uns dabei auf H-ähnliche Atome. Das Thema wird aber im nächsten Kapitel für Mehrelektronen-Atome wieder aufgenommen.

Ausgangspunkt ist der Hamilton-Operator der Pauligleichung (6.108), zu welchem wir aber noch relativistische Korrekturen hinzufügen:

$$H = -\frac{\hbar^2}{2m} \Delta + V + H_{rel} + H_B \, , \tag{7.50}$$

$$H_B = -\frac{e}{2mc} \left(\boldsymbol{L} + 2\boldsymbol{S} \right) \cdot \boldsymbol{B} \, . \tag{7.51}$$

Die relativistischen Korrekturen H_{rel} werden erst im Folgebuch [15] bestimmt. Unter diese fällt auch die Spin-Bahn-Kopplung. Für H-Atome mit Kernladungszahl Z ist die Verschiebung eines Niveaus mit der Hauptquantenzahl n:

$$\Delta E_{n,j} = \frac{1}{2} mc^2 \frac{(Z\alpha)^4}{n^4} \left(\frac{3}{4} - \frac{n}{j + \frac{1}{2}} \right) \, , \tag{7.52}$$

wo α die Feinstrukturkonstante $\frac{e^2}{\hbar c} \simeq \frac{1}{137}$ bezeichnet (siehe [15], Abschn. 2.8).

Nach (7.51) ist anderseits die Größenordnung der magnetischen Wechselwirkungsenergie

$$\mu_\circ B = \frac{1}{2} mc^2 \alpha^2 \cdot [4 \cdot 10^{-10} B(G)] \, , \tag{7.53}$$

(B(G): magnetische Feldstärke in Gauss, $\mu_\circ = \frac{|e|\hbar}{2mc}$ = Bohrsches Magneton). Durch Vergleich von (7.52) und (7.53) sieht man, dass die magnetische

Störung (7.51) auch im Vergleich zu H_{rel} klein ist, falls $B < 10^4 Z^4$ Gauss ist. Diesen Fall wollen wir zuerst behandeln.

7.4.1 Der anomale Zeeman-Effekt (schwaches Feld)

Da in diesem Fall die Zeeman-Aufspaltung gering ist gegen den Abstand der Feinstrukturkomponenten, dürfen wir bezüglich H_B die Störungsrechnung anwenden.

Im Unterraum $\mathcal{H}_j$, aufgespannt durch $\{\psi_m^j; \; -j \le m \le j\}$, ist nach dem Wigner-Eckart-Theorem der Spinoperator $\boldsymbol{S}$ proportional zu $\boldsymbol{J} = \boldsymbol{L} + \boldsymbol{S}$. Genauer gesagt, ist P_j der Projektionsoperator auf $\mathcal{H}_j$, dann gilt

$$P_j \boldsymbol{S} P_j = \tau P_j \boldsymbol{J} P_j \,, \tag{7.54}$$

wo τ natürlich von j abhängt. Also ist

$$\left(\psi_m^j,\, S_3 \psi_m^j\right) = \tau \left(\psi_m^j,\, J_3 \psi_m^j\right) = \tau m \hbar \,.$$

Damit erhalten wir in erster Ordnung Störungstheorie für die Zeeman-Verschiebung ($\boldsymbol{B}$ zeige in die z-Richtung):

$$\Delta E_m^{(1)} = \left(\psi_m^j,\, H_B \psi_m^j\right) = (1 + \tau)\, m \mu_\circ B \,. \tag{7.55}$$

Das Niveau spaltet also in $2j + 1$ *äquidistante* Terme auf. Soweit ging noch keine Annahme über die relative Größe von H_B und H_{rel} ein.

Wenn aber H_B klein ist im Vergleich zur Spin-Bahn-Kopplung, dann gilt für die adaptierten Zustände $\{\psi_m^j\}$ der obigen Störungsrechnung (siehe (7.45))

$$\boldsymbol{L}^2 \psi_m^j = \hbar l\,(l+1)\,\psi_m^j \,, \quad l = j \pm 1/2 \,. \tag{7.56}$$

Im Unterraum $\mathcal{H}_j$ haben wir dann folgende Gleichungen

$$\boldsymbol{S} = \tau \boldsymbol{J} \,,$$

$$\boldsymbol{S} \cdot \boldsymbol{J} = \tau \boldsymbol{J}^2 = \boldsymbol{J} \cdot \boldsymbol{S} = \tau j\,(j+1)\,\mathbb{1}$$

und

$$\boldsymbol{L}^2 = (\boldsymbol{J} - \boldsymbol{S})^2 = \boldsymbol{J}^2 - \boldsymbol{J} \cdot \boldsymbol{S} - \boldsymbol{S} \cdot \boldsymbol{J} + \boldsymbol{S}^2 \,,$$

weshalb

$$l\,(l+1) = j\,(j+1)\,(1 - 2\tau) + s\,(s+1) \,.$$

Dies gibt

$$\tau = \frac{j\,(j+1) - l\,(l+1) + s\,(s+1)}{2j\,(j+1)} \,. \tag{7.57}$$

Damit wird aus (7.55)

$$\boxed{\Delta E_m^{(1)}\,(l,\,j) = g\,(l,\,j)\,\mu_\circ B m \,,} \tag{7.58}$$

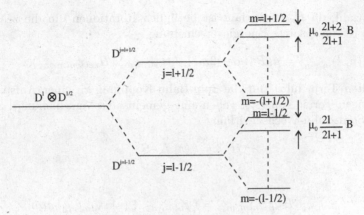

Abb. 7.2. Zeeman Aufspaltung

mit dem *Landé-Faktor*

$$\boxed{g\,(l,\,j) = 1 + \frac{j\,(j+1) - l\,(l+1) + s\,(s+1)}{2j\,(j+1)}\,.}$$ (7.59)

Für ein Elektron ist $s(s+1) = \frac{3}{4}$ und $j = l \pm \frac{1}{2}$, d.h.

$$g\,(l,\,j) = 1 \pm \frac{1}{2l+1} = \frac{2j+1}{2l+1}\,.$$ (7.60)

Dies ist das von Landé empirisch ermittelte Gesetz für den Aufspaltungsfaktor g bei den Alkalien. Für $l = 0$ ist $g = 2$. Diese Resultate sind in Abb. 7.2 dargestellt.

Die Zeeman-Aufspaltung benutzt man z. B. zur Bestimmung von stellaren Magnetfeldern.

7.4.2 Paschen-Back-Effekt (starkes Feld)

Für den umgekehrten Fall sehr starker Felder ($B \gg 10^4 Z^4$ Gauss) rührt die Aufspaltung eines Atomniveaus zur Hauptsache vom Magnetfeld her. Die Zustände $\psi_{nlm_l m_s} = \varphi_{nlm_l} \otimes \chi_{m_s}$ von $H_o = -\frac{\hbar^2}{2m}\Delta + V$ in (7.50) diagonalisieren auch gleichzeitig H_B:

$$H_B \psi_{nlm_l m_s} = (m_l + 2m_s)\,\mu_o B \psi_{nlm_l m_s}\,.$$ (7.61)

Hinzu kommen die kleinen relativistischen Korrekturen, die man in 1.Ordnung Störungstheorie berechnen darf. Nach (7.61) liegt noch eine Entartung vor: Für Paare (m_l, m_s) mit gleichem $m_l + 2m_s = m + m_s$ ($m = m_l + m_s$) sind die Energien zu $H_o + H_B$ gleich. Da sich aber die verschiedenen Zustände in der totalen magnetischen Quantenzahl m unterscheiden, ist H_{rel} im Unterraum zu festem $m_l + 2m_s$ bezüglich $\psi_{nlm_l m_s}$ diagonal (m ist eine gute

Quantenzahl, da H_{rel} invariant ist bezüglich Rotationen um die z-Achse). Deshalb ist die gesamte Energieverschiebung

$$\Delta E\,(n,\,l)_{m_l,\,m_s} = \mu_\circ B\,(m_l + 2m_s) + (\psi_{nlm_lm_s},\,H_{rel}\psi_{nlm_lm_s})\;. \qquad (7.62)$$

Im zweiten Term führt nur die Spin-Bahn-Kopplung zu einer Aufspaltung (die übrigen Terme von H_{rel} geben eine gemeinsame Verschiebung). Setzen wir die Spin-Bahn-Wechselwirkung

$$H_{SL} = \xi\,(r)\,\boldsymbol{L}\cdot\boldsymbol{S}\,, \qquad (7.63)$$

so ist

$$(\psi_{nlm_lm_s},\,H_{SL}\psi_{nlm_lm_s}) = (\psi_{nlm_lm_s},\,\xi\,(r)\,\psi_{nlm_lm_s})\,m_lm_s$$
$$= \zeta\,(n,\,l)\,m_lm_s\,, \qquad (7.64)$$

da von

$$\boldsymbol{L}\cdot\boldsymbol{S} = \frac{1}{2}\,(L_+S_- + L_-S_+) + L_3S_3\,, \qquad (7.65)$$

nur der letzte Term zu den diagonalen Matrixelementen beiträgt. Die Matrixelemente $\zeta\,(n,\,l)$ werden wir in der QM II berechnen. Das Resultat lautet

$$\zeta\,(n,\,l) = \frac{1}{2}mc^2\,\frac{(Z\alpha)^4}{l\,(l + \frac{1}{2})\,(l + 1)}\,\frac{1}{n^3}\;. \qquad (7.66)$$

7.4.3 Unvollständiger Paschen-Back-Effekt (beliebiges Feld)

Für beliebige Magnetfelder müssen wir die Summe $H_{rel} + H_B$ als Störung behandeln und darauf die entartete Störungstheorie anwenden. Am besten arbeiten wir bezüglich der Basis, welche an die Ausreduktion $D^l \otimes D^{\frac{1}{2}} = D^{l+\frac{1}{2}} \oplus D^{l-\frac{1}{2}}$ adaptiert ist. Wir bezeichnen diese Basis mit ψ_m^j, $j = l \pm \frac{1}{2}$. (die Quantenzahlen n, l sind im folgenden festgehalten[5]). Da $H_{rel} + H_B$ unter Drehungen um die z-Achse invariant ist, verschwinden Matrixelemente mit verschiedenen m.

Bezüglich $\{\psi_m^j\}$ ist H_{rel} bereits diagonal mit den Diagonalelementen (7.52). Hingegen ist S_3 in H_B nicht diagonal. Die diagonalen Matrixelemente sind nach (7.57) und $J_3 = \tau S_3$ im Unterraum zu festem j:

$$\left(\psi_m^{j=l\pm1/2},\,S_3\psi_m^{j=l\pm1/2}\right) = \pm\frac{\hbar}{2l+1}\,m\;. \qquad (7.67)$$

Für die nichtdiagonalen Matrixelemente benutzen wir (7.45) und erhalten

$$\left(\psi_m^{j=l+1/2},\,S_3\psi_m^{j=l-1/2}\right) \doteq -\frac{\hbar}{2l+1}\sqrt{\left(l + \frac{1}{2}\right)^2 - m^2}\;. \qquad (7.68)$$

---

[5]Beachte, dass $\boldsymbol{L}^2$ mit H_B sowie H_{rel} vertauscht.

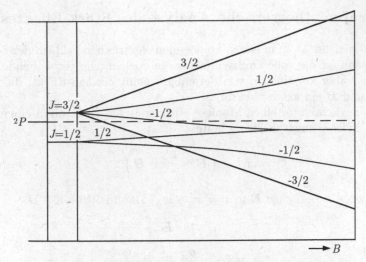

Abb. 7.3. Beispiel für unvollständigen Paschen-Back-Effekt

Im Einklang mit (7.68) treten für die speziellen Zustände $\psi^{j=l+1/2}_{m=\pm(l+1/2)}$ nur Diagonalelemente für S_3 und somit für H_B auf, welche in Abschn. 5.4.1 bestimmt wurden:

$$(\Delta E_B)^{j=l+\frac{1}{2}}_{m=\pm(l+\frac{1}{2})} = \pm\mu_\circ B\,(l+1) \; . \tag{7.69}$$

Für $|m| < l + 1/2$ zerfällt die Störungsmatrix in 2×2 Blöcke:

$$\begin{pmatrix} \Delta E_{n,\,l+\frac{1}{2}} + \mu_\circ Bm\frac{2l+2}{2l+1} & -\frac{\mu_\circ B}{2l+1}\sqrt{\left(l+\frac{1}{2}\right)^2 - m^2} \\ \hline -\frac{\mu_\circ B}{2l+1}\sqrt{\left(l+\frac{1}{2}\right)^2 - m^2} & \Delta E_{n,\,l-\frac{1}{2}} + \mu_\circ Bm\frac{2l}{2l+1} \end{pmatrix} \; . \tag{7.70}$$

Mit der Abkürzung

$$\Delta = \Delta E_{n,\,l+\frac{1}{2}} - \Delta E_{n,\,l-\frac{1}{2}} \tag{7.71}$$

für die Feinstrukturaufspaltung ergibt sich aus der charakteristischen Gleichung zu (7.70) für die Energieverschiebung ΔE durch $H_{rel} + H_B$:

$$\boxed{\begin{aligned} \Delta E &= \Delta E_{n,\,l-\frac{1}{2}} + \mu_\circ Bm + \frac{\Delta}{2} \\ &\quad \pm \sqrt{\frac{\Delta^2}{4} + \Delta\mu_\circ B\frac{m}{2l+1} + \frac{1}{4}\left(\mu_\circ B\right)^2} \; . \end{aligned}} \tag{7.72}$$

Daraus kann man natürlich wieder die bereits betrachteten Grenzfälle gewinnen. Das Resultat (7.72) ist in Abb. 7.3 für ein Beispiel ($n = 2$, $l = 1$) skizziert.

7.5 Gruppentheoretische Analyse des Stark-Effektes

Befindet sich ein Atom in einem homogenen elektrischen Feld (in der z-Richtung), dann ist die volle Drehsymmetrie gebrochen. Die verbleibende Symmetrie ist aber verschieden von derjenigen beim Zeeman-Effekt, da $\boldsymbol{E}$ ein polarer und $\boldsymbol{B}$ ein axialer Vektor ist.

Wir betrachten für einen Moment ein klassisches Elektron in einem Feld $\boldsymbol{E}$, $\boldsymbol{B}$. Die Bewegungsgleichung lautet:

$$m\ddot{\boldsymbol{x}} = e\left(\boldsymbol{E} + \frac{1}{c}\dot{\boldsymbol{x}} \wedge \boldsymbol{B}\right) . \tag{7.73}$$

Wir zerlegen $\boldsymbol{x}$ bezüglich $\boldsymbol{E}$ in $\boldsymbol{x} = \boldsymbol{x}_{\|} + \boldsymbol{x}_{\perp}$. Dann ist (für $\boldsymbol{E} \parallel \boldsymbol{B}$)

$$m\ddot{\boldsymbol{x}}_{\|} = e\boldsymbol{E} ,$$

$$m\ddot{\boldsymbol{x}}_{\perp} = \frac{e}{c}\dot{\boldsymbol{x}}_{\perp} \wedge \boldsymbol{B} .$$

Nun spiegeln wir an der z-Achse:

$$\boldsymbol{x} \longmapsto \boldsymbol{x}' = \boldsymbol{x}_{\|} - \boldsymbol{x}_{\perp} .$$

Die gespiegelte Bahn $\boldsymbol{x}'(t)$ erfüllt

$$m\ddot{\boldsymbol{x}}' = e\boldsymbol{E} - \frac{e}{c}\dot{\boldsymbol{x}}' \wedge \boldsymbol{B} .$$

Dies ist aber nur eine physikalisch mögliche Bahn für $\boldsymbol{B} = 0$. Für die Spiegelung an der (x, y)-Ebene erhalten wir umgekehrt nur eine mögliche Bahn für $\boldsymbol{E} = 0$.

Die *Symmetriegruppe* G für den Stark-Effekt wird erzeugt durch: Die Drehungen $R(\varphi)$ um die z-Achse $(O(2))$, zusammen mit den Spiegelungen an den Ebenen durch die z-Achse. G nennt man die *Dreh-Spiegelungsgruppe*. Sei S die Spiegelung an der (x, z)-Ebene. Es gilt

$$S = R_y(\pi) P , \tag{7.74}$$

wo P die Raumspiegelung ist und $R_y(\pi)$ die Drehung um die y-Achse mit dem Winkel π bezeichnet. Bei Unterdrückung der z-Koordinate ist

$$S = \begin{pmatrix} 1 & 0 \\ 0 & -1 \end{pmatrix} , \quad R(\varphi) = \begin{pmatrix} \cos\varphi & \sin\varphi \\ -\sin\varphi & \cos\varphi \end{pmatrix} . \tag{7.75}$$

Jedes Element von G ist aber von der Form $R(\varphi)$ oder $R(\varphi)S$. Die Gruppe G ist *nicht abelsch*; z.B. gilt $R(\varphi)S = SR(-\varphi)$. Für das Folgende ist das Urbild $\tilde{G}$ von G in $SU(2) \times \{1\!\!1, P\}$ relevant. Die beiden Urbilder von $R(\varphi)$ sind

$$\left(\pm\begin{pmatrix} e^{i\frac{\varphi}{2}} & 0 \\ 0 & e^{-i\frac{\varphi}{2}} \end{pmatrix}, 1\!\!1\right) \equiv \left(\pm\tilde{R}(\varphi), 1\!\!1\right) , \tag{7.76}$$

und diejenigen für S, wenn $\varepsilon = \begin{pmatrix} 0 & 1 \\ -1 & 0 \end{pmatrix}$ ist, sind

$$(\pm\varepsilon, P) = (\pm\varepsilon, \mathbb{1})(\mathbb{1}, P) \ . \tag{7.77}$$

$\tilde{G}$ wird von den Elementen (7.76) und (7.77) erzeugt.

Nun betrachten wir einen Term des ungestörten Atoms zur Darstellung $D^{j,\pi}$ von $SU(2) \times \{\mathbb{1}, P\}$. Um herauszufinden, wie das homogene elektrische Feld diesen Term aufspaltet, müssen wir die Darstellung $D^{j,\pi}$ auf die Untergruppe $\tilde{G}$ einschränken und bezüglich $\tilde{G}$ in irreduzible Bestandteile zerlegen (siehe Abschn. 5.2). Nun gilt

$$D^{j,\pi}(-\mathbb{1}, \mathbb{1}) = (-1)^{2j}\,\mathbb{1}, \quad D^{j,\pi}(-\mathbb{1}, P) = \pi \cdot \mathbb{1} \ ,$$

und

$$D^{j,\pi}\left(\pm\tilde{R}(\varphi), \mathbb{1}\right)\psi_m^j = \left\{\begin{matrix} 1 \\ (-1)^{2j} \end{matrix}\right\} e^{-im\varphi}\psi_m^j \ , \tag{7.78}$$

$$D^{j,\pi}(\pm\varepsilon, P) = \pi \left\{\begin{matrix} 1 \\ (-1)^{2j} \end{matrix}\right\} D^j(\varepsilon) \ .$$

Zur Berechnung von $D^j(\varepsilon)$ benutzen wir die explizite Form von D^j in Abschn. 4.5.1.

$$\left(D^j(\varepsilon)\psi_m^j\right)(\xi) = \psi_m^j\left(\varepsilon^T\xi\right) = \psi_m^j(-\varepsilon\xi) = (-1)^{2j}\,\psi_m^j(\varepsilon\xi) \ .$$

Da

$$\varepsilon\begin{pmatrix} \xi_+ \\ \xi_- \end{pmatrix} = \begin{pmatrix} \xi_- \\ -\xi_+ \end{pmatrix}$$

und

$$\psi_m^j(\varepsilon\xi) = \frac{\xi_-^{j+m}(-1)^{j-m}\,\xi_+^{j+m}}{\sqrt{(j+m)!\,(j-m)!}} = (-1)^{j-m}\,\psi_{-m}^j(\xi) \ ,$$

gilt

$$D^j(\varepsilon)\,\psi_m^j = (-1)^{2j}(-1)^{j-m}\,\psi_{-m}^j \ . \tag{7.79}$$

Damit

$$D^{j,\pi}(\pm\varepsilon, P)\,\psi_m^j = \pi\left\{\begin{matrix} (-1)^{2j} \\ 1 \end{matrix}\right\}(-1)^{j-m}\,\psi_{-m}^j \ . \tag{7.80}$$

An dieser Stelle machen wir eine Fallunterscheidung.

1. *Fall: j halbzahlig* $((-1)^{2j} = -1, 2j+1 = \text{gerade})$. Die Unterräume, die durch ψ_m^j und ψ_{-m}^j aufgespannt werden, bleiben nach (7.78) und (7.80) unter $\tilde{G}$ invariant. Darin gilt nach (7.78) und (7.80):

$$\left(\pm\tilde{R}(\varphi), \mathbb{1}\right) \longmapsto \pm\begin{pmatrix} e^{-im\varphi} & 0 \\ 0 & e^{+im\varphi} \end{pmatrix} \ ,$$

$$(\pm\varepsilon, P) \longmapsto \mp(-1)^{j-m}\begin{pmatrix} 0 & -\pi \\ \pi & 0 \end{pmatrix} \ .$$

Diese Darstellung von $\tilde{G}$ ist *irreduzibel*. Also spaltet das Niveau in $(j + 1/2)$ *Stark-Komponenten* auf.

2. *Fall: j ganzzahlig.* Hier spannen für $m \neq 0$ die $\left\{ \psi_m^j, \psi_{-m}^j \right\}$ zweidimensionale irreduzible Teilräume auf. Der 1-dimensionale Raum, welcher durch ψ_0^j aufgespannt wird, ist ebenfalls unter $\tilde{G}$ invariant (siehe (7.78) und (7.80)). Der Term wird deshalb in $(j + 1)$ *Stark-Komponenten* aufgespalten.

In den Übungen (Aufgabe 1) werden wir eine störungstheoretische Rechnung des Stark-Effektes ausführen.

Die Darstellungen der Dreh-Spiegelungsgruppe werden in der Aufgabe 10 bestimmt.

7.6 Hyperfeinaufspaltung von H-Atomen

Unter dem Begriff Hyperfeinstruktur fasst man die Aufspaltungen der Energieterme und damit der Spektrallinien von Atomen zusammen, die sich infolge von Wechselwirkungen zwischen der Elektronenhülle und dem Atomkern ergeben. Wir untersuchen im Folgenden, am Beispiel des H-Atoms, die zusätzliche Energie des Elektrons im magnetischen Dipolfeld des Atomkerns. (Die Quadrupolaufspaltung wird auf die Übungen (Aufgabe 5) verschoben.)

Nach (6.102) und (6.105) ist diese Wechselwirkung

$$H' = \frac{ie\hbar}{mc} \boldsymbol{A} \cdot \boldsymbol{\nabla} - \frac{e}{mc} \boldsymbol{S} \cdot \boldsymbol{B} \,, \tag{7.81}$$

wo

$$\boldsymbol{A}(\boldsymbol{x}) = \boldsymbol{\mu} \wedge \frac{\boldsymbol{x}}{r^3} = -\boldsymbol{\mu} \wedge \boldsymbol{\nabla}\left(\frac{1}{r}\right) \,,$$

$$\boldsymbol{B}(\boldsymbol{x}) = \boldsymbol{\nabla} \wedge \boldsymbol{A} = \frac{3\hat{\boldsymbol{x}}(\hat{\boldsymbol{x}} \cdot \boldsymbol{\mu}) - \boldsymbol{\mu}}{r^3} \tag{7.82}$$

das Dipolfeld des Atomkerns ist ($\boldsymbol{\mu}$: Kernmoment). Setzt man (7.82) in (7.81) ein, so kommt nach einfachen Umformungen

$$H' = -\frac{e}{mc}\left[\frac{1}{r^3}\boldsymbol{L} \cdot \boldsymbol{\mu} - \boldsymbol{S} \cdot \boldsymbol{\mu}\Delta\left(\frac{1}{r}\right) + (\boldsymbol{S} \cdot \boldsymbol{\nabla})\boldsymbol{\mu} \cdot \boldsymbol{\nabla}\left(\frac{1}{r}\right)\right] \,. \tag{7.83}$$

Diese etwas singuläre[6] Wechselwirkung untersuchen wir zuerst für *s-Wellen*. Für diese fällt der erste Term rechts weg und wegen der Kugelsymmetrie der Wellenfunktion für $l = 0$ dürfen wir den letzten Term durch

---

[6]Da H' eine (operatorwertige) Distribution ist, mag man es vorziehen, das Potential (7.82) vorübergehend zu regularisieren:

$$\boldsymbol{A}^{reg} = -\boldsymbol{\mu} \wedge \boldsymbol{\nabla}\varphi \,, \quad \varphi(|\boldsymbol{x}|) = \int \frac{\rho(|\boldsymbol{x}'|)}{|\boldsymbol{x} - \boldsymbol{x}'|}\mathrm{d}^3x' \,.$$

Darin entspricht ρ einer sphärisch symmetrischen Magnetisierungsverteilung, welche am Schluss gegen δ^3 streben soll (Diracfolge). Wir betrachten s-Wellen, da die Singularität bei $r = 0$ nur für diese wirksam wird. Ersetzt man dann in (7.83) (ohne

$\frac{1}{3} \boldsymbol{S} \cdot \boldsymbol{\mu} \Delta \left(1/r\right)$ ersetzen. Damit wird

$$H' \,(\text{s-Wellen}) = -\frac{8\pi}{3} \frac{e}{mc} \left(\boldsymbol{S} \cdot \boldsymbol{\mu}\right) \delta^3 = -\frac{8\pi}{3} \left(\boldsymbol{\mu}_e \cdot \boldsymbol{\mu}\right) \delta^3 \ . \tag{7.84}$$

Nach Erwartungswertbildung mit der Ortswellenfunktion ψ bleibt der folgende Operator im Spinraum $\mathbb{C}^2 \otimes \mathbb{C}^{2I+1}$ von Elektron und Atomkern

$$H'_{l=0} = -\frac{8\pi}{3} \left(\boldsymbol{\mu}_e \cdot \boldsymbol{\mu}\right) \left|\psi\left(0\right)\right|^2 \ . \tag{7.85}$$

Setzen wir in dieser *Fermischen Kontaktwechselwirkung* noch

$$\boldsymbol{\mu} = g_I Z \mu_K \boldsymbol{I}/\hbar \,, \quad \mu_K = \frac{|e|\hbar}{2m_K c} \tag{7.86}$$

($\boldsymbol{I}$: Kernspin, g_I: gyromagnetischer Faktor), so haben wir auch[7]

$$\begin{aligned} H'_{l=0} &= -\frac{16\pi}{3} g_I Z \mu_K \mu_\circ \left|\psi\left(0\right)\right|^2 \frac{\boldsymbol{S} \cdot \boldsymbol{I}}{\hbar^2} \tag{7.87} \\ &= \frac{4}{3} \, g_I \frac{m}{m_K} \left(Z\alpha\right)^4 mc^2 \, \frac{1}{n^3} \, \frac{\boldsymbol{S} \cdot \boldsymbol{I}}{\hbar^2} \,, \end{aligned}$$

wo n die Hauptquantzahl ist.

Sei $\boldsymbol{F} = \boldsymbol{S} + \boldsymbol{I}$ der Gesamtspin, dann ist bezüglich der Zerfällung $D^{1/2} \otimes D^I = D^{I+1/2} \oplus D^{I-1/2}$:

$$\frac{1}{\hbar^2} \boldsymbol{S} \cdot \boldsymbol{I} = \frac{1}{2} \left[F\left(F+1\right) - I\left(I+1\right) - \frac{3}{4} \right] \tag{7.88}$$

$$= \begin{cases} \frac{1}{2} I & \text{für } F = I + \frac{1}{2} \,, \\ -\frac{1}{2} \left(I+1\right) & \text{für } F = I - \frac{1}{2} \,. \end{cases} \tag{7.89}$$

Die Hyperfeinaufspaltung für s-Elektronen ist damit

$$\Delta E_{n,\,l=0} = \frac{4}{3} g_I \frac{m}{m_K} \left(Z\alpha\right)^4 mc^2 \left(I + \frac{1}{2}\right) \frac{1}{n^3} \ . \tag{7.90}$$

---

den 1.Term) überall $1/r$ durch $\varphi(r)$, so ergibt sich nach Erwartungswertbildung mit der Ortswellenfunktion ψ

$$H'(\text{s-Wellen}) = \int \left|\psi(r)\right|^2 \left[\boldsymbol{S} \cdot \boldsymbol{\mu} \Delta \varphi - (\boldsymbol{S} \cdot \boldsymbol{\nabla})(\boldsymbol{\mu} \cdot \boldsymbol{\nabla})\varphi \right] \mathrm{d}^3 x \ .$$

Da ψ und φ nur von r abhängen, darf man jetzt den letzten Term durch $\boldsymbol{S} \cdot \boldsymbol{\mu} \frac{1}{3} \Delta \varphi$ ersetzen. Benutzt man noch $\Delta \varphi = -4\pi\rho$, so kommt

$$H'(\text{s-Wellen}) = -\frac{8\pi}{3} \boldsymbol{S} \cdot \boldsymbol{\mu} \int \left|\psi\right|^2 \rho \mathrm{d}^3 x \xrightarrow{(\rho \to \delta^3)} -\frac{8\pi}{3} \boldsymbol{S} \cdot \boldsymbol{\mu} |\psi(0)|^2 \ .$$

[7]In Einheiten mit $\hbar = c = 1$ ist $\left|\psi\left(0\right)\right|^2 = \frac{1}{\pi} \left(\alpha Z m\right)^3 \frac{1}{n^3}$.

Speziell für Wasserstoff spaltet der Grundzustand in ein Singlett ($F = 0$) und ein Triplett ($F = 1$) auf, mit dem Abstand

$$\nu = 1420 \, \text{MHz} \, , \quad \lambda = 21.4 \, \text{cm} \, . \tag{7.91}$$

Die Bedeutung der 21 cm-Strahlung in der Astronomie ist wohlbekannt. (Die Übergangsrate wird in der QM II berechnet.)

Nun betrachten wir Niveaus mit $l > 0$. Dann kann der δ-Anteil in (7.83) weggelassen werden und es verbleibt

$$H'_{l>0} = -\frac{e}{mc} Z \mu_K \frac{g_I}{\hbar} \frac{1}{r^3} \left[\boldsymbol{L} \cdot \boldsymbol{I} - \boldsymbol{S} \cdot \boldsymbol{I} + 3 \left(\boldsymbol{S} \cdot \hat{\boldsymbol{x}} \right) \left(\boldsymbol{I} \cdot \hat{\boldsymbol{x}} \right) \right] \, . \tag{7.92}$$

Mit der Abkürzung

$$\boldsymbol{G} = \boldsymbol{L} - \boldsymbol{S} + 3 \left(\boldsymbol{S} \cdot \hat{\boldsymbol{x}} \right) \hat{\boldsymbol{x}} \tag{7.93}$$

ist die eckige Klammer in (7.92) gleich $\boldsymbol{G} \cdot \boldsymbol{I}$. Diesen Operator müssen wir im Unterraum zur Darstellung $\left(D^l \otimes D^{1/2} \right) \otimes D^I = \left(D^{j=l-1/2} \oplus D^{j=l+1/2} \right) \otimes D^I = \oplus_F D^F$ ($F = |j - I|, \ldots, j + I$, $j = l \pm 1/2$) diagonalisieren. $\boldsymbol{G}$ ist trivial im Kernspinraum und im Unterraum der Elektronen zu einem festen Wert j von

$$\boldsymbol{J} = \boldsymbol{L} + \boldsymbol{S}$$

ist nach dem Wigner-Eckart-Theorem $\boldsymbol{G} = k\boldsymbol{J}$ ($k = const.$), also $kj(j + 1)\hbar^2 = \boldsymbol{J} \cdot \boldsymbol{G}$. Somit gilt

$$\boldsymbol{G} \cdot \boldsymbol{I} = k\boldsymbol{I} \cdot \boldsymbol{J} = \frac{\left(\boldsymbol{J} \cdot \boldsymbol{G} \right) \left(\boldsymbol{I} \cdot \boldsymbol{J} \right)}{\hbar^2 j \left(j + 1 \right)} \, , \tag{7.94}$$

Rechts benötigen wir

$$\boldsymbol{G} \cdot \boldsymbol{J} = \boldsymbol{L}^2 - \boldsymbol{S}^2 + 3 \left(\boldsymbol{S} \cdot \hat{\boldsymbol{x}} \right)^2 = \boldsymbol{L}^2 = \hbar^2 l \left(l + 1 \right) \tag{7.95}$$

und

$$\boldsymbol{I} \cdot \boldsymbol{J} = \frac{\hbar^2}{2} \left[F \left(F + 1 \right) - I \left(I + 1 \right) - j \left(j + 1 \right) \right] \, .$$

Damit haben wir die Diagonalelemente von $\boldsymbol{G} \cdot \boldsymbol{I}$:

$$\boldsymbol{G} \cdot \boldsymbol{I} = \hbar^2 \frac{l \left(l + 1 \right)}{j \left(j + 1 \right)} \frac{1}{2} \left[F \left(F + 1 \right) - I \left(I + 1 \right) - j \left(j + 1 \right) \right] \, . \tag{7.96}$$

In (7.92) eingesetzt gibt die Hyperfeinaufspaltung für $l > 0$:

$$\Delta E_{n, \, l>0} = -\frac{e}{mc} Z \mu_K g_I \frac{\hbar}{2} \left\langle \frac{1}{r^3} \right\rangle_{n, \, l} \frac{l \left(l + 1 \right)}{j \left(j + 1 \right)} [F(F + 1) - I(I + 1) - j(j + 1)] \, . \tag{7.97}$$

Die Momente $\langle 1/r^3 \rangle$ sind bekannt (siehe, z. B. [8], § 36).

7.7 Aufgaben

Aufgabe 1: Stark-Effekt

Man berechne die Aufspaltung des $n = 2$ Niveaus des H-Atoms in einem äußeren elektrischen Feld.

Aufgabe 2: Isotopeneffekt

Im Jahre 1931 wiesen Pauli und Peierls erstmals darauf hin, dass die unterschiedliche Kernausdehnung von Isotopen zu Energieverschiebungen führt. Dieser Effekt soll für ein einfaches Modell der Ladungsverteilung abgeschätzt werden. Dazu verteilen wir die gesamte Kernladung gleichmäßig auf eine Kugel mit dem Kernradius $R = r_0 A^{1/3}$, $r_0 \simeq 1.2 \times 10^{-13}$ cm, A = Massenzahl. Dann lautet das elektrostatische Potential

$$\varphi(r) = \begin{cases} -\frac{Ze}{2R}\left(\frac{r^2}{R^2} - 3\right), & (r \leq R), \\ \frac{Ze}{r}, & (r \geq R). \end{cases}$$

Für ein H-ähnliches Atom führt dies zur Störung

$$H' = \theta(R - r)\frac{Ze^2}{2R}\left(\frac{r^2}{R^2} + \frac{2R}{r} - 3\right).$$

Berechne die zugehörige Verschiebung der Balmer-Niveaus und zeige, dass der Unterschied δE_n dieser Verschiebung für zwei Isotope gegeben ist durch

$$\delta E_n = Ze^2\frac{4}{5}R^2\frac{Z^3}{a_0^3 n^3}\frac{\delta R}{R} \qquad (n = \text{Hauptquantenzahl}),$$

wobei $\delta R/R$ die relative Änderung des Ladungsradius ist.

Beachte, dass die Verschiebung für *myonische Atome* sehr viel größer ist, da der zugehörige Bohr-Radius etwa zweihundertmal kleiner ist.

Aufgabe 3

Leite die Gln. 7.45 auf elementare Weise her.

Anleitung: Mit der dort verwendeten Notation gilt für die an die Ausreduktion

$$D^l \otimes D^{1/2} = D^{j=l+1/2} \oplus D^{j=l-1/2}$$

adaptierte Basis $\{\psi_m^j\}$: $\quad L^2\psi_m^j = l(l+1)\psi_m^j$ ($\hbar = 1$). Nun vollziehe man folgende Schritte:

(a) Man zeige, dass $\psi_{m=l+1/2}^{j=l+1/2} = \varphi_{m_l=l}^l \otimes \chi_{m_s=1/2}^{1/2}$, wobei $\{\varphi_{m_l}^l\}$ bzw. $\{\chi_{m_s}^{1/2}\}$ die an die Darstellung D^l bzw. $D^{1/2}$ adaptierten Basen bezeichnen.

(b) Dann gewinne man die anderen Zustände $\psi_m^{j=l+1/2}$ durch wiederholte Anwendung von J_-.

(c) Bilde die dazu orthogonalen Zustände und zeige, dass diese mit $\psi_m^{j=l-1/2}$ zusammenfallen.

Aufgabe 4: Magnetisches Moment des Deuterons

Das Deuteron ist ein gebundener Zustand von einem Proton und einem Neutron. Sein magnetisches Moment setzt sich deshalb zusammen aus der Bahnbewegung des Protons und den intrinsischen Momenten der beiden Bausteine.

Es sei $\mu_k = \frac{e\hbar}{2m_p c}$ das Kernmagneton, s_p und s_n seien die Spinoperatoren (in Einheiten $\hbar$) von Proton und Neutron und L der relative Bahndrehimpulsoperator. Dann ist der Operator des magnetischen Moments des Deuterons

$$\mu = \mu_k \left(\frac{1}{2} L + g_p s_p + g_n s_n \right) .$$

Darin sind die (experimentell bestimmten) g-Faktoren der Nukleonen $g_p = 2 \times 2.793$, $g_n = -2 \times 1.913$. Im Folgenden bezeichne $S = s_p + s_n$ den Gesamtspin der beiden Nukleonen und $J = L + S$ den totalen Drehimpulsoperator des Deuterons. Für μ haben wir dann

$$\mu = \frac{1}{4} \mu_k [(g_p + g_n + 1) J + (g_p + g_n - 1)(S - L) + 2(g_p - g_n)(s_p - s_n)] .$$

Im Unterraum zum *Grundzustand* des Deuterons ist μ (nach dem Wigner-Eckart-Theorem) proportional zu J : $\mu = \tau J$. Durch skalare Multiplikation mit J ergibt sich

$$\tau = \frac{1}{J(J+1)} \mu \cdot J .$$

Deshalb ist das magnetische Moment μ_d des Deuterons

$$\mu_d = \langle J, J | \mu_z | J, J \rangle = \frac{J}{J(J+1)} \langle J, J | \mu \cdot J | J, J \rangle = \frac{1}{4} \mu_k$$

$$\times \left[(g_p + g_n + 1) J + (g_p + g_n - 1) \frac{\langle S^2 - L^2 \rangle}{J+1} + 2(g_p - g_n) \frac{\langle (s_p - s_n) \cdot J \rangle}{J+1} \right] .$$

Der letzte Operator in der eckigen Klammer ist im Spinanteil antisymmetrisch in den Nukleonen. Deshalb sind nur die Triplett-Singlett-Übergangsmatrixelemente von Null verschieden (begründe dies!).

Berechne μ_d für die folgenden möglichen Zustände (experimentell ist $J = 1$):

$$^3S_1, \quad ^3D_1, \quad ^1P_1, \quad ^3P_1 .$$

Für den Grundzustand kommen nur Mischungen mit derselben Parität in Frage, also

$$^3S_1 \text{ mit } ^3D_1 \quad \text{oder} \quad ^1P_1 \text{ mit } ^3P_1 .$$

Zeige, dass aufgrund des experimentellen Wertes $\mu_d^{exp} = 0.857\mu_k$ die zweite Möglichkeit nicht in Frage kommt. Für welche D-Beimischungen erhält man den experimentellen Wert des magnetischen Momentes?

Aufgabe 5: Quadrupol-Hyperfeinaufspaltung

(a) Man approximiere in der Coulombenergie eines Elektrons, $V(\boldsymbol{x}) = -e\varphi(\boldsymbol{x})$, das Coulombpotential $\varphi(\boldsymbol{x})$ des Kerns durch die drei tiefsten Terme der Multipolentwicklung. Davon ist der Monopolbeitrag im ungestörten Hamiltonoperator enthalten. Man zeige mit Hilfe der P-Invarianz, dass der Dipolterm in erster Ordnung Störungstheorie keinen Beitrag liefert und dass der Quadrupolterm Anlass zur folgenden Störung gibt:

$$H^Q = \frac{1}{6}Q_{ij}q_{ij}\,, \tag{7.98}$$

wo Q_{ij} der Quadrupoltensor

$$Q_{ij} = e \sum_{\text{Protonen}} \left(3X_iX_j - \delta_{ij}\boldsymbol{X}^2\right) \tag{7.99}$$

des Atomkerns und

$$q_{ij} = -e\frac{3x_ix_j - \delta_{ij}r^2}{r^5} \tag{7.100}$$

sind.

(b) Nun müssen wir H^Q im Unterraum zur Darstellung $D^j \otimes D^I$ von Elektron und Kern diagonalisieren. Zeige zunächst, dass darin Q_{ij} so dargestellt werden kann

$$Q_{ij} = C\left[\frac{3}{2}(I_iI_j + I_jI_i) - \delta_{ij}\boldsymbol{I}^2\right] \tag{7.101}$$

($\boldsymbol{I}$: Drehimpulsoperatoren des Kerns) und drücke die Konstante C durch das Quadrupolmoment Q, definiert durch

$$eQ := \langle I, M_I = I \,|\, Q_{33} \,|\, I, M_I = I \rangle\,, \tag{7.102}$$

aus; das Resultat ist

$$C = \frac{eQ}{I(2I-1)}\,. \tag{7.103}$$

Analog findet man

$$q_{ij} = \frac{eq}{j(2j-1)}\left[\frac{3}{2}(J_iJ_j + J_jJ_i) - \delta_{ij}\boldsymbol{J}^2\right]\,, \tag{7.104}$$

wo

$$eq := \langle j, m = j \,|\, q_{33} \,|\, j, m = j \rangle\,. \tag{7.105}$$

Bringe damit H^Q in die Form

$$H^Q = e^2\frac{qQ}{j(2j-1)I(2I-1)}\left[3(\boldsymbol{J}\cdot\boldsymbol{I})^2 + \frac{3}{2}\boldsymbol{J}\cdot\boldsymbol{I} - \boldsymbol{J}^2\boldsymbol{I}^2\right]\,. \tag{7.106}$$

In der Basis, welche an die Clebsch-Gordan-Reihe $D^j \otimes D^I = \bigoplus_F D^F$ adaptiert ist, ist (7.106) diagonal, mit

$$2 \boldsymbol{J} \cdot \boldsymbol{I} = F(F+1) - j(j+1) - I(I+1) \, . \tag{7.107}$$

(c) Schließlich berechne man für das Einelektronenproblem noch die Größe q. Das Resultat lautet

$$q = \frac{1}{2} \frac{2j-1}{j+1} \left\langle \frac{1}{r^3} \right\rangle \, . \tag{7.108}$$

Anleitung zu (c): Benutze die Formeln (7.45) für die Zustände $|j, m\rangle$ und ferner das reduzierte Matrixelement

$$\langle l \, \| \, Y_2 \, \| \, l \rangle = - \left(\frac{5}{4\pi} \right)^{1/2} \left[\frac{l(l+1)(2l+1)}{(2l+3)(2l-1)} \right]^{1/2} , \tag{7.109}$$

das man z. B. bei [40], § 5.4 findet.

Aufgabe 6: Nichtkreuzen von Termen gleicher Rasse (von Neumann und Wigner)

Man betrachte zwei Eigenwerte $E_1(\lambda)$ und $E_2(\lambda)$ eines Hamiltonoperators $H(\lambda)$, welcher von einem reellen Parameter abhängt und invariant ist bezüglich der kompakten Symmetriegruppe G. G induziere in den Eigenräumen $\mathcal{H}_{1,2}(\lambda)$ zu $E_{1,2}(\lambda)$ *äquivalente* irreduzible Darstellungen. (Man sagt, $E_1(\lambda)$ und $E_2(\lambda)$ haben die *gleiche Rasse*.) Wir nehmen ferner an, dass sich die Eigenwerte $E_1(\lambda)$ und $E_2(\lambda)$ an der Stelle $\lambda = \lambda_0$ kreuzen: $E_1(\lambda_0) = E_2(\lambda_0)$. Nun schalten wir eine kleine Störung $\varepsilon V(\lambda)$ ein, wobei $V(\lambda)$ ebenfalls unter G invariant sein soll.

Man zeige:

(a) Die gestörten Energien kreuzen sich *generisch* nicht mehr.

(b) Gehören die Eigenwerte $E_1(\lambda)$ und $E_2(\lambda)$ zu *inäquivalenten* Darstellungen (sind also von *verschiedener* Rasse), so schneiden sich die Terme i. A. noch immer.

Anleitung zu (a): In erster Ordnung Störungstheorie in $\varepsilon V(\lambda)$ hat man den Operator $H(\lambda) + \varepsilon V(\lambda)$ in $\mathcal{H}_1(\lambda) \oplus \mathcal{H}_2(\lambda)$ zu diagonalisieren. Es seien $\varphi_1(\lambda), \ldots, \varphi_n(\lambda)$, bzw. $\chi_1(\lambda), \ldots, \chi_n(\lambda)$ bezüglich G isomorphe orthonormierte Basen von $\mathcal{H}_1(\lambda)$, bzw. $\mathcal{H}_2(\lambda)$. $\mathcal{M}_k(\lambda)$ sei die zweidimensionale Spanne der Vektoren $\{\varphi_k(\lambda), \chi_k(\lambda)\}$, $k = 1, \ldots, n$. Mit Hilfe von Abschn. 7.2.2 zeige man, dass $H(\lambda) + \varepsilon V(\lambda)$ bezüglich der Zerlegung $\mathcal{M}_1(\lambda) \oplus \mathcal{M}_2(\lambda) \oplus \cdots \oplus \mathcal{M}_k(\lambda)$ von $\mathcal{H}_1(\lambda) \oplus \mathcal{H}_2(\lambda)$ zerfällt. In $\mathcal{M}_k$ hat der gestörte Operator bezüglich der Basis $\{\varphi_k(\lambda), \chi_k(\lambda)\}$ die Matrixdarstellung

$$\begin{pmatrix} E_1(\lambda) + \varepsilon(\varphi_k, V\varphi_k) & \varepsilon(\varphi_k, V\chi_k) \\ \varepsilon(\chi_k, V\varphi_k) & E_2(\lambda) + \varepsilon(\chi_k, V\chi_k) \end{pmatrix} \, .$$

Bestimme daraus die gestörten Energien und zeige, dass sich die Terme unter der generischen Annahme $(\varphi_k, V\chi_k) \neq 0$ nicht mehr schneiden.

Zu (b): In diesem Fall muss man sich überlegen, was aus gruppentheoretischen Gründen über $(\varphi, V\chi)$, $\varphi \in \mathcal{H}_1(\lambda)$, $\chi \in \mathcal{H}_2(\lambda)$ gesagt werden kann. Siehe dazu wieder Abschn. 7.2.2.

Aufgabe 7: Unvollständiger Paschen-Back Effekt

Man bestimme für ein H-ähnliches Atom die Aufspaltung eines Terms (n, l) in einem homogenen Magnetfeld $\boldsymbol{B} = (0, 0, B)$, falls die magnetische Energie des Elektrons

$$H_{\text{magn}} = \mu_0 B(L_3 + 2S_3)$$

und die Spin-Bahn Wechselwirkung

$$H_{S-B} = \zeta(n, l)\, \boldsymbol{L} \cdot \boldsymbol{S}$$

vergleichbare kleine Störungen sind. Diskutiere die Grenzfälle. Skizziere E/ζ als Funktion von $\mu_0 B/\zeta$ für $l = 1$.

Anleitung:

Alternativ zum Vorgehen in Abschn. 7.4.3 berechne man die Matrixelemente der Störung $H_{magn} + H_{S-B}$ in der ungestörten Basis $\{\psi_{m_l m_s}\}$ für welche

$$L_3 \psi_{m_l m_s} = m_l \psi_{m_l m_s},$$
$$S_3 \psi_{m_l m_s} = m_s \psi_{m_l m_s}$$

ist. Die Symmetriegruppe besteht aus den Drehungen um die z-Achse, was der Vertauschbarkeit von $J_3 = L_3 + S_3$ mit der Störung entspricht. Deshalb verschwinden die Matrixelemente zwischen Zuständen mit verschiedenen $m = m_l + m_s$. Zu $m = l + 1/2$ und $m = -l - 1/2$ gibt es genau einen Basiszustand. Für die übrigen Werte von m ist der Unterraum zweidimensional: $m_l = m - 1/2$, $m_s = 1/2$ und $m_l = m + 1/2$, $m_s = -1/2$. Die zugehörige Sekulargleichung findet man leicht mit Hilfe von

$$\boldsymbol{L} \cdot \boldsymbol{S} = \frac{1}{2}\, (L_+ S_- + L_- S_+) + L_3 S_3\,.$$

Aufgabe 8: Unmöglichkeit eines Stern-Gerlach-Experiments mit Elektronen (N. Bohr)

In einem Stern-Gerlach-Experiment wird ein Strahl durch ein inhomogenes Magnetfeld geschickt. N. Bohr hat gezeigt, dass dieses Experiment für *Elektronen* nicht funktionieren kann. Sein Argument soll in dieser Aufgabe nachvollzogen werden. Dazu die folgenden

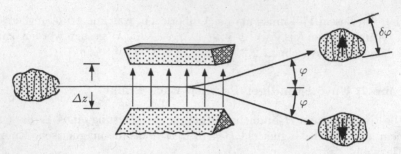

Abb. 7.4. Stern-Gerlach-Experiment

Anleitungen: Das Experiment ist schematisch in Abb. 7.4 gezeigt. Wir dürfen annehmen, dass die z-Komponente des B-Feldes wesentlich größer ist als die anderen. Der Einfachheit halber sei $\partial B_y/\partial y = 0$. Aus $\nabla \cdot B = 0$ folgt dann $\partial B_x/\partial x = -\partial B_z/\partial z$. Aufgrund der Wechselwirkung wirkt auf das Elektron die Kraft

$$K = \nabla(\mu \cdot B) \,, \quad K_z = \pm K \,, \quad K \simeq \frac{e\hbar}{2mc}\frac{\partial B_z}{\partial z} \,. \tag{7.110}$$

Die z-Komponente der Lorentzkraft ist hingegen

$$K_L = \frac{e}{c}v_y B_x \simeq \frac{ev_y}{c}\frac{\partial B_x}{\partial x}\Delta x \,, \tag{7.111}$$

wo Δx die Abweichung von der (y, z)-(Symmetrie-) Ebene ist.

Nun vergleiche man die Beiträge von K und K_L und benutze die *Unschärferelation*, um auf die Behauptung zu schließen.

Aufgabe 9: H-Atom in superstarkem Magnetfeld

In den enormen Magnetfeldern, die typisch auf Neutronensternen vorkommen ($B \sim 10^{12}$ Gauss), werden die Atome sehr stark zu nadelförmigen Gebilden zusammengedrückt. Sobald nämlich die magnetische Energie $\hbar\omega_B = Be\hbar/m_e c$ größer als die Rydbergenergie $\frac{1}{2}\alpha^2 m_e c^2$ ist, d. h. für

$$B > \frac{1}{2}\alpha^2 m_e^2 c^3/e\hbar \simeq 10^9 \text{ Gauss} \,,$$

wird der Einfluss des Magnetfeldes auf die Struktur der Atome wesentlich. Als Illustration untersuchen wir in dieser Aufgabe den Grundzustand des H-Atoms.

Schätze mit einer Variationsrechnung die Energie des Grundzustands des H-Atoms in einem Magnetfeld $B \sim 10^{12}$ G ab.

Anleitung: Für so starke Magnetfelder ist die Coulombenergie nur eine kleine Störung der magnetischen Wechselwirkung in der transversalen Ebene zum Magnetfeld.

Es ist deshalb vernünftig, im Sinne des Rayleigh-Ritzschen-Variationsprinzips (vgl. (8.40)) eine Versuchsfunktion anzusetzen, die in Zylinderkoordinaten (ρ, φ, z) die folgende Form hat

$$\psi = const. \, \psi_0(\rho) f(z) \, . \qquad (7.112)$$

Dabei soll $\psi_0(\rho)$ eine Eigenfunktion des (entarteten) Grundzustandes bei Vernachlässigung der Coulomb-Energie sein (Landau-Orbital). Wähle für $\boldsymbol{B}$ in der z-Richtung die Eichung $A_\varphi = \frac{1}{2}B\rho$, $A_\rho = A_z = 0$, und zeige, dass die Schrödingergleichung für $\psi_0(\rho)$ folgendermaßen lautet:

$$-\frac{\hbar^2}{2m_e}\frac{1}{\rho}\frac{d}{d\rho}\left(\rho\frac{d\psi_0}{d\rho}\right) + \frac{e^2B^2}{8m_ec^2}\rho^2\psi_0 = E_0\psi_0 \, . \qquad (7.113)$$

Verifiziere, dass

$$\psi_0(\rho) = const. \, e^{-\rho^2/4\hat\rho^2} \, ,$$

wo

$$\hat\rho = \left(\frac{\hbar c}{eB}\right)^{1/2} = 2.6 \times 10^{-10}\left(\frac{10^{12}\mathrm{G}}{B}\right)^{1/2}\mathrm{cm} \, , \qquad (7.114)$$

und dass die zugehörige Energie E_0 (ohne Spinanteil) gleich $\frac{1}{2}\hbar\omega_B$ ist. Der Spinanteil ist $\pm\frac{1}{2}\hbar\omega_B$ und hat also denselben Betrag.

Für f wähle man die einfache Versuchsfunktion

$$f(z) = \lambda^{1/2}e^{-\lambda|z|} \, , \qquad (7.115)$$

wobei λ ein Variationsparameter ist. Die gewählte Versuchsfunktion ψ ist eine Eigenfunktion des transversalen Teils von $\left(\boldsymbol{p} - \frac{e}{c}\boldsymbol{A}\right)^2/2m$. Der Erwartungswert des Hamiltonoperators für den Zustand ψ, abzüglich der Energie ohne Coulombfeld ist deshalb

$$E(\psi) = \frac{\left(\psi \, , \, \left[-\frac{\hbar^2}{2m_e}\frac{\partial^2}{\partial z^2} - \frac{Ze^2}{\sqrt{\rho^2+z^2}}\right]\psi\right)}{(\psi, \, \psi)} \, . \qquad (7.116)$$

Für die Berechnung der rechten Seite verwende man die Formeln (29.3.55) und (11.4.29) in [20]. Man findet

$$E(\psi) = \frac{\hbar^2}{2m_e}\lambda^2 - Ze^2 2\lambda F(\sqrt 2 \, \lambda\hat\rho) \, , \qquad (7.117)$$

wo

$$F(x) = \int_0^\infty \frac{e^{-y^2}}{y + x}dy \, . \qquad (7.118)$$

Die Funktion F ist im zitierten Handbuch in §27.6 tabelliert. Für das Minimum von $E(\psi)$ bezüglich λ findet man z.B. für $B = 2 \times 10^{12}$ G den Wert $E = -183$ eV. Man tabelliere E als Funktion von B.

Aufgabe 10

Bestimme die irreduziblen unitären Darstellungen der Dreh-Spiegelungs-gruppe. Wie lauten die Clebsch-Gordan-Reihen für Tensorprodukte zweier irreduzibler Darstellungen?

7.8 Anhang: Der quantenmechanische kräftefreie Kreisel

Die folgenden Überlegungen stehen in enger Analogie zur gruppentheoretischen Analyse der Kreiselbewegung in der klassischen Mechanik (siehe mein Buch [18], speziell § 11.5; Hinweise auf dieses Buch deute ich durch das Zeichen KM an).

Wir betrachten nur den kräftefreien Kreisel, für den die Translationsbewegung trivial ist. Der Konfigurationsraum für die Rotationsbewegung ist die Mannigfaltigkeit $SO(3)$: Die Beziehung zwischen den raumfesten und den körperfesten Koordinaten ist durch $\boldsymbol{x}(t) = R(t)\boldsymbol{x}'$ gegeben, wo $R(t)$ eine Kurve in $SO(3)$ ist. (Körperfeste Größen werden durch einen Strich angedeutet.)

Der Hilbertraum des quantenmechanischen Kreisels ist deshalb

$$\mathcal{H} = L^2(SO(3), \mu) \,, \tag{7.119}$$

wo μ das Haarsche Maß von $SO(3)$ ist. Eine Drehung R des *raumfesten* Systems induziert die *Linksmultiplikation* von $SO(3)$ mit R. Die zur Isotropie des Raumes gehörende unitäre Darstellung im Zustandsraum ist deshalb die *linksreguläre Darstellung* U^L von $SO(3)$:

$$(U^L(R)\Psi)(S) = \Psi(R^{-1}S) \,. \tag{7.120}$$

Nach der allgemeinen Vorschrift (siehe Abschn. 4.4) ist deshalb der Drehimpuls des Systems

$$L_k = i\hbar U_*^L(I_k) \tag{7.121}$$

und erfüllt automatisch die üblichen VR. (In der klassischen Mechanik erzeugen die L_k die kanonischen Transformationen, welche durch die Linksmultiplikation im Phasenraum induziert werden. Aus dieser gruppentheoretischen Interpretation ergeben sich die Poissonklammern: $[L_i, L_j] = \varepsilon_{ijk}L_k$; siehe KM § 11.5.)

Eine Drehung des *körperfesten* Systems induziert eine *Rechtsmultiplikation* des Konfigurationsraumes. Die Rechtsmultiplikation induziert ihrerseits die *rechtsreguläre Darstellung* U^R im Hilbertraum $\mathcal{H}$.

Wir erwarten deshalb, dass die körperfesten Drehimpulse L_k' wie in (7.121) (mit $L \to R$) gegeben sind. An dieser Stelle muss man aber noch auf ein *Vorzeichen* aufpassen. Wir werden sehen, dass Folgendes gilt:

$$L_k' = -i\hbar U_*^R(I_k) \,. \tag{7.122}$$

Deshalb ergibt sich ein Vorzeichenwechsel in den VR der L'_k:

$$[L'_j, L'_k] = -i\hbar\varepsilon_{jkl}L'_l . \tag{7.123}$$

(Dies ist auch für die entsprechenden Poissonklammern in der klassischen Theorie der Fall; siehe KM (11.74))

Da die links- und die rechtsreguläre Darstellung trivialerweise miteinander vertauschen, gilt auch

$$[L_j, L'_k] = 0 . \tag{7.124}$$

Nun zum Vorzeichen in (7.122): Primär ist für festes e':

$$(\boldsymbol{L}' \cdot e'\Psi)(S) = (\boldsymbol{L} \cdot e\Psi)(S) , \quad e' = S^{-1}e .$$

Anderseits ist nach (7.121)

$$(\boldsymbol{L} \cdot e\Psi)(S) = i\hbar \left.\frac{\mathrm{d}}{\mathrm{d}t}\right|_{t=0} \Psi(R^{-1}(e, t)S) .$$

Deshalb gilt

$$(\boldsymbol{L}' \cdot e'\Psi)(S) = i\hbar \left.\frac{\mathrm{d}}{\mathrm{d}t}\right|_{t=0} \Psi(R^{-1}(Se', t)S) . \tag{7.125}$$

Aber

$$R(Se', t) = SR(e', t)S^{-1} .$$

Damit ist das Argument rechts in (7.125)

$$R^{-1}(Se', t)S = SR^{-1}(e', t) ,$$

womit

$$(\boldsymbol{L}' \cdot e'\Psi)(S) = i\hbar \left.\frac{\mathrm{d}}{\mathrm{d}t}\right|_{t=0} \Psi(SR(e', -t)) = -i\hbar \left.\frac{\mathrm{d}}{\mathrm{d}t}\right|_{t=0} \Psi(SR(e', t)) ,$$

d. h. es gilt (7.122).

Für den Hamiltonoperator übernehmen wir den klassischen Ausdruck (KM (11.72))

$$H = \sum_k \frac{1}{2\theta_k} (L'_k)^2 , \tag{7.126}$$

wo θ_i die Hauptträgheitsmomente im körperfesten System sind.

Bevor wir das Spektrum von H diskutieren, drücken wir noch die L'_k als *Differentialoperatoren in den Eulerschen Winkeln* $(\varphi, \vartheta, \psi)$ aus (siehe KM, § 11.4).

Es sei $R = R(\varphi, \vartheta, \psi)$ und

$$R(\varphi, \vartheta, \psi)R(e, t) = R(\varphi(t), \vartheta(t), \psi(t)) \ .$$

Es ist (KM (11.63)) für $t = 0$:

$$\begin{aligned}
\dot\varphi &= \tfrac{1}{\sin\vartheta}\,[e_1 \sin\psi + e_2 \cos\psi] \ , \\
\dot\vartheta &= e_1 \cos\psi - e_2 \sin\psi \ , \\
\dot\psi &= e_3 - \cot\vartheta\,[e_1 \sin\psi + e_2 \cos\psi] \ .
\end{aligned}$$

Da anderseits

$$\boldsymbol{L}' \cdot \boldsymbol{e} = -i\hbar\left[\dot\varphi\frac{\partial}{\partial\varphi} + \dot\vartheta\frac{\partial}{\partial\vartheta} + \dot\psi\frac{\partial}{\partial\psi}\right] \ ,$$

folgt

$$\begin{aligned}
L_1' &= -i\hbar\left[\tfrac{\sin\psi}{\sin\vartheta}\tfrac{\partial}{\partial\varphi} + \cos\psi\tfrac{\partial}{\partial\vartheta} - \cot\vartheta\sin\psi\tfrac{\partial}{\partial\psi}\right] \\
L_2' &= -i\hbar\left[\tfrac{\cos\psi}{\sin\vartheta}\tfrac{\partial}{\partial\varphi} - \sin\psi\tfrac{\partial}{\partial\vartheta} - \cot\vartheta\cos\psi\tfrac{\partial}{\partial\psi}\right] \qquad (7.127) \\
L_3' &= -i\hbar\left[\tfrac{\partial}{\partial\psi}\right] \ .
\end{aligned}$$

Bemerkung:

Dies sind die linksinvarianten Vektorfelder auf $SO(3)$, die auch in der KM, hergeleitet werden (siehe KM (11.84)).

Eigenwerte und Eigenfunktionen von H

Die reguläre Darstellung wird ausführlich im gruppentheoretischen Kap. 13.3, besprochen. In der Ausreduktion der regulären Darstellung (recht- oder links-regulär) kommt, wie dort gezeigt wird, die Darstellung D^j so oft vor wie ihr Grad beträgt, d.h. $(2j + 1)$ mal. Ferner bilden die Darstellungsmatrizen $\{D_{mm'}^j(R)\}$ ein vollständiges orthogonales Funktionensystem von $\mathcal{H}$.

Im Unterraum $\langle D_{mm'}^j(R); j \text{ fest}\rangle$ lautet die rechtsreguläre Darstellung:

$$(U^R(R)D_{mm'}^j)(S) = D_{mm'}^j(SR) = \sum_{m''} D_{mm''}^j(S)D_{m''m'}^j(R) \ ,$$

d.h. die $D_{mm'}^j(S)$ transformieren sich für *festes* m wie die kanonische Basis $\Psi_{m'}^j$.

Für einen *sphärisch symmetrischen* $(\theta_1 = \theta_2 = \theta_3 \equiv \theta)$ Kreisel ist:

$$HD_{mm'}^j(R) = \frac{j(j+1)}{2\theta}D_{mm'}^j(R) \ . \qquad (7.128)$$

Die Energieeigenwerte sind also

$$E = \frac{j(j+1)}{2\theta} \ . \qquad (7.129)$$

Der *Entartungsgrad* ist $(2j + 1)^2$. Diese „zufällige" Entartung rührt davon her, dass die *Symmetriegruppe* $SO(3) \times SO(3)$, mit der Darstellung $U^L \times U^R$ ist (entsprechend der Isotropie des Raumes und der intrinsischen Isotropie des Systems).

Nun betrachten wir den *symmetrischen Kreisel* ($\theta_1 = \theta_2$). Es ist

$$H = \frac{1}{2\theta_1}(\boldsymbol{L'}^2 - L_3'^2) + \frac{1}{2\theta_2}L_3'^2 \tag{7.130}$$

und damit

$$HD_{mm'}^j = \left(\frac{j(j+1) - m'^2}{2\theta_1} + \frac{m'^2}{2\theta_3}\right) D_{mm'}^j . \tag{7.131}$$

Die zufällige m'-Entartung wird erwartungsgemäß aufgehoben.

Beim *unsymmetrischen Kreisel* wird H durch die Räume $\langle D_{mm'}^j(R); j \;, m$ fest$\rangle$ reduziert. Die Matrixelemente von H in einem solchen Unterraum lassen sich leicht ausrechnen. Danach bleibt eine Diagonalisierung auszuführen.

Der Kreisel spielt in der Kernphysik (deformierte Kerne) eine gewisse Rolle (siehe ein Buch über kollektive Kernmodelle).

8. Mehrelektronensysteme

„Darum sind also die Atome so unnötig dick; darum der Stein, das Me-
tallstück etc. so voluminös! Sie müssen zugeben, Herr Pauli: Durch eine par-
tielle Aufhebung Ihres Verbotes könnten Sie uns von gar vielen Sorgen des
Alltags befreien: z. B. vom Verkehrsproblem unserer Straßen."

Paul Ehrenfest (1931)

In diesem Kapitel werden wir sehen, dass die QM die Struktur der Atome
richtig beschreibt. Aufgrund der Komplexität von Mehrelektronen-Systemen
werden wir uns allerdings vorwiegend auf qualitative Aussagen beschränken.
Ein extrem quantitatives Resultat lässt sich für die Ionisationsenergie von He
gewinnen. Die fabelhafte Übereinstimmung dieser Energie mit dem Experiment ist eine wichtige Stütze der QM.

8.1 Das Ausschlussprinzip für Elektronen

Auf den ersten Blick scheint es nahezuliegen, den Hilbertraum eines N-
Elektronensystems (im Konfigurationsraum) als

$$\mathcal{H} = L^2\left(\mathbb{R}^{3N}\right) \otimes \mathcal{H}_S , \quad \mathcal{H}_S = \left(\mathbb{C}^2\right)^{\otimes N} \tag{8.1}$$

zu wählen. Dies ist jedoch aufgrund der Identität der Teilchen nicht richtig.
Da die Elektronen *ununterscheidbar* sind, sollte jede Observable unter irgend
einer Permutation π der N Elektronen invariant sein. Eine solche Permutation
induziert im Hilbertraum (8.1) die Darstellung

$$V(\pi) = V_B(\pi) \otimes V_S(\pi) , \tag{8.2}$$

wobei $V_B(\pi)$ die folgende unitäre Transformation im *Bahnraum* $\mathcal{H}_B = L^2(\mathbb{R}^{3N})$ ist:

$$(V_B(\pi)\psi)\left(\boldsymbol{x}_1 , \dots , \boldsymbol{x}_N\right) = \psi\left(\boldsymbol{x}_{\pi^{-1}(1)} , \dots , \boldsymbol{x}_{\pi^{-1}(N)}\right) \tag{8.3}$$

N. Straumann, *Quantenmechanik*, Springer-Lehrbuch
DOI 10.1007/978-3-642-32175-7_8, © Springer-Verlag Berlin Heidelberg 2013

und $V_S(\pi)$ die entsprechende Transformation im Spinraum $\mathcal{H}_S$ bezeichnet, welche definiert ist durch

$$V_S(\pi)(u_1 \otimes u_2 \cdots \otimes u_N) = u_{\pi^{-1}(1)} \otimes \cdots \otimes u_{\pi^{-1}(N)} \qquad (8.4)$$

und lineare Ausdehnung. Die Zuordnungen $\pi \longmapsto V_B(\pi)$, $V_S(\pi)$, $V(\pi)$ definieren unitäre Darstellungen der Permutationsgruppe $\mathcal{S}_N$ von N Elementen.

Jede Observable kommutiert also mit $V(\pi)$. Ist deshalb $e(\pi)$ eine Funktion $e : \mathcal{S}_N \longmapsto \mathbb{C}$ mit der Eigenschaft, dass

$$P := \sum_{\pi \in \mathcal{S}_N} e(\pi) V(\pi) \qquad (8.5)$$

ein Projektor ist, so vertauscht P mit den Observablen. Diese werden deshalb in $P\mathcal{H}$ und $(\mathbb{1} - P)\mathcal{H}$ reduziert. Dies gilt auch für die Zeitevolution, da diese von der Energie H erzeugt wird. Ist ein Zustand anfänglich in $P\mathcal{H}$, dann bleibt er für alle Zeiten in diesem Unterraum. Beispiele für Projektoren der Form (8.5) sind

$$P^{(s)} = \frac{1}{N!} \sum_{\pi \in \mathcal{S}_N} V(\pi) \qquad (8.6)$$

und

$$P^{(a)} = \frac{1}{N!} \sum_{\pi \in \mathcal{S}_N} \sigma(\pi) V(\pi) , \qquad (8.7)$$

wobei $\sigma(\pi)$ die Signatur der Permutation π ist.[1]

Die nachfolgende Diskussion der Atomspektren, insbesondere des Heliumspektrums, wird zeigen, dass für die Elektronen das Paulische Ausschlussprinzip gilt: *Elektronenzustände sind immer in* $\mathcal{H}^{(a)} = P^{(a)}\mathcal{H}$. Dies ist der Raum der *antisymmetrischen* Zustände, denn es gilt

$$V(\pi) P^{(a)} = \frac{1}{N!} \sum_{\pi' \in \mathcal{S}_N} \sigma(\pi') V(\pi) V(\pi') = \frac{1}{N!} \sum_{\pi' \in \mathcal{S}_N} \sigma(\pi) \sigma(\pi\pi') V(\pi\pi')$$

$$= \sigma(\pi) P^{(a)} ,$$

d. h.

$$V(\pi)\psi = \sigma(\pi)\psi \quad \text{für alle } \psi \in \mathcal{H}^{(a)}. \qquad (8.8)$$

---

[1]Allgemeinere Beispiele erhält man mit Hilfe der Charaktere der irreduziblen Darstellungen von $\mathcal{S}_N$, wie dies im Anhang 13.4 ausgeführt wird. Die symmetrische Darstellung (identische Darstellung) und die antisymmetrische Darstellung ($\pi \longmapsto \sigma(\pi)$) sind die *einzigen 1-dimensionalen* Darstellungen der Permutationsgruppe. Für $N = 2$ gibt es natürlich nur diese beiden.

Bemerkungen:

1. Es zeigt sich, dass für Teilchen mit *halbzahligem Spin* immer das Ausschlussprinzip gilt und dass für Teilchen mit *ganzzahligem Spin* der symmetrische Teilraum $\mathcal{H}^{(s)} = P^{(s)}\mathcal{H}$ auszusondern ist. Dieser Zusammenhang von Spin und Symmetriecharakter ist eine der wichtigsten qualitativen Konsequenzen der relativistischen Quantenfeldtheorie (Satz von Spin und Statistik). In der nichtrelativistischen QM besteht dafür keine Notwendigkeit. Wir kommen darauf in der QM II zurück.

2. A priori kämen auch Teilräume zu höherdimensionalen Darstellungen der symmetrischen Gruppe in Frage[1]. Gegen diese Möglichkeit (sog. Parastatistik) gibt es keine überzeugenden theoretischen Gründe. Beachte aber, dass für die höherdimensionalen Darstellungen (Symmetrieklassen) merkwürdige Entartungen auftreten würden.

Wählen wir in $L^2(\mathbb{R}^3) \otimes \mathbb{C}^2$ eine orthonormierte Basis φ_ν, dann bilden die Vektoren

$$\psi_{\nu_1 \ldots \nu_N} = \frac{1}{\sqrt{N!}} \sum_{\pi \in \mathcal{S}_N} \sigma(\pi) V(\pi) \varphi_{\nu_1} \otimes \varphi_{\nu_2} \otimes \cdots \otimes \varphi_{\nu_N} \,, \qquad (8.9)$$

mit $\nu_1 < \nu_2 < \ldots \nu_N$, eine orthonormierte Basis von $\mathcal{H}^{(a)}$. Wir können (8.9) auch in der Form einer Determinante (*Slaterdeterminante*) schreiben:

$$\psi_{\nu_1 \ldots \nu_N}(1, 2, \ldots N) = \frac{1}{\sqrt{N!}} \begin{vmatrix} \varphi_{\nu_1}(1) & \varphi_{\nu_1}(2) & \cdots & \varphi_{\nu_1}(N) \\ \varphi_{\nu_2}(1) & \varphi_{\nu_2}(2) & \cdots & \varphi_{\nu_2}(N) \\ \vdots & & & \\ \varphi_{\nu_N}(1) & \varphi_{\nu_N}(2) & \cdots & \varphi_{\nu_N}(N) \end{vmatrix} \,. \qquad (8.10)$$

Dabei steht 1 für $(\boldsymbol{x}_1, \mu_1)$, etc.. Es ist offensichtlich, dass $\psi_{\nu_1 \ldots \nu_N} = 0$ ist, wenn zwei der ν_k gleich sind. Dies drückt man häufig so aus: *Keine zwei Elektronen können dieselben „Quantenzahlen" ν_k haben.*

Verifiziere, dass (8.9) und (8.10) normiert sind.

Die Bedeutung des Pauliprinzips – weit über die Atomphysik hinaus – kann nicht überschätzt werden. Es ist entscheidend für die Stabilität der makroskopischen Materie. Wir müssen deshalb – mit den Worten von Ehrenfest – „jedesmal, wenn ein Atomkern bei einem Beta-Zerfall ein neues Elektron in die Welt setzt mit Herzklopfen abwarten; wird sich nun das neue Elektron gehorsam dem Pauli-Verbot fügen oder wird es in boshaftem Übermut den Anti-Symmetrie-Tanz seiner älteren Geschwister verwirren?" Auch auf die Evolution der Sterne – ganz besonders auf deren Endzustände – hat das Ausschließungsprinzip fundamentale Auswirkungen.

8.2 Das Spektrum von Helium

Im Folgenden analysieren wir das Helium-Spektrum zunächst rein gruppentheoretisch. Diese Analyse lässt sich auf Atome mit Z Elektronen verallgemeinern. Für den Grundzustand des He-Atoms kann man mit dem
Rayleigh-Ritzschen Variationsprinzip eine sehr genaue quantitative Rechnung
durchführen. Die außerordentlich gute Übereinstimmung mit dem Experiment liefert einen wichtigen quantitativen Test der QM für Mehrelektronen-
systeme.

Der Kern des He-Atoms wird in einer guten ersten Näherung als
punktförmige unendlich schwere Ladung idealisiert und als Ursprung eines
Cartesischen Koordinatensystems gewählt. Der Hilbertraum der beiden Elektronen ist nach dem Pauli-Prinzip

$$\mathcal{H}^{(a)} = P^{(a)} \left(\mathcal{H}_B \otimes \mathcal{H}_S \right) ; \quad \mathcal{H}_B = L^2(\mathbb{R}^6) , \quad \mathcal{H}_S = \left(\mathbb{C}^2 \right)^{\otimes 2} . \tag{8.11}$$

Es bezeichne π die Vertauschung von 1 und 2. Dann ist

$$P^{(a)} = \frac{1}{2} \left(\mathbb{1} - V(\pi) \right) . \tag{8.12}$$

Entsprechend definieren wir $P_B^{(a)}$, $P_B^{(s)}$ im Bahnraum $\mathcal{H}_B$ und $P_S^{(a)}$, $P_S^{(s)}$ im
Spinraum $\mathcal{H}_S$:

$$P_B^{(s)} = \frac{1}{2} \left(\mathbb{1} + V_B(\pi) \right) , \quad P_B^{(a)} = \frac{1}{2} \left(\mathbb{1} - V_B(\pi) \right) ,$$

$$P_S^{(s)} = \frac{1}{2} \left(\mathbb{1} + V_S(\pi) \right) , \quad P_S^{(a)} = \frac{1}{2} \left(\mathbb{1} - V_S(\pi) \right) .$$

Wegen $V(\pi) = V_B(\pi) \otimes V_S(\pi)$ ist

$$\begin{aligned} P^{(a)} &= \frac{1}{2} \left(\mathbb{1} + V_B(\pi) \right) \otimes \frac{1}{2} \left(\mathbb{1} - V_S(\pi) \right) \\ &+ \frac{1}{2} \left(\mathbb{1} - V_B(\pi) \right) \otimes \frac{1}{2} \left(\mathbb{1} + V_S(\pi) \right) \\ &= P_B^{(s)} \otimes P_S^{(a)} + P_B^{(a)} \otimes P_S^{(s)} . \end{aligned} \tag{8.13}$$

Deshalb erhalten wir die Zerlegung

$$\mathcal{H}^{(a)} = \left(\mathcal{H}_B^{(s)} \otimes \mathcal{H}_S^{(a)} \right) \oplus \left(\mathcal{H}_B^{(a)} \otimes \mathcal{H}_S^{(s)} \right) . \tag{8.14}$$

Die Zerlegung

$$\mathcal{H}_S = \mathcal{H}_S^{(s)} \oplus \mathcal{H}_S^{(a)} \tag{8.15}$$

gibt aber auch die Zerfällung der Darstellung $D^{1/2} \otimes D^{1/2} = D^1 \oplus D^0$ von
$SU(2)$ im Spinraum. Zunächst sind nämlich die Räume $\mathcal{H}_S^{(s)}$ und $\mathcal{H}_S^{(a)}$ invariant, da $V_S(\pi)$ mit der Darstellung $D^{1/2} \otimes D^{1/2}$ vertauscht. Ferner gilt

$\dim \mathcal{H}_S^{(a)} = 1$, $\dim \mathcal{H}_S^{(s)} = 3$, weshalb diese Unterräume die Darstellungen D^0, bzw. D^1 tragen.

Dies kann man auch durch eine explizite Rechnung einsehen. Ist nämlich

$$u_{1/2} = \begin{pmatrix} 1 \\ 0 \end{pmatrix} , \quad u_{-1/2} = \begin{pmatrix} 0 \\ 1 \end{pmatrix} \tag{8.16}$$

die kanonische Basis in $\mathbb{C}^2$, so ist im Unterraum

$$\mathcal{H}_S^{(s)} = \left\langle u_{1/2} \otimes u_{1/2}, \frac{1}{\sqrt{2}} \left(u_{1/2} \otimes u_{-1/2} + u_{-1/2} \otimes u_{1/2} \right), u_{-1/2} \otimes u_{-1/2} \right\rangle$$

$S^2 = \frac{1}{4}\sigma^2$ gleich 2 und in

$$\mathcal{H}_S^{(a)} = \left\langle \frac{1}{\sqrt{2}} \left(u_{1/2} \otimes u_{-1/2} - u_{-1/2} \otimes u_{1/2} \right) \right\rangle$$

ist S^2 gleich Null.

Der Symmetriecharakter der Spinfunktion bestimmt also eindeutig den Spin und umgekehrt:

$$\boxed{\begin{aligned} \mathcal{H}_S^{(s)} &: \quad S = 1 \\ \mathcal{H}_S^{(a)} &: \quad S = 0 \, . \end{aligned}} \tag{8.17}$$

Dieser Satz ist für $Z = 2$ beinahe trivial. Er lässt sich aber auf Vielelektronenprobleme verallgemeinern (was hingegen gar nicht trivial ist; siehe Abschn. 6.3).

Wir vernachlässigen nun zunächst die kleine Spinstörung. Der Hamiltonoperator lautet dann

$$H = \frac{1}{2m} \left(p_1^2 + p_2^2 \right) - Ze^2 \left(\frac{1}{|x_1|} + \frac{1}{|x_2|} \right) + \frac{e^2}{|x_1 - x_2|} \, . \tag{8.18}$$

Für Helium ist $Z = 2$; für $Z > 2$ werden entsprechende Ionen beschrieben.

Dieser Operator wird von $\mathcal{H}_B^{(s)}$ und $\mathcal{H}_B^{(a)}$ reduziert (wie auch jede Observable, die im Spinraum trivial operiert):

$$H = H^{(s)} + H^{(a)} , \quad H^{(s)} = P_B^{(s)} H P_B^{(s)} , \quad H^{(a)} = P_B^{(a)} H P_B^{(a)} \, . \tag{8.19}$$

Ein Zustand bleibt also, bei Vernachlässigung der Spinstörung, dauernd im $\mathcal{H}_B^{(s)}$ ($\mathcal{H}_B^{(a)}$). Auch in der Kopplung an das Strahlungsfeld spielen Spinterme eine untergeordnete Rolle. Deshalb gibt es praktisch keine Strahlungsübergänge zwischen $\mathcal{H}_B^{(s)}$ und $\mathcal{H}_B^{(a)}$: *Die diskreten Spektren von $H^{(s)}$ und $H^{(a)}$ bilden zwei nichtkombinierende Termsysteme.*

In $\mathcal{H}_B$ operiert die Drehgruppe in bekannter Weise:

$$(U_B(R)\Phi)(x_1, x_2) = \Phi(R^{-1}x_1, R^{-1}x_2) \, . \tag{8.20}$$

Natürlich vertauscht H mit $U_B(R)$. Ferner vertauscht $U_B(R)$ mit $V_B(\pi)$. Deshalb wird die Darstellung $U_B(R)$ von $\mathcal{H}_B^{(s)}$ und $\mathcal{H}_B^{(a)}$ reduziert.

Nun betrachten wir einen Eigenwert E von $H^{(s)}$ oder $H^{(a)}$. Der zugehörige Unterraum in $\mathcal{H}_B^{(s)}$ oder $\mathcal{H}_B^{(a)}$ trägt eine Darstellung von $SO(3)$, welche wir als irreduzibel annehmen (d. h. wir sehen von zufälliger Entartung ab). Ist diese Darstellung D^L (L : Bahndrehimpuls), so bezeichnen wir den Eigenraum von E mit

$$\mathcal{M}_B^{(s)}(L)\,,\quad \text{bzw.}\quad \mathcal{M}_B^{(a)}(L)\,. \tag{8.21}$$

Der Eigenraum von E im ganzen Hilbertraum $\mathcal{H}^{(a)}$ ist nach (8.14)

$$\mathcal{M}_B^{(s)}(L)\otimes\mathcal{H}_S^{(a)}\,,\quad \text{bzw.}\quad \mathcal{M}_B^{(a)}(L)\otimes\mathcal{H}_S^{(s)} \tag{8.22}$$

und trägt die Darstellung

$$D^L\otimes D^\circ = D^L\,,\quad \text{bzw.}\quad D^L\otimes D^1 = D^{L+1}\oplus D^L\oplus D^{L-1} \tag{8.23}$$

der quantenmechanischen Drehgruppe.

„Schaltet man die Spinstörung ein", welche mit der Darstellung $U_B\otimes U_S$ von $SU(2)$ in $\mathcal{H}^{(a)}$ vertauscht, so spaltet *jeder Term von $H^{(a)}$ in ein Triplett* mit den totalen Drehimpulsen

$$J = L+1,\, L,\, L-1$$

auf (siehe Abschn. 5.2). Die Terme von $H^{(s)}$ sind anderseits Singletts. Dieses Resultat, welches unabhängig von der Störungstheorie ist, wollen wir festhalten:

Bei Berücksichtigung der Spinstörung sind die bahnsymmetrischen Zustände Singletts:[2] $^1S_\circ$, $^1P_1$, $^1D_2$, ... und die bahnantisymmetrischen Zustände Tripletts: $^3S_1$, $^3P_{\circ,1,2}$, $^3D_{1,2,3}$, ... Zwischen diesen beiden Termsystemen gibt es (praktisch) keine Strahlungsübergänge.

Die beiden Termsysteme nennt man *Para-*, bzw. *Orthohelium*.

Die Parität eines Zustandes ist $\pi = (-1)^L$. Dies folgt leicht aus der Spiegelungseigenschaft der Kugelfunktionen:

$$Y_{LM}(-\boldsymbol{x}) = (-1)^L Y_{LM}(\boldsymbol{x})\,.$$

Die *qualitativen* Eigenschaften des He-Spektrums lassen sich also rein *gruppentheoretisch verstehen*. Wir wollen nun aber auch noch einige quantitative Rechnungen anschließen, welche die experimentellen Werte in Abb. 8.1 einigermaßen wiedergeben sollten.

---

[2]Wir verwenden das spektroskopische Symbol $^{2S+1}L_J$ (L : Bahndrehimpuls, S : totaler Spin, J : totaler Drehimpuls). Für $L = 0, 1, 2, 3, 4, \ldots$ benutzt man die Buchstaben S, P, D, F, G, $\ldots$.

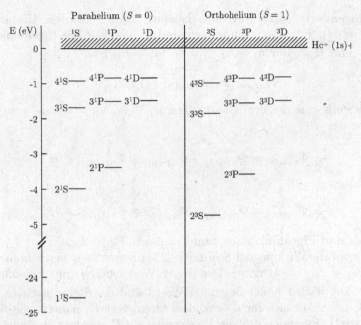

Abb. 8.1. Die experimentellen Werte der tiefsten Energieniveaus von Helium. $E = 0$ entspricht der Ionisationsschwelle

Näherungsweise Berechnung des diskreten He-Spektrums

Für eine näherungsweise Berechnung der diskreten Spektren von $H^{(s)}$ und $H^{(a)}$ schreiben wir den Hamiltonoperator (8.18) in der Form

$$H = H_\circ + V \,, \tag{8.24}$$

mit

$$H_\circ = H_{\circ 1} + H_{\circ 2} \,, \tag{8.25}$$

$$H_{\circ k} = \frac{1}{2m} \boldsymbol{p}_k^2 - \frac{Ze^2}{|\boldsymbol{x}_k|} \quad (k = 1, 2) \,, \tag{8.26}$$

$$V = \frac{e^2}{|\boldsymbol{x}_1 - \boldsymbol{x}_2|} \,. \tag{8.27}$$

Das diskrete Spektrum des ungestörten Operators $H_\circ$ in $\mathcal{H}_B$ können wir leicht finden: Bezeichnen Φ_{nlm} die Wasserstoff-Eigenfunktionen zu den Eigenwerten $E_n = -\frac{me^4 Z^2}{2\hbar^2 n^2}$, so lauten die diskreten Eigenwerte und Eigenfunktionen von $H_\circ$:

$$E_{n_1 n_2} = E_{n_1} + E_{n_2} \,; \quad \Phi_{n_1 l_1 m_1}(\boldsymbol{x}_1) \Phi_{n_2 l_2 m_2}(\boldsymbol{x}_2) \,. \tag{8.28}$$

Diese Eigenwerte sind (im allgemeinen) stark entartet (Entartungs-grad $= n_1^2 n_2^2$). Für die Störungsrechnung wählen wir die Eigenfunktionen aus $\mathcal{H}_B^{(s)}$ und $\mathcal{H}_B^{(a)}$. Für $n_1 = n_2$, $l_1 = l_2$, $m_1 = m_2$ ist

$$\Phi_{n_1 l_1 m_1}(\boldsymbol{x}_1)\Phi_{n_2 l_2 m_2}(\boldsymbol{x}_2) \in \mathcal{H}_B^{(s)} \ .$$

Ist wenigstens eine der drei Gleichungen $n_1 = n_2$, $l_1 = l_2$, $m_1 = m_2$ nicht erfüllt, so ist

$$\frac{1}{\sqrt{2}} \left[\Phi_{n_1 l_1 m_1} \otimes \Phi_{n_2 l_2 m_2} + \Phi_{n_2 l_2 m_2} \otimes \Phi_{n_1 l_1 m_1} \right] \in \mathcal{H}_B^{(s)}$$

und

$$\frac{1}{\sqrt{2}} \left[\Phi_{n_1 l_1 m_1} \otimes \Phi_{n_2 l_2 m_2} - \Phi_{n_2 l_2 m_2} \otimes \Phi_{n_1 l_1 m_1} \right] \in \mathcal{H}_B^{(a)}$$

und beide sind Eigenfunktionen zum Eigenwert $E_{n_1} + E_{n_2}$.

Bevor wir die Wirkung der Störung (8.27) untersuchen, betrachten wir die Werte $E_{n_1} + E_{n_2}$ etwas näher. Der tiefste Wert ist $2E_1$ (mit Eigenfunktion in $\mathcal{H}_B^{(s)}$). Die nächst höher liegenden Werte sind der Reihe nach $E_1 + E_n$, $n = 2, 3, 4, \ldots$, die sich für $n \to \infty$ dem Grenzwert E_1 nähern (die E_n sind alle negativ!). Für noch größere Eigenwerte als E_1 beginnt das kontinuier-liche Spektrum von $H_\circ$. Der nächst höhere diskrete Eigenwert $E_2 + E_2$ ist gleich $1/2\,E_1$, liegt also im kontinuierlichen Spektrum. Es ist zu erwarten, dass durch die Störung V dieser und die weiteren höher liegenden diskreten Energieeigenwerte $E_{n_1} + E_{n_2}$ ($n_1 \geq 2$, $n_2 \geq 2$) aufgelöst werden. Deshalb be-trachten wir nur die Störung der Werte $E_1 + E_n$ ($n \geq 1$). Für Φ_{100} schreiben wir kurz Φ_1. Die Eigenfunktionen zu $E_1 + E_n$ in $\mathcal{H}_B^{(s)}$ sind

$$\Psi_{nlm} = \frac{1}{\sqrt{2}} \left[\Phi_1 \otimes \Phi_{nlm} + \Phi_{nlm} \otimes \Phi_1 \right] \quad \text{für } n \neq 1 \ ,$$

$$\Psi_{100} = \Phi_1 \otimes \Phi_1 \quad \text{für } n = 1 \ . \tag{8.29}$$

In $\mathcal{H}_B^{(a)}$ kommt der Eigenwert $E_1 + E_1$ von $H_\circ$ *nicht vor*, sondern nur die Eigenwerte $E_1 + E_n$ mit $n > 1$. Die zugehörigen Eigenfunktionen sind

$$\chi_{nlm} = \frac{1}{\sqrt{2}} \left[\Phi_1 \otimes \Phi_{nlm} - \Phi_{nlm} \otimes \Phi_1 \right] \quad (n > 1) \ . \tag{8.30}$$

(Das Pauli-Prinzip eliminiert z. B. einen Triplett-Grundzustand.) Bei festen (n, l) transformieren sich die Ψ_{nlm} und die χ_{nlm} nach der Darstellung D^l; also ist l der totale Bahndrehimpuls L. Die Niveaus $E_1 + E_n$ sind für $n > 1$ *zufällig entartet*, da l die Werte $l = 0, 1, \ldots n - 1$ annehmen kann. Diese zufällige Entartung wird durch die Elektron-Elektron Wechselwirkung aufge-hoben (siehe Abb. 8.2).

Für die Störungsrechnung sind die Ψ_{nlm} und die χ_{nlm} bereits die adap-tierten Zustände. (Sie sind an die Zerfällung der Darstellung von $SO(3) \times \mathcal{S}_2$

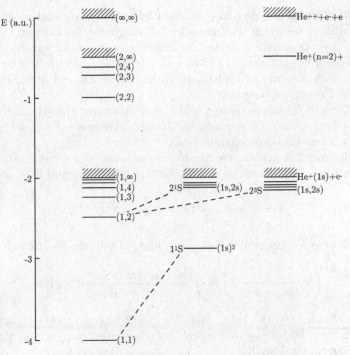

Abb. 8.2. Ungestörte Energieniveaus

im Eigenraum zu $E_1 + E_n$ adaptiert; beachte, dass in der Ausreduktion jede irreduzible Darstellung nur einmal vorkommt.) Deshalb ist die Störung der Energiewerte in $\mathcal{H}_B^{(a)}$ in 1. Ordnung

$$\Delta E_{nl}^{(a)} = (\chi_{nlm}, V\chi_{nlm}) \quad (n > 1) \tag{8.31}$$

und entsprechend in $\mathcal{H}_B^{(s)}$

$$\Delta E_{nl}^{(s)} = (\Psi_{nlm}, V\Psi_{nlm}) \quad (n \geq 1) \,. \tag{8.32}$$

Mit (8.29) und (8.30) folgt

$$\Delta E_{nl}^{(s)} = C_{nl} + A_{nl} \,, \quad \Delta E_{nl}^{(a)} = C_{nl} - A_{nl} \,, \tag{8.33}$$

wobei C_{nl} die *Coulombsche Wechselwirkungsenergie* der beiden Ladungsdichten $e|\Phi_1(\boldsymbol{x})|^2$ und $e|\Phi_{nlm}(\boldsymbol{x})|^2$ ist:

$$C_{nl} = e^2 \int \frac{|\Phi_1(\boldsymbol{x}_1)|^2 |\Phi_{nlm}(\boldsymbol{x}_2)|^2}{|\boldsymbol{x}_1 - \boldsymbol{x}_2|} \, \mathrm{d}^3 x_1 \mathrm{d}^3 x_2 \,. \tag{8.34}$$

Der Unterschied A_{nl} in (8.33) ist das sogenannte *Austauschintegral*

$$A_{nl} = e^2 \int \frac{\Phi_1(\boldsymbol{x}_1)\, \Phi_{nlm}(\boldsymbol{x}_2)\, \overline{\Phi_1(\boldsymbol{x}_2)}\, \overline{\Phi_{nlm}(\boldsymbol{x}_1)}}{|\boldsymbol{x}_1 - \boldsymbol{x}_2|} \, \mathrm{d}^3 x_1 \mathrm{d}^3 x_2 \,. \tag{8.35}$$

Dieses rührt davon her, dass in Ψ_{nlm} die Elektronen bevorzugt möglichst nahe sind, während sie sich im Zustand χ_{nlm} möglichst ausweichen ($\chi_{nlm} = 0$ für $\boldsymbol{x}_1 = \boldsymbol{x}_2$). Daraus folgt, dass der Mittelwert der Coulombschen Abstoßungsenergie für χ_{nlm} (Spin 1) kleiner ist als für Ψ_{nlm} (Spin 0). Der Beitrag der Austauschintegrale ist typisch quantenmechanisch und aufs Engste mit dem Pauli-Prinzip verknüpft.

Die Triplett Zustände spalten schließlich unter der Spin-Bahn-Kopplung noch in je drei *Feinstrukturterme* zum Gesamtdrehimpuls $J = L+1$, L, $L-1$ auf, wie wir bereits besprochen haben.

Als Beispiel betrachten wir die *Störungstheorie des Grundzustandes*. In atomaren Einheiten[3] (a.u.) ist der ungestörte Grundzustand $\Psi := \Psi_{100}$:

$$\Psi = \Phi \otimes \Phi , \quad \Phi(r) = \frac{1}{\pi^{1/2}} Z^{3/2} e^{-Zr} . \tag{8.36}$$

Die zugehörige Änderung der Energie in erster Ordnung Störungstheorie ist

$$E_\circ^{(1)} = \left(\Psi, \frac{1}{|\boldsymbol{x}_1 - \boldsymbol{x}_2|} \Psi \right) = \int \frac{|\Phi(r_1)|^2 |\Phi(r_2)|^2}{|\boldsymbol{x}_1 - \boldsymbol{x}_2|} \, d^3 x_1 d^3 x_2 . \tag{8.37}$$

Der Ausdruck rechts kann als Coulomb-Energie zweier sphärisch-symmetrischer „Ladungsverteilungen" aufgefasst werden. Nach dem Newtonschen Theorem ist deshalb

$$E_\circ^{(1)} = 2 \int_{\mathbb{R}^3} d^3 x_2 |\Phi(r_2)|^2 \frac{1}{r_2} \int_{(r_1 \leq r_2)} d^3 x_1 |\Phi(r_1)|^2$$

$$= 2 \left(\frac{Z^3}{\pi} \right)^2 (4\pi)^2 \int_0^\infty dr_2 r_2 e^{-2Zr_2} \int_0^{r_2} dr_1 r_1^2 e^{-2Zr_1} .$$

Die verbleibenden Integrale sind elementar und man findet

$$E_\circ^{(1)} = \frac{5}{8} Z . \tag{8.38}$$

Bis zur ersten Ordnung ist damit die Grundzustandsenergie

$$E_\circ = -Z^2 + \frac{5}{8} Z = -2.75 \, \text{a.u.} = -5.5 \, \text{Ry}. \tag{8.39}$$

Der weiter unten besprochene „exakte" Wert ist hingegen $E_\circ^{\text{exakt}} = -2.90372 \, \text{a.u.}$ Der relative Unterschied der groben Näherung (8.39) beträgt nur etwa 5%.

---

[3]In dieser setzt man $e = m = \hbar = 1$; die Längeneinheit ist dann $a_\circ$ und die Energieeinheit $2 \, \text{Ry}$ (!).

Variationsprinzip für den Grundzustand

Für die genaue Berechnung der Grundzustandsenergie ist das *Rayleigh-Ritzsche-Variationsprinzip* sehr hilfreich. Dieses lautet:

Sei H ein selbstadjungierter Operator, der nach unten beschränkt ist und es sei $E_\circ := \inf \sigma(H)$ ein diskreter Eigenwert von H. Dann gilt

$$E_\circ = \mathrm{Min}_{\substack{\Psi \in \mathcal{D}(H) \\ \|\Psi\|=1}} (\Psi, H\Psi) \; . \qquad (8.40)$$

Beweis. Aus der Spektraldarstellung von H folgt für $\Psi \in \mathcal{D}(H)$, $\|\Psi\| = 1$

$$(\Psi, H\Psi) = \int_{\sigma(H)} \lambda \, \mathrm{d}(\Psi, E^H(\lambda)\Psi) \geq E_\circ \int \mathrm{d}(\Psi, E^H(\lambda)\Psi) = E_\circ \; .$$

Außerdem wird das Gleichheitszeichen für eine Eigenfunktion $\Psi_\circ$ ($H\Psi_\circ = E_\circ \Psi_\circ$) angenommen.

Nun wählen wir zunächst eine grobe Versuchsfunktion von der Form (8.36), wobei wir aber Z durch einen Variationsparameter Z_e ersetzen, der Abschirmeffekte simulieren soll. Zur Berechnung von $(\Psi, H\Psi)$ notieren wir zuerst, dass $(\Psi, -\frac{1}{2}\Delta_{x_1}\Psi) = (\Psi, -\frac{1}{2}\Delta_{x_2}\Psi) = (\Phi, -\frac{1}{2}\Delta\Phi)$ die kinetische Energie eines Elektrons im Coulombpotential $-Z_e e^2/r$ ist. Nach dem Virialsatz ist dies gleich $Z_e^2/2$. Ähnlich ist $(\Psi, -(Z_e^2/r_1)\Psi) = (\Psi, -Z(e^2/r_2)\Psi) = (\Phi, -Z(e^2/r)\Phi) = (Z/Z_e)(\Phi, -Z_e(e^2/r)\Phi) = -(Z/Z_e)Z_e^2$, wenn wir wieder den Virialsatz benutzen. Zusammen mit (8.38) ergibt sich

$$(\Psi, H\Psi) = 2\left(\frac{Z_e^2}{2} - ZZ_e\right) + \frac{5}{8}Z_e \; . \qquad (8.41)$$

(Für $Z_e = Z$ reduziert sich dies natürlich auf das störungstheoretische Resultat (8.39)). Das Minimum bezüglich Z_e wird für

$$Z_e = Z - \frac{5}{16} \qquad (8.42)$$

angenommen und man erhält dafür

$$E_\circ = \left[-Z^2 + \frac{5}{8}Z - \left(\frac{5}{16}\right)^2\right] \text{a.u.} = -2.848 \, \text{a.u.} \qquad (8.43)$$

Dieses Ergebnis ist bereits deutlich näher am „exakten" Wert.

Eine immer noch einfache Variationsrechnung von *Byron und Joachain* benutzt ebenfalls eine Produktwellenfunktion $\Psi = \Phi \otimes \Phi$, aber mit einem Φ von der Form

$$\Phi = \frac{1}{\sqrt{4\pi}}\left(Ae^{-\alpha r} + Be^{-\beta r}\right) \; . \qquad (8.44)$$

Dafür finden die Autoren die obere Schranke

$$E_\circ = -2.86167 \, \text{a.u.} \; , \qquad (8.45)$$

was nochmals näher am „exakten" Wert ist.

Mit sehr viel komplizierteren Versuchsfunktionen haben *Frankowski* und *Pekeris* den folgenden Wert gefunden:

$$E_\circ = -2.90372437703 \,\text{a.u.} \qquad (8.46)$$

(den wir, mit weniger Stellen nach dem Komma, bereits angegeben haben). Dieser ist etwas *niedriger* als der experimentelle Wert der Grundzustandsenergie. Das ist aber kein Widerspruch, denn (8.46) ist bloß eine obere Schranke für den nichtrelativistischen Hamiltonoperator (8.18), bei dem der Atomkern als unendlich schwer behandelt wird.

Zum Vergleich mit dem Experiment genügt es nicht, die reduzierte Elektronenmasse zu benutzen, sondern man muss auch (störungstheoretisch) die *Kernbewegung* in Rechnung stellen. Hinzu kommen relativistische Korrekturen und kleine strahlungstheoretische Beiträge. Wir stellen die verschiedenen Anteile zum *Ionisationspotential* $I := E_\circ(He^+) - E_\circ(He)$ zusammen:

$$I^\infty = 198344\,58014348 \,\text{cm}^{-1} : \text{nichtrel. Potential zu (8.46)}$$

$$\Delta E_1 = 27.192711 \,\text{cm}^{-1} : \text{reduzierte Massenkorrektur}$$

$$\Delta E_2 = 4.785 \,\text{cm}^{-1} : \text{Kernbewegung (Massenpolarisationskorrektur)}$$

$$\Delta E_3 = 0.562 \,\text{cm}^{-1} : \text{relativistische Korrektur}$$

$$\Delta E_4 = 1.341 \,\text{cm}^{-1} : \text{Strahlungskorrektur}$$

Der gesamte theoretische Wert ist damit

$$I^{th} = I^\infty - (\Delta E_1 + \Delta E_2 + \Delta E_3 + \Delta E_4) \quad = 198310.699 \,\text{cm}^{-1} . \qquad (8.47)$$

Experimentell ist nach Herzberg

$$I^{exp} = 198310.82 \pm 0.15 \,\text{cm}^{-1} . \qquad (8.48)$$

Diese fantastische Übereinstimmung von Theorie und Experiment gehört zu den beeindruckensten Triumphen der QM.

8.3 Spektren von Mehrelektronenatomen

In diesem Abschnitt verallgemeinern wir die Diskussion des Heliumspektrums auf Atome mit N Elektronen.

Der Hilbertraum der Elektronen ist

$$\mathcal{H}^{(a)} = P^{(a)}(\mathcal{H}_B \otimes \mathcal{H}_S) , \quad \mathcal{H}_B = L^2(\mathbb{R}^{3N}) , \quad \mathcal{H}_S = (\mathbb{C}^2)^{\otimes N} . \qquad (8.49)$$

Bei Vernachlässigung der Spinstörungen lautet der Hamiltonoperator

$$H = \sum_{k=1}^{N} \frac{1}{2m} p_k^2 - \sum_{k=1}^{N} \frac{Ze^2}{|\boldsymbol{x}_k|} + \sum_{k<l} \frac{e^2}{|\boldsymbol{x}_k - \boldsymbol{x}_l|} . \qquad (8.50)$$

Man kann beweisen,[4] dass (8.50) einen selbstadjungierten Operator definiert. Wir stellen uns wieder die Aufgabe, das diskrete Spektrum dieses Operators im Hilbertraum $\mathcal{H}^{(a)}$ zu klassifizieren.

Die Permutationsgruppe $\mathcal{S}_N$ ist in $\mathcal{H}_B$ und $\mathcal{H}_S$ gemäß (8.3) und (8.4) dargestellt. Die unitären Darstellungen der Gruppe $SU(2)$ in $\mathcal{H}_B$ und $\mathcal{H}_S$ bezeichnen wir mit U_B und U_S. Es ist

$$U_S = (D^{1/2})^{\otimes N} \tag{8.51}$$

und

$$(U_B(R)\varphi)(\boldsymbol{x}_1, \ldots, \boldsymbol{x}_N) = \varphi(R^{-1}\boldsymbol{x}_1, \ldots, R^{-1}\boldsymbol{x}_N) \,.$$

Der Hamiltonoperator (8.50) ist invariant unter $U_B(R)$ und $V_B(\pi)$. Ferner vertauschen die Darstellungsoperatoren von $SU(2)$ und $\mathcal{S}_N$.

Da H im Spinraum als identischer Operator wirkt, betrachten wir zunächst den Bahnraum $\mathcal{H}_B$. Der Eigenraum in $\mathcal{H}_B$ zu einem Energieeigenwert von H ist ein, in Bezug auf $O(3) \times \mathcal{S}_N$, invarianter Unterraum und ist, falls keine zufällige Entartung vorliegt, bezüglich dieser Gruppe irreduzibel. Die führt uns zu einem kurzen Exkurs.

Die irreduziblen Darstellungen eines direkten Produktes

Seien G_1 und G_2 zwei Gruppen und (E_1, ρ_1) sowie (E_2, ρ_2) Darstellungen von G_1 bzw. G_2. Dann gibt es dazu eine „natürliche" Darstellung von $G_1 \times G_2$: Der unterliegende Vektorraum ist $E_1 \otimes E_2$ und die Darstellung $\rho_1 \times \rho_2$ ist definiert durch

$$(\rho_1 \times \rho_2)(g_1, g_2) = \rho_1(g_1) \otimes \rho_2(g_2) \,.$$

Wir nehmen nun an, G_1 und G_2 seien kompakt. Sind μ_1, μ_2 die Haarschen Maße von G_1, G_2, so ist das Haarsche Maß von $G_1 \times G_2$ gleich $\mu_1 \otimes \mu_2$. Sind ρ_1 und ρ_2 irreduzibel mit den Charakteren χ_1 und χ_2, so ist auch $\rho_1 \times \rho_2$ irreduzibel, denn für den zugehörigen Charakter $\chi(g_1, g_2) = \chi_1(g_1)\chi_2(g_2)$ gilt

$$\int_{G_1 \times G_2} \chi(g_1, g_2)\bar{\chi}(g_1, g_2)\,\mathrm{d}(\mu_1 \otimes \mu_2) = \int_{G_1} |\chi_1(g_1)|^2\,\mathrm{d}\mu_1 \int_{G_2} |\chi_2(g_2)|^2\,\mathrm{d}\mu_2 = 1 \,.$$

Daraus folgt die Behauptung (siehe Abschn. 4.6).

Auf diese Weise erhält man auch alle irreduziblen Darstellungen von $G_1 \times G_2$, denn die Charaktere der Form $\chi_1 \otimes \chi_2$ ($\chi_{1,2}$ primitive Charaktere von $G_{1,2}$) bilden offensichtlich ein vollständiges System von Klassenfunktionen auf $L^2(G_1 \times G_2, \mu_1 \otimes \mu_2)$. Diese Aussage kann man auch elementar beweisen. Sie gilt nicht nur für kompakte Gruppen (siehe die Übungsaufgabe in Kap. 15).

Der oben betrachtete Eigenraum in $\mathcal{H}_B$ zu einem Energieeigenwert von H trage die irreduzible Darstellung $D^L \times \Delta$ von $SO(3) \times \mathcal{S}_N$. Wir bezeichnen diesen Raum mit $\mathcal{M}_B(L, \Delta)$. Die Parität von $\mathcal{M}_B(L, \Delta)$ ist $\pi = (-1)^L$.

---

[4]Siehe z. B. [23], Kap. V.

Nun wenden wir uns dem Spinraum $\mathcal{H}_S$ zu. Diesen (endlichdimensionalen) Raum denken wir uns bezüglich $SU(2) \times \mathcal{S}_N$ ausreduziert:

$$\mathcal{H}_S = \bigoplus_{(S, \Delta)} \mathcal{M}_S(S, \Delta) \,, \tag{8.52}$$

wobei sich $\mathcal{M}_S(S, \Delta)$ irreduzibel nach $D^S \times \Delta$ transformieren soll. Nun gilt der wichtige

Satz 8.3.1 (H. Weyl). *In der Zerlegung (8.52) kommt jede Darstellung $D^S \times \Delta$ von $SU(2) \times \mathcal{S}_N$ nur einmal vor und Δ ist durch den Spin eindeutig bestimmt.*

Mit anderen Worten: In einem irreduziblen $\mathcal{M}_S(S, \Delta)$ sind *alle* äquivalenten irreduziblen Darstellungen D^S von $SU(2)$ (in $\mathcal{H}_S$) und alle äquivalenten irreduziblen Darstellungen Δ von $\mathcal{S}_N$ zusammengefasst. Der *Spin allein charakterisiert also ein* $\mathcal{M}_S(S, \Delta)$: $\Delta = \Delta(S)$.

Der Beweis dieses gruppentheoretischen Satzes wird im Anhang 15 ausgeführt.

Welches sind die möglichen S-Werte? Sukzessive Ausreduktion von $D^{1/2} \otimes \cdots \otimes D^{1/2}$ (N mal) gibt:

$$D^{1/2} \otimes D^{1/2} = D^1 \oplus D^\circ \,,$$

$$D^{1/2} \otimes D^{1/2} \otimes D^{1/2} = D^{1/2} \otimes (D^1 \oplus D^\circ)$$
$$= D^{3/2} \oplus D^{1/2} \oplus D^{1/2} = D^{3/2} \oplus 2D^{1/2} \,, \text{ etc.}$$

Die möglichen S-Werte sind also

$$S = \frac{N}{2}, \frac{N}{2} - 1, \dots, \frac{1}{2} \text{ oder } 0 \,.$$

Der Unterraum $\mathcal{H}_E$ in $\mathcal{H}^{(a)}$ zu einem Energieeigenwert E von H ist damit von der Form

$$\mathcal{H}_E = P^{(a)} \{\mathcal{M}_B(L, \Delta) \otimes \mathcal{H}_S\}$$

$$= P^{(a)} \left\{ \mathcal{M}_B(L, \Delta) \otimes \left[\bigoplus_S \mathcal{M}_S(S, \Delta(S)) \right] \right\}$$

$$= P^{(a)} \left\{ \bigoplus_S [\mathcal{M}_B(L, \Delta) \otimes \mathcal{M}_S(S, \Delta(S))] \right\} \,. \tag{8.53}$$

Die Darstellung von $\mathcal{S}_N$ in $\mathcal{M}_B(L, \Delta) \otimes \mathcal{M}_S(S, \Delta(S))$ ist natürlich $\Delta \otimes \Delta(S)$.

Wir müssen nun die Frage beantworten: Wann und wie oft ist die antisymmetrische Darstellung von $\mathcal{S}_N$ im Tensorprodukt $\Delta_1 \otimes \Delta_2$ von zwei irreduziblen Darstellungen Δ_1, Δ_2 von $\mathcal{S}_N$ enthalten? Dieses Problem analysieren wir mit Hilfe der Charaktere. Sei

$$\Delta_1 \otimes \Delta_2 = \bigoplus_\mu m^{(\mu)} \Delta^{(\mu)}$$

die Zerlegung von $\Delta_1 \otimes \Delta_2$ in irreduzible Bestandteile, so gilt für die Charaktere

$$\chi_1(\pi)\chi_2(\pi) = \sum m^{(\mu)}\chi^{(\mu)}(\pi) . \tag{8.54}$$

Mit den Orthogonalitätsrelationen der Charaktere erhalten wir (die Darstellung sei unitär)

$$m^{(\mu)} = \frac{1}{N!} \sum_{\pi \in \mathcal{S}_N} \bar{\chi}^{(\mu)}(\pi)\chi_1(\pi)\chi_2(\pi) . \tag{8.55}$$

Wir interessieren uns speziell für die Multiplizität $m^{(a)}$ der antisymmetrischen Darstellung: $\pi \longmapsto \sigma(\pi)$. Für diese gilt

$$m^{(a)} = \frac{1}{N!} \sum_{\pi \in \mathcal{S}_N} \sigma(\pi)\chi_1(\pi)\chi_2(\pi) . \tag{8.56}$$

Definition 8.3.1. *Die assoziierte Darstellung $\tilde{\Delta}$ zu einer gegebenen Darstellung Δ von $\mathcal{S}_N$ ist definiert durch*

$$\tilde{\Delta}(\pi) = \sigma(\pi)\overline{\Delta(\pi)} . \tag{8.57}$$

Natürlich gilt $\tilde{\tilde{\Delta}} = \Delta$. Δ ist genau dann irreduzibel, wenn auch $\tilde{\Delta}$ irreduzibel ist. Aus (8.56) folgt damit

$$m^{(a)} = \begin{cases} 1 \text{ falls } \Delta_2 = \tilde{\Delta}_1 \\ 0 \text{ sonst.} \end{cases}$$

Es gilt also der

Satz 8.3.2. *Die antisymmetrische Darstellung kommt im Tensorprodukt zweier irreduzibler Darstellungen Δ_1 und Δ_2 von $\mathcal{S}_N$ genau dann vor, und zwar mit der Multiplizität 1, wenn Δ_1 und Δ_2 zueinander assoziiert sind.*

Mit dem Pauliprinzip ist damit der Unterraum $\mathcal{H}_E$ zu einem Term E nach (8.53):

$$\mathcal{H}_E(L, S) = P^{(a)} \left\{ \mathcal{M}_B(L, \tilde{\Delta}(S)) \otimes \mathcal{M}_S(S, \Delta(S)) \right\} . \tag{8.58}$$

Dies bedeutet: *Die Darstellung von $\mathcal{S}_N$ im Spinraum und im Ortsraum ist eindeutig durch den Spin S bestimmt.*

Für einen Term E zu (L, S) benutzt man das Symbol ^{2S+1}X, wo $X = S, P, D, F, G, \dots$ für $L = 0, 1, 2, 3, 4, \dots$. Die Größe $2S + 1$ nennt man die *Multiplizität* des Terms (die Aufspaltung aufgrund der Spin-Bahn-Kopplung wird weiter unten besprochen).

Wir wollen (8.58) noch etwas anders schreiben. Die irreduziblen $(SU(2) \times \mathcal{S}_N)$-Moduln $\mathcal{M}_B(L, \tilde{\Delta}(S))$ und $\mathcal{M}_S(S, \Delta(S))$ können wir als Tensorprodukte auffassen (siehe Seite 222):

$$\mathcal{M}_B(L, \tilde{\Delta}(S)) = \mathcal{E}_B(L) \otimes \mathcal{F}_B(\tilde{\Delta}(S)) \,, \tag{8.59}$$

$$\mathcal{M}_S(S, \Delta(S)) = \mathcal{E}_S(S) \otimes \mathcal{F}_S(\Delta(S)) \,, \tag{8.60}$$

Hier sind $\mathcal{E}_B(L)$ und $\mathcal{E}_S(S)$ irreduzible Darstellungsräume von $SU(2)$ zu den Darstellungen D^L und D^S und $\mathcal{F}_B(\tilde{\Delta}(S))$ sowie $\mathcal{F}_S(\Delta(S))$ sind irreduzible Darstellungsräume zu den Darstellungen $\tilde{\Delta}(S)$ und $\Delta(S)$ von $\mathcal{S}_N$. Nun ist

$$\mathcal{H}_E(L, S) \cong \mathcal{E}_B(L) \otimes \mathcal{E}_S(S) \otimes \underbrace{P^{(a)} \left\{ \mathcal{F}_B(\tilde{\Delta}(S)) \otimes \mathcal{F}_S(\Delta(S)) \right\}}_{\cong \mathbb{C}}$$

$$\cong \mathcal{E}_B(L) \otimes \mathcal{E}_S(S) \,,$$

d. h.

$$\mathcal{H}_E(L, S) \cong \mathcal{E}_B(L) \otimes \mathcal{E}_S(S) \,. \tag{8.61}$$

Die Permutationsgruppe $\mathcal{S}_N$ fällt in (8.61) als Folge des Pauliprinzips wieder heraus! Der Raum $\mathcal{H}_E(L, S)$ trägt nach (8.61) die *irreduzible Darstellung* $D^L \times D^S$ *von* $SU(2) \times SU(2)$ (unabhängige „Drehungen" in $\mathcal{H}_B$ und $\mathcal{H}_S$).

Da der Symmetriecharakter der Bahnwellenfunktion für verschiedene Spins verschieden ist, *charakterisiert der Spin nicht interkombinierende Termsysteme.*

Spin-Bahn-Kopplung

Berücksichtigt man die Spin-Bahn-Kopplung, so ist der Hamiltonoperator nur noch invariant bezüglich der Untergruppe $SU(2) \subset SU(2) \times SU(2)$, welche aus den simultanen Drehungen in $\mathcal{H}_B$ und $\mathcal{H}_S$ besteht, d. h. aus den Elementen: $(g, g) \in SU(2) \times SU(2)$ (diagonale Untergruppe). Die Darstellung dieser Gruppe in $\mathcal{H}_E(L, S)$ ist offensichtlich die Tensorprodukt-Darstellung

$$D^L \otimes D^S = D^{|L-S|} \oplus \cdots \oplus D^{L+S} \,. \tag{8.62}$$

Ein Term ^{2S+1}L spaltet deshalb bei Berücksichtigung der Spin-Bahn-Kopplung in die Terme $^{2S+1}L_J$ auf, wo

$$J = |L - S|, |L - S| + 1, \ldots, L + S \tag{8.63}$$

ist. Die Parität von $^{2S+1}L_J$ ist $\pi = (-1)^L$.

Aufspaltung bei schwacher Spin-Bahn-Kopplung

Falls der Hamiltonoperator H_{S-B} der Spin-Bahn-Kopplung eine schwache Störung ist, so können wir die Energieverschiebung $\Delta E(^{2S+1}L_J)$ des Terms $^{2S+1}L_J$ in 1. Ordnung Störungstheorie berechnen:

$$\Delta E(^{2S+1}L_J) = (\Psi_M^J(L, S), H_{S-B}\Psi_M^J(L, S)) . \qquad (8.64)$$

Dabei ist $\Psi_M^J(L, S)$ die an die Zerlegung (8.62) adaptierte kanonische Basis von $\mathcal{H}_E(L, S)$ (siehe Abschn. 5.2).

Um weiter zu kommen, müssen wir etwas über H_{S-B} wissen. Wir nehmen an, dass sich H_{S-B} im Unterraum $\mathcal{H}_E(L, S)$ gleich *transformiert* wie der Operator $\boldsymbol{L} \cdot \boldsymbol{S}$. Dieser Operator hat bezüglich $SU(2) \times SU(2)$ das Transformationsverhalten $D^1 \times D^1$. [Nach der Quantenelektrodynamik transformiert sich der (meistens) dominante Term tatsächlich auf diese Weise.]

Nun verwenden wir die Intensitätsregeln von Abschn. 5.3. Da

$$(D^1 \times D^1) \otimes (D^L \times D^S) = (D^1 \otimes D^L) \times (D^1 \otimes D^S)$$

$$= \bigoplus_{L'=L-1}^{L+1} \bigoplus_{S'=S-1}^{S+1} D^{L'} \times D^{S'} ,$$

und somit die Darstellung $D^L \times D^S$ darin genau einmal vorkommt, ist das Matrixelement (8.64) *rein gruppentheoretisch bis auf eine Konstante bestimmt*. Deshalb gilt

$$\Delta E \left(^{2S+1}L_J\right) = \tau \left(\Psi_M^J(L, S), \boldsymbol{L} \cdot \boldsymbol{S} \, \Psi_M^J(L, S)\right) ,$$

wo τ eine, durch die spezifische Dynamik bestimmte Konstante ist. Im Unterraum der $\Psi_M^J(L, S)$ gilt aber

$$\boldsymbol{J}^2 = (\boldsymbol{L} + \boldsymbol{S})^2 = \boldsymbol{L}^2 + \boldsymbol{S}^2 + 2\boldsymbol{L} \cdot \boldsymbol{S} ,$$

also

$$\boldsymbol{L} \cdot \boldsymbol{S} = \frac{1}{2} \left[J(J+1) - L(L+1) - S(S+1) \right] .$$

Damit erhalten wir die *Landésche Intervallregel*:

$$\Delta E \left(^{2S+1}L_J\right) = \frac{1}{2}\tau(L, S) \left[J(J+1) - L(L+1) - S(S+1) \right] . \qquad (8.65)$$

Daraus folgt

$$\Delta E \left(^{2S+1}L_{J+1}\right) - \Delta E \left(^{2S+1}L_J\right) = \tau(J+1) . \qquad (8.66)$$

Beispiel 8.3.1. Der Grundzustand von Fe ist $^5D_4$ (siehe das Schalenmodell, Abschn. 6.4). Aus den Energieunterschieden der verschiedenen Feinstruktur-komponenten erhält man mit (8.66) die folgenden empirischen τ-Werte, welche tatsächlich einigermaßen konstant sind.

Niveaus	empirisches τ
$^5D_4$	
$^5D_3$	-103.9
$^5D_2$	-96.1
$^5D_1$	-92.1
$^5D_0$	-89.9

Auswahlregeln bei Russell-Saunders-Kopplung

Für schwache Spin-Bahn-Kopplung (sog. Russell-Saunders-Kopplung) lauten die Auswahlregeln für Dipolstrahlung (siehe Abschn. 5.3)

$$S \longrightarrow S\,,$$
$$L \longrightarrow L+1,\, L,\, L-1\,,$$
$$J \longrightarrow J+1,\, J,\, J-1\,.$$

Insbesondere gilt, wie wir schon früher festgestellt haben: *Terme mit verschiedenem Spin (Multiplizität) kombinieren nicht.*

Nochmals der anomale Zeeman-Effekt

Mit den genau gleichen Überlegungen wie beim 1-Elektronenproblem (siehe Abschn. 5.4.1) erhalten wir für die Zeeman-Aufspaltung bei schwacher Spin-Bahn-Kopplung und kleinen Magnetfeldern

$$\Delta E_M = \left(\Psi_M^J(L,\,S),\, \mu_\circ B(J_3 + S_3)\Psi_M^J(L,\,S)\right) = gM\mu_\circ B\,, \qquad (8.67)$$

wobei

$$g = 1 + \frac{J(J+1) - L(L+1) + S(S+1)}{2J(J+1)} \quad (g\text{-Faktor von Landé}). \quad (8.68)$$

Das Li-Spektrum

Als Beispiel eines Mehrelektronenproblems betrachten wir das neutrale Li-Atom. Die möglichen Spins der drei Elektronen sind, wegen

$$D^{1/2} \otimes D^{1/2} \otimes D^{1/2} = D^{3/2} \oplus 2D^{1/2}\,,$$

gleich 3/2 und 1/2. In der Zerlegung (8.52),

$$\mathcal{H}_S = \bigoplus_S \mathcal{M}_S(S,\, \Delta(S))\,,$$

ist

$$dim\mathcal{M}_S(S, \Delta(S)) = dimD^S \cdot dim\Delta(S) .$$

Ist $n(S)$ anderseits die Anzahl, mit der die Darstellung D^S in $\mathcal{H}_S$ vorkommt, so ist auch

$$dim\mathcal{M}_S(S, \Delta(S)) = n(S)dimD^S .$$

Deshalb gilt

$$\boxed{dim\Delta(S) = n(S) .} \tag{8.69}$$

Für unser Beispiel ist also

$$dim\Delta(3/2) = 1 , \tag{8.70}$$

$$dim\Delta(1/2) = 2 . \tag{8.71}$$

Darstellungen von $\mathcal{S}_3$:

Spezialisieren wir die Ergebnisse von 13.3 auf eine endliche Gruppe G, so ergibt sich folgendes. Die Dimension der Gruppenalgebra ist gleich der Ordnung $|G|$ der Gruppe G. Da in der regulären Darstellung alle irreduziblen Darstellungen vorkommen und zwar so oft wie ihre Dimension beträgt, so gilt für die Gesamtheit $\{\Delta_\mu\}$ der inäquivalenten irreduziblen Darstellungen:

$$\boxed{\sum_\mu (dim\Delta_\mu)^2 = |G| .} \tag{8.72}$$

Die Anzahl der verschiedenen irreduziblen Darstellungen ist gleich der Zahl der Klassen konjugierter Elemente, denn die zugehörigen Charaktere bilden ein vollständiges orthonormiertes System im Raum der Klassenfunktionen.[5]

Für $\mathcal{S}_3$ gibt es drei Klassen; Repräsentanten sind: Id, $(1, 2)$, $(1, 2, 3)$. Die inäquivalenten irreduziblen Darstellungen seien Δ_1, Δ_2 und Δ_3. Nach (8.72) gilt

$$\sum_{\mu=1}^{3} (dim\Delta_\mu)^2 = |\mathcal{S}_3| = 3! = 6 .$$

Die identische (symmetrische) und die alternierende Darstellung Δ_1 bzw. Δ_2 sind eindimensional. Deshalb ist $dim\,\Delta_3 = 2$. Aufgrund der Orthogonalitätsrelationen bekommt man leicht die folgende *Charakteren-Tafel*:[6]

$$
\begin{array}{c|ccc}
 & Id & (1,\,2) & (1,\,2,\,3) \\
\hline
\chi_1 & 1 & 1 & 1 \\
\chi_2 & 1 & -1 & 1 \\
\chi_3 & 2 & 0 & -1
\end{array}
\tag{8.73}
$$

Da $\chi_i(Id) = dim\Delta_i$, erhält man $dim\Delta_3 = 2$ auch aus (8.73).

---

[5]Für endliche Gruppen kann man diese Tatsachen auf elementare Weise direkt herleiten.

[6]Die Anzahl der Elemente in der Klasse repräsentiert durch $(1, 2)$ ist gleich 3 und diejenige zu $(1, 2, 3)$ ist gleich 2.

Die antisymmetrische Darstellung Δ_2 kommt in $(\mathbb{C}^2)^{\otimes 3}$ nicht vor, denn ein antisymmetrisiertes Produkt $P_S^{(a)}(u \otimes v \otimes w)$ von drei zweidimensionalen Vektoren verschwindet natürlich. Aus (8.70) folgt deshalb

$$\Delta(3/2) = \Delta_1 \, , \quad \Delta(1/2) = \Delta_3 \, . \tag{8.74}$$

Die assoziierten Darstellungen sind offensichtlich

$$\tilde{\Delta}(3/2) = \Delta_2 \, , \quad \tilde{\Delta}(1/2) = \Delta_3 \, . \tag{8.75}$$

Zu $S = 3/2$ gehört demnach der Bahnraum der antisymmetrischen Funktionen und *zu $S = 1/2$ der Bahnraum der Funktionen „gemischter Symmetrie"*, für die

$$\Phi(\boldsymbol{x}_1, \boldsymbol{x}_2, \boldsymbol{x}_3) + \Phi(\boldsymbol{x}_2, \boldsymbol{x}_3, \boldsymbol{x}_1) + \Phi(\boldsymbol{x}_3, \boldsymbol{x}_1, \boldsymbol{x}_2) = 0 \tag{8.76}$$

ist.

Begründung von (8.76): Die Symmetrieklasse, welche zur Darstellung Δ von $\mathcal{S}_N$ gehört, ist der folgende Unterraum des Bahnraumes

$$\mathcal{H}_B(\Delta) = P_\Delta \mathcal{H}_B \, , \tag{8.77}$$

wobei P_Δ nach Anhang 13, Gl. (13.56) der folgende Projektionsoperator ist:

$$P_\Delta = dim\Delta \cdot \frac{1}{N!} \sum_{\pi \in \mathcal{S}_N} \bar{\chi}_\Delta(\pi) V_B(\pi) \quad (\chi_\Delta = \text{Charakter zu } \Delta) \, . \tag{8.78}$$

Speziell für $\mathcal{S}_3$ $(N = 3)$ können wir den Raum $\mathcal{H}_B(\Delta_3)$ wie folgt charakterisieren (da $P_{\Delta_1} + P_{\Delta_2} + P_{\Delta_3} = \mathbb{1}$):

$$\mathcal{H}_B(\Delta_3) = P_\Delta \mathcal{H}_B = \{\Phi \in \mathcal{H}_B : (P_{\Delta_1} + P_{\Delta_2})\Phi = 0\} \, ,$$

d. h.

$$\mathcal{H}_B(\Delta_3) = \left\{ \Phi \in \mathcal{H}_B : \sum_{\pi \text{ gerade}} V_B(\pi)\Phi = 0 \right\} \, .$$

Die geraden Permutationen von $\mathcal{S}_3$ sind: Id, $(1, 2, 3)$, $(1, 3, 2)$. Also

$$\mathcal{H}_B(\Delta_3) = \{\Phi \in \mathcal{H}_B | \, \Phi(\boldsymbol{x}_1, \boldsymbol{x}_2, \boldsymbol{x}_3) + \Phi(\boldsymbol{x}_2, \boldsymbol{x}_3, \boldsymbol{x}_1) + \Phi(\boldsymbol{x}_3, \boldsymbol{x}_1, \boldsymbol{x}_2) = 0\} \, .$$

Bemerkungen:

1. Da die antisymmetrische Darstellung im Spinraum nicht vorkommt, gibt es *keine Terme mit symmetrischen Bahnfunktionen*. Dies ist die Wirkung des Pauliprinzips, welches ganz allgemein die Termmannigfaltigkeit wesentlich beschränkt.

2. Für die Verallgemeinerung auf N Elektronen benötigt man die Darstellungstheorie der symmetrischen Gruppe. Darauf gehen wir aber nicht ein.

8.4 Das Schalenmodell der Atome (Aufbau-Prinzip, (L, S)-Terme)

Das Schalenmodell der Atome beruht darauf, dass man in Atomen näherungsweise von einzelnen Elektronen sprechen kann, die sich im Kernfeld und einem mittleren Feld der anderen Elektronen bewegen. Dieses mittlere Feld berechnet man in der Praxis mit dem Hartree-Fock-Verfahren, oder dem statistischen Verfahren von Thomas und Fermi (siehe Abschn. 6.5, 6.7).

Das resultierende Feld, welches auf ein Elektron wirkt, weicht vom Coulombfeld ab. Der Zustand eines Elektrons in einem solchen Feld wird durch vier Quantenzahlen n, l, m und μ bestimmt: n = Hauptquantenzahl, l = Bahndrehimpuls, m = magnetische Quantenzahl, μ = Spinquantenzahl. Dabei sei wieder $n = n_r + l + 1$, wo n_r die Zahl der Knoten der radialen Wellenfunktion ist. Die zugehörige Wellenfunktion bezeichnen wir mit $\psi_{nlm\mu} \in L^2(\mathbb{R}^3) \otimes \mathbb{C}^2$.

Die Hauptquantenzahl n bestimmt die Energie eines Zustandes im Coulombfeld eindeutig. In komplizierten Atomen hängt die Energie eines Elektrons, bei Vernachlässigung der Spin-Bahn-Kopplung, von den beiden Quantenzahlen n *und* l ab. Diese Zahlen werden auch zur Bezeichnung der zugehörigen Energiezustände verwendet. Gewöhnlich schreibt man statt der Zahlen $l = 0, 1, 2, \ldots$ kleine lateinische Buchstaben s, p, d, f, g, $\ldots$. Die normalerweise beobachtete Folge der Energiezustände ist in der folgenden Tabelle angegeben. Die überstrichenen Zustände haben nahezu dieselbe Energie, weshalb sich ihre Reihenfolge von Atom zu Atom ändern kann.

1	$1s$	2	He
2	$2s\ 2p$	8	Ne
3	$3s\ 3p$	8	Ar
4	$\overline{4s\ 3d}\ 4p$	18	Kr
5	$\overline{5s\ 4d}\ 5p$	18	Xe
6	$\overline{6s\ 4f\ 5d}\ 6p$	32	Rn
			Edelgase
7	$\overline{7s\ 5f\ 6d} \ldots$		

Die Energiedifferenzen zwischen den Zuständen in verschiedenen Zeilen der Tabelle sind relativ groß. Wie man aus der Tabelle entnimmt, weichen die Energiezustände der komplizierten Atome von den Energien des Wasserstoffatoms ab. Zum Beispiel haben im H-Atom die Zustände $3s$, $3p$ und $3d$ dieselbe Energie, aber in komplizierten Atomen sind die Energien dieser Zustände verschieden. Die kleinste Energie hat der Zustand $3s$, die größte Energie der Zustand $3d$. Dies liegt daran, dass die d-Elektronen weiter weg vom Kern sind (die Wellenfunktion verhält sich wie r^l) als die s-Elektronen. Deshalb wirkt auf jene eine *abgeschirmte Ladung*. Darin liegt auch der Grund warum z. B. das $4f$-Niveau höher liegt als das $6s$-Niveau.

(L, S)-Terme von Schalenmodell-Zuständen

Wir wollen uns nun überlegen, in welche (L, S)-Terme ein Schalenmodell Niveau aufspaltet, wenn man die „Restwechselwirkung"[7] zwischen den Elektronen „einschaltet". Die Spin-Bahn-Kopplung denken wir uns in einem 2. Schritt berücksichtigt. [Wir nehmen an, sie sei klein gegenüber der Restwechselwirkung *(Russell-Saunders-Kopplung)*.]

Die Eigenwerte von $(V(r) = \text{Schalenmodellpotential})$:

$$H_\circ = \sum_{k=1}^{N} \left(\frac{1}{2m} \boldsymbol{p}_k^2 + V\left(|\boldsymbol{x}_k|\right) \right) \tag{8.79}$$

sind $E_{n_1 l_1} + E_{n_2 l_2} + \cdots + E_{n_N l_N}$, wobei $E_{n,l}$ die Eigenwerte des Operators

$$\frac{1}{2m} \boldsymbol{p}^2 + V\left(|\boldsymbol{x}|\right)$$

sind. Wir bezeichnen den Eigenraum von $E_{n,l}$ in $L^2(\mathbb{R}^3)$ mit $\mathcal{E}_{nl}$ und seine kanonische Basis mit φ_{nlm} $(m = -l, -l+1, \ldots, +l)$.

Der Eigenraum von $H_\circ$ im Bahnraum $\mathcal{H}_B$ zum Eigenwert $E_{n_1 l_1} + \cdots + E_{n_N l_N}$ ist dann

$$\mathcal{E}(n_1 l_1, n_2 l_2, \ldots, n_N l_N) = \bigoplus_{\pi \in \mathcal{S}_N}{}' V_B(\pi)\left(\mathcal{E}_{n_1 l_1} \otimes \cdots \otimes \mathcal{E}_{n_N l_N}\right) . \tag{8.80}$$

Falls nicht alle (n_i, l_i) verschieden sind, erstreckt sich die direkte Summe nur über diejenigen Permutationen, die zu verschiedenen Tensorprodukten führen. (Dies ist durch den Strich angedeutet.) Die Eigenwerte von $H_\circ$ sind also hoch entartet. Diese Entartung wird teilweise durch die Restwechselwirkung W aufgehoben.

Eine Basis von (8.80) bilden die Zustände

$$\{V_B(\pi)\varphi_{n_1 l_1 m_1} \otimes \cdots \otimes \varphi_{n_N l_N m_N}\} . \tag{8.81}$$

Die Folge $n_1 l_1, n_2 l_2, \ldots, n_N l_N$ nennt man eine *Elektronenkonfiguration*. Falls einige der $(n_i l_i)$ gleich sind, schreibt man kürzer $(n_1 l_1)^{\alpha_1}, (n_2 l_2)^{\alpha_2}, \ldots$, wobei α_i die Zahl der gleichen $(n_i l_i)$, d. h. die Zahl der „äquivalenten" Elektronen angibt.

---

[7]Damit meinen wir die Wechselwirkung

$$W = \sum_{i<j} \frac{e^2}{|\boldsymbol{x}_i - \boldsymbol{x}_j|} - \sum_{i} \left[V\left(|\boldsymbol{x}_i|\right) + \frac{Ze^2}{|\boldsymbol{x}_i|} \right] .$$

Die Parität P einer Elektronenkonfiguration ist

$$P = (-1)^{\sum_{k=1}^{N} l_k} \; . \tag{8.82}$$

Diese·ändert sich nicht beim Einschalten der Restwechselwirkung.

Um zu sehen, in welche Terme von ·

$$H = \frac{1}{2m} \sum p_i^2 - \sum \frac{Ze^2}{|\boldsymbol{x}_i|} + \sum_{i<j} \frac{e^2}{|\boldsymbol{x}_i - \boldsymbol{x}_j|} = H_\circ + W \tag{8.83}$$

eine Elektronenkonfiguration aufspaltet, könnte man im Prinzip wie folgt vorgehen: Man reduziere zunächst den Raum (8.80) nach irreduziblen Bestandteilen $D^L \times \Delta$ von $SO(3) \times \mathcal{S}_N$ aus. Danach betrachte man die assoziierten Darstellungen $\tilde{\Delta}$ und stelle fest, welche im Spinraum $\mathcal{H}_S$ überhaupt vorkommen. Für diejenigen, die vorkommen, bestimme man den zugehörigen Spin, welcher ja nach dem Weylschen Satz eindeutig bestimmt ist. Mit etwas gehobeneren gruppentheoretischen Kenntnissen lässt sich dieses Programm elegant durchführen (siehe z. B. meine schon zitierte Vorlesung [37]).

Aufgrund des Pauliprinzips lässt sich die Bestimmung der (L, S)-Terme wesentlich elementarer erreichen (ohne Darstellungstheorie der symmetrischen Gruppe). Dazu betrachte man gleich das Tensorprodukt des Raumes (8.80) mit $\mathcal{H}_S$ und nehme davon, den – durch das Pauliprinzip geforderten – antisymmetrischen Teilraum:

$$\mathcal{H}^{(a)}(n_1 l_1, \, n_1 l_1, \, \ldots n_N l_N) := P^{(a)}[\mathcal{E}(n_1 l_1, \ldots n_N l_N) \otimes \mathcal{H}_S] \; . \tag{8.84}$$

Bezeichnet u_μ ($\mu = \pm 1/2$) die kanonische Basis von $\mathbb{C}^2$, so bilden die folgenden Vektoren eine Basis von $\mathcal{H}^{(a)}(n_1 l_1, \ldots, n_N l_N)$:

$$\psi_{n_1 l_1 m_1 \mu_1, \ldots n_N l_N m_N \mu_N} = \frac{1}{\sqrt{N!}} \sum_{\pi \in \mathcal{S}_N} \sigma(\pi) V(\pi)[\psi_{n_1 l_1 m_1 \mu_1} \otimes \cdots$$

$$\cdots \otimes \psi_{n_N l_N m_N \mu_N}] \; , \tag{8.85}$$

wobei

$$\psi_{n l m \mu} := \varphi_{n l m} \otimes u_\mu \; . \tag{8.86}$$

Diese Zustände können wir auch als Slaterdeterminanten darstellen (siehe (8.10)):

$$\psi_{n_1 \ldots \mu_N}^{(1, \ldots, N)} = \frac{1}{\sqrt{N!}} \begin{vmatrix} \psi_{n_1 l_1 m_1 \mu_1}(1) & \cdots & \psi_{n_1 l_1 m_1 \mu_1}(N) \\ \psi_{n_2 l_2 m_2 \mu_2}(1) & \cdots & \psi_{n_2 l_2 m_2 \mu_2}(N) \\ \vdots & & \vdots \\ \vdots & & \\ \psi_{n_N l_N m_N \mu_N}(1) & \cdots & \psi_{n_N l_N m_N \mu_N}(N) \end{vmatrix} \; . \tag{8.87}$$

Alle (n_i, l_i, m_i, μ_i) müssen darin verschieden sein, da sonst die Slater-Determinante verschwindet. (Dies ist die ursprüngliche Formulierung des

Pauliprinzips.) Sind z. B. alle (n_i, l_i) gleich, so verschwindet die Slater-Determinante für $N > 2(2l + 1)$, d. h. die Zahl der äquivalenten Elektronen ist $\leq 2(2l + 1)$. Dies ist die *Stonersche Regel*: In einem Zustand mit der Quantenzahl (n, l) können sich höchstens $2(2l + 1)$ Elektronen befinden.

Ein Zustand der Form (8.87) ist eindeutig durch die *Symbolreihe* $(n_1 l_1 m_1 \mu_1) \ldots (n_N l_N m_N \mu_N)$ charakterisiert, wobei es auf die *Reihenfolge nicht ankommt*. Wir können uns die Symbolreihen etwa lexikographisch geordnet denken.

Zur Bestimmung der (L, S)-Terme für eine Elektronenkonfiguration müssen wir den Raum (8.84) nach $SU(2) \times SU(2)$ ausreduzieren. Die irreduziblen Darstellungen sind von der Form $D^L \times D^S$; die auftretenden Paare (L, S) geben die gesuchten Terme. Diese bestimmen wir mit Hilfe der Charaktere. Die irreduziblen Charaktere für $SU(2) \times SU(2)$ lauten

$$\chi_{(L, S)}(\varphi_B, \varphi_S) = \sum_{m_L = -L}^{+L} \sum_{m_S = -S}^{+S} e^{i(m_L \varphi_B + m_S \varphi_S)} \tag{8.88}$$

(φ_B, φ_S: Drehwinkel um z-Achse).

Unter der Transformation

$$\begin{pmatrix} e^{i\varphi_B/2} & 0 \\ 0 & e^{-i\varphi_B/2} \end{pmatrix} \times \begin{pmatrix} e^{i\varphi_S/2} & 0 \\ 0 & e^{-i\varphi_S/2} \end{pmatrix}$$

gilt

$$\psi_{n_1 l_1 m_1 \mu_1 \ldots n_N l_N m_N \mu_N} \longmapsto \exp\left(i\varphi_B \sum_1^N m_k + i\varphi_S \sum_1^N \mu_k\right) \psi_{n_1 \ldots \mu_N} .$$

Deshalb lautet der Charakter $\chi_{n_1 l_1 \ldots n_N l_N}(\varphi_B, \varphi_S)$ der Darstellung von $SU(2) \times SU(2)$ in (8.84):

$$\chi_{n_1 l_1 \ldots n_N l_N}(\varphi_B, \varphi_S) = \sum_{(m, \mu)} e^{i(\varphi_B \sum_1^N m_k + \varphi_S \sum_1^N \mu_k)} . \tag{8.89}$$

Darin ist bei *fester Elektronenkonfiguration* $(n_1 l_1) \ldots (n_N l_N)$ über *alle Symbolreihen* $(n_1 l_1 m_1 \mu_1) \ldots (n_N l_N m_N \mu_N)$ zu summieren.

Es bleibt die Aufgabe, den Charakter (8.89) nach den irreduziblen Charakteren (8.88) zu zerlegen. Man kann dies wie folgt bewerkstelligen:

Zunächst schreibe man alle Symbolreihen (n_i, l_i fest, $m_i = -l_i, \ldots, l_i$, $\mu_i = \pm 1/2$) in lexikographischer Ordnung hin (in einer Symbolreihe müssen alle (n_i, l_i, m_i, μ_i) verschieden sein). Jede solche Symbolreihe charakterisiert einen Basisvektor der Form (8.87) von (8.84). Hinter jede Symbolreihe schreibe man $\sum m_i$ und $\sum \mu_i$ auf. Die so gefundenen Wertepaare $(\sum m_i, \sum \mu_i)$

trage man in eine Rechtecktabelle der Form

$\sum \mu_i$ $\diagdown$ $\sum m_i$	σ	$\sigma - 1$	$\sigma - 2$	$\ldots$
ρ				
$\rho - 1$	$+$			
$\rho - 2$				
$\vdots$				

$$(8.90)$$

durch Kreuze ein. Für jede gesuchte Darstellung $D^L \times D^S$ ist dann an allen Stellen (m_L, m_S) mit $-L \leq m_L \leq L$, $-S \leq m_S \leq S$ je ein Kreuz aus-zulöschen. Man beginnt am besten mit dem größtmöglichen Wert m_L und mit dem bei diesem m_L größtmöglichen m_S.

Beispiel 8.4.1. Drei äquivalente p-Elektronen ($l = 1$). Da alle (n_i, l_i) gleich sind, müssen wir nur die (m_k, μ_k) aufschreiben. Wir erhalten die folgende Tabelle:

Symbolreihen	$\sum_1^3 m_k$	$\sum \mu_k$
$(1\frac{1}{2})\,(1-\frac{1}{2})\,(0\frac{1}{2})$	2	$\frac{1}{2}$
$(1\frac{1}{2})\,(1-\frac{1}{2})\,(-1\frac{1}{2})$	1	$\frac{1}{2}$
$(1\frac{1}{2})\,(0\frac{1}{2})\,(0-\frac{1}{2})$	1	$\frac{1}{2}$
$(1\frac{1}{2})\,(0\frac{1}{2})\,(-1\frac{1}{2})$	0	$\frac{3}{2}$
$(1\frac{1}{2})\,(0\frac{1}{2})\,(-1-\frac{1}{2})$	0	$\frac{1}{2}$
$(1\frac{1}{2})\,(0-\frac{1}{2})\,(-1\frac{1}{2})$	0	$\frac{1}{2}$
$(1-\frac{1}{2})\,(0\frac{1}{2})\,(-1\frac{1}{2})$	0	$\frac{1}{2}$.

Die nicht hingeschriebenen Symbolreihen sind nicht notwendig, da diese nega-tive Werte für eine der beiden Summen $\sum m_k$, $\sum \mu_k$ liefern, die nicht Anlass zu weiteren Darstellungen $D^L \times D^S$ sein können. Die Rechteckstabelle lautet in unserem Beispiel:

m_S $\diagdown$ m_L	2	1	0
3/2			$+$
1/2	$+$	$++$	$+++$

$L = 2$ ist der größte Wert von m_L; $S = 1/2$ ist der größte Wert von m_S bei gegebenem $m_L = 2$. Für folgende Paare ist je ein Kreuz zu löschen:

$$(m_L, m_S) = (2, 1/2),\ (1, 1/2),\ (0, 1/2)\,.$$

Es bleibt

m_S $\diagdown$ m_L	2	1	0
3/2			$+$
1/2		$+$	$++$

In diesem Schritt erhält man $L = 1$, $S = 1/2$. Die auszulöschenden Paare sind:

$$(m_L, m_S) = (1, 1/2), (0, 1/2) .$$

Die verbleibenden Kreuze geben noch den Term $L = 0$, $S = 3/2$. Wir haben damit das *Resultat*: Die Konfiguration $(n1)^3$ gibt die folgenden Terme:

$$(L, S) = (2, 1/2), (1, 1/2), (0, 3/2) ,$$

d. h.

$$^{2S+1}L : \quad ^2D, \ ^2P, \ ^4S .$$

Nun gibt es verschiedene Regeln, die das Aufsuchen der Terme in der Praxis vereinfachen.

Regel 1 *Vollbesetzte Schalen in einer Elektronenkonfiguration erhöhen die Termmannigfaltigkeit nicht, d. h. sie können bei der Bestimmung der Terme fortgelassen werden.*

Beweis. Liegt eine vollbesetzte Schale (n, l) vor, so ist für jede Symbolreihe $\sum m_k = 0$, $\sum \mu_k = 0$, da alle m_k $(-l \le m_k \le l)$ und beide μ_k vorkommen. Diese liefern deshalb keinen Beitrag zu $(\sum m_k, \sum \mu_k)$.

Regel 2 *Sind zwei verschiedene Gruppen äquivalenter Elektronen vorhanden (die Verallgemeinerung auf mehrere Elektronen ist offensichtlich), so kann man zuerst jede Gruppe für sich behandeln und am Schluss ohne Berücksichtigung des Pauliprinzips die beiden Gruppen zusammenfassen. [Sei (L_1, S_1) ein Term der ersten Gruppe und (L_2, S_2) ein solcher der zweiten Gruppe, dann kommen alle Terme mit*

$$L = |L_1 - L_2| , \ldots L_1 + L_2 ,$$

$$S = |S_1 - S_2| , \ldots S_1 + S_2$$

vor.] Das Pauliprinzip bewirkt also keine weitere Reduktion der Terme.

Beweis. Gibt jede Gruppe für sich für $(\sum m_k, \sum \mu_k)$ die Wertepaare (m'_L, m'_S), bzw. (m''_L, m''_S), so sieht man leicht, dass für beide Gruppen zusammen (da $(n', l') \neq (n, l)$) die Paare (m_L, m_S) alle Kombinationen der Werte $m_L = m'_L + m''_L$, $m_S = m'_S + m''_S$ annehmen. Also kommen mit (L', S') und (L'', S'') alle Paare (L, S) in

$$(D^{L'} \times D^{S'}) \otimes (D^{L''} \times D^{S''})$$

vor.

Regel 3 *Eine Anzahl h von äquivalenten Elektronen in einer Schale (n, l) geben dieselbe Termmannigfaltigkeit wie $2(2l+1) - h$ Elektronen in derselben Schale.*

Beweis. Zu jeder Symbolreihe $(nlm_1\mu_1) \ldots (nlm_h\mu_h)$ kann man eine eindeutige Symbolreihe der $2(2l+1) - h$ fehlenden Elektronen aufschreiben, die die obige Symbolreihe zu einer solchen der vollen Schale ergänzt. Für die ergänzende Reihe erhält man als $(\sum m_k, \sum \mu_k)$ immer das Negative des entsprechenden Paares für die ursprüngliche Reihe der h Elektronen. Daraus folgt, dass im ganzen beide Male *dieselbe* Mannigfaltigkeit von Paaren $(\sum m_k, \sum \mu_k)$ auftritt.

Mit diesen Regeln ist es nur notwendig die Terme der äquivalenten Elektronen aufzusuchen. Für $(p)^3$ haben wir dies schon durchgeführt. Verifiziere als Übungsaufgabe die folgenden Ergebnisse:

$$(p)^2 : {}^1S, \ {}^1D, \ {}^3P$$
$$(p)^3 : {}^2P, \ {}^2D, \ {}^4S$$
$$(d)^2 : {}^1S, \ {}^1D, \ {}^1G, \ {}^3P, \ {}^3F$$
$$(d)^3 : {}^2P, \ {}^2D \ (zweimal), \ {}^2F, \ {}^2G, \ {}^2H, \ {}^4P, \ {}^4F$$
$$\vdots \qquad \vdots$$

Beispiel 8.4.2. Kohlenstoff: Die niederste Konfiguration ist $(1s)^2(2s)^2(2p)^2$. Die zugehörigen Terme sind: ${}^1S, \ {}^1D, \ {}^3P$. Davon ist ${}^3P$ der Grundzustand. Eine *empirische Regel* besagt nämlich, dass der Term mit der *größten Multiplizität* im allgemeinen am *tiefsten liegt* (1. Hundsche Regel). Angeregte Konfigurationen sind:

$$(1s)^2 \ (2s)^2 \ (2p)(np) \, , \ n > 2$$
$$(1s)^2 \ (2s)^2 \ (2p)(ns) \, , \ n \geq 3 \, , \ etc. \, .$$

Bestimme die zugehörigen (L, S)-Terme.

Das Aufbau Prinzip (auffüllen der Elektronenschalen) liefert ein qualitatives Verständnis des periodischen Systems der Elemente. Die Edelgase (siehe die Tabelle auf Seite 229) entsprechen den voll aufgefüllten Schalen und sind deshalb besonders stabil. Quantitativ ist dies in der Abb. 8.3 gezeigt.

Bemerkung:

Auch in der Kernphysik gibt es ein (überraschenderweise) erfolgreiches Schalenmodell, das demjenigen der Atome nachgebildet ist. Nur ist dort die Spin-Bahn-Kopplung schon für die Einteilchenzustände sehr stark ($j - j$-Kopplung). Den Edelgasen entsprechen in der Kernphysik die *magischen Kerne*.

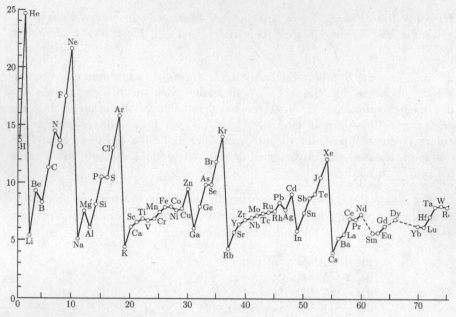

Abb. 8.3. Ionisationspotential als Funktion der Kernladungszahl Z

8.5 Thomas-Fermi-Modell eines Atoms

Dieses Modell ist zwar besonders einfach, liefert aber für komplizierte Atome (mit hohem Z) trotzdem eine nützliche Beschreibung. Es beruht auf semiklassischen und statistischen Vorstellungen. Deshalb müssen wir einige Bemerkungen über das freie Elektronengas voranstellen. Die Thomas-Fermi-Näherung liefert eine sehr gute Beschreibung der Weißen Zwerge, wie wir im nächsten Abschnitt zeigen werden.

8.5.1 Das freie Elektronengas

Wir betrachten N wechselwirkungsfreie Elektronen (allgemeiner Spin-1/2-Teilchen) in einem Volumen $V = L^3$. Verlangen wir periodische Randbedingungen, so lauten die 1-Teilchen-Wellenfunktionen:

$$\psi_{\boldsymbol{p}}(\boldsymbol{x}) = const.\, e^{i\boldsymbol{p}\cdot\boldsymbol{x}/\hbar}\,,\quad \boldsymbol{p}/\hbar = \frac{2\pi}{L}\boldsymbol{n}\,,\;\boldsymbol{n}\in\mathbb{Z}^3\,,\qquad (8.91)$$

mit der Energie $E_{\boldsymbol{p}} = \boldsymbol{p}^2/2m$.

Nach dem Pauliprinzip kann jeder Impulszustand höchstens zweifach besetzt werden ($s_z = \pm\hbar/2$). Im Grundzustand sind alle Zustände mit $|\boldsymbol{p}| \le p_F$ (Fermiimpuls) besetzt (Slaterdeterminante). Die Zahl der Zustände in der Fermikugel ($|\boldsymbol{p}| \le p_F$) ist offensichtlich gleich $2 \cdot (4\pi/3)(p_F/\hbar)^3/(2\pi/L)^3$.

Da diese auch gleich der Zahl N der Elektronen ist, so erhalten wir für die Teilchendichte $n = N/V$:

$$n = \frac{(p_F/\hbar)^3}{3\pi^2} . \tag{8.92}$$

Die gesamte kinetische Energie dieses Grundzustandes ist

$$E_{\text{kin}} = 2 \sum_{|\boldsymbol{p}| \leq p_F} \frac{\boldsymbol{p}^2}{2m} = 2 \left(\frac{L}{2\pi\hbar} \right)^3 \int_{|\boldsymbol{p}| \leq p_F} \frac{\boldsymbol{p}^2}{2m} \text{d}^3 p$$

$$= N \frac{3}{5} \varepsilon_F , \quad \varepsilon_F = \frac{p_F^2}{2m} : \text{Fermienergie} . \tag{8.93}$$

(Für ein genügend großes Volumen V haben wir dabei, wie üblich, die Summe durch ein Integral ersetzt.) Die Energiedichte ist damit

$$\varepsilon_{\text{kin}} = E_{\text{kin}}/V = \kappa n^{5/3} , \quad \kappa = \frac{\hbar^2}{10m} 3^{5/3} \pi^{4/3} . \tag{8.94}$$

Man überzeuge sich, dass dieselben Resultate herauskommen, wenn an Stelle von periodischen Randbedingungen unendlich hohe Wände angenommen werden.

8.5.2 Die Thomas-Fermi-Näherung

Bei einem komplizierten Atom sind aufgrund des Pauliprinzips die meisten Elektronen in hochenergetischen Zuständen. Deshalb sind die Wellenlängen klein und das (selbstkonsistente) Potential ändert sich über eine Wellenlänge nur wenig. Wir können dann im Sinne einer halbklassischen Näherung annehmen, dass innerhalb von Volumenelementen, in denen das Potential nahezu konstant ist, sich „viele" Elektronen befinden, deren Zustände lokal ebene Wellen sind und deren Verteilung gemäß (8.92) bestimmt ist. Dabei ist nun aber p_F eine ortsabhängige Funktion $p_F(\boldsymbol{x})$, die mit der Fermienergie ε_F (der Energie des höchst besetzten Zustandes) folgendermaßen zusammenhängt

$$\frac{1}{2m} p_F^2(\boldsymbol{x}) + U(\boldsymbol{x}) = \varepsilon_F . \tag{8.95}$$

Das selbstkonsistente Potential $U(\boldsymbol{x})$ erfüllt die Poisson-Gleichung

$$\Delta U = -4\pi e^2 n + 4\pi Z e^2 \delta^3 , \tag{8.96}$$

mit

$$n(\boldsymbol{x}) = \frac{p_F^3(\boldsymbol{x})}{3\pi^2 \hbar^3} . \tag{8.97}$$

Im Gleichgewicht muss ε_F *ortsunabhängig* sein, denn die linke Seite von (8.95) ist die totale Energie der energiereichsten Elektronen und diese darf nicht von $\boldsymbol{x}$ abhängen. Ansonsten könnte die gesamte Energie des Atoms durch Verschieben von Elektronen erniedrigt werden. [Die Konstante ε_F ist das chemische Potential bei $T = 0$; siehe dazu etwa N. Straumann, *Thermodynamik* (Springer-Verlag), § III.9.]

Die Dichte n verschwindet beim Atomradius R, bei dem nach (8.95) und (8.97) $U(R) = \varepsilon_F$ ist. Wir betrachten nur *neutrale* Atome. Dann verschwindet U für $r \geq R$ bei geeigneter Normierung und folglich ist $\varepsilon_F = 0$.

Damit erhalten wir aus (8.95)–(8.97) für eine sphärisch symmetrische Situation die folgende Differentialgleichung für $r > 0$:

$$\frac{1}{r^2}\frac{d}{dr}r^2\frac{d}{dr}\left(-U(r)\right) = \frac{4e^2}{3\pi\hbar^3}\left[-2mU(r)\right]^{3/2} . \tag{8.98}$$

Da $U(R)$ bei kleinen Abständen in das Kernpotential übergehen muss, ergibt sich die Randbedingung

$$U(r) \simeq -\frac{Ze^2}{r} , \text{ für kleine } r . \tag{8.99}$$

Nun schreiben wir noch alles dimensionslos. Sei

$$r = \frac{b}{Z^{1/3}}xa_0 , \quad b = \frac{1}{2}\left(\frac{3\pi}{4}\right)^{2/3} = 0.885\,a_\circ , \tag{8.100}$$

$$U(r) = -\frac{Ze^2}{r}\chi(x) ,$$

so erhalten wir aus (8.98) die *Thomas-Fermi-Gleichung*

$$\boxed{\chi'' = x^{-1/2}\chi^{3/2} .} \tag{8.101}$$

Die Randbedingungen für diese nichtlineare Differentialgleichung sind

$$\boxed{\chi(0) = 1 , \quad \chi(\infty) = 0 .} \tag{8.102}$$

Wir drücken noch die Elektronendichte durch χ aus:

$$n(\boldsymbol{x}) = \frac{1}{3\pi^2\hbar^3}\left(-2mU(\boldsymbol{x})\right)^{3/2} = \frac{\left(2mZe^2\right)^{3/2}}{3\pi^2\hbar^3}\left[\frac{1}{r}\chi\left(\frac{r}{Z^{-1/3}b}\right)\right]^{3/2} . \tag{8.103}$$

Die numerische Lösung von (8.101) und (8.102) ist in Abb. 8.4 gezeigt. Für die Grenzfälle findet man

$$\chi(x) = \begin{cases} 1 - 1.59x + \ldots , & x \ll 1 , \\ 144/x^3 + \ldots , & x \longrightarrow \infty . \end{cases} \tag{8.104}$$

Bei kleinen Abständen führt dies zu

$$U(r) \simeq -\frac{Ze^2}{r} + 1.8Z^{4/3}\frac{e^2}{a_\circ} . \tag{8.105}$$

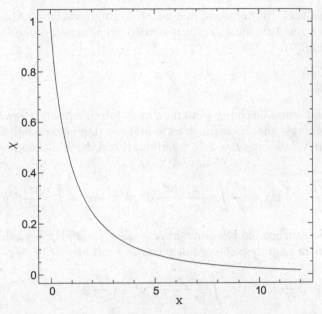

Abb. 8.4. Lösung der Thomas-Fermi-Gleichung für ein neutrales Atom

Für die Gesamtenergie E des Thomas-Fermi-Atoms ist nach dem Virial-satz $E = \frac{1}{2}E_{\text{pot}}$, mit

$$E_{\text{pot}} = -Ze^2 \int \frac{n(r)}{r}\mathrm{d}^3x + \frac{1}{2}e^2 \int \frac{n(r)n(r')}{|\boldsymbol{x} - \boldsymbol{x}'|}\mathrm{d}^3x\mathrm{d}^3x' . \tag{8.106}$$

Die numerische Berechnung gibt (siehe Aufgabe 4)

$$\boxed{E = -20.8\, Z^{7/3}\,\mathrm{eV} .} \tag{8.107}$$

Man mache sich die $Z^{7/3}$-Abhängigkeit klar.

Wir können hinterher die Gültigkeit der Thomas-Fermi-Näherung kon-trollieren. Dabei müssen wir vor allem nachsehen, ob die statistische Behand-lung gerechtfertigt ist. Dafür ist das folgende Verhältnis maßgebend: typische Wellenlänge/charakteristische Länge über welche sich das Potential wesent-lich ändert $\sim Z^{-2/3}/Z^{-1/3} = Z^{-1/3} \longrightarrow 0$ für große Z. [Für den Zähler beachte man, dass $p \sim p_F = (-2mU)^{1/2} \propto Z^{2/3}$.] E. Lieb und B. Simon haben gezeigt, dass die Thomas-Fermi-Näherung im Limes $Z \longrightarrow \infty$ exakt wird. Für endliches Z ist die Näherung für kleine und für große Abstände ungenau: Bei kleinen Abständen ist nämlich die Variation des Potentials zu stark. Hingegen wird die Dichte für große Abstände zu klein und außerdem die Wellenlänge zu groß. Die meisten Elektronen bewegen sich jedoch im Be-reich $a_\circ/Z < r < a_\circ$ und dort ist die Thomas-Fermi-Beschreibung durchaus brauchbar. Dies zeigt etwa der Vergleich mit den viel aufwendigeren Hartree-

oder Hartree-Fock-Rechnungen, den wir weiter unten zeigen (Abb. 8.6); siehe dazu auch die Aufgabe 8. Freilich werden Schaleneffekte überhaupt nicht wiedergegeben.

Ergänzung.

Die Thomas-Fermi-Gleichung kann man auch folgendermaßen gewinnen. Für die Gesamtenergie aller Elektronen ist gemäß der dargelegten halbklassischen statistischen Vorstellung das folgende Funktional der Teilchendichte zu minimisieren:

$$E[n] = \kappa \int n^{5/3} \mathrm{d}^3 x + \frac{e^2}{2} \int \frac{n(\boldsymbol{x}) n(\boldsymbol{x}')}{|\boldsymbol{x} - \boldsymbol{x}'|} \mathrm{d}^3 x \mathrm{d}^3 x' - e^2 Z \int \frac{n(\boldsymbol{x})}{|\boldsymbol{x}|} \mathrm{d}^3 x \; . \quad (8.108)$$

Dabei muss natürlich die Gesamtzahl $N = Z = \int n(\boldsymbol{x}) \mathrm{d}^3 x$ festgehalten werden. Mit einem Lagrangeschen Multiplikator λ gilt also $\delta E + \lambda \delta N = 0$, oder

$$\frac{5}{3} \kappa n^{2/3} + e^2 \int \frac{n(\boldsymbol{x}')}{|\boldsymbol{x} - \boldsymbol{x}'|} \mathrm{d}^3 x' - \frac{e^2 Z}{|\boldsymbol{x}|} + \lambda = 0 \; . \quad (8.109)$$

Setzen wir die Summe der drei letzten Terme gleich $-e^2 \varphi(\boldsymbol{x})$, so gilt

$$\Delta\varphi = 4\pi n \quad \text{für } \boldsymbol{x} \neq 0 \; ,$$

wobei die rechte Seite nach (8.109) durch φ ausgedrückt werden kann. Es resultiert dann die Gleichung

$$\Delta\varphi = 4\pi e^3 \left(\frac{5}{3} \kappa \right)^{-3/2} \varphi^{3/2} \; ,$$

welche mit (8.98) übereinstimmt ($\varphi = U$).

8.6 Thomas-Fermi-Näherung für Weiße Zwerge

Für Weiße Zwerge wird die Thomas-Fermi-Näherung sehr genau. In diesen Sternen ist nämlich die mittlere Dichte so hoch (typischerweise eine Tonne pro cm^3), dass die Elektronen als freies Fermi-Gas *im Grundzustand* beschrieben werden können. Thermische Anregungen sind vernachlässigbar, wie wir noch genauer sehen werden. Überdies sind die Coulombwechselwirkungen weitgehend abgeschirmt. Eine genauere Analyse zeigt, dass deren Wirkung im Prozentbereich liegt.

Die Elektronen bewegen sich in einem starken Gravitationsfeld (Potential φ), welches von den Atomkernen erzeugt wird, die einen neutralisierenden

Hintergrund bilden. Sei $\mu_e = \langle A/Z \rangle$ der Mittelwert von Massenzahl zu Kernladungszahl dieser Kerne ($\mu_e \approx 2$), so ist die Materiedichte (n_e: Anzahldichte der Elektronen):

$$\rho = \mu_e m_N n_e \,, \quad m_N: \text{Nukleonmasse} . \tag{8.110}$$

Die Poisson-Gleichung lautet deshalb (ähnlich wie (8.96))

$$\Delta \varphi = 4\pi G \mu_e m_N n_e \,, \tag{8.111}$$

mit

$$n_e = \frac{1}{3\pi^2 \hbar^3} p_F^3(\boldsymbol{x}) \,. \tag{8.112}$$

Aus (8.110) und (8.112) folgt für die Dichte

$$\rho = \mu_e \frac{(mc)^3}{3\pi^2 \hbar^3} m_N (p_F/mc)^3 = (0.97 \times 10^6 \,\text{g/cm}^3) \mu_e \left(\frac{p_F}{mc} \right)^3 \,. \tag{8.113}$$

Für $\rho \sim 10^6 \,\text{g/cm}^3$ werden also die Elektronen *relativistisch* ($p_F \sim mc$). Da mc^2 eine Temperatur von $\simeq 0.5 \times 10^{10} \text{K}$ entspricht, dürfen wir thermische Effekte offensichtlich vernachlässigen.

Die Materie ist auch lokal sehr genau ladungsneutral und deshalb entfallen für jedes Elektron an einer Stelle $\boldsymbol{x}$ μ_e Nukleonen. Pro Elektron ist also die potentielle Energie $U(\boldsymbol{x}) = \mu_e m_N \varphi(\boldsymbol{x})$. Dafür gilt wieder die Gleichgewichtsbedingung (8.95), aber mit relativistischer Kinematik für die Elektronen:

$$\sqrt{p_F^2(\boldsymbol{x})c^2 + m^2 c^4} + \mu_e m_N \varphi(\boldsymbol{x}) = \varepsilon_F \quad \text{(ortsunabhängig)} \,. \tag{8.114}$$

Diese Gleichung lösen wir nach φ auf und setzen das Resultat in die Poisson-Gleichung 8.111 ein, wobei wir auch noch n_e gemäß (8.112) durch $p_F(\boldsymbol{x})$ ersetzen. Mit der Abkürzung $f(\boldsymbol{x}) = p_F(\boldsymbol{x})/mc$ kommt

$$\Delta \left(\sqrt{1 + f^2} \right) = -K^2 f^3 \,, \tag{8.115}$$

wo

$$K^2 = \frac{4\pi G (\mu_e m_N)^2 m_e^2 c}{3\pi^2 \hbar^3} \,. \tag{8.116}$$

Diese Gleichung schreiben wir noch dimensionslos. Dazu setzen wir

$$\sqrt{1 + f^2} = z_c \Phi \,, \quad z_c = \text{Wert von } \sqrt{1 + (p_F/mc)^2} \text{ im Zentrum} \,, \tag{8.117}$$

$$r = \alpha \zeta \,, \quad \alpha = \frac{1}{K z_c} \,,$$

und erhalten im sphärisch symmetrischen Fall die berühmte *Chandrasekhar-Gleichung*

$$\boxed{ \frac{1}{\zeta^2} \frac{\mathrm{d}}{\mathrm{d}\zeta} \left(\zeta^2 \frac{\mathrm{d}\Phi}{\mathrm{d}\zeta} \right) = - \left(\Phi^2 - \frac{1}{z_c^2} \right)^{3/2} } \,, \tag{8.118}$$

die vom zentralen Wert der Fermienergie in Einheiten von $m_e c^2$ parametrisch abhängt.

Unsere Herleitung zeigt, dass die Chandrasekhar-Gleichung nichts anderes ist als die relativistische Thomas-Fermi-Gleichung. (In Astrophysikbüchern wird diese Gleichung meistens über eine Zustandsgleichung im Verein mit der hydrostatischen Gleichgewichtsgleichung gewonnen.)

Die Randbedingungen der in $\zeta = 0$ singulären Gl. 8.118 sind im Zentrum offensichtlich:

$$\Phi(0) = 1, \quad \frac{d\Phi}{d\zeta}(0) = 0 . \tag{8.119}$$

Der Radius R des Sterns entspricht dem Wert $\zeta = \zeta_1$ für den $\Phi = 1/z_c$ (d. h. $p_F = 0$) ist,

$$\Phi(\zeta_1) = \frac{1}{z_c} . \tag{8.120}$$

Es ist also

$$R = \alpha\zeta_1 = \lambda_1(\zeta_1/z_c) , \tag{8.121}$$

$$\lambda_1 = \frac{1}{K} = \frac{3}{2}\left(\frac{\pi}{3}\right)^{1/2} \frac{1}{\mu_e} \frac{m_{\rm Pl}}{m_N} \lambdabar_e = 7.8 \times 10^8 \frac{1}{\mu_e} \, {\rm cm} . \tag{8.122}$$

Hier ist $m_{\rm Pl}$ die *Planck-Masse* ($m_{\rm Pl} = (\hbar c/G)^{1/2}$) und $\lambdabar_e = \hbar/m_e c$ ist die Compton-Wellenlänge des Elektrons. Bis auf den Kompositionsfaktor μ_e ist also die Längenskala λ_1 für Weiße Zwerge durch fundamentale Naturkonstanten bestimmt. Diese Skala ist vergleichbar mit dem Erdradius

$$R_\oplus = 6.4 \times 10^8 \, {\rm cm} . \tag{8.123}$$

Wir berechnen auch noch die Gesamtmasse

$$M = \int_0^R \rho(r) 4\pi r^2 \, dr = 4\pi\alpha^3 \int_0^{\zeta_1} \rho\zeta^2 \, d\zeta .$$

Mit

$$\rho/\rho_c = \frac{f^3}{f_c^3} = \frac{z_c^3}{(z_c^2-1)^{3/2}} \left(\Phi^2 - \frac{1}{z_c^2}\right)^{3/2} , \tag{8.124}$$

kommt

$$M = 4\pi\alpha^3 \rho_c \frac{z_c^3}{(z_c^2-1)^{3/2}} \int_0^{\zeta_1} \zeta^2 \left[\Phi^2(\zeta) - \frac{1}{z_c^2}\right]^{3/2} d\zeta .$$

Darin benutzen wir die Chandrasekhar-Gleichung 8.118 und erhalten

$$M = 4\pi\alpha^3 \rho_c \frac{z_c^3}{(z_c^2-1)^{3/2}} \zeta_1^2 \, |\Phi'(\zeta_1)| .$$

Setzen wir noch die Definition (8.117) für α sowie (siehe (8.113))

$$\rho_c = \mu_e \frac{(mc)^3}{3\pi^2\hbar^3} m_N (z_c^2-1)^{3/2} \tag{8.125}$$

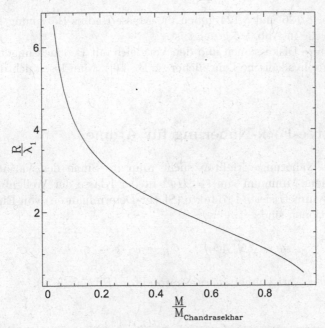

Abb. 8.5. Masse-Radius-Beziehung für Weiße Zwerge in der Chandrasekhar-Theorie

ein, so erhalten wir schließlich

$$M = \frac{\sqrt{3\pi}}{2} \zeta_1^2 \, |\Phi'(\zeta_1)| \, \frac{1}{\mu_e^2} \frac{m_{\mathrm{Pl}}^3}{m_N^2} \,. \qquad (8.126)$$

Die Massenskala ist also durch

$$m_{\mathrm{Pl}}^3/m_N^2 = 1.86 \, M_\odot \qquad (8.127)$$

bestimmt. Die Numerik zeigt, dass M monoton mit z_c wächst. Im Limes $z_c \to \infty$ wird aus der Chandrasekhar-Gleichung die Lane-Emden-Gleichung für den Index 3:

$$\frac{1}{\zeta^2} \frac{\mathrm{d}}{\mathrm{d}\zeta} \left(\zeta^2 \frac{\mathrm{d}\Phi}{\mathrm{d}\zeta} \right) + \Phi^3 = 0 \qquad (8.128)$$

und ζ_1 erfüllt dann $\Phi(\zeta_1) = 0$. Numerisch ist in diesem Grenzfall (Computerübung):

$$\zeta_1 = 6.8968 \,, \quad \zeta_1^2 \, |\Phi'(\zeta_1)| = 2.01824 \qquad (8.129)$$

und somit ergibt sich für die *Grenzmasse*

$$M_{\mathrm{Ch}} = \frac{5.84}{\mu_e^2} M_\odot \quad \text{(Chandrasekhar-Grenze)} \,. \qquad (8.130)$$

(In der Praxis ist $\mu_e \simeq 2$.) Dies ist ein fundamentales Resultat.

Die Gln. 8.126 und 8.121 geben die Masse-Radius-Beziehung für Weiße Zwerge, welche in Abb. 8.5 gezeigt ist.

Für weitere Diskussionen und den Vergleich mit Beobachtungen verweise ich auf astrophysikalische Lehrbücher (z. B. [60]). Man löse auch die Aufgabe 5.

8.7 Hartree-Fock-Näherung für Atome

Bei diesem Näherungsverfahren sucht man im Sinne des Variationsprinzips nach dem Minimum von $(\Phi, H\Phi)$ in der Klasse der Wellenfunktionen Φ, die antisymmetrisierte Produkte (Slater-Determinanten) von Einteilchen-Wellenfunktionen sind:

$$\Phi = \sqrt{N!}\,\mathcal{A}\Phi_H\ , \quad \Phi_H = \psi_1 \otimes \cdots \otimes \psi_N\ . \tag{8.131}$$

Hier ist $\mathcal{A}$ der Antisymmetrisierungsprojektor ($P^{(a)}$ in (8.7)):

$$\mathcal{A} = \frac{1}{N!} \sum_{\pi \in \mathcal{S}_N} \sigma(\pi) V(\pi)\ , \tag{8.132}$$

wo $V(\pi)$ die übliche unitäre Darstellung von $\mathcal{S}_N$ im N-Teilchen-Hilbertraum

$$\mathcal{H} = \mathcal{H}_1^{\otimes N}\ , \quad \mathcal{H}_1 = L^2(\mathbb{R}^3) \otimes \mathbb{C}^2\ , \tag{8.133}$$

ist. Wir nehmen im Folgenden nur Coulombwechselwirkungen mit und zerlegen den Hamiltonoperator in 1-Teilchen- und 2-Teilchenoperatoren gemäß

$$H = H_1 + H_2\ , \tag{8.134}$$

$$H_1 = \sum_k \left[-\frac{\hbar^2}{2m}\Delta_k - \frac{Ze^2}{|\boldsymbol{x}_k|} \right]\ , \tag{8.135}$$

$$H_2 = \sum_{k<l} \frac{e^2}{|\boldsymbol{x}_k - \boldsymbol{x}_l|}\ . \tag{8.136}$$

Da diese Operatoren im Spinraum trivial wirken, wählen wir für die 1-Teilchenzustände ψ_k in (8.131) Produkte von Orts- und Spinwellenfunktionen:

$$\psi_k = \varphi_k \otimes \chi_k\ , \quad \varphi_k \in L^2(\mathbb{R}^3)\ , \ \chi_k \in \mathbb{C}^2\ . \tag{8.137}$$

Dabei nehmen wir an, dass die φ_k und χ_k normiert sind und die $\{\psi_k\}$ ein orthonormiertes System bilden: $(\psi_k, \psi_l) = \delta_{kl}$. Dann ist der Zustand Φ in (8.131) ebenfalls normiert (natürlich auch der „Hartree-Zustand" Φ_H).

Bei der Berechnung von $(\Phi, H\Phi)$ benutzen wir die offensichtliche Tatsache, dass der Projektor $\mathcal{A}$ mit H vertauscht,

$$[\mathcal{A}, H_1] = [\mathcal{A}, H_2] = [\mathcal{A}, H] = 0 , \qquad (8.138)$$

und deshalb ist

$$(\Phi, H_1\Phi) = N!(\mathcal{A}\Phi_H, H_1\mathcal{A}\Phi_H) = N!(\Phi_H, \mathcal{A}H_1\mathcal{A}\Phi_H)$$

$$= N!(\Phi_H, H_1\mathcal{A}^2\Phi_H) = N!(\Phi_H, H_1\mathcal{A}\Phi_H)$$

$$= \sum_{l=1}^{N}(\psi_l, h_Z\psi_l) = \sum_{l=1}^{N}(\varphi_l, h_Z\varphi_l) , \qquad (8.139)$$

wobei

$$h_Z := -\frac{\hbar^2}{2m}\Delta - \frac{Ze^2}{|\boldsymbol{x}|} . \qquad (8.140)$$

Für diesen Teil kommt also dasselbe Resultat heraus, wie wenn wir statt Φ den nicht-antisymmetrisierten Hartree-Zustand Φ_H benutzt hätten. Dies ändert sich für H_2:

$$(\Phi, H_2\Phi) = N!(\Phi_H, H_2\mathcal{A}\Phi_H) = \sum_{k<l}\sum_{\pi\in S_N} \sigma(\pi) \left(\Phi_H, \frac{e^2}{|\boldsymbol{x}_k - \boldsymbol{x}_l|}V(\pi)\Phi_H\right)$$

$$= \sum_{k<l}\left(\Phi_H, \frac{e^2}{|\boldsymbol{x}_k - \boldsymbol{x}_l|}\left[1 - V(\pi_{kl})\right]\Phi_H\right) , \quad \pi_{kl} : \text{Vertauschung von } k \text{ mit } l.$$

Der letzte Ausdruck besteht aus Coulomb- und Austauschtermen

$$(\Phi, H_2\Phi) = \sum_{k<l}(C_{kl} - A_{kl}) , \qquad (8.141)$$

$$C_{kl} = \left(\psi_k \otimes \psi_l, \frac{e^2}{|\boldsymbol{x}_k - \boldsymbol{x}_l|}\psi_k \otimes \psi_l\right) , \qquad (8.142)$$

$$A_{kl} = \left(\psi_k \otimes \psi_l, \frac{e^2}{|\boldsymbol{x}_l - \boldsymbol{x}_k|}\psi_l \otimes \psi_k\right) . \qquad (8.143)$$

Anstelle von (8.141) gilt auch

$$(\Phi, H_2\Phi) = \frac{1}{2}\sum_{k,l}(C_{kl} - A_{kl}) , \qquad (8.144)$$

wobei wir über alle k und alle l summieren dürfen (die Diagonalterme mit $k = l$ heben sich weg). Insgesamt haben wir also

$$(\Phi, H\Phi) = \sum_{l}(\psi_l, h_Z\psi_l) + \frac{1}{2}\sum_{k,l}(C_{kl} - A_{kl}) . \qquad (8.145)$$

Davon interessiert uns das Minimum bei Variation der $\{\psi_k\}$. Wir suchen also nach Lösungen der Variationsgleichung

$$\delta\left[(\Phi,\,H\Phi) - \sum_{k,l}\varepsilon_{kl}(\psi_k,\,\psi_l)\right] = 0\,. \tag{8.146}$$

Hier haben wir die Nebenbedingungen $(\psi_k,\,\psi_l) = \delta_{kl}$ durch Lagrangesche Multiplikatoren ε_{kl} berücksichtigt. Für diese dürfen wir $\varepsilon_{kl} = \varepsilon_{lk}^*$ verlangen.

Das Variationsprinzip (8.146) kann noch etwas vereinfacht werden: Unterwerfen wir die 1-Teilchenzustände $\{\psi_k\}$ einer unitären Transformation

$$\psi_l' = \sum \psi_k U_{kl}\,,$$

so ist in

$$\mathcal{A}(\psi_1' \otimes \ldots \psi_N') = (\det U)\mathcal{A}(\psi_1 \otimes \ldots \psi_N)$$

der Faktor $\det U$ lediglich eine Phase und der Erwartungswert $\langle H\rangle$ bleibt invariant. Wählen wir U so, dass die hermitesche Matrix (ε_{kl}) diagonal wird und lassen anschließend die Striche bei den ψ_k' wieder weg, so genügt es also anstelle von (8.146) folgendes zu verlangen:

$$\delta\left[(\Phi,\,H\Phi) - \sum_l \varepsilon_l(\psi_l,\,\psi_l)\right] = 0\,. \tag{8.147}$$

Bei der Variation der $\{\psi_k\}$ dürfen wir so tun, als wären die Variationen in den „kets" und in den „bras" unabhängig. Denkt man sich nämlich die Variation des Hartree-Fock-Funktionals (eckige Klammer von (8.147))

$$\begin{aligned}
F^{HF}[\psi_1,\ldots,\psi_N] = &\sum_l (\psi_l,\,(h_Z - \varepsilon_l)\psi_l) \\
&+ \frac{1}{2}\sum_{k,l}\left(\psi_k \otimes \psi_l,\,\frac{e^2}{|\boldsymbol{x}_k - \boldsymbol{x}_l|}\psi_k \otimes \psi_l\right) \\
&- \frac{1}{2}\sum_{k,l}\left(\psi_k \otimes \psi_l,\,\frac{e^2}{|\boldsymbol{x}_l - \boldsymbol{x}_k|}\psi_l \otimes \psi_k\right) \tag{8.148}
\end{aligned}$$

ausgeschrieben und ersetzt anschließend $\delta\psi_k$ durch $i\delta\psi_k$, so ergeben sich durch Linearkombination genau dieselben Gleichungen, wie wenn man in (8.148) entweder ψ_k nur an Stellen in den Skalarprodukten nach dem Komma oder nur an Stellen vor dem Komma variieren würde. Tun wir Letzteres, so ergibt sich sofort

$$(h_Z - \varepsilon_k)\psi_k + \sum_l\left(\psi_l,\,\frac{e^2}{|\boldsymbol{x} - \boldsymbol{x}'|}\psi_l\right)\psi_k - \sum_l\left(\psi_l,\,\frac{e^2}{|\boldsymbol{x} - \boldsymbol{x}'|}\psi_k\right)\psi_l = 0\,. \tag{8.149}$$

Tabelle 8.1. Werte von Hartree-Fock Energien (E_{HF}) und exakten Energien (E_{exakt}) in atomaren Einheiten

Atom	E_{HF}	E_{exakt}
He	-2.862	-2.904
Be	-14.573	-14.667
B$^+$	-24.238	-24.349
Ne	-128.55	-128.93

Dies sind die *Hartree-Fock-Gleichungen*. Darin ist das zweite Glied der „direkte" Term und dieser hat die Form $V^{\mathrm{dir}}\psi_k$, mit dem *lokalen* Potential

$$V^{\mathrm{dir}}(\boldsymbol{x}) = \sum_l \int \frac{e^2|\varphi_l(\boldsymbol{x}')|^2}{|\boldsymbol{x} - \boldsymbol{x}'|}\mathrm{d}^3x' \ . \tag{8.150}$$

Der „indirekte" letzte Term in (8.149) ist *nichtlokal* und lautet explizit

$$V^{\mathrm{ex}}\psi_k = \sum_l (\chi_l, \chi_k)\psi_l \int \frac{e^2\overline{\varphi_l(\boldsymbol{x}')}\varphi_k(\boldsymbol{x}')}{|\boldsymbol{x} - \boldsymbol{x}'|}\mathrm{d}^3x' \ . \tag{8.151}$$

Für die Spinwellenfunktionen χ_k in (8.137) dürfen wir, ohne Einschränkung der Allgemeinheit, die Basiszustände $\begin{pmatrix} 1 \\ 0 \end{pmatrix}$, $\begin{pmatrix} 0 \\ 1 \end{pmatrix}$ wählen. Dann sind die Skalarprodukte (χ_l, χ_k) in (8.151) immer 0 oder 1.

Wir schreiben die Hartree-Fock-Gleichungen mit den eingeführten Bezeichnungen nochmals auf:

$$\boxed{(h_Z + V^{\mathrm{dir}} - V^{\mathrm{ex}})\psi_k = \varepsilon_k\psi_k \ .} \tag{8.152}$$

Diese bilden ein kompliziertes System von nichtlinearen Integro-Differentialgleichungen, welches in der Praxis durch Iteration gelöst wird: Man beginnt mit vernünftigen Orbitalen $\{\psi_k\}$ für ein sphärisch symmetrisches Potential. Für diese bestimmt man die Operatoren V^{dir} und V^{ex} in (8.150) und (8.151). Dann wird aus (8.152) eine Eigenwertgleichung, deren Lösungen verbesserte Orbitale liefert, mit denen man das gleiche Procedere wiederholt, etc. Resultate solcher Rechnungen sind in der Abb. 8.6 und in der Tab. 8.1 gezeigt.

Wir beweisen noch, dass die Hartree-Fock-Orbitale für verschiedene ε_k zueinander orthogonal sind. Dazu bilden wir das Skalarprodukt von (8.149) mit $\psi_{k'}$:

$$(\psi_{k'}, h_Z\psi_k) + \sum_l \left(\psi_{k'} \otimes \psi_l, \frac{e^2}{|\boldsymbol{x} - \boldsymbol{x}'|}\psi_l \otimes \psi_k \right)$$

$$- \sum_l \left(\psi_{k'} \otimes \psi_l, \frac{e^2}{|\boldsymbol{x} - \boldsymbol{x}'|}\psi_k \otimes \psi_l \right) = \varepsilon_k(\psi_{k'}, \psi_k) \ . \tag{8.153}$$

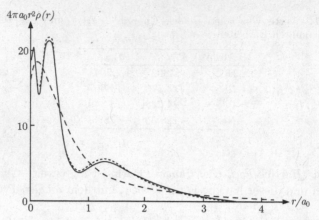

Abb. 8.6. Radiale Elektronendichte für Argon ($Z = 18$) in verschiedenen Näherungen: Hartree (*durchgezogene Linie*), Thomas-Fermi (*gestrichelte Linie*), Hartree-Fock (*gepunktete Linie*)

Subtrahieren wir davon dieselbe Gleichung mit $k \leftrightarrow k'$, so ergibt sich sofort $(\psi'_k, \psi_k) = 0$ für $\varepsilon_{k'} \neq \varepsilon_k$.

Wir schließen mit einer physikalischen Interpretation der Lagrangeschen Multiplikatoren ε_k. Zunächst bemerken wir, dass man die Summe über l in den Hartree-Fock-Gleichungen auf $l \neq k$ beschränken darf. Dasselbe gilt für die Summen in (8.150) und (8.151). Mit den so definierten Potentialen V_k^{dir}, V_k^{ex} erhält man anstelle von (8.152)

$$(h_Z + V_k^{\mathrm{dir}} - V_k^{\mathrm{ex}})\psi_k = \varepsilon_k \psi_k \tag{8.154}$$

und dies kann man als Schrödingergleichung für ein einzelnes Elektron auffassen, welches sich im mittleren Feld der anderen Elektronen bewegt. Dabei stellt V_k^{dir} das mittlere Potential der anderen Elektronen dar und V_k^{ex} den Austauscheffekt mit diesen. Deshalb sind die ε_k eine Art von Einteilchenenergien. Für eine präzisere Interpretation betrachten wir (8.153) für $k' = k$ und finden mit (8.142) und (8.143)

$$\varepsilon_k = (\psi_k, h_Z \psi_k) + \sum_l (C_{kl} - A_{kl}) \,. \tag{8.155}$$

Nach Summation über k erhalten wir, unter Benutzung von (8.139) und (8.144),

$$\sum_k \varepsilon_k = (\Phi, H_1\Phi) + 2(\Phi, H_2\Phi) \,.$$

Somit gilt

$$(\Phi, H\Phi) = \sum_k \varepsilon_k - (\Phi, H_2\Phi) \,. \tag{8.156}$$

Die Gesamtenergie ist also keineswegs die Summe der individuellen Energien ε_k. Das beruht darauf, dass bei der Summation über die individuellen

Energien jede kinetische Energie und jede Wechselwirkungsenergie mit dem Kern zwar richtig gerade einmal gezählt wird, während jedoch die gegenseitige Wechselwirkungsenergie, welche im Mittel gleich $(\Phi, H\Phi)$ ist, doppelt gezählt wird.

Stellen wir uns nun vor, dass das k^{te} Elektron (Zustand ψ_k) vom N-Elektronensystem weggenommen wird. Falls wir annehmen, dass sich dabei die Orbitale nicht ändern, so entnehmen wir aus (8.145), dass die Unterschiede der Gesamtenergien E_N und E_{N-1} so lauten

$$E_N - E_{N-1} = (\psi_k, h_Z \psi_k) + \sum_l (C_{kl} - A_{kl}) = \varepsilon_k \qquad (8.157)$$

(siehe (8.155)). Es ist also ε_k näherungsweise die Energie, die nötig ist, um ein Elektron vom Orbital ψ_k wegzubringen. Mit anderen Worten, ε_k ist die Ionisationsenergie für das Elektron im Zustand ψ_k. Dies ist das sog. *Koopman-Theorem*. Wir betonen, dass es sich dabei nicht um eine strenge Aussage handelt, da sich die Orbitale mit N etwas verändern.

Lässt man in (8.154) das nicht-lokale Austauschglied weg, so erhält man die einfacheren *Hartree-Gleichungen*, die explizite folgendermaßen lauten

$$\left[-\frac{\hbar^2}{2m}\Delta_{\boldsymbol{x}} - \frac{Ze^2}{|\boldsymbol{x}|} + \sum_{l \neq k} \int \frac{e^2 |\varphi_l(\boldsymbol{x}')|^2}{|\boldsymbol{x} - \boldsymbol{x}'|} d^3 x' \right] \varphi_k(\boldsymbol{x}) = \varepsilon_k \varphi_k(\boldsymbol{x}) \, . \qquad (8.158)$$

Obschon die Hartree-Näherung das Pauliprinzip nicht erfüllt, ist sie in der Atomphysik recht gut, wie aus Abb. 8.6 hervorgeht. In der Kernphysik sind hingegen die Austauscheffekte wichtig.

8.8 Aufgaben

Aufgabe 1

Es sei χ_m, $m = \pm 1/2$, die kanonische Basis des Spinzustandsraumes $\mathbb{C}^2$ eines Spin-$\frac{1}{2}$-Teilchens:

$$\chi_{1/2} = \begin{pmatrix} 1 \\ 0 \end{pmatrix} , \qquad \chi_{-1/2} = \begin{pmatrix} 1 \\ 0 \end{pmatrix} \, .$$

Bestimme die kanonische Basis des Zustandsraumes $\mathbb{C}^2 \otimes \mathbb{C}^2$ zum Gesamtspin $S = 0, 1$ für zwei Spin-$\frac{1}{2}$-Teilchen. Benutze dabei die bekannte „Absteigetechnik".

Aufgabe 2

Für zwei Teilchen mit Spin 1/2 berechne man den Erwartungswert

$$\langle \boldsymbol{\sigma} \cdot \boldsymbol{a} \otimes \boldsymbol{\sigma} \cdot \boldsymbol{b} \rangle$$

im Singlettzustand

$$\psi = \frac{1}{\sqrt{2}} \left(\chi_\uparrow \otimes \chi_\downarrow - \chi_\downarrow \otimes \chi_\uparrow \right) \,.$$

Das Resultat spielt im Zusammenhang mit den *Bellschen Ungleichungen* eine wichtige Rolle (siehe den Epilog, speziell Abschn. 16.4).

Aufgabe 3

Integriere die Thomas-Fermi-Gleichung 8.101 mit den Randbedingungen (8.102) auf dem Computer.

Aufgabe 4: Thomas-Fermi-Energie für Atome

Leite das Resultat (8.107) her.

Anleitung: Benutze den Virialsatz $E = -E_{\text{kin}}$ und bringe das Integral für die kinetische Energie auf die Form

$$E = -\frac{16}{5\pi} \left(\frac{3\pi}{4} \right)^{1/3} Z^{7/3} J \, \text{Ry} \,,$$

wo

$$J = \int_0^\infty \chi^{5/2} x^{-1/2} \mathrm{d}x \,.$$

Berechne sodann J auf zwei verschiedene Arten, unter Benutzung der Thomas-Fermi-Gleichung 8.101 und den Randbedingungen (8.102), und schließe auf

$$J = -\frac{5}{7} \chi'(0) \,.$$

Setzt man hier den numerischen Wert für $\chi'(0)$ ein, so ergibt sich (8.107) oder

$$E^{TF} = -1.5375 \, Z^{7/3} \, \text{Ry} \,.$$

Aufgabe 5: Masse-Radius-Beziehung der Weißen Zwerge

Spezialisiere die Theorie in Abschn. 8.6 für Weiße Zwerge auf den nichtrelativistischen Grenzfall und zeige, dass die Masse-Radius-Beziehung die folgende Form hat

$$MR^3 = const. \,,$$

wie R. H. Fowler [61] bereits 1926 bemerkte. Berechne die Konstante rechts in dieser wichtigen Beziehung.

Aufgabe 6

Löse die Lane-Emden-Gleichung 8.128 für den Index 3 auf dem Computer und bestimme die Chandrasekhar-Masse (8.130).

Aufgabe 7

Löse die Chandrasekhar-Gleichung 8.118 mit den Anfangsbedingungen (8.119) und reproduziere die Masse-Radius-Beziehung in Abb. 8.5 für Weiße Zwerge.

Aufgabe 8

Vergleiche die Thomas-Fermi-Energien mit den Hartree-Fock-Energien in Tab. 8.1.

Aufgabe 9

Stelle die Hartree-Fock-Gleichungen für den Be-Grundzustand auf.

Anleitung: Die Slaterdeterminante setzt sich aus den Orbitalen $\psi_{1s\uparrow}$, $\psi_{1s\downarrow}$, $\psi_{2s\uparrow}$, $\psi_{2s\downarrow}$ zusammen. Setze $\psi_{1s\uparrow} = \varphi_{1s} \otimes \chi_{\uparrow}$, etc. und bringe die Hartree-Fock-Gleichung zunächst in die Form

$$\left[-\frac{\hbar^2}{2m}\Delta - \frac{4e^2}{|\boldsymbol{x}|} + V_{1s}^d + 2V_{2s}^d - V_{2s}^{\mathrm{ex}} \right] \varphi_{1s} = \varepsilon_{1s}\varphi_{1s} \,,$$

$$\left[-\frac{\hbar^2}{2m}\Delta - \frac{4e^2}{|\boldsymbol{x}|} + 2V_{1s}^d + V_{2s}^d - V_{1s}^{\mathrm{ex}} \right] \varphi_{2s} = \varepsilon_{2s}\varphi_{2s} \,,$$

wobei

$$V_{1s}^d(\boldsymbol{x}) = \int \frac{e^2 |\varphi_{1s}(\boldsymbol{x}')|^2}{|\boldsymbol{x} - \boldsymbol{x}'|} \mathrm{d}^3 x' \,,$$

$$\left(V_{1s}^{\mathrm{ex}}(\boldsymbol{x})f \right)(\boldsymbol{x}) = \left[\int \frac{e^2 \overline{\varphi_{1s}(\boldsymbol{x}')}f(\boldsymbol{x}')}{|\boldsymbol{x} - \boldsymbol{x}'|} \mathrm{d}^3 x' \right] \varphi_{1s}(\boldsymbol{x})$$

und analog für $2s$. Setze anschließend

$$\varphi_{1s}(\boldsymbol{x}) = \frac{1}{r}R_{1s}(r)Y_{00}, \text{ etc.}$$

und schreibe die Gleichung auf R_{1s} und R_{2s} um.

9. Streutheorie

Die Analyse von Streuprozessen in der Atom-, Kern- und Elementarteilchen-physik ist ein besonders wichtiger Anwendungsbereich der QM. Deshalb ist die Streutheorie heute eine sehr weit entwickelte Disziplin.

Streuprozesse sind in zweierlei Hinsicht interessant. Erstens kann man Streuung von Teilchen oder Strahlung dazu benutzen, um die *Struktur eines noch unbekannten Objektes* zu studieren. Ein klassisches Beispiel dafür ist die Elektronenstreuung an Atomkernen. Da die elektromagnetische Wechselwirkung der Elektronen mit der Ladungs- und Magnetisierungsverteilung des Kerns bekannt ist, kann man den Streuprozess theoretisch analysieren und durch Vergleich mit dem Experiment Aufschluss über die elektromagnetische Struktur der Kerne erhalten. Dabei ist der Umstand (praktisch) besonders wichtig, dass die elektromagnetische Wechselwirkung relativ schwach ist. Dies macht es möglich, zuverlässige Approximationsverfahren für die Berechnung des Streuquerschnittes zu entwickeln.

Zweitens können Streuprozesse dazu verwendet werden, um noch *unbekannte Wechselwirkungen zu studieren*. Ein Beispiel bietet wieder die Kernphysik, in der man aus der Nukleon-Nukleon-Streuung viel über die Kernkräfte erfahren hat. Ein wesentlicher Teil der Aktivität in der Hochenergiephysik besteht darin, aus Streuprozessen von Elementarteilchen Neues über die fundamentalen Wechselwirkungen zu lernen. Ein berühmtes Beispiel ist die Entdeckung der neutralen Ströme bei der schwachen Wechselwirkung.

Wir geben in diesem Kapitel nur eine ganz kurze Einführung in die Theorie.

Wirkungsquerschnitt

Wir beginnen mit einigen qualitativen Bemerkungen zu typischen Streuexperimenten. Auf ein Target treffe ein (praktisch) monoenergetischer Teilchenstrahl. J bezeichne die Zahl der einfallenden Teilchen pro Zeit- und Flächeneinheit senkrecht zur Ausbreitungsrichtung (Teilchenstromdichte). Der einfallende Teilchenstrom sei so dünn, dass man die gegenseitige Wechselwirkung der einfallenden Teilchen vernachlässigen kann. Diese streuen also unabhängig am Target. Mit geeigneten Zählern misst man die Zahl N_S der pro Zeiteinheit in den Raumwinkel $d\Omega$ in die Richtung $\Omega = (\vartheta, \varphi)$ gestreuten Teilchen. N_S

N. Straumann, *Quantenmechanik*, Springer-Lehrbuch
DOI 10.1007/978-3-642-32175-7_9, © Springer-Verlag Berlin Heidelberg 2013

ist natürlich proportional zu J:

$$N_S = J\Sigma(\Omega)\,\mathrm{d}\Omega \ .$$

In der Praxis besteht das Target meistens (nicht immer) aus einer großen Anzahl N von atomaren oder subatomaren Teilchen. Außerdem sind die gegenseitigen Abstände der Atome oder Atomkerne so groß, dass man jede Kohärenz der an ihnen gestreuten Wellen vernachlässigen kann. (Dies ist natürlich nicht der Fall bei der Beugung von Elektronen, thermischen Neutronen oder Röntgenstrahlen an Kristallen.) Jedes Streuzentrum wirkt dann so, als ob es allein vorhanden wäre. Außerdem muss man das Target genügend dünn halten, um Mehrfachstreuung vernachlässigen zu können. (In der Praxis ist es für den Experimentalphysiker häufig schwierig, seine Rohdaten im Hinblick auf Mehrfachstreuung zu korrigieren.) In diesem Fall ist N_S direkt proportional zu N:

$$N_S = JN\sigma(\Omega)\,\mathrm{d}\Omega \ . \tag{9.1}$$

$\sigma(\Omega)$ hat die Dimension einer Fläche und ist der sog. *differentielle Wirkungsquerschnitt* des Streuprozesses. Der *totale Wirkungsquerschnitt* des Prozesses ist

$$\sigma = \int_{S^2} \sigma(\Omega)\,\mathrm{d}\Omega \ .$$

9.1 Stationäre Behandlung der Streuung an einem Potential

Wir studieren im Folgenden die Streuung eines Teilchens der Masse m an einem Potential $V(\boldsymbol{x})$, welches im Unendlichen schneller als $1/r$ abfällt. Die Coulombstreuung werden wir in Abschn. 9.2 speziell behandeln.

Zunächst untersuchen wir das Problem auf eine einfache intuitive Art. Auf Verfeinerungen der Argumente werden wir später zurückkommen.

Es sei $\boldsymbol{p} = \hbar\boldsymbol{k}$ der Impuls und $E = \boldsymbol{p}^2/2m = \hbar^2\boldsymbol{k}^2/2m$ die Energie des einfallenden Teilchens. Ohne Streuzentrum würde dieses durch eine ebene Welle $\exp(i\boldsymbol{k}\cdot\boldsymbol{x})$ beschrieben. (Dieser Zustand ist natürlich nicht normierbar. Dies soll uns jetzt aber nicht stören; Wellenpakete werden wir später betrachten.) Das Potential wird natürlich Anlass zu einer Streuwelle geben, welche asymptotisch eine auslaufende Kugelwelle ist (siehe Abb. 9.1).

Wir erwarten also, dass die Schrödingergleichung stationäre (nichtnormierbare) Lösungen $\psi_{\boldsymbol{k}}(\boldsymbol{x})$ besitzt, welche asymptotisch (für große $r = |\boldsymbol{x}|$) in der festen Richtung $\boldsymbol{k}'$ ($|\boldsymbol{k}'| = |\boldsymbol{k}|$) die folgende Form haben:

$$\psi_{\boldsymbol{k}}(\boldsymbol{x}) \overset{(r\to\infty)}{\sim} e^{i\boldsymbol{k}\cdot\boldsymbol{x}} + f(\boldsymbol{k}', \boldsymbol{k})\frac{e^{ikr}}{r} \ . \tag{9.2}$$

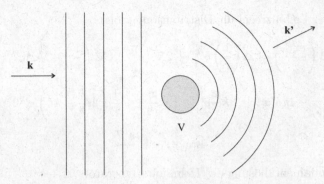

Abb. 9.1. Stationäre Streuung an einem Potential

Hier ist $f(\boldsymbol{k}', \boldsymbol{k})$ die sogenannte *Streuamplitude*. Eine solche Lösung nennen wir eine *stationäre Streuwelle* zum Wellenvektor $\boldsymbol{k}$. Sie erfüllt die Schrödingergleichung

$$(\varDelta + k^2)\psi_{\boldsymbol{k}}(\boldsymbol{x}) = \frac{2m}{\hbar^2}V(\boldsymbol{x})\psi_{\boldsymbol{k}}(\boldsymbol{x}) \,. \tag{9.3}$$

Die (Wahrscheinlichkeits-) Stromdichte einer Welle ist bekanntlich

$$\boldsymbol{J} = \frac{\hbar}{2mi}\left(\psi^*\boldsymbol{\nabla}\psi - (\boldsymbol{\nabla}\psi^*)\psi\right) \,. \tag{9.4}$$

Deshalb stellt der erste Term in (9.2) eine Welle der Dichte 1 und der Stromdichte $\hbar\boldsymbol{k}/m$ dar. Berücksichtigt man nur Glieder erster Ordnung in $1/r$, so repräsentiert die *Streuwelle* in (9.2) eine Welle mit der Stromdichte

$$(\hbar\boldsymbol{k}'/m)|f(\boldsymbol{k}', \boldsymbol{k})|^2/r^2 \,.$$

Der differentielle Wirkungsquerschnitt ist damit

$$\boxed{\begin{aligned}\frac{\mathrm{d}\sigma}{\mathrm{d}\Omega} &= \frac{(\text{Strom der Streuwelle in den Raumwinkel } d\Omega)_{r\to\infty}}{\text{einfallende Stromdichte}}\\ &= |f(\boldsymbol{k}', \boldsymbol{k})|^2 \,.\end{aligned}} \tag{9.5}$$

Integralgleichung für $\psi_{\boldsymbol{k}}(\boldsymbol{x})$

Eine Lösung ψ der Gl. 9.3 mit dem asymptotischen Verhalten (9.2) können wir als Lösung einer Integralgleichung darstellen. Dazu benutzen wir die distributive Gleichung

$$(\varDelta + k^2)\frac{e^{ikr}}{r} = -4\pi\delta(\boldsymbol{x}) \,. \tag{9.6}$$

Diese folgt aus

$$\varDelta\left(\frac{1}{r}\right) = -4\pi\delta(\boldsymbol{x}) \,,$$

denn mit der Leibnizregel für Distributionen folgt

$$\Delta\left(\frac{e^{ikr}}{r}\right) = \Delta\left(\frac{1}{r}\right)e^{ikr} + 2\boldsymbol{\nabla}\left(e^{ikr}\right)\cdot\boldsymbol{\nabla}\left(\frac{1}{r}\right) + \frac{1}{r}\Delta e^{ikr}$$

$$= -4\pi\delta(\boldsymbol{x}) + 2ik\frac{\boldsymbol{x}}{r}e^{ikr}\cdot\left(-\frac{\boldsymbol{x}}{r^3}\right) + \frac{1}{r}\left(2i\frac{k}{r} - k^2\right)e^{ikr}$$

$$= -4\pi\delta(\boldsymbol{x}) - k^2\frac{e^{ikr}}{r}\ .$$

Mit der Fundamentallösung des Helmholtz-Operators $\Delta + k^2$

$$G_\circ\left(\boldsymbol{x} - \boldsymbol{x}'\right) = -\frac{1}{4\pi}\frac{e^{ik|\boldsymbol{x}-\boldsymbol{x}'|}}{|\boldsymbol{x} - \boldsymbol{x}'|} \tag{9.7}$$

bilden wir die Integralgleichung

$$\boxed{\psi(\boldsymbol{x}) = \psi_\circ(\boldsymbol{x}) + \int G_\circ\left(\boldsymbol{x} - \boldsymbol{x}'\right)\frac{2m}{\hbar^2}V(\boldsymbol{x}')\psi(\boldsymbol{x}')\,\mathrm{d}^3x'\ ,} \tag{9.8}$$

wobei $\psi_\circ(\boldsymbol{x}) = e^{i\boldsymbol{k}\cdot\boldsymbol{x}}$ ist. Es ist klar, dass jede Lösung dieser Integralgleichung eine Lösung der Schrödingergleichung (9.3) ist. Aber auch die Randbedingung (9.2) ist automatisch erfüllt, sofern z. B.

$$V \in L^2(\mathbb{R}^3) \cap L^1(\mathbb{R}^3)\ . \tag{9.9}$$

Formal erhält man das asymptotische Verhalten mit

$$|\boldsymbol{x} - \boldsymbol{x}'| = r - \frac{1}{r}\boldsymbol{x}\cdot\boldsymbol{x}' + \mathcal{O}\left(\frac{r'^2}{r}\right)\ ,$$

$$\frac{e^{ik|\boldsymbol{x}-\boldsymbol{x}'|}}{|\boldsymbol{x} - \boldsymbol{x}'|} = \frac{e^{ikr}}{r}e^{-i\boldsymbol{k}'\cdot\boldsymbol{x}'} + \mathcal{O}\left(\frac{r'}{r^2}\right)$$

zu

$$\psi = \psi_\circ + \psi_S\ ,$$

$$\psi_S \sim \frac{e^{ikr}}{r}\left(-\frac{1}{4\pi}\frac{2m}{\hbar^2}\int e^{-i\boldsymbol{k}'\cdot\boldsymbol{x}'}V(\boldsymbol{x}')\psi(\boldsymbol{x}')\,\mathrm{d}^3x'\right)\ . \tag{9.10}$$

Wir erhalten also die gewünschte Form (9.2), mit der Streuamplitude

$$\boxed{f(\boldsymbol{k}',\,\boldsymbol{k}) = -\frac{2m}{\hbar^2}\frac{1}{4\pi}\int e^{-i\boldsymbol{k}'\cdot\boldsymbol{x}'}V(\boldsymbol{x}')\psi(\boldsymbol{x}')\,\mathrm{d}^3x'\ .} \tag{9.11}$$

Dieses Resultat kann man unter der Voraussetzung (9.9) leicht streng begründen.

Die Integralgleichung (9.8) ist der Ausgangspunkt der zeitunabhängigen Streutheorie. Wir fassen diese Gleichung auf als Funktionalgleichung für ψ im Banach-Raum $\mathcal{C}$ der stetigen, beschränkten Funktionen mit der Norm

$$\|\psi\| = \sup_{\boldsymbol{x} \in \mathbb{R}^3} |\psi(\boldsymbol{x})| \tag{9.12}$$

und schreiben sie symbolisch (mit $U := \frac{2m}{\hbar^2} V$) so:

$$\psi = \psi_\circ + [G_\circ(k)U]\psi . \tag{9.13}$$

Für den Operator $[G_\circ(k)U]$ gilt unter der Voraussetzung (9.9) die Abschätzung

$$\|[G_\circ(k)U]\| \le \frac{1}{4\pi} \int \frac{|U(\boldsymbol{x}')|}{|\boldsymbol{x} - \boldsymbol{x}'|} \mathrm{d}^3 x' \equiv N(V) < \infty . \tag{9.14}$$

Beweis. Für $\varphi := [G_\circ(k)U]\psi$ haben wir

$$|\varphi((\boldsymbol{x}))| \le \frac{1}{4\pi} \int \frac{|U(\boldsymbol{x}')|}{|\boldsymbol{x} - \boldsymbol{x}'|} \mathrm{d}^3 x' \|\psi\| \Longrightarrow \|\varphi\| \le N(V)\|\psi\| .$$

Zu zeigen ist $N(V) < \infty$. Nun gilt für $\rho > 0$

$$N(V) \le \frac{1}{4\pi} \int_{|\boldsymbol{x}-\boldsymbol{x}'|>\rho} \frac{U(\boldsymbol{x}')}{|\boldsymbol{x} - \boldsymbol{x}'|} \mathrm{d}^3 x' + \frac{1}{4\pi} \int_{|\boldsymbol{x}-\boldsymbol{x}'|<\rho} \frac{|U(\boldsymbol{x}')|}{|\boldsymbol{x} - \boldsymbol{x}'|} \mathrm{d}^3 x'$$

$$\le \frac{1}{4\pi\rho} \|U\|_1 + \frac{1}{4\pi} \|U\|_2 \left(\int_{|\boldsymbol{z}|<\rho} \frac{1}{|\boldsymbol{z}|^2} \mathrm{d}^3 z \right)^{1/2}$$

$$= \frac{1}{4\pi\rho} \|U\|_1 + \left(\frac{\rho}{4\pi} \right)^{1/2} \|U\|_2 ,$$

wobei wir die Schwartzsche Ungleichung verwendet haben.

Folgerung: *Falls $N(V) < 1$ ist, so hat die Streugleichung eine eindeutige Lösung, nämlich*

$$\psi = \psi_\circ + [G_\circ U]\psi_\circ + [G_\circ U]^2 \psi_\circ \dots . \tag{9.15}$$

Diese Reihe konvergiert in $\mathcal{C}$, d.h. die Iterationslösung von (9.8) (Bornsche Reihe) konvergiert absolut und gleichmäßig in $\boldsymbol{x}$.

Dass (9.15) eine Lösung von (9.13) ist, sieht man durch gliedweise Anwendung von $[G_\circ(k)U]$ auf die Reihe (9.15) (was für $N(V) < \infty$ erlaubt ist). Die Eindeutigkeit der Lösung ergibt sich so: Für zwei Lösungen ψ_1 und ψ_2 gilt

$$\|\psi_1 - \psi_2\| = \|[G_\circ U](\psi_1 - \psi_2)\| \le \|[G_\circ U]\|\|\psi_1 - \psi_2\| < \|\psi_1 - \psi_2\| ,$$

woraus $\|\psi_1 - \psi_2\| = 0$, d.h. $\psi_1 = \psi_2$ folgt.

In praktischen Anwendungen ist die 1. Bornsche Näherung für die Streu-amplitude (9.11) manchmal (z. B. für schwache Potentiale oder sehr hohe Energien) eine brauchbare Approximation. Es ist

$$f_{\text{Born}}(\mathbf{k}', \mathbf{k}) = -\frac{2m}{\hbar^2} \frac{1}{4\pi} \int e^{-i(\mathbf{k}'-\mathbf{k})\cdot\mathbf{x}} V(\mathbf{x}) \, \mathrm{d}^3 x \,, \qquad (9.16)$$

d. h. $f_{\text{Born}}(\mathbf{k}', \mathbf{k})$ *ist (im Wesentlichen) die Fouriertransformierte des Potentials* V. Wir illustrieren dies an einem Beispiel.

Elastische Streuung von Elektronen an einem neutralen Atom

Wir betrachten genügend hohe Energien, sodass wir die Bornsche Näherung verwenden dürfen und gleichzeitig Austauscheffekte des streuenden Elektrons mit den Elektronen im Atom vernachlässigen können. Das elektrostatische Potential φ ist eine Lösung der Poissongleichung

$$\Delta\varphi = -4\pi e[Z\delta(\mathbf{x}) - \rho(r)] \,, \qquad (9.17)$$

wobei $\rho(r)$ die Ladungsverteilung der Elektronen ist, weshalb

$$\int \rho \, \mathrm{d}^3 x = Z \,.$$

Das Elektron sieht das Potential $V(r) = -e\varphi(r)$. Durch Fouriertransformation erhalten wir

$$q^2 \tilde{V}(q) = 4\pi e^2 [Z - F(q)] \,, \qquad (9.18)$$

wobei $F(q)$ der sogenannte *Formfaktor* der elektronischen Ladungsverteilung ist:

$$F(q) = \int e^{-i\mathbf{q}\cdot\mathbf{x}} \rho(r) \, \mathrm{d}^3 x = \frac{1}{q} \int_0^\infty \sin(qr)\rho(r)r \, \mathrm{d}r \,. \qquad (9.19)$$

Aus (9.16) und (9.18) folgt

$$f_{\text{Born}}(\mathbf{k}', \mathbf{k}) = -\frac{2m}{\hbar^2} \frac{1}{4\pi} \frac{1}{q^2} 4\pi e^2 [Z - F(q)] \,.$$

In Bornscher Näherung lautet deshalb der Wirkungsquerschnitt (siehe (9.5)):

$$\boxed{\frac{\mathrm{d}\sigma}{\mathrm{d}\Omega} = \frac{4[Z - F(q)]^2 m^2 e^4}{\hbar^4 q^4} \,, \quad \mathbf{q} := \mathbf{k}' - \mathbf{k}} \qquad (9.20)$$

($\hbar\mathbf{q} = $ *Impulsübertrag*).

Ist z. B.

$$\rho(r) = \frac{Ze^{-r/a}}{2a^3} \,,$$

so haben wir

$$F(q) = \frac{Z}{(1 + q^2 a^2)^2} \,.$$

Diskussion

Ist $qa \gg 1$, d. h.

$$\sin \frac{1}{2}\vartheta \gg \frac{1}{2ka} \; ,$$

wo ϑ den *Streuwinkel* bezeichnet ($\vartheta = \angle(\boldsymbol{k}', \boldsymbol{k})$), so ist $F(q) \ll Z$ (Riemann-Lebesque-Lemma). Für diese „großen" Winkel reduziert sich der Querschnitt im wesentlichen auf die *Rutherford-Formel* für die Streuung am Atomkern:

$$\left(\frac{\mathrm{d}\sigma}{\mathrm{d}\Omega}\right)_{\text{Rutherford}} = \frac{4m^2 e^4 Z^2}{\hbar^4 q^4} \; , \tag{9.21}$$

oder (mit $q = 2k \sin \vartheta/2$):

$$\boxed{\left(\frac{\mathrm{d}\sigma}{\mathrm{d}\Omega}\right)_{\text{Rutherford}} = \left(\frac{Ze^2}{2mv^2}\right)^2 \frac{1}{\sin^4 \vartheta/2} \cdot} \tag{9.22}$$

Für Coulombstreuung ist diese Formel sogar *exakt*, wie wir in Abschn. 9.2 sehen werden.

Im anderen Grenzfall $qa \lesssim 1$ (oder $\sin \frac{1}{2}\vartheta \lesssim \frac{1}{2ka}$) ist (beachte $F(0) = Z$) die Abschirmung der Elektronen beträchtlich, wie man dies von einem klassischen Bild her erwartet.

Bei sehr hohen Energien kann man die Elektronen vergessen. Dann darf man aber schließlich auch den Kern nicht mehr als punktförmig behandeln (wenn die Wellenlänge des Elektrons vergleichbar zum Kernradius wird). Bezeichnet jetzt $F_K(q)$ den Formfaktor des Kerns, so erhält man aus den obigen Formeln für elastische Streuung

$$\frac{\mathrm{d}\sigma}{\mathrm{d}\Omega} = \frac{4m^2 e^4 Z^2}{\hbar^4 q^4} \cdot |F_K(q)|^2 \; . \tag{9.23}$$

Durch Vergleich der Experimente mit dieser Formel kann man $|F_K(q)|^2$ bestimmen und daraus Information über die *Ladungsverteilung im Kern* gewinnen. (Zuvor muss man allerdings u. a. noch relativistische Änderungen anbringen.)

9.2 Die Coulomb-Streuung

Das Coulumbpotential fällt im Unendlichen nur langsam ab und deshalb nimmt die Coulombstreuung in der Streutheorie eine *Sonderrolle* ein. Insbesondere wird das asymptotische Verhalten (9.2) der stationären Streuwelle modifiziert.

Wir betrachten eine Streusituation für ein geladenes Teilchen (Ladung Z_1e) in einem Coulombpotential $V = -Z_2e/r$. Die Schrödingergleichung für die stationäre Streulösung lautet

$$\left(-\frac{\hbar^2}{2m}\Delta + \frac{Z_1Z_2e^2}{r}\right)\psi(\boldsymbol{x}) = E\psi(\boldsymbol{x})\,. \qquad (9.24)$$

Wir setzen

$$E = \frac{\hbar^2k^2}{2m} = \frac{1}{2}mv^2 \qquad (9.25)$$

und führen den Sommerfeld-Parameter

$$\gamma = \frac{Z_1Z_2e^2}{\hbar v} \qquad (9.26)$$

ein. Mit diesen Abkürzungen lautet (9.24)

$$\left(\Delta + k^2 - \frac{2\gamma k}{r}\right)\psi(\boldsymbol{x}) = 0\,. \qquad (9.27)$$

Wir machen den Lösungsansatz

$$\psi(\boldsymbol{x}) = e^{ikz}\varphi(r-z)\,, \qquad r = |\boldsymbol{x}| \qquad (9.28)$$

wo φ eine reguläre Funktion sein soll. Setzen wir dies in (9.27) ein, so erhalten wir für φ die Differentialgleichung ($u := r - z$):

$$\left[u\frac{\mathrm{d}^2}{\mathrm{d}u^2} + (1 - iku)\frac{\mathrm{d}}{\mathrm{d}u} - \gamma k\right]\varphi = 0$$

oder, mit

$$\xi := iku = ik(r - z)\,, \qquad (9.29)$$

$$\left[\xi\frac{\mathrm{d}^2}{\mathrm{d}\xi^2} + (1 - \xi)\frac{\mathrm{d}}{\mathrm{d}\xi} + i\gamma\right]\varphi(\xi) = 0\,. \qquad (9.30)$$

Dies ist wieder die konfluente hypergeometrische Differentialgleichung (siehe Abschn. 3.7.3).

Die *reguläre* Lösung von (9.30) ist die konfluente hypergeometrische Reihe:

$$\varphi(\xi) = CF(-i\gamma, 1, \xi)\,, \qquad (9.31)$$

wobei C ein Normierungsfaktor ist. Nun benutzen wir die asymptotische Form von $F(\alpha, \gamma, z)$ (siehe (3.203) Seite 65):

$$F(\alpha, \gamma, z) = \frac{\Gamma(\gamma)}{\Gamma(\gamma - \alpha)}(-z)^{-\alpha}\left[1 - \frac{\alpha(\alpha - \gamma + 1)}{z} + \mathcal{O}\left(\frac{1}{|z|^2}\right)\right] \qquad (9.32)$$

$$+ \frac{\Gamma(\gamma)}{\Gamma(\alpha)}e^z z^{\alpha - \gamma}\left[1 + \mathcal{O}\left(\frac{1}{|z|}\right)\right]\,.$$

Dies gibt für $\varphi(\xi)$ die asymptotische Form

$$\varphi(u) = C\frac{(-iku)^{i\gamma}}{\Gamma(1+i\gamma)}\left[1 - \frac{\gamma^2}{iku} + \mathcal{O}\left(\frac{1}{u^2}\right)\right] \tag{9.33}$$
$$+ C\frac{e^{iku}(iku)^{-i\gamma}}{iku\Gamma(-i\gamma)}\left[1 + \mathcal{O}\left(\frac{1}{u}\right)\right].$$

Nun ist

$$(-iku)^{i\gamma} = \left(e^{\ln ku - i\pi/2}\right)^{i\gamma} = \exp\left[\frac{1}{2}\pi\gamma + i\gamma\ln ku\right].$$

Damit und $z\Gamma(z) = \Gamma(z+1)$ kommt

$$\varphi(u) = Ce^{(1/2)\pi\gamma}\left\{\frac{e^{i\gamma\ln ku}}{\Gamma(1+i\gamma)}\left[1 - \frac{\gamma^2}{iku} + \mathcal{O}\left(\frac{1}{u^2}\right)\right]\right. \tag{9.34}$$
$$\left. - \frac{i\gamma e^{iku}e^{-i\gamma\ln ku}}{iku\Gamma(1-i\gamma)}\left[1 + \mathcal{O}\left(\frac{1}{u}\right)\right]\right\}.$$

Dies setzen wir in (9.28) ein und erhalten den folgenden asymptotischen Ausdruck für die Streulösung in sphärischen Polarkoordinaten:

$$\psi(r,\vartheta) = C\frac{e^{(1/2)\pi\gamma}}{\Gamma(1+i\gamma)}\left\{\left[1 - \frac{\gamma^2}{2ikr\sin^2\vartheta/2}\right]e^{ikz+i\gamma\ln k(r-z)}\right.$$
$$\left. - f(\vartheta)\frac{1}{r}e^{ikr-i\gamma\ln 2kr}\right\}, \tag{9.35}$$

mit

$$\boxed{f(\vartheta) = \frac{\gamma\Gamma(1+i\gamma)}{2k\Gamma(1-i\gamma)}\frac{\exp[-2i\gamma\ln\sin\vartheta/2]}{\sin^2\vartheta/2}.} \tag{9.36}$$

Der erste Term in (9.35) repräsentiert die einlaufende Welle e^{ikz}, die durch die langreichweitige Coulombwechselwirkung mit dem Faktor

$$\left[1 - \frac{\gamma^2}{2ikr\sin^2\vartheta/2}\right]e^{i\gamma\ln k(r-z)}$$

gestört ist. Die Wahrscheinlichkeits-Stromdichte J dieser Welle ist für $r \to \infty$ gleich

$$J = C^2\frac{\hbar k}{m}\left|\frac{e^{\pi\gamma/2}}{\Gamma(1+i\gamma)}\right|^2. \tag{9.37}$$

Der zweite Term in (9.35) entspricht einer auslaufenden sphärischen Welle, welche noch eine zusätzliche *logarithmische Phase* erhält. Der zugehörige

Fluss in den Raumwinkel $\mathrm{d}\Omega$ ist asymptotisch

$$J_r r^2 \mathrm{d}\Omega = C^2 \frac{\hbar k}{m} \left| \frac{e^{\pi\gamma/2}}{\Gamma(1+i\gamma)} \right|^2 |f(\vartheta)|^2 \mathrm{d}\Omega \,. \tag{9.38}$$

Deshalb ist der Wirkungsquerschnitt

$$\frac{\mathrm{d}\sigma}{\mathrm{d}\Omega} := \frac{J_r r^2 \mathrm{d}\Omega}{J} = |f(\vartheta)|^2 \,, \tag{9.39}$$

d. h.

$$\boxed{\frac{\mathrm{d}\sigma}{\mathrm{d}\Omega} = \frac{\gamma^2}{4k^2 \sin^4 \vartheta/2} = \left(\frac{Z_1 Z_2 e^2}{2mv^2} \right)^2 \frac{1}{\sin^4 \vartheta/2}} \tag{9.40}$$

(Rutherford). Dies stimmt mit dem *klassischen* Ausdruck, und anderseits mit der *Bornschen Näherung* (siehe (9.22)) überein. Das ist eine Spezialität des Coulombfeldes.

Für viele Anwendungen (Kernreaktionen, β-Prozesse) ist es wichtig $\psi(0)$ zu kennen. Wir normieren ψ so, dass die Stromdichte (9.37) gleich 1 ist. Dies bedeutet

$$C = \sqrt{\frac{m}{\hbar k}} \Gamma(1+i\gamma) e^{-\pi\gamma/2} \,. \tag{9.41}$$

Die hypergeometrische Reihe $F(\alpha, \gamma, z)$ hat für $z = 0$ den Wert 1. Deshalb ist nach (9.28), (9.31) und (9.41)

$$|\psi(0)|^2 = |C|^2 = \frac{m}{\hbar k} |\Gamma(1+i\gamma)|^2 e^{-\pi\gamma} \,. \tag{9.42}$$

Wir benutzen noch

$$\Gamma(1+x) = x\Gamma(x) \,, \qquad \Gamma(ix)\Gamma(1-ix) = \frac{\pi}{\sinh \pi x} \,,$$

$$|\Gamma(1+i\gamma)|^2 = |\gamma\Gamma(i\gamma)\Gamma(1-i\gamma)|^2 = \frac{2\pi|\gamma|e^{\pi\gamma}}{e^{2\pi\gamma}-1} \,.$$

Damit ist

$$\boxed{|\psi(0)|^2 = \frac{2\pi|\gamma|}{v|e^{2\pi\gamma}-1|}} \,. \tag{9.43}$$

Für kleine Geschwindigkeiten erhält man wegen $\gamma \gg 1$ die Grenzfälle:

$$|\psi(0)|^2 = \begin{cases} \frac{2\pi Z_1 Z_2}{\hbar v^2} & \text{für Anziehung} \,, \\ \frac{2\pi Z_1 Z_2}{\hbar v^2} e^{-2\pi Z_1 Z_2 e^2/\hbar v} & \text{für Abstoßung} \,. \end{cases} \tag{9.44}$$

9.3 Zweiteilchenstöße, Austauscheffekte bei identischen Teilchen

Wir betrachten nun ein Zweiteilchensystem mit dem Hamiltonoperator

$$H = \frac{\boldsymbol{p}_1^2}{2m_1} + \frac{\boldsymbol{p}_2^2}{2m_2} + V(\boldsymbol{x}_1 - \boldsymbol{x}_2) \, . \tag{9.45}$$

Wie in der klassischen Mechanik führen wir Relativ- und Schwerpunktskoordinaten ein:

$$\boldsymbol{x} = \boldsymbol{x}_1 - \boldsymbol{x}_2 \, , \qquad \boldsymbol{p} = \frac{m_2 \boldsymbol{p}_1 - m_1 \boldsymbol{p}_2}{m_1 + m_2} \, ,$$
$$\boldsymbol{X} = \frac{m_1 \boldsymbol{x}_1 + m_2 \boldsymbol{x}_2}{m_1 + m_2} \, , \quad \boldsymbol{P} = \boldsymbol{p}_1 + \boldsymbol{p}_2 \, . \tag{9.46}$$

Klassisch und quantenmechanisch ist diese Transformation kanonisch: Die Kommutatoren (Poissonklammern) erfüllen

$$[x_k, p_l] = [X_k, P_l] = (i\hbar)\delta_{kl} \, , \text{ alle andern } = 0 \, .$$

In den neuen Koordinaten lautet der Hamiltonoperator

$$H = \frac{1}{2M} \boldsymbol{P}^2 + \frac{1}{2m} \boldsymbol{p}^2 + V(\boldsymbol{x}) \, , \tag{9.47}$$

wobei

$$M = m_1 + m_2 \, , \qquad m = \frac{m_1 m_2}{m_1 + m_2} \quad (= \text{reduzierte Masse}) \, . \tag{9.48}$$

Für die translationsinvariante potentielle Energie V lässt sich also die Schwerpunktsbewegung abseparieren und das Problem der zeitlichen Evolution zerfällt in zwei unabhängige Teile, wobei die Schwerpunktsbewegung eine freie Bewegung ist. Interessant ist bloß die Relativbewegung. (Verallgemeinere dies auf N Teilchen.)

Nun betrachten wir die Streuung von zwei Teilchen. Für *nichtidentische* Teilchen bleiben für die Relativbewegung alle Formeln von Abschn. 7.1 und 7.2 gültig, wenn dort unter m die reduzierte Masse verstanden wird. Insbesondere lautet die asymptotische Form für die Wellenfunktion

$$\psi(\boldsymbol{x}) \sim e^{i\boldsymbol{k}\cdot\boldsymbol{x}} + f(\boldsymbol{k}', \boldsymbol{k})\frac{e^{ikr}}{r} \, .$$

Für *identische spinlose* Teilchen müssen wir die Wellenfunktion *symmetrisieren*. Bei der Vertauschung von 1 und 2 ändert $\boldsymbol{x}$ das Vorzeichen. Deshalb ist die symmetrisierte Wellenfunktion asymptotisch

$$\psi(\boldsymbol{x}) \sim \frac{1}{\sqrt{2}} \left[e^{i\boldsymbol{k}\cdot\boldsymbol{x}} + e^{-i\boldsymbol{k}\cdot\boldsymbol{x}} + (f(\boldsymbol{k}', \boldsymbol{k}) + f(-\boldsymbol{k}', \boldsymbol{k}))\frac{e^{ikr}}{r} \right] \, . \tag{9.49}$$

Der Wirkungsquerschnitt ist damit

$$\frac{d\sigma}{d\Omega} = |f(\boldsymbol{k}',\boldsymbol{k}) + f(-\boldsymbol{k}',\boldsymbol{k})|^2 \quad \left(\neq |f(\boldsymbol{k}',\boldsymbol{k})|^2 + |f(-\boldsymbol{k}',\boldsymbol{k})|^2\,!\right)\ . \tag{9.50}$$

Als Beispiel betrachten wir die Coulombstreuung von α-Teilchen. Die Streuamplitude ist nach (9.36)

$$f(\vartheta) = \frac{\gamma\Gamma(1+i\gamma)}{2k\Gamma(1-i\gamma)}\frac{\exp\left[-2i\gamma\ln\sin\vartheta/2\right]}{\sin^2\vartheta/2}\ . \tag{9.51}$$

Damit ergibt sich

$$\begin{aligned}
\frac{d\sigma}{d\Omega} &= |f(\vartheta) + f(\pi-\vartheta)|^2\\
&= |f(\vartheta)|^2 + |f(\pi-\vartheta)|^2 + f(\vartheta)f^*(\pi-\vartheta) + f^*(\vartheta)f(\pi-\vartheta) \quad (9.52)\\
&= \frac{\gamma^2}{4k^2}\left[\frac{1}{\sin^4\vartheta/2} + \frac{1}{\cos^4\vartheta/2} + \frac{1}{\sin^2\vartheta/2\cos^2\vartheta/2}\right.\\
&\qquad \left.\cdot\underbrace{\left(e^{-2i\gamma\ln\sin\vartheta/2}e^{2i\gamma\ln\cos\vartheta/2} + e^{2i\gamma\ln\sin\vartheta/2}e^{-2i\gamma\ln\cos\vartheta/2}\right)}\right],
\end{aligned}$$

$$\exp\left(-2i\gamma\ln\left(\frac{\sin\vartheta/2}{\cos\vartheta/2}\right)\right) + \exp\left(2i\gamma\ln\left(\frac{\sin\vartheta/2}{\cos\vartheta/2}\right)\right)$$
$$= 2\cos\left(2\gamma\ln\left(\frac{\sin\vartheta/2}{\cos\vartheta/2}\right)\right) = 2\cos\left(\gamma\ln\tan^2\vartheta/2\right)$$

d.h.

$$\boxed{\frac{d\sigma}{d\Omega} = \frac{\gamma^2}{4k^2}\left[\frac{1}{\sin^4\vartheta/2} + \frac{1}{\cos^4\vartheta/2} + 2\frac{\cos\left(\gamma\ln\tan^2\vartheta/2\right)}{\sin^2\vartheta/2\cos^2\vartheta/2}\right]} \tag{9.53}$$

(Mott-Querschnitt).

Typisch ist darin der letzte Term (*Austauschterm*), der von den Interferenzen in (9.52) herrührt. Dieser ist für $\vartheta = \pi/2$ am größten. Bei diesem Winkel bewirken die Austauschterme eine *Verdoppelung* des differentiellen Querschnittes gegenüber dem Streuquerschnitt ohne Berücksichtigung des Austauscheffekts. Man sieht auch, dass der letzte Term im Limes $\hbar \to 0$ verschwindet: Für $\hbar \to 0$ geht $\gamma \to \infty$; damit oszilliert der Term wie verrückt und gibt über einen kleinen Winkelbereich gemittelt keinen Beitrag. Auch für kleine Relativgeschwindigkeiten ist γ groß und der Austauschterm verschwindet bei Mittelung über einen gewissen Winkelbereich. Aus denselben Gründen braucht man die Austauscheffekte bei kleineren Streuwinkeln nicht zu berücksichtigen.

Nun betrachten wir *identische Teilchen mit Spin* 1/2. Für den *Singlettzustand* (Gesamtspin $S = 0$) ist die Ortswellenfunktion symmetrisch, d.h.

$$\frac{d\sigma_s}{d\Omega} = |f(\boldsymbol{k}',\boldsymbol{k}) + f(-\boldsymbol{k}',\boldsymbol{k})|^2 \quad (S = 0)\ . \tag{9.54}$$

Im *Triplettzustand* (Gesamtspin $S = 1$) ist die Ortswellenfunktion hingegen antisymmetrisch und daher gilt

$$\frac{d\sigma_t}{d\Omega} = |f(\boldsymbol{k}', \boldsymbol{k}) - f(-\boldsymbol{k}', \boldsymbol{k})|^2 \quad (S = 1) . \tag{9.55}$$

Im Beispiel der Coulombstreuung *ändert im Triplettzustand das Vorzeichen des Austauschterms* (letzter Term in (9.52). Deshalb ist $d\sigma_t/d\Omega = 0$ *für* $\vartheta = \pi/2$.

Sind die beteiligten Teichen *unpolarisiert*, d.h. ist der Spinzustand ein statistisches Gemisch mit dem Dichteoperator

$$\varrho = \frac{1}{4} P_s + \frac{1}{4} P_t$$

($P_{s,t}$: Projektoren auf die Singulett-, bzw. Triplettzustände), so ist der gemessene Querschnitt

$$\boxed{\begin{aligned}
\frac{d\sigma}{d\Omega} &= \frac{1}{4} \left(\frac{d\sigma_s}{d\Omega} + 3 \frac{d\sigma_t}{d\Omega} \right) \\
&= \frac{\gamma^2}{4k^2} \left[\frac{1}{\sin^4 \vartheta/2} + \frac{1}{\cos^4 \vartheta/2} - \frac{\cos\left(\gamma \ln \tan^2 \vartheta/2\right)}{\sin^2 \vartheta/2 \cos^2 \vartheta/2} \right] .
\end{aligned}} \tag{9.56}$$

In den Abb. 9.2 und 9.3 zeigen wir den charakteristischen Unterschied von (9.53) und (9.56) anhand der Messungen für $^{12}C + {}^{12}C$, bzw. $^{13}C + {}^{13}C$. Die Streuung von nicht identischen Teilchen ist in Abb. 9.4 gezeigt.

9.4 Zeitabhängige Streutheorie

Wir schließen diese kurze Einführung in die Streutheorie mit einer Analyse des Streuprozesses, welche über die Potentialstreuung hinaus (N-Teilchenproblem, relativistische Theorie) von Bedeutung ist. Die folgenden Betrachtungen bilden überdies den Ausgangspunkt für die strenge Streutheorie.

9.4.1 Møller-Operatoren und S-Matrix

Wir betrachten wieder die Streuung eines Teilchens an einem Potential V. Der Hamiltonoperator lautet (im folgenden wird $\hbar = 1$ gesetzt):

$$H = -\frac{1}{2m} \Delta + V(\boldsymbol{x}) \equiv H_0 + V . \tag{9.57}$$

Die Zeitevolution wird durch den unitären Operator

$$U(t) = e^{-iHt} \tag{9.58}$$

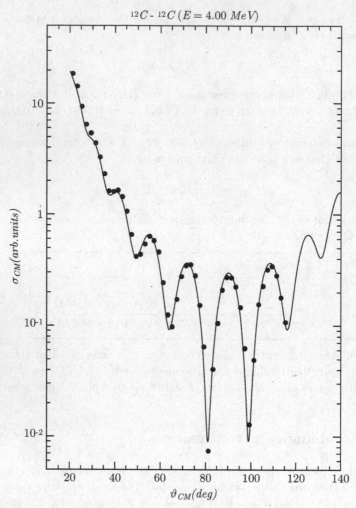

Abb. 9.2. Coulomb-Streuung $^{12}C + ^{12}C$ bei 4 MeV (identische Bosonen), (Abbildung erhalten von I. Sick)

beschrieben. Jeder Zustand $\psi \in \mathcal{H}$ definiert eine „Asymptote" $e^{-iH_0 t}\psi$ ($H_0 = -\frac{1}{2m}\Delta$). Die zugehörigen ein- und auslaufenden *Streuzustände* $\psi^\pm$ sind definiert durch (mache eine klassische Zeichnung):

$$\left\| e^{-iHt}\psi^\pm - e^{-iH_0 t}\psi \right\| \to 0 \qquad \text{für } t \to \pm\infty. \tag{9.59}$$

Dies ist äquivalent zu

$$\psi^\pm = \text{s-lim}_{t\to\pm\infty} e^{iHt}e^{-iH_0 t}\psi = \Omega_\pm\psi, \tag{9.60}$$

wobei

$$\boxed{\Omega_\pm := \text{s-lim}_{t\to\pm\infty} e^{iHt}e^{-iH_0 t}} \tag{9.61}$$

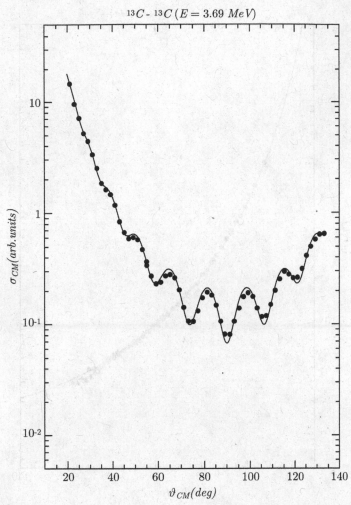

Abb. 9.3. $^{13}C + {}^{13}C$ Coulomb-Streuung (identische Fermionen), (Abbildung erhalten von I. Sick)

die sog. *Møller-Operatoren* sind.

Falls die $\Omega_\pm$ aus ganz $\mathcal{H}$ existieren (die Existenz wird weiter unten untersucht), so sind $\Omega_\pm$ isometrische Operatoren von $\mathcal{H}$ mit gewissen Unterräumen $\mathcal{R}_\pm$ als Bildräume.

Aus

$$e^{-iHt}e^{iH\tau}e^{-iH_0\tau}\psi = e^{iH(\tau-t)}e^{-iH_0(\tau-t)}e^{-iH_0 t}\psi$$

folgt im Limes $\tau \to \pm\infty$:

$$e^{-iHt}\Omega_\pm = \Omega_\pm e^{-iH_0 t}, \tag{9.62}$$

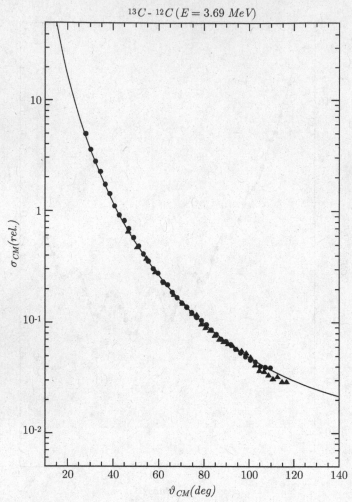

Abb. 9.4. $^{12}C + ^{13}C$ Coulomb-Streuung (nicht identische Teichen), (Abbildung erhalten von I. Sick)

d. h. $\mathcal{R}_{\pm}$ ist invariant unter e^{-iHt} und der Teil von H in $\mathcal{R}_{\pm}$ ist unitär äquivalent zu H_0. Dieser Teil hat demzufolge ein *rein kontinuierliches Spektrum*. Somit ist

$$\mathcal{R}_{\pm} \perp \mathcal{H}_B = \text{Raum der } \textit{gebundene Zustände} \ .$$

Physikalisch erwarten wir, dass

$$\mathcal{R}_+ = \mathcal{R}_- \equiv \mathcal{R} \ ,$$
$$\mathcal{R} \oplus \mathcal{H}_B = \mathcal{H} \ . \tag{9.63}$$

Dies nennt man die Bedingung der *asymptotischen Vollständigkeit*. Sie lässt sich tatsächlich unter gewissen Bedingungen für das Potential beweisen. Wir gehen aber darauf nicht ein und nehmen an, dass (9.63) erfüllt ist. Das Bild $\mathcal{R}$ der Møller-Operatoren ist *der Unterraum der Streuzustände*.

Wir notieren, dass für eine beliebige Isometrie Ω folgendes gilt

$$\Omega^* = \begin{cases} \Omega^{-1} & \text{auf } \mathcal{R}(\Omega), \\ 0 & \text{auf } \mathcal{R}(\Omega)^\perp. \end{cases} \tag{9.64}$$

Deshalb ist

$$\Omega^*\Omega = \mathbb{1}, \qquad \Omega\Omega^* = E_{\mathcal{R}(\Omega)} \tag{9.65}$$

($E_{\mathcal{R}(\Omega)}$: Projektor auf $\mathcal{R}(\Omega)$).

Wir betrachten den einlaufenden Streuzustand ψ^- zur Asymptote ψ: $\psi^- = \Omega_-\psi$. Da $\psi^- \in \mathcal{R}$, hat ψ^- eine Asymptote ψ' bei $t \to +\infty$: $\psi^- = \Omega_+\psi'$. Setzten wir

$$\boxed{S = \Omega_+^*\Omega_-,} \tag{9.66}$$

so ist

$$\psi' = S\psi. \tag{9.67}$$

S vermittelt also zwischen den Asymptoten bei $t \to \mp\infty$. Dieser Operator (*S-Operator* oder *S-Matrix*) enthält also die ganze Information über den Streuprozess.

Aus der asymptotischen Vollständigkeit folgt die Unitarität von S, denn mit (9.65) erhalten wir

$$S^*S = \Omega_-^*\Omega_+\Omega_+^*\Omega_- = \Omega_-^* E_{\mathcal{R}}\Omega_- = \Omega_-^*\Omega_- = \mathbb{1},$$
$$SS^* = \Omega_+^*\Omega_-\Omega_-^*\Omega_+ = \Omega_+^* E_{\mathcal{R}}\Omega_+ = \Omega_+^*\Omega_+ = \mathbb{1}.$$

Existenz der Møller-Operatoren

Zur Illustration beweisen wir die Existenz der Møller-Operatoren unter den folgenden starken Voraussetzungen an das Potential

$$V \in L^2(\mathbb{R}^3) \cap L^\infty(\mathbb{R}^3).$$

Dann ist der Operator beschränkt und $H_0 + V$ ist selbstadjungiert mit dem Definitionsbereich $\mathcal{D}(H) = \mathcal{D}(H_0)$. Es genügt die Existenz von

$$\text{s-lim}_{t\to\pm\infty} \underbrace{e^{iHt}e^{-iH_0 t}}_{\equiv \Omega(t)} \psi$$

für eine dichte Menge von Zuständen ψ zu beweisen (da $\|\Omega(t)\| = 1$ für alle t). Für $\psi \in \mathcal{D}(H_0)$ ist

$$\frac{\mathrm{d}}{\mathrm{d}t}\Omega(t)\psi = ie^{iHt}\underbrace{(H - H_0)}_{V}e^{-iH_0 t}\psi.$$

Also gilt, wegen $\Omega(0) = 1$,

$$\Omega(t)\psi = \psi + i \int_0^t e^{iH\tau} V e^{-iH_0\tau} \psi \, d\tau \, . \tag{9.68}$$

Das Integral rechts konvergiert für $t \to \pm\infty$, falls die Norm des Integranden $\|e^{iHt} V e^{-iH_0t}\psi\| = \|V e^{-iH_0t}\psi\|$ für $|t| \to \infty$ in t hinreichend rasch abfällt. Wir wählen $\psi \in \mathcal{S}(\mathbb{R}^3)$ und benutzen (3.17)

$$|(e^{-iH_0t}\psi)(\boldsymbol{x})| \leq const.\frac{1}{(1 + |t|)^{3/2}} \, . \tag{9.69}$$

Dann ist

$$\|V e^{-iH_0t}\psi\| \leq const.\frac{1}{(1 + |t|)^{3/2}} \|V\|_2 \tag{9.70}$$

und folglich konvergieren die Integrale in (9.68) für $t \to \pm\infty$.

Bemerkungen Aus (9.69) folgt auch

$$\lim_{|t|\to\infty} (\varphi, e^{-iH_0t}\psi) = 0 \, , \tag{9.71}$$

d. h. e^{-iH_0t} *konvergiert schwach gegen Null für* $|t| \to \infty$. Ist jetzt φ ein Eigenvektor von H $(H\varphi = E\varphi)$, so gilt

$$(\varphi, \Omega_\pm\psi) = \lim_{t\to\pm\infty} (\varphi, e^{iHt}e^{-iH_0t}\psi) = \lim_{t\to\pm\infty} e^{iEt} (\varphi, e^{-iH_0t}\psi) = 0 \, . \tag{9.72}$$

Dies zeigt $\mathcal{R}_\pm \perp \mathcal{H}_B$.

Störungsrechnung

Es sei $H = H_0 + \lambda V$. Wir interessieren uns für eine Potenzreihenentwicklung der S-Operators.

Nach (9.68) ist

$$\Omega(t) = 1 + i\lambda \int_0^t d\tau \underbrace{e^{iH\tau}e^{-iH_0\tau}}_{\Omega(\tau)} e^{iH_0\tau} V e^{-iH_0\tau} \tag{9.73}$$

und folglich

$$\Omega^*(t) = 1 - i\lambda \int_0^t d\tau \, e^{iH_0\tau} V e^{-iH_0\tau} \Omega^*(\tau) \, . \tag{9.74}$$

Zu dieser Gleichung betrachten wir die Iterationsreihe

$$\Omega^*(t) = \sum_{n=0}^\infty \lambda^n \Omega_n^*(t) \, , \tag{9.75}$$

mit $\Omega_0 = \mathbb{1}$,

$$\Omega_n^*(t) = (-i)^n \int_0^t dt_1 \int_0^{t_1} dt_2 \ldots \int_0^{t_{n-1}} dt_n$$
$$\times\, e^{iH_0 t_1} V e^{-iH_0(t_1-t_2)} V \ldots e^{iH_0(t_{n-1}-t_n)} V e^{-iH_0 t_n}\,. \tag{9.76}$$

Wir betrachten die Konvergenz dieser Reihe für den eingeschränkten Fall $V \in L^1 \cap L^\infty$. Es die $A := |V|^{1/2}$, $B := \operatorname{sgn} V |V|^{1/2}$, also $V = AB$. Ferner führen wir die folgenden Integrationsvariablen ein: $\tau_1 = t_1 - t_2$, $\tau_2 = t_2 - t_3$, $\ldots$, $\tau_{n-1} = t_{n-1} - t_n$, $\tau_n = t_n$. Es ist $\tau_i \geq 0$, $0 \leq \sum \tau_i \leq t$. Wir benutzen auch die Abkürzungen

$$K(t) := \|B e^{-iH_0 t} A\|\,, \qquad N(t) := \|B e^{-iH_0 t} \psi\|\,.$$

Dann ist die Norm des Integranden in (9.76), angewandt auf ψ, beschränkt durch

$$\|A\| K(\tau_1) \ldots K(\tau_{n-1}) N(\tau_n)\,.$$

Falls also $|\lambda|$ genügend klein ist und

$$\int_0^\infty K(\tau)\, d\tau < \infty\,, \qquad \int_0^\infty N(\tau)\, d\tau < \infty \tag{9.77}$$

für eine dichte Menge von $\psi \in \mathcal{H}$, so konvergiert die Reihe für $\Omega^*(t)\psi$ *gleichmäßig* in t und stellt $\Omega^*(t)\psi$ dar. Ferner existieren die Limites $t \to \pm\infty$ gliedweise, also auch

$$\Omega_\pm^* \psi = \lim_{t\to\pm\infty} \Omega^*(t)\psi = \sum_{n=0}^\infty \lambda^k \lim_{t\to\pm\infty} \Omega_n^*(t)\psi\,.$$

Daraus folgt, dass $\Omega_\pm^*$ eine Isometrie von $\mathcal{H}$ auf $\mathcal{H}$ ist, d. h.

$$\mathcal{R}_+ = \mathcal{R}_- = \mathcal{H} \quad \Rightarrow \mathcal{H}_B = \{0\}\,.$$

In diesem Fall hat man sicher asymptotische Vollständigkeit, aber *nur Streuzustände*.

$N(\tau)$ wurde schon in (9.70) abgeschätzt und erfüllt danach (9.77). Es bleibt $K(t)$ abzuschätzen: Für $\psi \in \mathcal{S}(\mathbb{R}^3)$ ist

$$|(e^{-iH_0 t} A\psi)(\boldsymbol{x})| \leq const.|t|^{-3/2} \|A\psi\|_1 \leq const.|t|^{-3/2} \|A\|_2 \|\psi\|_2\,.$$

Deshalb gilt

$$\|B e^{-iH_0 t} A\psi\|_2 \leq const.\|B\|_2 \|A\|_2 \|\psi\|_2 |t|^{-3/2}\,,$$

d. h.

$$\|B e^{-iH_0 t} A\| \leq const.|t|^{-3/2} \|V\|_1\,.$$

Also ist (9.77) erfüllt.

Die Störungstheorie für S findet man leicht aus der Wechselwirkungsdarstellung. Wir setzen die Schrödingerfunktion $\psi(t) = e^{-iH_0 t}\varphi(t)$ und haben für $\varphi(t)$ die Differentialgleichung

$$i\dot{\varphi} = \lambda V(t)\varphi \qquad V(t) := e^{iH_0 t} V e^{-iH_0 t} . \tag{9.78}$$

Nun betrachte man ($\psi := \psi(0)$):

$$\varphi(t) = e^{iH_0 t}\psi(t) = e^{iH_0 t}e^{-iHt}\psi = \Omega^*(t)\psi .$$

Also ist

$$\left.\begin{array}{l} \varphi(-\infty) = \Omega_-^*\psi \\ \varphi(+\infty) = \Omega_+^*\psi \end{array}\right\} \Rightarrow \varphi(\infty) = \Omega_+^*\Omega_-\varphi(-\infty) ,$$

d. h.

$$\varphi(\infty) = S\varphi(-\infty) . \tag{9.79}$$

Dabei existieren $\varphi(\pm\infty)$ für jede Lösung $\varphi(t)$, falls λ genügend klein ist.

Aus

$$\varphi(t) = \varphi(-\infty) - i\lambda \int_{-\infty}^{t} d\tau\, V(\tau)\varphi(\tau) \tag{9.80}$$

folgt durch Iteration

$$\varphi(t) = \sum_{n=0}^{\infty}(-i\lambda)^n \int_{-\infty}^{t} dt_1 \int_{-\infty}^{t_1} dt_2 \dots \int_{-\infty}^{t_{n-1}} dt_n$$
$$\times V(t_1)V(t_2)\dots V(t_n)\varphi(-\infty) . \tag{9.81}$$

Wieder konvergiert die Reihe für genügend kleine λ gleichmäßig in t und liefert für $t \to +\infty$ die S-Matrix:

$$S = \sum_{n=0}^{\infty}\lambda^n S_n , \tag{9.82}$$

mit

$$S_0 = \mathbb{1} ,$$
$$S_n = (-i)^n \int_{-\infty}^{+\infty} dt_1 \int_{-\infty}^{t_1} dt_2 \dots \int_{-\infty}^{t_{n-1}} dt_n\, V(t_1)\dots V(t_n)$$
$$= \frac{(-i)^n}{n!} \int_{-\infty}^{+\infty} dt_1 \int_{-\infty}^{\infty} dt_2 \dots \int_{-\infty}^{\infty} dt_n\, T\left(V(t_1)\dots V(t_n)\right) \tag{9.83}$$

(Dyson-Reihe). Darin bedeutet T die chronologische Zeitordnung:

$$T\left(V(t_1)\dots V(t_n)\right) = V(t_{i_1})\dots V(t_{i_n}) \qquad \text{falls} \quad t_{i_1} \geq t_{i_2} \geq \dots \geq t_{i_n} .$$

9.4.2 Streuamplitude und Wirkungsquerschnitt

Nun betrachten wir die Matrixelemente $(\varphi, S\psi)$ von S zwischen Zuständen aus dem Schwartzschen Raum $\mathcal{S}(\mathbb{R}^3)$. Diese Matrixelemente sind stetige sesquilineare Funktionale über $\mathcal{S}(\mathbb{R}^3) \times \mathcal{S}(\mathbb{R}^3)$ (antilinear im 1.Faktor). Nach dem Satz vom Kern von L. Schwartz existiert genau eine temperierte Distribution $S' \in \mathcal{S}'(\mathbb{R}^6)$ mit

$$(\varphi, S\psi) = \langle S', \varphi^* \otimes \psi \rangle \; . \tag{9.84}$$

Wir schreiben symbolisch

$$(\varphi, S\psi) = \int \mathrm{d}^3 p' \int \mathrm{d}^3 p \, \tilde{\varphi}(\boldsymbol{p}')^* \, \langle \boldsymbol{p}' \mid S \mid \boldsymbol{p} \rangle \, \tilde{\psi}(\boldsymbol{p}) \; , \tag{9.85}$$

wobei $\tilde{\varphi}, \tilde{\psi}$ die Wellenfunktion im Impulsraum bezeichnen. Zur Orientierung betrachten wir die tiefsten Terme der Distribution $\langle \boldsymbol{p}' \mid S \mid \boldsymbol{p} \rangle$ in der Reihe (9.83). Natürlich ist

$$\langle \boldsymbol{p} \mid S_0 \mid \boldsymbol{p}' \rangle = \delta(\boldsymbol{p}' - \boldsymbol{p}) \; . \tag{9.86}$$

Für S_1 gilt

$$
\begin{aligned}
(\varphi, S_1\psi) &= -i \left(\varphi, \int_{-\infty}^{+\infty} \mathrm{d}t \, V(t)\psi \right) \\
&= -i \int_{-\infty}^{+\infty} \mathrm{d}t \, \left(\varphi, e^{iH_0 t} V e^{-iH_0 t}\psi \right) \\
&= -i \int_{-\infty}^{+\infty} \mathrm{d}t \, (\varphi_t, V\psi_t) = -i \int_{-\infty}^{+\infty} \mathrm{d}t \, \left(\tilde{\varphi}_t, \widetilde{V\psi_t} \right) \; .
\end{aligned}
$$

Dabei sind φ_t, ψ_t Lösungen der kräftefreien Schrödingergleichung mit den Anfangswerten φ und ψ zur Zeit $t = 0$. Nun ist aber (siehe Abschn. 1.2.3):

$$
\begin{aligned}
\tilde{\varphi}_t(p) &= \tilde{\varphi}(p) e^{-it \cdot p^2/2m} \\
\widetilde{V\psi_t} &= (2\pi)^{-3/2} \tilde{V} * \tilde{\psi}_t \qquad (* : \text{Faltung}) \; .
\end{aligned}
$$

Also gilt

$$
\begin{aligned}
(\varphi, S_1\psi) = -i &\int_{-\infty}^{+\infty} \mathrm{d}t \, (2\pi)^{-3/2} \\
&\int \mathrm{d}^3 p' \, \mathrm{d}^3 p \, \tilde{\varphi}(\boldsymbol{p}')^* \tilde{V}(\boldsymbol{p}' - \boldsymbol{p}) \tilde{\psi}(\boldsymbol{p}) e^{\frac{i}{2m}(\boldsymbol{p}'^2 - \boldsymbol{p}^2)t} \\
= -i2\pi (2\pi)^{-3/2} &\\
&\int \mathrm{d}^3 p' \, \mathrm{d}^3 p \, \tilde{\varphi}(\boldsymbol{p}')^* \delta\left(\frac{\boldsymbol{p}'^2 - \boldsymbol{p}^2}{2m} \right) \tilde{V}(\boldsymbol{p}' - \boldsymbol{p}) \tilde{\psi}(\boldsymbol{p}) \; ,
\end{aligned}
$$

d. h.

$$\langle \boldsymbol{p}' \mid S_1 \mid \boldsymbol{p} \rangle = -i2\pi\, \delta\left(\frac{\boldsymbol{p}'^2 - \boldsymbol{p}^2}{2m}\right) (2\pi)^{-3/2} \tilde{V}(\boldsymbol{p}' - \boldsymbol{p})\,. \tag{9.87}$$

Die δ-Distribution in (9.87) drückt die Energieerhaltung aus.

Allgemein setzen wir

$$\langle \boldsymbol{p}' \mid S \mid \boldsymbol{p} \rangle = \delta(\boldsymbol{p}' - \boldsymbol{p}) - 2\pi i\, \delta\left(\frac{\boldsymbol{p}'^2 - \boldsymbol{p}^2}{2m}\right) \langle \boldsymbol{p}' \mid T \mid \boldsymbol{p} \rangle \tag{9.88}$$

und vermuten, dass die „T-Matrix" $\langle \boldsymbol{p}' \mid T \mid \boldsymbol{p} \rangle$ auf der Energieschale ($p^2 = p'^2$) eine glatte Funktion ist. Dies lässt sich unter gewissen Voraussetzungen an das Potential beweisen.

In Operatorform lautet der Energiesatz bei der Streuung

$$[S, H_0] = 0 \qquad \left(\text{genauer } [S, e^{-iH_0 t}] = 0\right)\,. \tag{9.89}$$

Dies folgt aus (9.62), denn

$$Se^{-iH_0 t} = \Omega_+^* \Omega_- e^{-iH_0 t} = \Omega_+^* e^{-iHt} \Omega_- = e^{-iH_0 t} \Omega_+^* \Omega_- = e^{-iH_0 t} S\,.$$

Gleichung 9.89 impliziert

$$\left(\frac{\boldsymbol{p}'^2 - \boldsymbol{p}^2}{2m}\right) \langle \boldsymbol{p}' \mid S - 1 \mid \boldsymbol{p} \rangle = 0$$

und deshalb ist $\langle \boldsymbol{p}' \mid S \mid \boldsymbol{p} \rangle$ proportional zu $\delta(\boldsymbol{p}'^2/2m - \boldsymbol{p}^2/2m)$.

Durch Vergleich von (9.87) und (9.88) erhalten wir in *Bornscher Näherung*:

$$\boxed{\langle \boldsymbol{p}' \mid T \mid \boldsymbol{p} \rangle\Big|_{\text{Born}} = (2\pi)^{-3/2} \tilde{V}(\boldsymbol{p}' - \boldsymbol{p})\,.} \tag{9.90}$$

Weiter unten leiten wir die folgende Beziehung für den Wirkungsquerschnitt ab:

$$\boxed{\frac{d\sigma}{d\Omega} = \left(4\pi^2 m\right)^2 |\langle \boldsymbol{p}' \mid T \mid \boldsymbol{p} \rangle|^2 \quad _{(\hbar=1)}\,.} \tag{9.91}$$

Wir wollen an dieser Stelle schon prüfen, ob in Bornscher Näherung derselbe Querschnitt herauskommt wie in Abschn. 7.3. Vergleicht man (9.90) und (9.91) mit (9.5) und (9.16), so ist dies in der Tat der Fall. Wir werden später zeigen, dass die Streuamplitute $f(\boldsymbol{p}', \boldsymbol{p})$ von Abschn. 7.3 mit der T-Matrix übereinstimmt:

$$\boxed{f(\boldsymbol{p}', \boldsymbol{p}) = -4\pi^2 m \langle \boldsymbol{p}' \mid T \mid \boldsymbol{p} \rangle \quad _{(\hbar=1)}\,.} \tag{9.92}$$

Herleitung von (9.91): Die einlaufende Asymptote sei φ. Dann ist die auslaufende Asymptote nach (9.67) gleich $S\varphi$. Deshalb ist nach dem Bornschen

Postulat die Wahrscheinlichkeit dafür, dass der Impuls $\boldsymbol{p}'$ für $t \to +\infty$ im Gebiet Ω liegt gleich $\|E(\Omega)S\varphi\|^2$, wobei $E(\Omega)$ im Impulsraum die Multiplikation mit der charakteristischen Funktion von Ω bedeutet ($E(\cdot)$ ist das Spektralmaß zum Impulsoperator).

Nun sei A eine Ebene senkrecht zu $\langle \boldsymbol{p} \rangle_\varphi$ in $\mathbb{R}^3$. Wir nennen sie die Stoßparameterebene. Zum Anfangszustand φ betrachten wir auch die um $\boldsymbol{a} \in A$ verschobenen Zustände $U(\boldsymbol{a})\varphi$. Dabei ist $U(\boldsymbol{a})$ die Translationsgruppe

$$U(\boldsymbol{a}) = e^{-i\boldsymbol{p}^{\mathrm{op}} \cdot \boldsymbol{a}} = \int_{\mathbb{R}^3} e^{-i\boldsymbol{p} \cdot \boldsymbol{a}} \, \mathrm{d}E(\boldsymbol{p}) \,.$$

Als Anfangszustand nehmen wir ein *statistisches Gemisch* von Zuständen $\{U(\boldsymbol{a}_i)\varphi\}$, deren relative Stoßparameter $\boldsymbol{a}_i$ die Ebene mit einer Flächendichte n gleichmäßig belegen. Der Wirkungsquerschnitt $\sigma(\Omega, \varphi)$ (zum Zustand φ) ist dann die zu erwartende Gesamtzahl von Stößen mit $\boldsymbol{p}' \in \Omega$, dividiert durch die Flächendichte n. Im Grenzfall einer kontinuierlichen Verteilung der $\boldsymbol{a}_i$ erhalten wir.

$$\sigma(\Omega, \varphi) = \int_A \mathrm{d}^2 a \, \|E(\Omega)SU(\boldsymbol{a})\varphi\|^2$$

$$= \int_A \mathrm{d}^2 a \, (SU(\boldsymbol{a})\varphi, E(\Omega)SU(\boldsymbol{a})\varphi) \,. \tag{9.93}$$

Nun muss man bei der Auswertung von (9.93) Folgendes beachten: Wegen $[U(\boldsymbol{a}), E(\Omega)] = 0$ ist $\|E(\Omega)U(\boldsymbol{a})\varphi\|^2 = \|E(\Omega)\varphi\|^2$ unabhängig von $\boldsymbol{a}$. Deshalb ist der Beitrag von $S_0 = 1$ zu $\sigma(\Omega, \varphi)$ divergent, wenn nicht $E(\Omega)\varphi = 0$. Diese letzte Bedingung müssen wir aber verlangen, denn der Zähler in Ω darf keinen Beitrag vom direkten Strahl auffangen.

Setzen wir (9.88) in (9.93) ein, so kommt

$$\sigma(\Omega, \varphi) = \int_A \mathrm{d}^2 a \int_\Omega \mathrm{d}^3 p' \int \mathrm{d}^3 p \, \mathrm{d}^3 q \, (2\pi)^2 \, \delta\left(\frac{\boldsymbol{p}'^2 - \boldsymbol{p}^2}{2m}\right) \delta\left(\frac{\boldsymbol{p}'^2 - \boldsymbol{q}^2}{2m}\right)$$

$$\cdot \langle \boldsymbol{p}' \mid T \mid \boldsymbol{p} \rangle^* \langle \boldsymbol{p}' \mid T \mid \boldsymbol{q} \rangle \, e^{i\boldsymbol{a} \cdot (\boldsymbol{p} - \boldsymbol{q})} \tilde{\varphi}(\boldsymbol{p})^* \tilde{\varphi}(\boldsymbol{q})$$

($\tilde{\varphi}(\boldsymbol{p})$ = Wellenfunktion im Impulsraum). Die „Integration über $\boldsymbol{a}$" liefert

$$\int_A \mathrm{d}^2 a \, e^{i\boldsymbol{a} \cdot (\boldsymbol{p} - \boldsymbol{q})} = (2\pi)^2 \, \delta^2(\boldsymbol{p}_\perp - \boldsymbol{q}_\perp) \,,$$

$\boldsymbol{p}_\perp, \boldsymbol{q}_\perp$ = Komponenten von $\boldsymbol{p}, \boldsymbol{q} \perp$ zu $\langle \boldsymbol{p} \rangle_\varphi$. Im verbleibenden Integranden können wir deshalb $\boldsymbol{p}^2 = \boldsymbol{q}^2$, $\boldsymbol{p}_\perp = \boldsymbol{q}_\perp$ setzen, woraus $p_\parallel^2 = q_\parallel^2$, d. h. $p_\parallel = \pm q_\parallel$ folgt. Einer praktischen Streusituation entsprechend, verlangen wir für den Anfangszustand $\tilde{\varphi}(\boldsymbol{p}) = 0$ für $p_\parallel < 0$. Dann ist $\tilde{\varphi}(\boldsymbol{p})\tilde{\varphi}(\boldsymbol{q}) = 0$ für $p_\parallel = -q_\parallel$,

d. h. der Träger des Integranden liegt in $\{p = q\}$. Damit haben wir

$$\sigma(\Omega, \varphi) = \int_{\Omega} \mathrm{d}^3 p' \int \mathrm{d}^3 p \, (2\pi)^4 \, \delta \left(\frac{p'^2 - p^2}{2m} \right) \, |\langle p' \mid T \mid p \rangle|^2 \, |\tilde{\varphi}(p)|^2$$

$$\cdot \int_{q_{\parallel} > 0} \mathrm{d}^3 q \, \delta \left(\frac{p'^2 - q^2}{2m} \right) \, \delta^2 \, (p_{\perp} - q_{\perp}) \ .$$

Darin ist der letzte Faktor gleich $2m \frac{1}{2p_{\parallel}} = \frac{m}{p_{\parallel}}$. Also gilt

$$\sigma(\Omega, \varphi) = (2\pi)^4 \int_{\Omega} \mathrm{d}^3 p' \int \frac{\mathrm{d}^3 p}{p_{\parallel}/m} \, \delta \left(\frac{p'^2 - p^2}{2m} \right) \, |\langle p' \mid T \mid p \rangle|^2 \, |\tilde{\varphi}(p)|^2 \ .$$

Nun soll der Träger von $\tilde{\varphi}$ sehr scharf um p_0 konzentriert sein (schmales Impulsband des einfallenden Strahls). Dann gilt im Limes $|\tilde{\varphi}(p)|^2 = \delta^3 \, (p - p_0)$

$$\sigma(\Omega, p_0) = \int_{\Omega} \mathrm{d}^3 p' \, \frac{(2\pi)^4}{|p_0|/m} \, \delta \left(\frac{p'^2 - p_0^2}{2m} \right) \, |\langle p' \mid T \mid p_0 \rangle|^2 \ .$$

Nun sei Ω der Kegel um p' mit dem räumlichen Öffnungswinkel $\mathrm{d}\Omega$. Dann erhalten wir wegen $\mathrm{d}^3 p' = p'^2 \frac{1}{2p'} d(p'^2) \mathrm{d}\Omega$ für den differentiellen Wirkungsquerschnitt

$$\frac{\mathrm{d}\sigma}{\mathrm{d}\Omega} = m^2 (2\pi)^4 \, |\langle p' \mid T \mid p_0 \rangle|^2 \ ,$$

d. h. die Formel (9.93).

9.4.3 Unitarität der S-Matrix und optisches Theorem

Aus $S^* S = \mathbb{1}$ folgt für $S = 1 + iR$:

$$R + R^* + R^* R = 0$$

und daraus, mit

$$\langle p' \mid R \mid p \rangle = -2\pi i \, \delta \left(\frac{p'^2 - p^2}{2m} \right) \, \langle p' \mid T \mid p \rangle \ ,$$

die Gleichung (führe dies genauer aus)

$$-2\pi i \, \delta \left(\frac{p'^2 - p^2}{2m} \right) \, (\langle p' \mid T \mid p \rangle - \langle p \mid T \mid p' \rangle^*)$$

$$= (2\pi i)^2 \int \mathrm{d}^3 p'' \, \delta \left(\frac{p'^2 - p''^2}{2m} \right) \, \delta \left(\frac{p^2 - p'^2}{2m} \right) \, \langle p'' \mid T \mid p' \rangle^* \, \langle p'' \mid T \mid p \rangle \ .$$

Daraus erhält man die *Unitaritätsgleichung für die T-Matrix* ($|\boldsymbol{p}'| = |\boldsymbol{p}|$):

$$
\begin{aligned}
&\frac{1}{i} \left(\langle \boldsymbol{p}' \mid T \mid \boldsymbol{p} \rangle - \langle \boldsymbol{p} \mid T \mid \boldsymbol{p}' \rangle^* \right) \\
&= 2\pi m p \int d\Omega_{\boldsymbol{p}''} \, \langle \boldsymbol{p}'' \mid T \mid \boldsymbol{p}' \rangle^* \, \langle \boldsymbol{p}'' \mid T \mid \boldsymbol{p} \rangle \, .
\end{aligned}
\tag{9.94}
$$

Speziell für die Vorwärtsrichtung $\boldsymbol{p}' = \boldsymbol{p}$ gibt dies (mit (9.91)) das *optische Theorem*:

$$
\Im \langle \boldsymbol{p} \mid T \mid \boldsymbol{p} \rangle = \frac{1}{2} m p (2\pi) \int d\Omega_{\boldsymbol{p}''} \; |\langle \boldsymbol{p}'' \mid T \mid \boldsymbol{p} \rangle|^2 = \frac{|\boldsymbol{p}|}{2m(2\pi)^3} \sigma
$$

$$(\sigma:\text{totaler Querschnitt}) \, . \tag{9.95}$$

Für die Streuamplitude f bedeutet dies nach (9.92)

$$
\Im f(\boldsymbol{p}, \boldsymbol{p}) = -\frac{|\boldsymbol{p}|}{4\pi} \sigma \, .
\tag{9.96}
$$

9.4.4 Die Lippmann-Schwinger-Gleichung

Bis jetzt ist die T-Matrix nur sehr implizite definiert worden. Wir wollen nun für $\langle \boldsymbol{p}' \mid T \mid \boldsymbol{p} \rangle$ eine Integralgleichung ableiten und dabei auch den Zusammenhang mit der stationären Streutheorie von Abschn. 7.3 herstellen.

Der Abelsche Grenzprozess: Es sei ψ_t eine 1-parametrige Schar von Vektoren im Hilbertraum $\mathcal{H}$, welche gleichmäßig in t beschränkt ist: $\|\psi_t\| \leq C$ für alle t. Falls der Grenzwert $\psi_\infty = \text{s-lim}_{t \to \infty} \psi_t$ existiert, so existiert auch der folgende Abelsche Grenzwert und ist gleich ψ_∞:

$$
\lim_{\varepsilon \downarrow 0} \varepsilon \int_0^\infty dt \, e^{-\varepsilon t} \psi_t = \psi_\infty \, .
\tag{9.97}
$$

Beweis. Es sei

$$
\chi_\varepsilon := \varepsilon \int_0^\infty dt \, e^{-\varepsilon t} \psi_t - \psi_\infty = \varepsilon \int_0^\infty dt \, e^{-\varepsilon t} (\psi_t - \psi_\infty) \, .
$$

Wir schätzen die Norm von χ_ε ab:

$$
\begin{aligned}
\|\chi_\varepsilon\| &\leq \varepsilon \int_0^\infty dt \, e^{-\varepsilon t} \|\psi_t - \psi_\infty\| \\
&\leq \varepsilon \int_0^T dt \, \|\psi_t - \psi_\infty\| + \varepsilon \int_T^\infty dt \, e^{-\varepsilon t} \|\psi_t - \psi_\infty\| \\
&\leq \varepsilon 2CT + \varepsilon \int_T^\infty dt \, e^{-\varepsilon t} \|\psi_t - \psi_\infty\| \, .
\end{aligned}
$$

Wählt man T so groß, dass $\|\psi_t - \psi_\infty\| < \delta/2$ für $t \geq T$ gilt, und anschließend $\varepsilon < \frac{\delta}{4CT}$, so ergibt sich $\|\chi_\varepsilon\| < \delta$.

Der Abelsche Grenzwert (9.97) kann aber auch existieren, wenn s-lim$_{t\to\infty}\psi_t$ nicht existiert. Dies ist z. B. der Fall, für

$$\psi_t = e^{iH_0 t} e^{-iHt}\chi \, , \qquad (9.98)$$

wo χ ein gebundener Zustand des Operators H ($H\chi = E\chi$) ist. Die Annahme, dass ψ_∞ existiert führt nämlich sofort zu einem Widerspruch: Einerseits folgt $\|\psi_\infty\| = \|\chi\|$ und andererseits für beliebiges $\varphi \in \mathcal{H}$ nach (9.71)

$$\lim_{t\to\infty} (\varphi, \psi_t) = \lim_{t\to\infty} e^{-iEt} \left(\varphi, e^{iH_0 t}\chi\right) = 0 \, ,$$

d. h. es müsste $\|\psi_\infty\| = 0$ sein.

Trotzdem existiert aber der Abelsche Grenzwert für die Schar (9.98) und ist gleich dem Nullvektor.

Beweis. Es ist zu zeigen, dass die Norm von

$$\varphi_\varepsilon := \varepsilon \int_0^\infty dt\, e^{-\varepsilon t} e^{iH_0 t} e^{-iHt}\chi$$

im Limes $\varepsilon \to 0$ gegen Null geht. Nun ist

$$\varphi_\varepsilon(\boldsymbol{x}) = \varepsilon \int_0^\infty dt\, e^{-\varepsilon t} e^{-iEt} \left(e^{iH_0 t}\chi\right)(\boldsymbol{x})$$

$$= \varepsilon \int_0^t dt\, e^{-\varepsilon t} e^{-iEt} (2\pi)^{-3/2} \int d^3k\, e^{i\boldsymbol{k}\cdot\boldsymbol{x}} \tilde{\chi}(\boldsymbol{k}) e^{i\frac{\boldsymbol{k}^2}{2m}\cdot t}$$

$$= (2\pi)^{-3/2} \int d^3k\, e^{i\boldsymbol{k}\cdot\boldsymbol{x}} \frac{\varepsilon}{\varepsilon + iE - i\boldsymbol{k}^2/2m} \tilde{\chi}(\boldsymbol{k}) \, .$$

Da E negativ sein muss folgt

$$\|\varphi_\varepsilon\|^2 \leq \frac{\varepsilon^2}{\varepsilon^2 + E^2} \|\tilde{\chi}\|^2 \, .$$

Die bisherigen Ergebnisse zeigen, dass die Møller-Operatoren und ihre Adjungierten als Abelsche Limites geschrieben werden können, die im *ganzen* Hilbertraum definiert sind:

$$\Omega_\pm = \text{s-lim}_{\varepsilon\downarrow 0} \pm \varepsilon \int_0^{\pm\infty} dt\, e^{\mp\varepsilon t} e^{iHt} e^{-iH_0 t} \, ,$$

$$\Omega_\pm^* = \text{s-lim}_{\varepsilon\downarrow 0} \pm \varepsilon \int_0^{\pm\infty} dt\, e^{\mp\varepsilon t} e^{iH_0 t} e^{-iHt} \, . \qquad (9.99)$$

Die erste Gleichung setzen wir in die Identität (siehe (9.68))

$$e^{iHt} e^{-iH_0 t} = 1 + i \int_0^t dt'\, e^{iHt'} V e^{-iH_0 t'} \qquad (9.100)$$

ein und vertauschen die Integrationsreihenfolge. Es kommt

$$\Omega_\pm = 1 + \text{s-lim}_{\varepsilon\downarrow 0} i \int_0^{\pm\infty} dt\, e^{\mp\varepsilon t} e^{iHt} V e^{-iH_0 t} \tag{9.101}$$

und analog

$$\Omega_\pm^* = 1 - \text{s-lim}_{\varepsilon\downarrow 0} i \int_0^{\pm\infty} dt\, e^{\mp\varepsilon t} e^{iH_0 t} V e^{-iHt}. \tag{9.102}$$

Die Gl. 9.101 sagt anschaulich, dass für sehr große t die Identität (9.100) durch die Näherungsformel

$$e^{iHt} e^{-iH_0 t} \approx 1 + i \int_0^\infty dt'\, e^{iHt'} \left(e^{-\varepsilon t'} V \right) e^{-iH_0 t'}$$

ersetzt werden kann. Dies bedeutet, dass man für sehr große Zeiten die Wechselwirkung „langsam ausschalten" kann ($V \to e^{-\varepsilon t} V$).

Anschluss an die stationäre Theorie

Mit den Formeln (9.101) und (9.102) gewinnen wir jetzt den Anschluss an die stationäre Theorie. Um einen größeren Aufwand zu vermeiden, gehen wir aber nur *formal* vor. Wir benutzen nämlich im folgenden uneigentliche Zustände und tun so, als ob alle Formeln auch dafür Sinn machen. Die Schlussresultate kann man auch streng beweisen. (Als Physiker muss man lernen, auch formal zu rechnen). $\psi_{\boldsymbol p}$ sei im Ortsraum der (uneigentliche) Zustand

$$\psi_{\boldsymbol p}(\boldsymbol x) = (2\pi)^{-3/2} e^{i\boldsymbol p\cdot\boldsymbol x}$$

mit der Normierung

$$(\psi_{\boldsymbol p'}, \psi_{\boldsymbol p}) = (2\pi)^{-3} \int d^3x\, e^{-i(\boldsymbol p'-\boldsymbol p)\cdot\boldsymbol x} = \delta(\boldsymbol p'-\boldsymbol p).$$

Es sei (formal)

$$\psi_{\boldsymbol p}^\pm = \Omega_\pm \psi_{\boldsymbol p}. \tag{9.103}$$

Formal erhält man mit (9.65)

$$\psi_{\boldsymbol p} = \Omega_+^* \psi_{\boldsymbol p}^+ = \Omega_-^* \psi_{\boldsymbol p}^- \tag{9.104}$$

und

$$\left(\psi_{\boldsymbol p'}^-, \psi_{\boldsymbol p}^- \right) = \left(\psi_{\boldsymbol p'}^+, \psi_{\boldsymbol p}^+ \right) = (\psi_{\boldsymbol p'}, \psi_{\boldsymbol p}) = \delta(\boldsymbol p'-\boldsymbol p). \tag{9.105}$$

Aus (9.62) oder

$$H\Omega_\pm = \Omega_\pm H_0 \tag{9.106}$$

folgt

$$H\psi_{\boldsymbol p}^\pm = E\psi_{\boldsymbol p}^\pm, \qquad E = \frac{\boldsymbol p^2}{2m}. \tag{9.107}$$

Die $\psi_{\boldsymbol p}^\pm$ sind also uneigentliche Eigenzustände von H.

Für ein $\psi \in \mathcal{H}$ gilt

$$\psi(\boldsymbol{x}) = \int \tilde{\psi}(\boldsymbol{p})\psi_{\boldsymbol{p}}(\boldsymbol{x})\,\mathrm{d}^3 p$$

und folglich

$$\psi^{\pm} = \int \mathrm{d}^3 p\, \tilde{\psi}(\boldsymbol{p})\psi_{\boldsymbol{p}}^{\pm}\,. \tag{9.108}$$

Nun folgt aus (9.101)

$$\psi_{\boldsymbol{p}}^{\pm} = \Omega_{\pm}\psi_{\boldsymbol{p}} = \psi_{\boldsymbol{p}} + i\lim_{\varepsilon\downarrow 0}\int_0^{\pm\infty}\mathrm{d}t\, e^{it(H-E\pm i\varepsilon)}V\psi_{\boldsymbol{p}}$$

oder

$$\boxed{\psi_{\boldsymbol{p}}^{\pm} = \psi_{\boldsymbol{p}} - \frac{1}{H-E\pm i0}V\psi_{\boldsymbol{p}}\,.} \tag{9.109}$$

Entsprechend erhält man aus (9.104), (9.102) und (9.107)

$$\psi_{\boldsymbol{p}} = \Omega_{\pm}^{*}\psi_{\boldsymbol{p}}^{\pm} = \psi_{\boldsymbol{p}}^{\pm} - i\lim_{\varepsilon\downarrow 0}\int_0^{\pm\infty}\mathrm{d}t\, e^{it(H_0-E\pm i\varepsilon)}V\psi_{\boldsymbol{p}}^{\pm}$$

$$= \psi_{\boldsymbol{p}}^{\pm} + \frac{1}{H_0-E\pm i0}V\psi_{\boldsymbol{p}}^{\pm}\,,$$

d. h.

$$\boxed{\psi_{\boldsymbol{p}}^{\pm} = \psi_{\boldsymbol{p}} - \frac{1}{H_0-E\pm i0}V\psi_{\boldsymbol{p}}^{\pm}\,.} \tag{9.110}$$

Die Formeln (9.109) und (9.110) heißen *Lippmann-Schwinger-Gleichungen*. Wir wollen die Gl. 9.110 im Ortsraum explizite ausschreiben. Die Greensche Funktion $(H_0 - E \pm i0)^{-1}$ lautet im Ortsraum (führe dies aus):

$$G(\boldsymbol{x},\boldsymbol{x}') = (2\pi)^{-3}\int \frac{e^{i\boldsymbol{p}'\cdot(\boldsymbol{x}'-\boldsymbol{x})}\mathrm{d}^3 p'}{\boldsymbol{p}'^2/2m - \boldsymbol{p}^2/2m \pm i0} = \frac{2m}{\hbar^2}\frac{1}{4\pi}\frac{e^{\mp ip|\boldsymbol{x}-\boldsymbol{x}'|}}{|\boldsymbol{x}-\boldsymbol{x}'|}\,.$$

Damit lautet (9.110) in der Ortsdarstellung

$$\psi_{\boldsymbol{p}}^{\pm}(\boldsymbol{x}) = \psi_{\boldsymbol{p}}(\boldsymbol{x}) - \frac{m}{2\pi\hbar^2}\int \mathrm{d}^3 x'\,\frac{e^{\mp ip|\boldsymbol{x}-\boldsymbol{x}'|}}{|\boldsymbol{x}-\boldsymbol{x}'|}V(\boldsymbol{x}')\psi^{\pm}(\boldsymbol{x}')\,. \tag{9.111}$$

Für $\psi_{\boldsymbol{p}}^{-}$ ist dies die alte Integralgleichung (9.8) der stationären Streutheorie. Zumindest formal ist damit der Anschluss gewonnen.

Integralgleichung für die T-Matrix

Mit den Lippmann-Schwinger-Gleichungen leiten wir noch eine Integralgleichung für die T-Matrix ab. Letztere ist nach (9.88) definiert durch

$$\langle p' \mid S \mid p \rangle = \delta^3(p' - p) - 2\pi i\, \delta\left(E(p') - E(p)\right) \langle p' \mid T \mid p \rangle \; .$$

Aber

$$\langle p' \mid S \mid p \rangle = (\psi_{p'}, S\psi_p) = (\psi_{p'}, \Omega_+^* \Omega_- \psi_p) = (\psi_p^+, \psi_p^-) \; .$$

Also gilt mit (9.105) und (9.109)

$$
\begin{aligned}
\langle p' \mid S \mid p \rangle - \delta(p' - p) &= \left(\psi_{p'}^+ - \psi_{p'}^-, \psi_p^-\right) \\
&= \left(\left[-(H - E' + i0)^{-1} + (H - E' - i0)^{-1}\right] V\psi_{p'}, \psi_p^-\right) \\
&= -2\pi i\, \delta(E' - E) \left(\psi_{p'}, V\psi_p^-\right) \; .
\end{aligned}
\tag{9.112}
$$

Dies zeigt

$$\boxed{\langle p' \mid T \mid p \rangle = \left(\psi_{p'}, V\psi_p^-\right) \; .}
\tag{9.113}$$

Ganz ähnlich findet man auch

$$\boxed{\langle p' \mid T \mid p \rangle = \left(\psi_{p'}^+, V\psi_p\right) \; .}
\tag{9.114}$$

Benutzen wir darin die Lippmann-Schwinger-Gleichungen 9.110, so erhalten wir folgende Integralgleichungen für die T-Matrix (wir schreiben $\langle p' \mid V \mid p \rangle$ für $(\psi_{p'}, V\psi_p)$):

$$\langle p' \mid T \mid p \rangle = \langle p' \mid V \mid p \rangle - \int \mathrm{d}^3 p'' \, \frac{\langle p' \mid V \mid p'' \rangle \langle p'' \mid T \mid p \rangle}{E'' - E - i0} \; , \tag{9.115}$$

$$\langle p' \mid T \mid p \rangle = \langle p' \mid V \mid p \rangle - \int \mathrm{d}^3 p'' \, \frac{\langle p' \mid T \mid p'' \rangle \langle p'' \mid V \mid p \rangle}{E'' - E - i0} \; . \tag{9.116}$$

T-Matrix und Streuamplitude

Aus (9.111) folgt für die Streuamplitude (siehe auch (9.11))

$$
\begin{aligned}
f(p', p) &= -4\pi^2 m \int \mathrm{d}^3 x' \, \frac{e^{-ip' \cdot x'}}{(2\pi)^{3/2}} \, V(x') \psi_p^-(x') \\
&= -4\pi^2 m \left(\psi_{p'}, V\psi_p^-\right) \; .
\end{aligned}
\tag{9.117}
$$

Mit (9.113) folgt

$$\boxed{f(p', p) = -4\pi^2 m \langle p' \mid T \mid p \rangle \; ,}
\tag{9.118}$$

wie wir das in (9.92) erwartet haben.

Damit wollen wir unsere sehr unvollständige Einführung in die Streutheorie beenden.

9.5 Aufgaben

Aufgabe 1: Glauber-Näherung für Potentialstreuung

In der Formel (9.11) für die Streuamplitude benötigt man die Wellenfunktion $\psi_k(x)$ nur im Wirkungsbereich des Potentials, das wir als relativ kurzreichweitig annehmen wollen. Für hohe Energien und kleine Streuwinkel wird $\psi_k(x)$ im interessierenden Bereich nicht stark von einer einfallenden Welle (in der z-Richtung) abweichen. Wir setzen deshalb

$$\psi_k(x) = e^{ikz}\varphi(x) \,, \tag{9.119}$$

wo $\varphi(x)$ eine langsam variierende Funktion sein soll.

(a) Man gehe mit dem Ansatz (9.119) in die Schrödingergleichung ein, vernachlässige die zweite Ableitung von φ und leite die folgende Näherungsformel her

$$\psi(x) \simeq \exp\left[ikz - \frac{i}{v}\int_{-\infty}^z V(b, z')\mathrm{d}z'\right] \,, \tag{9.120}$$

worin $x = b + ze_z$ gesetzt ist ($b \perp e_z$).

(b) Setze (9.120) in (9.11) für die Streuamplitude ein und mache an passender Stelle eine Kleinwinkelnäherung. Dann lässt sich eine Integration ausführen und man findet die Eikonaldarstellung (Glauber)

$$f(\theta) = \frac{ik}{2\pi}\int e^{iq\cdot b}\left[1 - e^{2i\chi(b)}\right]\mathrm{d}^2b \,, \tag{9.121}$$

wo q der Impulsübertrag ist und $\chi(b)$ in folgender Weise durch das Potential bestimmt ist:

$$\chi(b) = -\frac{1}{2v}\int_{-\infty}^{\infty} V(b, z)\mathrm{d}z \,. \tag{9.122}$$

(c) Für ein kugelsymmetrisches Potential bringe man $f(\theta)$ in die Form

$$f(\theta) = ik\int_0^{\infty} b\,\mathrm{d}b\left[1 - e^{2i\chi(b)}\right] J_0(2kb\sin\theta/2) \,, \tag{9.123}$$

wo J_0 die 0. Besselfunktion bezeichnet.

(d) Werte (9.123) für einen Potentialtopf aus. Benutze in diesem Fall das optische Theorem zur Berechnung des totalen Wirkungsquerschnitts. Vergleiche das Resultat mit der Bornschen Näherung.

10. Quantenchemie

Auf Grund der klassischen Physik ist es ganz unmöglich zu verstehen, warum zwei neutrale Atome, z. B. zwei H-Atome, ein Molekül bilden. Die *homöopolare* (kovalente) *Bindung* zeigt überdies *Sättigungseigenschaften*, welche klassisch erst recht nicht verständlich sind. Die Sättigung kommt im Begriff der *Valenz* zum Ausdruck. Ein H-Atom vermag genau ein anderes H-Atom zu binden. Ein C-Atom kann vier H-Atome binden, aber nicht mehr.

Die homöopolare Bindung wurde 1927 durch Heitler und London auf der Basis der Wellenmechanik erklärt [62]. (Die beiden jungen Leute hielten sich damals als Mitarbeiter von Schrödinger in Zürich auf. Wie mir Heitler (mein Doktorvater) erzählte, beschlossen sie – nicht wie alle Welt nach einer relativistischen Spin-$\frac{1}{2}$-Gleichung zu suchen –, sondern sich mit einem „weniger fundamentalen Problem" zu beschäftigen.)

10.1 Qualitative Betrachtungen

Die Berechnung der Elektronenzustände in einem Molekül ist viel komplizierter als in Atomen, da das effektive Potential, welchem die Elektronen ausgesetzt sind, nicht mehr sphärisch symmetrisch ist.

Da das Verhältnis m/M der Elektronenmasse zur Kernmasse sehr klein ist ($\approx 10^{-4}$–10^{-5}), ist das folgende einfache Bild zulässig (eine genaue Begründung folgt in Abschn. 8.2): Die Nullpunktsbewegung der Kerne ist viel kleiner als die der Elektronen. Die Kerne bewegen sich nicht nur viel langsamer als die Elektronen, sie haben überdies ziemlich genau lokalisierte Positionen im Molekül, ohne die Unschärferelation zu verletzen. Man kann sich deshalb die Kerne im Molekül in klassischen Gleichgewichtspositionen vorstellen, um welche sie langsam oszillieren, während sich die Elektronen *schnell* im Coulomb-Potential der Kerne bewegen. Die Elektronen befinden sich also in einem fast statischen Coulombschen Kernfeld und ordnen sich in einem Eigenzustand zu diesem Potential an. Die langsamen Kernschwingungen deformieren die elektronischen Zustände *adiabatisch*.

Wir betrachten zuerst die Größenordnungen der auftretenden Energien (elektronische, vibratorische und rotatorische). Die Ausdehnung des Moleküls sei a. Nach der Unschärferelation sind die typischen Elektronenimpulse $\sim \hbar/a$

N. Straumann, *Quantenmechanik*, Springer-Lehrbuch
DOI 10.1007/978-3-642-32175-7_10, © Springer-Verlag Berlin Heidelberg 2013

und damit sind die Anregungsenergien der Elektronen typisch

$$E_{\text{el}} \sim \frac{\hbar^2}{ma^2} \, . \tag{10.1}$$

Diese Energien sind einige eV, wie in Atomen.

Für die Kerne sind die Elektronen eine verschmierte Ladungswolke. Diese wird durch die Kernbewegung deformiert, womit sich die elektronische Energie leicht ändert. Das führt dazu, dass sich die Kerne vorzugsweise in Positionen aufhalten, welche zu Minima von elektronischer Energie plus repulsiver Coulombenergie der Kerne gehören. Die Kerne oszillieren um diese Gleichgewichtspositionen. Die typischen Frequenzen ω können wir folgendermaßen abschätzen. Ein Kern im Molekül ist näherungsweise ein harmonischer Oszillator mit potentieller Energie $\frac{1}{2} M \omega^2 \boldsymbol{R}^2$, wobei $\boldsymbol{R}$ die Auslenkung der Kernposition vom Gleichgewichtswert bezeichnet. Für $|\boldsymbol{R}| \sim a$ ändert sich die elektronische Energie um die Größe (10.11), d. h. es ist $\frac{1}{2} M \omega^2 a^2 \sim \frac{\hbar^2}{ma^2}$, oder

$$\omega \sim \left(\frac{m}{M} \right)^{1/2} \frac{\hbar}{ma^2} \, . \tag{10.2}$$

Die *Vibrationsenergien* $\hbar\omega$ der Kerne sind deshalb um den Faktor $(m/M)^{1/2}$ kleiner als die elektronischen Anregungsenergien:

$$E_{\text{vib}} \sim \left(\frac{m}{M} \right)^{1/2} E_{\text{el}} \qquad \left(\sim \frac{1}{100} - \frac{1}{10} \text{eV} \right) \, . \tag{10.3}$$

Der *Nullpunktsimpuls* P eines Kernes folgt aus $P^2/2M \sim \hbar\omega/2$ (Virialsatz!) zu $P \sim (M/m)^{1/4} \hbar/a$. Dies entspricht Geschwindigkeiten $v = P/M \sim (m/M)^{3/4} \hbar/am$, welche um $(m/M)^{3/4}$ kleiner sind als typische Elektronengeschwindigkeiten. Die *mittleren Auslenkungen* δ der Kerne aus ihren Gleichgewichtslagen ergeben sich aus $\frac{1}{2} M \omega^2 \delta^2 \sim \hbar\omega/2$ zu

$$(\delta/a)^2 \sim \frac{\hbar\omega}{M\omega^2 a^2} \sim \frac{E_{\text{vib}}}{E_{\text{el}}} \sim (m/M)^{1/2} \, , \tag{10.4}$$

also ist

$$\delta/a \sim (m/M)^{1/4} \sim \frac{1}{10} \, . \tag{10.5}$$

Neben der vibratorischen Bewegung gibt es noch eine Rotationsbewegung des Moleküls als Ganzes um seinen Schwerpunkt. Die *rotativen Anregungsenergien* sind (siehe Anhang 7.8 oder Seite 288)

$$E_{\text{rot}} \sim \frac{\hbar^2 l(l+1)}{2\Theta} \, , \tag{10.6}$$

wo $\Theta \sim Ma^2$ das Trägheitsmoment ist. Dies zeigt

$$E_{\text{rot}} \sim \frac{m}{M} E_{\text{el}} \, .$$

Die allgemeine Anregungsenergie setzt sich in guter Näherung additiv aus elektronischen, vibratorischen und rotatorischen Anteilen zusammen:

$$E \simeq E_{\rm el} + E_{\rm vib} + E_{\rm rot} \,. \tag{10.7}$$

Die verschiedenen Beiträge in (10.7) haben die relativen Größenordnungen

$$\boxed{E_{\rm el} : E_{\rm vib} : E_{\rm rot} = 1 : \left(\frac{m}{M}\right)^{1/2} : \frac{m}{M} \,.} \tag{10.8}$$

10.2 Die Born-Oppenheimer-Methode

Wir zeigen nun, wie dieses Bild aus der Schrödingergleichung folgt. Der Hamiltonoperator des Moleküls ist

$$H = T_{\rm e} + T_{\rm N} + V_{\rm ee} + V_{\rm eN} + V_{\rm NN} \,, \tag{10.9}$$

wobei

$$T_{\rm e} = \sum_{\rm Elektronen} \frac{1}{2m} \boldsymbol{p}_k^2 \,, \tag{10.10}$$

die kinetische Energie der Elektronen und

$$T_{\rm N} = \sum_{\rm Kerne} \frac{1}{2M_\alpha} \boldsymbol{P}_\alpha^2 \,, \tag{10.11}$$

die kinetische Energie der Kerne bezeichnet. $V_{\rm ee}$ ist die repulsive Elektron-Elektron Coulombwechselwirkung, $V_{\rm eN}$ die attraktive Elektron-Kern Coulombwechselwirkung und $V_{\rm NN}$ die repulsive Kern-Kern Coulombwechselwirkung.

Die kinetische Energie $T_{\rm N}$ der Kerne ist ein sehr kleiner Term in (10.9) $\left(P^2/2M \sim (M/m)^{1/2} p^2/2M = (m/M)^{1/2} p^2/2m\right)$. Deshalb behandeln wie $T_{\rm N}$ als eine kleine Störung. Dies ist der Ausgangspunkt der *Born-Oppenheimer-Methode* (oder *adiabatischen Approximation*).

Zunächst vernachlässigen wir $T_{\rm N}$ (nullte Näherung). Dann sind die Kernpositionen, welche wir kollektiv mit R bezeichnen, nicht mehr dynamische Variablen, sondern spielen nur noch die Rolle von Parametern. Die Schrödingergleichung für die Wellenfunktion des Moleküls ist dann (r bezeichnet kollektiv die Elektronenvariablen)

$$\boxed{[T_{\rm e} + V_{\rm ee}(r) + V_{\rm eN}(r, R)]\, \varphi_n(r, R) = [\varepsilon_n(R) - V_{\rm NN}(R)]\, \varphi_n(r, R) \,.} \tag{10.12}$$

Die (R-abhängigen) Eigenwerte $\varepsilon_n(R)$ sind die *elektronischen Energien*; sie schließen $V_{\rm NN}(R)$ ein; $\varepsilon_n(R) - V_{\rm NN}(R)$ nennen wir die *strikte elektronische Energie*.

Die Lösungen von (10.12) bilden (in den r-Variablen) ein vollständiges orthonormiertes System. Deshalb können wir die r-Abhängigkeit der gesamten Molekülwellenfunktion $\Psi(r, R)$ nach den $\varphi_n(r, R)$ entwickeln:

$$\Psi(r, R) = \sum_n \Phi_n(R)\varphi_n(r, R). \tag{10.13}$$

Nun müssen wir die Entwicklungskoeffizienten $\Phi_n(R)$ bestimmen. Dazu setzen wir (10.13) in die Schrödingergleichung $H\Psi = E\Psi$:

$$(T_e + T_N + V_{ee} + V_{eN} + V_{NN})\,\Psi(r, R) = E\Psi(r, R) \tag{10.14}$$

für das Molekül ein. Unter Benutzung von (10.12) erhalten wir

$$\sum_m (\varepsilon_m(R) + T_N)\,\Phi_m(R)\varphi_m(r, R) = E\sum_m \Phi_m(R)\varphi_m(r, R). \tag{10.15}$$

Diese Gleichung multiplizieren wir von links mit $\varphi_n^*(r, R)$ und bilden das Skalarprodukt bezüglich der elektronischen Variablen (angedeutet durch $\int dr$). Wir erhalten

$$\sum_m \int dr\varphi_n^*(r, R)T_N\left[\Phi_m(R)\varphi_m(r, R)\right] + \varepsilon_n(R)\Phi_n(R) = E\Phi_n(R). \tag{10.16}$$

T_N ist eine Summe von zweiten Ableitungen in den R-Variablen. Da $\Delta_R(\Phi\varphi) = (\Delta_R\Phi)\varphi + 2\boldsymbol{\nabla}_R\Phi\cdot\boldsymbol{\nabla}_R\varphi + \Phi\Delta_R\varphi$, können wir (10.16) in folgender Form schreiben:

$$[T_N + \varepsilon_n(R)]\,\Phi_n(R) = E\Phi_n(R) - \sum_m A_{nm}\Phi_m(R), \tag{10.17}$$

wobei

$$A_{nm}\Phi_m(R) = -\hbar^2\sum_\alpha \frac{1}{2M_\alpha}\int dr\varphi_n^*(r, R) \tag{10.18}$$
$$\cdot\left[2\boldsymbol{\nabla}_{R_\alpha}\Phi_m(R)\cdot\boldsymbol{\nabla}_{R_\alpha}\varphi_m(r, R) + \Phi_m(R)\Delta_{R_\alpha}\varphi_m(r, R)\right].$$

Dieser Term koppelt für $n \neq m$ in (10.17) verschiedene n und m. Wir zeigen weiter unten, dass er in (10.17) als eine *kleine Störung* der relativen Ordnung $(m/M)^{1/2}$ behandelt werden kann. Deshalb vernachlässigen wir die A_{nm} in erster Ordnung in (10.17):

$$[T_N + \varepsilon_n(R)]\,\Phi_n(R) = E\Phi_n(R). \tag{10.19}$$

Dies ist eine Schrödingergleichung für $\Phi_n(R)$. Dabei *spielt* $\varepsilon(R)$ (also die elektronische Energie) *die Rolle des Potentials*[1]

---

[1]Häufig berücksichtigt man noch den *diagonalen* Term $A_{nn}(R)\Phi(R)$ in (10.17). Dann muss man in (10.19) die folgende Ersetzung

$$\varepsilon_n(R) \to \varepsilon_n(R) + A_{nn}(R) \tag{8.19'}$$

Die Elektronen koppeln also die Kerne wie ein „Gummiband" aneinander. Die „Kraftkonstante" hängt dabei vom elektronischen Zustand ab.[2]

In niedrigster Ordnung in A (bzw. A_{nm}, $n \neq m$) ergibt sich keine Mischung zwischen verschiedenen elektronischen Zuständen und wir erhalten in (10.13) nur einen Term. Die Eigenzustände des Moleküls haben in dieser adiabatischen Näherung die Form

$$\boxed{\Psi_{n\nu} = \Phi_{n\nu}\varphi_n \,,} \tag{10.20}$$

wobei ν die verschiedenen Lösungen von (10.19) durchnummeriert:

$$\boxed{[T_N + \varepsilon_n(R)]\,\Phi_{n\nu}(R) = E_{n\nu}\Phi_{n\nu}(R)\,.} \tag{10.21}$$

Die Zustände $\Psi_{n\nu}$ und Energien $E_{n\nu}$ für das Molekül sind in adiabatischer Näherung durch die Gln. 10.12, 10.20 und 10.21 bestimmt.

Wir betrachten nur *gebundene* Zustände des Moleküls. Dann wird die potentielle Energie $\varepsilon_n(R)$ eine Anzahl Minima haben, welche den Gleichgewichtspositionen der Kerne entsprechen. Natürlich ist $\varepsilon_n(R)$ invariant unter Euklidischen Bewegungen des Moleküls. Um die Kernvibrationen zu beschreiben, muss man zuerst (wie in der klassischen Mechanik) die zugehörigen Freiheitsgrade abseparieren. Die Minima von ε_n in den Relativkoordinaten sind die Lagen, um welche die Kerne oszillieren. Entwickeln wir $\varepsilon_n(R)$ um diese Gleichgewichtslagen, so erhalten wir den vibratorischen Teil der Schrödingergleichung. Dieser reduziert sich in harmonischer Näherung auf eine Anzahl gekoppelter harmonischer Oszillatoren. Durch Übergang zu Normalkoordinaten erhalten wir ein System ungekoppelter harmonischer Oszillatoren. In den Normalkoordinaten sind damit die Eigenwerte und Eigenfunktionen für den vibratorischen Teil der Bewegung bekannt. Die gesamte Kernwellenfunktion $\Phi_{n\nu}$ ist Näherungsweise ein Produkt von translatorischen, vibratorischen und

---

vornehmen. Auf Grund der Normierung $\int \varphi_n^*(r, R)\varphi_n(r, R)\,dr = 1$ verschwindet für $A_{nn}(R)$ der erste Term in (10.18):

$$\int dr\, \varphi^* \boldsymbol{\nabla}_R \varphi = \frac{1}{2}\boldsymbol{\nabla}_R \int \varphi^* \varphi\, dr = 0\,.$$

Deshalb ist

$$A_{nn}(R) = -\sum_\alpha \frac{\hbar^2}{2M_\alpha} \int dr\, \varphi_n^*(r, R)\Delta_{R_\alpha}\varphi_n(r, R)$$

$$= \sum_\alpha \frac{\hbar^2}{2M_\alpha} \int |\boldsymbol{\nabla}_{R_\alpha}\varphi_n|^2\, dr\,. \tag{8.19''}$$

---

[2]In dieser Weise funktioniert im Wesentlichen auch ein wirkliches Gummiband. Die Federkonstante im Hookschen Gesetz des Bandes ist das Resultat der komplizierten elektronischen Bewegung. Ändern wir diese Bewegung etwa durch Erwärmung, so ändert sich die Federkonstante genauso wie eine Änderung des elektronischen Zustandes φ_n das effektive Potential $\varepsilon_n(R)$ für die Nukleonen in (10.19) ändert.

rotatorischen Anteilen. Es ist klar, dass $\Phi_{n\nu}$ und $E_{n\nu}$ vom Zustand φ_n der Elektronen abhängen.

Wir betrachten die Gl. 10.21 für ein zweiatomiges Molekül (Kernpositionen R_A, R_B, Massen M_A, M_B). Da das Potential $\varepsilon(R)$ nur von $R = |R_A - R_B|$ abhängt, transformieren wir auf Schwerpunkts- und Relativkoordinaten:

$$X = \frac{M_A R_A + M_B R_B}{M_A + M_B}, \qquad R = R_A - R_B.$$

Für die Relativbewegung erhalten wir die Gleichung

$$\left(-\frac{\hbar^2}{2M}\Delta_R + \varepsilon(R)\right)\Phi(R) = E\Phi(R), \tag{10.22}$$

wobei M die reduzierte Masse der Kerne ist:

$$M = \frac{M_A M_B}{M_A + M_B}.$$

Die Lösungen $\Phi(R)$ suchen wir in bekannter Weise: In Polarkoordinaten setzen wir

$$\Phi(R) = \frac{1}{R}u(R)Y_{KM}(\vartheta, \varphi). \tag{10.23}$$

Darin sind Y_{KM} die Kugelfunktionen vom Grade K. Sie charakterisieren den Rotationszustand des Moleküls, während $u(R)$ den Vibrationszustand beschreibt. $u(R)$ erfüllt die Gleichung

$$\left[-\frac{\hbar^2}{2M}\frac{d}{dR^2} + \varepsilon(R) + \frac{\hbar^2 K(K+1)}{2MR^2}\right]u(R) = Eu(R). \tag{10.24}$$

Wir betrachten einen elektronischen Zustand für den $\varepsilon(R)$ ein tiefes Minimum bei $R = R_0$ habe und entwickeln $\varepsilon(R)$ nach $\xi := R - R_0$:

$$\varepsilon(R) = \varepsilon(R_0) + \frac{1}{2}\xi^2\varepsilon''(R_0) + \cdots.$$

Ferner ersetzen wir im Zentrifugalterm R durch R_0. Das „effektive Potential" lautet dann

$$\varepsilon(R) + \frac{\hbar^2 K(K+1)}{2MR^2} \approx \varepsilon(R_0) + \frac{\hbar^2 K(K+1)}{2MR_0^2} + \frac{1}{2}M\omega^2\xi^2,$$

wo

$$\omega = \sqrt{\frac{\varepsilon''(R_0)}{M}}.$$

Für $u(R)$ erhalten wir in dieser Näherung die Gleichung eines harmonischen Oszillators. Die Energien sind deshalb

$$E_{\nu,K} = \varepsilon(R_0) + \frac{\hbar^2 K(K+1)}{2MR_0^2} + \hbar\omega\left(\nu + \frac{1}{2}\right). \tag{10.25}$$

Die drei Energien haben die folgende Interpretation: $\varepsilon(R_0)$ ist die Grundenergie, die allein durch den Zustand der Elektronenhülle bestimmt ist. Über jedem Elektronenniveau baut sich eine Folge von Rotations-Schwingungs-Termen auf. Die Rotationsenergie ist die eines starren Rotators mit Trägheitsmoment $\Theta = MR_0^2$. Empirisch ist

$$|\varepsilon(R_0)| \gg \hbar\omega \gg \frac{\hbar^2}{MR_0^2},$$

wie wir erwartet haben.

Die *Dissoziationsenergie* ist

$$\varepsilon(R = \infty) - E_{\nu=0, K=0} = (\varepsilon(\infty) - \varepsilon(R_0)) - \frac{1}{2}\hbar\omega.$$

In der Praxis wird $\varepsilon(R)$ oft durch ein Morse-Potential (siehe Aufgabe 6, Kap. 3) parametrisiert:

$$\varepsilon(R) - \varepsilon(R_0) = D\left[1 - e^{-\beta(R-R_0)^2}\right]^2.$$

Die Parameter D, R_0 und β werden dabei an die Dissoziationsenergie und an die Molekülspektren angepasst. Aus $\omega = \sqrt{\varepsilon''(R_0)/M}$ folgt die Beziehung

$$\beta = \sqrt{\frac{M}{2D}}\omega.$$

R_0 erhält man aus der Separation der Rotationsniveaus. D bekommt man durch Addition von $\frac{1}{2}\hbar\omega$ zur beobachteten Dissozionsenergie.

Schließlich zeigen wir noch, dass A_{nm} in (10.17) eine kleine Störung ist. Der Term $-\frac{\hbar^2}{2M_\alpha}\Delta_{R_\alpha}\varphi_m$ in (10.18) ist von der Größenordnung

$$-\frac{m}{M}\left(\frac{\hbar^2}{2m}\Delta_r\right)\varphi_m,$$

somit $\frac{m}{M}$ mal die elektronische kinetische Energie. Dies ist viel kleiner als der Abstand von verschiedenen elektronischen Energieniveaus n; deshalb gibt dieser Term vernachlässigbare Mischungen von verschiedenen n. Um den anderen Term in A_{nm} abzuschätzen, notieren wir, dass Φ_m die Form einer harmonischen Oszillatorwellenfunktion $\sim e^{-(R-R_0)^2 M\omega/2\hbar}$ hat. Damit ist

$$\nabla_R\Phi_m \sim |R - R_0|\frac{M\omega}{\hbar}\Phi_m \sim \delta\frac{M\omega}{\hbar}\Phi_m,$$

worin δ eine typische Kernverschiebung aus der Gleichgewichtslage und ω eine typische Vibrationsfrequenz der Kerne bezeichnet. Wir haben auch noch $\nabla_R\varphi_m$ zu betrachten. Nun ist $\delta|\nabla_R\varphi_m| \sim \varphi_m$ und damit

$$-\frac{\hbar^2}{M}\nabla_R\Phi_m \cdot \nabla_R\varphi_m \sim -\frac{\hbar^2}{M}\frac{M\omega}{\hbar}\Phi_m\delta|\nabla_R\varphi_m|$$
$$\sim -\hbar\omega\Phi_m\varphi_m.$$

Folglich ist A_{nm} von der Größenordnung $\hbar\omega$ und also nach (10.8) im Vergleich zu den Unterschieden der elektronischen Energie von der Größenordnung $(m/M)^{1/2}$. Deshalb wird A_{nm} wenig Mischung zwischen verschiedenen elektronischen Niveaus verursachen. In tiefster Ordnung in $(m/M)^{1/2}$ können wir deshalb A vernachlässigen.

Zusammenfassung: Um die Zustände eines Moleküls zu berechnen, löst man zuerst das elektronische Problem (10.12) für feste Kernpositionen und benutzt dann die totale elektronische Energie $\varepsilon(R)$ als Potentialfunktion um die Kernbewegung zu beschreiben (eventuell schließt man $A_{nn}(R)$ ein). Ob ein Molekül gebildet wird reduziert sich auf die Frage, ob $\varepsilon(R)$ genügend tiefe Minima hat, um die Kerne zusammenzuhalten. Dies wollen wir jetzt für einfache Moleküle näher untersuchen.

Bemerkung. Der Leser wird sich vielleicht wundern, weshalb die Winkelabhängigkeit von $\Phi(R)$ durch die Eigenfunktionen des starren Rotators gegeben ist, und nicht durch die allgemeineren Eigenfunktionen des symmetrischen Kreisels, die wir in 7.8 behandelt haben. Tatsächlich ist die Gl. 10.24 für die angeregten Zustände von zweiatomigen Molekülen nur dann anwendbar, wenn der Bahndrehimpuls der Elektronen verschwindet. Wenn dies nicht der Fall ist, kommen Terme hinzu, die z. B. in Kap. XI von [8] begründet werden. Der eigentliche Grund, weshalb die Born-Oppenheimer Methode etwas modifiziert werden muss, hat mit Entartungen zu tun, die für zweiatomige Moleküle auf der Dreh-Spiegelsymmetrie dieser Systeme beruhen.[3]

10.3 Das H_2^+-Ion

Das einfachste Molekül ist das H_2^+-Ion. Der Hamiltonoperator lautet (unter Vernachlässigung von T_N und der Spin-Bahn Wechselwirkung)

$$H = -\frac{\hbar^2}{2m}\Delta - \frac{e^2}{|\boldsymbol{x} - \boldsymbol{R}_A|} - \frac{e^2}{|\boldsymbol{x} - \boldsymbol{R}_B|} + \frac{e^2}{|\boldsymbol{R}_A - \boldsymbol{R}_B|}, \qquad (10.26)$$

wobei $\boldsymbol{x}$ die Koordinaten des Elektrons und $\boldsymbol{R}_A$, $\boldsymbol{R}_B$ diejenigen der beiden Protonen bezeichnen. Das *elektronische* Problem $H\psi = \varepsilon\psi$ könnte man in elliptischen Koordinaten separieren (siehe Aufgabe 2). Wir wollen uns aber mit einer approximativen Rechnung begnügen.

Für molekulare Elektronenprobleme ist das Rayleigh-Ritzsche Variationsprinzip besonders nützlich. Als einfache Versuchsfunktion wählen wir eine Linearkombination von 1s-Zuständen des Elektrons:

$$\psi(\boldsymbol{x}) = \alpha\psi_A(\boldsymbol{x}) + \beta\psi_B(\boldsymbol{x}), \qquad (10.27)$$

wobei z. B.

$$\psi_A(\boldsymbol{x}) = (\pi a_0^3)^{-1/2} e^{-|\boldsymbol{x} - \boldsymbol{R}_A|/a_0}. \qquad (10.28)$$

---

[3]Gewisse Leser werden vielleicht (wie ich selber) die Diskussion in Kap. XII (speziell in Abschn. 8) von [14] instruktiv finden.

Nun ist das Potential symmetrisch um den Mittelpunkt $(\boldsymbol{R}_A + \boldsymbol{R}_B)/2$ des Moleküls. Deshalb klassifizieren wir die Elektronenzustände nach ihrer Parität bezüglich Reflexionen an der Ebene durch den Molekülmittelpunkt senkrecht zur Molekülmittelachse. Für $\beta = \pm\alpha$ ist die Parität ± 1. Wir setzen

$$\psi_\pm(\boldsymbol{x}) = C_\pm \left[\psi_A(\boldsymbol{x}) \pm \psi_B(\boldsymbol{x})\right] . \tag{10.29}$$

Die Normierungskonstanten $C_\pm$ ergeben sich aus

$$1 = \|\psi_\pm\|^2 = 2\,|C_\pm|^2 \left(1 \pm \int \mathrm{d}^3 x\, \psi_A(\boldsymbol{x})\psi_B(\boldsymbol{x})\right)$$

zu

$$C_\pm = [2 \pm 2S(R)]^{-1/2} , \tag{10.30}$$

wo $S(R)$ das sogenannte *Überlappungsintegral*

$$S(R) = \int \mathrm{d}^3 x\, \psi_A(\boldsymbol{x})\psi_B(\boldsymbol{x}) \tag{10.31}$$

ist und $R = |\boldsymbol{R}_A - \boldsymbol{R}_B|$.

Der Erwartungswert von H in den Zuständen $\psi_\pm$ ist

$$\langle H \rangle_\pm =: \varepsilon_\pm(R) = |C_\pm|^2 \left[\langle A \mid H \mid A \rangle + \langle B \mid H \mid B \rangle \pm 2 \langle A \mid H \mid B \rangle\right]$$
$$= \frac{\langle A \mid H \mid A \rangle \pm \langle A \mid H \mid B \rangle}{1 \pm S} , \tag{10.32}$$

wo

$$\langle A \mid H \mid A \rangle = \int \psi_A^*(\boldsymbol{x}) H \psi_A(\boldsymbol{x})\,\mathrm{d}^3 x = \varepsilon_1 + \frac{e^2}{R} - \int \frac{e^2 \psi_A^2(\boldsymbol{x})}{|\boldsymbol{x} - \boldsymbol{R}_B|}\,\mathrm{d}^3 x . \tag{10.33}$$

Dabei ist $-\varepsilon_1 = \frac{e^2}{2a_0} = 13.6\,\mathrm{eV} = 1\,\mathrm{Rydberg}$. Dieser Beitrag kommt von $-\frac{\hbar^2}{2m}\Delta - \frac{e^2}{|\boldsymbol{x} - \boldsymbol{R}_A|}$ in H. Natürlich ist $\langle B \mid H \mid B \rangle = \langle A \mid H \mid A \rangle$. Ferner ist

$$\langle A \mid H \mid B \rangle = (\psi_A, H\psi_B) = \left(\varepsilon_1 + \frac{e^2}{R}\right) S(R) - \int \frac{e^2 \psi_A \psi_B(\boldsymbol{x})}{|\boldsymbol{x} - \boldsymbol{R}_B|}\,\mathrm{d}^3 x . \tag{10.34}$$

Das letzte Integral ist das sogenannte *Austauschintegral*. In Aufgabe 1 werden die auftretenden Integrale in elliptischen Koordinaten berechnet, mit dem Resultat

$$S(R) = \left(1 + \frac{R}{a_0} + \frac{R^2}{3a_0^2}\right) e^{-R/a_0} \tag{10.35}$$

und

$$\int \frac{e^2}{|\boldsymbol{x} - \boldsymbol{R}_B|} \psi_A(\boldsymbol{x})\psi_A(\boldsymbol{x})\,\mathrm{d}^3 x = \frac{e^2}{a_0} \left(1 + \frac{R}{a_0}\right) e^{-R/a_0} . \tag{10.36}$$

Damit ist $\varepsilon_\pm(R)$ bekannt. Das Resultat ist in Abb. 10.1 dargestellt (wobei der Energienullpunkt minus 1 Ry entspricht).

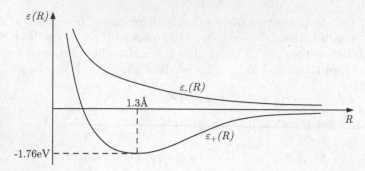

Abb. 10.1. Elektronische Energien $\varepsilon_\pm(R)$ als Funktion des Kernabstandes

Daraus ergibt sich, dass im Zustand ψ_- das effektive Potential zwischen den beiden Kernen immer *repulsiv* ist. Das Molekül kann also in diesem Zustand nicht zusammengehalten werden. Für den Zustand ψ_+ gerader Parität finden wir aber ein Minimum von -1.76 eV für $R = 1.3$ Å $= 2.5\,a_0$. In diesem Zustand wird das Molekül gebunden. Experimentell ist die Separation in H_2^+ gleich 1.06 Å und die Bindungsenergie ist -2.8 eV.

Es ist anschaulich verständlich, dass im Zustand ψ_- keine Bindung möglich ist, denn ψ_- verschwindet in der Mittelebene des Moleküls. Dort wo das Potential ziemlich stark negativ ist, verschwindet also die Wellenfunktion ψ_-; ψ_+ ist dort anderseits maximal.

Wäre die Ladung eines der beiden Kerne größer als eins, so würde keine Bindung möglich sein; z. B. gibt es kein $(HHe)^{++}$-Ion.

Die Wellenfunktion ψ_+ ist sicher eine gute Näherung für große Abstände R der Protonen. Wenn aber die beiden Protonen sehr nahe sind ($R \ll a_0$), sollte ψ_+ praktisch die Wellenfunktion eines 1s Elektrons für ein He$^+$-Ion sein. Für $R \to 0$ wird aber ψ_+ eine 1s Wasserstofffunktion und deshalb ist ψ_+ für kleine R nicht zuverlässig. Dies ist der Grund, warum die Bindung zu schwach und der Gleichgewichtsabstand zu groß herauskommen. Das kann man einfach in Abb. 10.2 sehen, wo die strikte elektronische Energie $\varepsilon_\pm(R) - e^2/R$ aufgetragen ist. Für große R wird $\varepsilon_+ - e^2/R$ für ψ_+ und für die wirkliche Wellenfunktion gleich -1 Ry (Grundzustand der H-Atoms).

Für $R \to 0$ ist der berechnete Wert gleich -3 Ry (kinetische + zweimal potentielle Energie für H-Atom $= 1 + 2(-2)$ Ry (Virialsatz!)). Der He$^+$-Zustand ist anderseits gleich -4 Ry. Die berechnete Kurve liegt demnach oberhalb der wirklichen Kurve und hat eine kleinere Steigung. Addieren wir e^2/R so erhalten wir qualitativ Abb. 10.3.

Bemerkung: Ein zu H_2^+ analoges Molekül kommt in der Physik der Myonen vor. Ein μ^--Lepton (schweres Elektron) kann ein Proton und ein Deuteron binden und ein sogenanntes *(HD)$^-$-„mulecule"* bilden. Die Größe dieses exotischen Moleküls ist $\sim a_0/207$, da das Myon etwa 207 mal schwerer als das Elektron ist. Das Myon bewirkt also, dass sich H und D sehr nahe kommen.

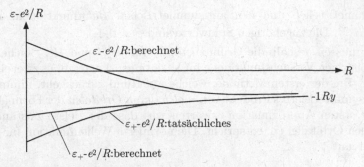

Abb. 10.2. Strikte elektronische Energien $\varepsilon_\pm(R) - e^2/R$ als Funktion des Kernabstandes

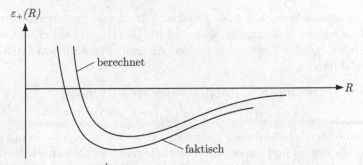

Abb. 10.3. Elektronische Energie $\varepsilon_+(R)$ als Funktion des Kernabstandes

Bei diesem Abstand wird die *Fusionsreaktion*

$$p + d \to \left(\text{He}^3\right)^{++} + 5.4 \text{ MeV}$$

ziemlich wahrscheinlich (Tunneleffekt!). Das Myon wirkt also wie ein Katalysator für die Fusionsreaktion. (Das Myon wird freigesetzt und kann weitere Fusionsreaktionen katalysieren. Seine Lebensdauer ist aber kurz.)

Da $m_\mu/M \sim 1/10$ ist die adiabatische Näherung für dieses Molekül nicht mehr zulässig und die relative $p-d$ Bewegung kann nicht mehr vernachlässigt werden.

Der μ-induzierte Fusionsprozess $p + d \to \text{He}^3 + \gamma$ wurde 1956 von Alvarez und Mitarbeitern entdeckt. In neuerer Zeit wurden Prozesse diese Art an Mesonenfabriken, wie dem Paul-Scherrer-Institut (PSI) eifrig studiert.

10.4 Heitler-London Theorie des H$_2$-Moleküls

Das nächst kompliziertere Molekül ist das neutrale Wasserstoffmolekül H$_2$, ein Zweielektronensystem. Bei diesem kommt das Pauli-Prinzip wesentlich ins Spiel. Ohne Spin-Bahn-Kopplung zerfällt der Hamiltonoperator bezüglich den symmetrischen und den antisymmetrischen *Bahn*funktionen: $H_{el} = H_{el}^{(s)} + H_{el}^{(a)}$. Die zugehörigen Spinwerte sind $S = 0, 1$.

Wir müssen deshalb die Grundzustände von $H_{el}^{(s)}$ und $H_{el}^{(a)}$ suchen. Für die zugehörigen Versuchsfunktionen im Variationsprinzip gibt es zwei einfache Ansätze. Bei der ersten Methode, welche auf Hund zurückgeht, nimmt man ein antisymmetrisiertes Produkt von *molekularen Orbitalen* der Form (10.29). In einer ersten Approximation erwarten wir, dass der tiefste Zustand zwei bindenden Orbitalen ψ_+ entspricht. Die normierte Wellenfunktion für diesen Zustand lautet

$$\psi_s(1,2) = \frac{1}{2(1+S(R))} \left[\psi_A(\boldsymbol{x}_1) + \psi_B(\boldsymbol{x}_1) \right]$$
$$\cdot \left[\psi_A(\boldsymbol{x}_2) + \psi_B(\boldsymbol{x}_2) \right] \otimes \chi_{\text{Singlett}} . \qquad (10.37)$$

Diese Versuchsfunktion hat *zwei Defekte*. Für *kleine* Protonenabstände ist das System wie ein Heliumatom, während in (10.37) sich beide Elektronen in 1s-Zuständen für $Z = 1$ statt 2 befinden. Ausmultiplikation von (10.37) gibt für den Bahnanteil

$$\psi_s(\boldsymbol{x}_1, \boldsymbol{x}_2) \propto \left[\psi_A(\boldsymbol{x}_1)\psi_A(\boldsymbol{x}_2) + \psi_B(\boldsymbol{x}_1)\psi_B(\boldsymbol{x}_2) \right]$$
$$+ \left[\psi_A(\boldsymbol{x}_1)\psi_B(\boldsymbol{x}_2) + \psi_A(\boldsymbol{x}_2)\psi_B(\boldsymbol{x}_1) \right] . \qquad (10.38)$$

Die beiden ersten Terme stellen Elektronen dar, welche sich beide um dasselbe Proton bewegen, und die beiden letzten Terme beschreiben die Bewegung von je einem Elektron um die beiden Protonen. Nun ist aber für *große* Protonenabstände die Amplitude dafür, dass sich beide Elektronen um dasselbe Proton bewegen sehr klein, da ein H$^-$-Ion plus ein Proton zusammen eine höhere Energie haben als zwei H-Atome. Für große Abstände geht die exakte Wellenfunktion über in

$$\psi_s(1,2) \propto \left[\psi_A(\boldsymbol{x}_1)\psi_B(\boldsymbol{x}_2) + \psi_A(\boldsymbol{x}_2)\psi_B(\boldsymbol{x}_1) \right] .$$

Eine alternative Möglichkeit besteht im *Heitler-London-Ansatz*. Hier lässt man den Term $\psi_A \otimes \psi_A + \psi_B \otimes \psi_B$ weg und benutzt die normierten Wellenfunktionen

$$\psi_{s,t}(\boldsymbol{x}_1, \boldsymbol{x}_2) = \frac{1}{\sqrt{2(1 \pm S^2)}} \left[\psi_A(\boldsymbol{x}_1)\psi_B(\boldsymbol{x}_2) \pm \psi_B(\boldsymbol{x}_1)\psi_A(\boldsymbol{x}_2) \right] \qquad (10.39)$$

für $S = 0, 1$. Nun berechnen wir mit der Heitler-London-Methode die Energie für die beiden Zustände (10.39)

$$\varepsilon_\pm(R) := \langle H \rangle_\pm = \frac{\langle AB \mid H \mid AB \rangle \pm \langle BA \mid H \mid AB \rangle}{1 \pm S^2} . \qquad (10.40)$$

Das obere Vorzeichen gilt für den Singlett-Zustand und das untere für den Triplett-Zustand. Ferner ist

$$\langle AB \mid H \mid AB \rangle = (\psi_A \otimes \psi_B, H \psi_A \otimes \psi_B) , \qquad (10.41)$$

$$\langle BA \mid H \mid AB \rangle = (\psi_B \otimes \psi_A, H \psi_A \otimes \psi_B) . \qquad (10.42)$$

In (10.40) haben wir $\langle AB \mid H \mid BA \rangle = \langle BA \mid H \mid AB \rangle$ und $\langle AB \mid H \mid AB \rangle = \langle BA \mid H \mid BA \rangle$ benutzt.

Nun ist

$$H = -\frac{\hbar^2}{2m}\Delta_1 - \frac{\hbar^2}{2m}\Delta_2 - \frac{e^2}{|x_1 - R_A|} - \frac{e^2}{|x_2 - R_B|}$$
$$+\frac{e^2}{|R_A - R_B|} + \frac{e^2}{|x_1 - x_2|} - \frac{e^2}{|x_1 - R_B|} - \frac{e^2}{|x_2 - R_A|}. \quad (10.43)$$

Damit haben wir

$$\langle AB \mid H \mid AB \rangle = 2\varepsilon_1 + \frac{e^2}{R} + V_C(R), \quad (10.44)$$

wo $V_C(R)$ das sogenannte *Coulomb-Integral* ist:

$$V_C(R) = \int d^3x_1 \, d^3x_2 \, \psi_A^2(x_1)$$
$$\times \left[\frac{e^2}{|x_1 - x_2|} - \frac{e^2}{|x_1 - R_B|} - \frac{e^2}{|x_2 - R_A|} \right] \psi_B^2(x_2)$$
$$= -e^2 \int \frac{\psi_A^2(x_1)}{|x_1 - R_B|} \, d^3x_1 - e^2 \int \frac{\psi_B^2(x_2)}{|x_2 - R_A|} \, d^3x_2$$
$$+e^2 \int \frac{\psi_A^2(x_1)\psi_B^2(x_2)}{|x_1 - x_2|} \, d^3x_1 \, d^3x_2 \quad (10.45)$$

(deute die einzelnen Terme). Ebenso finden wir

$$\langle BA \mid H \mid AB \rangle = S^2\left(2\varepsilon_1 + \frac{e^2}{R} \right) + V_{ex}(R), \quad (10.46)$$

wobei $V_{ex}(R)$ die sogenannte *Austauschenergie* der Elektronen ist:

$$V_{ex}(R) = \int d^3x_1 \, d^3x_2 \, \psi_A(x_1)\psi_B(x_2)$$
$$\times \left[\frac{e^2}{|x_1 - x_2|} - \frac{e^2}{|x_1 - R_B|_{\bullet}} - \frac{e^2}{|x_2 - R_A|} \right] \psi_A(x_2)\psi_B(x_1). \quad (10.47)$$

Setzen wir diese Ausdrücke in (10.40) ein, so kommt

$$\varepsilon_{\pm} = 2\varepsilon_1 + \frac{e^2}{R} + \frac{V_C(R) \pm V_{ex}(R)}{1 \pm S^2}. \quad (10.48)$$

Dies können wir auch so schreiben:

$$\boxed{\varepsilon_{\pm} = 2\varepsilon_1 + \frac{(V_C(R) + e^2/R) \pm (V_{ex}(R) + S^2 e^2/R)}{1 \pm S^2}.} \quad (10.49)$$

Diskussion: Der Term $V_C(R) + e^2/R$ ist als Funktion von R meistens positiv und eine kleine Größe, während $V_{ex}(R) + e^2/R$ im *allgemeinen negativ und*

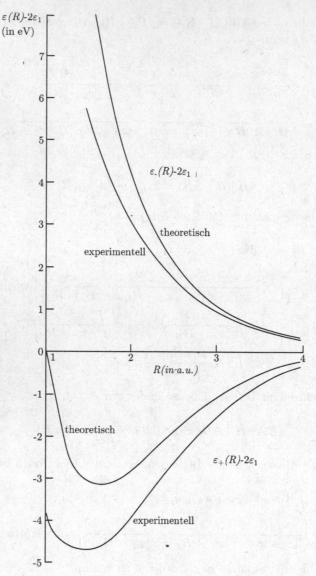

Abb. 10.4. Diskussion des Resultats (10.49)

groß ist. Deshalb liegt $\varepsilon_+(R)$ tiefer als $\varepsilon_-(R)$ und man findet, dass $\varepsilon_-(R)-2\varepsilon_1$ kein Minimum hat, während $\varepsilon_+(R) - 2\varepsilon_1$ ein solches bei etwa $R = 1.5\,a_0$ der Tiefe 3 eV besitzt (siehe Abb. 10.4).

Genauer erhält man

$$R_0 = 0.88 \text{ Å} = 1.66\, a_0\,,$$
$$D\ \ = 3.17 \text{ eV} = 0.115 \text{ atomare Einheiten}\,,$$
$$\omega\ \ = 4400 \text{ cm}^{-1}\,,$$

wobei ω aus der Krümmung von $\varepsilon_+(R)$ bei R_0 entnommen wird.

Aus dem empirischen Morse-Potential erhält man andererseits die experimentellen Werte

$$R_0 = 0.7417 \text{ Å} = 1.4016\, a_0\,,$$
$$D\ \ = 4.74 \text{ eV} = 0.174 \text{ atomare Einheiten}\,,$$
$$\omega\ \ = 4\,395.2 \text{ cm}^{-1}\,,$$
$$\beta\ \ = 1.843 \text{ Å}^{-1} = 1.028 \text{ a.u.}$$

Man kann die verschiedenartige Wechselwirkung der H-Atome im Singlett- und Triplettzustand qualitativ verstehen, wenn man die Ortsfunktionen (10.39) betrachtet. Im Triplettzustand hat diese einen Knoten in der Mitte zwischen der beiden Kernen senkrecht zur Verbindungslinie der Kerne. Umgekehrt hat die Ortsfunktion im Singlettzustand ihr Maximum in dieser Ebene. Im *Zustand $S = 0$ ist also (für $R \sim a_0$) die Aufenthaltswahrscheinlichkeit zwischen den beiden Kernen groß*. Die ist aber eine *energetisch günstige Stelle*. Bei Abständen $R < a_0$ können sich die Elektronen auch im Singlettzustand nicht zwischen den Kernen aufhalten, deshalb beobachtet man Abstoßung.

Für sehr große R besteht das System aus zwei H-Atomen und für sehr kleine R wird aus dem Molekül ein He-Atom. Der Grundzustand für He ist ein Singlettzustand. Nehmen wir die beiden Protonen langsam auseinander, so geht dieser Zustand in den Molekülzustand über, der immer noch ein Singlettzustand ist. Die Grundzustandsenergie vom Helium geht also für endliches R in $\varepsilon_+(R) - e^2/R$ über (siehe Abb. 10.5).

Da der tiefste Triplett-Zustand von He 1.45 Ry oberhalb des Singlett-Grundzustandes liegt, ist die Triplett-Energie $\varepsilon_-(R) - e^2/R$ beträchtlich oberhalb derjenigen des Singlett-Zustandes. Addieren wir e^2/R, so erhält die Triplett-Energie kein Minimum.

Wie schon weiter oben bemerkt, gibt die Versuchsfunktion (10.39) für kleine R eine zu große Energie. Diese können wir leicht berechnen: Die Wellenfunktion beschreibt zwei 1s-Elektronen zu $Z = 1$ im Kernfeld zu $Z = 2$. Aus dem Resultat der Variationsrechnung beim Heliumatom erhalten wir

$$\left(\varepsilon_+(R) - e^2/R\right)_{R=0} = \left(Z'^2 - 2ZZ' + \frac{5}{8}Z'\right)\frac{e^2}{a_0}\,,$$

mit $Z' = 1$, $Z = 2$, d. h. -4.75 eV. Deshalb kommt der Molekülabstand (wie beim H_2^+-Ion) zu groß heraus.

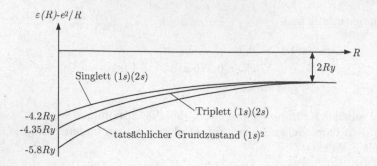

Abb. 10.5. Elektronische Energien des H_2-Moleküls. Die Zustandsbezeichnung bezieht sich auf das He-Atom

Mit komplizierten Versuchsfunktionen lässt sich der theoretische Wert bis zu unglaublicher Genauigkeit treiben. In der Arbeit [63] ist die theoretische Bindungsenergie bis auf 1 in 10 000 in Übereinstimmung mit dem Experiment. (Dabei sind allerdings gegenüber der Born-Oppenheimer-Näherung noch verschiedene kleine Korrekturen angebracht worden.)

Bei sehr großen Abständen der Moleküle ergibt sich eine Van der Waals-Anziehung proportional zu R^{-6}. Die Wellenfunktion (10.39) ist aber nicht gut genug um diesen Effekt einzuschließen. Im übrigen ist die Van der Waals-Anziehung etwa 10^3 mal schwächer als die Bindungskräfte, die wir hier berechnet haben. Sie ist zu schwach um Moleküle aneinanderzubinden, da die Nullpunktsenergie größer als die Bindungsenergie ist. Die Van der Waals-Anziehung spielt aber eine Rolle bei der Bindung von großen Molekülen und auch für die Bildung von Edelgas-Kristallen.

10.5 Sättigungseigenschaften der chemischen Bindung

Am Beispiel von zwei H-Atomen haben wir gesehen, dass neutrale Atome sich gegenseitig anziehen und ein Molekül bilden können. Nun wollen wir sehen, ob sich auch die bekannten Sättigungseigenschaften der chemischen Bindung verstehen lassen. Dazu betrachten wir als einfaches Beispiel die Wechselwirkung eines He-Atoms mit einem H-Atom. He hat im Grundzustand (in der Schalenmodell-Näherung) zwei 1s-Elektronen, welche sich in einem ^1S-Zustand befinden. Als Versuchsfunktion des He-H-Systems wählen wir deshalb eine Slaterdeterminante

$$\psi(1,2,3) = C \operatorname{Det}\left[\psi_A(1)\chi_\uparrow(1), \psi_A(2)\chi_\downarrow(2), \psi_B(3)\chi_\uparrow(3)\right], \qquad (10.50)$$

wo ψ_A die 1s He-Wellenfunktion und ψ_B die 1s H-Wellenfunktion bezeichnen. Die Normierung C ergibt sich nach einiger Rechnung zu

$$C^{-2} = 6\left[1 - S^2\right], \qquad (10.51)$$

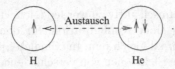

Abb. 10.6. Bildliche Darstellung zur Rolle des Austauschs

wo S wieder das Überlappintegral von ψ_A und ψ_B ist. Eine ähnliche Rechnung ergibt

$$\varepsilon(R) = \langle H \rangle = \frac{1}{1 - S^2} \int d^3x_1 \, d^3x_2 \, d^3x_3 \, \psi_A(1)\psi_A(2)\psi_B(3)$$

$$H\left[\psi_A(1)\psi_B(3) - \psi_B(1)\psi_A(3)\right]\psi_A(2) \,. \qquad (10.52)$$

In (10.52) kommt nur der Austausch zwischen Elektronen mit demselben Spin vor, da die $\uparrow$ und $\downarrow$ Zustände orthogonal sind. Wie beim Triplettzustand von H_2 gibt der Austauschterm eine positiven Beitrag, woraus *Abstoßung* resultiert.

Anschaulich kann man die eben durchgeführte Rechnung wie folgt interpretieren: Ist der Spin des H-Elektrons $\uparrow$, so kann dieses nur mit demjenigen He-Elektron ausgetauscht werden, welches die gleiche Spinrichtung $\uparrow$ besitzt. Andernfalls entstünde ein Zustand des He-Atoms in welchem beide Elektronen die gleiche Spinrichtung, nämlich $\uparrow\uparrow$ besäßen, was aber nach dem Pauliprinzip verboten ist. Bildlich ist also nur der Austausch in Abb. 10.6 möglich:

Im Falle zweier H-Atome hat sich aber gezeigt, dass der Austausch zweier Elektronen mit parallelen Spins zur Abstoßung führt. Deshalb schließen wir: *Ein He-Atom und ein H-Atom stoßen sich gegenseitig ab.*

Diese Überlegungen lassen sich sofort auf alle Edelgase verallgemeinern: Die Elektronenkonfigurationen der Edelgase bestehen aus abgeschlossenen Schalen, in denen alle Elektronen in Paaren mit antiparallelen Spins angeordnet sind. Ein Edelgasatom stößt also jedes andere Atom ab, in Übereinstimmung mit dem chemischen Verhalten der Edelgase.

Die chemische Aktivität eines Atoms hängt von den ungepaarten äußeren Elektronen ab, da nur diese zu einer attraktiven Wechselwirkung führen können. Das sind die *Valenzelektronen*, von denen man im elementaren Chemie-Unterricht hört. Die repulsive Wechselwirkung der Elektronen in abgeschlossenen Schalen ist viel kleiner als die attraktive Wechselwirkung der Valenzelektronen. Das liegt daran, dass die abgeschlossenen Schalen näher beim Kern liegen; bei den Abständen in einem Molekül gibt es wenig Überlappung zwischen den Elektronen eines Atoms. *Bis zu einem hohen Grad behalten die Atome in einem Molekül ihre Identität. Nur die äußeren Elektronen haben wesentlichen Kontakt mit anderen Atomen des Moleküls.*

Die *Valenz* eines Atoms (genauer eines Zustands des Atoms) ist gleich der Zahl der ungepaarten äußeren Elektronen; dies sind immer *s oder p Elektronen*. Die ungepaarten d und f Elektronen in Übergangselementen sind zu nahe beim Kern, um chemisch aktiv zu werden (siehe die Diskussion des Schalenmodells). Die Valenz einer Konfiguration, für den Fall eines Nichtübergangselementes, ist zweimal gleich dem maximalen Spin der Konfiguration.

Sind zwei ungepaarte Elektronen von verschiedenen Atomen in einem Molekül zu einem Singlett gepaart, so wird ein drittes Elektron mit ihnen nur repulsive Wechselwirkungen haben. Deshalb saturieren die chemischen „Bindungskräfte"; jede kovalente Bindung in einem Molekül gebraucht ein verschiedenes Paar von Elektronen. Von jedem Elektron kann man sich vorstellen, dass es nur an einer Bindung teilnimmt. Als Beispiel seien die Alkaliatome erwähnt, die (in ihrem Grundzustand) *ein* unpaartes Elektron besitzen, welches leicht chemische Bindungen eingehen kann. Ihre Valenz ist also gleich 1.

Wer mehr über Quantenchemie erfahren möchte, sei auf die Literatur verwiesen; siehe z. B. [64].

10.6 Aufgaben

Aufgabe 1: Berechnung der Integrale aus (10.34) in elliptischen Koordinaten

Berechne die Überlapp- und Austauschintegrale

$$S(R) = \int \psi_A(\boldsymbol{x})\psi_B(\boldsymbol{x}) \mathrm{d}^3 x \,,$$

$$\int \frac{e^2}{|\boldsymbol{x} - \boldsymbol{R}_B|} \psi_A(\boldsymbol{x})\psi_B(\boldsymbol{x}) \mathrm{d}^3 x \,,$$

für das H_2^+-Ion mit Hilfe von elliptischen Koordinaten. Letztere sind definiert durch

$$\mu = \frac{|\boldsymbol{x} - \boldsymbol{R}_A| + |\boldsymbol{x} - \boldsymbol{R}_B|}{R} \,, \qquad \nu = \frac{|\boldsymbol{x} - \boldsymbol{R}_A| - |\boldsymbol{x} - \boldsymbol{R}_B|}{R} \,,$$

wobei $R = |\boldsymbol{R}_A - \boldsymbol{R}_B|$ und φ die Rotation um die Verbindungsachse von A und B bezeichnet.

Hinweis: Drücke zuerst die Zylinderkoordinaten durch ξ und η aus. Damit erhält man

$$\mathrm{d}^3 x = \frac{1}{8} R^3 (\mu^2 - \nu^2) \mathrm{d}\mu \mathrm{d}\nu \mathrm{d}\varphi \,.$$

Aufgabe 2

Transformiere für das H_2^+-Ion die elektronische Schrödingergleichung zu (10.21) auf elliptische Koordinaten. Versuche einen Separationsansatz $\psi(\mu, \nu, \varphi) = X(\mu)Y(\nu)\Phi(\varphi)$ und stelle die zugehörigen eindimensionalen Gleichungen auf.

Hinweis: Berechne das Linienelement ds^2 über die Beziehung zu den Zylinderkoordinaten.

Bemerkung: Leider ist es schwierig, analytisch weiterzukommen. Für Näherungslösungen siehe [43]. Heutzutage kann man aber das Problem numerisch lösen.

11. Zeitabhängige Störungstheorie

11.1 Dyson-Reihe, Übergangswahrscheinlichkeiten

Auf ein System, das durch einen zeitunabhängigen Hamiltonoperator $H_\circ$ beschrieben wird, wirke eine zeitabhängige Störung $V(t)$. In dieser Situation arbeitet man zweckmäßig in der Wechselwirkungsdarstellung (siehe Abschn. 3.8). Der Übergang vom Schrödingerbild zum Wechselwirkungsbild ist gegeben durch die zeitabhängige unitäre Transformation

$$\psi_W(t) = U_\circ(-t)\psi(t) ,$$
$$A_W(t) = U_\circ(-t)A(t)U_\circ(t) , \tag{11.1}$$

wobei

$$U_\circ(t) = \exp\left(-\frac{i}{\hbar}H_\circ t\right) . \tag{11.2}$$

Die Zeitabhängigkeit der Zustände folgt aus

$$i\hbar\dot{\psi}_W(t) = V_W(t)\psi_W(t) . \tag{11.3}$$

Wir setzen

$$\psi_W(t) = U_W(t, t_\circ)\psi_W(t_\circ) . \tag{11.4}$$

Die unitäre Schar $U_W(t, t_\circ)$ erfüllt nach (11.3) die Differentialgleichung

$$i\hbar\dot{U}_W(t, t_\circ) = V_W(t)U_W(t, t_\circ) , \tag{11.5}$$

mit der Anfangsbedingung

$$U_W(t_\circ, t_\circ) = \mathbb{1} . \tag{11.6}$$

Natürlich gilt die Gruppeneigenschaft

$$U_W(t_3, t_2)U_W(t_2, t_1) = U_W(t_3, t_1) . \tag{11.7}$$

Die Gln. 11.5 und 11.6 sind äquivalent zur Integralgleichung

$$U_W(t, t_\circ) = 1 - \frac{i}{\hbar}\int_{t_\circ}^{t} dt' V_W(t')U_W(t', t_\circ) . \tag{11.8}$$

N. Straumann, *Quantenmechanik*, Springer-Lehrbuch
DOI 10.1007/978-3-642-32175-7_11, © Springer-Verlag Berlin Heidelberg 2013

Eine formale Lösung von (11.8) erhalten wir durch Iteration

$$U_W(t, t_\circ) = \sum_{n=0}^{\infty} U_W^{(n)}(t, t_\circ) \,, \tag{11.9}$$

wobei

$$U_W^{(\circ)}(t, t_\circ) = \mathbb{1}$$

und

$$U_W^{(n)}(t, t_\circ) = -\frac{i}{\hbar} \int_{t_\circ}^t dt' V_W(t') U_W^{(n-1)}(t', t_\circ) \,, \tag{11.10}$$

womit

$$U_W^{(n)}(t, t_\circ) = \left(-\frac{i}{\hbar}\right)^n \int_{t_\circ}^t dt_1 \int_{t_\circ}^{t_1} dt_2 \ldots \int_{t_\circ}^{t_{n-1}} dt_n$$
$$\times V_W(t_1)V_W(t_2)\ldots V_W(t_n) \,. \tag{11.11}$$

Dieses multiple Integral wollen wir noch etwas umformen. Es sei

$$\Theta(t_1, t_2 \ldots t_n) = \begin{cases} 1 \text{ für } t_1 \geq t_2 \geq \cdots \geq t_n \,, \\ 0 \text{ sonst} \,. \end{cases}$$

Damit gilt offensichtlich

$$U_W^{(n)}(t, t_\circ)$$
$$= \left(-\frac{i}{\hbar}\right)^n \int_{t_\circ}^t dt_1 \int_{t_\circ}^t dt_2 \ldots \int_{t_\circ}^t dt_n \Theta(t_1, \ldots, t_n) V_W(t_1) \ldots V_W(t_n)$$
$$= \left(-\frac{i}{\hbar}\right)^n \frac{1}{n!} \int_{[t_\circ, t]^n} dt_1 \ldots dt_n \sum_{\pi \in \mathcal{S}_n} \Theta(t_{\pi(1)}, \ldots, t_{\pi(n)})$$
$$\times V_W(t_{\pi(1)}) \ldots V_W(t_{\pi(n)}) \,.$$

Wir definieren das *zeitgeordnete Produkt* gemäß

$$T(V_W(t_1), \ldots V_W(t_n)) = \sum_{\pi \in \mathcal{S}_n} \Theta(t_{\pi(1)}, \ldots, t_{\pi(n)}) V_W(t_{\pi(1)}) \ldots V_W(t_{\pi(n)})$$

$$= V_W(t_{i_1}) \ldots V_W(t_{i_n}) \text{ sofern } t_{i_1} \geq t_{i_2} \cdots \geq t_{i_n}. \tag{11.12}$$

Damit haben wir

$$U_W^{(n)}(t, t_\circ) = \left(-\frac{i}{\hbar}\right)^n \frac{1}{n!} \int_{t_\circ}^t dt_1 \ldots \int_{t_\circ}^t dt_n \, T(V_W(t_1) \ldots V_W(t_n)). \tag{11.13}$$

Zusammen mit (11.9) erhalten wir die sog. *Dyson-Reihe*:

$$
\boxed{
\begin{aligned}
U_W(t, t_\circ) &= \sum_{n=0}^{\infty} \left(-\frac{i}{\hbar}\right)^n \frac{1}{n!} \int_{t_\circ}^t \mathrm{d}t_1 \\
&\qquad \dots \int_{t_\circ}^t \mathrm{d}t_n \, T\left(V_W(t_1) \dots V_W(t_n)\right) \, .
\end{aligned}
}
\tag{11.14}
$$

Dafür schreibt man kurz auch

$$
U_W(t, t_\circ) = T\left(\exp -\frac{i}{\hbar} \int_{t_\circ}^t V_W(t')\mathrm{d}t'\right) \, .
\tag{11.15}
$$

Die Dysonreihe ist uns schon in der Streutheorie begegnet (siehe Abschn. 9.4.1, S. 272).

Nun betrachten wir das folgende wichtige Problem. Das System sei anfänglich zur Zeit $t_\circ$ in einem Eigenzustand ψ_a von $H_\circ$ ($H_\circ\psi_a = E_a\psi_a$). Mit welcher Wahrscheinlichkeit befindet es sich unter dem Einfluss der Störung $V(t)$ zur Zeit t im Eigenzustand ψ_b von $H_\circ$ ($H_\circ\psi_b = E_b\psi_b$)? Ist $\psi(t)$ der Schrödingerzustand zu $H = H_\circ + V(t)$ mit der Anfangsbedingung $\psi(t_\circ) = \psi_a$, so ist die gesuchte Übergangswahrscheinlichkeit $P_{ba}(t, t_\circ)$ nach den allgemeinen Regeln der QM

$$
P_{ba}(t, t_\circ) = |(\psi_b, \psi(t))|^2 = |(\underbrace{U_\circ(-t)\psi_b}_{e^{iE_bt/\hbar}\psi_b}, \underbrace{U_\circ(-t)\psi(t))}_{\psi_W(t)}|^2
$$

$$
= |(\psi_b, \psi_W(t))|^2 = |(\psi_b, U_W(t, t_\circ) \underbrace{\psi_W(t_\circ)}_{U_\circ(-t_\circ)\psi_a = e^{iE_at_\circ/\hbar}\psi_a}|^2 ,
$$

also

$$
\boxed{P_{ba}(t, t_\circ) = |(\psi_b, U_W(t, t_\circ)\psi_a)| \, .}
\tag{11.16}
$$

In 1. Ordnung erhalten wir (es sei $(\psi_b, \psi_a) = 0$):

$$
\boxed{
\begin{aligned}
P_{ba}^{(1)}(t, t_\circ) &= \left|-\frac{i}{\hbar} \int_{t_\circ}^t \mathrm{d}t'(\psi_b, V_W(t')\psi_a)\right|^2 \\
&= \frac{1}{\hbar^2} \left|\int_{t_\circ}^t \mathrm{d}t' e^{\frac{i}{\hbar}(E_b - E_a)t'} (\psi_b, V(t')\psi_a)\right|^2 \, .
\end{aligned}
}
\tag{11.17}
$$

Diese oft verwendete Formel wollen wir für ein Beispiel weiter auswerten.

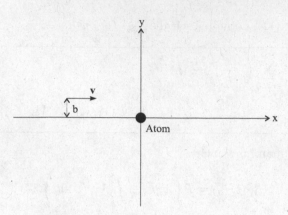

Abb. 11.1. Stoßanregung eines Atoms

11.2 Anregung eines Atoms durch Stoß mit einem schweren Teilchen

Ein geladenes *schweres* Teilchen (Ladung Z_1e) fliege an einem Atom vorbei. Seine Bewegung können wir in guter Näherung klassisch beschreiben (siehe dazu auch Abschn. 11.3). In 1. Näherung wird die Bewegung bei der Wechselwirkung mit dem Atom nicht geändert (für die genauere Behandlung siehe Abschn. 11.3). Das Teilchen bewegt sich daher in genügender Näherung mit konstanter Geschwindigkeit v in der x-Richtung. Der Mittelpunkt des Atoms sei der Koordinatenursprung. Die Teilchenbahn sei $\boldsymbol{x}(t) = (vt, b, 0)$, $b >$ Atomradius a (siehe Abb. 11.1).

Die Wechselwirkung zwischen dem durchfliegenden Teilchen und den Elektronen im Atom (mit Positionen $\boldsymbol{x}_k$) ist

$$V(t) = -\sum_{k=1}^{Z} \frac{Z_1e^2}{|\boldsymbol{x}(t) - \boldsymbol{x}_k|}$$

$$= -\frac{Z_1Ze^2}{r(t)} - Z_1e^2 \sum_{k=1}^{Z} \frac{(x_kvt + by_k)}{r^3(t)} + \dots$$

$$= -\frac{Z_1Ze^2}{r(t)} - \frac{Z_1e^2}{r^3(t)}(D_xvt + bD_y) + \dots . \qquad (11.18)$$

Dabei ist $\boldsymbol{D} = \sum_{k=1}^{Z} \boldsymbol{x}_k$ das Dipolmoment des Atoms (bis auf den Faktor $-e$).

Beschränken wir uns auf den Dipolanteil, so lautet (11.17)

$$P_{ba}^{(1)} = \frac{Z_1^2e^4}{\hbar^2} \left| \int_{-\infty}^{\infty} dt\, e^{i\omega_{ba}t} \frac{(\psi_b, D_x\psi_a)vt + (\psi_b, D_y\psi_a)b}{[(vt)^2 + b^2]^{3/2}} \right|^2 , \qquad (11.19)$$

wobei $\omega_{ba} := (E_b - E_a)/\hbar$.

Der Integrand in (11.19) nimmt mit wachsendem Abstand rasch ab. Die Stoßzeit ist $\sim b/v$. Der Stoß ist *adiabatisch*, falls $(b/v) \cdot \omega_{ba} \gg 1$ ist. In diesem Fall ist der Integrand während des effektiven Stoßes eine schnell oszillierende Funktion und das Integral ist deshalb sehr klein. Ein adiabatischer Stoß bewirkt daher „keine" Anregung des Atoms. Im umgekehrten Fall, $\omega_{ba} \cdot b/v \lesssim 1$, ist während des Stoßes $e^{i\omega_{ba} \cdot t} \simeq 1$. In dieser Näherung kann das Integral leicht berechnet werden. Wir setzen $vt/b = \tan\theta$ und finden

$$\int_{-\infty}^{\infty} \frac{\langle D_x \rangle\, vt + \langle D_y \rangle\, b}{[(vt)^2 + b^2]^{3/2}} dt = b(\psi_b, D_y\psi_a) \int_{-\infty}^{\infty} \frac{dt}{[(vt)^2 + b^2]^{3/2}}$$

$$= 2 \frac{(\psi_b, D_y\psi_a)}{vb} . \tag{11.20}$$

Damit erhalten wir

$$P_{ba}^{(1)}(b) = \frac{4Z_1^2 e^4}{\hbar^2 b^2 v^2} \left| (\psi_b, D_y\psi_a) \right|^2 . \tag{11.21}$$

Pro Zeit- und Flächeneinheit mögen N geladene Teilchen anfliegen. Die Wahrscheinlichkeit für die Anregung des Atoms ist dann pro Zeiteinheit

$$W_{ba} \simeq N \int_a^{v/\omega_{ba}} 2\pi b\, db\, P_{ba}(b)$$

$$\simeq \frac{8\pi N Z_1^2 e^4}{\hbar^2 v^2} \ln\left(\frac{v}{a\omega_{ba}}\right) |(\psi_b, D_y\psi_a)|^2 . \tag{11.22}$$

Diese Formel ist nur gültig für

$$\frac{v}{a\omega_{ba}} \gtrsim 1 . \tag{11.23}$$

In diesem Bereich nimmt W_{ba} mit abnehmender Teilchengeschwindigkeit monoton zu. Da $b \gtrsim a$, ist im umgekehrten Fall $(v/a\omega_{ba} < 1)$ die Bedingung für Adiabasie erfüllt, und die Anregung des Atoms durch ein stoßendes Teilchen wird wenig wahrscheinlich. Die maximale Anregungswahrscheinlichkeit besteht deshalb bei der Teilchengeschwindigkeit $v \simeq a \cdot \omega_{ba}$.

Das besprochene Beispiel zeigt, dass adiabatische Wechselwirkungen „keine" Übergänge in Zuständen des *diskreten* Spektrums verursachen (Adiabatensatz).

11.3 Semiklassische Theorie der Coulomb-Anregung

Wir betrachten den Stoß eines geladenen Kernteilchens (Proton, Deuteron, α–Teilchen, ^{16}O–Ion, etc.) an einem Kern unter der Annahme, dass die Energie des stoßenden Teilchens kleiner ist als die Höhe der Coulombbarriere. In dieser Situation kommen sich die Kerne nicht so nahe, dass die Kernkräfte eine Rolle spielen, aber im Targetkern können (unter dem Einfluss der Coulombwechselwirkung) trotzdem Übergänge in angeregte Zustände induziert werden. Diesen Prozess nennt man *Coulomb-Anregung*. Er ist für die Kernphysik von Bedeutung, weil daraus Informationen über Kerneigenschaften gewonnen werden können. Dies wollen wir in der sog. halbklassischen Näherung (als Beispiel für die zeitabhängige Störungstheorie) ausführen.

Das Projektil habe die Ladung $Z_1 e$ und die asymptotische Geschwindigkeit v. Die Ladung des Targetkerns sei $Z_2 e$. Die Wirkung des Coulombfeldes auf die Bahn des Projektils wird durch den dimensionslosen *Sommerfeld–Parameter*

$$\eta = \frac{Z_1 Z_2 e^2}{\hbar v} \tag{11.24}$$

bestimmt. Er hat folgende Bedeutung: Bei einem klassischen zentralen Stoß nähern sich die Kernteilchen bis auf den kürzesten Abstand $2a = 2 \cdot \frac{Z_1 Z_2 e^2}{M v^2}$ (M = reduzierte Masse). Deshalb ist $\eta = a/\lambda$, λ = asymptotische de Broglie–Wellenlänge.

Für $\eta \ll 1$ wird die einlaufende Wellenfunktion durch das Coulombfeld nicht stark modifiziert und man kann die Bornsche Näherung verwenden.[1] Bei der Coulombanregung liegt dieser Fall praktische nie vor. Im Gegenteil ist eine genügend starke Coulombabstossung nötig, damit die Kerne nicht in den Wirkungsbereich der starken Wechselwirkungen kommen können und folglich ist $\eta \gg 1$. Unter dieser Bedingung können wir die Bewegung des Teilchens *klassisch* beschreiben. Das Coulombfeld des auf einer klassischen Streubahn laufenden Projektils bedeutet für den Targetkern eine zeitabhängige Störung, welche Übergänge in angeregte Zustände induziert.

Parametrisierung der klassischen Bahn

Zunächst benötigen wir eine zweckmäßige Beschreibung der klassischen Bahn. Die Hamiltonfunktion lautet

$$H = \boldsymbol{p}^2/2M + \frac{Z_1 Z_2 e^2}{r} \; . \tag{11.25}$$

Eine rein algebraische Lösung des Keplerproblems erreicht man bekanntlich mit Hilfe des Lenzschen Vektors

$$\boldsymbol{A} = \boldsymbol{x}/r - (\boldsymbol{L} \wedge \boldsymbol{p})/Z_1 Z_2 e^2 M \; , \tag{11.26}$$

welcher ein Integral der Bewegung ist:

$$\dot{\boldsymbol{A}} = (\boldsymbol{x}/r)^{\cdot} - (\boldsymbol{L} \wedge \dot{\boldsymbol{p}})/Z_1 Z_2 e^2 M = (\boldsymbol{x}/r)^{\cdot} - \frac{1}{Mr^2}(\boldsymbol{L} \wedge \boldsymbol{x}/r) \; , \tag{11.27}$$

---

[1] Nach (9.43) wird $|\Psi(0)|^2$ durch das Coulombfeld mit dem Faktor $\frac{2\pi\eta}{\exp(2\pi\eta)-1}$ modifiziert. Für $\eta \ll 1$ ist dieser $\simeq 1$.

denn $(x/r)^{\cdot} = p/Mr - \frac{1}{Mr}(\hat{x}, p)\hat{x} = \frac{1}{Mr^2}(x \wedge p) \wedge \hat{x}$. Ferner findet man sofort

$$A^2 = 1 + 2MH\left(\frac{L}{Z_1 Z_2 e^2 M}\right)^2 , \quad L \cdot A = 0 . \tag{11.28}$$

Das klassische Analogon des Sommerfeld–Parameters ist

$$\tilde{\eta} = \frac{Z_1 Z_2 e^2 M}{\sqrt{2MH}} . \tag{11.29}$$

Es ist bequem, den renormierten Lenzvektor

$$\Lambda := \tilde{\eta} \cdot A \tag{11.30}$$

zu benutzen. Dann lautet (11.28)

$$\Lambda^2 - L^2 = \tilde{\eta}^2 . \tag{11.31}$$

Wir wählen L in der z–Richtung (d. h. die Bahn verlaufe in der (x, y)–Ebene). Λ liege in der x–Richtung. Da $\Lambda \perp L$, definiert $\Lambda \wedge L$ die y–Richtung. Für die Teilchenenergie $x(t)$ gilt deshalb

$$x(t) = x(t) \cdot \hat{\Lambda} , \quad y(t) = x(t) \cdot \left(\hat{L} \wedge \hat{\Lambda}\right) , \quad z(t) = 0 .$$

Der Polarwinkel φ bezüglich der x–Achse erfüllt

$$\cos\varphi = \hat{x} \cdot \hat{\Lambda} = \frac{1}{\Lambda r} x \cdot \Lambda = \frac{1}{\Lambda r}\tilde{\eta} \underbrace{x \cdot A}_{r - \frac{1}{Z_1 Z_2 e^2 M} \underbrace{x \cdot (L \wedge p)}_{-L^2}}$$

$$= \frac{\tilde{\eta}}{\Lambda}\left[1 + \frac{1}{r}\frac{L^2}{Z_1 Z_2 e^2 M}\right] .$$

Folglich ist $\frac{\Lambda}{\tilde{\eta}}\cos\varphi - 1 = \frac{1}{r}L^2 a/\tilde{\eta}^2$ oder $r = L^2 \frac{a}{\tilde{\eta}^2}\frac{1}{\frac{\Lambda}{\tilde{\eta}}\cos\varphi - 1}$. Sei

$$\varepsilon := \frac{\Lambda}{\tilde{\eta}} = \sqrt{1 + L^2/\tilde{\eta}^2} , \tag{11.32}$$

so gilt also

$$\boxed{r = \frac{a(\varepsilon^2 - 1)}{\varepsilon\cos\varphi - 1} .} \tag{11.33}$$

Für $\varphi = 0$ ist $r = a(1 + \varepsilon)$. Die Polarwinkel $\varphi_{\pm\infty}$ für die Asymptoten sind bestimmt durch $\varepsilon\cos\varphi - 1 = 0$. Der Ablenkwinkel (s. Abb. 11.2) θ ist $\pi - 2\varphi_\infty$, somit

$$\sin\theta/2 = \frac{1}{\varepsilon} . \tag{11.34}$$

Daraus ergibt sich die geometrische Bedeutung von ε in der Abb. 11.2.

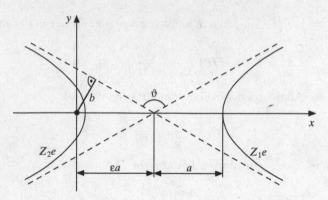

Abb. 11.2. Parameter für die klassische Stoßbahn

Setzen wir

$$\cosh w := \frac{\cos \varphi - \varepsilon}{1 - \varepsilon \cos \varphi} \, , \tag{11.35}$$

so folgt aus (11.33)

$$r = a(\varepsilon \cosh w + 1) \, . \tag{11.36}$$

Ferner ist

$$x = r \cos \varphi = a(\cosh w + \varepsilon) \, . \tag{11.37}$$

Für y erhält man

$$y = \sqrt{r^2 - x^2} = a\sqrt{\varepsilon^2 - 1} \sinh w \, . \tag{11.38}$$

Die zeitliche Änderung bekommt man aus dem Energiesatz

$$\frac{M}{2} \dot{x}^2 + \frac{Z_1 Z_2 e^2}{r} = \frac{M}{2} v^2$$

oder

$$\frac{1}{v^2} \dot{x}^2 + 2a \frac{1}{r} = 1 \, .$$

Mit $\dot{x} = a \sinh w \, \dot{w}$, $\dot{y} = a\sqrt{\varepsilon^2 - 1} \cosh w \, \dot{w}$, folgt

$$\frac{a^2}{v^2} \dot{w}^2 \left[\sinh^2 w + (\varepsilon^2 - 1) \cosh^2 w\right] = 1 - \frac{2}{\varepsilon \cosh w + 1} \, .$$

Dies gibt $\frac{a}{v}(\varepsilon \cosh w + 1)\dot{w} = 1$, also

$$\boxed{t = \frac{a}{v}(\varepsilon \sinh w + w).} \tag{11.39}$$

Für den Stoßparameter b gilt (s. Abb. 11.2)

$$b = \varepsilon a \cos \theta/2 = a \cot \theta/2 = \varepsilon a \sqrt{1 - 1/\varepsilon^2} = a \frac{|\boldsymbol{L}|}{\eta}$$

$$= |\boldsymbol{L}|/Mv \, . \tag{11.40}$$

Der *klassische Streuquerschnitt* ist wie folgt definiert:

$$\mathrm{d}\sigma = \frac{\text{Anzahl der pro Zeiteinheit in den Raumwinkel } \mathrm{d}\Omega \text{ gestreuten Teilchen}}{\text{einfallende Intensität}} \ .$$

Bei gegebenen v und b ist der Streuwinkel θ eindeutig bestimmt. Deshalb ist die Anzahl der Teilchen, deren Streuwinkel zwischen θ und $\theta + \mathrm{d}\theta$ liegt, gleich der Anzahl einfallenden Teilchen mit einem Stoßparameter zwischen den entsprechenden Werten b und $b + \mathrm{d}b$, d. h. gleich der Intensität mal $2\pi b |\mathrm{d}b| = 2\pi b \left| \frac{\partial b}{\partial \theta} \right| \mathrm{d}\theta = b \left| \frac{\partial b}{\partial \theta} \right| \frac{1}{\sin\theta} \mathrm{d}\Omega$. Somit ist

$$\boxed{\frac{\mathrm{d}\sigma}{\mathrm{d}\Omega} = \frac{b}{\sin\theta} \left| \frac{\partial b}{\partial \theta} \right|} \ . \tag{11.41}$$

Aus (11.40) folgt für Coulombstreuung

$$\boxed{\frac{\mathrm{d}\sigma}{\mathrm{d}\Omega} = \frac{a^2}{4\sin^4 \frac{\theta}{2}}} \ , \tag{11.42}$$

d. h. die *Rutherfordsche Streuformel.*

Coulomb Anregung

Nun untersuchen wir, wie die Bewegung des Projektils längs der klassischen Bahn den Targetkern anregt. Dabei nehmen wir an, dass die Anregung die Bahn nur unmerklich ändert. Der differentielle Querschnitt für die Kernanregung ist dann

$$\frac{\mathrm{d}\sigma}{\mathrm{d}\Omega} = P_{\beta\alpha} \left(\frac{\mathrm{d}\sigma}{\mathrm{d}\Omega} \right)_{\text{Rutherford}} , \tag{11.43}$$

wobei $P_{\beta\alpha}$ die Wahrscheinlichkeit dafür ist, dass der Kern bei einem Stoß mit Streuwinkel θ vom Zustand ψ_α in den Zustand ψ_β angeregt wird. Nach (11.17) ist dies in 1. Ordnung Störungstheorie

$$P_{\beta\alpha} = \frac{1}{\hbar^2} \left| \int_{-\infty}^{+\infty} \mathrm{d}t \, \exp\left(\frac{i}{\hbar}(E_\beta - E_\alpha)t \right) \right.$$

$$\left. \times \langle \beta, J_\beta, M_\beta | V(t) | \alpha, J_\alpha, M_\alpha \rangle \right|^2 . \tag{11.44}$$

Die Wechselwirkungsenergie $V(t)$ ist, falls wir magnetische Wechselwirkungen vernachlässigen ($v/c \ll 1$ (!)), gleich dem Unterschied der exakten Coulombwechselwirkung und dem Monopolanteil $Z_1 Z_2 e^2 / r$:

$$V(t) = e^2 Z_1 \sum_{k=1}^{Z_2} \left[\frac{1}{|\boldsymbol{x}_k - \boldsymbol{x}(t)|} - \frac{1}{|\boldsymbol{x}(t)|} \right] \ . \tag{11.45}$$

Dabei ist $\boldsymbol{x}_k$ die Position des k^{ten} Protons im Kern. Nun benutzt man für $\frac{1}{|\boldsymbol{x}_k - \boldsymbol{x}(t)|}$ zweckmäßig eine Multipolentwicklung. Für $|\boldsymbol{x}'| > |\boldsymbol{x}|$ gilt mit dem Additionstheorem der Kugelfunktionen (siehe 3.7.2):

$$\frac{1}{|\boldsymbol{x} - \boldsymbol{x}'|} = 4\pi \sum_{l=0}^{\infty} \sum_{m=-l}^{+l} \frac{1}{2l+1} \frac{r^l}{r'^{l+1}} Y_{lm}^*(\hat{\boldsymbol{x}}') Y_{lm}(\hat{\boldsymbol{x}}) \ . \tag{11.46}$$

Damit ist

$$\langle \beta J_\beta M_\beta | V(t) | \alpha J_\alpha M_\alpha \rangle = 4\pi Z_1 e \sum_{\substack{L, M \\ L \neq 0}} \frac{1}{2L+1} \cdot$$

$$\cdot \langle \beta J_\beta M_\beta | Q_{LM}^* | \alpha J_\alpha M_\alpha \rangle \cdot \frac{1}{[r(t)]^{L+1}} Y_{LM}(\hat{\boldsymbol{x}}(t)) \ , \quad (11.47)$$

wobei

$$Q_{LM} = \sum_{i=1}^{Z_2} e r_i^L Y_{LM}(\hat{\boldsymbol{x}}_i) \tag{11.48}$$

der Operator des elektrischen L-Momentes ist.

Wir summieren $P_{\beta\alpha}$ über M_β und mitteln über M_α. Nun ist nach dem Wigner-Eckart-Theorem (siehe Abschn. 5.3)

$$B(EL; J_\alpha \to J_\beta) := \frac{1}{2J_\alpha + 1} \sum_{M_\alpha, M_\beta} |\langle \beta J_\beta M_\beta | Q_{LM} | \alpha J_\alpha M_\alpha \rangle|^2$$

$$= \frac{1}{(2J_\alpha + 1)(2J_\beta + 1)} |\langle \beta \| Q_L \| \alpha \rangle|^2 \sum_{M_\alpha M_\beta} |(J_\alpha M_\alpha L M | J_\beta M_\beta)|^2 \ . \ (11.49)$$

Da die Clebsch-Gordan-Koeffizienten eine unitäre Transformation vermitteln, ist (wegen $M_\beta = M_\alpha + M$)

$$\sum_{M_\alpha M_\beta} |(J_\alpha M_\alpha L M | J_\beta M_\beta)|^2$$

$$= \sum_{M, M_\alpha M_\beta} |(J_\alpha M_\alpha L M | J_\beta M_\beta)|^2 = \sum_{M_\beta} 1 = 2J_\beta + 1 \ , \quad (11.50)$$

somit

$$\boxed{B(EL; J_\alpha \to J_\beta) = \frac{1}{2J_\alpha + 1} |\langle \beta, J_\beta \| Q_L \| \alpha J_\alpha \rangle|^2 \ .} \tag{11.51}$$

Setzen wir noch

$$S_{EL,M} = \int_{-\infty}^{+\infty} \exp\left(\frac{i}{\hbar} (E_\beta - E_\alpha) t \right) [r(t)]^{-L-1} Y_{LM}(\hat{\boldsymbol{x}}(t)) \, \mathrm{d}t \ , \tag{11.52}$$

so erhalten wir für den Querschnitt (11.43), unter Benutzung der Orthogonalitätseigenschaften der Clebsch–Gordan–Koeffizienten,

$$\frac{d\sigma}{d\Omega} = \sum_{L=1}^{\infty} \frac{d\sigma_{EL}}{d\Omega} \,, \tag{11.53}$$

wobei[2]

$$\frac{d\sigma_{EL}}{d\Omega} = \frac{a^2}{4\sin^2\frac{\theta}{2}} \frac{(4\pi Z_1 e)^2}{\hbar^2} \frac{B(EL; J_\alpha \to J_\beta)}{(2L+1)^3} \sum_M |S_{EL,M}|^2 \,. \tag{11.54}$$

Für die Polarkoordinaten $(\Theta(t), \Phi(t))$ des Projektils gilt in unserem Koordinatensystem: $\Theta(t) = \pi/2$ und

$$\exp(i\Phi(t)) = \frac{x(t) + i\,y(t)}{r(t)} = \frac{\cosh w + \varepsilon + i\sqrt{\varepsilon^2 - 1}\sinh w}{\varepsilon\cosh w + 1} \,. \tag{11.55}$$

Damit erhalten wir aus (11.52)

$$S_{EL,M} = Y_{LM}\left(\frac{\pi}{2}, 0\right) \int_{-\infty}^{+\infty} dt\, \exp\left(\frac{i}{\hbar}(E_\beta - E_\alpha)t\right) \cdot$$

$$\cdot\; \frac{1}{[a(\varepsilon\cosh w + 1)]^{L+1}} \cdot \left[\frac{\cosh w + \varepsilon + i\sqrt{\varepsilon^2 - 1}\sinh w}{\varepsilon\cosh w + 1}\right]^M \,. \tag{11.56}$$

Mit (11.39) folgt

$$\frac{i}{\hbar}(E_\beta - E_\alpha)t = \frac{i}{\hbar}(E_\beta - E_\alpha)\frac{a}{v}(\varepsilon\sinh w + 1) = i\xi(\varepsilon\sinh w + w) \,, \tag{11.57}$$

wobei $\xi := \frac{a}{v}\frac{E_\beta - E_\alpha}{\hbar}$ der sog. *adiabatische Parameter* ist. Dieser ist gleich dem Verhältnis der Stoßzeit a/v zur Periode der Kernanregung (Frequenz = $(E_\beta - E_\alpha)/\hbar$). Große ξ entsprechen hochgradig adiabatischen Stößen.

Benutzen wir noch $dt = \frac{a}{v}(\varepsilon\cosh w + 1)\, dw$, so erhalten wir schließlich

$$S_{EL,M} = \frac{1}{va^L} Y_{LM}\left(\frac{\pi}{2}, 0\right) I_{LM}(\theta, \xi) \,, \tag{11.58}$$

mit

$$I_{LM}(\theta, \xi) = \int_{-\infty}^{+\infty} dw\, \exp\left(i\xi(\varepsilon\sinh w + w)\right)$$

$$\times \frac{[\cosh w + \varepsilon + i\sqrt{\varepsilon^2 - 1}\sinh w]^M}{[\varepsilon\cosh w + 1]^{L+M}} \,. \tag{11.59}$$

---

[2]Summiere über M_α und M_β bei festem $M = M_\beta - M_\alpha$ und benutzte die Symmetriebeziehung $(J_\alpha M_\alpha LM | J_\beta M_\beta) = (-1)^{J_\beta - L - M_\alpha}\sqrt{\frac{2J_\beta + 1}{2L + 1}}$ $(J_\alpha - M_\alpha J_\beta M_\beta | LM)$.

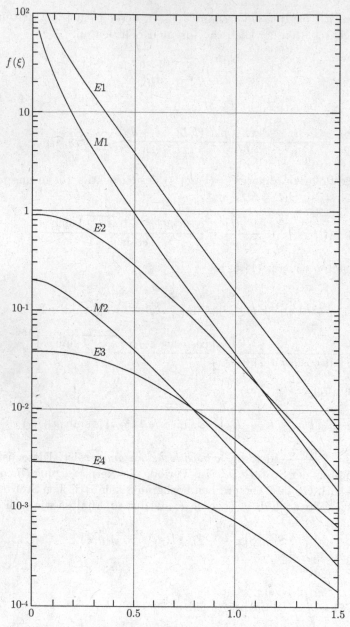

Abb. 11.3. Die Funktionen $f_{EL}(\xi)$, $f_{ML}(\xi)$ für $L = 1, 2, 3, 4$

Ferner ist

$$Y_{LM}\left(\frac{\pi}{2}, 0\right) = \begin{cases} (-1)^{L+M}\left(\frac{2L+1}{4\pi}\right)^{1/2}\dfrac{[(L-M)!(L+M)!]^{1/2}}{(L-M)!!(L+M)!!} \;, & L+M \text{ gerade}, \\ 0\;, & \text{sonst}. \end{cases}$$

$$(11.60)$$

Damit ergibt sich

$$\frac{\mathrm{d}\sigma_{EL}}{\mathrm{d}\Omega} = \left(\frac{Z_1 e}{\hbar v}\right)^2 a^{-2L+2} B(EL; J_\alpha \to J_\beta) \frac{\mathrm{d}f_{EL}}{\mathrm{d}\Omega}(\theta, \xi) \,,$$

wobei

$$\frac{\mathrm{d}f_{EL}}{\mathrm{d}\Omega}(\theta, \xi) = \frac{4\pi^2}{(2L+1)^3} \cdot \sum_M \left| Y_{LM}\left(\frac{\pi}{2}, 0\right) \right|^2 |I_{LM}(\theta, \xi)|^2 \,. \tag{11.61}$$

Für den totalen Querschnitt erhalten wir

$$\sigma_{EL} = \left(\frac{Z_1 e}{\hbar v}\right)^2 a^{-2L+2} B(EL; J_\alpha \to J_\beta) f_{EL}(\xi) \,, \tag{11.62}$$

mit

$$f_{EL}(\xi) = \int \frac{\mathrm{d}f_{EL}}{\mathrm{d}\Omega}\mathrm{d}\Omega$$

$$= \frac{16\pi^3}{(2L+1)^3} \sum_M \left| Y_{LM}\left(\frac{\pi}{2}, 0\right) \right|^2 \int_0^\pi |I_{LM}(\theta, \xi)|^2 \frac{\cos\frac{\theta}{2}}{\sin^3\frac{\theta}{2}}\,\mathrm{d}\theta \,. \tag{11.63}$$

Die Funktionen $I_{LM}(\theta, \xi)$ und $f_{EL}(\xi)$ sind tabelliert worden; $f_{EL}(\xi)$ ist in Abb. 11.3 aufgetragen. Wichtig ist, dass für große ξ:

$$I_{LM}(\theta, \xi) \sim \exp(-2\pi\xi) \,.$$

Für einen bestimmten Übergang wird der tiefstmögliche Multipol dominieren. Durch Vergleich von Theorie und Experiment kann man damit das entsprechende Kernmoment $B(EL; J_\alpha \to J_\beta)$ gewinnen, welches eine wichtige Kerngröße ist.

11.4 Zeitunabhängige Störungen, Goldene Regel

Nun betrachten wir die Störung (V sei ein zeitunabhängiger Operator)

$$V(t) = \begin{cases} 0 & \text{für } t < 0 \,, \\ V & \text{für } t \geq 0 \,. \end{cases} \tag{11.64}$$

Dann folgt aus (11.17)

$$P_{ba}^{(1)}(t) = \frac{1}{\hbar^2} \left| \frac{e^{i\omega_{ba}t} - 1}{\omega_{ba}}(\psi_b, V\psi_a) \right|^2 \,, \quad \omega_{ba} := \frac{E_b - E_a}{\hbar} \,,$$

oder

$$\boxed{P_{ba}^{(1)}(t) = \frac{1}{\hbar^2} |(\psi_b, V\psi_a)|^2 u_t(\omega_{ba}) \,,} \tag{11.65}$$

wobei

$$u_t(\omega) = \left[\frac{\sin \omega t/2}{\omega/2} \right]^2 . \tag{11.66}$$

u_t ist als Funktion von ω in Abb. 11.4 dargestellt.

Für große t hat sie bei $\omega = 0$ eine scharfe Spitze der Höhe t^2 und der Breite $2\pi/t$. Für später notieren wir [3]statt: *Die Übergänge erhalten die ungestörte Energie innerhalb der Unschärfe* $2\pi\hbar/t$.

Für einen festen Endzustand oszilliert (für $E_b \neq E_a$) der Faktor $u_t(\omega_{ba})$ der Übergangswahrscheinlichkeit zwischen 0 und $4/\omega_{ba}^2$ mit der Periode $2\pi/\omega_{ba}$.

---

[3]Dies kann man z. B. mit dem Plancherel-Theorem einsehen: Für die charakteristische Funktion $\chi_{[-t,\,t]}$ des Intervalls $[-t,\,t]$ gilt

$$\left\| \chi_{[-t,\,t]} \right\|^2 = \int_{\mathbb{R}} \chi_{[-t,\,t]}(x)\mathrm{d}x = 2t = \left\| \tilde{\chi}_{[-t,\,t]} \right\|^2 .$$

Die Fouriertransformierte $\tilde{\chi}_{[-t,\,t]}$ ist

$$\tilde{\chi}_{[-t,\,t]}(\omega) = \frac{1}{\sqrt{2\pi}} \int_{-t}^{t} e^{-i\omega x}\mathrm{d}x = \frac{1}{\sqrt{2\pi}} \frac{e^{-i\omega t} - e^{i\omega t}}{-i\omega} = \sqrt{\frac{2}{\pi}} \frac{\sin \omega t}{\omega} .$$

Damit gilt

$$\int \left[\frac{\sin \omega t}{\omega} \right]^2 d\omega = \pi t .$$

$$\int_{-\infty}^{+\infty} u_t(\omega)\mathrm{d}\omega = 2\pi t . \tag{11.67}$$

Für große t gilt ferner

$$u_t(\omega) \simeq 2\pi t \delta(\omega) . \tag{11.68}$$

Genauer lässt sich folgendes zeigen:[4] Ist $f \in L^1(\mathbb{R})$ und stetig, so gilt für jedes x

$$\lim_{t \to \infty} \left(f * \frac{1}{2\pi t} u_t \right)(x) = f(x) . \tag{11.69}$$

Speziell ist

$$\lim_{t \to \infty} \frac{1}{2\pi t} \int \mathrm{d}\omega f(\omega)u_t(\omega) = f(0) . \tag{11.70}$$

Dies ist die präzise Bedeutung von (11.68). (Die Schar $u_t/2\pi t$ ist ein Beispiel einer sogenannten approximativen Einheit.)

Für große Zeiten finden also im wesentlichen nur Übergänge in Zustände ψ_b mit

$$|E_b - E_a| \lesssim \frac{2\pi\hbar}{t} \tag{11.71}$$

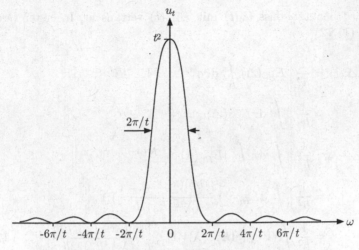

Abb. 11.4. Die 1-parametrige Schar in (11.66)

11.4.1 Übergänge in das kontinuierliche Spektrum

Nun betrachten wir den wichtigen Fall, wo der Endzustand im kontinuierlichen Spektrum liegt; z. B. wenn ein Atom aus einem angeregten Zustand in den Grundzustand übergeht und dabei ein Elektron aus einer äußeren Schale abstößt (Auger-Effekt).

Es bezeichne $E^c_{H_0}(\Delta)$ den kontinuierlichen Teil der Spektralschar von H_0. Die Wahrscheinlichkeit $P_a(\Delta; t)$ dafür, dass im Zustand $\psi(t)$ ($\psi(0) = \psi_a$) die Energie im kontinuierlichen Teil des Spektrums innerhalb der Borelmenge Δ liegt, ist[5]

$$
\begin{aligned}
P_a(\Delta; t) &= \left\| E^c_{H_0}(\Delta)\psi(t) \right\|^2 \\
&= \left\| E^c_{H_0}(\Delta)\psi_W(t) \right\|^2 \\
&= \left\| E^c_{H_0}(\Delta)U_W(t, 0)\psi_a \right\|^2 .
\end{aligned}
\tag{11.72}
$$

---

[5]Im allgemeinen wird man noch Bedingungen an andere Observablen stellen.

Dabei wird benutzt, dass $U_0(t)$ mit $E^c_{H_0}(t)$ vertauscht. In erster Ordnung wird aus $(11.72)^6$

$$P_a^{(1)}(\Delta; t) = \frac{1}{\hbar^2} \left\| E^c_{H_0}(\Delta) \int_0^t d\tau e^{(i/\hbar)H_0\tau} V e^{-(i/\hbar)H_0\tau} \psi_a \right\|^2$$

$$= \frac{1}{\hbar^2} \left\| \int_0^t d\tau E^c_{H_0}(\Delta) e^{(i/\hbar)H_0\tau} V e^{-(i/\hbar)E_a\tau} \psi_a \right\|^2$$

$$= \frac{1}{\hbar^2} \left\| \int_0^t d\tau \int_\Delta dE^c_{H_0}(\lambda) e^{(i/\hbar)(\lambda - E_a)\tau} V \psi_a \right\|^2$$

$$= \frac{1}{\hbar^2} \left\| \int_\Delta dE^c_{H_0}(\lambda) \frac{e^{(i/\hbar)(\lambda - E_a)t} - 1}{(\lambda - E_a)/\hbar} V \psi_a \right\|^2$$

$$= \frac{1}{\hbar^2} \int_\Delta (V\psi_a, dE^c_{H_0}(\lambda) V\psi_a) \left[\frac{\sin(\lambda - E_a)t/2\hbar}{(\lambda - E_a)/2\hbar} \right]^2 . \qquad (11.73)$$

In der Praxis ist der kontinuierliche Teil von H_0 absolut stetig, d.h. für $\varphi \in \mathcal{H}_c$ (kontinuierlicher Unterraum bzgl. H_0) ist das Maß $\nu_\varphi(\Delta) := (\varphi, E_{H_0}(\Delta)\varphi)$ absolut stetig bzgl. des Lebesgue-Maßes. Daraus folgt, dass für jedes $\varphi \in \mathcal{H}$ das Maß $\mu_\varphi(\Delta) := (\varphi, E^c_{H_0}(\Delta)\varphi) = (P_c\varphi, E_{H_0}(\Delta)P_c\varphi)$ absolut stetig ist bzgl. des Lebesgue-Maßes (P_c = Projektion auf $\mathcal{H}_c$). Nach dem Satz von Radon-Nikodym gilt deshalb

$$d\mu_\varphi(\lambda) = w_\varphi(\lambda) d\lambda , \quad w_\varphi \in L^1(\mathbb{R})^+ . \qquad (11.74)$$

Wir nehmen an, dass w_φ eine stetige Funktion ist. Aus (11.73), (11.74) und (11.70) folgt nun

$$\Gamma := \lim_{t\to\infty} \frac{1}{t} P_a^{(1)}(\Delta; t) = \begin{cases} \frac{2\pi}{\hbar} w_{V\psi_a}(E_a) , & \text{für } E_a \in \Delta , \\ 0 , & \text{sonst} . \end{cases} \qquad (11.75)$$

Die Übergangswahrscheinlichkeit Γ pro Zeiteinheit für Übergänge ins Kontinuum ist also für große t gleich $\dfrac{2\pi}{\hbar} w_{V\psi_a}(E_a)$.

Nun wollen wir die Funktion $w_\psi(\lambda)$ noch genauer untersuchen. Dazu betrachten wir den für die Praxis wichtigen Fall, wo das kontinuierliche Spektrum von H_0 die folgende Darstellung zulässt (dies ließe sich verallgemeinern):

$$\mathcal{H}_c = L^2(\mathbb{R}, m\, dk) , \quad m(k) : \text{nichtnegative stetige Funktion} ,$$
$$(H_0\psi)(k) = \varepsilon(k)\psi(k) , \quad \psi \in \mathcal{H}_c . \qquad (11.76)$$

---

^{6}Hier sowie bei ähnlichen Rechnungen benutzt man die Formel (in der Notation (5.90)):

$$\hat{E}(f)\hat{E}(g) = \hat{E}(fg) .$$

In dieser Darstellung ist $E^c_{H_0}(\Delta)$ der Multiplikationsoperator mit der charakteristischen Funktion $\chi_{\varepsilon^{-1}(\Delta)}$, also

$$\mu_\psi(\Delta) = \big(\psi, E^c_{H_0}(\Delta)\psi\big)$$

$$= \int\limits_{\varepsilon^{-1}(\Delta)} |\psi(k)|^2\, m(k)\, \mathrm{d}k\ , \quad \forall \psi \in \mathcal{H}_c\ . \tag{11.77}$$

Mit der Variablentransformation $\lambda = \varepsilon(k)$ ergibt sich

$$w_\psi(\lambda) = \frac{m(k)|\psi(k)|^2}{|\varepsilon'(k)|}\ , \quad \lambda = \varepsilon(k)\ . \tag{11.78}$$

Speziell ist

$$w_{V\psi_a}(E_a) = |\langle k|V|\psi_a\rangle|^2 \cdot \rho(E_a)\ . \tag{11.79}$$

Dabei ist

$$\rho(E_a) := \frac{m(k)}{|\varepsilon'(k)|}\ , \quad E_a = \varepsilon(k) \tag{11.80}$$

die sogenannte *Zustandsdichte* bei der Energie E_a und $\langle k|V|\psi_a\rangle$ bezeichnet den Zustand $P_c V \psi_a$ in der Darstellung (11.76). Als Resultat erhalten wir für die Übergangswahrscheinlichkeit pro Zeiteinheit, d. h. die Übergangsrate Γ in erster Ordnung Störungstheorie:

$$\boxed{\Gamma = \frac{2\pi}{\hbar}\,|\langle k|V|\psi_a\rangle|^2 \cdot \rho(E_a)\ .} \tag{11.81}$$

Diese wichtige Formel nennt man nach Fermi die *Goldene Regel*. Man kann sie formal auch so schreiben:

$$\boxed{\Gamma = \frac{2\pi}{\hbar} \int \mathrm{d}k\, m(k)\,|\langle k|V|\psi_a\rangle|^2 \cdot \delta(\varepsilon(k) - E_a)\ .} \tag{11.82}$$

Bemerkungen. Die Goldene Regel $P_a(\Delta; t) \simeq \Gamma \cdot t$, mit Γ wie in (11.81), ist nicht für alle Zeiten gültig. Folgende Bedingungen sind zu beachten.

- Erstens muss die Zeit *genügend groß* sein, damit $P_a(\Delta; t) \simeq \Gamma \cdot t$ ist. Damit der zentrale Peak der Funktion $u_t((\lambda - E_a)/\hbar)$ innerhalb Δ konzentriert ist und wir $u_t(\omega) \simeq 2\pi t\delta(\omega)$ benützen können, muss die Länge $|\Delta|$ des Energieintervalls Δ viel größer sein als $2\pi\hbar/t$:

$$|\Delta| \gg 2\pi\hbar/t\ .$$

- Zweitens muss t *genügend klein* sein, damit die erste Ordnung Störungstheorie erlaubt ist: $\Gamma \cdot t \ll 1$. Für sehr große Zeiten ist tatsächlich die Zeitabhängigkeit von $P_a(\Delta; t)$ viel komplizierter. Dies werden wir in der QM II diskutieren.

11.5 Adiabatisches Einschalten der Störung

Bei der Herleitung der *Goldenen Regel* haben wir angenommen, dass die Störung zur Zeit t_0 plötzlich eingeschaltet wird. Bei manchen Problemen ist es aber realistischer, sich vorzustellen, dass diese langsam eingeschaltet wird. Falls wir z. B. ein Atom mit Licht bestrahlen, so ist die Wellenfront nicht scharf. Es wird einige Zeit dauern bis die Amplitude einen stationären Wert annimmt. Diese Zeit ist im allgemeinen viel länger als die charakteristischen Zeiten des Atoms. Vom Standpunkt des Atoms wird deshalb die Lichtwelle langsam eingeschaltet.

Eine nützliche Art, diese Situation zu beschreiben, ist die folgende. Wir ersetzen die Störung (11.64) durch

$$V(t) = e^{\eta t} \cdot V, \quad \eta > 0 \tag{11.83}$$

und lassen am Ende der Rechnung $\eta \to 0$ streben. Aus (11.17) erhalten wir in diesem Fall

$$P_{ba}^{(1)}(t, t_0) = \frac{1}{\hbar^2} \left| \int_{t_0}^{t} d\tau \, e^{\eta \tau} e^{(i/\hbar)(E_b - E_a)\tau} (\psi_b, V\psi_a) \right|^2 .$$

Da die Störung für $t \to -\infty$ rasch verschwindet, interessieren wir uns für den Limes $t_0 \to -\infty$:

$$P_{ba}^{(1)}(t) := P_{ba}^{(1)}(t, -\infty) = \left| \frac{e^{\eta t} e^{(i/\hbar)(E_b - E_a)t}}{E_b - E_a - i\eta\hbar} \right|^2 |(\psi_b, V\psi_a)|^2$$

$$= \frac{e^{2\eta t}}{(E_b - E_a)^2 + (\eta\hbar)^2} |(\psi_b, V\psi_a)|^2 . \tag{11.84}$$

Die zeitliche Änderung dieses Ausdrucks ist

$$\frac{d}{dt} P_{ba}^{(1)} = e^{2\eta t} \frac{2\eta}{(E_b - E_a)^2 + (\eta\hbar)^2} |(\psi_b, V\psi_a)|^2 . \tag{11.85}$$

Davon betrachten wir den Limes $\eta \to 0$ (unendlich langsames Einschalten) und benutzen

$$\frac{2\eta}{(E_b - E_a)^2 + (\eta\hbar)^2} \xrightarrow{\eta \to 0} \frac{2\pi}{\hbar} \delta(E_b - E_a) . \tag{11.86}$$

Letzteres ist wie in (11.70) so zu verstehen: Für eine stetige Funktion f aus $L^1(\mathbb{R})$ bilden die *Abelschen Kerne*

$$v_\eta(\omega) = \frac{1}{2\pi} \frac{2\eta}{\omega^2 + \eta^2} \tag{11.87}$$

eine approximative Einheit:

$$\lim_{\eta \to 0} (f * v_\eta)(x) = f(x) \ . \tag{11.88}$$

Dies folgt wiederum aus dem „Satz der punktweisen Summierbarkeit" (siehe die Fußnote auf Seite 316). Daher erhalten wir bei Übergängen in das Kontinuum für die Übergangsrate Γ wiederum das Resultat (11.81) oder (11.82). Dieses hängt offenbar nicht davon ab, wie die Störung genau eingeschalten wird.

11.6 Periodische Störungen, Resonanzen

Die Formel (11.17) lässt sich auch für den Fall periodischer Störungen leicht auswerten. Es sei also

$$V(t) = \begin{cases} 0 \ , & \text{für } t < 0 \ , \\ Ae^{i\omega t} + A^* e^{-i\omega t} \ , & \text{für } t \geq 0 \ . \end{cases} \tag{11.89}$$

Dann folgt aus (11.17)

$$
\begin{aligned}
P_{ba}^{(1)}(t) &= \frac{1}{\hbar^2} \left| (\psi_b, A\psi_a) \int_0^t e^{i(\omega_{ba}+\omega)t'} \mathrm{d}t' + (\psi_b, A^*\psi_a) \int_0^t e^{i(\omega_{ba}-\omega)t'} \mathrm{d}t' \right|^2 \\
&= \frac{1}{\hbar^2} \left| (\psi_b, A\psi_a) \frac{e^{i(\omega_{ba}+\omega)t} - 1}{\omega_{ba} + \omega} + (\psi_b, A^*\psi_a) \frac{e^{i(\omega_{ba}-\omega)t} - 1}{\omega_{ba} - \omega} \right|^2
\end{aligned} \tag{11.90}
$$

Für große Zeiten erhält man nur wesentliche Beiträge für $\omega_{ba} \pm \omega \simeq 0$, d.h. für

$$E_b \simeq E_a \pm \hbar\omega \ .$$

Beim oberen (unteren) Vorzeichen trägt „nur" der erste (zweite) Term in (11.90) bei. Deshalb ist

$$P_{ba}^{(1)}(t) \simeq \frac{1}{\hbar^2} |(\psi_b, A\psi_a)|^2 \, u_t(\omega_{ba} + \omega) \quad \text{für } E_b \simeq E_a - \hbar\omega \tag{11.91}$$

und

$$P_{ba}^{(1)}(t) \simeq \frac{1}{\hbar^2} |(\psi_b, A^*\psi_a)|^2 \, u_t(\omega_{ba} - \omega) \quad \text{für } E_b \simeq E_a + \hbar\omega \ . \tag{11.92}$$

Die beiden Gebiete überlappen sich nicht für $t \gg 2\pi/\omega$. Die Übergangswahrscheinlichkeit ist dann klein, außer wenn *das ungestörte System Energiequanten der Größe $\hbar\omega$ emittiert oder absorbiert*. Genau wie früher erhalten wir für Übergänge in das Kontinuum[7]

$$\Gamma = \frac{2\pi}{\hbar} |\langle k|A|\psi_a\rangle|^2 \rho(E_a + \hbar\omega) , \quad E_a + \hbar\omega = \varepsilon(k) , \tag{11.93}$$

bzw.

$$\Gamma = \frac{2\pi}{\hbar} |\langle k|A^*|\psi_a\rangle|^2 \rho(E_a - \hbar\omega) , \quad E_a - \hbar\omega = \varepsilon(k) . \tag{11.94}$$

11.7 Übergänge in 2. Ordnung

Schließlich berechnen wir noch $\left(\psi_b, U_W^{(2)}(t, t_0)\psi_a\right)$, wobei wieder eine konstante Störung adiabatisch eingeschalten werde. Für $t_0 \to -\infty$ erhalten wir aus (11.11)

$$U_W^{(2)}(t, -\infty) = \left(\frac{-i}{\hbar}\right)^2 \int_{-\infty}^t dt' \int_{-\infty}^{t'} dt'' \, V_W(t')V_W(t'') . \tag{11.95}$$

Zur Berechnung von $\left(\psi_b, U_W^{(2)}\psi_a\right)$ schreiben wir

$$\left(\psi_b, U_W^{(2)}(t, -\infty)\psi_a\right)$$

$$= \left(\frac{-i}{\hbar}\right)^2 \int_{-\infty}^t dt' \int_{-\infty}^{t'} dt'' \int_{\mathbb{R}} (\psi_b, V_W(t')dE_{H_0}(\lambda)V_W(t'')\psi_b)$$

$$= \left(\frac{-i}{\hbar}\right)^2 \int_{-\infty}^t dt' \int_{-\infty}^{t'} dt''$$

$$\times \int_{\mathbb{R}} (\psi_b, V dE_{H_0}(\lambda)V\psi_a) \, e^{\frac{i}{\hbar}(E_b - \lambda)t' + \eta t'} e^{\frac{i}{\hbar}(\lambda - E_a)t'' + \eta t''}$$

$$= e^{i(E_b - E_a)t/\hbar} \frac{e^{2\eta t}}{E_b - E_a + 2i\eta\hbar} \int_{\mathbb{R}} \frac{(\psi_b, V dE_{H_0}(\lambda)V\psi_a)}{E_a - \lambda + i\eta\hbar} . \tag{11.96}$$

Falls $(\psi_b, V\psi_a) = 0$ ist die Übergangswahrscheinlichkeit in 1. Ordnung gleich Null. Dann ist nach (11.16) und (11.96)

$$P_{ba}^{(2)}(t) = \frac{e^{4\eta t}}{(E_b - E_a)^2 + (2\eta\hbar)^2} \left| \int_{\mathbb{R}} \frac{(\psi_b, V dE_{H_0}(\lambda)V\psi_a)}{E_a - \lambda + i\eta\hbar} \right|^2 . \tag{11.97}$$

---

[7]Bei den Kreuztermen beachte man, dass für eine stetige Funktion $f(\lambda)$ folgendes gilt

$$\lim_{t \to \infty} \int_\Delta f(\lambda) \left| \frac{\sin \lambda t}{\lambda t} \right| d\lambda = 0$$

(beweise dies!).

Für die zeitliche Änderung erhalten wir für $\eta \to 0$ wieder (wie in Abschn. 11.5)

$$\Gamma_{ba} = \frac{2\pi}{\hbar} \left| \int_{\mathbb{R}} \frac{(\psi_b, V\,\mathrm{d}E_{H_0}(\lambda)V\psi_a)}{E_a - \lambda + i\eta\hbar} \right|^2 \delta(E_b - E_a) . \tag{11.98}$$

Bei Übergängen in das Kontinuum wird daraus, ähnlich wie bei der Herleitung der Goldenen Regel,

$$\boxed{\Gamma = \frac{2\pi}{\hbar} \left| \int_{\mathbb{R}} \frac{\langle k|V\,\mathrm{d}E_{H_0}(\lambda)V|\psi_a\rangle}{E_a - \lambda + i\eta\hbar} \right|^2 \rho(E_a) .} \tag{11.99}$$

Diese Formeln kann man wie folgt interpretieren: Das System macht den „verbotenen" Übergang $\psi_a \to \psi_b$ in zwei Schritten. Zunächst geht es in einen *Zwischenzustand* (welcher nicht dieselbe Energie zu haben braucht) und dann erst in den Endzustand. Die Amplitude für diesen doppelten Prozess ist (für einen diskreten Zwischenzustand) proportional zu

$$\frac{(\psi_b, V\psi_n)\,(\psi_n, V\psi_a)}{E_a - E_n + i\eta\hbar} .$$

Um die Übergangsrate zu berechnen, müssen wir über *alle* Zwischenzustände summieren, *bevor* wir quadrieren; die Beiträge der verschiedenen Zwischenzustände interferieren miteinander. Die Amplitude

$$\int_{\mathbb{R}} \frac{(\psi_b, V\,\mathrm{d}E_{H_0}(\lambda)V\psi_a)}{E_a - \lambda + i0}$$

nennt man das „Übergangsmatrixelement 2. Ordnung", da es dieselbe Rolle spielt wie $(\psi_b, V\psi_a)$ in 1. Ordnung. Die Vorschrift $+i0$ im Nenner ist wichtig für die Kontinuumsbeiträge mit Energien $\lambda \simeq E_a$.

11.8 Aufgaben

Aufgabe 1: Dispersion ($\hbar = 1$)

Auf ein quantenmechanisches System (Atom, Molekül, Atomkern, etc.) falle eine elektromagnetische Welle ein, welche über die linearen Dimensionen des Systems nur wenig variiert. Im System wird ein elektrisches Dipolmoment $\boldsymbol{p}(t)$ erzeugt. Die elektrische Feldstärke im Mittelpunkt des Systems sei $\boldsymbol{E}(t)$. Für nicht zu starke Felder gilt für die Fouriertransformierten

$$\tilde{p}_k(\omega) = \alpha_{kl}(\omega)\tilde{E}_l(\omega) . \tag{11.100}$$

Dabei ist $\alpha_{ik}(\omega)$ die (frequenzabhängige) Polarisierbarkeit. Diese wollen wir berechnen.

Der Hamiltonoperator des ungestörten Systems sei H_0. Die zeitabhängige Wechselwirkung $V(t)$ des Systems mit dem äußeren Feld ist in der Dipolnäherung

$$V(t) = -\mathbf{d} \cdot \mathbf{E}(t) , \quad \mathbf{d} : \text{Dipoloperator} . \tag{11.101}$$

Bevor der Wellenzug zur Zeit t_0 auf das System auffällt, sei dieses im Grundzustand ψ_0 von H_0 ($H_0\psi_0 = E_0\psi_0$).

Man zeige mit Hilfe der Wechselwirkungsdarstellung, dass das zeitabhängige Dipolmoment in linearer Näherung in $\mathbf{E}(t)$ durch folgenden Ausdruck gegeben ist, sofern das System kein permanentes Dipolmoment besitzt,

$$p_k(t) = i \int\limits_{t_0}^{t} (\psi_0, [d_k^W(t), d_l^W(t')]\psi_0) E_l(t') \mathrm{d}t' . \tag{11.102}$$

Diesen Ausdruck wollen wir weiter auswerten. Zeige, dass der erste Term des Kommutators folgenden Beitrag gibt

$$i \int (\psi_0, d_k \mathrm{d}E_{H_0}(\lambda) d_l \psi_0) \int\limits_{t_0}^{t} e^{i(E_0 - \lambda)(t - t')} E_l(t') \mathrm{d}t' , \tag{11.103}$$

wobei $E_{H_0}(\lambda)$ die Spektralschar von H_0 ist. (Wer nicht mit Spektralscharen umgehen möchte, darf annehmen, dass H_0 ein rein diskretes Spektrum hat.) Man nehme im Folgenden an, dass $\pm(E_0 - \lambda), \lambda \in$ Spektrum von H_0, nicht im Träger von $\tilde{E}$ liegt. (Damit schließen wir Resonanzanteile aus.) Zeige, dass dann das Zeitintegral in (11.103) im Limes $t_0 \longrightarrow -\infty$ gleich

$$-i \int \mathrm{d}\omega \frac{\tilde{E}_l(\omega)}{\omega + E_0 - \lambda} e^{-i\omega t}$$

ist. Entsprechendes gilt für den zweiten Term in (11.102). Damit erhalten wir in der Tat (11.100), mit

$$\boxed{\alpha_{kl} = \int\limits_{\sigma(H_0)} \left[\frac{(\psi_0, d_k \mathrm{d}E_{H_0}(\lambda) d_l \psi_0)}{\lambda - E_0 - \omega} + \frac{(\psi_0, d_l \mathrm{d}E_{H_0}(\lambda) d_k \psi_0)}{\lambda - E_0 + \omega} \right] .} \tag{11.104}$$

Wie sehen die Beiträge vom diskreten Spektrum von H_0 aus? Der Ausdruck (11.104) wird uns auch bei der Streuung von Licht wieder begegnen.

Die dielektrische Verschiebung bei N Atomen pro Volumeneinheit ist (bei nicht zu großer Dichte)

$$\mathbf{D} = \mathbf{E} + 4\pi \mathbf{P} = (1 + 4\pi N\underline{\alpha})\mathbf{E} = \underline{\varepsilon(\omega)}\mathbf{E} .$$

Für den Dielektrizitätstensor $\varepsilon_{kl}(\omega)$ gilt also

$$\varepsilon_{kl}(\omega) = 1 + 4\pi N\alpha_{kl}(\omega) .$$

Im isotropen Fall ist $\alpha_{kl}(\omega) = \delta_{kl}\alpha(\omega)$, mit

$$\alpha(\omega) = \frac{1}{3} \int \frac{(\psi_0, \mathrm{d}\mathrm{d}E_{H_0}(\lambda)\mathrm{d}\psi_0)2(\lambda - E_0)}{(\lambda - E_0)^2 - \omega^2} \, .$$

Leite (bei Vernachlässigung von Spin-Bahnkopplung) die folgende Näherung für große ω her (Z = Zahl der Elektronen des Atoms):

$$\alpha(\omega) \simeq -\frac{Ze^2}{m\omega^2} \, .$$

Aufgabe 2: Elementare Theorie der inneren Konversion

Unter innerer Konversion versteht man die Übertragung der Anregungsenergie eines Kerns auf die Atomelektronen. Man berechne mit Hilfe der „Goldenen Regel" die Konversionsrate Γ unter folgenden vereinfachenden Annahmen:

1. Im Anfangszustand enthalte das Atom nur ein Elektron in einem $1s$-Zustand:
$$\psi_0(r) = (\pi a^3)^{-1/2} e^{-r/a} \, , \quad a = \frac{\hbar^2}{me^2 Z} \, .$$

2. Man berücksichtige für die Wechselwirkung zwischen dem Elektron und dem Kern nur die Coulombwechselwirkung
$$V = \sum_{k=1}^{Z} \frac{e^2}{|\boldsymbol{x} - \boldsymbol{x}_k|}$$
mit den Protonen.[8]

3. Das Elektron mache bei der inneren Konversion einen Übergang in das Kontinuum, wobei die Geschwindigkeit v so groß sei, dass man die Wechselwirkung zwischen Elektron und Kern vernachlässigen kann ($Ze^2/\hbar v \ll 1$).

Anleitung. Der Anfangszustand des angeregten Atomkerns sei φ_a und der Endzustand φ_b. Bei der Berechnung des Übergangsmatrixelementes in der „Goldenen Regel" verwende man für die Coulombwechselwirkung V die bekannte Multipolentwicklung (siehe Coulombanregung). Ferner verwende man die folgende Entwicklung einer ebenen Welle nach Kugelfunktionen:

$$e^{-i\boldsymbol{k}\cdot\boldsymbol{x}} = 4\pi \sum_{l,m} (-i)^l j_l(kr) Y_{lm}(\hat{\boldsymbol{k}}) Y_{lm}(\hat{\boldsymbol{x}})^* \, ,$$

---

[8]In der Praxis sind Retardierungseffekte sowie magnetische Wechselwirkungen ebenfalls zu berücksichtigen

wobei j_l die sphärischen Besselfunktionen sind. Zunächst bringe man Γ_{ba} in die Form ($\boldsymbol{k}$ = Wellenzahlvektor des auslaufenden Elektrons):

$$\Gamma_{ba} = 64\pi \frac{e^4 m}{(\hbar a)^3} k \sum_{l,m} \frac{1}{(2l+1)^2} |\langle b|Q_{lm}|a\rangle|^2 \cdot \left| \int_0^\infty r^{1-l} j_l(kr) e^{-r/a} \mathrm{d}r \right|^2 .$$

$$(11.105)$$

Mittle diesen Ausdruck über die magnetischen Quantenzahlen des Anfangszustandes φ_a und summiere über die magnetischen Quantenzahlen des Endzustandes φ_b. Drücke das Resultat durch die $B(EL)$-Momente aus.

12. Anhang A: Lineare Liesche Gruppen

In diesem Anhang entwickeln wir die grundlegenden gruppentheorethischen Gruppentheoretischen Hilfsmittel die im Haupttext benötigt werden. Um den elementaren Rahmen dieser Vorlesung nicht zu sprengen, beschränken wir uns auf *lineare* Liesche Gruppen. „Nur" diese spielen in der Physik eine Rolle. Eine lineare Gruppe ist definitionsgemäß eine Untergruppe der vollen linearen Gruppe über $\mathbb{K} = \mathbb{R}$, $\mathbb{C}$. Deshalb beginne ich mit ein paar Bemerkungen zu dieser Gruppe.

12.1 Die volle lineare Gruppe GL(n, $\mathbb{K}$)

Die Menge aller $n \times n$ Matrizen über $\mathbb{R}$ können wir mit den Punkten in $\mathbb{R}^{n^2}$ identifizieren. Da die Determinante eine stetige Funktion ist, ist die Gruppe

$$GL(n, \mathbb{R}) = \left\{ A \in \mathbb{R}^{n^2} \,|\, \det A \neq 0 \right\} \tag{12.1}$$

eine *offene Menge* in $\mathbb{R}^{n^2}$ und damit in natürlicher Weise ein topologischer Raum. Die Gruppe $GL(n, \mathbb{R})$ ist bezüglich dieser Topologie eine *topologische Gruppe*, d. h. die Gruppenoperationen sind stetig.

Wir wollen schon hier festhalten, dass $Gl(n, \mathbb{R})$ eine wesentlich „stärkere" Struktur hat. Die Gruppenoperationen sind nämlich C^∞, ja sogar analytisch. Dies bedeutet, dass die Abbildungen $(A, B) \longmapsto AB$ und $A \longmapsto A^{-1}$, $A, B \in Gl(n, \mathbb{R})$, differenzierbar (analytisch) sind. [Was dies bedeutet ist klar, da es sich um Abbildungen von offenen Teilmengen eines $\mathbb{R}^m$ in einen $\mathbb{R}^n$ handelt]. Nach der weiter unten zu gebenden Definition ist $Gl(n, \mathbb{R})$ eine lineare Liesche Gruppe.

Ebenso betrachten wir $Gl(n, \mathbb{C})$ als eine offene Teilmenge in $\mathbb{R}^{2n^2}$, indem wir jedem $A = (a_{ik})$ den Punkt $(\Re a_{ik}, \Im a_{ik})$, (ik) in bestimmter Reihenfolge, zuordnen. Die analogen Aussagen wie für $Gl(n, \mathbb{R})$ gelten auch für $Gl(n, \mathbb{C})$.

12.2 Differenzierbare Mannigfaltigkeiten im $\mathbb{R}^n$

Um den Begriff einer linearen Lieschen Gruppe formulieren zu können, benötigen wir den Begriff einer differenzierbaren Mannigfaltigkeit im $\mathbb{R}^n$. Ich erinnere zunächst an die

N. Straumann, *Quantenmechanik*, Springer-Lehrbuch
DOI 10.1007/978-3-642-32175-7_12, © Springer-Verlag Berlin Heidelberg 2013

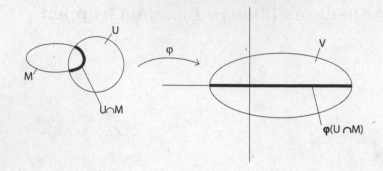

Abb. 12.1. Bild zur Begriffsbildung in Definition 12.2.2

Definition 12.2.1. *Seien U, V offene Mengen eines $\mathbb{R}^n$ und $\varphi : U \longrightarrow V$ eine differenzierbare Abbildung, welche ein differenzierbares Inverses φ^{-1} hat, dann nennt man φ einen Diffeomorphismus.*

Eine k-dimensionale Mannigfaltigkeit im $\mathbb{R}^n$ kann man auf verschiedene äquivalente Weisen definieren. Wir wählen folgende

Definition 12.2.2. *Eine Teilmenge $M \subset \mathbb{R}^n$ ist eine k-dimensionale differenzierbare Mannigfaltigkeit (in $\mathbb{R}^n$), falls für jeden Punkt $x \in M$ die folgende Bedingung erfüllt ist:*

Es existiere eine offene Menge U welche x enthält und ein Diffeomorphismus $\varphi : U \mapsto V$, so dass

$$\varphi(U \cap M) = V \cap (\mathbb{R}^k \times \{0\})$$

$$= \{x \in V : x_{k+1} = \cdots = x_n = 0\} .$$

Mit anderen Worten: $U \cap M$ ist „bis auf einen Diffeomorphismus" gleich $\mathbb{R}^k \times \{0\}$ (siehe die Abb. 12.1).

Viele Beispiele von (diffb.) Mannigfaltigkeiten werden durch den unten folgenden Satz 1 geliefert. Um ihn zu beweisen, benötigen wir den folgenden

Hilfssatz 1 *Sei U eine offene Umgebung von $a \in \mathbb{R}^{n+p}$ und g eine C^r-Abbildung $(1 \leq r \leq \infty)$ von U nach $\mathbb{R}^n$ und sei $g(a) = 0$. Ferner sei Rang $(Dg(a)) = n$. Dann existiert ein C^r-Diffeomorphismus φ von einer Umgebung von 0 in $\mathbb{R}^{n+p}$ auf eine Umgebung V von a, so dass für alle Punkte $x \in V$ Folgendes gilt*

$$(g \circ \varphi)(x^1, \ldots, x^{n+p}) = (x^1, \ldots, x^n) .$$

Mit anderen Worten gilt auf V:

$$g \circ \varphi = \pi_1, \ \pi_1 = Projektion\ von\ \mathbb{R}^n \times \mathbb{R}^p \longrightarrow \mathbb{R}^n .$$

Beweis. Sei $g = (g_1, \ldots, g_n)$. Wir nehmen an, dass etwa

$$\det\left(\frac{\partial g_i}{\partial x_j}(a)\right)_{i,\,j=1,\ldots,n} \neq 0 .$$

Ansonsten müsste man die x_j zuerst noch geeignet permutieren. Sei $G : U \longrightarrow \mathbb{R}^{n+p}$ definiert durch $G(x) = (g_1(x), \ldots, g_n(x), x_{n+1}, \ldots, x_{n+p})$, dann ist $\det(DG(a)) \neq 0$, $G(a) = 0$. Nach dem Satz über die Umkehrabbildung existiert deshalb ein Diffeomorphismus φ von einer Umgebung V von 0 in $\mathbb{R}^{n+p}$ mit $G \circ \varphi = Id_V$. Dies bedeutet

$$G(\varphi(x)) = (g_1(\varphi(x)), \ldots, g_1(\varphi(x)), \varphi_{n+1}(x), \ldots, \varphi_{n+p}(x))$$
$$= (x_1, \ldots, x_n, x_{n+1}, \ldots, x_{n+p}) .$$

Also gilt für $x \in V :$ $g_i(\varphi(x)) = x_i$, $i = 1, \ldots, n$.

$\square$

Satz 12.2.1. *Sei $A \subset \mathbb{R}^n$ offen und $g : A \longrightarrow \mathbb{R}^p$ eine differenzierbare Abbildung mit der Eigenschaft, dass $Dg(x)$ den Rang p hat, wenn immer $g(x) = 0$. Dann ist $g^{-1}(0)$ eine $(n-p)$-dimensionale Mannigfaltigkeit in $\mathbb{R}^n$.*

Beweis. Wir haben zu zeigen: Zu $a \in g^{-1}(0)$ existiert eine offene Menge $U \ni a$ und eine offene Menge $V \subset \mathbb{R}^n$, sowie ein Diffeomorphismus $\psi : U \longrightarrow V$, so dass

$$\varphi(U \cap g^{-1}(0)) = V \cap (\mathbb{R}^{n-p} \times \{0\}) .$$

Nach dem Hilfssatz existiert ein Diffeomorphismus $\psi : V \longrightarrow U$ von einer Umgebung V von 0 in $\mathbb{R}^n$ auf eine Umgebung U von a in $\mathbb{R}^n$, so dass das folgende Diagramm kommutativ ist

$$
\begin{array}{ccc}
a \in U \subset \mathbb{R}^n & \xrightarrow{\quad g \quad} & \mathbb{R}^p \\
\psi \Big\uparrow & \pi_1 \nearrow & \\
0 \in V \subset \mathbb{R}^n = \mathbb{R}^p \times \mathbb{R}^{n-p} & & \quad (g(a) = 0) .
\end{array}
$$

Sei $\varphi = \psi^{-1}$, dann folgt daraus sofort

$$\varphi(U \cap g^{-1}(0)) = V \cap \ker \pi_1 = V \cap (\{0\} \times \mathbb{R}^{n-p}) .$$

$\square$

Beispiel 12.2.1. Aus dem bewiesenen Satz folgt unmittelbar, dass z. B. die n-Sphäre S^n eine Mannigfaltigkeit in $\mathbb{R}^{n+1}$ ist, denn $S^n = g^{-1}(0)$ für $g : \mathbb{R}^{n+1} \longrightarrow \mathbb{R}$, definiert durch $g(x) = \|x\| - 1$. Andere Anwendungen folgen weiter unten.

Eine sehr wichtige alternative Charakterisierung einer Mannigfaltigkeit wird durch den folgenden Satz gegeben.

Satz 12.2.2. *Eine Teilmenge $M \subset \mathbb{R}^n$ ist eine k-dim. Mannigfaltigkeit in $\mathbb{R}^n$ genau dann, wenn für jeden Punkt $x \in M$ die folgende „Koordinatenbedingung" erfüllt ist:*

> *Es existiert eine offene Umgebung U von x in $\mathbb{R}^n$ und eine offene Umgebung $W \subset \mathbb{R}^k$, sowie eine differenzierbare injektive Abbildung $f : W \longrightarrow \mathbb{R}^n$, so dass*
> *i) $f(W) = M \cap U$*
> *ii) Rang $(Df(y)) = k$ für alle $y \in W$.*

Eine solche Funktion f nennt man eine Parametrisierung.

Beweis. Sei M eine k-dimensionale Mannigfaltigkeit in $\mathbb{R}^n$, dann wähle man einen Diffeomorphismus $\varphi : U \longrightarrow V$, gemäß Definition (12.2.2). Sei

$$W = \{a \in \mathbb{R}^k : (a, 0) \in \varphi(M)\}$$

und $f : W \longrightarrow \mathbb{R}^n$, definiert durch $f(a) = \varphi^{-1}(a, 0)$. Dann ist natürlich $f(W) = M \cap U$. Wir zeigen, dass der Rang von Df gleich k ist. Dazu sei

$$\Phi : U \longrightarrow \mathbb{R}^k : \Phi(z) = (\varphi_1(z), \dots, \varphi_k(z)) \ .$$

Dann gilt für alle $y \in W : \Phi(f(y)) = y$, also

$$D\Phi(f(y)) \cdot Df(y) = Id \ .$$

Damit erfüllt f die Bedingungen des Satzes. Erfüllt umgekehrt $f : W \longrightarrow \mathbb{R}^n$ diese Bedingungen, dann ist nach einer eventuellen Permutation die Matrix $(\partial f_i / \partial x_j)$, $i, j = 1, \dots k$, nicht singulär. Wir definieren $g : W \times \mathbb{R}^{n-k} \longrightarrow \mathbb{R}^n$ durch $g(a, b) = f(a) + (0, b)$. Es gilt

$$Dg = \begin{pmatrix} Df & 0 \\ 0 & I \end{pmatrix}$$

Also $\det(Dg) \neq 0$. Nach dem Satz über die Umkehrfunktion existiert eine offene Menge V_1, welche $(x, 0)$ enthält und eine offene Menge V_2, welche $g(x, 0) = f(x)$ enthält, so dass $g : V_1 \longrightarrow V_2$ ein differenzierbares Inverses $\varphi : V_2 \longrightarrow V_1$ hat. Dann ist (beachte (i))

$$\varphi(V_2 \cap M) = g^{-1}(V_2 \cap M) = g^{-1}\left(\{g(x, 0) : (x, 0) \in V_1\}\right)$$
$$= V_1 \cap \left(\mathbb{R}^k \times \{0\}\right) \ .$$

$\square$

Anmerkung 12.2.1. Aus dem Beweis von Satz (12.2.2) entnimmt man die folgende wichtige Tatsache: Sind $f_1 : W_1 \longrightarrow \mathbb{R}^n$ und $f_2 : W_2 \longrightarrow \mathbb{R}^n$ zwei

Parametrisierungen, dann ist $f_2^{-1} \circ f_1$ auf dem Definitionsbereich differenzierbar und det $\left(D\left(f_2^{-1} \circ f_1 \right) \right) \neq 0$. In der Tat, sei φ die im Beweis von Satz (12.2.2) konstruierte differenzierbare Abbildung zu f_2, dann ist

$$f_2^{-1} \circ f_1 = (\pi_1 \circ \varphi) \circ f_1 \,,$$

wo π_1 die Projektion auf die ersten k Komponenten ist. Die rechte Seite ist natürlich differenzierbar. Dasselbe gilt selbstverständlich für die inverse Abbildung $f_1^{-1} \circ f_2$ und damit ist $D\left(f_2^{-1} \circ f_1 \right)$ nicht singulär.

Definition 12.2.3. *Eine Abbildung* $\varphi : M \longrightarrow N$, $M \subset \mathbb{R}^n$, $N \subset \mathbb{R}^m$ *differenzierbarer Mannigfaltigkeiten, ist differenzierbar in* $x \in M$, *falls für ein Koordinatensystem* f *(Parametrisierung)* $\varphi \circ f : \mathbb{R}^k \longrightarrow \mathbb{R}^m$ $(k = \dim M)$ *differenzierbar ist. Ist speziell* $N = \mathbb{R}$, *so ist* φ *eine differenzierbare Funktion auf* M.

Nach der obigen Bemerkung ist klar, dass diese Definition nicht vom Koordinatensystem abhängt. Außerdem zeigt man gleich wie dort, dass für eine Parametrisierung g von N um $\varphi(x)$ die Funktion $g^{-1} \circ \varphi \circ f : \mathbb{R}^k \longrightarrow \mathbb{R}^l$ $(l = \dim N)$ differenzierbar ist.

12.3 Tangentialraum, Tangentialabbildung

Sei M eine k-dimensionale Mannigfaltigkeit in $\mathbb{R}^n$ und sei $f : W \longrightarrow \mathbb{R}^n$ eine Parametrisierung von M um $x = f(a)$. Da der Rang von $Df(a)$ gleich k ist, ist die lineare Transformation $Df(a) : \mathbb{R}^k \longrightarrow \mathbb{R}^n$ injektiv und $Df(a) \cdot \mathbb{R}^k$ ist damit ein k-dimensionaler Unterraum von $\mathbb{R}^n$. Falls $g : V \longrightarrow \mathbb{R}^n$ eine andere Parametrisierung um $x = g(b)$ ist, dann gilt

$$Dg(b) \cdot \mathbb{R}^k = Df(a)\, D(f^{-1} \circ g)(b) \cdot \mathbb{R}^k = Df(a) \cdot \mathbb{R}^k \,.$$

Der k-dim. Unterraum $Df(a) \cdot \mathbb{R}^k$ hängt also nicht von der Parametrisierung ab. Diesen Unterraum bezeichnen wir mit $T_x(M)$ und nennen ihn den *Tangentialraum* von M im Punkte x. [Tangentialräume in verschiedenen Punkten soll man als verschieden ansehen.]

Es ist leicht einzusehen, dass

$$T_x(M) = \{\dot{\gamma}(0) : \gamma(s) = \text{Kurve in M mit } \gamma(0) = x\} \,.$$

Seien $M \subset \mathbb{R}^n$, $N \subset \mathbb{R}^m$ zwei differenzierbare Mannigfaltigkeiten und $\varphi : M \longrightarrow N$ eine differenzierbare Abbildung. Für jedes $x \in M$ induziert φ eine lineare Abbildung zwischen den Tangentialräumen $T_x(M)$ und $T_{\varphi(x)}(N)$ in folgender Weise: Sei $\gamma(t)$ eine Kurve durch $x \in M$ mit $\gamma(0) = x$ und dem Tangentialvektor $v = \dot{\gamma}(0) \in T_x(M)$, dann ist $t \longmapsto (\varphi \circ \gamma)(t)$ eine Kurve in N durch $\varphi(x)$. Den zugehörigen Tangentialvektor bei $t = 0$ bezeichnen wir $v' = \frac{\mathrm{d}}{\mathrm{d}t}(\varphi \circ \gamma)\,|_{t=0}$. Die Abbildung $v \longmapsto v'$ bezeichnen wir mit $T_x(\varphi)$: $T_x(M) \longrightarrow T_{\varphi(x)}(N)$. Führt man um x und $\varphi(x)$ Parametrisierungen f und g ein, so ist die Abbildung für die Repräsentanten ξ und ξ' von v und v' gegeben durch

$$\xi' = D\left(g^{-1} \circ \varphi \circ f\right) \cdot \xi\,.$$

Deshalb ist $T_x(\varphi)$ eine lineare Abbildung, die sogenannte *Tangentialabbildung* im Punkte x.

12.4 Vektorfelder auf Mannigfaltigkeiten

Ein *Vektorfeld* X ist eine Abbildung, welche jedem $x \in M$ (M differenzierbare Mannigfaltigkeit) einen Vektor $X(x)$ in $T_x(M)$ zuordnet. Für eine Parametrisierung $f : W \longrightarrow \mathbb{R}^n$ gibt es zu X ein eindeutiges Vektorfeld ξ auf W, derart, dass $Df(a) \cdot \xi(a) = X(f(a))$ für jedes $a \in W$. Wir sagen X sei *differenzierbar*, falls ξ differenzierbar ist. Diese Definition hängt wieder nicht von der Parametrisierung ab. ξ nennen wir den *Repräsentanten* von X in der Parametrisierung f. Sei $\varphi : M \longrightarrow N$ ein Diffeomorphismus von zwei Mannigfaltigkeiten M und N (d. h. φ habe ein diffb. Inverses). Ferner sei X ein Vektorfeld auf M. Dann definieren wir ein Vektorfeld $\varphi_* X$ auf N durch

$$(\varphi_* X)(\varphi(x)) = T_x(\varphi) \cdot X(x)\,.$$

Mit X ist auch $\varphi_* X$ differenzierbar.

12.5 Lineare Liesche Gruppen

Nun können wir den Begriff der linearen Lieschen Gruppe präzise definieren.

Definition 12.5.1. *Eine Teilmenge $G \subset GL(n, \mathbb{K})$, $\mathbb{K} = \mathbb{R}, \mathbb{C}$ ist eine lineare Liesche Gruppe, wenn die beiden folgenden Bedingungen erfüllt sind:*

i) G ist eine (abstrakte) Untergruppe von $GL(n, \mathbb{K})$

ii) G ist eine differenzierbare Mannigfaltigkeit in $\mathbb{R}^{n^2}$ bzw. $\mathbb{R}^{2n^2}$.

Insbesondere ist natürlich $GL(n, \mathbb{K})$ eine lineare Liesche Gruppe.

Die Gruppenoperationen sind differenzierbar, womit gemeint ist, dass die Abbildungen

$$G \times G \longrightarrow G, \qquad\qquad G \longrightarrow G$$
$$((x, y) \longmapsto x \cdot y) \qquad\qquad (x \longmapsto x^{-1})$$

differenzierbar sind. Dies sieht man so: Für Parametrisierungen f und g von G sind

$$\mu \circ (f \times g) : (x, y) \longmapsto f(x) \cdot g(y)$$

und

$$\nu \circ f : x \longmapsto f(x)^{-1}$$

differenzierbar, weil die Gruppenoperationen in $GL(n, \mathbb{K})$ differenzierbar sind.

Beispiel 12.5.1. Die *spezielle lineare Gruppe:*

$$SL(n, \mathbb{R}) = \{A \in GL(n, \mathbb{R}) : \det A = 1\} \ .$$

Sei $g(A) = \det(A) - 1$. Dann ist $SL(n, \mathbb{R}) = g^{-1}(0)$. Nun ist

$$Dg(A) = \left(\frac{\partial \det A}{\partial a_{ik}} \right) = (A_{ik}) \ .$$

Hier ist $A = (a_{ik})$ und A_{ik} ist der Minor von a_{ik}. Also ist $Dg(A) \neq 0$ für $g(A) = 0$. Nach Satz (12.2.1) folgt deshalb, dass $SL(n, \mathbb{R})$ eine lineare Liesche Gruppe ist.

In ähnlicher Weise zeigt man, dass die orthogonalen Gruppen $O(n)$ und $SO(n)$ lineare Liesche Gruppen sind. Dies folgt auch aus folgendem Theorem, welches wir aber nicht beweisen.

Satz 12.5.1 (E. Cartan). *Jede abgeschlossene Untergruppe von $GL(n, \mathbb{K})$ ist eine lineare Liesche Gruppe.*

Aus diesem Satz folgt, dass auch die unitären Gruppen $U(n)$ und $SU(n)$, sowie die symplektischen Gruppen $Sp(n)$ lineare Liesche Gruppen sind.

12.6 Die Liealgebra einer linearen Lieschen Gruppe

Zunächst erinnern wir an den grundlegenden algebraischen Begriff einer Lie-algebra über $\mathbb{K} = \mathbb{R}, \mathbb{C}$.

Definition 12.6.1. *Ein Vektorraum $\mathcal{G}$ über $\mathbb{K}$ mit einer Operation $\mathcal{G} \times \mathcal{G} \longrightarrow \mathcal{G}$, $(X, Y) \longmapsto [X, Y]$ ist eine Liealgebra über $\mathbb{K}$, falls die folgenden Axiome erfüllt sind:*

(i) $[X, Y]$ ist $\mathbb{K}$-bilinear;

(ii) $[X, Y] = - [Y, X]$;

(iii) $[X, [Y, Z]] + [Y, [Z, X]] + [Z, [X, Y]] = 0$ (Jacobi-Identität).

Es sei G eine lineare Liesche Gruppe und $\mathcal{G}$ sei der Tangentialraum $T_e(G)$, $e = $ Einselement von G. Es gilt der

Satz 12.6.1. *Mit dem Multiplikationsgesetz*

$$[X, Y] := X \cdot Y - Y \cdot X, \qquad X, Y \in \mathcal{G},$$

wobei der Punkt die Matrixmultiplikation bezeichnet, ist $\mathcal{G}$ eine Liesche Algebra von linearen Transformationen.

Beweis. $\mathcal{G}$ ist nach Definition ein Vektorraum über $\mathbb{R}$. Das definierte Klammerprodukt ist offensichtlich bilinear, schief und erfüllt die Jacobi Identität. Es bleibt zu zeigen, dass mit $X, Y \in \mathcal{G}$ auch $[X, Y]$ in $\mathcal{G}$ enthalten ist. Nun sei

$$X = \left.\frac{\mathrm{d}A(\tau)}{\mathrm{d}\tau}\right|_{\tau=0}, \ A(\tau) : \text{Kurve in G mit } A(0) = \mathbb{1},$$

$$Y = \left.\frac{\mathrm{d}B(\tau)}{\mathrm{d}\tau}\right|_{\tau=0}, \ B(\tau) : \text{Kurve in G mit } B(0) = \mathbb{1}.$$

Sei weiter

$$C(s) := A(\sqrt{s})B(\sqrt{s})A^{-1}(\sqrt{s})B^{-1}(\sqrt{s}).$$

Dies ist wieder eine Kurve in G mit $C(0) = 1$. Jetzt bilden wir

$$\left.\frac{\mathrm{d}}{\mathrm{d}s}C(s)\right|_{s=0} = \lim_{s\to 0}\frac{C(s) - 1}{s} = \lim_{s\to 0}\frac{1}{s}\left\{\left[A(\sqrt{s}), B(\sqrt{s})\right]A^{-1}(\sqrt{s})B^{-1}(\sqrt{s})\right\}.$$

$$= \lim_{s\to 0}\left\{\left[\frac{A(\sqrt{s}) - 1}{\sqrt{s}}, \frac{B(\sqrt{s}) - 1}{\sqrt{s}}\right]A^{-1}(\sqrt{s})B^{-1}(\sqrt{s})\right\} = [X, Y].$$

$\square$

Wir bestimmen jetzt die Lieschen Algebren einiger linearer Liescher Gruppen.

1) $GL(n, \mathbb{R})$, $GL(n, \mathbb{C})$:

Die zugehörigen Liealgebren bestehen aus allen reellen bzw. komplexen $n \times n$ Matrizen $gl(n, \mathbb{R})$, bzw. $gl(n, \mathbb{C})$. Tatsächlich ist für jedes $X \in gl(n, \mathbb{K})$ die Kurve $A(s) = \exp(sX)$ in $GL(n, \mathbb{K})$ mit $A(0) = 1$ und $\mathrm{d}A(s)/\mathrm{d}s|_{s=0} = X$.

2) Die spezielle lineare Gruppe $SL(n, \mathbb{K})$

Sei $A(s)$ eine Kurve in $SL(n, \mathbb{K})$ mit $X = \frac{\mathrm{d}(A(s))}{\mathrm{d}s}|_{s=0}$ und $A(0) = 1$. Dann gilt [A_{ij} seien die Minoren zu A]

$$0 = \left.\frac{\mathrm{d}}{\mathrm{d}s}\det A(s)\right|_{s=0} = \sum \frac{\partial}{\partial a_{ij}}(\det A)\frac{\mathrm{d}a_{ij}(0)}{\mathrm{d}s}$$

$$= \sum A_{ij}(0)\dot{a}_{ij}(0) = \sum \delta_{ij}\dot{a}_{ij}(0) = SpX.$$

Also ist notwendigerweise $SpX = 0$. Diese Bedingung ist aber auch hinreichend, denn $\exp(sX) \in GL(n, \mathbb{K})$ und $\det(\exp(sX)) = \exp(s \cdot SpX) = 1$;

also ist $\exp(sX) \in SL(n, \mathbb{K})$ mit X als Tangentialvektor bei 1. Die Liealgebra $sl(n, \mathbb{K})$ von $SL(n, \mathbb{K})$ ist demnach

$$sl(n, \mathbb{K}) = \{X \in gl(n, \mathbb{K}) : SpX = 0\} .$$

3) Die unitäre Gruppe $U(n)$

Sei $A(s)$ wieder eine einparametrige Kurve mit X als Tangentialvektor bei der Gruppeneins: $A(s)A(s)^* = 1$. Daraus folgt $X + X^* = 0$, also ist X notwendigerweise schief-hermitesch. Umgekehrt habe X diese Eigenschaft. Dann gilt $\exp(sX)(\exp sX)^* = \exp sX \exp sX^* = \exp sX \exp(-sX) = 1$. Die Liealgebra ist demnach

$$u(n) = \{X \in gl(n, \mathbb{C}) : X + X^* = 0\} .$$

4) Die spezielle unitäre Gruppe $SU(n)$

Die Liealgebra für diese Gruppe ist natürlich

$$su(n) = \{X \in gl(n, \mathbb{C}) : X + X^* = 0, \ SpX = 0\} .$$

Übung 12.6.1. Bestimme die Liealgebren der orthogonalen und symplektischen Gruppen.

12.7 Die Exponential-Darstellung

Im Folgenden sei G eine lineare Liesche Gruppe, f eine Parametrisierung von G um das Einselement mit $f(0) = 1 \equiv e$, und $\mathcal{G}$ sei die Liealgebra zu G.

Wir beginnen mit einer Vorbemerkung: Der Tangentialraum $T_{a_0}(G)$ bei $a_0 \in G$ ist $a_0 \cdot \mathcal{G}$. Dies sieht man so: Eine Kurve $a(t)$ durch a_0 ($a(0) = a_0$) geht durch Linksmultiplikation mit a_0^{-1} in eine Kurve $b(t) = a_0^{-1}a(t)$ durch e über mit $b(0) = e$. Der Tangentialraum $T_{a_0}(G)$ besteht aus der Menge der Vektoren

$$\left.\frac{\mathrm{d}}{\mathrm{d}t}a(t)\right|_{t=0} = \frac{\mathrm{d}}{\mathrm{d}t}(a_0 \cdot b(t)) = a_0\left.\frac{\mathrm{d}}{\mathrm{d}t}b(t)\right|_{t=0} \in a_0 \cdot \mathcal{G}.$$

Wir stellen nun die Frage: Wie konstruiert man G aus $\mathcal{G}$? Die bisherigen Beispiele legen es nahe, dass dies durch die Exponentialabbildung geschehen könnte. Tatsächlich werden wir zeigen, dass jedenfalls *lokal* G und $\exp \mathcal{G}$ „übereinstimmen".

Satz 12.7.1. *Aus $X \in \mathcal{G}$ folgt $\exp(tX) \in G$ für alle $t \in \mathbb{R}$.*

Beweis. Die Kurve $A(t) := \exp(tX)$ ist durch die Differentialgleichung

$$\dot{A}(t) = A(t)X$$

mit der Anfangsbedingung $A(0) = 1$ charakterisiert. Falls gezeigt werden kann, dass die Gleichung für kleine t *in* G gelöst werden kann, dann impliziert die Eindeutigkeit der Lösung, dass für kleine t $\exp(tX)$ in G ist. Wegen des Gruppencharakters von G ist dann aber $\exp(tX) \in G$ für alle $t \in \mathbb{R}$.

Nun zeigen wir, dass für kleine t eine Lösung in G existiert. Da $AX \in T_A(G)$, $A \in G$, definiert die Zuordnung $A \longmapsto AX$ ein Vektorfeld auf G. Für dieses existiert eine Integralkurve $B(t) \in G$ durch 1: $\dot{B}(t) = B(t)X$ für genügend kleine t und $B(0) = 1$. Die Existenz (und Eindeutigkeit) dieser Integralkurve in der Nähe von 1 sieht man so: Man wähle eine Parametrisierung f in der Umgebung der Gruppeneins und schreibe die Differentialgleichung im Parameterraum. Wir wissen nach allgemeinen Sätzen, dass diese für kleine t eine (eindeutige) Lösung hat.

$\square$

Die bewiesene Aussage (Satz (12.7.1)) bedeutet $\exp \mathcal{G} \subset G$. Nun ist $Rang(D\exp_0) = dim\mathcal{G} = dimG$. Deshalb ist die Abbildung exp ein Diffeomorphismus von einer Umgebung V von Null in $\mathcal{G}$ auf eine Umgebung U von 1 in G. Dieses Resultat wollen wir als Satz festhalten.

Satz 12.7.2. *Die Exponentialabbildung* exp *bildet die Liealgebra* $\mathcal{G}$ *einer linearen Lieschen Gruppe G in die Gruppe G ab. Lokal vermittelt* exp *einen Diffeomorphismus zwischen einer Umgebung V von 0 in $\mathcal{G}$ und einer Umgebung U von 1 in G.* exp *ist also eine Parametrisierung[1] von G um 1.*

Die Parametrisierung exp ist analytisch. Durch Linkstranslation erhalten wir für jeden Punkt von G eine analytische Parametrisierung. Daraus folgt der

Satz 12.7.3. *Jede lineare Liesche Gruppe ist eine analytische lineare Gruppe.*

Eine *einparametrige Untergruppe* $A(s)$: $A(s_1)A(s_2) = A(s_1 + s_2)$, ist von der Form $A(s) = \exp(sX)$, $X \in \mathcal{G}$, denn dies ist die eindeutige Lösung der Funktionalgleichung für $A(s)$. Umgekehrt ist jedes $A(s)$ von dieser Form eine einparametrige Untergruppe. Lokal überdecken diese die Gruppe G. In den kanonischen Koordinaten 1. Art entspricht einer 1-parametrigen Untergruppe eine Gerade $s \longmapsto (sa_1, \ldots, sa_k)$.

---

[1]Führen wir durch $X_1, \ldots, X_k$ eine Basis in $\mathcal{G}$ ein, so ist die Abbildung $f : \mathbb{R}^k \longrightarrow G$, definiert durch $f(x_1, \ldots, x_k) = \exp\left(\sum_{i=1}^k x_i X_i\right)$ eine Parametrisierung um $1 \in G$. Die Koordinaten $(x_1, \ldots, x_k)$ nennt man *kanonische Koordinaten 1. Art* bezüglich der Basis $(X_1, \ldots, X_k)$.

12.8 Homomorphismen von Liegruppen und Liealgebren

Definition 12.8.1. *Es seien G und G' zwei lineare Liesche Gruppen. Eine differenzierbare Abbildung $\varphi : G \longrightarrow G'$ ist ein Homomorphismus von G nach G' falls für alle $a, b \in G$:*

$$\varphi(a\,b) = \varphi(a)\,\varphi(b) \,.$$

Ist φ ein Diffeomorphismus und ein Homomorphismus, dann ist φ ein Isomorphismus.

Definition 12.8.2. *Es seien $\mathcal{G}$ und $\mathcal{G}'$ zwei Liealgebren. Eine lineare Abbildung L von $\mathcal{G}$ nach $\mathcal{G}'$ ist ein Liealgebren-Homomorphismus falls für beliebige Elemente $X, Y \in \mathcal{G}$ gilt*

$$L\left([X,Y]\right) = [L(X), L(Y)] \,.$$

Ist L bijektiv, dann ist L ein Liealgebren-Isomorphismus.

Wir betrachten jetzt einen Homomorphismus $\varphi : G \longrightarrow G'$ zwischen zwei linearen Lieschen Gruppen G und G' mit Liealgebren $\mathcal{G}$ und $\mathcal{G}'$. φ induziert eine lineare Abbildung $T_e(\varphi) : \mathcal{G} \longrightarrow \mathcal{G}'$. Wir zeigen, dass $T_e(\varphi)$ ein Liealgebren-Homomorphismus ist. Nun gilt mit den Bezeichnungen in Abschn. 12.6

$$T_e\varphi\left([X,Y]\right) = \left.\frac{\mathrm{d}}{\mathrm{d}s}\right|_{s=0} \varphi\left(C(s)\right)$$

$$= \left.\frac{\mathrm{d}}{\mathrm{d}s}\right|_{s=0} \left\{\varphi\left(A(\sqrt{s})\right)\varphi\left(B(\sqrt{s})\right)\varphi^{-1}\left(A(\sqrt{s})\right)\varphi^{-1}\left(B(\sqrt{s})\right)\right\} \,.$$

Ferner ist

$$\left.\frac{\mathrm{d}}{\mathrm{d}s}\right|_{s=0} \varphi\left(A(s)\right) = T_e\varphi(X) \,,$$

$$\left.\frac{\mathrm{d}}{\mathrm{d}s}\right|_{s=0} \varphi\left(B(s)\right) = T_e\varphi(Y) \,.$$

Die Rechnung in Abschn. 12.6 zeigt deshalb, dass

$$T_e\varphi\left([X,Y]\right) = [T_e\varphi(X), T_e\varphi(Y)] \,.$$

Wir formulieren das wichtige Ergebnis im folgenden

Satz 12.8.1. *Sei $\varphi : G \longrightarrow G'$ ein Homomorphismus zwischen linearen Lieschen Gruppen G und G', dann induziert die Tangentialabbildung $T_e\varphi$ beim Einselement von G einen Homomorphismus $T_e\varphi : \mathcal{G} \longrightarrow \mathcal{G}'$ zwischen den zugehörigen Lieschen Algebren.*

Lokal kann man in einem gewissen Sinne die Umkehrung zeigen. Darauf gehen wir gleich näher ein.

In der Quantenmechanik spielt auch der Begriff einer Darstellung eine Rolle.

Definition 12.8.3. *Eine Darstellung einer Lieschen Gruppe G ist ein Homomorphismus $\varphi : G \longrightarrow GL(n, \mathbb{K})$, $\mathbb{K} = \mathbb{R}, \mathbb{C}$. n ist die Dimension der Darstellung. Analog ist eine Darstellung einer Lieschen Algebra $\mathcal{G}$ ein Homomorphismus $\rho : \mathcal{G} \longrightarrow gl(n, \mathbb{K})$. n ist die Dimension der Darstellung.*

Nach Satz (12.8.1) induziert jede Darstellung einer Liegruppe eine Darstellung der zugehörigen Liealgebra.

Offensichtlich gilt

$$\varphi\,(\exp X) = \exp\,(T_e \varphi\,(X))\ ,$$

Wie steht es mit der Umkehrung? Um diese Frage zu beantworten, benötigen wir den wichtigen

Satz 12.8.2 (Campell-Hausdorff-Formel). *Es sei $\mathcal{G}$ eine Liesche Algebra. In einer genügend kleinen Umgebung U des Nullpunktes von $\mathcal{G}$ gilt für $X, Y \in U$*

$$(\exp X)\,(\exp Y) = \exp h\,(X, Y) \tag{12.2}$$

mit eindeutig bestimmter Funktion $h : U \times U \longrightarrow \mathcal{G}$. Für diese gilt eine Potenzreihenentwicklung der Form

$$h\,(X, Y) = \sum_{k=1}^{\infty} h_k\,(X, Y)\ , \tag{12.3}$$

wobei $h_k\,(X, Y)$ eine Linearkombination (mit rationalen Koeffizienten) von k-fachen Klammerprodukten

$$[Z_1, [Z_2, \dots [Z_{k-1}, Z_k]\,\dots]$$

ist mit $Z_j = X$ oder $Z_j = Y$ für $j = 1, \dots, k$. Die ersten Terme lauten

$$h_1\,(X, Y) = X + Y\ , \quad h_2\,(X, Y) = [X, Y]\ ,$$

$$h_3\,(X, Y) = \frac{1}{12}\,\{[X, [X, Y]] + [Y, [Y, X]]\}\ .$$

Beweis. Wir beginnen mit einer Vorbemerkung, mit dem Ziel, die folgende Formel herzuleiten:

$$\frac{\mathrm{d}}{\mathrm{d}s}\exp\,(X + sY)\bigg|_{s=0} = \exp X \int_0^1 \exp\,(-\tau X)\,Y \exp\,(\tau X)\,\mathrm{d}\tau\ . \tag{12.4}$$

Dazu betrachten wir

$$U\,(t,\,s) = \exp\,(t\,(X + sY))\ .$$

Für $U_s := \partial U / \partial s$ gilt

$$\frac{\partial U_s}{\partial t} = \frac{\partial}{\partial s}\left(\frac{\partial U}{\partial t}\right) = \frac{\partial}{\partial s}\,[(X + sY)\,U] = (X + sY)\,U_s + YU$$

sowie $U_s\,(0,\,s) = 0$. Deshalb ist (mit Variation der Konstanten)

$$U_s\,(t,\,s) = \int_0^t \exp((t - \tau)(X + sY))Y \exp\,(\tau\,(X + sY))\,\mathrm{d}\tau\;.$$

Für $t = 1$ und $s = 0$ wird daraus (12.4).

Für X, Y in einer genügend kleinen Umgebung von 0 und kleine s definieren wir $X\,(s)$ durch

$$\exp\,(X\,(s)) = \exp\,(X)\exp\,(sY)\;.$$

Mit Hilfe von (12.4) ergibt sich

$$\frac{\mathrm{d}}{\mathrm{d}s}\exp\,(X\,(s)) = \frac{\mathrm{d}}{\mathrm{d}t}\exp\,(X\,(s + t))\Big|_{t=0} = \frac{\mathrm{d}}{\mathrm{d}t}\exp\,(X\,(s) + tX'\,(s))\Big|_{t=0}$$

$$= \exp\,(X\,(s))\int_0^1 \exp\,(-\tau X\,(s))\,X'\,(s)\exp\,(\tau X\,(s))\,\mathrm{d}\tau\;.$$

Rechts benutzen wir

$$\exp\,(-\tau A)\,B\exp\,(\tau A) = \exp\,(-\tau\,ad\,A)\,B$$

(für den Beweis leite man für beide Seiten dieselbe Differentialgleichung ab), womit

$$\frac{\mathrm{d}}{\mathrm{d}s}\exp\,(X\,(s)) = \exp\,(X\,(s))\int_0^1 \exp\,(-\tau\,adX\,(s))\,X'\,(s)\,\mathrm{d}\tau$$

$$= \exp\,(X\,(s))\,\Xi\,(ad\,X\,(s))\;,$$

wo

$$\Xi\,(z) = \int_0^1 \exp\,(-\tau z)\,\mathrm{d}\tau = \frac{1 - e^{-z}}{z} \tag{12.5}$$

eine ganze holomorphe Funktion ist. ($\Xi\,(z)$ wird mit der Potenzreihe definiert.) Da anderseits

$$\frac{\mathrm{d}}{\mathrm{d}s}\exp\,(X\,(s)) \doteq \exp\,(X\,(s))\,Y$$

ist, haben wir

$$\Xi\,(ad\,X\,(s))\,X'\,(s) = Y\;,\quad X\,(0) = X\;. \tag{12.6}$$

Dies können wir noch in eine zweckmäßigere Differentialgleichung verwandeln. Zunächst notieren wir

$$\exp\left(ad\, X\,(s)\right) = Ad\left(\exp\left(X\,(s)\right)\right) = Ad\left(\exp\left(X\right)\exp\left(sY\right)\right)$$
$$= Ad\left(\exp(X)\right) Ad\left(\exp\left(sY\right)\right) = \exp\left(ad\, X\right)\exp\left(s\, ad\, Y\right)\ .$$

Nun definieren wir eine Funktion $\psi\left(\zeta\right)$ die in der Nähe von 1 holomorph ist durch

$$\psi\left(e^z\right) = \frac{1}{\Xi(z)} = \frac{z}{1 - e^{-z}}\ ,$$

d. h.

$$\psi\left(\zeta\right) = \frac{\zeta\log\zeta}{\zeta - 1} \underbrace{=}_{|z-1|<1} \zeta\sum_{k=1}^{\infty}\frac{(-1)^{k-1}}{k}\left(\zeta - 1\right)^{k-1}\ . \tag{12.7}$$

Nach Konstruktion gilt

$$\psi\left(\exp\left(ad\, X\right)\exp\left(s\, ad\, Y\right)\right)\Xi\left(ad\, X\,(s)\right) = 1\ .$$

Deshalb folgt aus (12.6)

$$X'\left(s\right) = \psi\left(\exp\left(ad\, X\right)\exp\left(s\, ad\, Y\right)\right)Y\ ,\quad X\left(0\right) = Y \tag{12.8}$$

und somit

$$X\left(s\right) = X + \int_0^1 \psi\left(\exp\left(ad\, X\right)\exp\left(t\, ad\, Y\right)\right)Y\, dt\ . \tag{12.9}$$

Für $s = 1$ erhalten wir schließlich

$$\exp\left(X\right)\exp\left(Y\right) = \exp\left(h\left(X,\, Y\right)\right)\ ,$$
$$h\left(X,\, Y\right) = X + \int_0^s \psi\left(\exp\left(ad\, X\right)\exp\left(t\, ad\, Y\right)\right)Y\, dt\ . \tag{12.10}$$

Dies gibt eine Potenzreihenentwicklung in $ad\, X$ und $ad\, Y$, welche normsummierbar ist, falls die Normen von $ad\, X$ und $ad\, Y$ hinreichend klein sind. (Diese Reihen werden in [34] I.4.8 ausgeschrieben.)

Für einen alternativen Beweis siehe z. B. [38], Abschn. 5.3.

Nun betrachten wir zwei lineare Liesche Gruppen G und G' mit zugehörigen Lieschen Algebren $\mathcal{G}$ und $\mathcal{G}'$. Ferner sei $\rho : \mathcal{G} \longrightarrow \mathcal{G}'$ ein (Liealgebren-) Homomorphismus. Wir wählen eine Umgebung V von 0 in $\mathcal{G}$ derart, dass $\exp : V \longrightarrow U \subset G$ ein Diffeomorphismus ist (Satz 7.2). Falls für $X,\, Y \in V$ auch $(\exp X)(\exp Y) \in U$, dann können wir die Campell-Hausdorff-Formel (12.2) benutzen. Nach (12.3) gilt

$$\rho\left(h\left(X,\, Y\right)\right) = h\left(\rho\left(X\right),\, \rho\left(Y\right)\right)\ .$$

Wir wählen V so klein, dass Entsprechendes auch in $\rho(V)$ gilt. Nun definieren wir $\varphi : U \longrightarrow G'$ durch

$$\varphi(\exp X) = \exp(\rho(X)) . \tag{12.11}$$

Dann gilt

$$\varphi(\exp X \exp Y) = \varphi(\exp h(X, Y)) = \exp\{\rho(h(X, Y))\}$$

$$= \exp\{h(\rho(X), \rho(Y))\} = \exp\rho(X)\exp\rho(Y)$$

$$= \varphi(\exp X)\varphi(\exp Y) .$$

Also ist φ ein *lokaler Homomorphismus*. Weiter gilt

$$T_e\varphi(X) = \left.\frac{\mathrm{d}}{\mathrm{d}s}\right|_{s=0} \varphi(\exp sX) = \left.\frac{\mathrm{d}}{\mathrm{d}s}\exp(s\rho(X))\right|_{s=0} = \rho(X) ,$$

d. h.

$$T_e\varphi = \rho . \tag{12.12}$$

Zusammenfassend haben wir den

Satz 12.8.3. *Zu jedem Homomorphismus $\rho : \mathcal{G} \longrightarrow \mathcal{G}'$ der Liealgebren $\mathcal{G}$, $\mathcal{G}'$ zweier Liescher Gruppen G und G' existiert genau ein lokaler Homomorphismus $\varphi : G \longrightarrow G'$ mit $T_e\varphi = \rho$.*

Korollar 12.8.1. *G und G' sind genau dann lokal isomorph, wenn es die zugehörigen Lieschen Algebren sind.*

Nach den Ergebnissen von Abschn. 6.2 kann ein lokaler Homomorphismus $\varphi : G \longrightarrow G'$ immer zu einem *globalen* Homomorphismus $\tilde{\varphi} : \tilde{G} \longrightarrow G'$ ausgedehnt werden, wobei $\tilde{G}$ die universelle Überlagerungsgruppe von G ist. Dies gilt insbesondere für Darstellungen. In diesem Sinne ist die Darstellungstheorie von G auf die Darstellungstheorie der zugehörigen Lieschen Algebra, also auf ein *algebraisches* Problem, zurückgeführt. Dies benutzen wir z. B. in Abschn. 6.5 bei der Konstruktion der Darstellungen von $SU(2)$.

13. Anhang B: Darstellungen von kompakten Gruppen in Hilberträumen

13.1 Allgemeines, Charaktere und deren Orthogonalitätsrelationen

Wir knüpfen an den Anfang von Abschn. 6.6 an und beweisen zunächst den folgenden

Satz 13.1.1. *Jede irreduzible stetige (unitäre) Darstellung U_g einer kompakten Gruppe G in einem Hilbertraum $\mathcal{H}$ ist endlichdimensional.*

Beweis. Für Ψ_1, Ψ_2, $\Phi \in \mathcal{H}$ bilden wir das folgende Integral

$$\int_G (\Psi_2, U_g\Phi)\overline{(\Psi_1, U_g\Phi)}\, d\mu(g) \tag{13.1}$$

(μ: Haarsches Maß). Für festes Φ ist dies eine Sesquilinearform (linear in Ψ_1, antilinear in Ψ_2). Ferner gilt die Abschätzung

$$\left| \int_G (\Psi_2, U_g\Phi)\overline{(\Psi_1, U_g\Phi)}\, d\mu(g) \right| \leq \|\Phi\|^2 \|\Psi_1\| \|\Psi_2\| \ .$$

Damit existiert ein beschränkter linearer Operator B_Φ in $\mathcal{H}$ mit

$$(\Psi_2, B_\Phi\Psi_1) = \int_G (\Psi_2, U_g\Phi)\overline{(\Psi_1, U_g\Phi)}\, d\mu(g) \ . \tag{13.2}$$

Unter Benutzung der Linksinvarianz des Haarschen Maßes folgt

$$(\Psi_2, B_\Phi U_h\Psi_1) = \int_G (\Psi_2, U_g\Phi)\overline{(U_h\Psi_1, U_g\Phi)}\, d\mu(g)$$

$$= \int_G (U_{h^{-1}}\Psi_2, U_{h^{-1}g}\Phi)\overline{(U_h\Psi_1, U_{h^{-1}g}\Phi)}\, d\mu(g) =$$

$$= \int_G (U_{h^{-1}}\Psi_2, U_g\Phi)\overline{(\Psi_1, U_g\Phi)}\, d\mu(g) = (U_{h^{-1}}\Psi_2, B_\Phi\Psi_1) = (\Psi_2, U_h B_\Phi\Psi_1) \ .$$

Dies zeigt

$$B_\Phi U_h = U_h B_\Phi \quad \text{für alle } h \in G. \tag{13.3}$$

N. Straumann, *Quantenmechanik*, Springer-Lehrbuch
DOI 10.1007/978-3-642-32175-7_13, © Springer-Verlag Berlin Heidelberg 2013

Nach einer unendlichdimensionalen Version des Schurschen Lemmas, welche wir gleich anschließend beweisen, ist deshalb B_Φ ein Vielfaches des identischen Operators,

$$B_\Phi = \alpha(\Phi)\mathbb{1}\ .$$

Damit lautet (13.2)

$$\int_G (\Psi_2,\, U_g\Phi)\overline{(\Psi_1,\, U_g\Phi)}\, \mathrm{d}\mu(g) = \alpha(\Phi)(\Psi_2,\, \Psi_1)\ ; \tag{13.4}$$

speziell

$$\int_G |(\Psi,\, U_g\Phi)|^2 \mathrm{d}\mu(g) = \alpha(\Phi)\|\Psi\|^2\ . \tag{13.5}$$

Durch Vertauschung von Φ und Ψ in der letzten Gleichung folgt

$$\alpha(\Psi)\|\Phi\|^2 = \int_G |(\Phi,\, U_g\Psi)|^2 \mathrm{d}\mu(g) = \int_G |(U_g\Psi,\, \Phi)|^2 \mathrm{d}\mu(g)$$

$$= \int_G |(\Psi,\, U_{g^{-1}}\Phi)|^2 \mathrm{d}\mu(g) = \int_G |(\Psi,\, U_g\Phi)|^2 \mathrm{d}\mu(g) = \alpha(\Phi)\|\Psi\|^2\ ,$$

d. h.

$$\alpha(\Psi) = c\|\Psi\|^2\ .$$

Setzen wir dies in (13.5) ein, so kommt für $\|\Psi\| = 1$, $\Phi = \Psi$:

$$\int_G |(\Psi,\, U_g\Psi)|^2 \mathrm{d}\mu(g) = c\|\Psi\|^4 = c\ . \tag{13.6}$$

Deshalb ist $c > 0$ (die stetige Funktion $g \longmapsto |(\Psi,\, U_g\Psi)|^2$ hat für $g = e$ den Wert 1).

Nun seien $\Phi_1, \ldots, \Phi_n$ orthonormierte Vektoren von $\mathcal{H}$. Wenden wir (13.5) auf $\Phi = \Phi_k$ und $\Psi = \Phi_1$ an, so kommt

$$\int_G |(\Phi_1,\, U_g\Phi_k)|^2 \mathrm{d}\mu(g) = \alpha(\Phi_k)\|\Phi_1\|^2 = c\ .$$

Diese Gleichung summieren wir über k. Benutzen wir ferner die Besselsche Ungleichung, so ergibt sich

$$n \cdot c = \sum_{k=1}^{n} \int_G |(\Phi_1,\, U_g\Phi_k)|^2 \mathrm{d}\mu(g) = \int_G \sum_{k=1}^{n} |(\Phi_1,\, U_g\Phi_k)|^2 \mathrm{d}\mu(g)$$

$$\leq \int_G \|\Phi_1\|^2 \mathrm{d}\mu(g) = 1\ ,$$

d. h. $n \leq 1/c < \infty$. Die Dimension von $\mathcal{H}$ ist also endlich.

Wir holen noch den Beweis des folgenden Hilfssatzes nach:

Hilfssatz 2 (Schursches Lemma in Hilberträumen) *Die unitäre Darstellung U_g einer beliebigen Gruppe G in $\mathcal{H}$ ist genau dann irreduzibel, wenn die einzigen beschränkten Operatoren, die mit allen U_g $(g \in G)$ vertauschen, Vielfache der Identität sind.*

Beweis. Falls U_g nicht irreduzibel ist und $\mathcal{M} \subset \mathcal{H}$ ein nichttrivialer (abgeschlossener) invarianter Unterraum bezüglich G ist, so vertauscht der Projektor auf $\mathcal{M}$ mit allen U_g und ist ein Operator $\neq \alpha \mathbb{1}$.

Ist anderseits U_g irreduzibel und B ein beschränkter *selbstadjungierter* Operator $\neq 0$ der mit allen U_g vertauscht, so kommutiert auch dessen Spektralmaß $E(\cdot)$ mit allen U_g. Dann ist aber $E(\Delta)$ für jede Borelmenge Δ entweder 0 oder 1 (da sonst $E(\Delta)$ die Darstellung reduziert). Dies zeigt, dass $B = \alpha \mathbb{1}$. Ist nun B ein beliebiger beschränkter Operator, der mit allen U_g vertauscht, so gilt dies auch für B^* ($U_g B^* = U_{g^{-1}}^* B^* = (B U_{g^{-1}})^* = (U_{g^{-1}} B)^* = B^* U_g$). Nun ist

$$B = \frac{B + B^*}{2} + i \frac{B - B^*}{2i} \,,$$

woraus die Behauptung folgt.

Wir wollen an dieser Stelle noch das Schursche Lemma im Endlichdimensionalen beweisen, da wir dieses beim Beweis der Orthogonalitätsrelationen der Charaktere benötigen.

Satz 13.1.2 (Lemma von Schur (1. Teil)). *Es seien (E, ρ) und (E', ρ') zwei endlichdimensionale irreduzible Darstellungen einer Gruppe G. Ferner sei φ ein G-Homomorphismus von E nach E', d. h. es sei $\varphi : E \longrightarrow E'$ linear und erfülle*

$$\varphi \circ \rho(g) = \rho'(g) \circ \varphi \,. \tag{13.7}$$

Dann ist entweder $\varphi = 0$ oder φ ist ein G-Isomorphismus.

Beweis. Das Bild $\mathrm{Im}\,\varphi$ ist aufgrund von (13.7) ein G-invarianter Unterraum von E'. Deshalb ist entweder $\mathrm{Im}\,\varphi = 0$ oder $\mathrm{Im}\,\varphi = E'$. Im zweiten Fall betrachten wir den Kern von φ. Dieser ist ein invarianter Unterraum von E, also trivial.

Wenn die 2. Alternative vorliegt, so können wir E und E' identifizieren. Es stellt sich dann die Frage, wie die G-Automorphismen von (E, ρ) aussehen. Die Antwort lautet:

Satz 13.1.3 (Lemma von Schur (2. Teil)). *Es sei (E, ρ) eine irreduzible endlichdimensionale Darstellung von G im Vektorraum E über $\mathbb{C}$ (allgemeiner über einem algebraisch abgeschlossenen Körper). Dann sind die einzigen G-Automorphismen Vielfache der Eins.*

Beweis. Zu einem G-Automorphismus φ betrachten wir $\varphi - \lambda \mathbb{1}$. Die Gleichung $\mathrm{Det}(\varphi - \lambda \mathbb{1}) = 0$ hat sicher eine Lösung $\lambda_\circ$. Deshalb ist $\psi := \varphi - \lambda_\circ \mathbb{1}$ nach dem ersten Teil des Schurschen Lemmas gleich Null, d. h. $\varphi = \lambda_\circ \mathbb{1}$.

Orthogonalitätsrelationen der Charaktere

Wir betrachten zwei irreduzible Darstellungen einer kompakten Gruppe G in endlichdimensionalen Vektorräumen über $\mathbb{C}$. Die zugehörigen Matrizen bezüglich fest gewählter Basen seien $A(g)$, $B(g)$, $g \in G$. Nun sei C eine beliebige, aber fest gewählte Matrix. Für die Matrix

$$P = \int_G A(g)CB(g^{-1})\mathrm{d}\mu(g) \tag{13.8}$$

gilt dann

$$A(h)P = \int_G A(hg)CB(g^{-1})\mathrm{d}\mu(g) = \int_G A(g)CB(g^{-1}h)\mathrm{d}\mu(g) = PB(h) \;. \tag{13.9}$$

P vermittelt also einen G-Homomorphismus. Für inäquivalente Darstellungen folgt aus dem Schurschen Lemma $P = 0$. Dies wollen wir ausschreiben.

Es sei $A(g) = (\alpha_{ij}(g))$, $B(g) = (\beta_{ij}(g))$, $C = (\gamma_{ij})$. Wählen wir insbesondere $\gamma_{jh} = 1$ und $\gamma_{ik} = 0$ sonst, so folgt aus $P = 0$ in (13.8)

$$\int \alpha_{ij}(g)\beta_{hk}(g^{-1})\mathrm{d}\mu(g) = 0 \tag{13.10}$$

und daraus für die Charaktere $\chi(g) = \operatorname{Sp} A(g)$, $\chi'(g) = \operatorname{Sp} B(g)$

$$\int_G \chi(g)\chi'(g^{-1})\mathrm{d}\mu(g) = 0 \;. \tag{13.11}$$

Für unitäre $A(g)$ ist $A(g^{-1}) = A^{-1}(g) = A^*(g)$ und somit $\chi(g^{-1}) = \overline{\chi(g)}$. Aus (13.11) entnimmt man dann

$$\int_G \chi(g)\overline{\chi'(g)}\mathrm{d}\mu(g) = 0 \;. \tag{13.12}$$

Nun betrachten wir den Fall $A(g) = B(g)$. Dann ist nach dem Schurschen Lemma $P = \lambda\mathbb{1}$. Wählen wir C wieder wie vorhin, so folgt diesmal

$$\int_G \alpha_{ij}(g)\alpha_{hk}(g^{-1})\mathrm{d}\mu(g) = \lambda_{jh}\delta_{ik} \;. \tag{13.13}$$

Zur Bestimmung der Zahlen λ_{jh} setzen wir $i = k$ und summieren (13.13) über i:

$$\int_G \underbrace{\sum_i \alpha_{ij}(g)\alpha_{hi}(g^{-1})}_{(A(g^{-1})A(g))_{hj} = \delta_{hj}} \mathrm{d}\mu(g) = n\lambda_{jh} \;, \quad n = \text{Dimension der Darstellung.}$$

Dies gibt $\lambda_{jh} = \delta_{jh}/n$ und damit wird aus (13.13)

$$\boxed{\int_G \alpha_{ij}(g)\alpha_{hk}(g^{-1})\mathrm{d}\mu(g) = \frac{1}{n}\delta_{jh}\delta_{ik}}\ . \tag{13.14}$$

Setzen wir darin $j = i$, $h = k$ und summieren über i und k, so folgt

$$\int_G \chi(g)\chi(g^{-1})\mathrm{d}\mu(g) = 1\ . \tag{13.15}$$

Für unitäre Darstellungen haben wir zusammenfassend die in Abschn. 6.6 benutzten *Orthogonalitätsrelationen*:

$$\boxed{\begin{aligned} &\int_G \chi_1(g)\overline{\chi_2(g)}\,\mathrm{d}\mu(g) \\ &= \begin{cases} 0 & \text{für inäquivalente primitive Charaktere} \\ 1 & \text{für äquivalente irreduzible Darstellungen.} \end{cases} \end{aligned}} \tag{13.16}$$

13.2 Haarsches Maß für $SU(2)$

Wir benötigen zunächst das folgende

Lemma 13.2.1. *Die Gruppe $SU(2)$ ist topologisch isomorph mit der Untergruppe von $SO(4)$, welche aus allen Matrizen der Form*

$$\begin{pmatrix} a & -b & -c & -d \\ b & a & -d & c \\ c & d & a & -b \\ d & -c & b & a \end{pmatrix} \tag{13.17}$$

besteht, wo a, b, c und d reelle Zahlen sind, welche $a^2 + b^2 + c^2 + d^2 = 1$ erfüllen.

Beweis. Für $U \in SU(2)$ schreiben wir (siehe Abschn. 6.3):

$$U = \begin{pmatrix} \alpha & \beta \\ -\bar{\beta} & \bar{\alpha} \end{pmatrix}\ , \quad \alpha = x + iy\ , \quad \beta = z + iw\ , \tag{13.18}$$

mit der Nebenbedingung

$$x^2 + y^2 + z^2 + w^2 = 1\ .$$

$SU(2)$ ist damit (wie schon früher diskutiert) homöomorph zu S^3. Sei $L_{U_\circ}$ die Linkstranslation mit $U_\circ : L_{U_\circ}U = U_\circ U$. Die Zuordnung $U_\circ \longmapsto L_{U_\circ}$ ist ein injektiver Homomorphismus von $SU(2)$ in die Gruppe der Homöomorphismen von $SU(2)$. Schreiben wir

$$U_\circ = \begin{pmatrix} a+ib & c+id \\ -c+id & a-ib \end{pmatrix} , \tag{13.19}$$

so lauten die Parameter von $U_\circ U$:

$$ax - by - cz - dw , \quad bx + ay - dz + cw ,$$
$$cx + dy + az - bw , \quad dx - cy + bz + aw .$$

Diese Transformation von S^3 kann natürlich zu einer linearen Transformation von $\mathbb{R}^4$ ausgedehnt werden. Die zugehörige Matrix ist die Matrix (13.17). Diese ist, wie man leicht sieht, orthogonal. Deshalb ist ihre Determinante gleich ± 1. Aus Stetigkeitsgründen kommt aber nur $+1$ in Frage.

Nun konstruieren wir das Haarsche Maß. Es sei

$$B_4 = \left\{ x \in \mathbb{R}^4 : |x|^2 \leq 1 \right\}$$

und λ bezeichne das Lebesquesche Maß in $\mathbb{R}^4$. Es ist

$$\lambda(B_4) = \frac{\pi^2}{\Gamma(3)} \equiv \gamma_4 \tag{13.20}$$

Sei f eine stetige Funktion auf S^3. Diese setzen wir in folgender Weise auf $\mathbb{R}^4$ fort:

$$f_1(0) = 0 ,$$
$$f_1(rx) = f(x) \quad \text{für } 0 < r \leq 1 , \quad x \in S^3 ,$$
$$f_1(rx) = 0 \quad \text{für } r > 1 , \quad x \in S^3 .$$

Nun sei

$$I(f) := \int_{\mathbb{R}^4} f_1(x) \mathrm{d}\lambda(x) = \int_{B_4} f(x/|x|) \mathrm{d}\lambda(x) . \tag{13.21}$$

Dies ist ein positives lineares Funktional auf $\mathcal{C}(S^3)$ mit $I(1) = \gamma_4$. Das Funktional $\frac{1}{\gamma_4} I$ induziert nach dem Satz von Riesz ein (reguläres) Maß σ auf S^3. Dieses ist nach Konstruktion normiert: $\sigma(S^3) = 1$. Für eine orthogonale lineare Transformation T von $\mathbb{R}^4$ gilt für $g \in L^1(\mathbb{R}^4)$

$$\int_{\mathbb{R}^4} (g \circ T)(x) \mathrm{d}\lambda(x) = \int_{\mathbb{R}^4} g(x) \mathrm{d}\lambda(x) .$$

Natürlich ist $T(S^3) = S^3$. Also ist $I(f \circ T)$ für alle $f \in \mathcal{C}(S^3)$ wohl definiert und

$$I(f \circ T) = I(f) . \tag{13.22}$$

Diese Identität kann auf $L^1(S^3, \sigma)$ ausgedehnt werden; σ ist damit invariant unter orthogonalen Transformationen. Da die Linkstranslation von $SU(2)$ eine orthogonale Transformation auf S^3 induziert, ist das Maß σ linksinvariant.

Da es auch normiert ist, ist σ *das eindeutige normierte Haarsche Maß von* $SU(2)$. Wir fassen die Definition von σ zusammen:

$$\int_{S^3} f \mathrm{d}\sigma = \frac{1}{\gamma_4} \int_{B_4} f(x/|x|) \mathrm{d}^4 x \,, \quad f \in \mathcal{C}(S^3) \tag{13.23}$$

(wobei $SU(2)$ mit S^3 gemäß (13.18) identifiziert wird).

Das Integral (13.23) wollen wir für *Klassenfunktionen* auf $SU(2)$ weiter auswerten. Mit der obigen Parametrisierung von $SU(2)$: $U \leftrightarrow (x_1, x_2, x_3, x_4) \in S^3$, und den Bemerkungen auf S. 162, hängt eine Klassenfunktion f nur von x_1 ab (f hängt nur von $\operatorname{Sp} U$ ab). In der Formel (13.23) setzen wir $(x_2, x_3, x_4) = \boldsymbol{x}$ und $x_1/|x| = y$, d.h.

$$y = \frac{x_1}{\sqrt{x_1^2 + \boldsymbol{x}^2}} \implies x_1 = \frac{y}{\sqrt{1-y^2}} |\boldsymbol{x}| \,.$$

Es ist

$$\mathrm{d}x_1 = |\boldsymbol{x}| \left[\frac{1}{\sqrt{1-y^2}} + \frac{y^2}{(1-y^2)^{3/2}} \right] \mathrm{d}y = |\boldsymbol{x}| \frac{\mathrm{d}y}{(1-y^2)^{3/2}} \,.$$

Also ist nach (13.23)

$$\int_{S^3} f \mathrm{d}\sigma = \frac{1}{\gamma_4} \int \mathrm{d}y \frac{f(y)}{(1-y^2)^{3/2}} \int_{(|\boldsymbol{x}|^2 \leq 1-y^2)} |\boldsymbol{x}| \mathrm{d}^3 x = \frac{\pi}{\gamma_4} \int \mathrm{d}y \sqrt{1-y^2} f(y) \,.$$

Setzen wir schließlich $y = \cos\alpha$ und fassen f als Funktionen auf dem Einheitskreis auf, so erhalten wir wieder die Formel (6.84):

$$\int_{S^3} f \mathrm{d}\sigma = \frac{1}{\pi} \int_0^{2\pi} f(\alpha) \sin^2(\alpha) \, \mathrm{d}\alpha \,. \tag{13.24}$$

Dies, zusammen mit (13.16), beweist das früher benutzte Kriterium (6.85): Der Charakter $\chi(\alpha)$ ist genau dann primitiv, wenn

$$\frac{1}{\pi} \int_0^{2\pi} \sin^2(\alpha) |\chi(\alpha)|^2 \, \mathrm{d}\alpha = 1 \,. \tag{13.25}$$

Schließlich drücken wir das Haarsche Maß noch durch die Eulerschen Winkel aus. Nach (13.23) ist das Haarsche Maß bezüglich $SU(2) \leftrightarrow S^3$ gemäß (13.18) gleich dem Standardmaß auf S^3, dividiert durch das Volumen $2\pi^2$. Die zugehörige Volumenform ist[1]

$$vol_{S^3} = \frac{1}{2\pi^2} \left[x^1 \mathrm{d}x^2 \wedge \mathrm{d}x^3 \wedge \mathrm{d}x^4 + \ldots \right] | S^3 \,. \tag{13.26}$$

---

[1]Siehe dazu z.B. H. Amann und J. Escher, Analysis III, S. 346, Birkhäuser Verlag (2001).

Diese Volumenform transformieren wir auf Eulersche Winkel $(\varphi, \vartheta, \psi)$. Auf S^3 sind die x^μ nach (13.18) gegeben durch

$$x^1 + ix^2 = \alpha, \quad x^3 + ix^4 = \beta. \tag{13.27}$$

In der Eulerschen Parametrisierung ist

$$\begin{pmatrix} \alpha & \beta \\ -\bar\beta & \bar\alpha \end{pmatrix} = e^{i\sigma_3\varphi/2}e^{i\sigma_2\vartheta/2}e^{i\sigma_3\psi/2}, \tag{13.28}$$

also folgt mit (6.24), (6.25)

$$\alpha = e^{i(\varphi+\psi)/2}\cos(\vartheta/2), \quad \beta = e^{i(\varphi-\psi)/2}\sin(\vartheta/2). \tag{13.29}$$

Die Gln. 13.27 und 13.28 liefern die x^μ auf S^3 als Funktionen der Eulerschen Winkel. Diese müssen wir in (13.26) einsetzen. Bei der Rechnung ist es bequem im Komplexen zu bleiben. In einem ersten Schritt sieht man leicht, dass

$$vol_{S^3} = -\frac{1}{8\pi^2}\left[(d\alpha \wedge d\bar\alpha) \wedge (d\beta\bar\beta - \beta d\bar\beta) + (d\alpha\bar\alpha - \alpha d\bar\alpha)(d\beta \wedge d\bar\beta)\right]. \tag{13.30}$$

Kurze Rechnungen geben $d\,\alpha \wedge d\,\bar\alpha = -\frac{i}{4}\sin(\vartheta)(d\,\varphi + d\,\psi) \wedge d\,\vartheta$, etc. Setzt man dies ein, so kommt

$$vol_{S^3} = \frac{1}{16\pi^2}\sin\vartheta\, d\,\varphi \wedge d\,\vartheta \wedge d\,\psi, \tag{13.31}$$

d. h. das Maß σ ist gegeben durch

$$\boxed{d\sigma = \frac{1}{16\pi^2}\sin\vartheta\, d\,\varphi\, d\,\vartheta\, d\,\psi\,.} \tag{13.32}$$

13.3 Die Gruppenalgebra einer kompakten Gruppe und Vollständigkeit der Charaktere

Wir zeigen in diesem Abschnitt unter anderem, dass die Menge aller primitiven Charaktere ein *vollständiges* Orthonormalsystem im Raum der Klassenfunktionen einer kompakten Gruppe bilden. Die Theorie der regulären Darstellung (von $SU(2)$) ist z. B. für das Verständnis des quantenmechanischen Kreisels wichtig (siehe Abschn. 7.8).

Sei G eine kompakte Gruppe mit Haarschem Maß μ. Im Hilbertraum $L^2(G, \mu)$ definieren wir das Produkt

$$(f * g)(a) = \int_G f(ab^{-1})g(b)\, d\mu(b)\,, \quad f, g \in L^2(G, \mu)\,. \tag{13.33}$$

Das Integral rechts existiert, denn $\tilde{f}(b) := f(ab^{-1})$ ist quadratintegrierbar:

$$\int_G |\tilde{f}(b)|^2 \, d\mu(b) = \int_G |f(ab^{-1})|^2 \, d\mu(b) = \int_G |f(c)|^2 \, d\mu(c) \, .$$

Das Produkt $f * g$ ist wieder in $L^2(G, \mu)$, denn nach der Schwarzschen Ungleichung ist

$$|(f * g)(a)|^2 \leq \int |\tilde{f}(b)|^2 \, d\mu(b) \int |g(b)|^2 \, d\mu(b) = \|f\|^2 \|g\|^2 \, , \qquad (13.34)$$

d. h. die Funktion $f*g$ ist sogar beschränkt. Verifiziere, dass mit dem Produkt (13.33) $L^2(G, \mu)$ zu einer Algebra, der sog. *Gruppenalgebra $A(G)$ von G* wird.

Wir betrachten nun alle stetigen (unitären) irreduziblen Darstellungen $\rho^{(\nu)}$ von G. Die Matrixelemente $\rho^{(\nu)}(a)_{ik}$ (bezüglich orthonormierter Basen) sind stetig und in $A(G)$ (da $\mu(G) = 1$). Nach (13.10) und (13.14) gelten die Orthogonalitätsrelationen

$$\int_G \rho_{ij}^{(\mu)}(g) \bar{\rho}_{kl}^{(\nu)}(g) \, d\mu(g) = \frac{1}{n^{(\nu)}} \delta_{\mu\nu} \delta_{ik} \delta_{jl} \, , \quad n^{(\nu)} := dim \rho^{(\nu)} \, , \qquad (13.35)$$

und

$$\int_G \chi^{(\mu)}(g) \bar{\chi}^{(\nu)}(g) \, d\mu(g) = \delta_{\mu\nu} \, . \qquad (13.36)$$

Daraus folgt schon, dass es nur *abzählbar* viele inäquivalente irreduzible Darstellungen geben kann. Wir setzen

$$e_{ik}^{(\nu)}(a) := n^{(\nu)} \cdot \rho_{ki}^{(\nu)}(a^{-1}) \, . \qquad (13.37)$$

Dann gilt

$$(e_{ij}^{(\nu)} * e_{kl}^{(\mu)})(a) = \int e_{ij}^{(\nu)}(ab^{-1}) e_{kl}^{(\mu)}(b) \, d\mu(b)$$

$$= n^{(\nu)} n^{(\mu)} \int \rho_{ji}^{(\nu)}(ba^{-1}) \rho_{lk}^{(\mu)}(b^{-1}) \, d\mu(b)$$

$$= n^{(\nu)} n^{(\mu)} \int \sum_s \rho_{js}^{(\nu)}(b) \rho_{si}^{(\nu)}(a^{-1}) \rho_{kl}^{(\mu)}(b)^* \, d\mu(b) = \delta_{\mu\nu} \delta_{jk} e_{il}^{(\nu)}(a) \, ,$$

d. h.

$$\boxed{e_{ij}^{(\nu)} * e_{kl}^{(\mu)} = \delta_{\mu\nu} \delta_{jk} e_{il}^{(\nu)} \, .} \qquad (13.38)$$

Die $e_{ik}^{(\nu)}$ (ν, k fest) spannen einen endlichdimensionalen Teilraum auf, der ein *Linksideal* von $A(G)$ ist, denn

$$(f * e_{ij}^{(\nu)})(a) = \int f(ab^{-1}) e_{ij}^{(\nu)}(b) \, d\mu(b)$$

$$= n^{(\nu)} \int f(c) \rho_{ji}^{(\nu)}(a^{-1}c) \, d\mu(c) = n^{(\nu)} \int f(c) \sum_s \rho_{js}^{(\nu)}(a^{-1}) \rho_{si}^{(\nu)}(c) \, d\mu(c)$$

$$= \sum_s e_{sj}^{(\nu)}(a) \int f(c) \rho_{si}^{(\nu)}(c) \, \mathrm{d}\mu(c) \, .$$

Ebenso zeigt man, dass alle $e_{ik}^{(\nu)}$ für ν fest ein *zweiseitiges Ideal* aufspannen.

reguläre Darstellung

Nun definieren wir eine Darstellung von G im Raum $A(G)$. Jedem $a \in G$ ordnen wir die lineare Abbildung: $f \longmapsto (a \cdot f)(b) = f(a^{-1}b)$, $f \in A(G)$, zu. Diese Transformation ist unitär:

$$\int \overline{(a \cdot g)}(b)(a \cdot f)(b) \, \mathrm{d}\mu(b) = \int \overline{g(a^{-1}b)}(b)f(a^{-1}b) \, \mathrm{d}\mu(b) = \int \overline{g(b)}f(b) \, \mathrm{d}\mu(b) \, .$$

Außerdem liegt eine Darstellung vor:

$$a \cdot (b \cdot f) = ab \cdot f \, , \quad f \in A(G) \, , \quad a, b \in G \, .$$

Diese ist natürlich stetig:

$$\|a \cdot f - e \cdot f\| \longrightarrow 0 \quad \text{für } a \longrightarrow e \, .$$

Wir betrachten speziell

$$(a \cdot e_{ij}^{(\nu)})(b) = e_{ij}^{(\nu)}(a^{-1}b) = n^{(\nu)} \rho_{ji}^{(\nu)}(b^{-1}a) = \sum_s e_{sj}^{(\nu)}(b)\rho_{si}^{(\nu)}(a) \, ,$$

d. h. im Linksideal $L_j^{(\nu)}$, aufgespannt durch die $e_{sj}^{(\nu)}$ (ν, j fest), spielt sich die Darstellung $\rho^{(\nu)}$ ab. Dies zeigt, dass *in der regulären Darstellung alle stetigen irreduziblen Darstellungen vorkommen.*

Wenn wir jetzt noch zeigen können, dass die $e_{ij}^{(\nu)}$ ein vollständiges Orthogonalsystem in $A(G)$ bilden, dann zerfällt die Gruppenalgebra gemäß

$$A(G) = \bigoplus_\nu E^{(\nu)} \, , \tag{13.39}$$

wo $E^{(\nu)}$ der invariante Unterraum ist, der durch die $e_{ij}^{(\nu)}$ (ν fest) aufgespannt wird. Beachte:

$$E^{(\nu)} = \bigoplus_j L_j^{(\nu)} \quad (L_j^{(\nu)} \text{ irreduzibel}) \, . \tag{13.40}$$

In $E^{(\nu)}$ kommt also nur die Darstellung $\rho^{(\nu)}$ vor, und zwar *so oft wie ihre Dimension beträgt.* Sicher bilden die $e_{ij}^{(\nu)}$ ein Orthogonalsystem. Aus (13.35) und (13.37) folgt nämlich

$$\int_G \bar{e}_{ij}^{(\nu)}(a)e_{kl}^{(\mu)}(a) \, \mathrm{d}\mu(a) = n^{(\nu)} \cdot \delta_{\nu\mu}\delta_{ik}\delta_{jl} \, . \tag{13.41}$$

Vollständigkeit

Nun beweisen wir die Vollständigkeit der $e_{ij}^{(\nu)}$. Angenommen, die $e_{ij}^{(\nu)}$ wären nicht vollständig. Dann würde eine zu allen $e_{ij}^{(\nu)}$ orthogonale Funktion $r \neq 0$ existieren. Wir zeigen, dass diese Annahme zu einem Widerspruch führt. Dazu betrachten wir die *Integralgleichung*

$$K\chi = \lambda\chi \, , \qquad (13.42)$$

wo

$$(K\chi)(d) := \int K(d, b)\chi(b) \, \mathrm{d}\mu(b) \qquad (13.43)$$

und

$$K(d, b) := \int r(b^{-1}\mathrm{d}\,c)\overline{r(c)} \, \mathrm{d}\mu(c) \, . \qquad (13.44)$$

Es sei $\tilde{r}(a) := \overline{r(a^{-1})}$. Dann können wir schreiben

$$K\chi = \chi * r * \tilde{r} \, . \qquad (13.45)$$

K ist ein Hermitescher Operator:

$$K(b, \mathrm{d}) = \int r(\mathrm{d}^{-1}bc)\overline{r(c)} \, \mathrm{d}\mu(c) = \int r(c')\overline{r(b^{-1}dc')} \, \mathrm{d}\mu(c') = \overline{K(d, b)} \, . \qquad (13.46)$$

Weiter folgt aus der Schwarzschen Ungleichung

$$|K(b, d)| \leq \|r\|^2 \, . \qquad (13.47)$$

Damit ist K sicher ein *kompakter (vollstetiger) Operator* in $L^2(G, \mu)$. (Es genügt dazu, dass $K(b, d) \in L^2(G \times G, \mu \otimes \mu)$ ist.) Folglich hat K ein *rein diskretes Spektrum*. Außerdem ist jeder Eigenwert, außer eventuell $\lambda = 0$, nur *endlichfach entartet*. (Siehe [23], § 8.) K ist $\neq 0$ für $r \neq 0$, denn

$$(f, Kf) = \int \bar{f}(d)r(b^{-1}dc)\bar{r}(c)f(b) \, \mathrm{d}\mu(d)\mathrm{d}\mu(b)\mathrm{d}\mu(c)$$

$$= \int \bar{f}(d)r(b^{-1}c^{-1})\overline{r(d^{-1}c^{-1})}f(b) \, \mathrm{d}\mu(d)\mathrm{d}\mu(b)\mathrm{d}\mu(c)$$

$$= \int \left| \int r(b^{-1}c^{-1})f(b) \, \mathrm{d}\mu(b) \right|^2 \mathrm{d}\mu(c) \, . \qquad (13.48)$$

Weiter *vertauscht K mit der regulären Darstellung*:

$$a \cdot (K\chi)(d) = \int K(a^{-1}d, b)\chi(b) \, \mathrm{d}\mu(b) = \int K(d, ab)\chi(b) \, \mathrm{d}\mu(b)$$

$$= \int K(d, b')\chi(a^{-1}b') \, \mathrm{d}\mu(b') = K(a \cdot \chi)(d) \, .$$

Nun betrachten wir einen Eigenwert $\lambda \neq 0$ von K (solche existieren, sonst wäre $K = 0$). Der Eigenraum zu λ ist unter G invariant, denn aus

$K\chi = \lambda\chi$ folgt $K(a \cdot \chi) = a \cdot (K\chi) = \lambda a \cdot \chi$. Da dieser endlichdimensional ist, können wir ihn ausreduzieren und eine irreduzible Darstellung $(F, \rho^{(\nu)})$ herausgreifen. Wir zeigen nun, dass jeder Vektor $\chi \in F$ in $E^{(\nu)}$ enthalten ist. Dazu notieren wir die folgenden Tatsachen:

(i) Sei $e^{(\nu)} := \sum_k e_{kk}^{(\nu)}$, dann gilt für $f \in E^{(\nu)}$:

$$e^{(\nu)} * f = f * e^{(\nu)} = f \,, \tag{13.49}$$

denn f lässt sich wie folgt darstellen

$$f = \sum_{i,k} \alpha_{ik} e_{ik}^{(\nu)} \,, \quad \alpha_{ik} \in \mathbb{C} \,,$$

und nach (13.38) gilt

$$e^{(\nu)} * f = \sum \alpha_{ik} e_{ss}^{(\nu)} * e_{ik}^{(\nu)} = \sum \alpha_{ik} \delta_{si} e_{sk}^{(\nu)} = \sum \alpha_{ik} e_{ik}^{(\nu)} = f \,.$$

(ii) Für jedes $g \in A(G)$ ist $g * e^{(\nu)} \in E^{(\nu)}$ und $e^{(\nu)} * g \in E^{(\nu)}$, da $E^{(\nu)}$ ein zweiseitiges Ideal ist.

(i) und (ii) implizieren, dass $e^{(\nu)}$ *im Zentrum von $A(G)$ ist*.

(iii) Sei χ_i eine Basis von F, dann ist

$$(e^{(\nu)} * \chi_i)(a) = \int e^{(\nu)}(b)\chi_i(b^{-1}a)\, d\mu(b) = \int e^{(\nu)}(b)b \cdot \chi_i(a)\, d\mu(b)$$

$$= \int e^{(\nu)}(b) \sum_s \chi_s(a)\rho_{si}^{(\nu)}(b)\, d\mu(b)$$

$$= n^{(\nu)} \sum_s \chi_s(a) \int \sum_l \rho_{ll}^{(\nu)}(b)\rho_{si}^{(\nu)}(b)\, d\mu(b) = \chi_i(a) \,,$$

d. h.

$$e^{(\nu)} * \chi = \chi \quad \text{für alle } \chi \in F. \tag{13.50}$$

Nach (ii) ist damit $\chi \in E^{(\nu)}$ und nach (i) folgt $\chi * e^{(\nu)} = \chi$. Nun ist aber anderseits, wegen (13.45)

$$\chi * r * \tilde{r} = \lambda\chi \quad (\chi \in F)\,.$$

Also

$$\chi = \chi * e^{(\nu)} = \frac{1}{\lambda}\chi * r * \tilde{r} * e^{(\nu)} \,. \tag{13.51}$$

Aber

$$(\tilde{r} * e^{(\nu)})(a) = \int \tilde{r}(b^{-1})e^{(\nu)}(ba)\, d\mu(b) = \int \bar{r}(b)e^{(\nu)}(ba)\, d\mu(b) = 0 \,,$$

denn $e^{(\nu)}(ba)$ ist, bei festem a, ein Element aus $E^{(\nu)}$ und r ist nach Voraussetzung orthogonal auf allen $E^{(\nu)}$. Deshalb müsste (mit (13.51)) χ verschwinden. Mit diesem Widerspruch ist der Vollständigkeits-Satz bewiesen.

Bemerkungen:

1. In (13.39) und (13.40) haben wir eine vollständige Ausreduktion der regulären Darstellung. Insbesondere sehen wir, dass in der regulären Darstellung alle irreduziblen Darstellungen vorkommen und zwar *so oft wie ihre Dimension* beträgt.

2. Aus (i) und (ii) folgt, dass die minimalen zweiseitigen Ideale $E^{(\nu)}$ wie folgt dargestellt werden können:

$$E^{(\nu)} = e^{(\nu)} * A(G) = A(G) * e^{(\nu)} \; . \tag{13.52}$$

3. Diskutiere die Ergebnisse für *endliche* Gruppen.

13.4 Ausreduktion einer unitären Darstellung einer kompakten Gruppe in einem Hilbertraum

Sei $g \longmapsto U(g)$ eine unitäre Darstellung in einem Hilbertraum $\mathcal{H}$. Wir zeigen, dass sich diese Darstellung, wie im endlichen Fall, vollständig ausreduzieren lässt. Dazu betrachten wir die Operatoren

$$\boxed{P_\nu = \int_G e^{(\nu)}(g) U(g) \, \mathrm{d}\mu(g) \; .} \tag{13.53}$$

Satz 13.4.1. *Die P_ν sind Projektoren und es gilt*

(i) $P_\nu P_\mu = \delta_{\mu\nu} P_\nu$,

(ii) $\sum P_\nu = \mathbb{1}$,

(iii) $[P_\nu, U(g)] = 0$ *für alle* $g \in G$.

Beweis. Wir zeigen zunächst $P_\nu^* = P_\nu$:

$$(f, P_\nu g) = \int e^{(\nu)}(a)(f, U(a)g) \, \mathrm{d}\mu(a) = \int e^{(\nu)}(a)(U(a^{-1})f, g) \, \mathrm{d}\mu(a)$$

$$= \int e^{(\nu)}(b^{-1})(U(b)f, g) \, \mathrm{d}\mu(b) = \int \overline{e^{(\nu)}(b)}(U(b)f, g) \, \mathrm{d}\mu(b) = (P_\nu f, g) \; .$$

Nun betrachten wir $P_\nu P_\mu$:

$$P_\nu P_\mu = \int e^{(\nu)}(a) e^{(\mu)}(b) \underbrace{U(a)U(b)}_{U(ab)} f \, \mathrm{d}\mu(a)\mathrm{d}\mu(b)$$

$$= \int\int e^{(\nu)}(cb^{-1}) e^{(\mu)}(b) U(c) f \, \mathrm{d}\mu(c)\mathrm{d}\mu(b) = \int (e^{(\nu)} * e^{(\mu)})(c) U(c) f \, \mathrm{d}\mu(c)$$

$$= \delta_{\mu\nu} \int e^{(\nu)}(c) U(c) f \, \mathrm{d}\mu(c) = \delta_{\mu\nu} P_\nu f \; .$$

Die P_ν sind also Projektoren und es gilt (i). Da die E^ν ganz $A(G)$ aufspannen, ist für $h \in A(G)$:

$$h(b) = \sum_{\nu=1}^{\infty} h_\nu(b) \,, \quad h_\nu : \text{Komponente von } h \text{ in } E^\nu.$$

Aber

$$e^{(\nu)} * h = \sum_\mu e^{(\nu)} * h_\mu = h_\nu \,.$$

Also

$$h(b) = \sum_\nu (e^{(\nu)} * h)(b) = \sum_\nu \int e^{(\nu)}(a) h(a^{-1}b) \, d\mu(a) \,. \tag{13.54}$$

Speziell

$$1 = \sum_\nu e^{(\nu)} * 1 = \sum_\nu e^{(\nu)} \,. \tag{13.55}$$

Wählen wir in (13.54) $h(b) = (U(b)f, g)$, so kommt

$$(U(b)f, g) = \sum_{\nu=1}^{\infty} \int e^{(\nu)}(a)(U(b)f, U(a)g) \, d\mu(a) = \sum_{\nu=1}^{\infty} (U(b)f, P_\nu g) \,.$$

Da $U(b)f$ willkürlich ist, gilt also für jedes $g \in A(G) : g = \sum_\nu P_\nu g$, d.h. (ii). Schließlich beweisen wir (iii). Es ist

$$U(b)P_\nu = \int U(b)e^{(\nu)}(a)U(a) \, d\mu(a) = \int e^{(\nu)}(b^{-1}c)U(c) \, d\mu(c) \,.$$

Ebenso

$$P_\nu U(b) = \int e^{(\nu)}(c\,b^{-1})U(c) \, d\mu(c) \,.$$

Aber $e^{(\nu)}$ ist eine Klassenfunktion (als Spur). Deshalb gilt

$$e^{(\nu)}(cb^{-1}) = e^{(\nu)}(b^{-1}(cb^{-1})b) = e^{(\nu)}(b^{-1}c) \,,$$

und folglich ist $U(b)P_\nu = P_\nu U(b)$, d.h. es gilt (iii).

Bemerkung:

Für P_ν können wir auch schreiben:

$$\boxed{P_\nu = n^{(\nu)} \int \overline{\chi^\nu(g)} U(g) \, d\mu(g) \,, \quad \chi^\nu = \text{Charakter zu } \rho^{(\nu)}.} \tag{13.56}$$

Nun ist

$$\mathcal{H} = \bigoplus_\nu \mathcal{H}_\nu , \quad \mathcal{H}_\nu := P_\nu \mathcal{H} \tag{13.57}$$

eine Zerlegung von $\mathcal{H}$ in invariante Unterräume (die $\mathcal{H}_\nu$ sind invariant wegen (iii)). Wir wollen nun auch die Unterräume $\mathcal{H}_\nu$ ausreduzieren. In einem festen $\mathcal{H}_\nu$ wählen wir ein vollständiges Orthonormalsystem φ_k und definieren die Vektoren

$$\psi_i^{(k,j)} := \int e_{ij}^{(\nu)}(a) U(a) \varphi_k \, d\mu(a) . \tag{13.58}$$

Es ist

$$U(b)\psi_i^{(k,j)} = \int e_{ij}^{(\nu)}(a) U(b\,a)\varphi_k \, d\mu(a)$$

$$= \int e_{ij}^{(\nu)}(b^{-1}c) U(c)\varphi_k \, d\mu(c) = \sum_s \rho_{si}^{(\nu)}(b) \int e_{sj}^{(\nu)}(c) U(c)\varphi_k \, d\mu(c) ,$$

d. h.

$$U(b)\psi_i^{(k,j)} = \sum_s \psi_s^{(k,j)} \rho_{si}^{(\nu)}(b) . \tag{13.59}$$

Die $\psi_i^{(k,j)}$ (k, j fest) spannen also einen irreduziblen Teilraum von $\mathcal{H}_\nu$ auf, welcher die Darstellung $\rho^{(\nu)}$ trägt. Aber die $\psi_i^{(k,j)}$ spannen den ganzen $\mathcal{H}_\nu$ auf. Wir können deshalb $\mathcal{H}_\nu$ in *isomorphe Darstellungsräume zur Darstellung* $\rho^{(\nu)}$ zerlegen:

$$\boxed{\mathcal{H}_\nu = \bigoplus_a \mathcal{H}_\nu^{(a)} .} \tag{13.60}$$

Diese Ausreduktion von $\mathcal{H}_\nu$ ist natürlich *nicht eindeutig*. Hingegen ist die Zerlegung (13.57) „kanonisch".

Der Darstellungsraum $\mathcal{H}_\nu$ ist nach (13.60) isomorph zu

$$\mathcal{H}_\nu \cong \mathcal{M}_\nu \otimes \mathcal{H}_\nu' \tag{13.61}$$

wobei G in $\mathcal{M}_\nu \otimes \mathcal{H}_\nu'$ durch $\rho^{(\nu)}(g) \otimes \mathbb{1}$ operiert (*Faktordarstellung*).

14. Anhang C: Clebsch-Gordan-Koeffizienten von $SU(2)$

In diesem Anhang berechnen wir die Clebsch-Gordan-Koeffizienten der Gruppe $SU(2)$. Diese sind durch die zur Clebsch-Gordan-Reihe

$$D^{j_1} \otimes D^{j_2} = \bigoplus_{j=|j_1-j_2|}^{j_1+j_2} D^j \tag{14.1}$$

gehörenden Basistransformation

$$\psi_{m_1}^{j_1} \otimes \psi_{m_2}^{j_2} = \sum_{j,\,m} (j_1 m_1 j_2 m_2 | jm) \psi_m^j(j_1, j_2) \tag{14.2}$$

definiert.

Wir benutzen die (globale) Darstellung in Abschn. 6.5.1. In dieser lauten die Vektoren ψ_m^j explizite

$$\psi_m^j = \frac{\xi_+^{j+m} \xi_-^{j-m}}{\sqrt{(j+m)!(j-m)!}} \ . \tag{14.3}$$

Es gilt

$$\psi_m^j(U^T \xi) = \sum_{m'} \psi_{m'}^j D_{m'm}^j(U) \ . \tag{14.4}$$

Es sei $\psi_{m_1}^{j_1}$ ein Monom der Form (14.3) in den Variablen $\xi_\pm$ und $\psi_{m_2}^{j_2}$ das entsprechende Monom in den Variablen $\eta_\pm$. Nun betrachten wir die Größe

$$K_j = (\xi_+\eta_- - \xi_-\eta_+)^{j_1+j_2-j}(\xi_+x_+ + \xi_-x_-)^{j_1-j_2+j}(\eta_+x_+ + \eta_-x_-)^{j_2-j_1+j} \ . \tag{14.5}$$

Transformieren wir darin ξ und η gemäß

$$\xi \longmapsto U\xi \ , \quad \eta \longmapsto U\eta$$

und x dazu *kontragredient*: $x \longmapsto (U^{-1})^T x$, so bleibt K_j *invariant*. Dazu beachte man:

1. $\xi_+\eta_- - \xi_-\eta_+ = \varepsilon_{mm'}\xi_m\eta_{m'} \longmapsto \varepsilon_{mm'}U_{mn}\xi_n U_{m'l}\eta_l$

$$= \varepsilon_{nl}(\text{Det}\,U)\xi_n\eta_l = \varepsilon_{nl}\xi_n\eta_l = \xi_+\eta_- - \xi_-\eta_+ \ ,$$

wo

$$\varepsilon = \begin{pmatrix} 0 & 1 \\ -1 & 0 \end{pmatrix} \ .$$

N. Straumann, *Quantenmechanik*, Springer-Lehrbuch
DOI 10.1007/978-3-642-32175-7_14, © Springer-Verlag Berlin Heidelberg 2013

2. $\xi_+ x_+ + \xi_- x_- = x^T \xi \longrightarrow x^T U^{-1} U \xi = x^T \xi$.

Als nächstes suchen wir in K_j die Koeffizienten von

$$X_m^j := \frac{x_+^{j+m} x_-^{j-m}}{\sqrt{(j+m)!(j-m)!}} \;.$$ (14.6)

Diese transformieren sich kontragredient zu X_m^j. Nun gilt aber für die Invariante

$$(\xi_+ x_+ + \xi_- x_-)^{2j} = \sum_{\nu=0}^{2j} \frac{(2j)!}{\nu!(2j-\nu)!}(\xi_+ x_+)^\nu (\xi_- x_-)^{2j-\nu} =$$

$$= (2j)! \sum_{m=-j}^{j} \frac{1}{(j+m)!(j-m)!}(\xi_+ x_+)^{j+m}(\xi_- x_-)^{j-m} =$$

$$= (2j)! \sum_{m=-j}^{j} \frac{\xi_+^{j+m} \xi_-^{j-m}}{(j+m)!(j-m)!} X_m^j \;.$$ (14.7)

Es werden also auch die $\psi_m^j(\xi)$ kontragredient zu X_m^j transformiert. Also *transformieren sich die Koeffizienten von X_m^j in K_j wie ψ_m^j, d. h. nach D^j.*
Nun berechnen wir diese Koeffizienten. Nach dem Binomialsatz ist

$$(\xi_+ \eta_- - \xi_- \eta_+)^{j_1+j_2-j}$$

$$= \sum_{\nu=0}^{j_1+j_2-j} (-1)^\nu \binom{j_1+j_2-j}{\nu} (\xi_+ \eta_-)^{j_1+j_2-j-\nu}(\xi_- \eta_+)^\nu$$

und

$$(\xi_+ x_+ + \xi_- x_-)^{j_1-j_2+j} = \sum_{\mu=0}^{j_1-j_2+j} \binom{j_1-j_2+j}{\mu} (\xi_+ x_+)^{j_1-j_2+j-\mu}(\xi_- x_-)^\mu \;,$$

$$(\eta_+ x_+ + \eta_- x_-)^{j_2-j_1+j} = \sum_{\rho=0}^{j_2-j_1+j} \binom{j_2-j_1+j}{\rho} (\eta_+ x_+)^\rho (\eta_- x_-)^{j_2-j_1+j-\rho} \;.$$

Setzen wir $m_1 = j_1 - \nu - \mu$, $m_2 = \rho + \nu - j_2$ so erhalten wir für K_j in (14.5)

$$K_j = \sum_{m_1, m_2} \sum_\nu (-1)^\nu \binom{j_1+j_2-j}{\nu} \binom{j_1-j_2+j}{j_1-m_1-\nu} \binom{j_2-j_1+j}{j_2+m_2-\nu} \;.$$

$$\cdot \xi_+^{j_1+m_1} \xi_-^{j_1-m_1} \eta_+^{j_2+m_2} \eta_-^{j_2-m_2} x_+^{j+(m_1+m_2)} x_-^{j-(m_1+m_2)} =$$

$$= (j_1+j_2-j)!(j_1-j_2+j)!(j_2-j_1+j)! \cdot \sum_{m_1, m_2} \psi_{m_1}^{j_1}(\xi) \psi_{m_2}^{j_2}(\eta) X_{m_1+m_2}^j c_{m_1 m_2}^j \;,$$

wobei

$$c^j_{m_1 m_2} = \sum (-1)^\nu \frac{1}{\nu!} \frac{[(j_1 + m_1)!(j_1 - m_1)!(j_2 + m_2)!]^{\frac{1}{2}}}{(j_1 + j_2 - j - \nu)!(j_1 - m_1 - \nu)!}$$

$$\frac{[(j_2 - m_2)!(j + m)!(j - m)!]^{\frac{1}{2}}}{(j - j_2 + m_1 + \nu)!(j_2 + m_2 - \nu)!(j - j_1 - m_2 + \nu)!} \, . \quad (14.8)$$

Also lauten die gesuchten Koeffizienten

$$\psi^j_m(j_1, j_2) := \rho_j \sum_{\substack{m_1, \, m_2 \\ (m_1 + m_2 = m)}} c^j_{m_1 m_2} \psi^{j_1}_{m_1}(\xi) \psi^{j_2}_{m_2}(\eta) \, . \quad (14.9)$$

Der Normierungfaktor ρ_j bestimmt sich aus

$$\|\psi^j_m\|^2 = 1 = |\rho_j|^2 \sum_{\substack{m_1, \, m_2 \\ (m_1 + m_2 = m)}} |c^j_{m_1 m_2}|^2 \, . \quad (14.10)$$

Die Summe rechts ist unabhängig von m; deshalb setzen wir $m = j$. Der Faktor $(j - j_1 - m_2 + \nu)!$ in $c^j_{m_1 m_2}$ ist dann

$$(j - j_1 - m_2 + \nu)! = (m - j_1 - m_2 + \nu)! = (-j_1 + m_1 + \nu)! \, .$$

Daneben kommt auch noch der Faktor $(j_1 - m_1 - \nu)!$ vor; also trägt nur $\nu = j_1 - m_1$ bei. Damit ist für $m_1 + m_2 = j$

$$c^j_{m_1 m_2} = (-1)^{j_1 - m_1} \frac{\sqrt{(2j)!}}{(j + j_1 - j_2)!(j - j_1 + j_2)!} \sqrt{\frac{(j_1 + m_1)!(j_2 + m_2)!}{(j_1 - m_1)!(j_2 - m_2)!}}$$

$$= (-1)^{j_1 - m_1} \left\{ \frac{(2j)!}{(j + j_1 - j_2)!(j - j_1 + j_2)!} \binom{j_1 + m_1}{j_2 - m_2} \binom{j_2 + m_2}{j_1 - m_1} \right\}^{\frac{1}{2}} \, . \quad (14.11)$$

Darin benutzen wir

$$\binom{u}{v} = (-1)^v \binom{v - u - 1}{v} \, . \quad (14.12)$$

Also

$$\sum_{\substack{m_1, \, m_2 \\ (m_1 + m_2 = m)}} |c^j_{m_1 m_2}|^2 = \frac{(2j)!(-1)^{j_1 + j_2 - j}}{(j + j_1 - j_2)!(j - j_1 + j_2)!}$$

$$\times \sum_{\substack{m_1, \, m_2 \\ (m_1 + m_2 = m)}} \binom{j_2 - j_1 - j - 1}{j_2 - m_2} \binom{j_1 - j_2 - j - 1}{j_1 - m_1} \, . \quad (14.13)$$

Nun gilt

$$(1 + z)^r = \sum_\nu \binom{r}{\nu} z^\nu , \quad (1 + z)^s = \sum_\mu \binom{s}{\mu} z^\mu .$$

Somit

$$(1 + z)^{r+s} = \sum_\tau \binom{.r + s}{\tau} z^\tau = \sum \binom{r}{\nu} \binom{s}{\mu} z^{\nu+\mu} .$$

Dies benutzen wir in (14.13)

$$\sum_{\substack{m_1, m_2 \\ (m_1+m_2=m)}} |c^j_{m_1 m_2}|^2 = \frac{(2j)!(-1)^{j_1+j_2-j}}{(j + j_1 - j_2)!(j - j_1 + j_2)!} \binom{-2j - 2}{j_1 + j_2 - j} .$$

Der letzte Faktor ist nach (14.12)

$$\binom{-2j - 2}{j_1 + j_2 - j} = (-1)^{j_1+j_2-j} \binom{j_1 + j_2 + j + 1}{j_1 + j_2 - j} .$$

Deshalb ist

$$\sum |c^j_{m_1 m_2}|^2 = \frac{(j_1 + j_2 + j + 1)!}{(j + j_1 - j_2)!(j - j_1 + j_2)!(j_1 + j_2 - j)!(2j + 1)} . \quad (14.14)$$

Nach (14.9), (14.10) und (14.14) haben wir

$$\psi^j_m(j_1, j_2) = \sum_{\substack{m_1, m_2 \\ (m_1+m_2=m)}} (j_1 m_1 j_2 m_2 | jm) \psi^{j_1}_{m_1} \otimes \psi^{j_2}_{m_2} , \quad (14.15)$$

wobei

$$(j_1 m_1 j_2 m_2 | jm) = [(j_1 + j_2 + j + 1)]^{-\frac{1}{2}} \cdot [(2j + 1)(j + j_1 - j_2)! \cdot$$

$$(j - j_1 + j_2)!(j_1 + j_2 - j)!(j_1 + m_1)!(j_1 - m_1)!(j_2 + m_2)!(j_2 - m_2)!(j + m)!(j - m)!]^{\frac{1}{2}} \cdot$$

$$\cdot \sum_{\nu=0}^{j_1+j_2-j} \frac{1}{\nu!} (-1)^\nu [(j_1 + j_2 - j - \nu)!(j_1 - m_1 - \nu)!(j - j_2 + m_1 + \nu)!$$

$$(j_2 + m_2 - \nu)!(j - j_1 - m_2 + \nu)!]^{-1} .$$

Mit den gewählten Phasen sind die Clebsch-Gordan-Koeffizienten *reell*. Die Transformation (14.15) ist natürlich unitär. Die Umkehrformel lautet

$$\psi^{j_1}_{m_1} \otimes \psi^{j_2}_{m_2} = \sum_{j=|j_1-j_2|}^{j_1+j_2} (j_1 m_1 j_2 m_2 | jm) \psi^j_m(j_1, j_2) . \quad (14.16)$$

Für die Clebsch-Gordan-Koeffizienten gibt es ausgiebige Tabellen, siehe z. B. [40].

15. Anhang D:
Beweis eines Satzes von Hermann Weyl

In diesem Anhang beweisen wir den Satz von H. Weyl, der in Abschn. 8.3 in wesentlicher Weise benutzt wurde.

Dazu betrachten wir –wie bereits in Abschn. 7.2– einen endlichdimensionalen Vektorraum E über $\mathbb{C}$ und eine Menge $\mathcal{A} \subset End_{\mathbb{C}}(E)$ von linearen Transformationen (z. B. die Darstellungsoperatoren einer Gruppe oder der zugehörigen Gruppenalgebra). Wir nehmen an, dass E bezüglich $\mathcal{A}$ vollreduzibel ist; es gebe also eine Zerlegung des $\mathcal{A}$-Moduls E in irreduzible Untermoduln. In dieser fassen wir isomorphe Summanden in sog. *isotypische* Untermoduln E^i zusammen:

$$E = \bigoplus_{i=1}^{l} E^i . \tag{15.1}$$

Die isotypischen Summanden E^i sind also isomorph zu $n_i E_i$ ($= E_i \oplus E_i \oplus \cdots \oplus E_i (n_i$ mal)$)$, wobei die E_i irreduzibel sind.

Wieder bezeichne $\mathcal{A}'$ die Kommutante (den Zentralisator) von $\mathcal{A}$,

$$\mathcal{A}' = End_A(E) . \tag{15.2}$$

Ein Element $\gamma \in \mathcal{A}'$ ist also eine lineare Transformation von E, welche die Aktion von $\mathcal{A}$ respektiert: $\gamma(Ax) = A\gamma(x)$ für alle $A \in \mathcal{A}$ (d. h. A und γ vertauschen).

In Abschn. 7.2.2 haben wir mit dem Schurschen Lemma gesehen, dass jedes $\gamma \in \mathcal{A}'$ gemäß (15.1) zerfällt $\left(\gamma\left(E^i\right) \subset E^i\right)$. In jedem isotypischen Summanden können wir außerdem eine Basis finden, welche sich in Blockform

$$
\begin{matrix}
u_{11}, & u_{12}, & \dots, & u_{1r} \\
u_{21}, & u_{22}, & \dots, & u_{2r} \\
& & \vdots & \\
u_{u1}, & u_{u2}, & \dots, & u_{ur}
\end{matrix}
\tag{15.3}
$$

so anordnen lässt, dass sich die Zeilen irreduzibel nach $\mathcal{A}$ transformieren und jedes $\gamma \in \mathcal{A}'$ alle Kolonnen $u_{1l}, \dots, u_{nl}$ in gleicher Weise (unabhängig von l)

N. Straumann, *Quantenmechanik*, Springer-Lehrbuch   363
DOI 10.1007/978-3-642-32175-7_15, © Springer-Verlag Berlin Heidelberg 2013

transformiert.[1] Da beliebige gleichzeitige Transformationen der Kolonnen mit $\mathcal{A}$ vertauschen, besteht $\mathcal{A}'$ aus einer direkten Summe von vollen Matrixalgebren.

Damit wissen wir, dass E auch bezüglich $\mathcal{A}'$ vollreduzibel ist. Es fragt sich nun, ob in verschiedenen Kasten isomorphe $\mathcal{A}'$-Unterräume vorkommen können. Wir zeigen, dass dies nicht der Fall ist. Würden sich nämlich die Kolonnen zu E^i und E^j $(i \neq j)$ unter $\mathcal{A}'$ gleich transformieren, so könnte man leicht nichttriviale Elemente von $Hom_{\mathcal{A}'}\left(E^i, E^j\right)$ konstruieren. Solche kann es aber nicht geben, wie man folgendermaßen einsehen kann. Die Projektoren $p^i : v^1 + \cdots + v^l \longmapsto v^i$ $(v^j \in E^j)$ sind in $\mathcal{A}'$ und deshalb haben wir für ein $f \in Hom_{\mathcal{A}'}(E^i, E^j)$: $f(E^i) = f(p^i E^i) = p^i \circ f(E^i) \subset p^i E^j = \{0\}$, d.h. $f = 0$.

Die $\mathcal{A}$- und die $\mathcal{A}'$-Kasten fallen also zusammen (die E^i sind gleichzeitig die isotypischen Komponenten von $\mathcal{A}'$).

Bezeichnen wir den Vektorraum, der durch die erste Zeile in (15.3) für E^i aufgespannt wird mit $F^{(i)}$ und den Vektorraum der durch die erste Kolonne aufgespannt wird mit $G^{(i)}$, so ist

$$E^i \cong F^{(i)} \otimes G^{(i)} . \tag{15.4}$$

Die beiden Seiten in (15.4) sind isomorph sowohl als $\mathcal{A}$- als auch $\mathcal{A}'$-Moduln. $\mathcal{A}$ wirkt dabei trivial auf den zweiten Faktor $G^{(i)}$, aber irreduzibel in $F^{(i)}$ und für $\mathcal{A}'$ gilt das umgekehrte. Wir wissen ferner, dass $\mathcal{A}'|F^{(i)} = End_{\mathbb{C}}\left(F^{(i)}\right)$ ist.

Für den ursprünglichen Vektorraum E haben wir also eine Zerlegung

$$E \cong \bigoplus_i \left(F^{(i)} \otimes G^{(i)}\right) \tag{15.5}$$

in irreduzible $(\mathcal{A}, \mathcal{A}')$-Unterräume. Jeder dieser Unterräume zerfällt je in eine direkte Summe von irreduziblen $\mathcal{A}$- bzw. $\mathcal{A}'$-Unterräumen. *Alle* isomorphen irreduziblen $\mathcal{A}$-, bzw. $\mathcal{A}'$-Unterräume in E sind in einem $F^{(i)} \otimes G^{(i)}$ zusammengefasst.

Nun betrachten wir speziell die folgende Situation: Es sei V ein Vektorraum über $\mathbb{C}$ und $E = V^{\otimes m}$ das m-fache Tensorprodukt. Darin ist die symmetrische Gruppe $\mathcal{S}_m$ in üblicher Weise dargestellt:

$$\sigma \in \mathcal{S}_m : \ v_1 \otimes \cdots \otimes v_m \longmapsto v_{\sigma^{-1}(1)} \otimes \cdots \otimes v_{\sigma^{-1}(m)} \tag{15.6}$$

(Permutation der Plätze). Die Gesamtheit aller dieser linearen Transformationen ist nun unsere Menge $\mathcal{A}$. Daneben führen wir die folgende Menge von Operatoren ein (V sei mit einem inneren Produkt versehen):

$$\Sigma = \left\{U^{\otimes m} := U \otimes U \cdots \otimes U \ \text{(m mal)} \,|\, U \in SU(V)\right\} . \tag{15.7}$$

Offensichtlich ist $\Sigma \subset \mathcal{A}'$. Nun gilt das wichtige

---

[1] Mit den Bezeichnungen in Abschn. 7.2.2 ist die Wirkung von γ auf einen Block (15.3): $\gamma u_{kl} = \sum_{i,j} \gamma_{ij} u_{kl} = \sum_i \lambda_{ik} u_{il}$.

Lemma (H. Weyl). *Die von Σ erzeugte Algebra ist $\mathcal{A}'$.*

Bevor wir das Lemma beweisen, ziehen wir die entscheidenden Konsequenzen.

Satz (H. Weyl). *In der Zerlegung von $E = V^{\otimes m}$ in irreduzible Bestandteile bezüglich $SU(V) \times \mathcal{S}_m$,*

$$E = \bigoplus_i E^i \, , \tag{15.8}$$

kommt jede Darstellung höchstens einmal vor. Ein E^i enthält sowohl alle isomorphen irreduziblen $SU(V)$ – als auch alle isomorphen irreduziblen $\mathcal{S}_m$ – Untermoduln von E.

Mit anderen Worten: Zwischen den Darstellungen von $SU(V)$ und den Darstellungen von $\mathcal{S}_m$ in E besteht eine ein-eindeutige Beziehung. Dies folgt unmittelbar aus dem Weylschen Lemma und den Aussagen im Anschluss an (15.5). Wir bemerken noch, dass der Satz von Weyl den Ausgangspunkt für die Darstellungstheorie der klassischen Gruppen bildet, wie sie von H. Weyl entwickelt wurde.[2] Als Spezialfall erhalten wir für $V = \mathbb{C}^2$ das in Abschn. 6.3 erwähnte Theorem, welches für die Atomspektren sehr wichtig ist.

Beweis des Weyl'schen Lemmas. Es genügt offensichtlich Folgendes zu zeigen: Eine beliebige lineare Funktion λ, welche auf $\mathcal{A}'$ definiert ist und auf Σ verschwindet, verschwindet auch auf $\mathcal{A}'$.

Sei $\gamma \in \mathcal{A}'$ und $\{e_i\}$ eine Basis von V. Da die $\{e_{i_1} \otimes \cdots \otimes e_{i_m}\}$ eine Basis von E bilden, ist γ durch die Entwicklungskoeffizienten in

$$\gamma\left(e_{i_1} \otimes \cdots \otimes e_{i_m}\right) = \Sigma_{j_1,\ldots,j_m} e_{j_1} \otimes \cdots \otimes e_{j_m} \gamma\left(j_1,\ldots,j_m; i_1,\ldots i_m\right) \tag{15.9}$$

charakterisiert. Man sieht leicht, dass γ genau dann in $\mathcal{A}'$ ist, wenn

$$\gamma\left(j_{\pi(1)},\ldots,j_{\pi(m)}; i_{\pi(1)},\ldots,i_{\pi(m)}\right) = \gamma\left(j_1,\ldots,j_m; i_1,\ldots,i_m\right) \, , \tag{15.10}$$

für alle $\pi \in \mathcal{S}_m$. Drücken wir die Linearform λ auf $\mathcal{A}'$ folgendermaßen aus

$$\lambda\left(\gamma\right) = \Sigma_{(i),(j)} \alpha\left(j_1,\ldots,j_m; i_1,\ldots i_m\right) \gamma\left(j_1,\ldots,j_m; i_1,\ldots i_m\right) \, , \tag{15.11}$$

so dürfen wir annehmen, dass auch $\alpha\left(\cdot\,;\,\cdot\right)$ die Symmetriebedingung (15.10) erfüllt.

Setzen wir für $U \in SU(V)$ $U e_j = \Sigma e_j \xi_{ji}$, dann gilt nach Voraussetzung

$$\Sigma_{(i),(j)} \alpha\left(j_1,\ldots,j_m; i_1,\ldots i_m\right) \xi_{j_1 i_1} \ldots \xi_{j_m i_m} = 0 \, . \tag{15.12}$$

Wir schreiben dafür kurz

$$P\left(\xi_{ij}\right) = 0 \, , \tag{15.13}$$

wobei P ein homogenes Polynom in den ξ_{ij} ist. Die Koeffizienten dieses Polynoms sind, bis auf kombinatorische Faktoren, die $\alpha's$ in (15.12). In (15.13)

---

[2]Für eine pädagogische Einführung siehe z. B. [39].

dürfen wir die Bedingung $\det(\xi_{ij}) = 1$ wegen der Homogenität von P fallenlassen und ein beliebiges $U = (\xi_{ij}) \in U(n)$ zulassen.

Sei $A(s)$ eine Kurve in $U(n)$ durch U, $A(0) = U$, dann folgt aus (15.13) durch Differentiation nach s an der Stelle $s = 0$

$$\frac{\partial P}{\partial \xi_{ij}} \frac{\mathrm{d}\xi_{ij}(s)}{\mathrm{d}s}\bigg|_{s=0} = 0 \; . \tag{15.14}$$

Sei $B(s) = U^{-1}A(s)$, dann ist

$$X := \frac{\mathrm{d}B(s)}{\mathrm{d}s}\bigg|_{s=0} = U^{-1}\frac{\mathrm{d}A(s)}{\mathrm{d}s}\bigg|_{s=0} \tag{15.15}$$

in der Liealgebra von $U(n)$, d. h. X ist antihermitesch. Setzen wir

$$\frac{\mathrm{d}A(s)}{\mathrm{d}s}\bigg|_{s=0} = UX$$

in (15.14) ein, so kommt

$$\frac{\partial P}{\partial \xi_{ij}}\xi_{ik}X_{kj} = 0 \text{ für } X = (X_{kj}) \; . \tag{15.16}$$

Nun kann aber eine beliebige Matrix X als Summe einer antihermiteschen und i-mal einer anderen antihermiteschen Matrix dargestellt werden. Deshalb gilt

$$\frac{\partial P}{\partial \xi_{ij}}\xi_{ik} = 0 \; . \tag{15.17}$$

Die Matrix (ξ_{ik}) ist nicht singulär, folglich $\partial P/\partial \xi_{ij} = 0$. Dies ist ein Polynom von einem Grade tiefer als P. Mit Induktion können wir auf $P = 0$, d. h. $\alpha(j_1, j_2, \ldots j_m; i_1, \ldots, i_m) = 0$ schließen. Damit ist gezeigt, dass $\lambda = 0$ ist und das Weylsche Lemma ist bewiesen.

Übungsaufgabe. Zeige, dass eine irreduzible Darstellung (ρ, E) eines direkten Produktes $G_1 \times G_2$ von zwei Gruppen, welche bezüglich G_1 oder G_2 vollreduzibel ist, äquivalent zu $(\rho_1 \times \rho_2, E_1 \otimes E_2)$ ist (siehe Abschn. 8.3), wo (ρ_1, E_1) und (ρ_2, E_2) irreduzible Darstellungen von G_1 und G_2 sind. (Für kompakte Gruppen wurde dies in Abschn. 8.3 mit der Charakterentheorie bewiesen.)

16. Epilog: Grundlagenprobleme der QM

In meiner Antwort auf die im Schilppschen Buche erscheinenden Arbeiten habe ich wieder mein einsames Liedchen gesungen, das mich selber an den Refrain jenes alten Büchleins erinnert:

> *Über die Rede des Kandidaten Jobses*
> *Allgemeines Schütteln des Kopses.*

Einstein an Bohr, 4. April 1949

16.1 Historisches

Einstein, Schrödinger, von Laue und andere hofften zeitlebens zur Realitäts-vorstellung der klassischen Physik zurückkehren zu können, also zur Vorstellung einer objektiven, realen Welt, deren kleinste Teile in der gleichen Weise objektiv existieren wie die Gegenstände der makroskopischen Physik, gleichgültig, ob wir sie beobachten oder nicht. Pauli drückte dies so aus [1]:

> *Nur kurz will ich erwähnen, dass die klassische Feldphysik ebenso wie die klassische Mechanik zu den deterministischen Theorien gehört. Interessanterweise hält Einstein diesen deterministischen Zug der klassischen Theorien für weniger wesentlich als einen anderen, allgemeineren, den man als „realistisch" in einem engeren Sinne bezeichnen kann. Er charakterisiert ihn so: „Es gibt so etwas wie den realen Zustand eines physikalischen Systems, was unabhängig von jeder Beobachtung oder Messung objektiv existiert und mit den Ausdrucksmitteln der Physik im Prinzip beschrieben werden kann." Diese Forderung umschreibt jedoch nur ein spezielles Ideal, das sowohl in der klassischen Punktmechanik und Elektrodynamik als auch in der Relativitätstheorie, aber nicht in der ebenfalls objektiven Naturbeschreibung der Quantenmechanik erfüllt ist.*

N. Straumann, *Quantenmechanik*, Springer-Lehrbuch
DOI 10.1007/978-3-642-32175-7_16, © Springer-Verlag Berlin Heidelberg 2013

Einstein hat immer aufs neue betont, dass er deshalb die Quan-
tenmechanik für unvollständig hält und die Hoffnung auf eine Ver-
vollständigung der Quantenmechanik, welche seine engere Realitäts-
forderung wieder herstellt, nicht aufgeben wolle. Klar gibt er sein
Motiv für seine Haltung an: Er ist der Ansicht, dass nur eine solche
im engeren Sinne realistische Theorie die Unterscheidung von Traum
und Wachen, von Einbildung oder Halluzination und einer für alle
gültigen objektiven Wirklichkeit im Prinzip garantieren könne.

Da Einsteins Ideal in der Quantenmechanik nicht erfüllt ist, betrachtete er
diese als eine Art glorifizierter statistischer Mechanik. Zeitlebens hegte er die
Hoffnung einer Vervollständigung, welche es ermöglichen würde, seine engere
Realitätsforderung wieder herzustellen. In diesem Sinne hat sich Einstein oft
geäußert, so z. B. im Schilppschen Buche [2]:

Die statistische Quantentheorie würde – im Falle des Gelingens sol-
cher Bemühungen [vollständige Beschreibung des Einzelsystems] – im
Rahmen der zukünftigen Physik eine einigermaßen analoge Stellung
einnehmen wie die statistische Mechanik im Rahmen der klassischen
Theorie. Ich bin ziemlich fest davon überzeugt, dass von solcher Art
die Entwicklung der theoretischen Physik sein wird; aber der Weg
wird langwierig und beschwerlich sein.

Einstein war natürlich kein naiver Realist, wie z. B. aus der folgenden
Stelle in einem Brief an Schrödinger aus dem Jahre 1935 hervorgeht:

Die eigentliche Schwierigkeit liegt darin, dass die Physik eine Art
Metaphysik ist; Physik beschreibt „Wirklichkeit". Aber wir wissen
nicht was „Wirklichkeit" ist; wir kennen sie nur durch die physikalische Beschreibung!

(Aus Brief [206] in [3]. Diese durch Karl von Meyenn herausgegebene Auswahl
von Schrödinger Briefen möchte ich dem Leser sehr empfehlen.)

Schrödingers Einstellung zur QM und deren Interpretation durch die Kopenhagener Schule deckte sich weitgehend mit Einsteins Bedenken. Im Brief
[215] in [3] bestätigt dies Einstein mit der Aussage: „Du bist faktisch der
einzige Mensch mit dem ich mich wirklich gern auseinandersetze."

16.2 Verborgene Variable

Eine Klasse von „realistischen" Theorien basiert auf der Vorstellung von „verborgenen Variablen". Bevor wir eine präzise (wenn auch möglicherweise zu
enge) Definition von Theorien mit verborgenen Variablen geben, rekapituliere
ich für Leser, die sich hauptsächlich für diesen Epilog interessieren, diejenigen
Teile von Kap. 5 die für das Folgende einzig relevant sind.

16.2.1 Kinematische Struktur der QM

Man stelle sich ein wohldefiniertes quantenmechanisches System vor, z. B. die Spin-Freiheitsgrade eines Spin-1 Teilchens oder von mehreren Spin-1/2 Teilchen. Es sei $\mathcal{O}$ eine spezifizierte Menge von Observablen (z. B. eine endliche Anzahl), welche durch selbstadjungierte Operatoren eines Hilbert Raumes $\mathcal{H}$ repräsentiert werden. Für ein $A \in \mathcal{O}$ bezeichnen wir mit $E^A(\cdot)$ das (projektionswertige) Spektralmass von A. Es gilt die Spektralzerlegung

$$A = \int_{\sigma(A)} \lambda \, dE^A(\lambda), \quad \sigma(A) : \text{Spektrum von } A \; . \tag{16.1}$$

Allgemeiner hat der Operator $u(A)$ für eine Borel-Funktion $u : \mathbb{R} \to \mathbb{R}$ die Darstellung

$$u(A) = \int_{\sigma(A)} u(\lambda) \, dE^A(\lambda) \; ; \tag{16.2}$$

speziell ist $1_\Delta(A) = E^A(\Delta)$. Es gelten die Regel (als Teil des 'symbolischen Kalküls')

$$u_1(A)u_2(A) = (u_1 \cdot u_2)(A), \quad u_1(A) + u_2(A) = (u_1 + u_2)(A) \; . \tag{16.3}$$

Ferner sind $E^{u(A)}$ und E^A natürlich über die Vorwärtstransformation (pushforward) verknüpft:

$$E^{u(A)}(\Delta) = E^A(u^{-1}(\Delta)) : \quad E^{u(A)} = u_* E^A \; . \tag{16.4}$$

Neben den Observablen $\mathcal{O}$ sei auch eine Menge $\mathcal{S}$ von reinen Zuständen (Einheitsstrahlen) spezifiziert. (Wir könnten allgemeiner auch gemischte Zustände betrachten, aber dies ist nicht wesentlich.) Zu jedem Paar $[\psi] \in \mathcal{S}$, $A \in \mathcal{O}$ gehört das Wahrscheinlichkeitsmaß

$$w_{[\psi]}^A(\Delta) = (\psi, E^A(\Delta)\psi) \; , \tag{16.5}$$

und nach Born ist dies die Verteilung von A im Zustand $[\psi]$. Beachte, dass (16.4) folgendes impliziert

$$w_{[\psi]}^{u(A)} = u_* w_{[\psi]}^A \; . \tag{16.6}$$

(Zur Erinnerung: Das Bild eines Maßes μ ist gegeben durch $(u_*\mu)(\Delta) = \mu(u^{-1}(\Delta))$.)

16.2.2 Die Kochen-Specker Bedingungen
für verborgene Variablen

In diesem Abschnitt definieren wir präzise, was wir unter verborgenen Variablen verstehen. Wir benutzen dabei die Begriffsbildung von Kochen und Specker (KS) [4].

In einem ersten Schritt verlangen wir: Es gibt einen Messraum $(\Omega, \mathcal{F})$ und zwei Abbildungen

$$\mathcal{O} \ni A \mapsto f_A : \Omega \to \mathbb{R} \quad \text{(messbar)}, \tag{16.7}$$

$$\mathcal{S} \ni [\psi] \mapsto \rho_{[\psi]} : \text{prob. measure on } (\Omega, \mathcal{F}), \tag{16.8}$$

welche die quantenmechanischen Wahrscheinlichkeiten richtig wiedergeben:

$$w_{[\psi]}^A(\Delta) = \rho_{[\psi]}(f_A^{-1}(\Delta)) = (f_A)_* \rho_{[\psi]}(\Delta). \quad \textbf{(KS1)} \tag{16.9}$$

Die erste Abbildung ordnet den Observablen 'Werte' zu. Die rechte Seite von (KS1) ist die klassische Verteilung von f_A im Zustand $\rho_{[\psi]}$ (wie in der klassischen Statistischen Mechanik); wir schreiben dafür auch $w_{\rho_{[\psi]}}^{f_A}$. Insbesondere müssen die Erwartungswerte übereinstimmen:

$$(\psi, A\psi) = \int_{\sigma(A)} \lambda \, dw_{[\psi]}^A(\lambda) = \int_\Omega f_A(\omega) \, d\rho_{[\psi]}(\omega). \tag{16.10}$$

(Beim letzten Gleichheitszeichen haben wir die allgemeine Transformationsformel der Maßtheorie für Integrale benutzt.)

Solange wir nicht mehr verlangen, können verborgene Variablen in diesem Sinne immer eingeführt werden. Wir zeigen dies mit der folgenden einfachen abstrakten Konstruktion in [4] (welche vom Standpunkt der Wahrscheinlichkeitstheorie ganz natürlich ist): Wir wählen

$$\Omega = \mathbb{R}^{\mathcal{O}} = \{\omega | \omega : \mathcal{O} \to \mathbb{R}\}, \quad \mathcal{F} = \mathcal{B}^{\mathcal{O}} \tag{16.11}$$

($\mathcal{B}$: Borel σ−Algebra von $\mathbb{R}$), und die beiden Abbildungen f_A, $\rho_{[\psi]}$ gemäß

$$f_A(\omega) = \omega(A) \quad \text{(kanonische Pproj.)}, \quad \rho_{[\psi]} = \bigotimes_{A \in \mathcal{O}} w_{[\psi]}^A \quad \text{(Produktmass)}.$$
$$\tag{16.12}$$

(KS1) ist tatsächlich erfüllt:

$$\rho_\psi(f_A^{-1}(\Delta)) = \rho_\psi(\{\omega | \underbrace{f_A(\omega) \in \Delta}_{\omega(A) \in \Delta}\}) = w_\psi^A(\Delta).$$

Beachte, dass bei dieser Konstruktion die f_A messbare Funktionen sind, welche man als Zufallsvariablen interpretieren kann, die offensichtlich *unabhängig* sind. In einer physikalisch interessanten Theorie sind jedoch Observablen im allgemeinen nicht unabhängig. Deshalb benötigen wir eine zusätzliche Bedingung, um solche ziemlich trivialen Konstruktionen auszuschließen.

Zur Motivation der zusätzlich postulierten Bedingung durch KS notieren wir, dass in jeder physikalischen Theorie eine Funktion von einer Observablen so definiert werden muss, dass die Wahrscheinlichkeitsverteilungen durch Vorwärtstransformation verknüpft sind, denn dies drückt aus wie Funktionen einer Observablen gemessen werden. Dieser Sachverhalt wird durch die vertikalen Pfeile im folgenden Diagramm angedeutet:

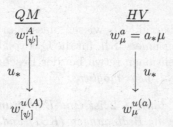

(KS1) postuliert, dass die oberen Verteilungen gleich sind falls $a = f_A$ und $\mu = \rho_{[\psi]}$. Die Bilder unter u sind dann ebenfalls gleich, und deshalb impliziert (KS1) für die untere Zeile, dass $f_{u(A)}$ und $u(f_A)$ ebenfalls dieselben Verteilungen haben. KS fordern schärfer, dass sogar die beiden Funktionen gleich sind:

$$f_{u(A)} = u(f_A) : \qquad \textbf{(KS2)}. \qquad (16.13)$$

Diese „funktionale Kompositionsbedingung" zieht, wie wir sehen werden, weitreichende Konsequenzen nach sich. (Sie kann als Alternative zur Bellschen Lokalitätsannahme betrachtet werden, die weiter unten eingeführt wird.)

Theorien mit verborgenen Variablen, welche die beiden K-S Bedingungen erfüllen, werden heute als *kontextunabhängig* bezeichnet. In diesen hängen die 'Werte' der Observablen nicht von der experimentellen Anordnung (vom Messkontext) ab.

Die folgende Bemerkung wird wichtig sein. Falls $A_1, A_2 \in \mathcal{O}$ *vertauschen*, dann gilt

$$f_{A_1 A_2} = f_{A_1} \cdot f_{A_2}, \quad f_{A_1 + A_2} = f_{A_1} + f_{A_2}. \qquad (16.14)$$

Beweis: Die beiden kommutierenden selbstadjungierten Operatoren A_1, A_2 können nach von Neumann als Funktionen eines einzigen selbstadjungierten Operators A dargestellt werden: $A_1 = u_1(A), A_2 = u_2(A)$. Damit folgt mit (16.3)

$$A_1 A_2 = u_1(A)u_2(A) = (u_1 \cdot u_2)(A);$$
$$f_{A_1 A_2} = f_{(u_1 \cdot u_2)(A)} \overset{\text{KS2}}{=} (u_1 \cdot u_2) \circ f_A$$
$$= (u_1 \circ f_A) \cdot (u_2 \circ f_A) \overset{\text{KS2}}{=} f_{u_1(A)} \cdot f_{u_2(A)} = f_{A_1} \cdot f_{A_2}.$$

Analog folgt die Additivität.

16.3 Der Satz von Kochen und Specker

> *The main aim of this paper is to give*
> *a proof of the nonexistence of hidden*
> *variables.*
>
> Kochen und Specker, 1967

Kochen und Specker haben in [4] bewiesen, dass man die Forderungen (KS1) und (KS2) in *zwei* Dimensionen, d. h. für die QM von Spin 1/2, erfüllen kann, aber schon in drei Dimensionen (etwa bei der Beschreibung von Spin 1) ist dies im Allgemeinen *nicht mehr möglich*:

THEOREM. *Falls dim$\mathcal{H}$ > 2 ist eine Einbettung einer quantenmechanischen Systems, welche die Bedingungen (KS1) und (KS2 erfüllt), „im Allgemeinen" – für eine große Klasse von physikalisch relevanten Beispielen – nicht möglich.*

Bemerkungen. 1) Für die Spinfreiheitsgrade eines Spin-1/2 Teilchens ist eine solche Einbettung möglich, wie sowohl J. Bell, als auch KS gezeigt haben (siehe Abschn. 16.3.5).

2) Wir haben nicht gesagt, was wir mit „im Allgemeinen" genau meinen, da wir dann Fälle umschreiben müssten, bei denen die beiden Mengen $\mathcal{O}, \mathcal{S}$ zu simpel sind. Eine Einbettung wäre z. B. möglich für ein endliches Spin-1/2-System, falls $\mathcal{O}$ nur aus Operatoren bestehen würde, welche lediglich in einem der Faktoren $\mathbb{C}^2$ nichttrivial operieren und zudem $\mathcal{S}$ nur Produktzustände enthielte. Wirklich wesentlich ist, dass die Aussage beispielsweise für gewisse atomphysikalische Systeme zutrifft.

Es gibt inzwischen mehrere einfache Beweise des Kochen-Specker-Theorems. Wir demonstrieren hier die behauptete Unmöglichkeit für drei verschiedene Spinsysteme.

16.3.1 Beweis für drei Spin-1/2-Systeme

Der folgende Beweis für ein sechsdimensionales Beispiel, das wir später auch als ein Einstein-Podolsky-Rosen-Experiment interpretieren werden, ist wohl der einfachste[1].

Dazu betrachten wir die Spinfreiheitsgrade von drei Spin-$\frac{1}{2}$-Teilchen. Die nachstehenden sechs selbstadjungierten Operatoren im Hilbertraum $\mathcal{H} = \mathbb{C}^2 \otimes \mathbb{C}^2 \otimes \mathbb{C}^2$ der Zustände werden eine wichtige Rolle spielen:

$$A_1 = \sigma_x \otimes \mathbb{1} \otimes \mathbb{1}, \ A_2 = \mathbb{1} \otimes \sigma_x \otimes \mathbb{1}, \ A_3 = \mathbb{1} \otimes \mathbb{1} \otimes \sigma_x,$$
$$B_1 = \sigma_y \otimes \mathbb{1} \otimes \mathbb{1}, \ B_2 = \mathbb{1} \otimes \sigma_y \otimes \mathbb{1}, \ B_3 = \mathbb{1} \otimes \mathbb{1} \otimes \sigma_y. \tag{16.15}$$

---

[1]Ich adaptiere in diesem Beweis ein Argument von N. D. Mermin (Physics Today, Juni 1990, S. 9), das auf einem Gedankenexperiment von D. Greenberger, M. Horne und A. Zeilinger [5] beruht. Siehe auch [6].

Von speziellem Interesse sind für uns die drei Produkte

$$Q_1 = A_1 B_2 B_3 , \quad Q_2 = B_1 A_2 B_3 , \quad Q_3 = B_1 B_2 A_3 \tag{16.16}$$

mit je zwei B-Faktoren und einem A-Faktor. Man sieht sofort, dass die Operatoren (16.16) miteinander kommutieren und das Quadrat eines jeden gleich $\mathbb{1}$ ist. Wir können leicht einen gemeinsamen Eigenzustand aller Q_j mit lauter Eigenwerten $+1$ finden: Sei $\{\chi_\uparrow, \chi_\downarrow\}$ die Standardbasis von $\mathbb{C}^2$ (mit $\sigma_z \chi_\uparrow = \chi_\uparrow$, $\sigma_z \chi_\downarrow = -\chi_\downarrow$), so gilt für den symmetrischen Zustand

$$\Psi = \frac{1}{\sqrt{2}} \left[\chi_\uparrow \otimes \chi_\uparrow \otimes \chi_\uparrow - \chi_\downarrow \otimes \chi_\downarrow \otimes \chi_\downarrow \right] , \tag{16.17}$$

wie man leicht sieht,

$$Q_j \Psi = \Psi \quad (j = 1, 2, 3) . \tag{16.18}$$

In diesem Zustand sind die Produkte (16.16) *strikte korreliert*: $\langle A_1 B_2 B_3 \rangle_\Psi = 1$, etc.

Wir nehmen nun an, es gebe für das quantenmechanische Modell von drei Spin-$\frac{1}{2}$-Teilchen eine Einbettung in ein Modell mit verborgenen Parametern im Sinne von Kochen und Specker, die (16.9) und (16.13) und somit (16.14) erfüllen.

Da für die Bilder $q_j = f_{Q_j}$ von Q_j die klassischen und quantenmechanischen Erwartungswerte übereinstimmen, gilt für den Zustand (16.17)

$$\int_\Omega q_j(\omega) \, d\rho_\Psi(\omega) = 1 \quad (j = 1, 2, 3) . \tag{16.19}$$

Wegen $Q_j^2 = \mathbb{1}$ folgt aus (16.13) auch $q_j^2 = 1$, d. h. die Zufallsvariablen $q_j(\omega)$ sind fast überall gleich ± 1. Mit (16.19) ergibt sich somit

$$q_j(\omega) = 1 \quad \text{fast überall} , \tag{16.20}$$

weshalb fast sicher

$$q_1 q_2 q_3 = 1 \tag{16.21}$$

ist.

Da die drei Faktoren in jedem Q_j in (16.16) miteinander kommutieren, so folgt für die klassischen Entsprechungen a_j, b_j von A_j und B_j nach (16.14)

$$q_1 = a_1 b_2 b_3 , \quad q_2 = b_1 a_2 b_3 , \quad q_3 = b_1 b_2 a_3 . \tag{16.22}$$

Die Funktionen a_j und b_j auf Ω können ebenfalls nur die Werte ± 1 annehmen, weil die Quadrate von A_j und B_j alle gleich $\mathbb{1}$ sind. Deshalb erhalten wir durch Produktbildung der Gln. 16.22

$$q_1 q_2 q_3 = a_1 a_2 a_3 = 1 . \tag{16.23}$$

Der Widerspruch zur Annahme einer Einbettung ergibt sich nun unter Beachtung der folgenden Operatorgleichung

$$Q_1 Q_2 Q_3 = -A_1 A_2 A_3 , \tag{16.24}$$

weshalb für den Zustand (16.17) der Erwartungswert

$$(\Psi, A_1 A_2 A_3 \Psi) = -1 \tag{16.25}$$

resultiert. Nun vertauschen auch die drei Faktoren in $A_1 A_2 A_3$ und deshalb ist das Bild dieses Produktes nach (16.14) gleich $a_1 a_2 a_3$. Wegen der Gleichheit (16.10) der Erwartungswerte folgt deshalb aus (16.25) unausweichlich

$$a_1 a_2 a_3 = -1 \quad \text{(fast überall)} \tag{16.26}$$

Der *Widerspruch* mit (16.23) könnte nicht krasser sein.

16.3.2 Kochen-Specker-Theorem für Spin-1

Ich führe nun noch einen weiteren relativ einfachen Beweis für ein dreidimensionales Beispiel vor. Dieser ist eine wesentlich vereinfachte Version des ursprünglichen Beweise von KS durch A. Peres [8]. Dabei wird bemerkenswerter Weise lediglich die Bedingung (KS2) benutzt. Es gilt also:

Satz 16.3.1. *Es gibt kein klassisches Modell im Sinne der Abbildungsbedingung (16.3) für die Quantentheorie der Spinvariablen eines Spin-1-Teilchens.*

Beweis. Der Hilbertraum des Systems ist $\mathbb{C}^3$. Für die Spinoperatoren S (in Einheiten $\hbar$) wählen wir die Darstellung:

$$S_1 = \begin{pmatrix} 0 & 0 & 0 \\ 0 & 0 & -i \\ 0 & i & 0 \end{pmatrix} , \quad S_2 = \begin{pmatrix} 0 & 0 & i \\ 0 & 0 & 0 \\ -i & 0 & 0 \end{pmatrix} , \quad S_3 = \begin{pmatrix} 0 & -i & 0 \\ i & 0 & 0 \\ 0 & 0 & 0 \end{pmatrix} , \tag{16.27}$$

welche natürlich nur bis auf unitäre Äquivalenz eindeutig ist. Für diese gilt

$$1 - S_1^2 = \begin{pmatrix} 1 & 0 & 0 \\ 0 & 0 & 0 \\ 0 & 0 & 0 \end{pmatrix} , \quad 1 - S_2^2 = \begin{pmatrix} 0 & 0 & 0 \\ 0 & 1 & 0 \\ 0 & 0 & 0 \end{pmatrix} , \quad 1 - S_3^2 = \begin{pmatrix} 0 & 0 & 0 \\ 0 & 0 & 0 \\ 0 & 0 & 1 \end{pmatrix} . \tag{16.28}$$

Jedem Einheitsvektor $e \in \mathbb{R}^3$ ($|e| = 1$) ordnen wir den Operator

$$P(e) = 1 - (e \cdot S)^2 \tag{16.29}$$

zu. In der Darstellung (16.27) kann man dessen Matrixelemente leicht berechnen. Benutzt man in

$$P(e) = 1 - \sum_{k,l} e_k e_l S_k S_l = \sum_k (1 - S_k^2) e_k^2 - \sum_{k<l} e_k e_l \{S_k, S_l\}$$

die Gln. 16.27 und 16.28, so findet man mit einer kurzen Rechnung

$$P(e)_{kl} = e_k e_l . \tag{16.30}$$

Nun betrachten wir rechtshändige orthonormierte Dreibeine $\{e_1, e_2, e_3\}$ in $\mathbb{R}^3$. Dafür gelten nach (16.30) die Eigenschaften

$$\sum_{k=1}^{3} P(e_k) = 1 \,, \tag{16.31}$$

$$P(e_j)P(e_k) = \delta_{jk}P(e_j) \,. \tag{16.32}$$

Die drei Projektoren $P(e_j)$, die nach (16.30) paarweise kommutieren, können wir als Funktionen einer *einzigen* Observablen darstellen. Dies wissen wir aus allgemeinen Gründen, aber wir geben hier auch eine explizite Konstruktion. Dazu sei

$$A = \sum_{k=1}^{3} a_k P(e_k) \,, \ a_1 < a_2 < a_3 \,. \tag{16.33}$$

Dann gilt, wie man sofort verifiziert,

$$P(e_j) = u_j(A) \,, \tag{16.34}$$

mit

$$u_1(A) = \frac{1}{(a_1 - a_2)(a_1 - a_3)} (A - a_2)(A - a_3) \quad \text{und zyklisch} \,. \tag{16.35}$$

Gäbe es nun ein klassisches Modell im Sinne von Kochen und Specker, so würden den Projektoren $P(e)$ charakteristische Funktionen[2]

$$\chi_e = f_{P(e)} \tag{16.36}$$

auf dem Phasenraum entsprechen, welche

$$\sum_{j=1}^{3} \chi_{e_j} = 1 \tag{16.37}$$

erfüllen. Dies folgt wieder aus (16.14).

Bilden wir Erwartungswerte von χ_e in klassischen Zuständen μ

$$\varphi(e) := \int_{\Omega} \chi_e \mathrm{d}\mu \,, \tag{16.38}$$

so gilt dafür

$$0 \leq \varphi(e) \leq 1 \,, \quad \sum_{j} \varphi(e_j) = 1 \,. \tag{16.39}$$

---

[2]Für einen Projektor P gilt $f_P^2 = f_{P^2} = f_P$, also hat f_P nur die Werte 0 und 1.

Solche Funktionen nennen wir *Dreibeinfunktionen*. Ist μ speziell atomar, so ist $\varphi(e) \in \{0, 1\}$. Solche „001 Funktionen" kann es aber sogar für gewisse endliche Mengen von Dreibeinen nicht geben.

Würden wir die Bedingung (16.39) für alle Dreibeine verlangen, so würde das Gleason-Theorem sofort auf einen Widerspruch führen, denn danach gäbe es eine positive Matrix S mit $\operatorname{Sp} S = 1$ und

$$\varphi(e) = (e, Se) . \tag{16.40}$$

Dies zeigt, dass $\varphi(e)$ nicht nur die Werte 1 oder 0 annehmen kann. Es ist aber physikalisch entscheidend, dass nur *endliche viele* Dreibeine in Betracht gezogen werden.

In ihrer Originalarbeit [4] haben Kochen und Specker mit einer raffinierten Konstruktion gezeigt, dass man höchstens 39 Dreibeine mit 109 verschiedenen Richtungen braucht. Wenn also jemand an verborgene Parameter im Sinne von Kochen und Specker glaubt, kann man ihm mit 109 Fragen seinen Irrtum nachweisen. Diese Zahl werden wir nun noch weiter reduzieren.

Wir wollen die Frage nach der Existenz von Dreibeinfunktionen φ mit Werten in $\{0, 1\}$ in ein „Farbenproblem" übersetzen. Dazu identifiziere man die Einheitsvektoren e mit Punkten auf S^2. Ist $\varphi(e) = 1$ so soll der betreffende Punkt rot markiert sein, sonst grün. Zu einem φ muss sich S^2 mit den zwei Farben rot und grün so bemalen lassen, dass für ein Dreibein $\{e_j\}$ genau ein Punkt rot ist und ferner antipodische Punkte dieselbe Farbe haben. Wir zeigen nun, dass dies unmöglich ist[3].

Anstelle der Einheitsvektoren $e \in \mathbb{R}^3$ arbeiten wir im folgenden mit den erzeugten Geraden (Strahlen) durch den Nullpunkt, da es nur auf diese ankommt. Die Orientierung der Geraden spielt dabei keine Rolle. Wir können einen Strahl z. B. durch die Richtungskosinusse für eine der beiden Orientierungen charakterisieren.

Man stelle sich nun einen Würfel vor, dessen Mittelpunkt mit dem Nullpunkt von $\mathbb{R}^3$ zusammenfällt und dessen Seitenlängen gleich $2\sqrt{2}$ sind. Sodann betrachte man alle Strahlen, welche den Nullpunkt mit den folgenden Punkten einer der Seitenflächen verbinden (siehe Abb. 16.1).

$(x, y) = (0, \pm\sqrt{2})$, $(0, \pm 1)$, $(0, 0)$, $(\pm 1, \pm 1)$, $(\pm 1, 0)$. Man sieht leicht, dass dies insgesamt 33 verschiedene Strahlen definiert. Wir charakterisieren diese zweckmäßig mit den drei Koordinaten von einem der beiden ausgezeichneten Punkte auf einer Würfeloberfläche. (Jeder Strahl geht durch zwei solche Punkte.) Dabei benutzen wir die folgende Bezeichnung für die drei Koordinatenwerte: $0 \to 0$, $1 \to 1$, $-1 \to \bar{1}$, $\sqrt{2} \to 2$, $-\sqrt{2} \to \bar{2}$. Danach bedeutet z. B. $\bar{1}02$ den Strahl, der durch $(-1, 0, \sqrt{2})$ geht. Natürlich liegt $10\bar{2}$ auf derselben Geraden.

Drei zueinander senkrechte Geraden nennen wir eine *Triade*. Durch Abzählen zeige man, dass es insgesamt 16 gibt, wobei natürlich jeder Strahl

---

[3]Für Spin 1/2 ist das entsprechende Problem für S^1 leicht lösbar. Der folgende Beweis stammt von A. Peres [8].

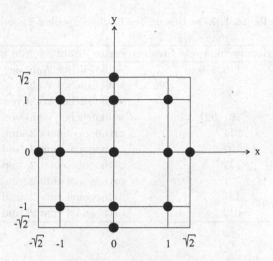

Abb. 16.1. Durchstoßpunkte, Seitenansicht

Mitglied mehrerer verschiedener Triaden ist (siehe auch die Tab. 16.1). Bei der Markierung der Strahlen mit grün oder rot haben wir eine gewisse Freiheit, da die Menge der 33 Strahlen invariant ist unter Vertauschungen der drei Achsen und es überdies auf die Orientierung der Achsen nicht ankommt. Ohne Verlust der Allgemeinheit dürfen wir deshalb gewisse Strahlen grün markieren, da die andere Möglichkeit äquivalent zu einer Neubezeichnung der Achsen oder zur Umkehrung einer Richtung wäre. Wir können z.B. den Strahl 001 als grün markieren, womit 100 und 010 rot sind. Die ausgenutzte Freiheit ist in der Tab. 16.1 angedeutet. Aus dieser wird hervorgehen, dass es für unser Beispiel *keine konsistente Farbmarkierung* gibt.

In jeder Zeile von Tab. 16.1 ist der erste Strahl grün (fett gedruckt). Zusammen mit dem zweiten und dritten Strahl (derselben Zeile) bildet dieser eine Triade. Weitere Strahlen, welche orthogonal zum grünen Strahl sind, werden in derselben Zeile ebenfalls aufgeführt; diese sind natürlich ebenfalls rot. Unterstrichene Strahlen sind solche, welche in früheren Zeilen bereits als rot erkannt wurden.

Ein Blick auf die Tab. 16.1 zeigt nun, dass die Strahlen 100 (erste Zeile), 021 (vierte Zeile) und $0\bar{1}2$ (letzte Zeile) alle rot sein müssen. Anderseits sind diese aber zueinander senkrecht, was den angekündigten Widerspruch beweist.

Diese Argumentation hat den Vorteil, dass man jemanden, der an verborgene Parameter glaubt, nach wenigen Fragen in einen Widerspruch verwickeln kann. Die Annahme eines Kontinuums von Propositionen wäre ja physikalisch nicht zu rechtfertigen. Die gezeigte Nicht-Existenz können wir im folgenden Sinne interpretieren: Den drei Quadraten der Spinkomponenten kommen *vor* deren „Messung" keine bestimmten Werte zu.

Tabelle 16.1. Zum Beweis des Kochen-Specker-Theorems

orthogonale Triade			weitere rote Strahlen	erster Strahl ist grün wegen:
001	100	010	110 $1\bar{1}0$	willkürlicher Wahl der z-Achse
101	$\bar{1}01$	010		willkürlicher Wahl von x versus $-x$
011	$0\bar{1}1$	100		willkürlicher Wahl von y versus $-y$
$1\bar{1}2$	$\bar{1}12$	110	$\bar{2}01$ 021	willkürlicher Wahl von x versus y
102	$\bar{2}01$	010	$\bar{2}11$	orthogonal zum 2. und 3. Strahl
211	$0\bar{1}1$	$\bar{2}11$	$\bar{1}02$	orthogonal zum 2. und 3. Strahl
201	010	$\bar{1}02$	$\bar{1}\bar{1}2$	orthogonal zum 2. und 3. Strahl
112	$1\bar{1}0$	$\bar{1}\bar{1}2$	$0\bar{2}1$	orthogonal zum 2. und 3. Strahl
012	100	$0\bar{2}0$	$1\bar{2}1$	orthogonal zum 2. und 3. Strahl
121	$\bar{1}01$	$1\bar{2}1$	$0\bar{1}2$	orthogonal zum 2. und 3. Strahl

16.3.3 Unmöglichkeit einer KS-Einbettung für zwei Spin-1/2 Freiheitsgrade

Ich gebe schließlich noch einen einfachen Beweis für ein 2-Spin-1/2 System. Dieser ist besonders auch deshalb interessant, weil eine enge Verwandtschaft mit Bells Analyse (Abschn. 16.5) deutlich wird.

Der Hilbertraum ist $\mathcal{H} = \mathbb{C}^2 \otimes \mathbb{C}^2$. Davon betrachten wir nur den verschränkten Singlett-Zustand

$$\Psi = \frac{1}{\sqrt{2}} \left(\chi^\uparrow \otimes \chi^\downarrow - \chi^\downarrow \otimes \chi^\uparrow \right) , \tag{16.41}$$

und als Observablen wählen wir die kommutierenden Operatoren

$$A_a = \boldsymbol{\sigma} \cdot \boldsymbol{a} \otimes 1, \quad B_b = 1 \otimes \boldsymbol{\sigma} \cdot \boldsymbol{b} \tag{16.42}$$

für eine endliche Zahl von Einheitsvektoren $\boldsymbol{a}, \boldsymbol{b}$. Die Quadrate von A_a und B_b sind gleich $\mathbb{1}$. Deshalb haben nach (KS2) die Bilder f_{A_a}, f_{B_b} die Werte ± 1, und ferner gilt $f_{A_a B_b} = f_{A_a} \cdot f_{B_b}$. Nach (KS1) stimmt der quantenmechanische Erwartungswert von $A_a \cdot B_b$ im Zustand $[\Psi]$ mit dem klassischen Erwartungswert von $f_{A_a} \cdot f_{B_b}$ im Bildzustand $\rho_{[\Psi]}$ überein. Bezeichnen wir diese gemeinsame Korrelationsfunktion mit $C(\boldsymbol{a}, \boldsymbol{b})$, so ist diese nach dem Gesagten gegeben durch

$$C(\boldsymbol{a}, \boldsymbol{b}) = \int_\Omega f_{A_a} \cdot f_{B_b} \, d\rho_{[\Psi]}. \tag{16.43}$$

Eine solche Darstellung der Korrelationsfunktion wird sich auch in Bells Analyse eines Einstein-Podolsky-Rosen Experiments in Abschn. 16.5 als Folge der Lokalität ergeben. In einer Übungsaufgabe wird dort gezeigt, dass (16.43) die CHSH (Clauser-Horn-Shimony-Hurt)-Bell-Ungleichung impliziert. Diese ist jedoch für gewisse Werte von a, b, a', b' durch die quantenmechanischen Korrelationen verletzt. Über (KS1) ergibt sich damit ein mathematischer Widerspruch.

Man kann die Sache auch so drehen: *Aus der alleinigen Annahme von (KS2) ergibt sich ein Widerspruch mit der QM, und mit dem Experiment.*

16.3.4 Kontext-abhängige verborgene Variablen

Das KS-Theorem zeigt deutlich, dass ein Zurück zur klassischen Realität kaum möglich ist. Beachte, dass wir nur wenige Observablen und jeweils nur einen Zustand einführten. Es ist physikalisch wichtig, dass keine Annahmen über unendlich viele Propositionen nötig sind.

Natürlich besteht, wie bei jedem Theorem, die Möglichkeit, die Annahmen abzuschwächen und so die weitreichenden Konsequenzen zu vermeiden. Eine vorgeschlagener Ausweg verläuft so (van Fraassen):

Erhalte die Möglichkeit von verborgenen Variablen, so wie ich sie benutzt habe, aufrecht. Behalte aber die Abbildung $A \to f_A$ nur für *maximale* Operatoren A (keine Entartungen), aber erlaube die Möglichkeit, dass zu nicht-maximalen Operatoren verschiedene Observablen gehören können.

Angenommen, für ein nicht-maximales A gibt es Darstellungen $A = u(B)$, $A = v(C)$, B, C maximal, $[B, C] \neq 0$. Wenn $B \to f_B$, $C \to f_C$, können wir A die zwei Funktionen auf Ω

$$a_B = u(f_B), \quad a_C = v(f_C)$$

zuordnen. Es gibt keinen Grund dafür, dass die beiden gleich sind. Um eine Wahl zu treffen, ist ein „Kontext" nötig, und dies führte zum Begriff der *„ontologischen Kontextualität"*. Dieser Vorschlag geht in Richtung von Bohrs wechselseitiger Ausgeschlossenheit von experimentellen Anordnungen. Für eine weitergehendere Diskussion dieses Vorschlags verweise ich auf Kap. 6 des Buches von Redhead [7].

16.3.5 Klassisches Modell für Spin-1/2

Für die Spin-1/2 Freiheitsgrade eines Teilchens existiert ein klassisches Modell im Sinne von KS. Ich beschreibe an dieser Stelle die Konstruktion.

Als Phasenraum Ω wählen wir die 2-Sphäre S^2 (mit der zugehörigen Borel σ-Algebra). Die Abbildung f_A ist wie folgt definiert: Es seien λ_1, λ_2 die Eigenwerte der Hermteschen Matrix A, $A\psi_i = \lambda_i \psi_i$. Falls $\lambda_1 \neq \lambda_2$ ordnen wir A die spurlose Hermtesche Matrix (Spin-Matrix)

$$\sigma(A) = \frac{2}{\lambda_1 - \lambda_2} A - \frac{\lambda_1 + \lambda_2}{\lambda_1 - \lambda_2} 1_2, \qquad (16.44)$$

zu, für die $\sigma(A)\psi_{1,2} = \pm\psi_{1,2}$ ist. Folglich kann $\sigma(A)$ so dargestellt werden: $\sigma(A) = \boldsymbol{\sigma} \cdot \boldsymbol{x}$, $\boldsymbol{x} \in S^2$. Wir bezeichnen mit S_A^+ die Hemisphäre von S^2 mit

Nordpol x. Nun setzen wir

$$f_A(p) := \begin{cases} \lambda_1 : & p \in S_A^+, \\ \lambda_2 : & \text{otherwise.} \end{cases} \qquad (16.45)$$

Falls die Eigenwerte von A gleich sind, also $A = \lambda \mathbb{1}$, setzen wir $f_A(p) \equiv \lambda$. Man kann leicht nachweisen, dass diese Konstruktion (KS2) erfüllt.

Das Wahrscheinlichkeitsmaß auf S^2 ist ebenfalls einfach. Wir wählen ρ_ψ absolut stetig bezüglich dem natürlichen (rotatiosinvarianten) Maß auf S^2 ($= \sin \vartheta \; d\vartheta \; d\varphi$). Die entsprechende Wahrscheinlichkeitsdichte $m_\psi(p)$ wird wie folgt konstruiert. Falls $\psi = \chi_\uparrow$, wählen wir

$$m_\psi = \begin{cases} \frac{1}{\pi} \cos \vartheta : & 0 \leq \vartheta \leq \pi \\ 0 : & \text{otherwise,} \end{cases}$$

wo ϑ den Polarwinkel von p bezeichnet. Die Verallgemeinerung auf einen allgemeinen Zustand wird durch die Forderung der Rotationsinvarianz bestimmt. Es sind dann einige Rechnungen nötig, um zu verifizieren, dass (KS1) erfüllt ist. Tatsächlich kann man die Formel für m_ψ durch die Forderung (KS1) auffinden. (Für Einzelheiten verweise ich auf [4]).

16.4 Einstein-Podolsky-Rosen-Experimente

> *Einstein hat sich wieder einmal zur Quantenmechanik öffentlich geäußert und zwar im Heft des Physical Review vom 15. Mai (gemeinsam mit Podolsky und Rosen – keine gute Kompanie übrigens). Bekanntlich ist das jedes Mal eine Katastrophe, wenn es geschieht. ,Weil, so schließt er messerscharf – nicht sein kann, was nicht sein darf' (Morgenstern).*

> Pauli an Heisenberg, 15. Juni 1935

> *I cannot define the real problem, therefore I suspect there's no real problem, but I'm not sure there's no real problem.*

> R. Feynman

Wir wissen auch aus ganz anderen Gründen, dass Theorien mit verborgenen Variablen ausgeschlossen sind, falls sie eine gewisse „Lokalitätseigenschaft" erfüllen. Die theoretischen und experimentellen Untersuchungen, welche zu diesem bleibenden Resultat führten, wurden durch eine kurze Arbeit von

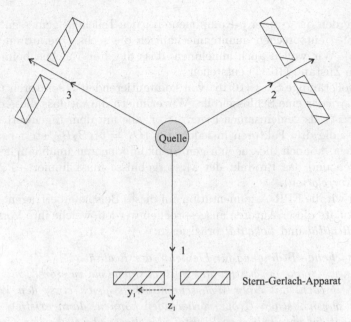

Abb. 16.2. Gedankenexperiment von GHZ

J. Bell im Jahre 1964 eingeleitet; deren Titel lautet: „On the Einstein Podolsky Rosen Paradox." Bevor wir darauf eingehen, besprechen wir die viel
diskutierte Analyse von Einstein, Podolsky und Rosen.

Das quantenmechanische System von drei Spin-$\frac{1}{2}$-Teilchen, für das wir
in Abschn. 16.3.1 den Satz von Kochen und Specker über die Unmöglichkeit einer Theorie mit verborgenen Parametern bewiesen haben, benutzen wir nun nach einem Vorschlag von Greenberger, Horne und Zeilinger
(GHZ) für ein Experiment im Sinne von Einstein, Podolsky und Rosen
(EPR). Dieses instruktive Gedankenexperiment ist zwar etwas komplizierter als die vieldiskutierte Abwandlung des ursprünglichen EPR-Experiments
von Bohm (Zerfall in zwei Spin-$\frac{1}{2}$-Teilchen), es ermöglicht aber eine wesentliche Verschärfung von Bells ursprünglicher Analyse. Die Unmöglichkeit des
EPR-Programms wird damit noch viel schlagender demonstriert als über die
Bell-Ungleichungen.[4]

In einem Spin-erhaltenden Zerfall mögen *drei* Spin-$\frac{1}{2}$-Teilchen entstehen,
welche in drei verschiedenen Richtungen in der Horizontalebene wegfliegen
und je mit einem Stern-Gerlach-Apparat analysiert werden (siehe Abb. 16.2).
Die Flugrichtung jedes Teilchens wählen wir als positive z-Achse eines Be-
zugssystems auf das sich die Spinoperatoren σ_x, σ_y, σ_z (in Einheiten $\hbar/2$) des
betreffenden Teilchens beziehen; dabei sei etwa die y-Richtung in der hori-
zontalen Ebene und die x-Achse dazu senkrecht gewählt. Im Gedankenexpe-

---

[4]Wichtige Referenzen für diesen Abschnitt sind: [5], [7], [10], [11], [12], [16].

riment werden die x- oder y-Komponenten jedes Teilchens gemessen. Diesen
Observablen entsprechen quantenmechanisch die sechs Operatoren A_j, B_j
in (16.15). Wir wollen auch annehmen, dass die drei Teilchen beim Zerfall
immer im Zustand (16.17) entstehen.

Der vollständige Satz (16.16) von kommutierenden Operatoren Q_1, Q_2,
Q_3 spielt wieder eine Schlüsselrolle. Wir erinnern daran, dass diese den Zustand (16.17) als gemeinsamen Eigenvektor, alle mit dem Eigenwert $+1$, besitzen. Da die drei Faktoren in jedem Q_j $(Q_1 = A_1 B_2 B_3$, etc.) paarweise
vertauschen, können die zugehörigen Spinkomponenten unabhängig gemessen werden und das Produkt der Messergebnisse muss immer $+1$ ergeben
(*strikte Korrelation*).

Bevor wir die EPR-Argumentation auf dieses Beispiel übertragen, müssen
zwei Postulate dieser Autoren ausgesprochen werden, welche ihre Vorstellungen von *Realität* und *Lokalität* präzisieren:

Hinreichende Bedingung für Elemente der Realität (R):
Wenn wir, ohne ein bestimmtes System irgendwie zu stören, mit Si-
cherheit (d. h. mit einer Wahrscheinlichkeit gleich eins) den Wert
einer physikalischen Größe vorhersagen können, dann existiert ein
Element der physikalischen Realität, das dieser physikalischen Größe
entspricht.

Lokalitätsprinzip (L): Elemente der physikalischen Realität, welche
zu einem System gehören, können nicht durch Messungen an einem
anderen dazu raumartig gelegenen System beeinflusst werden.

Sinngemäß auf das hier diskutierte Beispiel übertragen, argumentieren
nun EPR so: Lange nach einem Zerfall werden für zwei der drei Teilchen je
eine Spinkomponente in einem der Produkte Q_j gemessen. Damit kann für
das dritte Teilchen –ohne dieses nach (L) gestört zu haben– dessen Spinkomponente in Q_j mit Sicherheit vorausgesagt werden. Diese ist folglich im Sinne
von (R) ein Element der Realität. Wir können die gemessenen Komponenten
so wählen, dass entweder das Resultat einer Messung von σ_x oder von σ_y
des dritten Teilchens mit Sicherheit vorausgesagt werden kann. Beide Komponenten sind demnach Elemente der Realität, und aus Symmetriegründen
ist dies für alle drei Teilchen der Fall.

Hier muss freilich betont werden, dass für die sichere Voraussage des
Resultats einer Messung von σ_x, bzw. von σ_y eines der drei Teilchen nach
der Quantenmechanik zwei komplementäre Messungen nötig sind. (An dieser
Stelle setzte auch Bohrs Kritik der EPR-Arbeit ein.) Der Ausdruck „vorhersagen können" in (R) wird deshalb von EPR notwendigerweise im *schwachen*
Sinne verstanden, dass Messungen gemacht werden *könnten*, welche die Daten für die Voraussage liefern würden. Bohr war hingegen der Meinung, dass
eine Eigenschaft nur dann „wirklich" ist, wenn für deren Beobachtung eine bestimmte experimentelle Anordnung vorliegt. Darin unterschied er sich

(mit anderen) radikal von Einsteins engerem Wirklichkeitsbegriff, der eingangs umschrieben wurde.

Akzeptieren wir für den Moment den Standpunkt von EPR, so würde die QM ihr *Vollständigkeitspostulat* nicht erfüllen, da σ_x und σ_y als nichtkommutierende Observablen nicht gleichzeitig Elemente der Realität sein können. Diese 3. Forderung formulieren die Autoren so:

Notwendige Bedingung für Vollständigkeit (V):
Jedes Element der physikalischen Realität muss ein Gegenstück in der physikalischen Theorie haben.

Es ist diese Frage der Vollständigkeit, welche in der EPR-Analyse zur Debatte steht.[5] Die Arbeit endet mit den programmatischen Worten:

While we have thus shown that the wave function does not provide a complete description of the physical reality, we left open the question of whether or not such a description exists. We believe, however, that such a description is possible.

Es gibt die verschiedensten Reaktionen zu dieser EPR-„Argumentation". Treffend schrieb D. Mermin:

Contemporary physicists come in two varieties. Type 1 physicists are bothered by EPR .... Type 2 (the majority) are not, but one has to distinguish two subvarieties. Type 2a physicists explain why they are not bothered. Their explanations tend either to miss the point entirely ... or to contain physical assertions that can be shown to be false. Type 2b are not bothered and refuse to explain why. Their position is unassailable. (There are variants of type 2b who say that Bohr straightened out the whole business, but refuse to explain how.)

16.5 Bellsche Analyse ohne Bell-Ungleichungen

In a theory in which parameters are added to quantum mechanics to determine the results of individual measurements, without changing the statistical predictions, there must be a mechanism whereby the setting of one measuring device can influence the reading of another instrument, however remote.

J. Bell

Wir stellen uns nun vor, die obige Variante eines EPR-Experimentes lasse sich durch eine Theorie verborgener Parameter im Sinne von Abschn. 16.2.2

---

[5]Man sollte deshalb nicht von EPR-Paradoxien sprechen.

beschreiben, wobei zunächst nur die Annahme (KS1) gemacht wird. Ohne weitere Einschränkungen ist dies, wie bereits erwähnt, immer möglich.

Den quantenmechanischen Observablen A_j und B_j in (16.15) entsprechen jetzt Funktionen a_j und b_j auf dem Phasenraum mit Werten ± 1. Die entscheidende Frage ist nun, welche Funktionen den Produkten $A_1 B_2 B_3, \dots$ von kommutierenden Operatoren in (16.16) korrespondieren. Mit Bell berufen wir uns an dieser Stelle auf die *Lokalitätshypothese* (L): Da z. B. A_1, B_2, B_3 raumartig getrennte Sachverhalte betreffen, welche sich gegenseitig nicht stören sollten, muss dem Produkt $A_1 B_2 B_3$ das Produkt $a_1 b_2 b_3$ entsprechen.[6] Dann können wir aber wie in Abschn. 16.3.1 einen *Widerspruch* konstruieren. Wir wiederholen kurz wie dieser zustande kommt.

Um die quantenmechanischen Erwartungswerte der Operatoren (16.16) im Zustand (16.17) [d. h. $\langle A_1 B_2 B_3 \rangle_\Psi = 1$, etc.] zu reproduzieren, müssen wir verlangen, dass die Gln. 16.19 erfüllt sind:

$$\langle a_1 b_2 b_3 \rangle_{\rho_\Psi} = \int_\Omega a_1(\omega) b_2(\omega) b_3(\omega) \, d\rho_\Psi(\omega) = 1 \,, \quad \text{etc.}$$

Dies zieht die Gln. 16.20, d. h.

$$a_1 b_2 b_3 = 1 \,, \quad b_1 a_2 b_3 = 1 \,, \quad b_1 b_2 a_3 = 1$$

nach sich. Durch Multiplikation folgt aus diesen fast sicher

$$a_1 a_2 a_3 = 1 \,.$$

Wegen (16.24) und (16.25) müsste aber mit denselben Argumenten fast sicher auch

$$a_1 a_2 a_3 = -1$$

gelten! Mathematisch ergibt sich dieser Widerspruch wie bei Kochen und Specker. An die Stelle von deren „algebraischer" Forderung (KS2) tritt aber bei Bell die Lokalität.

Wir können die Argumentation auch so wenden:

> *Falls neben den Lokalitäts- und Realitätsforderungen von EPR zusätzlich verlangt wird, dass die drei strikten quantenmechanischen Korrelationen $\langle A_1 B_2 B_3 \rangle_\Psi = 1$, etc, in einer Theorie mit verborgenen Parametern reproduziert werden, so muss bei der Messung der Spinkomponenten in der x-Richtung der drei weit auseinander befindlichen Teilchen das Produkt der Messergebnisse immer gleich $+1$ sein. Nach der Quantenmechanik hat dieses Produkt hingegen immer der Wert -1.*

Es wird kaum jemand bezweifeln, dass die quantenmechanische Voraussage richtig ist.[7] Damit ist die Weltsicht, die in den EPR-Postulaten zum Aus-

---

[6]Bei Kochen und Specker wird dies nach (16.14) durch deren Annahme (KS2) erzwungen.

[7]Wenn trotzdem verschiedene Gruppen zur Zeit daran sind, verwandte Versuche mit Photonen [9] durchzuführen, so vor allem im Hinblick auf mögliche Anwendungen im faszinierenden neuen Gebiet der Quanteninformation und Quantenkommunikation.

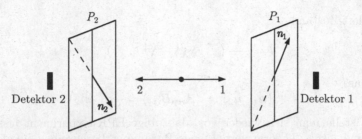

Abb. 16.3. EPR-Experiment (in Fassung von D. Bohm)

druck gebracht wird, auf wesentlich drastischere Art zurückgewiesen als dies mit dem ursprünglichen Bellschen Argument der Fall war. (Die ursprüngliche Bellsche Argumentation behandeln wir in der nachstehenden Übungsaufgabe). Das EPR-Programm kann nicht einmal perfekte Korrelationen für drei Spin-$\frac{1}{2}$-Teilchen handhaben. Ironischerweise spielten gerade solche im ursprünglichen EPR-Argument eine zentrale Rolle.

Man kann nur spekulieren, wie Einstein auf diese Entwicklung reagiert hätte, zeigt sie doch, dass sein Festhalten an einem Begriff der Objektivität, der für die klassische Physik typisch ist, plus der Forderung der Trennbarkeit von räumlich separierten Teilsystemen nicht möglich ist.

Die Vorstellung von Theorien mit verborgenen Parametern ist vielleicht vor allem psychologisch interessant. Jedenfalls ist daraus in den vergangenen Jahrzehnten für den Fortschritt der Physik nichts hervorgegangen. Wegen dieser völligen Unfruchtbarkeit interessieren sich auch die meisten Physiker nie für diese Problematik. Für eine ausgezeichnete historische Darstellung verweise ich auf das bekannte Buch von M. Jammer [10], Kap. 7.

Aufgabe   (Bellsche Ungleichungen)

Wir betrachten das folgende EPR-Experiment (Fassung von D. Bohm): Ein Teilchen vom Gesamtspin Null zerfalle in zwei Teilchen mit Spin 1/2. In einem genügend großen Abstand von der Quelle sind je ein drehbarer Polarisator und ein Detektor angeordnet (siehe Abb. 16.3), so dass die Teilchen registriert und auf eine Korrelation der Spinorientierung hin untersucht werden können. Der Polarisator P_1 lässt Teilchen 1 nur passieren, wenn sein Spin in Richtung n_1 ($|n_1| = 1$) den Wert $+\hbar/2$ besitzt, und der Polarisator 2 lässt Teilchen 2 nur passieren, wenn sein Spin in Richtung n_2 den Wert $+\hbar/2$ besitzt. Zwei Detektoren 1 und 2 registrieren die Teilchen. Sprechen diese an, so ist der Spin in den jeweiligen Richtungen positiv, sonst negativ.

Wir interessieren uns für die Korrelation der beiden kommutierenden Observablen (mit Eigenwerten ± 1)

$$A_{n_1} = \boldsymbol{\sigma} \cdot n_1 \otimes 1, \quad B_{n_2} = 1 \otimes \boldsymbol{\sigma} \cdot n_2 \tag{16.46}$$

im Singlett-Zustand

$$\Psi = \frac{1}{\sqrt{2}} \left(\chi^\uparrow \otimes \chi^\downarrow - \chi^\downarrow \otimes \chi^\uparrow \right) . \qquad (16.47)$$

Zeige, dass

$$E^{QM}(n_1, n_2) := \langle A_{n_1} B_{n_2} \rangle = -n_1 \cdot n_2 . \qquad (16.48)$$

Nun stelle man sich wieder vor, das obige EPR-Experiment lasse sich durch eine *lokale* Theorie verborgener Parameter beschreiben, in der den quantenmechanischen Observablen A_{n_1}, B_{n_2} Funktionen a_{n_1}, b_{n_2} auf einem Phasenraum Ω entsprechen. Aus der Lokalitätsannahme (L) folgt, dass das Bild von $A_{n_1} B_{n_2}$ gleich dem Produkt $a_{n_1} b_{n_2}$ ist, da die beiden Observablen räumlich getrennte Sachverhalte betreffen, welche sich gegenseitig nicht stören (dafür wird im Experiment gesorgt). Deshalb müssen die quantenmechanischen Erwartungswerte mit den Korrelationsfunktionen

$$E(n_1, n_2) = \int_\Omega a_{n_1}(\omega) b_{n_2}(\omega) \mathrm{d}\rho_\Psi(\omega)$$

übereinstimmen. Um zu beweisen, dass dies unmöglich ist, leite man in einem ersten Schritt die folgenden *Bellschen Ungleichungen* her

$$-2 \le E(n_1, n_2) + E(n_1, n_2') + E(n_1', n_2) - E(n_1', n_2') \le 2 , \qquad (16.49)$$

wobei n_1, n_2, n_1', n_2' vier beliebige Richtungen sind. [Anleitung: Zeige dazu, dass für vier beliebige Zahlen x, y, x', y' im Intervall $[-1, 1]$ die Ungleichungen

$$-2 \le xy + xy' + x'y - x'y' \le 2 \qquad (16.50)$$

gültig sind.] Anschließend finde man ein Beispiel von Richtungen, für welche der mittlere Ausdruck in (16.50) für die quantenmechanischen Erwartungswerte (16.48) den Wert $2\sqrt{2}$ annimmt. Man beweise, dass dies die maximale Verletzung der Bell-Ungleichung ist.

Hinweis: Die tatsächliche Verletzung der Bell-Ungleichung wurde in mehreren raffinierten Experimenten nachgewiesen. Am eindrücklichsten und aussagekräftigsten waren für lange Zeit die Versuche der Orsay-Gruppe unter der Leitung von A. Aspect [11]. Inzwischen gibt es wesentlich verbesserte neue Versuche. So hat eine Gruppe der Universität Genf die Verletzung der Bellschen Ungleichungen von Photonen in über 10 km Entfernung nachgewiesen [12].

Hinter diesen Bemühungen steht nun aber vor allem die Absicht, die merkwürdigen Eigenheiten der Quantenwelt für neuartige Anwendungen auszunutzen. Die neuen Schlagworte sind Quantencomputer, Quantenkryptographie, $\cdots$. Man versucht dabei Dinge zu realisieren, die innerhalb der klassischen Physik undenkbar sind. Dazu sei der Leser auf die wertvolle Quelle [13] verwiesen.

16.6 Das quantenmechanische Messproblem

„Die Ausführung der Messung [...] erzeugt also aus
einem reinen Fall [...] im allgemeinen ein Gemisch
[...]. Dieses Ergebnis [...] ist für die widerspruchsfreie Erfassung des Messungsbegriffs in der Wellenmechanik entscheidend. Denn es zeigt, dass man zu über-
einstimmenden Resultaten gelangt, an welchen Stellen immer man den Schnitt zwischen dem zu beobach-
tenden, durch Wellenfunktionen beschriebenen System
und dem Messapparat zieht."

W. Pauli, Handbuchartikel [14], 1933

16.6.1 Allgemeine Beschreibung einer Messung

„The [...] apparatus should not be [treated] as if it
were not made of atoms and ruled by quantum mechanics."

J. Bell

Wir betrachten ein bestimmtes quantenmechanisches *System* S mit zugehörigem Hilbertraum $\mathcal{H}_S$ und interessieren uns für eine gewisse Observable A,
deren Spektralmass mit $E^A(.)$ bezeichnet wird. Zur *Messung* von A benötigen
wir ein zweites - ebenfalls quantenmechanisches - System, den *Messapparat*
$\mathcal{A}$, mit zugehörigem Hilbertraum $\mathcal{H}_A$. Ferner benötigen wir eine *Apparatob-
servable* („Zeigerobservable") mit projektionswertigem Maß $P_A(.)$, mit der
wir die Observable korrelieren können.[8] Dabei müssen sich die Wertebereiche
che der beiden Observablen entsprechen. Diese Korrespondenz beschreiben
wir durch eine (messbare) Abbildung $f : \operatorname{supp} P_A \longrightarrow \operatorname{supp} E^A$, die sogenannte *Zeigerfunktion*. Eine Messung läuft nun grundsätzlich folgendermaßen ab:
Anfänglich sei das Gesamtsystem $S + \mathcal{A}$ in einem unkorrelierten Produktzustand $\rho \otimes \rho_A$ (ρ und ρ_A sind die Dichteoperatoren von S, bzw. $\mathcal{A}$). Nun
bringen wir die beiden Teilsysteme in Wechselwirkung. Die unitäre Zeitent-
wicklung bringt das Gesamtsystem in einen Endzustand der Gestalt

$$V(\rho \otimes \rho_A) = U^{-1}(\rho \otimes \rho_A)U , \quad U : \text{unitäre Transformation} . \qquad (16.51)$$

Dazu gehören reduzierte Zustände für S, bzw. $\mathcal{A}$, welche wir durch partielle
Spurbildung erhalten. Diese sollen mit $\mathcal{R}_S(V(\rho \otimes \rho_A))$, bzw. $\mathcal{R}_A(V(\rho \otimes \rho_A))$
bezeichnet werden.

---

[8]In der klassischen Physik ist eine Korrelationsmessung, bei der die Werte einer
Observablen, die „nicht direkt" zugänglich sind, mit„ direkt" messbaren Größen
(„Zeigerstellungen") verknüpft werden, völlig unproblematisch. Dabei kann man
grundsätzlich auch sicherstellen, dass die dafür notwendigen Kopplungen von Sy-
stem und Messapparatur beliebig kleine Störungen des Systems zur Folge haben.
Die Ablesung der Zeigerstellung gibt deshalb den objektiven Wert der Observablen.

Damit wir von einer Messung von A sprechen können, müssen wir *mindestens* verlangen, dass die Wahrscheinlichkeitsverteilung von A, $E_\rho^A(\Delta) = \mathrm{tr}(\rho E^A(\Delta))$, am Apparat abgelesen werden kann, d. h. es muss folgende Beziehung gelten

$$E_\rho^A(\Delta) = P_{A,\mathcal{R}_A(V(\rho \otimes \rho_A))}(f^{-1}(\Delta)) \,. \tag{16.52}$$

(Unter $P_{A,\rho}(\Delta)$ verstehen wir natürlich $\mathrm{tr}(\rho P_A(\Delta))$. Diese Forderung lässt sich immer erfüllen (siehe [15]). Speziell für reine Zustände $\rho = P_\varphi$, $\rho_A = P_\Phi$ lautet die *W-Reproduzierbarkeitsbedingung* (16.52)

$$(\varphi, E^A(\Delta)\varphi) = (U(\varphi \otimes \Phi), \mathbb{1} \otimes P_A(f^{-1}(\Delta))U(\varphi \otimes \Phi)) \tag{16.53}$$

für alle φ und Δ.

16.6.2 Das Objektivierungsproblem

> *„Mit Bohr bin ich der Meinung, dass die Objektivität einer wissenschaftlichen Naturerklärung möglichst weitherzig definiert werden soll: jede Betrachtungsweise, die man andere lehren kann, die andere mit den nötigen Vorkenntnissen verstehen und wieder anwenden können, über die man sich mit anderen besprechen kann, soll objektiv genannt werden."*

> W. Pauli

Nun möchte man natürlich auch erreichen, dass im reduzierten Apparatezustand $\mathcal{R}_A(V(\rho \otimes \rho_A))$ die Werte der Zeigerobservablen „feststehen", freilich mit einer „subjektiven Ungewissheit". Dies bedeutet, dass der Zustand ein *Gemisch* der möglichen Zeigerstellungen beschreiben sollte. Wir möchten doch, dass die Messung ein definitives Resultat liefert. (Schrödinger's Katze sollte tot *oder* lebendig sein.)

Um die Diskussion dieses Punktes zu vereinfachen, spezialisieren wir jetzt das Vorangegangene und verweisen für Verallgemeinerungen auf [15]. Dabei wird sich nichts Entscheidendes ändern. Als Observable A wählen wir einen Projektor (Proposition) P_S auf den Unterraum $\mathcal{M}_S \subset \mathcal{H}_S$ und die Zeigerobservable sei ebenfalls ein Projektor P_A auf $\mathcal{M}_A \subset \mathcal{H}_A$ (Ja-Nein-Detektor). Ferner wählen wir ρ und ρ_A als reine Zustände $\rho = P_\varphi$, $\rho_A = P_\Phi$. Die Dynamik sei so beschaffen, dass für einen geeigneten Anfangszustand $\Phi \in \mathcal{H}_A$ folgendes gilt (man denke z. B. an einen Stern-Gerlach-Versuch):

$$\begin{aligned} \varphi_+ \in \mathcal{M}_S &\Rightarrow U(\varphi_+ \otimes \Phi) \in \mathcal{H}_S \otimes \mathcal{M}_A \,, \\ \varphi_- \in \mathcal{M}_S^\perp &\Rightarrow U(\varphi_- \otimes \Phi) \in \mathcal{H}_S \otimes \mathcal{M}_A^\perp \,. \end{aligned} \tag{16.54}$$

Zu diesen Annahmen gehören ein paar Bemerkungen.

1. Als Übungsaufgabe verallgemeinere man die folgende Diskussion für den Fall wo die Observable ein rein diskretes Spektrum hat. Entsprechend muss man dann den Projektor P_A durch eine Schar von Projektoren auf orthogonale Unterräume ersetzen.

2. S braucht *nach* der Messung nicht im gleichen Zustand zu sein wie *vor* der Messung. (In den Lehrbüchern wird meistens nur die „ideale" Messung diskutiert, bei der sich die Zustände des Systems nicht ändern.)

3. Statt reinen Zuständen für den Apparat kann man auch Gemische benutzen. Grundsätzlich ändert sich aber nichts an den Schlussfolgerungen.

Nun kommen wir zur *eigentlichen Problematik des Messprozesses*. Dazu betrachten wir eine anfängliche Superposition $\varphi = c_+\varphi_+ + c_-\varphi_-$ für S. Dafür ergibt sich nach (16.54)

$$U(\varphi \otimes \Phi) = \underbrace{c_+ U(\varphi_+ \otimes \Phi)}_{\in \mathcal{H}_S \otimes \mathcal{M}_A} + \underbrace{c_- U(\varphi_- \otimes \Phi)}_{\in \mathcal{H}_S \otimes \mathcal{M}_A^\perp} . \qquad (16.55)$$

Bevor wir dieses Ergebnis kommentieren, stellen wir noch fest, dass die W-Reproduzibilitätsbedingung (16.53) erfüllt ist, d. h. es gilt

$$(\varphi, P_S\varphi) = (U(\varphi \otimes \Phi), \mathbb{1} \otimes P_A U(\varphi \otimes \Phi)) . \qquad (16.56)$$

Tatsächlich erhalten wir für die linke Seite $|c_+|^2$ und die rechte Seite ist nach (16.55) gleich

$$(U(\varphi \otimes \Phi), c_+ U(\varphi_+ \otimes \Phi)) = |c_+|^2 .$$

Der Endzustand (16.55) von $S + A$ ist eine *Superposition von beiden Zeigerstellungen*. Es liegt also nicht – wie gewünscht – ein Gemisch der beiden Zeigerstellungen mit gewissen Wahrscheinlichkeiten vor. Der Messapparat bleibt offenbar in einem *schizophrenen Zustand*, wenn beide $c_\pm \neq 0$ sind. Es scheint dann unmöglich zu sein, den Apparat zu veranlassen, sich für eine bestimmte Zeigerstellung zu entscheiden. Der *Kollaps der Wellenfunktion findet nicht statt*. Andererseits stellt aber ein Beobachter immer eine Zeigerstellung fest. („Schrödinger's Katze" ist *entweder* tot *oder* lebendig.) Dies ist das berühmte *Objektivierungsproblem* („Problem der Aktualisierung von quantenmechanischen Möglichkeiten"). In der Terminologie von Heisenberg findet der Übergang vom „Möglichen zum Faktischen" offenbar nicht statt. Dabei nützt es gar nichts, noch weitere Messungen durchzuführen; „von Neumann's unendliche Regresskatastrophe" ist unvermeidlich. Letztlich beruht dies auf der linearen Dynamik für das zusammengesetzte System $S + A$.

Über Auswege aus dieser grundsätzlichen Schwierigkeit ist unendlich viel geschrieben worden; weitere Beiträge dazu bewirken in der Regel nur eine Zunahme der allgemeinen Konfusion. Eine allseits befriedigende Lösung gibt es nicht.

Nach meiner Meinung findet die Reduktion von (16.55) auf das zugehörige Gemisch mit Gewichten $|c_+|^2$, $|c_-|^2$ auch gar nicht statt, aber für realistische makroskopische Messapparaturen besteht praktisch kein Unterschied der beiden Zustände. Grundsätzlich äußert sich ein solcher zwar in Interferenztermen für komplizierte Observablen, welche das Gesamtsystem $\mathcal{S} + \mathcal{A}$ betreffen (also nicht von der Form $Q \otimes \mathbb{1}$ oder $\mathbb{1} \otimes P$ sind). Für makroskopische Systeme wird es aber höchstens in ausgeklügelten Situationen (z. B. für Supraleiter) möglich sein, solche Interferenzterme nachzuweisen. (Die Situation lässt sich vielleicht am besten vergleichen mit dem irreversiblen Verhalten von makroskopischen Systemen, trotz Reversibilität der mikroskopischen Gesetze.)

Ich will diese allgemeinen Bemerkungen noch an einem konkreten Beispiel verdeutlichen.[9] Es sei $\mathcal{S}$ ein neutrales Atom mit Drehimpuls J und $\mathcal{A}$ sei eine Stern-Gerlach Anordnung (siehe Abb. 7.4). Das Detektionssystem sei in der Lage zu entscheiden, ob das abgelenkte Atom in der Nähe der klassische Trajektorien T_m zur magnetischen Quantenzahl m auftritt.[10]

Nach Eintritt in den Magneten ist die Wellenfunktion des Atoms gleich $\eta_m \varphi_m(\boldsymbol{R})$, wo η_m die Spin-Eigenzustände von J_z und $\varphi_m(\boldsymbol{R})$ die Schwerpunktswellenfunktionen sind. Dabei wird $\varphi_m(\boldsymbol{R})$ außerhalb der klassischen Trajektorie sehr schnell abfallen. Jeder Detektor D_m ist z. B. ein Zähler, der seinen Zustand ändert, wenn er von einem magnetischen Moment durchquert wird. Wir bezeichnen seine Variablen mit x_m und den Grundzustand mit $\chi_0(x_m)$. Eine wesentliche Eigenschaft der Detektoren ist, dass sie nur kurzreichweitige Wechselwirkungen mit dem Atom haben, so dass diejenigen Atome, welche $\mathcal{A}$ längs T_m durchqueren, nur den Detektor D_m beeinflussen.

Zum einfallenden Zustand $\eta_m \varphi_{\text{einf}}(\boldsymbol{R})$ gehört der auslaufende Zustand

$$\Psi_m = \eta_m \varphi_m(\boldsymbol{R}) \chi_E(x_m) \prod_{n \neq m} \chi_0(x_n) \,, \qquad (16.57)$$

wo χ_E den angeregten Zustand von D_m beschreibt. Für effiziente Detektoren ist der Überlapp von χ_0 mit χ_E klein, und der Einfachheit halber wollen wir annehmen, dass er verschwindet.

Ist der anfängliche Spinzustand eine Superposition $\sum_m c_m \eta_m$, so ist der entstehende Zustand des Gesamtsystems $\mathcal{S} + \mathcal{A}$ die Superposition

$$\Psi = \sum_m c_m \Psi_m \,. \qquad (16.58)$$

---

[9] Dabei folge ich der Antwort von Gottfried [17] auf einen Angriff von Bell [16].

[10] Längs der vertikalen z-Richtung wird die Wellenfunktion durch den Hamiltonoperator

$$H = \frac{p^2}{2m} + B(z) g \mu_B J_z \approx \frac{p^2}{2m} + (B + B' z + \dots) g \mu_B J_z$$

bestimmt.

Das eigentliche Ziel ist nun der Nachweis, dass $|c_m|^2$ die Wahrscheinlichkeiten angibt, das Atom im Eigenzustand zum Eigenwert m von J_z zu finden. Ein zweckmäßig konstruierter Apparat wirkt als Verstärker, der in eine solche Superposition von Zuständen des detektierenden Systems versetzt wird, in der die verschiedenen Komponenten des Konfigurationsraumes (dem Raum der x_m in unserem Beispiel) praktisch keinen Überlapp haben. Genauer gesagt, wenn Q eine Observable ist, die sich auf den Schwerpunkt des Atoms und/oder die Detektoren bezieht, so verschwinden für $m \neq m'$ die Matrixelemente $\langle \boldsymbol{R}, x_m | Q | \boldsymbol{R}', x'_{m'} \rangle$ sehr schnell, wenn die Koordinatenseparationen in den Zuständen dieser Matrixelemente makroskopisch werden. Solche Observablen nennen wir *makroskopisch lokal*. Für jedes Q dieser Art stellt der Apparat eine eineindeutige Beziehung zwischen den Zuständen des Mikrosystems $\mathcal{S}$ und den makroskopisch unterscheidbaren Zuständen der Apparatur her. Falls $\mathcal{A}$ dazu nicht in der Lage ist, erfüllt die Vorrichtung ihre Zwecke eben nicht und muss durch eine bessere ersetzt werden. Wieder ist natürlich (16.58) ein reiner Zustand. Aber für alle makroskopisch lokalen Observablen Q kann dieser Zustand nicht vom Gemisch unterschieden werden, das aus Ψ durch Streichen aller Interferenzterme zwischen Zuständen zu verschiedenen m hervorgeht:

$$\rho = \sum_m |c_m|^2 \varphi_m(\boldsymbol{R}) \varphi_m^*(\boldsymbol{R}') \chi_E(x_m) \chi_E^*(x'_m) \prod_{n \neq m} \chi_0(x_n) \chi_0^*(x_n) \ . \quad (16.59)$$

Dieses Gemisch hat die Struktur einer *klassischen* gemeinsamen Wahrscheinlichkeitsverteilung, ohne mysteriöse Interferenzterme und stellt die gewünschte eineindeutige Korrelation zwischen System und Apparat her. Deshalb ist $|c_m|^2$ tatsächlich die Wahrscheinlichkeit dafür, dass das System im m-ten Zustand η_m mit dem angedeuteten Eigenwert gefunden wird. Ferner wird in (16.59) *genau ein Detektor* angeregt. Ein hinreichend verdünnter Strahl wird also zu einer bestimmten Zeit jeweils nur einen Detektor ansprechen. Man ist somit in einer ähnlichen Lage wie bei einem (inzwischen legalisierten) Roulette-Spiel.

Wollte man den Unterschied zwischen dem reinen Zustand (16.58) und dem Gemisch (16.59) zu Tage fördern, so würden die benötigten Zeiten für eine realistische Apparatur schnell ins astronomische anwachsen, ähnlich wie dies für die Poincaré-Wiederkehrzeiten in der klassischen Mechanik der Fall ist. Es ist natürlich schwierig, dies für realistische Messapparaturen zu beweisen. Anhand von schematischen Modellen ist dazu einiges getan worden [13].

In diesem Zusammenhang müsste auch die Rolle der so genannten *Dekohärenz* diskutiert werden. Damit meint man die sehr wirksame, irreversible Zerstörung von Quantenkorrelationen (Verschränkungen) eines Systems über unvermeidbare Wechselwirkungen mit der Umgebung. Deren Rolle beim Messprozess wird einführend beispielsweise in den beiden ersten Beiträgen von [13] besprochen.

An dieser Stelle will ich die Diskussion abbrechen. Als Anregung zu weiterem Nachdenken empfehle ich zum Schluss eine enge Auswahl von interessanten Aufsätzen. Einen gut geschriebenen und gepfefferten Angriff auf die „orthodoxe Interpretation" der QM findet man in einer der letzten Arbeiten von J.S. Bell: *Against Measurement* [16]. Diesen sollte man als Herausforderung auf sich wirken lassen und anschließend die Entgegnung von K. Gottfried [17] lesen. Einige wichtige Originalarbeiten sind in einem Büchlein von K.R. Baumann und R.V. Sexl herausgegeben worden [18]. Wer danach immer noch nicht genug hat, greife zum Sammelband, welcher von J.A. Wheeler und H. Zurek herausgegeben wurde [19]. Ferner sei nochmals auf das Buch von M. Jammer verwiesen, das schon früher zitiert wurde. G. Auletta hat ein Werk [20] von fast tausend Seiten herausgebracht, das auch die neuesten Entwicklungen (bis 2000) eingehend behandelt.

16.7 Literatur

1. W. Pauli, „Phänomen und physikalische Realität", in *Aufsätze und Vorträge über Physik und Erkenntnistheorie*, Vieweg, Braunschweig (1961) (Neuauflage 1984).
2. P. Schilpp (Hrsg.), *Albert Einstein als Philosoph und Naturforscher*, Vieweg (1979).
3. K. von Meyenn (Hrsg.), *Eine Entdeckung von ganz außerordentlicher Tragweite, Schrödingers Briefwechsel zur Wellenmechanik und zum Katzenparadoxon*, 2 Bände, Springer-Verlag (2011).
4. S. Kochen & E.P. Specker, *The Problem of Hidden Variables in Quantum Mechanics*, Journal of Mathematics and Mechanics, **17**, 59 (1967).
5. D. Greenberger, M. Horne & A. Zeilinger, in *Bell's Theorem, Quantum Theory, and Conceptions of the Universe*, M. Kafatos, ed., Kluwer, Dortrecht, 69 (1989).
6. N. Straumann, *A simple Proof of the Kochen-Specker Theorem on the Problem of Hidden Variables*, Ann. Phys. (Berlin) 19, 121 (2010).
7. M. Redhead, *Incompleteness, Nonlocality and Realism*, Clarendon Press, Oxford (1989).
8. A. Peres, J. Phys. **A24**, L175 (1991).
9. J. Pan & A. Zeilinger, Phys Rev. **A57**, 2208 (1998).
10. M. Jammer, *The Philosophie of Quantum Mechanics*, Cambridge University Press (1987).
11. A. Aspect et al., Phys. Rev. Lett., **47**, 460 (1981); Phys. Rev. Lett., **49**, 91 (1982); Phys. Rev. Lett., **49**, 1804 (1982).
12. W. Tittel, J Brandel, H. Zbinden & N. Gisin, Phys. Rev. Lett. **81**, 3563 (1998).
13. D. Giulini, E. Joos, C. Kiefer & I.-O. Stamatescu (Eds.), *Decoherence: Theoretical, Experimental, and Conceptual Problems*, Lecture Notes in Physics (538), Springer-Verlag (2000).
14. W. Pauli, *Die allgemeinen Prinzipien der Wellenmechanik*, neu herausgegeben von N. Straumann, Springer-Verlag (1990).
15. P. Busch, P.J. Lahti und P. Mittelstaedt, *The Quantum Theory of Measurement*, Lecture Notes in Physics mz, Springer (1991).
16. J.S. Bell, *Against Measurement*, Physics World **3**, 33 (1990); Phys. Bl. **48**, 267 (1992).
17. K. Gottfried, Physics World **4**, 34 (1991).

18. K.R. Baumann, R.U. Sexl, *Die Deutungen der Quantentheorie*, Vieweg (1984).
19. J.A. Wheeler, H. Zurek (Hrsg), Princeton University Press (1983).
20. G. Auletta, *Foundations and Interpretations of Quantum Mechanics*, World Scientific (2000).

17. Lösungen der Übungsaufgaben

In diesem Schlussabschnitt geben wir Lösungen der Übungsaufgaben, die nicht schon im Haupttext gelöst wurden.

Kap. 2

Aufgabe 1

Betrachte die elektromagnetischen Eigenschwingungen in einem kubischen Hohlraum (Volumen $V = L^3$) mit leitenden Wänden. An diesen muss $\boldsymbol{E}$ senkrecht und $\boldsymbol{B}$ tangential sein. Diese Randbedingungen sind erfüllt, wenn $\boldsymbol{E}$ für eine harmonische Eigenschwingung ($\propto e^{-i\omega t}$) folgende Form hat:

$$
\begin{aligned}
E_1 &= E_1^{(0)} \cos(k_1 x_1) \sin(k_2 x_2) \sin(k_3 x_3) e^{-i\omega t}, \\
E_2 &= E_2^{(0)} \sin(k_1 x_1) \cos(k_2 x_2) \sin(k_3 x_3) e^{-i\omega t}, \\
E_3 &= E_3^{(0)} \sin(k_1 x_1) \sin(k_2 x_2) \cos(k_3 x_3) e^{-i\omega t},
\end{aligned}
\tag{17.1}
$$

wobei

$$
k_i = n_i \frac{\pi}{L}, \quad n_i \in \mathbb{N}_0 \ (i = 1, 2, 3)
\tag{17.2}
$$

und die Kreisfrequenz ω als Folge der Wellengleichung für $\boldsymbol{E}$ bestimmt ist durch

$$
\frac{1}{c^2} \omega^2(n_1, n_2, n_3) = \boldsymbol{k}^2 = \pi^2 \sum_{i=1}^{3} \frac{n_i^2}{L^2}.
\tag{17.3}
$$

Das magnetische Feld $\boldsymbol{B}$ erhält man aus dem Induktionsgesetz $\nabla \wedge \boldsymbol{E} = i(\omega/c)\boldsymbol{B}$, und dieses erfüllt für (1) die nötigen Randbedingungen. Die Amplituden $E_i^{(0)}$ sind nicht unabhängig, da $\nabla \cdot \boldsymbol{E} = 0$ die Bedingung

$$
\boldsymbol{E}^{(0)} \cdot \boldsymbol{k} = 0
\tag{17.4}
$$

verlangt. Im Allgemeinen hat diese Gleichung zwei linear unabhängige Lösungen (zwei Polarisationszustände). Ausgenommen ist der Fall wo ein n_i verschwindet. Ist nur eines der n_i gleich Null, so gibt es *eine* Eigenschwingung, und falls mehrere n_i verschwinden, so gibt es *keine* zugehörigen Eigenmoden.

N. Straumann, *Quantenmechanik*, Springer-Lehrbuch
DOI 10.1007/978-3-642-32175-7_17, © Springer-Verlag Berlin Heidelberg 2013

Beachte auch, dass $\nabla \cdot B = 0$ wegen dem Induktionsgesetz automatisch erfüllt ist. Der Leser vergewissere sich, dass alle Moden aufgezählt wurden.

Nun bestimme man die Anzahl $\Delta N(k)$ der Moden im Intervall $(k, k+\Delta k)$ der Wellenzahl $k = \mid k \mid$ für $\lambda = 2\pi/k \ll L$. Dann liegen benachbarte k-Werte dicht beisammen. $\Delta N(k)$ ist gleich zwei mal der Zahl der Gitterpunkte im n-Raum in einer Kugelschale des ersten Quadranten mit Radius kL/π und Dicke $\Delta k L/\pi$: $\Delta N(k) = 2\frac{1}{8}4\pi(kL/\pi)^2(L/\pi)\Delta k$. Demnach ist

$$dN(\nu) = V\frac{8\pi\nu^2}{c^3}d\nu. \tag{17.5}$$

Diese Formel gilt für jede Form des Hohlraums. Für $\lambda \ll V^{1/3}$ sind oberflächenproportionale Effekte vernachlässigbar.

Aufgabe 2

Nach Gl. 2.22 gilt

$$\frac{h\nu}{kT} = \ln\left(1 + \frac{h\nu}{E}\right)$$

und also mit (2.7)

$$\frac{dS}{dE} = \frac{1}{T} = \frac{k}{h\nu}\ln\left(1 + \frac{h\nu}{E}\right).$$

Daraus folgt

$$\frac{d^2S}{dE^2} = -\frac{k}{E^2 + h\nu E}.$$

Unter Benutzung von (2.38) ergibt sich damit die Schwankungsformel (2.39).

Kap. 3

Aufgabe 1

Das Differenziationsgeschäft ist Routine. Es bleibt der Beweis der Limes-Aussage in der Lösungsanleitung. Dazu wählen wir eine Testfunktion $f \in \mathcal{D}(\mathbb{R})$ mit Träger im Intervall $[-R, R]$. Dafür gilt

$$\lim_{t\downarrow 0} \int \psi(x,t)f(x)dx$$

$$= \lim_{t\downarrow 0}\int_{-R}^{R}\psi(x,t)[f(x) - f(0)]\,dx + \lim_{t\downarrow 0}f(0)\int_{-R}^{R}\psi(x,t)\,dx. \tag{17.6}$$

Im 2. Term machen wir die Substitution $u = x/\sqrt{t}$ und erhalten dafür

$$f(0)\frac{1}{\sqrt{i\pi}}\int_{-R/\sqrt{t}}^{R/\sqrt{t}} e^{iu^2}\,du = f(0)\frac{1}{\sqrt{i\pi}}\int_{-\infty}^{\infty} e^{iu^2}\,du = f(0).$$

Nun zeigen wir, dass der erste Term in (2.1) verschwindet. Dazu zerlegen wir das Integral gemäß

$$\int_{-R}^{R} = \int_{-R}^{-a\sqrt{t}} + \int_{-a\sqrt{t}}^{a\sqrt{t}} + \int_{a\sqrt{t}}^{R}.$$

Im mittleren Integral rechts machen wir dieselbe Substitution wie eben und erhalten dafür

$$\lim_{t\downarrow 0} \frac{1}{\sqrt{i\pi}} \int_{-a}^{a} e^{iu^2}[f(\sqrt{t}u) - f(0)]\mathrm{d}u = 0 \,,$$

da der Limes unter dem Integral ausgeführt werden darf. Das letzte Integral schreiben wir folgendermaßen um, wobei der Faktor $1/\sqrt{i\pi}$ weggelassen wird:

$$\varphi(t) := \frac{1}{\sqrt{t}} \int_{a\sqrt{t}}^{R} e^{ix^2/t}[f(x) - f(0)]\mathrm{d}x = \frac{1}{\sqrt{t}} \int_{a^2 t}^{R^2} e^{iy/t} g(y)\mathrm{d}y. \quad .$$

Dabei haben wir gesetzt: $f(x) - f(0) =: 2x\varphi(x)$, mit $\varphi \in \mathcal{D}(\mathbb{R})$, und $g(y) := \varphi(\sqrt{y})$. Für $y > 0$ ist g differenzierbar. (An der Stelle $y = 0$ gilt nur $\lim_{t\downarrow 0} g(t)/\sqrt{t} = \varphi'(0)$.) Eine kleine Umformung gibt

$$\sqrt{t}\varphi(t) = - \int_{a^2 t}^{R^2} e^{i(y+t\pi)/t} g(y)\mathrm{d}y = - \int_{(a^2+\pi)t}^{R^2+\pi t} e^{iy/t} g(y - t\pi)\mathrm{d}y.$$

Deshalb gilt

$$2|\varphi(t)| = \frac{1}{\sqrt{t}} \left| \int_{a^2 t}^{R^2} e^{iy/t} g(y)\mathrm{d}y - \int_{(a^2+\pi)t}^{R^2+\pi t} e^{iy/t} g(y - t\pi)\mathrm{d}y \right|.$$

Darin unterscheiden sich die Integrationsgrenzen nur um $\mathcal{O}(t)$. Damit ergibt sich, da g differenzierbar ist,

$$\lim_{t\downarrow 0} 2|\varphi(t)| \leq \lim_{t\downarrow 0} \int_{(a^2+\pi)t}^{R^2} \left| \frac{g(y) - g(y - t\pi)}{\sqrt{t}} \right| \mathrm{d}y = 0.$$

Ebenso verschwindet der Beitrag des ersten Integrals in der obigen Zerlegung.

Aufgabe 2

Die erzeugende Funktion der Hermite-Polynome (3.65) ist in (3.66) gegeben. Benutzen wir noch (3.63) für die normierten Eigenfunktionen u_n des harmonischen Oszillators, so ergibt sich

$$\chi(t,x) = \pi^{-1/4} e^{-x^2/2-t^2+2tx}. \tag{17.7}$$

Deshalb ist die in der Übung betrachtete Doppelsumme gleich

$$\frac{1}{\sqrt{\pi}} e^{-s^2-t^2} \int_{\mathbb{R}} e^{-x^2+2(s+t)x}\mathrm{d}x = e^{2st} = \sum_{m=0}^{\infty} \sum_{n=0}^{\infty} \frac{(\sqrt{2}s)^m (\sqrt{2}t)^n}{\sqrt{m!}\sqrt{n!}} \delta_{mn}.$$

Durch Vergleich erhält man die behauptete Orthonormalität.

Aufgabe 3

Für die Fouriertransformierte

$$\hat{u}_n(k) = \frac{1}{\sqrt{2\pi}} \int_{\mathbb{R}} e^{-ikx} u_n(x) \mathrm{d}x$$

erhalten wir mit (17.8)

$$\sum_{n=0}^{\infty} \frac{(\sqrt{2}t)^n}{\sqrt{n!}} \hat{u}_n(k) = \pi^{-1/4} e^{-t^2} \frac{1}{\sqrt{2\pi}} \int_{\mathbb{R}} e^{-ikx} e^{-(x^2/2)+2tx} \mathrm{d}x$$

$$= \pi^{-1/4} e^{-k^2/2 - (-it)^2 + 2(-it)k} .$$

Dies ist aber nach (17.8) gleich

$$\sum_{n=0}^{\infty} \frac{(-i\sqrt{2}t)^n}{\sqrt{n!}} u_n(k).$$

Somit gilt die einfache Beziehung

$$\hat{u}_n = (-i)^n u_n. \tag{17.8}$$

Zur Berechnung der „Übergangsmomente" benutzen wir die erzeugende Funktion $\chi(t,x)$ und erhalten

$$\sum_{m=0}^{\infty} \sum_{n=0}^{\infty} \frac{(\sqrt{2}\,s)^m}{\sqrt{m!}} \frac{(\sqrt{2}\,t)^n}{\sqrt{n!}} (u_m, x u_n) = \pi^{-1/2} e^{-s^2 - t^2} \int_{\mathbb{R}} e^{-x^2 + 2(s+t)x} x\, \mathrm{d}x$$

$$= (s+t)e^{2st} = \frac{1}{\sqrt{2}} \sum_{n=0}^{\infty} \frac{1}{n!} \left[(\sqrt{2}s)^{n+1}(\sqrt{2}t)^n + (\sqrt{2}t)^{n+1}(\sqrt{2}s)^n \right].$$

Durch Vergleich folgt

$$(u_m, x u_n) = \begin{cases} \sqrt{\frac{n+1}{2}} & \text{für } m = n+1, \\ 0 & \text{für } m = n, \\ \sqrt{\frac{n}{2}} & \text{für } m = n-1. \end{cases}$$

Aufgabe 4

Durch die Substitution

$$x_1 = \frac{1}{\sqrt{2}}(q_1 + q_2), \quad x_2 = \frac{1}{\sqrt{2}}(q_1 - q_2)$$

erhalten wir für den Hamiltonoperator die Summe der Hamiltonoperatoren von zwei ungekoppelten Oszillatoren

$$H = -\frac{\hbar^2}{2m} \frac{\partial^2}{\partial q_1^2} - \frac{\hbar^2}{2m} \frac{\partial^2}{\partial q_2^2} + \frac{1}{2} m\omega_1^2 q_1^2 + \frac{1}{2} m\omega_2^2 q_2^2,$$

wobei deren Frequenzen gegeben sind durch

$$m\omega_1^2 = m\omega_0 2 + \frac{e^2}{R^3}, \quad m\omega_2^2 = m\omega_0 2 - \frac{e^2}{R^3}.$$

Die Grundzustandsenergie von H ist die Summe der Nullpunktsenergien der beiden entkoppelten Oszillatoren

$$E_0(R) = \frac{1}{2}(\omega_1 + \omega_2) \simeq \hbar\omega_0 - \frac{\hbar}{8}\frac{e^4}{m^2\omega_0^3}\frac{1}{R^6} + \cdots \tag{17.9}$$

Bemerkungen.
1. Die Van der Waals-Kräfte sind anziehend ($\propto 1/R^7$).
2. Für $\hbar \to 0$ gilt $E_0(R) \to 0$.
3. Die Van der Waalssche Anziehung ist die Folge der Verringerung der Nullpunktsenergie bei der Annäherung der Oszillatoren.

Aufgabe 5

Wird die Fouriertransformation gemäß der Aufgabenstellung definiert, so gilt

$$\left(\frac{\partial^2\psi}{\partial x^2}\right)^{\wedge}(p) = -\frac{1}{\hbar^2}p^2\hat{\psi}(p), \quad (x^2\psi)^{\wedge} = -\hbar^2\frac{\partial^2\hat{\psi}}{\partial p^2}.$$

Also lautet die stationäre Schrödingergleichung

$$-\frac{\hbar^2}{2m}\frac{\partial^2\psi}{\partial x^2} + \frac{1}{2}m\omega^2 x^2\psi = E\psi \tag{17.10}$$

im Impulsraum

$$\frac{1}{2m}p^2\hat{\psi}(p) - \frac{1}{2}m\omega^2\hbar^2\frac{\partial^2\hat{\psi}}{\partial p^2} = E\hat{\psi}(p).$$

Diese Gleichung hat dieselbe Form wie im x-Raum. Man setze $p =: \eta\sqrt{m\omega\theta\hbar}$, $E =: \hbar\omega\varepsilon$ mit dimensionslosen Variablen η, ε, womit

$$-\hat{\psi}'' + \eta^2\hat{\psi} = \varepsilon\hat{\psi}.$$

Diese Gleichung stimmt mit (3.44) von Kap. 3 überein. Nach (3.62) ist deshalb

$$\hat{u}_n(\eta) = \pi^{-\frac{1}{4}}2^{-\frac{n}{2}}\frac{1}{\sqrt{n!}}e^{-\frac{1}{2}\eta^2}H_n(\eta). \tag{17.11}$$

Diese Lösungen sind überdies normiert.

Aufgabe 6

Für das asymptotische Verhalten findet man sofort $\psi \sim e^{\pm \xi/2}$ für $\xi \to \infty$; $\psi \sim \xi^{\pm s}$ für $\xi \to 0$. Dies legt folgenden Ansatz nahe: $\psi = e^{-\xi/2} \xi^s w(\xi)$. Für w findet man die Gleichung

$$\xi w'' + (2s + 1 - \xi) w' + n w = 0. \tag{17.12}$$

w muss für $\xi = 0$ endlich sein und darf für $\xi \to \infty$ nicht zu schnell anwachsen. Die letzte Gleichung ist die konfluente hypergeometrische Differenzialgleichung, d. h.

$$w = F(-n, 2s + 1, \xi).$$

Das Verhalten im Unendlichen ist nur tolerabel für $n \in \mathbb{N}_0$ (siehe die Asymptotik von F). Mit den Formeln der Anleitung bekommt man damit für die Energieeigenwerte

$$-E_n = A \left[1 - \frac{\alpha \hbar}{\sqrt{2mA}} (n + 1/2) \right]^2 , n \in \mathbb{N}_0. \tag{17.13}$$

Es sind aber nicht alle $n \in \mathbb{N}_0$ zugelassen, denn s muss (seiner Definition entsprechend) positiv sein, d. h. es muss $(2mA/\alpha \hbar) > n + 1/2$ gelten. Es gibt also nur eine endliche Folge von diskreten Energieniveaus. Für $(2mA/\alpha \hbar) < 1/2$ gibt es überhaupt kein diskretes Spektrum.

Aufgabe 7

Die Schrödingergleichung für ein Teilchen im elektromagnetischen Feld lautet

$$i\hbar \dot{\psi} = \left[\frac{1}{2m} \left(\frac{\hbar}{i} \nabla - \frac{e}{c} \boldsymbol{A} \right)^2 + e\varphi \right] \psi. \tag{17.14}$$

Unter einer Eichtransformation ergeben sich die Substitutionen

$$\left(\frac{\hbar}{i} \nabla - \frac{e}{c} \boldsymbol{A} \right) \psi \to \left(\frac{\hbar}{i} \nabla - \frac{e}{c} \boldsymbol{A} - \frac{e}{c} \nabla \chi \right) e^{\frac{ie}{\hbar c} \chi} \psi = e^{\frac{ie}{\hbar c} \chi} \left(\frac{\hbar}{i} \nabla - \frac{e}{c} \boldsymbol{A} \right) \psi;$$

$$i\hbar \dot{\psi} \to i\hbar \dot{\psi} \, e^{\frac{ie}{\hbar c} \chi} - \frac{e}{c} \dot{\chi} \psi \, e^{\frac{ie}{\hbar c} \chi}; \quad e\varphi \psi \to e\varphi \psi \, e^{\frac{ie}{\hbar c} \chi} - \frac{e}{c} \dot{\chi} \psi \, e^{\frac{ie}{\hbar c} \chi}.$$

Durch Einsetzen findet man, dass die Schrödingergleichung auch für die eichtransformierten Größen gilt. Eine ähnliche Routinerechnung zeigt, dass der Strom

$$\boldsymbol{J} = \frac{\hbar}{2mi} [\psi^* \nabla \psi - (\nabla \psi)^* \psi] - \frac{e}{mc} \psi^* \psi \boldsymbol{A}$$

eichinvariant ist.

Aufgabe 8

Wegen $H\psi = E\psi$ ist $\langle[\boldsymbol{x} \cdot \boldsymbol{p}, H]\rangle = 0$. Darin ist der Kommutator, wie man leicht nachrechnet,

$$[\boldsymbol{x} \cdot \boldsymbol{p}, H] = i\hbar[2T - \boldsymbol{x} \cdot \boldsymbol{\nabla} V].$$

Also gilt die behauptete Beziehung (3.121). Für den harmonischen Oszillator erhalten wir

$$\langle T\rangle = \langle V\rangle = \frac{1}{2}E,$$

und für das Coulomb Potential

$$2\langle T\rangle = -\langle V\rangle, \quad E = -\langle T\rangle = \frac{1}{2}\langle V\rangle.$$

Aufgabe 9

a) Der ebene isotrope harmonische Oszillator hat das Potenzial $V = \frac{1}{2}m\omega^2(x_1^2 + x_2^2)$. Offensichtlich sind die Energieeigenfunktionen Produkte $u_{n_1}(x_1)u_{n_2}(x_2)$ von Eigenfunktionen eines eindimensionalen Oszillators. Die zugehörigen Eigenwerte sind

$$E_{n_1,n_2} = \hbar\omega(n_1 + n_2).$$

Deshalb ist die Entartung eines Energieeigenwerts $\hbar\omega n$, $n \in \mathbb{N}_0$, gleich der Anzahl der Paare (n_1, n_2) mit $n = n_1 + n_2$, also gleich $n + 1$.

b) Mit den Definitionen

$$\xi_i = \sqrt{\frac{m\omega}{\hbar}}x_i, \ E = \hbar\omega\varepsilon$$

erhalten wir die Schrödingergleichung in der dimensionslosen Form

$$\frac{\partial^2 u}{\partial \xi_1^2} + \frac{\partial^2 u}{\partial \xi_2^2} + (2\varepsilon - \xi_1^2 - \xi_2^2)u = 0. \qquad (17.15)$$

In Polarkoordinaten $\xi_1 = r\cos\varphi$, $\xi_2 = r\sin\varphi$ lautet diese (benutze (3.146))

$$\frac{\partial^2 u}{\partial r^2} + \frac{1}{r}\frac{\partial u}{\partial r} + \frac{1}{r^2}\frac{\partial^2 u}{\partial \varphi^2} + (2\varepsilon - r^2)u = 0. \qquad (17.16)$$

Für die Funktion $v_m(r)$ im angegebenen Separationsansatz folgt daraus

$$\frac{d^2 v_m}{dr^2} + \frac{1}{r}\frac{dv_m}{dr} - \frac{m^2}{r^2}v_m + (2\varepsilon - r^2)v_m = 0.$$

Diese Eigenwertgleichung hängt nur von m^2 ab; die Zustände mit $\pm m$ sind also entartet. Es genügt im folgenden $m \in \mathbb{N}_0$ zu betrachten. Schreiben wir die letzte Gleichung auf die Variable $x := r^2$ um, so ergibt eine Routinerechnung für $w(x)$ im angegebenen Ansatz die Gleichung

$$xw'' + (m + 1 - x)w' + kw = 0, \qquad (17.17)$$

wo $k = (\varepsilon - m - 1)/2$. Diese hat die Form der konfluenten hypergeometrischen Differenzialgleichung mit $\alpha = -k$, $\gamma = m + 1$ (siehe (3.186)). Damit sich u für $r \to 0$ regulär verhält, muss w proportional zu $F(\alpha, \gamma, x)$ sein. Aus dem asymptotischen Verhalten (3.203) folgt ferner, dass $-\alpha \in \mathbb{N}_0$ sein muss, es ist also $k \in \mathbb{N}_0$. Vergleicht man dies mit (3.218), so sieht man, dass w proportional zum Laguerre-Polynom L_{k+m}^m ist. Als Resultat erhält man die in der Übung angegebenen Eigenwerte (mit den richtigen Entartungen) und Eigenfunktionen. Die Normierung ist mit dem Hinweis ebenfalls leicht zu gewinnen.

Aufgabe 10

Mit den eingeführten Bezeichnungen ist das Linienelement

$$ds^2 = d\rho^2 + dz^2 + \rho^2 d\varphi^2 = \frac{1}{4uv}(u\,dv + v\,du)^2 + \frac{1}{4}(du - dv)^2 + uv\,d\varphi^2,$$

oder

$$ds^2 = \frac{u + v}{4} \left[\frac{du^2}{u} + \frac{dv^2}{v} + 4\left(\frac{1}{u} + \frac{1}{v}\right)^{-1} d\varphi^2 \right]. \qquad (17.18)$$

Mit der allgemeinen Formel (3.141) für den Laplace-Operator erhält man die transformierte dimensionslose Schrödingergleichung (3.129) der Anleitung. Diese ergibt für den angegebenen Separationsansatz das Gleichungspaar

$$\frac{d}{du}\left(u\frac{df}{du}\right) + \left(-\frac{m^2}{4u} + \frac{\varepsilon}{4}u + \frac{1+\beta}{2}\right)f = 0,$$

$$\frac{d}{dv}\left(v\frac{dg}{dv}\right) + \left(-\frac{m^2}{4v} + \frac{\varepsilon}{4}v + \frac{1-\beta}{2}\right)g = 0, \qquad (17.19)$$

wobei der Parameter β die Separationskonstante ist. Die beiden Gleichungen haben dieselbe Form wie die Differentialgleichung des ebenen harmonischen Oszillators für $v_m(x)$:

$$x\frac{d^2 v_m}{dx^2} + \frac{dv_m}{dx} - \frac{m^2}{4x}v_m + \frac{2\varepsilon - x}{4}v_m = 0.$$

Mit den eingeführten Abkürzungen (3.124) lautet diese

$$(xv_m')' + \left\{ -\frac{m^2}{4x} - \frac{x}{4} + \left(k + \frac{|m| + 1}{2}\right) \right\} v_m = 0. \qquad (17.20)$$

Die einzig akzeptable Lösung wurde in (3.125) gegeben.

Diskretes Spektrum ($\varepsilon < 0$). Übereinstimmung der Gln. 17.19, 17.20 ergibt sich für $x = u\sqrt{-\varepsilon}$, bzw. $x = v\sqrt{-\varepsilon}$, sowie

$$\frac{1}{2}(1 + \beta) = \sqrt{-\varepsilon}\left(k_1 + \frac{|m| + 1}{2}\right),\qquad (17.21)$$

$$\frac{1}{2}(1 - \beta) = \sqrt{-\varepsilon}\left(k_2 + \frac{|m| + 1}{2}\right).\qquad (17.22)$$

Dies gibt $1 = \sqrt{-\varepsilon}(k_1 + k_2 + |m| + 1)$, also mit $n := k_1 + k_2 + |m| + 1$ das bekannte diskrete Spektrum

$$\varepsilon = -\frac{1}{n^2}.\qquad (17.23)$$

Ferner erhalten wir $\beta = \sqrt{-\varepsilon}(k_1 - k_2) = (k_1 - k_2)/n$. Damit bekommen wir die Eigenfunktionen (3.132).

Kap. 4

Aufgabe 1

Die erste Wägung wird durch Feststellung der Zeigerposition (s. Abb. 4.10) durchgeführt. Durch das Entweichen des Photons entsteht ein Gewichtsverlust, welcher durch ein unter dem Kasten gehängtes Gewicht ausgeglichen wird, so dass der Zeiger mit einer Unschärfe Δq in seine ursprüngliche Position zurückkehrt. Entsprechend hat die Gewichtsmessung eine Unschärfe Δm. Durch das Hinzufügen des Gewichts erhält der Kasten einen Impuls, den wir mit einer Genauigkeit Δp messen können, die mit der prinzipiellen Einschränkung durch die Unschärferelation $\Delta p \Delta q \gtrsim h$ für den Kasten begrenzt ist. Offensichtlich gilt $\Delta p \lesssim tg\Delta m$, wobei t die Zeit ist, die der Zeiger für eine Adjustierung braucht. Schließlich folgt aus der *gravitativen Rotverschiebung*, dass die Unbestimmtheit Δq des Ortes im Schwerefeld eine Unbestimmtheit

$$\Delta t = \frac{gt\Delta q}{c^2}$$

von t nach sich zieht. Dadurch ergibt sich

$$\Delta E \cdot \Delta t = c^2 \Delta m \Delta t = c^2 \underbrace{\Delta m}_{\gtrsim \Delta p/tg} \frac{gt\Delta q}{c^2} \gtrsim \Delta p\Delta q \gtrsim h,$$

und alles ist „in Ordnung".

Aufgabe 2

In Cartesischen Koordinaten lautet die Schrödingergleichung

$$i\hbar\dot{\psi} = -\frac{\hbar^2}{2m}\left(\frac{\partial^2}{\partial x^2} + \frac{\partial^2}{\partial y^2}\right)\psi.$$

Auf Polarkoordinaten r, φ transformiert, wird daraus wie in Aufgabe 9, Kap. 3

$$i\hbar\dot{\psi} = -\frac{\hbar^2}{2m}\left(\frac{\partial^2}{\partial r^2} + \frac{1}{r}\frac{\partial}{\partial\varphi} + \frac{1}{r^2}\frac{\partial^2}{\partial\varphi^2}\right)\psi. \tag{17.24}$$

Anderseits lautet die klassische Hamiltonfunktion in Polarkoordinaten

$$H = \frac{1}{2m}\left(p_r^2 + \frac{1}{r^2}p_\varphi^2\right).$$

Würden wir dafür gemäß den Substitutionen $p_r \to \frac{\hbar}{i}\frac{\partial}{\partial r}$, $p_\varphi \to \frac{\hbar}{i}\frac{\partial}{\partial\varphi}$ zur Wellenmechanik übersetzen, so ergäbe sich als Schrödingergleichung

$$i\hbar\dot{\psi} = -\frac{\hbar^2}{2m}\left(\frac{\partial^2}{\partial r^2} + \frac{1}{r^2}\frac{\partial^2}{\partial\varphi^2}\right)\psi,$$

die offensichtlich nicht mit der richtigen Gl. 17.24 übereinstimmt.

Aufgabe 3

Mit der Bezeichnung $\Theta(\boldsymbol{x}) := m\boldsymbol{v}\cdot\boldsymbol{x} - \frac{1}{2}mv^2 t$ ist

$$\hat{\psi}(\boldsymbol{x},t) = e^{i\Theta}\psi(\boldsymbol{x} - \boldsymbol{v}t).$$

Durch Differenziation erhalten wir

$$\nabla\hat{\psi} = (\nabla\psi + im\boldsymbol{v}\psi)e^{i\Theta},$$
$$\triangle\hat{\psi} = (\triangle\psi + 2im\boldsymbol{v}\cdot\nabla\psi - mv^2\psi)e^{i\Theta},$$
$$\frac{\partial\hat{\psi}}{\partial t} = \left\{\left(\frac{\partial\psi}{\partial t} - \boldsymbol{v}\cdot\nabla\psi\right) - \frac{i}{2}mv^2\psi\right\}e^{i\Theta}.$$

Daraus folgt

$$\left(\frac{1}{i}\frac{\partial}{\partial t} - \frac{1}{2m}\triangle\right)\hat{\psi}(\boldsymbol{x},t) = e^{i\Theta}\left[\left(\frac{1}{i}\frac{\partial}{\partial t} - \frac{1}{2m}\triangle\right)\psi\right](\boldsymbol{x} - \boldsymbol{v}t)$$

und damit die Feststellung in der Aufgabe.

Aufgabe 4

Im $\mathbb{R}^3$ haben wir für alle g nach (3.107)

$$\langle H \rangle = \frac{1}{2} \langle p^2 \rangle - g \left\langle \frac{1}{r} \right\rangle \geq -\frac{g^2}{2\hbar^2}. \tag{17.25}$$

Die Diskriminantenungleichung gibt das „lokale Unschärfeprinzip"

$$\langle p^2 \rangle^{1/2} \langle 1/r \rangle^{-1} \geq \hbar. \tag{17.26}$$

Für die Umkehrung notieren zunächst

$$e^2 \langle r^{-1} \rangle \leq \frac{1}{2m} \langle p^2 \rangle + \frac{me^4}{2} \frac{\langle r^{-1} \rangle^2}{\langle p^2 \rangle}, \tag{17.27}$$

da $x \leq y + \frac{x^2}{4y} \Leftrightarrow 4xy \leq 4y^2 + x^2 \Leftrightarrow (2y - x)^2 \geq 0$. Damit gilt für den Hamiltonoperator des H-Atoms

$$\langle H \rangle = \frac{1}{2m} \langle p^2 \rangle - e^2 \langle r^{-1} \rangle \geq -\frac{me^4}{2} \frac{\langle r^{-1} \rangle^2}{\langle p^2 \rangle} \geq \frac{me^4}{2\hbar^2}.$$

(Rechts steht die Grundzustandsenergie des H-Atoms.)

Aufgabe 5

Zur Berechnung von $\triangle \psi(r)$ wenden wir den Gauss'schen Satz für das Vektorfeld $\nabla \psi$ auf den Ball $B(0, R)$ im $\mathbb{R}^N$ an:

$$\int_{S^{N-1}} \partial_R \psi \, R^{N-1} \, \mathrm{d}\Omega = \int_0^R \mathrm{d}r \int_{S^{N-1}} \triangle \psi \, r^{N-1} \, \mathrm{d}\Omega.$$

Differenziation nach R gibt $\triangle \psi \, r^{N-1} = \partial_r(r^{N-1} \partial_r \psi)$, also

$$\triangle \psi = \frac{1}{r^{N-1}} \partial_r(r^{N-1} \partial_r) \psi. \tag{17.28}$$

Damit lautet die Schrödinger Gleichung für ein radial symmetrisches $\psi(r)$

$$-\frac{\hbar^2}{2m} \left(\frac{\mathrm{d}^2}{\mathrm{d}r^2} + \frac{N-1}{r} \frac{\mathrm{d}}{\mathrm{d}r} \right) \psi - \frac{e^2}{r} \psi = E\psi. \tag{17.29}$$

Wir wollen die Ableitung erster Ordnung loswerden und setzen dazu $\psi =: r^{-(N-1)/2} \varphi$. Für φ erhalten wir die Eigenwertgleichung (benutzen von jetzt an Einheiten mit $\hbar = 1$):

$$\left[-\frac{1}{2m} \frac{\mathrm{d}^2}{\mathrm{d}r^2} + \frac{1}{2m} \frac{l_N(l_N + 1)}{r^2} - \frac{e^2}{r} \right] \varphi = E\varphi, \tag{17.30}$$

wobei $l_N := \frac{N-1}{2} - 1$.

Das ist dieselbe Gleichung wie für das gewöhnliche H-Atom, aber mit $l \to l_N$. Ersetzt man also im diskreten Spektrum

$$E_{ln'} = -\text{Ry}\frac{1}{(l+1+n')^2}$$

$n' \to 0$, $l \to l_N$ so ergibt sich für die Grundzustandsenergie in $\mathbb{R}^N$

$$E = -\text{Ry}\left(\frac{2}{N-1}\right)^2. \tag{17.31}$$

Mit diesem Ergebnis erhält man wie in der vorherigen Aufgabe die Ungleichung

$$\langle p^2 \rangle^{1/2} \langle 1/r \rangle^{-1} \geq (N-1)\hbar/2. \tag{17.32}$$

Aufgabe 6

Es ist zu zeigen, dass

$$\psi(\boldsymbol{x}) = \psi^{(0)}(\boldsymbol{x})e^{iS(\boldsymbol{x})}, \quad S(\boldsymbol{x}) = \frac{e}{\hbar c}\int_{\boldsymbol{x}_0}^{\boldsymbol{x}} \boldsymbol{A} \cdot d\boldsymbol{s}, \tag{17.33}$$

die stationäre Schrödingergleichung

$$\frac{1}{2m}\left(\frac{\hbar}{i}\nabla - \frac{e}{c}\boldsymbol{A}\right)^2 \psi = E\psi \tag{17.34}$$

erfüllt. Nun ist $\nabla S = \frac{e}{\hbar c}\boldsymbol{A}$, folglich

$$\frac{1}{2m}\left(\frac{\hbar}{i}\nabla - \frac{e}{c}\boldsymbol{A}\right)^2 \psi^{(0)}e^{iS} = \left(-\frac{\hbar^2}{2m}\triangle\psi^{(0)}\right)e^{iS} = E\psi^{(0)}e^{iS}.$$

Im Vergleich zu $\boldsymbol{A} = 0$ ergibt sich eine Phasenänderung der beiden Wellen von der Größe $e^{\frac{ie}{\hbar c}\Phi}$, wo $\Phi = \oint \boldsymbol{A} \cdot d\boldsymbol{s}$ nach dem Stokeschen Satz gleich dem magnetischen Fluss ist, der von den beiden Wegen 1 und 2 eingeschlossen wird.

Aufgabe 7

Es ist

$$2|\psi|\boldsymbol{\nabla}|\psi| = \nabla(\psi^*\psi) = (\boldsymbol{D}\psi)^*\psi + \psi^*\boldsymbol{D}\psi = 2\Re(\psi^*\boldsymbol{D}\psi).$$

Bilden wir davon den Betrag, so ergibt sich

$$|\psi|\,|(\boldsymbol{\nabla}|\psi|)| = |\Re(\psi^*\boldsymbol{D}\psi)| \leq |\psi|\,|\boldsymbol{D}\psi|,$$

also $|(\boldsymbol{\nabla}|\psi|)| \leq |\boldsymbol{D}\psi|$. Aus dieser Ungleichung folgt

$$(\psi, H(\boldsymbol{a})\psi) \geq (|\psi|, H(\boldsymbol{0})|\psi|). \tag{17.35}$$

Kap. 5

Aufgabe 1 Die Spektralzerlegungen von A und B haben die Form

$$A = \sum_k a_k P_k, \quad B = \sum_k b_k Q_k. \tag{17.36}$$

Da A und B kommutieren, folgt $[P_k, Q_l] = 0$. Dies folgt aus der allgemeinen Theorie. Wir geben aber einen direkten Beweis: Die Eigenräume von A im Hilbertraum $\mathcal{H}$ bleiben unter B invariant, denn aus $A\psi = a_k\psi$ folgt $A(B\psi) = BA\psi = Ba_k\psi = a_k(B\psi)$. Also gilt $P_k B P_k \mathcal{H} = B P_k \mathcal{H}$ oder $P_k B P_k = B P_k$. Nehmen wir davon die adjungierte Gleichung, so folgt $P_k B = B P_k$. In gleicher Weise folgt daraus $P_k Q_l = Q_l P_k$, wie behauptet.

Nun benutzen wir die bekannte Tatsache: Sind P, Q zwei vertauschbare Projektoren, so ist das Produkt PQ ebenfalls ein Projektor, der auf den Unterraum $(P\mathcal{H}) \cap (Q\mathcal{H})$ projiziert. Beweis: Wir haben $PQ(PQ) = P^2 Q^2 = PQ$, $(PQ)^* = QP = PQ$, also ist PQ ein Projektor. Seien $\mathcal{H}_P = P\mathcal{H}$, $\mathcal{H}_Q = Q\mathcal{H}$, $\mathcal{H}_{PQ} = PQ\mathcal{H}$. Offensichtlich gilt $PQ\mathcal{H} \subset \mathcal{H}_P$, also $\mathcal{H}_{PQ} \subset \mathcal{H}_P$ und ebenso $\mathcal{H}_{PQ} \subset \mathcal{H}_Q$, somit $\mathcal{H}_{PQ} \subset \mathcal{H}_P \cap \mathcal{H}_Q$. Umgekehrt folgt aus $x \in \mathcal{H}_P \cap \mathcal{H}_Q : PQx = x$, also $x \in \mathcal{H}_{PQ}$, somit gilt, wie behauptet, $\mathcal{H}_{PQ} = \mathcal{H}_P \cap \mathcal{H}_Q$.

Für die Projektoren $R_{kl} = P_k Q_l$ haben wir

$$R_{kl} R_{k'l'} = \delta_{kk'} \delta_{ll'} R_{kl}, \quad \sum_{k,l} R_{kl} = 1.$$

Ferner ist

$$A = \sum_{k,l} a_k R_{kl}, \quad B = \sum_{k,l} b_l R_{kl}.$$

Die Vereinigung der Orthogonalsysteme in $R_{kl}\mathcal{H}$ bildet eine gesuchte Basis.

Aufgabe 2

(a) Bei der formalen Rechnung behandeln wir q und p wie beschränkte Operatoren. Durch Induktion erhält man sofort

$$[q, p^n] = i\hbar n p^{n-1}. \tag{17.37}$$

Setzen wir formal

$$e^{iap} = \sum_{n=0}^{\infty} \frac{(iap)^n}{n!}, \; a \in \mathbb{R}$$

und benutzen die vorherige Gleichung, so folgt

$$[q, e^{iap}] = \sum_{n=0}^{\infty} \frac{(ia)^n}{n!} [q, p^n] = -\hbar a e^{iap}.$$

Diese Relation multiplizieren wir von links mit e^{-iap} und erhalten

$$e^{-iap} q e^{iap} = q - \hbar a.$$

Davon nehmen wir die n-te Potenz:

$$e^{-iap} q^n e^{iap} = (q - \hbar a)^n.$$

Damit folgt

$$e^{-iap} e^{ibq} e^{iap} = \sum_{n=0}^{\infty} e^{-iap} \frac{(ibq)^n}{n!} e^{iap} = \sum_{n=0}^{\infty} \frac{(ibq - i\hbar ab)^n}{n!} = e^{ibq - i\hbar ab}$$
$$= e^{-i\hbar ab} e^{ibq}.$$

Durch Multiplikation von links mit e^{iap} erhält man die *Weyl'sche Relation*

$$e^{ibq} e^{iap} = e^{-i\hbar ab} e^{iap} e^{ibq}. \tag{17.38}$$

(b) Für diese mathematisch etwas subtilere Aufgabe benutzen wir Teile von [23]. Nach dem Stone'schen Satz ist für $\psi \in \mathcal{D}(B)$

$$iB\psi = s - \lim_{b \to 0} \frac{1}{b} \left(e^{ibB} - 1 \right) \psi. \tag{17.39}$$

Da e^{iaA} beschränkt (also stetig) ist, folgt daraus

$$e^{iaA} (iB\psi) = s - \lim_{b \to 0} \frac{1}{b} e^{iaA} \left(e^{ibB} - 1 \right) \psi.$$

Mit der Hypothese über A und B schließen wir

$$e^{iaA} (iB\psi) = s - \lim_{b \to 0} \frac{1}{b} \left[e^{-iab} e^{ibB} e^{iaA} - e^{iaA} \right] \psi$$
$$= s - \lim_{b \to 0} \frac{1}{b} \left(e^{-iab} - 1 \right) e^{ibB} e^{iaA} \psi + s - \lim_{b \to 0} \frac{1}{b} \left(e^{ibB} - 1 \right) e^{iaA} \psi$$
$$= -iae^{iaA} \psi + iBe^{iaA} \psi. \tag{17.40}$$

Hier ist anzumerken, dass nach der obigen Überlegung der zweite Term nach dem zweiten Gleichheitszeichen existiert. Nach dem Stone'schen Satz ist deshalb $e^{iaA}\psi$ im Definitionsbereich $\mathcal{D}(B)$. Deshalb gilt das letzte Gleichheitszeichen.

Nun sei $\psi \in \mathcal{D}(AB - BA)$. Dann ist insbesondere $\psi \in \mathcal{D}(AB)$, also $B\psi \in \mathcal{D}(A)$. Deshalb folgt aus (17.39) und (17.40)

$$-AB\psi = s - \lim_{a \to 0} \frac{1}{a} \left(e^{iaA} - 1 \right) iB\psi$$
$$= \lim_{a \to 0} \frac{1}{a} \left\{ -iae^{iaA} \psi + iBe^{iaA} \psi - iB\psi \right\}$$
$$= -i\psi + s - \lim_{a \to 0} (iB) \frac{1}{a} \left(e^{iaA} - 1 \right) \psi.$$

(Das Limes-Zeichen darf man nicht durch B hindurchziehen.) Daraus folgt für alle $\varphi \in \mathcal{D}(B)$

$$(\varphi, AB\psi) = i(\varphi, \psi) + \lim_{a \to 0}(B\varphi, (-i/a)\left(e^{iaA} - 1\right)\psi$$
$$= i(\varphi, \psi) + (B\varphi, A\psi) = i(\varphi, \psi) + (\varphi, BA\psi).$$

Beim letzten Schritt wurde benutzt, dass $\psi \in \mathcal{D}(BA)$, d.h. $A\psi \in \mathcal{D}(B)$ ist. Da φ die dichte Menge $\mathcal{D}(B)$ durchläuft, so folgt schließlich die Behauptung

$$AB\psi = i\psi + BA\psi \quad \text{für alle } \psi \in \mathcal{D}(\mathrm{AB} - \mathrm{BA}) \ .$$

Aufgabe 3

(a) Gemäß der Definition von $W(a, b)$ ist zunächst

$$W(a_1, b_1)W(a_2, b_2) =)e^{-(i/2)a_1 \cdot b_1})e^{-(i/2)a_2 \cdot b_2}U(a_1)V(b_1)U(a_2)V(b_2).$$

Vertauschen wir rechts – unter Benutzung der Weyl'schen Relationen – die beiden mittleren Faktoren, so folgt die Behauptung in (a) nach einer kurzen Rechnung.

(b) Diese Umkehrung ergibt sich leicht durch Betrachtung von speziellen Paaren (a_1, b_1), (a_2, b_2).

Aufgabe 4

Die Ungleichung (5.83) mit $h(\rho)$ in (5.84) folgt unmittelbar aus der Sobolev-Ungleichung. Variation von $h(\rho)$ gibt

$$\delta h = K_s \left(\int \rho^3 \mathrm{d}^3 x\right)^{-2/3} \int \rho^2 \delta\rho \, \mathrm{d}^3 x - Z \int \frac{\delta\rho}{|x|} \mathrm{d}^3 x.$$

Auf Grund der Nebenbedingung $\int \rho \, \mathrm{d}^3 x = 1$ erhalten wir mit einem Lagrange'schen Multiplikator λ als notwendige Bedingung

$$K_s \left(\int \rho^3 \mathrm{d}^3 x\right)^{-2/3} \rho^2 - \frac{Z}{|x|} - \lambda = 0,$$

also hat ρ die Form

$$\bar{\rho} = \alpha \left[\frac{1}{|x|} - \frac{1}{R}\right]^{1/2}, \quad \alpha = \left(\frac{Z}{K_s}\right)^{1/2} \left(\int \bar{\rho}^3 \mathrm{d}^3 x\right)^{1/3},$$

für $|x| \leq R$ und 0 sonst. Einsetzen von $\bar{\rho}$ in den Ausdruck für α liefert nach einer elementaren Integration

$$R = \frac{K_s}{Z} \left(\frac{\pi^2}{4}\right)^{-2/3} .$$

Der Parameter α folgt aus der Normierungsbedingung: $\alpha R^{5/2}\pi^2/4 = 1$. Damit können wir $h(\bar{\rho})$ berechnen. Das Coulomb-Integral ist gleich $(\pi^2/2)\alpha R^{3/2}$. Mit den Werten für α, R und K_s finden wir

$$h(\bar{\rho}) = -\frac{Z^2}{K_s}\left(\frac{\pi^2}{4}\right)^{2/3} = -\frac{Z^2}{3} = -\frac{4}{3}\ \mathrm{Ry}\ .$$

Als Resultat erhalten wir die folgende strenge Ungleichung für die Grundzustandsenergie E_0

$$E_0 \geq -\frac{4}{3}Z^2\ \mathrm{Ry}\ . \tag{17.41}$$

Aufgabe 5

Die Verallgemeinerung von (5.11) auf Dichteoperatoren ist offensichtlich:

$$\rho' = \frac{E^A(\Delta)\rho E^A(\Delta)}{Sp[E^A(\Delta)\rho E^A(\Delta)]}. \tag{17.42}$$

Diese Formel bezeichnet man oft als *Lüders Regel*.

Als Anwendung betrachten wir eine Folge von zunächst zwei Ereignissen zu verschiedenen Zeiten t_1, t_2, wobei die Ereignisse durch die Projektionsoperatoren $P_1(t_1), P_2(t_2)$ dargestellt seien. Der zwei Ereignis-Geschichte $G = \{P_1(t_1), P_2(t_2)\}$ und einem Anfangszustand ρ ordnen wir die Wahrscheinlichkeit

$$W_\rho^G(\{P_1(t_1), P_2(t_2)\}) = Sp(\rho P_1(t_1)) \cdot Sp(\rho' P_2(t_2)),$$

zu, wobei ρ' entsprechend (17.42) der Zustand

$$\rho' = \frac{P_1\rho P_1}{Sp(P_1\rho P_1)}$$

ist. Dies ist gleich $Sp(P_1\rho P_1 P_2) = Sp(P_2 P_1\rho P_1 P_2)$, also haben wir

$$W_\rho^G(\{P_1(t_1), P_2(t_2)\}) = Sp[P_2(t_2)P_1(t_1)\rho P_1(t_1)P_2(t_2).] \tag{17.43}$$

Die Verallgemeinerung auf eine Geschicht $G = \{P_1(t_1), P_2(t_2), \ldots P_n(t_n)\}$ von n Ereignissen ist offensichtlich:

$$W_\rho^G(\{P_1(t_1), \ldots, P_n(t_n)\}) = Sp[P_n(t_n)\ldots P_1(t_1)\rho P_1(t_1)\ldots P_n(t_n)]. \tag{17.44}$$

Aufgabe 6

Wir müssen zeigen: Falls ein beschränkter Operator B mit allen $U(a)$, $V(b)$ der Schrödinger Darstellung (5.74) vertauscht, so ist er ein Vielfaches der Eins. Insbesondere vertauscht B mit den Multiplikationsoperatoren durch

Funktionen $\exp[i(b,x)]$, also auch mit ihren Linearkombinationen und mit deren Grenzwerten. B vertauscht deshalb mit allen Operatoren, deren Anwendung in der Multiplikation mit einer wesentlich beschränkten messbaren Funktion besteht. (Diesen plausiblen Sachverhalt kann man streng beweisen.) Nach der Anleitung ist damit auch B ein Operator dieses Typs. Da er insbesondere mit allen $U(a)$ der Schrödinger Darstellung vertauscht, muss B tatsächlich ein Vielfaches der Eins sein. Dies beweist die Irreduzibilität der Schrödinger Darstellung.

Kap. 6

Aufgabe 1

(a) Es ist

$$\left[H, \frac{x}{r}\right] = \left[\frac{1}{2m}p^2, \frac{x}{r}\right] = \frac{1}{2m}\left(p^2\frac{x}{r} - \frac{x}{r}p^2\right).$$

Nun ist

$$p_k p_k \frac{x_j}{r} = p_k \frac{x_j}{r} p_k + p_k \left[p_k, \frac{x_j}{r}\right],$$

$$\left[p_k, \frac{x_j}{r}\right] = \frac{1}{i}\frac{\partial}{\partial x_k}(x_j/r) = \frac{1}{i}(\delta_{kj}/r - x_j x_k/r^3),$$

also

$$[H, x_j/r] = \frac{1}{2mi}\left\{\left(p_j\frac{1}{r} - p_k x_k\frac{x_j}{r^3}\right) + \left(\frac{1}{r}p_j - \frac{1}{r^3}x_j x_k p_k\right)\right\}.$$

Mit den Beziehungen

$$L \wedge x = -(p,x)x + pr^2, \quad x \wedge L = x(x,p) - r^2 p$$

sowie $[L, 1/r] = 0$ finden wir

$$\left[H, \frac{x}{r}\right] = \frac{1}{2mi}\frac{1}{r^3}(L \wedge x - x \wedge L).$$

Da $[H, L] = 0$ gilt

$$[H, L \wedge p - p \wedge L] = L \wedge [H, p] - [H, p] \wedge L = -\frac{1}{i}\frac{Ze^2}{r^3}(L \wedge x - x \wedge L),$$

weil $[H, p] = -\frac{1}{i}\frac{Ze^2}{r^3}x$. Diese Formeln zeigen, dass der Lenz'sche Vektor, wie erwartet, erhalten ist.

(b) Die Vertauschungsrelationen zwischen A und L können durch eine direkte Rechnung gewonnen werden. Aufschlussreicher (und von allemeinerer Bedeutung) ist die folgende gruppentheoretische Betrachtung.

A ist ein Vektoroperator, d. h. es gilt unter Drehungen R das Transformationsgesetz

$$U(R)A_jU^{-1}(R) = R_{jk}^{-1}A_k. \tag{17.45}$$

Für die 1-parametrige Untergruppe $R(e,\alpha)$ von Drehungen um feste Richtungen e ($|e| = 1$) mit Drehwinkel α gilt (siehe Abschn. 6.1)

$$(e, L) = i \left.\frac{d}{d\alpha}\right|_{\alpha=0} U(R(e,\alpha)). \tag{17.46}$$

Leiten wir für eine solche Schar in (17.45) nach α an der Stelle $\alpha = 0$ ab und benutzen (17.46), so ergibt sich

$$\frac{1}{i}[e \cdot L, A_j] = -(e \cdot I)_{jk}A_k = -\varepsilon_{jkl}A_l.$$

Hier haben wir die infinitesimalen Drehungen in Abschn. 6.1 benutzt. Damit erhalten wir die gewünschten Kommutatoren

$$[A_j, L_k] = i\varepsilon_{jkl}A_l \;. \tag{17.47}$$

(c) Entscheidend sind nun die Kommutatoren der A_j. Dafür sind längere Rechnungen nötig. Wir benutzen

$$A_j = \frac{x_j}{r} + \frac{1}{Ze^2m}\frac{1}{2}\varepsilon_{jkl}(L_kp_l - p_kL_l) = \frac{x_j}{r} + \frac{1}{Ze^2m}\frac{1}{2}\varepsilon_{jkl}(L_kp_l + p_lL_k).$$

Ferner ist es zweckmäßig, $\varepsilon_{jsa}[A_j, A_s]$ zu berechnen (woraus $[A_j, A_s]$ eindeutig bestimmt ist, da dieser Kommutator in j und s schief ist). Wir berechnen zuerst die Terme proportional zu $1/(Ze^2m)$ und betrachten dazu

$$\varepsilon_{jsa}\varepsilon_{skl}\left[\frac{x_j}{r}, L_kp_l + p_lL_k\right].$$

Darin ersetzen wir p_lL_k durch $L_kp_l + [p_l, L_k]$ und beachten, dass davon der Kommutator $[p_l, L_k] = i\varepsilon_{lkb}p_b$ nicht beiträgt. Damit bleibt

$$(\delta_{jk}\delta_{al} - \delta_{jl}\delta_{ak}) \cdot 2 \cdot \left[\frac{x_j}{r}, L - kp_l\right] = -2\left[\frac{x_k}{r}, L_kp_a\right] + 2\left[\frac{x_l}{r}, L_ap_l\right]$$

$$= -2L_k\left[\frac{x_k}{r}, p_a\right] - 2\left[\frac{x_k}{r}, L_k\right]p_a + 2L_a\left[\frac{x_l}{r}, p_l\right] + 2\left[\frac{x_l}{r}, L_a\right]p_l.$$

In der letzten Zeile verschwindet der zweite Term und die drei anderen sind alle proportional zu iL_a/r und geben zusammen $4iL_a/r$. Als Zwischenergebnis haben wir

$$[A_k, A_l] = 2i\varepsilon_{kla}L_a\frac{1}{r} \cdot \frac{1}{Ze^2m} + \text{Terme proportional zu } \frac{1}{(Ze^2m)^2}. \tag{17.48}$$

Der Proportionalitätsfaktor im letzten Term ist

$$\frac{1}{4}\varepsilon_{jkl}\varepsilon_{smn}[L_k p_l + p_l L_k, L_m p_n + p_n L_m]\varepsilon_{jsa} = \frac{1}{4}(\delta_{ks}\delta_{la} - \delta_{ka}\delta_{ls})\varepsilon_{smn}[\ldots, \ldots]$$

$$= \frac{1}{4}\varepsilon_{kmn}[L_k p_a + p_a L_k, L_m p_n + p_n L_m] - \frac{1}{4}\varepsilon_{lmn}[L_a p_l + p_l L_a, L_m p_n + p_n L_m]$$

$$= \frac{1}{4}\varepsilon_{lmn}[L_l p_a + p_a L_l - L_a p_l - p_l L_a, L_m p_n + p_n L_m]$$

$$= \varepsilon_{lmn}\left[L_l p_a - L_a p_l - \frac{i}{2}\varepsilon_{lak}p_k, L_m p_n + \frac{i}{2}\varepsilon_{nmk}p_k\right].$$

Beim letzten Gleichheitszeichen haben wir wieder die Ersetzung $p_i L_j = L_j p_i + i\varepsilon_{ijk}p_k$ vorgenommen. Die Produkte mit zwei und drei ε-Symbolen tragen nicht bei und wir können so fortfahren:

$$= \varepsilon_{lmn}[L_l p_a - L_a p_l, L_m p_n]$$
$$= \varepsilon_{lmn}\{L_l[p_a, L_m]p_n + [L_l, L_m]p_a p_n + L_m[L_l, p_n]p_a$$
$$- L_a[p_l, L_m]p_n - [L_a, L_m]p_n p_l - L_m[L_a, p_n]p_l\}.$$

Damit verbleiben nur noch bekannte Kommutatoren, womit die Kette von Gleichungen so weiterläuft:

$$= i\varepsilon_{lmn}\{\varepsilon_{ams}L_l p_s p_n - \varepsilon_{lms}L_a p_s p_n \varepsilon_{ans}L_m p_s p_l\}$$
$$= i\{-L_a p^2 - 3L_a p^2 + L_a p^2 + L_a p^2\} = -2i L_a p^2.$$

Damit haben wir endlich den gesuchten Kommutator (6.116):

$$[A_j, A_k] = i\varepsilon_{jkl}L_l\frac{(-2H)}{(Ze^2)^2 m}.$$

(d) Die erste Identität verifiziert man leicht:

$$\boldsymbol{A}\cdot\boldsymbol{L} + \boldsymbol{L}\cdot\boldsymbol{A} \propto \boldsymbol{L}\cdot(\boldsymbol{L}\wedge\boldsymbol{p} - \boldsymbol{p}\wedge\boldsymbol{L}) + (\boldsymbol{L}\wedge\boldsymbol{p} - \boldsymbol{p}\wedge\boldsymbol{L})\cdot\boldsymbol{L}$$
$$\propto (\boldsymbol{L}\cdot\boldsymbol{p} - \boldsymbol{p}\cdot\boldsymbol{L}) = 0.$$

Die Herleitung von (6.117) gibt mehr zu tun. Die Formel für den Lenz'schen Vektor gibt in einem ersten Schritt ($\hat{\boldsymbol{x}} := \boldsymbol{x}/r$)

$$\boldsymbol{A}^2 = 1 + \frac{1}{2Ze^2 m}\{\hat{\boldsymbol{x}}\cdot\boldsymbol{L}\wedge\boldsymbol{p} - \hat{\boldsymbol{x}}\cdot\boldsymbol{p}\wedge\boldsymbol{L} + \boldsymbol{L}\wedge\boldsymbol{p}\cdot\hat{\boldsymbol{x}} - \boldsymbol{p}\wedge\boldsymbol{L}\cdot\hat{\boldsymbol{x}}\}$$
$$+ \frac{1}{(Ze^2 m)^2}\frac{1}{4}(\boldsymbol{L}\wedge\boldsymbol{p} - \boldsymbol{p}\wedge\boldsymbol{L})^2.$$

Wir berechnen nun die geschweifte Klammer im zweiten Term rechts.

$$\{\ldots\} = \varepsilon_{ijk} \left(\frac{x_i}{r} L_j p_k - \frac{x_i}{r} p_j L_k + L_j p_k \frac{x_i}{r} - p_j L_k \frac{x_i}{r} \right)$$

$$= -2 \frac{\boldsymbol{L}^2}{r} + \varepsilon_{ijk} \left(\frac{x_i}{r} L_j p_k + p_k L_j \frac{x_i}{r} \right)$$

$$= -4 \frac{\boldsymbol{L}^2}{r} - i(\delta_{ik}\delta_{ks}) - \delta_{is}\delta_{kk}) \frac{x_i}{r} p_s - i(\delta_{ii}\delta_{ks} - \delta_{is}\delta_{ki}) p_k \frac{x_s}{r}$$

$$= -4 \frac{\boldsymbol{L}^2}{r} - i \left(\frac{x_k}{r} p_k - 3 \frac{x_k}{r} p_k \right) - i \left(3 p_k \frac{x_k}{r} - \frac{x_k}{r} \right)$$

$$= -4 \frac{\boldsymbol{L}^2}{r} + 2i \left[\frac{x_k}{r}, p_k \right]$$

$$= -4 \frac{\boldsymbol{L}^2}{r} - \frac{4}{r}. \tag{17.49}$$

Nun benötigen wir noch

$$(\boldsymbol{L} \wedge \boldsymbol{p} - \boldsymbol{p} \wedge \boldsymbol{L})^2 = (\boldsymbol{L} \wedge \boldsymbol{p}) \cdot (\boldsymbol{L} \wedge \boldsymbol{p}) - (\boldsymbol{L} \wedge \boldsymbol{p}) \cdot (\boldsymbol{p} \wedge \boldsymbol{L})$$

$$- (\boldsymbol{p} \wedge \boldsymbol{L}) \cdot (\boldsymbol{L} \wedge \boldsymbol{p}) + (\boldsymbol{p} \wedge \boldsymbol{L}) \cdot (\boldsymbol{p} \wedge \boldsymbol{L})$$

$$= -2\{(\boldsymbol{L} \wedge \boldsymbol{p}) \cdot (\boldsymbol{p} \wedge \boldsymbol{L}) + (\boldsymbol{p} \wedge \boldsymbol{L}) \cdot (\boldsymbol{p} \wedge \boldsymbol{L})\}.$$

Der erste Summand in der letzten Zeile ist

$$-2\varepsilon_{ijk} L_j p_k \varepsilon_{irs} p_r L_s = -2(\delta_{jr}\delta_{ks} - \delta_{js}\delta_{kr}) L_j p_k p_r L_s$$

$$= -2(L_r p_k p_r L_k - L_s \boldsymbol{p}^2 L_s) = 2\boldsymbol{L}^2 \boldsymbol{p}^2.$$

und für den zweiten erhalten wir

$$-2\varepsilon_{ijk} p_j L_k \varepsilon_{irs} L_r p_s = -2(\delta_{jr}\delta_{ks} - \delta_{js}\delta_{kr}) p_j L_k L_r p_s$$

$$= -2(p_r L_s L_r p_s - p_s L_r L_r p_s)$$

$$= -2(-2\boldsymbol{p}^2 - \boldsymbol{p}^2 \boldsymbol{L}^2) = 4\boldsymbol{p}^2 + 2\boldsymbol{p}^2 \boldsymbol{L}^2.$$

Somit haben wir

$$(\boldsymbol{L} \wedge \boldsymbol{p} - \boldsymbol{p} \wedge \boldsymbol{L})^2 = 4(\boldsymbol{L}^2 + 1)\boldsymbol{p}^2 \tag{17.50}$$

und damit

$$\boldsymbol{A}^2 = 1 - \frac{2}{Ze^2 m}(\boldsymbol{L}^2 + 1)\frac{1}{r} + \frac{1}{(Ze^2 m)^2}(\boldsymbol{L}^2 + 1)\boldsymbol{p}^2$$

$$= 1 + \frac{2}{(Ze^2 m)^2}(\boldsymbol{L}^2 + 1)H.$$

Es bleibt die Aufgabe (f). Da

$$H = -\frac{Z^2 e^4 m}{2(4M^2 + 1)}, \tag{17.51}$$

sind die Eigenwerte von H durch diejenigen von M^2 bestimmt. Letztere sind gleich $n = 2q + 1$, $q = 0, 1, 2, \ldots$, womit wir wieder das bekannte diskrete Spektrum

$$E_n = -\frac{Z^2 e^4 m}{2n^2}, \ n \in \mathbb{N}_0 \tag{17.52}$$

bekommen. Der Eigenraum von E_n trägt die Darstellung $D^q \times D^q$ von $SU(2) \times SU(2)$ und hat die Dimension n^2, wie wir auch schon von früher wissen. Für die „zufällige" Entartung haben wir nun aber eine vertiefte Einsicht gewonnen. Die Gruppe der räumlichen Drehungen ist die diagonale Untergruppe von $SU(2) \times SU(2)$. Die Restriktion der Darstellung $D^q \times D^q$ auf diese Untergruppe ist $D^q \otimes D^q = D^{2q} \oplus D^{2q-1} \oplus \ldots \oplus D^0$. Die Bahndrehimpulse sind demnach $l = n - 1$, $n - 2$, $\ldots, 0$, wie wir von der wellenmechanischen Behandlung bereits wissen. (Historisch verlief die Entwicklung gerade umgekehrt.)

Aufgabe 2

(a) Ausgangspunkt ist die Formel (6.12) für die Drehimpulsoperatoren ($\hbar = 1$). Danach ist

$$L_z \psi)(r, \theta, \varphi) = \frac{1}{i} \frac{\mathrm{d}}{\mathrm{d}\alpha}\bigg|_{\alpha=0} \psi(r, \theta, \varphi + \alpha); \quad L_z = \frac{1}{i} \frac{\partial}{\partial\varphi}.$$

Für die anderen Komponenten benutzen wir

$$R(\boldsymbol{e}, \alpha)\boldsymbol{x} = \boldsymbol{x} + \alpha \boldsymbol{e} \wedge \boldsymbol{x} + \mathcal{O}(\alpha^2).$$

Speziell für $\boldsymbol{e} = (1, 0, 0)$ ist $R(\boldsymbol{e}, \alpha)\boldsymbol{x} = (x, y - \alpha z, z + \alpha y) + \mathcal{O}(\alpha^2)$, also $\delta z = r\delta(\cos\theta) = \alpha y = \alpha r \sin\theta \sin\varphi \Rightarrow \delta\theta = -\alpha \sin\varphi$. Da x ungeändert bleibt, gilt $\delta(\sin\theta \cos\varphi) = 0$, also $\delta\varphi = -\alpha \cot\theta \cos\varphi$. Damit folgt die erste Gleichung von (6.123). Ebenso findet man die zweite Gleichung. Die Formel (6.124) verifiziert man – über den Vergleich mit dem Laplace-Operator – mit einer kurzen Rechnung.

(b) Wir notieren für das Weitere

$$L_\pm = \frac{1}{i} e^{\pm i\varphi} \left(\pm i \frac{\partial}{\partial\theta} - \cot\theta \frac{\partial}{\partial\varphi} \right). \tag{17.53}$$

Für eine kanonische Basis $\{\psi_m^l(\theta, \varphi)\}$ in einem Unterraum von $C^\infty(S^2)$ zur Darstellung D^l ist $L_z \psi_m^l = m\psi_m^l$, also ist $\psi_m^l\}(\theta, \varphi) = \chi_m^l(\theta) e^{im\varphi}$. Die Gleichung $L_+ \psi_l^l = 0$ gibt die Differentialgleichung

$$\left(\frac{\partial}{\partial\theta} - l \cot\theta \right) \chi_l^l(\theta) = 0; \ \chi_l^l(\theta) \propto (\sin\theta)^l, \ \psi_l^l = c(\sin\theta)^l e^{il\varphi}.$$

Die Normierung (6.125) findet man durch eine elementare Integration.

Da

$$L_-\psi_m^l = -\left(\frac{\partial}{\partial\theta} + m\cot\theta\right)\chi_m^l(\theta)e^{i(m-1)\varphi}$$

schließen wir mit (6.126) auf die Rekursion

$$-\left(\frac{\partial}{\partial\theta} + m\cot\theta\right)\chi_m^l = \sqrt{(l+m)(l-m+1)}\chi_{m-1}^l. \qquad (17.54)$$

Direkte Rechnung zeigt, dass diese sowie das Resultat für χ_l^l durch den folgenden Ausdruck erfüllt sind:

$$\psi_m^l(\theta,\varphi) = \frac{(-1)^l}{2l\,l!}\left[\frac{2l+1}{4\pi}\frac{(l+m)!}{(l-m)!}\right]^{1/2}\frac{1}{(\sin\theta)^m}\left(\frac{\mathrm{d}}{\mathrm{d}(\cos\theta)}\right)^{l-m}(\sin\theta)^{2l}e^{im\varphi}.$$
$$(17.55)$$

Mit den Formeln in Abschn. 3.7.2 sieht man, dass dieser Ausdruck mit den den Kugelfunktionen Y_{lm} übereinstimmt.

Aufgabe 3

Verwendet man für $U(e,\alpha)$ die Exponentialreihe und verwende $(-i\frac{\alpha}{2}\,e\cdot\sigma)^2 = -1$, so ergibt sich die folgende Formel der Anleitung:

$$U(e,\alpha) = \cos\frac{\alpha}{2} - i(e\cdot\sigma)\sin\frac{\alpha}{2}\;.$$

Die Drehung $R(U(e,\alpha))$ ist durch die Formel (6.23) bestimmt. Durch Auswertung des Produktes für unsere 1-parametrige Schar mit Hilfe der in der Anleitung gegebenen Formel der Pauli-Algebra, findet man durch einfache Rechnung, dass $R(U(e,\alpha)) = R(e,\alpha)$ in (6.3) ist.

Aufgabe 4

Die Paare (m_1, m_2) in der Doppelsumme von (6.88) bilden ein rechtwinkliges Gitter. Dieses kann durch Linien mit konstanten $m_1 + m_2$ überstrichen werden.

Aufgabe 5

Mit den Vertauschungsrelationen für die Spinoperatoren erhalten wir ($\hbar = 1$):

$$i\dot{S}_j = [S_j, H] = -\gamma[S_j, S_k]B_k = \gamma i\varepsilon_{jlk}S_l B_k,$$

also

$$i\dot{S} = \gamma S \wedge B. \qquad (17.56)$$

Für $\boldsymbol{B} = (0, 0, B)$ (zeitunabhängig) erhalten wir

$$\dot{S}_z = 0, \ \dot{S}_x = \gamma B S_y, \ \dot{S}_y = -\gamma B S_x,$$

mit der Lösung

$$S_x(t) = S_x(0)\cos(\omega t) + S_y(0)\sin(\omega t),$$
$$S_y(t) = -S_x(0)\sin(\omega t) + S_y(0)\cos(\omega t),$$
$$S_z(t) = S_z(0),$$

wo $\omega = \gamma B$. (Für Elektronen ist $\omega/2\pi B = 2.8$ MHz/Gauss.)

Der Erwartungswert $\langle \boldsymbol{S}(t) \rangle$ rotiert mit der Frequenz ω um die z-Achse.

Aufgabe 6

Die angegebene Transformation der Schrödingergleichung $i\dot{\psi} = H\psi$ liefert für χ:

$$i\dot{\chi} = (U^{-1}HU - iU^{-1}\dot{U})\chi.$$

Nun benutzen wir $U^{-1}S_3 U = S_3$, $U^{-1}S_\pm U = e^{\pm i\omega t}S_\pm$. Die letzte Beziehung bekommt man am einfachsten so: Es sei $A(t) := U^{-1}S_\pm U$, dann gilt $\dot{A} = -i\omega U^{-1}[S_\pm, S_3]U = \pm i\omega U^{-1}S_\pm U = \pm i\omega A$, somit ist $A = e^{i\pm\omega t}A(0) = e^{i\pm\omega t}S_\pm$. Für χ gibt dies $i\dot{\chi} = [(\omega_0 - \omega)S_3 + \omega_1 S_1]\chi$. Wir setzen

$$\Omega := [(\omega - \omega_0)^2 + \omega_1^2]^{1/2}, \ \boldsymbol{n} \cdot \boldsymbol{S} := \frac{\omega_0 - \omega}{\Omega}S_3 + \frac{\omega_1}{\Omega}S_1.$$

Da $\boldsymbol{n}^2 = 1$ erhalten wir

$$\psi(t) = U(t)e^{-i\Omega t\hat{S}}\psi(0), \ \hat{S} := \boldsymbol{n} \cdot \boldsymbol{S}. \tag{17.57}$$

Mit $U(t)\psi_m^s = e^{-im\omega t}\psi_m^s$ erhalten wir für die gesuchten Übergangswahrscheinlichkeiten die angegebene Formel

$$P_{m'm}(t) = \left| (\psi_{m'}^s, e^{-i\Omega t \, \boldsymbol{S}\cdot\boldsymbol{n}}\psi_m^s) \right|^2 .$$

Für $s = 1/2$ ist $\hat{S} = \hat{\sigma}/2$, $\hat{\sigma} := \boldsymbol{\sigma} \cdot \boldsymbol{n}$, $\hat{\sigma}^2 = 1$. Also haben wir

$$e^{-i\Omega t\hat{\sigma}/2} = \cos(\Omega t/2) - i\hat{\sigma}\sin(\Omega t/2).$$

Für $P_{-\frac{1}{2}\frac{1}{2}}(t)$ trägt nur der zweite Term bei und wir erhalten

$$P_{\downarrow\uparrow}(t) = \frac{\omega_1^2}{\Omega^2}\sin^2(\Omega t/2) = \frac{\omega_1^2}{2\Omega^2}(1 - \cos(\Omega t)). \tag{17.58}$$

Die periodischen Maxima von $P_{\downarrow\uparrow}(t)$ erscheinen zu den Zeiten $t = \pi/\Omega, 3\pi/\Omega, \ldots$, mit dem Wert

$$\frac{\omega_1^2}{\Omega^2} = \frac{\omega_1^2}{(\omega - \omega_0)^2 + \omega_1^2}.$$

Bei der Resonanzfrequenz $\omega = \omega_0$ wird dieser gleich 1. (Skizze!)

Bemerkung. In der Praxis variiert man (meistens) ω_0, d. h. B_0. Die Resonanz ist umso schärfer, je kleiner das Verhältnis $\omega_1/\omega_0 = B_1/B_0$ ist. Bei einem Umklappen muss der Spin aus dem magnetischen Wechselfeld jeweils die Energie $\hbar\omega_0$ absorbieren. Durch Messung dieser Energieabsorption (in Abhängigkeit von B_0) lässt sich die Spinresonanz nachweisen. Die Spinresonanz kann zur Messung des magnetischen *Moments* dienen oder – bei bekanntem Moment – zur Messung des *Magnetfeldes* am Teilchenort (z. B. lokale Felder in Festkörpern).

Aufgabe 7

Für die optischen Eigenschaften von Neutronenwellen betrachten wir den semi-klassischen Grenzfall der Pauli-Gleichung. Nach Abschn. 4.3 erfüllt S in $\psi = \exp(i/\hbar)S$ in führender Ordnung die Hamilton-Jacobi-Gleichung

$$\frac{\partial S}{\partial t} + H\left(\boldsymbol{x}, \boldsymbol{\nabla}S, t\right) = 0 \tag{17.59}$$

erfüllt. Die Hamiltonfunktion ist für unser Problem

$$H = \frac{1}{2m}\boldsymbol{p}^2 - \boldsymbol{\mu} \cdot \boldsymbol{B}.$$

Somit erhalten wir als Hamilton-Jacobi-Gleichung

$$\frac{\partial S}{\partial t} + \frac{\hbar^2}{2m}(\boldsymbol{\nabla}S)^2 \mp \mu B = 0.$$

Im stationären Fall führt dies auf die Eikonalgleichung

$$(\boldsymbol{\nabla}S)^2 = \frac{2mE}{\hbar^2}n_\pm^2 \tag{17.60}$$

mit

$$n_\pm^2 = 1 \pm \frac{\mu B}{E}; \tag{17.61}$$

$\pm$ bezieht sich auf die Richtung des Magnetfeldes. Falls diese nicht konstant ist, ist $\pm$ durch $\boldsymbol{\sigma} \cdot \hat{\boldsymbol{B}}$ zu ersetzen. Der Brechungsindex ist dann eine Matrix im Spinraum.

Aufgabe 8

Bis zur 2. Ordnung ist

$$E(\lambda) = E_0 - 2\lambda e^2 F^2 \left(\psi_0, \left(\sum z_i\right)^2 \psi_0\right)$$
$$+ \lambda^2 e^2 F^2 \left(\psi_0, \sum_i z_i(H_0 - E_0) \sum z_j \psi_0\right).$$

Der letzte Faktor rechts ist mit den kanonischen Vertauschungsrelationen gleich

$$\frac{1}{2}\left(\psi_0,\left[\left[\sum z_i, H_0\right],\sum z_j\right]\psi_0\right) = \frac{1}{2}\left(\psi_0,\left[\left[\sum z_i,\sum(\boldsymbol{p}_k^2/2m)\right],\sum z_j\right]\psi_0\right)$$
$$= \frac{Z\hbar^2}{2m}.$$

$E(\lambda)$ wird minimal für $\lambda_0 = 2m(\psi_0,(\sum z_i)^2\psi_0)/Z\hbar^2$, mit

$$E := E(\lambda_0) = E_0 - F^2\frac{2e^2m}{Z\hbar^2}\left(\psi_0\,,\,\left(\sum z_i\right)^2\psi_0\right)^2. \qquad (17.62)$$

Hat der Grundzustand totalen Drehimpuls $J = 0$, so ist $(\psi_0, z_i^2\psi_0) = \frac{1}{3}(\psi_0, r_i^2\psi_0)$. Vernachlässigt man Korrelationen, so ergibt sich das Resultat der Übung.

Für das H-Atom findet man $R^2 = 3a_0^2$.

Das induzierte Dipolmoment D_z findet man so: Zunächst ist dieses gleich $(\psi_0(F), -e\sum z_i\,\psi_0(F))$, wo $\psi_0(F)$ der normierte Grundzustand ist. Nun gilt

$$D_z = -\left(\psi_0(F),\frac{\partial H}{\partial F}\,\psi_0(F)\right) = -\frac{\partial}{\partial F}(\psi_0(F), H\psi_0(F)),$$

denn

$$\left(\frac{\partial\psi_0(F)}{\partial F}, H\psi_0(F)\right)+\left(\psi_0(F), H\,\frac{\partial\psi_0(F)}{\partial F}\right) = E_0(F)\frac{\partial}{\partial F}\left(\psi_0(F),\psi_0(F)\right) = 0.$$

Dies gibt

$$D_z = -\frac{\partial}{\partial F}E_0(F) = \alpha F. \qquad (17.63)$$

Aufgabe 9 Wir berechnen zuerst $m\dot{\boldsymbol{x}}$ und $m\ddot{\boldsymbol{x}}$ im Heisenbergbild: Mit den kanonischen Vertauschungsrelationen folgt sofort

$$m\dot{x}_j = \frac{i}{\hbar}\left[\left(p_i - \frac{e}{c}A_i\right)^2, mx_j\right] = \left(p_j - \frac{e}{c}A_j\right), \qquad (17.64)$$

also, wie erwartet, $m\dot{\boldsymbol{x}} = \boldsymbol{p} - \frac{e}{c}\boldsymbol{A}$. Damit erhalten wir für die 2. Ableitung

$$m\ddot{x}_j = \frac{i}{\hbar}\frac{1}{2m}\left[\left(p_i - \frac{e}{c}A_i\right)^2, p_j - \frac{e}{c}A_j\right]$$
$$= \frac{i}{\hbar}\frac{1}{2m}\left\{\left(p_i - \frac{e}{c}A_i\right)\left[p_i - \frac{e}{c}A_i, p_j - \frac{e}{c}A_j\right]\right.$$
$$\left.+ \left[p_i - \frac{e}{c}A_i, p_j - \frac{e}{c}A_j\right]\left(p_i - \frac{e}{c}A_i\right)\right\} = -\frac{e}{c}\left(p_i - \frac{e}{c}A_i\right)\varepsilon_{ijk}B_k.$$

Wie in der klassischen Theorie bekommen wir also

$$m\ddot{\boldsymbol{x}} = \frac{e}{c}\dot{\boldsymbol{x}}\wedge\boldsymbol{B}. \qquad (17.65)$$

Für das angegebene homogene Magnetfeld haben wir

$$[m\dot{x}_1, m\dot{x}_2] = \left[p_1 - \frac{e}{c}A_1, p_2 - \frac{e}{c}A_2\right] = i\hbar\frac{e}{c}B.$$

Der Ausdruck $\hbar\omega_c a^* a$ für die Energie der transversalen Bewegung ergibt sich unmittelbar, und damit lautet das zugehörige Energiespektrum: $E_n = \hbar\omega_c(n + 1/2)$.

Kap. 7

Aufgabe 1

Die Störungsenergie ist $V = eEz$, wo E die elektrische Feldstärke bezeichnet (E in z-Richtung). Wir benötigen die normierten H-Wellenfunktionen $\psi_{nlm} = R_{nl}(r)Y_{lm}(\vartheta, \varphi)$ für $n = 2$:

$$R_{20} = \frac{1}{(2a_0)^{3/2}}(2 - r/a_0)e^{-r/2a_0}, \; R_{21} = \frac{1}{(2a_0)^{3/2}}\frac{r}{\sqrt{3}a_0}e^{-r/2a_0};$$

$$Y_{00} = \frac{1}{\sqrt{4\pi}}, \; Y_{10} = \sqrt{\frac{3}{4\pi}}\cos\vartheta, \; Y_{1\pm1} = \mp\sqrt{\frac{3}{8\pi}}e^{\pm i\varphi}\sin\vartheta.$$

Wir benutzen die Bezeichnungen

$$|2S_0\rangle: \; = \psi_{200} = \frac{1}{\sqrt{4\pi}}R_{20},$$

$$|2P_0\rangle: \; = \psi_{210} = \sqrt{\frac{3}{4\pi}}\cos\vartheta R_{21},$$

$$|2P_{\pm1}\rangle: = \psi_{21\pm1} = \mp\sqrt{\frac{3}{8\pi}}e^{\pm i\varphi}\sin\vartheta R_{21}.$$

Wir benötigen die Matrixelemente von V zwischen diesen vier Zuständen. Da V mit L_z vertauscht, verschwinden die Matrixelemente zu verschiedenen Eigenwerten von L_z. Da ferner $\psi_{nlm}(-\boldsymbol{x}) = (-1)^l\psi_{nlm}(\boldsymbol{x})$, verschwindet auch $(\psi_{nlm}, V\psi_{nlm})$. Wir müssen uns deshalb nur um die Zustände mit $m = 0$ kümmern, und davon sind nur die nichtdiagonalen Matrixelemente von Null verschieden. Wir haben:

$$\langle 2P_0|z|2S_0\rangle = \langle 2S_0|z|2P_0\rangle = \frac{\sqrt{3}}{4\pi}\int R_{20}R_{21}z\cos\vartheta\,\mathrm{d}^3x$$

$$= \frac{\sqrt{3}}{4\pi}2\pi\int_0^\pi \mathrm{d}\vartheta\sin\vartheta\cos^2\vartheta\int_0^\infty \mathrm{d}r\,r^3 R_{20}R_{21}$$

$$= -3a_0.$$

Die Störmatrix hat danach die Eigenwerte $\mp3eEa_0$ zu den Eigenzuständen $(1/\sqrt{2})(|2S_0\rangle + |2P_0\rangle)$. Diese Zustände erleiden also in erster Ordnung die

Energieverschiebung

$$\mp 3eEa_0 = \mp 6\frac{e^2}{2a_0}\frac{E}{e/a_0^2} = \mp 6\,\text{Ry}\,\frac{E}{5.15 \times 10^9\,\text{V/cm}}. \tag{17.66}$$

während die Zustände $|2P_{\pm 1}\rangle$ *keine Energieverschiebung* erleiden. Für „alltägliche" elektrische Felder ist die Störung klein.

Aufgabe 2

In erster Ordnung ist die Energieverschiebung auf Grund der Störung H'

$$\Delta E_n = (\psi_{nlm}, H'\psi_{nlm}) = \frac{Ze^2}{2R}\int_0^R |R_{nl}(r)|^2 \left(\frac{r^2}{R^2} + \frac{2R}{r} - 3\right) r^2\,\mathrm{d}r.$$

Innerhalb des kleinen Gebietes $r \leq R$ können wir $R_{nl}(r)$ durch $R_{nl}(0)$ ersetzen, womit

$$\Delta E_n \simeq \frac{Ze^2}{2R}\delta_{l0}|R_{n0}(0)|^2 \int_0^R \left(\frac{r^2}{R^2} + \frac{2R}{r} - 3\right) r^2\,\mathrm{d}r = Ze^2\frac{R^2}{10}\delta_{l0}|R_{n0}(0)|^2.$$

Benutzen wir noch $|\psi_{n00}(0)|^2 = Z^3/(\pi a_0^3 n^3)$, so erhalten wir schließlich

$$\Delta E_n = \frac{2}{5}e^2 R^2 \frac{Z^4}{a_0^3 n^3}\delta_{l0}. \tag{17.67}$$

Die experimentell zugängliche Energiedifferenz δE zwischen zwei Isotopen, mit Radien R und $R + \delta R$ ihrer Ladungsverteilungen, ist folglich

$$\delta E_n = \frac{4}{5}Ze^2 R^2 \delta_{n0}\frac{Z^3}{a_0^3 n^3}\frac{\delta R}{R}. \tag{17.68}$$

Aufgabe 3

$\varphi_l^l \otimes \chi_{1/2}$ ist offensichtlich ein Eigenzustand von J_z mit Eigenwert $m = l+1/2$, aber auch von $\boldsymbol{J}^2$, denn wegen

$$\boldsymbol{J}^2 = \boldsymbol{L}^2 + \boldsymbol{S}^2 + 2L_z S_z + L_+ S_- + L_- S_+$$

wird der Zustand mit $[l(l+1) + 3/4 + 2l\cdot 1/2 + 0 + 0] = (l+1/2)(l+3/2) = j(j+1)$, $j = l+1/2$, multipliziert. Dies beweist Punkt (a).

(b) Nun bilden wir

$$J_-\psi_{m=l+1/2}^{j=l+1/2} = \sqrt{2l}\varphi_{l-1}^l \otimes \chi_{1/2} + \varphi_l^l \otimes \chi_{-1/2}.$$

Nach Normierung erhalten wir

$$\psi_{l-1/2}^{j=l+1/2} = \sqrt{\frac{2l}{2l+1}}\varphi_{l-1}^l \otimes \chi_{1/2} + \sqrt{\frac{1}{2l+1}}\varphi_l^l \otimes \chi_{-1/2}.$$

Mit vollständiger Induktion finden wir

$$\psi_m^{j=l+1/2} = \sqrt{\frac{l+m+1/2}{2l+1}}\,\varphi_{m-1/2}^l \otimes \chi_{1/2} + \sqrt{\frac{l-m+1/2}{2l+1}}\,\varphi_{m+1/2}^l \otimes \chi_{-1/2}.$$

(c) Dazu orthogonal sind die normierten Zustände

$$-\sqrt{\frac{l-m+1/2}{2l+1}}\,\varphi_{m-1/2}^l \otimes \chi_{1/2} + \sqrt{\frac{l+m+1/2}{2l+1}}\,\varphi_{m+1/2}^l \otimes \chi_{-1/2}.$$

Dies sind Eigenzustände von J_z mit Eigenwert m, aber auch von $\boldsymbol{J}^2$ mit Eigenwert $(l-1/2)(l+1/2) = j(j+1)$, $j = l-1/2$. Letzteres könnte man durch direkte Rechnung verifizieren, aber das ist nicht nötig wegen der angegebenen Ausreduktion: Das orthogonale Komplement der Zustände $\psi_m^{j=l+1/2}$, $m = -j,\ldots,m=j$, trägt die Darstellung $D^{j=l-1/2}$.

Aufgabe 4

Im Spinraum $\mathbb{C}^2 \otimes \mathbb{C}^2$ ist ist der Operator $\boldsymbol{s}_p \otimes 1 - 1 \otimes \boldsymbol{s}_n$ schief bezüglich der Permutation der beiden Faktoren. Diesbezüglich gehört $S = 1$ zum symmetrischen Teil und $S = 0$ zum antisymmetrischen Unterraum von $\mathbb{C}^2 \otimes \mathbb{C}^2$. Für μ_d tragen deshalb für alle vier Zustände nur die beiden ersten Terme in der eckigen Klammer bei:

$$\mu_d = \frac{1}{4}\mu_k \left[g_p + g_n + 1 + \frac{1}{2}\left(S(S+1) - L(L+1)\right) \right]. \tag{17.69}$$

Damit erhalten wir für die vier Zustände: $^3S_1 : \frac{1}{2}\mu_k[g_p + g_n]$; $^3D_1 : \frac{1}{4}\mu_k[3 - g_p - g_n]$; $^1P_1 : \frac{1}{2}\mu_k$; $^3P_1 : \frac{1}{4}\mu_k[1 + g_p + g_n]$.
Für $\psi = a|^1P_1\rangle + b|^3P_1\rangle$, $|a|^2 + |b|^2 = 1$, folgt

$$\mu_d = |a|^2 \times 0.5\mu_k + |b|^2 \times 0.69\mu_k = \mu_k[0.69 - 0.19\,|a|^2] < \mu_d^{exp}. \tag{17.70}$$

Hingegen ist für die Linearkombination $a|^3S_1\rangle + b|^3D_1\rangle$

$$\mu_d = |a|^2 \times 0.88\mu_k + |b|^2 \times 0.31\mu_k = \mu_k[0.88 - 0.57\,|b|^2]. \tag{17.71}$$

Dies ist gleich dem experimentellen Wert für $|b|^2 = 0.04$ (4% D-Beimischung).

Aufgabe 5

(a) Die Coulombenergie eines Elektrons im Coulombpotential $\varphi(\boldsymbol{x})$ des Kerns ist $V(\boldsymbol{x}) = -e\varphi(\boldsymbol{x})$. Hier benutzen wir den Anfang der Multipolentwicklung:

$$\varphi(\boldsymbol{x}) = \text{Monopol} + \frac{\boldsymbol{D}\cdot\boldsymbol{x}}{r^3} + \frac{1}{6}Q_{ij}\frac{3x_ix_j - \delta_{ij}r^2}{r^5} + \ldots. \tag{17.72}$$

Der Monopolbeitrag ist im ungestörten Hamiltonoperator eingeschlossen und der Dipolterm verschwindet, da der Kern aus Paritätsgründen kein elektrisches Dipolmoment hat. Damit lautet die elektrische Quadrupolstörung

$$H^Q = \frac{1}{6} Q_{ij} q_{ij}, \qquad (17.73)$$

wo Q_{ij} der Quadrupol-Tensoroperator des Atomkerns ist,

$$Q_{ij} = e \sum (3 X_i X_j - \delta_{ij} \boldsymbol{X}^2) \qquad (17.74)$$

und

$$q_{ij} = (-e) \frac{3 x_i x_j - \delta_{ij} r^2}{r^5}. \qquad (17.75)$$

In (17.74) erstreckt sich die Summe über alle Protonen im Atomkern.

(b) Nun müssen wir H^Q im Unterraum zur Darstellung $D^j \otimes D^I$ von Elektron und Kern diagonalisieren. Nach dem Wigner-Eckart-Theorem ist dort

$$Q_{ij} = C \left[\frac{3}{2} (I_i I_j + I_j I_i) - \delta_{ij} \boldsymbol{I}^2 \right]. \qquad (17.76)$$

Die Konstante C können wir durch das Quadrupolmoment ausdrücken:

$$eQ = \langle I, M_I = I \, | \, Q_{33} \, | \, I, M_I = I \rangle = C \langle I, I | 3 I_3^2 - \boldsymbol{I}^2 | I, I \rangle = C[3I^2 - I(I+1)],$$

was den Wert in der Übungsaufgabe gibt. Analog findet man

$$q_{ij} = \tilde{C} \left[\frac{3}{2} (J_i J_j + J_j J_i) - \delta_{ij} \boldsymbol{J}^2 \right],$$

mit

$$\tilde{C} = \frac{eq}{j(2j-1)}.$$

Nach der Definition von q in der Aufgabenstellung ist dabei

$$q = - \left\langle j, j \, \left| \, \frac{3 x_3^2 - r^2}{r^5} \, \right| \, j, j \right\rangle. \qquad (17.77)$$

Damit erhalten wir den Ausdruck (7.106) für H^Q, wobei $\boldsymbol{J} \cdot \boldsymbol{I}$ durch (7.107) gegeben ist.

(c) Es bleibt die Berechnung von q. Zunächst ist

$$q = - \left\langle j, j \, \left| \, \frac{3 \cos^2 \vartheta - 1}{r^3} \, \right| \, j, j \right\rangle = -2 \left(\frac{4\pi}{5} \right)^{1/2} \langle j, j | Y_{20} | j, j \rangle \left\langle \frac{1}{r^3} \right\rangle.$$

Es sei $M := \langle (ls)jm | Y_{20} | (ls)m \rangle$ für $s = 1/2$, $m = j$. Nach der Aufgabe 3, Kap. 7 (siehe auch (7.45)) gilt für $j = l + 1/2 : \psi_j^j = \varphi_l^l \otimes \chi_{1/2}$, also

$M = \langle l, l | Y_{20} | l, l \rangle$. Dafür verwenden wir das Wigner Eckart-Theorem:

$$M = \langle l \parallel Y_2 \parallel l \rangle \begin{pmatrix} l & 2 & l \\ -l & 0 & l \end{pmatrix}. \tag{17.78}$$

Das 3-j-Symbol entnimmt man einer Tabelle und das reduzierte Matrixelement wird z. B. in meinem Folgebuch [15], S. 52, abgeleitet, mit dem Resultat (7.109). Auf diese Weise ergibt sich der Ausdruck (7.108).

Aufgabe 6

(a) In (7.24) werden die Spalten durch γ unter sich transformiert und zwar in gleicher Weise, denn

$$\gamma u_{kl} = \sum_{i,j} u_{kl} = \sum_{i,j} \lambda_{ij} \delta_{jk} u_{il} = \sum_i \lambda_{ik} u_{il}.$$

(Zur Erinnerung: γ_{ij} ist gleich der Konstanten λ_{ij} mal die identische Abbildung von E_j nach E_i, und gleich 0 auf den E_k für $k \neq j$.) Dies beweist die in der Anleitung gemachte Aussage zur Zerfällung von $H(\lambda) + \varepsilon V(\lambda)$ bezüglich der Zerlegung $\mathcal{M}_1(\lambda) \oplus \mathcal{M}_2(\lambda) \oplus \cdots \oplus \mathcal{M}_k(\lambda)$ von $\mathcal{H}_1(\lambda) \oplus \mathcal{H}_2(\lambda)$. Die Säkulargleichung zur angegebenen Matrix zeigt daher, dass die Differenz der gestörten Eigenwerte gegeben ist durch

$$\{[E_1 - E_2 + \varepsilon(\varphi_1, V\chi_1) - \varepsilon(\chi_1, V\chi_1)]^2 + 4\varepsilon^2 |(\varphi_1, V\chi_1)|^2\}^{1/2} \tag{17.79}$$

Falls $(\varphi_1, V\chi_1) \neq 0$, so schneiden sich die Terme nicht mehr.

(b) Wie in Abschn. 7.2.2 gezeigt, hat V verschwindende Matrixelemente zwischen inäquivalenten Darstellungen. Deshalb sind die verschobenen Eigenwerte gleich $E_1 + \varepsilon(\varphi_1, V\varphi_1)$, $E_2 + \varepsilon(\chi_1, V\chi_1)$. Diese werden sich im Allgemeinen immer noch kreuzen.

Bemerkung. Da also eine kleine die Symmetrie nicht verändernde Störung bewirkt, dass kreuzende Terme gleicher Rasse (zu äquivalenten Darstellungen) auseinandertreten, aber Terme verschiedener Rasse sich weiterhin schneiden, muss eine Kreuzung von Termen gleicher Rasse bei komplizierten physikalischen Systemen als äußerst unwahrscheinlich ausgeschlossen werde. Diese Bemerkung hat viele Anwendungen.

Aufgabe 7

Für die nichtentarteten m-Werte $m = \pm(l + 1/2)$ müssen wir die Diagonalelemente

$$\Delta E_{\pm(l+1/2)} = (m_l, m_s \mid \mu_0 B(L_3 + 2S_3) + \zeta \boldsymbol{L} \cdot \boldsymbol{S} \mid m_l, m_s)$$

berechnen. Es ist ($m_l = \pm l$, $m_s = \pm 1/2$):

$$\Delta E_{\pm(l+1/2)} = \zeta l \cdot \frac{1}{2} \pm \mu_0 B(l+1). \tag{17.80}$$

Für die übrigen m-Werte benötigen wir die Matrixelemente

$$(m_l, m_s \mid \boldsymbol{L} \cdot \boldsymbol{S} \mid m_l, m_s) = (m_l, , m_s \mid L_3 S_3 \mid m_l, m_s) = m_l m_s \, ;$$

$$\left(m + \frac{1}{2}, -\frac{1}{2} \middle| \boldsymbol{L} \cdot \boldsymbol{S} \middle| m - \frac{1}{2}, \frac{1}{2} \right) = \left(m + \frac{1}{2}, -\frac{1}{2} \middle| \frac{1}{2} L_+ S_- \middle| m - \frac{1}{2}, \frac{1}{2} \right)$$

$$= \frac{1}{2} \sqrt{(l + m + 1/2)(l - m + 1/2)} = \left(m - \frac{1}{2}, \frac{1}{2} \middle| \boldsymbol{L} \cdot \boldsymbol{S} \middle| m + \frac{1}{2}, -\frac{1}{2} \right).$$

Die Störmatrix lautet deshalb für ein gegebenes m:

$$\left(\begin{array}{c|c} \frac{1}{2}\zeta(m - \frac{1}{2}) + \mu_0 B(m + \frac{1}{2}) & \frac{1}{2}\zeta\sqrt{l + m + 1/2)(l - m + 1/2)} \\ \hline \frac{1}{2}\zeta\sqrt{l + m + 1/2)(l - m + 1/2)} & -\frac{1}{2}\zeta(m + \frac{1}{2}) + \mu_0 B(m - \frac{1}{2}) \end{array} \right).$$

$$(17.81)$$

Für die Säkulargleichung findet man nach einfacher Rechnung

$$E_\pm^m = \mu_0 B m - \frac{\zeta}{4} \pm \frac{\zeta}{2} \left\{ \left(l + \frac{1}{2} \right)^2 + \frac{2\mu_0 B m}{\zeta} + \left(\frac{\mu_0 B}{\zeta} \right)^2 \right\}^{1/2}. \qquad (17.82)$$

Grenzfälle. a) ζ „groß", d. h. $\mu_0 B / \zeta \ll 1$. Dann ist

$$E_\pm^m = -\frac{\zeta}{4} \pm \frac{\zeta}{2}(l + 1/2) + \mu_0 B m \frac{2(l + 1)}{2l + 1} + \mathcal{O}(\mu_0 B / \zeta). \qquad (17.83)$$

Der Term proportional zu B gibt die Zeeman-Aufspaltung. Für $B = 0$ ist der Abstand zwischen den beiden Niveaus gleich $\zeta(l + 1/2)$. Das obere gehört zu $j = l + 1/2$, denn aus $\zeta \boldsymbol{L} \cdot \boldsymbol{S} = \frac{1}{2}\zeta(\boldsymbol{J}^2 - \boldsymbol{L}^2 - \boldsymbol{S}^2) = \frac{1}{2}[j(j+1) - l(l+1) - s(s+1)]$ folgt

$$E_{j=l+1/2}(B = 0) - E_{j=l-1/2}(B = 0) = \zeta(l + 1/2).$$

b) $\mu_0 B / \zeta \gg 1$ (Paschen-Back Gebiet). Hier ist

$$E_\pm^m = \mu_0 B(m \pm 1/2) - \frac{\zeta}{4} \pm \frac{\zeta}{2} m. \qquad (17.84)$$

Aufgabe 8

Mit der Unschärferelation schließen wir, dass

$$\frac{|K|}{|K_L|} = \frac{1}{2} \frac{\hbar}{\Delta x} \frac{1}{p_y} \gtrsim \frac{1}{2} \frac{\Delta p_x}{p_y}. \qquad (17.85)$$

Dies sollte größer als 1 sein damit das Stern-Gerlach-Experiment funktioniert. Nun ist aber $\Delta p_x \ll p_y$ für einen Strahl in der y-Richtung.

Aufgabe 9

Der Beitrag von der kinetischen Energie in (7.116) ist einfach. Für die potenzielle Energie haben wir

$$E_p = -Ze^2 \int_0^\infty \mathrm{d}\rho\rho \frac{1}{\hat{\rho}^2} e^{-\rho^2/2\hat{\rho}^2} \int_{-\infty}^\infty \mathrm{d}z \mid f_0(z) \mid^2 \frac{1}{\sqrt{\rho^2 + z^2}}.$$

Zur weiteren Auswertung verwenden wir die Formel (29.3.55) in [20],

$$\frac{1}{\sqrt{\rho^2 + z^2}} = \int_0^\infty \mathrm{d}k e^{-k|z|} J_0(k\rho),$$

und erhalten

$$E_p = -Ze^2 \int_0^\infty \mathrm{d}k \frac{2\lambda}{2\lambda + k} \int_0^\infty \mathrm{d}\rho\rho \frac{1}{\hat{\rho}^2} e^{-\rho^2/2\hat{\rho}^2} J_0(k\rho).$$

Nun benutzen wir noch die Formel (11.4.29) in [20],

$$\int_0^\infty e^{-a^2 t^2} t^{\nu+1} J_\nu(bt) \mathrm{d}t = \frac{b^\nu}{(2a^2)^\nu + 1} e^{-b^2/4a^2},$$

womit

$$E_p = -Ze^2 2\lambda \int_0^\infty \frac{e^{-x^2}}{x + \sqrt{2}\lambda\hat{\rho}}.$$

Damit ist die Gl. 7.117 hergeleitet. Die numerische Auswertung überlassen wir dem Leser.

Aufgabe 10

Wir benutzen die Notation in 7.5. Zur Erinnerung: Die Drehspiegelungsgruppe G wird von den Rotationen $R(\varphi)$ und der Spiegelung S an der x, z-Ebene erzeugt. Die zugehörigen Matrizen sind

$$S = \begin{pmatrix} 1 & 0 \\ 0 & -1 \end{pmatrix}, \quad R(\varphi) = \begin{pmatrix} \cos\varphi & \sin\varphi \\ -\sin\varphi & \cos\varphi \end{pmatrix}.$$

Jedes Element von G ist von der Form $R(\varphi)$ oder $R(\varphi)S$. Dabei gilt $R(\varphi)S = SR(-\varphi)$.

Nun sei (E, ρ) eine irreduzible unitäre (und damit endlichdimensionale) Darstellung von G. Diese können wir nach der Abelschen Untergruppe $SO(2)$ ausreduzieren. In den zugehörigen 1-dimensionalen Unterräumen wählen wir Basisvektoren v_m, die gemäß

$$R(\varphi)v_m = e^{-im\varphi}v_m$$

transformiert werden. Wir betrachten zuerst den Fall mit positivem $m = \Lambda > 0$. Für $v_{-\Lambda} := Sv_\Lambda$ gilt dann

$$R(\varphi)v_{-\Lambda} = R(\varphi)Sv_\Lambda = SR(-\varphi)v_\Lambda = S\left(e^{i\Lambda\varphi}v_\Lambda\right) = e^{i\Lambda\varphi}v_{-\Lambda}.$$

Damit ist der 2-dimensionale Unterraum E_Λ, der von v_Λ, $v_{-\Lambda}$ aufgespannt wird, unter G invariant, denn es gilt (da $S^2 = 1$)

$$R(\varphi)v_\Lambda = e^{-i\Lambda\varphi}v_\Lambda, \quad R(\varphi)v_{-\Lambda} = e^{i\Lambda\varphi}v_\Lambda,$$
$$Sv_\Lambda = v_{-\Lambda}, \quad Sv_{-\Lambda} = SSv_\Lambda = v_\Lambda. \tag{17.86}$$

E_Λ ist überdies unter dieser Darstellung irreduzibel. Gäbe es nämlich einen 1-dimensionalen invarianten Unterraum E'_Λ, aufgespannt durch einen Vektor v', so müsste dafür $R(\varphi)v' = e^{-iM\varphi}v'$ gelten, mit $M = \Lambda$ oder $-\Lambda$. Nach geeigneter Normierung muss also $v' = v_\Lambda$ oder $v_{-\Lambda}$ sein. Da aber S die Vektoren v_Λ und $v_{-\Lambda}$ ineinander überführt, müssten beide in E'_Λ enthalten sein; Widerspruch.

Der Fall $\Lambda = 0$ ist verschieden. Dann bleiben v_Λ und $v_{-\Lambda} = Sv_\Lambda$ bezüglich $R(\varphi)$ invariant. Bilden wir

$$v_0^+ = v_\Lambda + v_{-\Lambda}, \quad v_0^- = v_\Lambda - v_{-\Lambda},$$

so ergibt sich

$$Sv_0^+ = v_0^+, \quad Sv_0^- = v_0^-.$$

Der Vektor v_0^+ ist entweder Null oder erzeugt einen 1-dimensionalen Unterraum, in welchem die folgende Darstellung ρ_0^+ wirkt:

$$R(\varphi)v_0^+ = v_0^+, \quad Sv_0^+ = v_0^+.$$

Daneben haben wir die 1-dimensionale Darstellung ρ_0^-:

$$R(\varphi)v_0^- = v_0^-, \quad Sv_0^- = -v_0^-.$$

Die irreduziblen Darstellungen ρ_0^+, ρ_0^-, ρ_1, ρ_2, ... der Dreh-Spiegelungsgruppe spielen auch in der Theorie der zweiatomigen Moleküle eine wichtige Rolle (siehe Kap. 10).

Nun bestimmen wir die Ausreduktion von Tensorprodukten. Fall 1): $\rho_\Lambda \otimes \rho_{\Lambda'}$ mit $\Lambda > 0$ und $\Lambda' > 0$. In den zugehörigen Darstellungsräumen E_Λ, $E_{\Lambda'}$ wählen wir wie oben kanonische Basen $\{v_\Lambda, v_{-\Lambda}\}$ und $\{u_{\Lambda'}, u_{-\Lambda'}\}$. Offensichtlich spannen die beiden Vektoren $v_\Lambda \otimes u_{\Lambda'}$ und $v_{-\Lambda} \otimes u_{-\Lambda'}$ einen Teilraum zur Darstellung $\rho_{\Lambda+\Lambda'}$ auf. Fall 1a): $\Lambda \neq \Lambda'$. Dann spannen die beiden weiteren linear unabhängigen Vektoren $v_\Lambda \otimes u_{-\Lambda'}$, $v_{-\Lambda} \otimes u_{\Lambda'}$ einen Teilraum zur Darstellung $\rho_{|\Lambda-\Lambda'|}$ auf. Im Falle 1a) haben wir also:

$$\rho_\Lambda \otimes \rho_{\Lambda'} = \rho_{\Lambda+\Lambda'} \oplus \rho_{|\Lambda-\Lambda'|} \quad \text{für} \quad \Lambda, \Lambda' > 0, \ \Lambda \neq \Lambda'. \tag{17.87}$$

Im Fall 1b): $\Lambda = \Lambda' > 0$ spannen die Vektoren $v_\Lambda \otimes u_{-\Lambda} \pm v_{-\Lambda} \otimes u_\Lambda$ 1-dimensionale Unterräume zu den Darstellungen $\rho_0^\pm$ auf. Damit haben wir

$$\rho_\Lambda \otimes \rho_\Lambda = \rho_{2\Lambda} \oplus \rho_0^+ \oplus \rho_0^- \quad \text{für} \quad \Lambda > 0 \,. \tag{17.88}$$

Ähnlich findet man

$$\rho_\Lambda \otimes \rho_0^\pm = \rho_\Lambda \ (\Lambda > 0), \ \rho_0^+ \otimes \rho_0^+ = \rho_0^- \otimes \rho_0^- = \rho_0^+, \ \rho_0^+ \otimes \rho_0^- = \rho_0^-. \tag{17.89}$$

Diese Resultate spielen eine Rolle beim Aufbauprinzip für Molekülterme.

Kap. 8

Aufgabe 1

Die Darstellung $D^{1/2} \otimes D^{1/2}$ in $\mathbb{C}^2 \otimes \mathbb{C}^2$ zerfällt gemäß $D^1 \oplus D^0$ in eine direkte Summe zu den totalen Spins $S = 1, 0$. Der Zustand mit dem höchsten $S_z = 1$ ist $\chi_{1/2} \otimes \chi_{1/2}$. Durch Anwendung mit dem Absteigeoperator $S_- = S_1 - iS_2$ erhalten wir den Zustand zu $S = 1, S_z = 0$:

$$|S = 1, S_z = 0\rangle = \frac{1}{\sqrt{2}} \left(\chi_{1/2} \otimes \chi_{-1/2} + \chi_{-1/2} \otimes \chi_{1/2} \right) \,.$$

Eine weitere Anwendung von S_- gibt

$$|S = 1, S_z = -1\rangle = \chi_{-1/2} \otimes \chi_{-1/2}.$$

Der Zustand mit $S = 0$ ist dazu orthogonal und muss eine Linearkombination von $\chi_{1/2} \otimes \chi_{-1/2}$ und $\chi_{-1/2} \otimes \chi_{1/2}$ sein. Deshalb ist

$$|S = 0, S_z = 0\rangle = \frac{1}{\sqrt{2}} \left(\chi_{1/2} \otimes \chi_{-1/2} - \chi_{-1/2} \otimes \chi_{1/2} \right) \,. \tag{17.90}$$

Aufgabe 2

Wir interessieren uns für den Erwartungswert $\langle \boldsymbol{\sigma} \cdot \boldsymbol{a} \otimes \boldsymbol{\sigma} \cdot \boldsymbol{b} \rangle_\psi$. Dieser muss rotationssymmetrisch und bilinear in $\boldsymbol{a}$ und $\boldsymbol{b}$, also proportional zu $\boldsymbol{a} \cdot \boldsymbol{b}$ sein. Zur Bestimmung des Proportionalitätsfaktors wählen wir $\boldsymbol{a} = \boldsymbol{b} = (0, 0, 1)$. Dann ist $\langle \boldsymbol{\sigma} \cdot \boldsymbol{a} \otimes \boldsymbol{\sigma} \cdot \boldsymbol{b} \rangle \psi = -\psi$, also gilt für beliebige Einheitsvektoren $\boldsymbol{a}\,\boldsymbol{b}$

$$\langle \boldsymbol{\sigma} \cdot \boldsymbol{a} \otimes \boldsymbol{\sigma} \cdot \boldsymbol{b} \rangle_\psi = -\boldsymbol{a} \cdot \boldsymbol{b}. \tag{17.91}$$

Die Rechnung könnte man natürlich auch direkt (aber umständlicher) für beliebige $\boldsymbol{a}$, $\boldsymbol{b}$ durchführen.

Aufgabe 3

Das Resultat dieser numerischen Rechnung ist in Abb. 8.4 gezeigt.

Aufgabe 4

Für die kinetische Energie erhält man mit der Thomas-Fermi-Gleichung

$$E_K = \frac{1}{2m}\frac{2(4\pi)^2}{(2\pi\hbar)^3}\int_0^\infty dr\, r^2 \int_0^{p_F} dp\, p^2 p^2 = \frac{2}{\pi m\hbar^3}\int_0^\infty dr\, r^2 \frac{1}{5}(-2mU)^{5/2}$$

$$= \frac{2}{5\pi m\hbar^3}\int_0^\infty dr\, r^2 \frac{1}{5}\left(2m\frac{Ze^2}{r}\chi\right)^{5/2}$$

$$= \frac{16}{5\pi}(2b)^{1/2}Z^{7/3}\frac{e^2}{2a_0}\int_0^\infty \chi^{5/2}(x)x^{-1/2}\,dx.$$

Somit haben wir

$$E_K = \frac{16}{5\pi}(2b)^{1/2}Z^{7/3}\frac{e^2}{2a_0}J, \qquad (17.92)$$

worin J in der Aufgabenstellung definiert wurde. Nach dem Virialsatz ist $E = -E_K$.

Nun berechnen wir J auf zwei Arten.

(a) Mit der Thomas-Fermi-Gleichung ist

$$J = \int \chi\chi''dx = -\chi'(0) - \int [\chi']^2 dx. \qquad (17.93)$$

(b) Mit einer partiellen Integration und Benutzung von Randbedingungen finden wir

$$J = -\int \frac{5}{2}\chi^{3/2}\chi'2x^{1/2} = -\frac{5}{2}\int x[(\chi')^2]'dx = \frac{5}{2}\int [\chi']^2 dx. \qquad (17.94)$$

Der Vergleich der beiden Resultate beweist die Behauptung

$$J = -\frac{5}{7}\chi'(0).$$

Aufgabe 5

Im nichtrelativistischen Grenzfall ist $f(x) = p_F(x)/mc \ll 1$. Damit haben wir

$$\Phi = \frac{z}{z_c} = \frac{\sqrt{1+f^2}}{\sqrt{1+f_c^2}} = 1 + \frac{1}{2}f^2 - \frac{1}{2}f_c^2 + \dots,$$

$$\frac{d\Phi}{d\zeta} \simeq \frac{1}{2}\frac{df^2}{d\zeta}, \quad \left(\Phi^2 - \frac{1}{z_c^2}\right)^{3/2} \simeq (f^2)^{3/2}.$$

Deshalb reduziert sich die Chandrasekhar-Gleichung 8.118 für $f^2(\zeta')$, mit $\zeta' := \sqrt{2}\zeta$ auf die Lane-Emden-Gleichung zum Index 3/2. Diese Gleichung gilt auch für $\theta(\xi) := f^2(\zeta)/f_c^2$, mit $\sqrt{2}\zeta =: f_c^{-1/2}\xi$. Diese Größe erfüllt neben

$$\frac{1}{\xi^2}\frac{d}{d\xi}\left(\xi^2\frac{d\theta}{d\xi}\right) = -\theta^{3/2} \tag{17.95}$$

auch die üblichen Randbedingungen im Zentrum: $\theta(0) = 1$, $\theta'(0) = 0$. Damit erhalten wir in nichtrelativistischer Näherung für die Masse und den Radius (siehe (8.126), (8.121)):

$$M = \frac{1}{4}\left(\frac{3\pi}{2}\right)^{1/2}\frac{N_0 m_N}{\mu_e^2}\xi_1^2\left|\frac{d\theta}{d\xi}(\xi_1)\right|f_c^{3/2}, \tag{17.96}$$

$$R = \frac{1}{\sqrt{2}}\lambda_1\xi_1 f_c^{-1/2}, \tag{17.97}$$

wo ξ_1 die erste Nullstelle von θ ist. Diese Formeln zeigen, dass MR^3 unabhängig von der zentralen Dichte ρ_c ist.

Für den Index $n = 3/2$ gilt $\xi_1 = 3.654$, $\xi_1^2\left|\frac{d\theta}{d\xi}(\xi_1)\right| = 2.714$. Numerisch erhält man damit

$$M = 2.79\,\mu_e^{-2}f_c^{3/2}M_\odot, \tag{17.98}$$

$$R = 2.0 \times 10^4 \mu_e^{-1}f_c^{-1/2}\,\text{km}. \tag{17.99}$$

Aufgabe 6

Als Hilfsmittel ist der Anfang der Potenzreihe

$$\theta(\xi)1 - b\xi^2 + c\xi^4 + \dots$$

nützlich. Setzt man diesen Ansatz in die Lane-Emden-Gleichung zum Index n,

$$\frac{1}{\xi^2}\frac{d}{d\xi}\left(\xi^2\frac{d\theta}{d\xi}\right) + \theta^n = 0, \tag{17.100}$$

ein, so gibt eine einfache Rechnung

$$\theta(\xi)1 - \frac{1}{6}\xi^2 + \frac{n}{120}\xi^4 + \dots.$$

Damit erhält man die Lösung Differenzialgleichung mit einem Standardprogramm. Für den Fall $n = 3$ gibt dies das Resultat (8.129) für ξ_1 und $\xi_1^2\,|\,\theta'(\xi_1)\,|$.

Aufgabe 7

Das Resultat der numerischen Rechnung ist in Abb. 8.5 gezeigt.

Aufgabe 8

Dies ist eine Anwendung von Aufgabe 4, Kap. 8.

Aufgabe 9

Die Gleichungen in der Anleitung folgen unmittelbar aus den Hartree-Fock-Gleichungen (8.152), mit den Potenzialen (8.150) und (8.151). Man muss sich lediglich Klarheit über die Koeffizienten der verschiedenen Potenziale Klarheit verschaffen (Weghebungen!). Benutzt man anschließend die Form

$$\varphi_{1s}(\boldsymbol{x}) = \frac{1}{r} R_{1s}(r) Y_{00}, \text{ etc.}$$

für die Orbitale, so bekommt man

$$\left[-\frac{\hbar^2}{2m} \left(\frac{d^2}{dr^2} + \frac{l(l+1)}{r^2} \right) - \frac{4}{r} + V_{1s}^d(r) + 2V_{2s}^d(r) - V_{2s}^{ex}(r) \right] R_{1s} = \varepsilon_{1s} R_{1s} ,$$

$$(17.101)$$

etc.

Kap. 9

Aufgabe 1

(a) Einsetzen von (9.119) in die Schrödingergleichung (9.3),

$$(\Delta + k^2)\psi_{\boldsymbol{k}}(\boldsymbol{x}) = \frac{2m}{\hbar^2} V(\boldsymbol{x})\psi_{\boldsymbol{k}}(\boldsymbol{x}) ,$$

gibt in der angegebenen Näherung (wählen Einheiten mit $\hbar = 1$)

$$ik\partial_z\varphi = mV\varphi , \quad \varphi(\boldsymbol{b} + z\boldsymbol{e}_z) = -\frac{i}{v} \int_{\infty}^{z} V(\boldsymbol{b} + z'\boldsymbol{e}_z) dz'. \quad (17.102)$$

Dies gibt (9.120).

(b) Nun setzen wir (9.120) in der Formel (9.11) für die Streuamplitude ein:

$$f = -\frac{2m}{4\pi} \int d^2b \int_{-\infty}^{\infty} dz e^{-i\boldsymbol{q}\cdot(\boldsymbol{b}+z\boldsymbol{e}_z)} V(\boldsymbol{b}+z\boldsymbol{e}_z) \exp\left[-\frac{i}{v} \int_{-\infty}^{z} V(\boldsymbol{b} + z'\boldsymbol{e}_z) dz' \right].$$

Für kleine Streuwinkel θ ($q =\mid \boldsymbol{q} \mid= 2k \sin\theta/2$) ist die Transversalkomponente des Impulsübertrags klein, daher $\exp(i\boldsymbol{q} \cdot \boldsymbol{e}_z \simeq 1$. Damit lässt sich die z-Integration trivial ausführen und wir erhalten

$$f \simeq -i\frac{k}{2\pi i} \int d^2b e^{i\boldsymbol{q}\cdot\boldsymbol{b}} \exp\left[-\frac{i}{v} \int_{-\infty}^{\infty} V(\boldsymbol{b} + z'\boldsymbol{e}_z) dz' - 1 \right] \quad (17.103)$$

Daraus folgt mit der Definition (9.122) die Gl. 9.121.

(c) Für kugelsymmetrische $V(r)$ ergibt sich mit der bekannten Formel

$$\int_0^{2\pi} e^{i\lambda\cos\varphi}\mathrm{d}\varphi = 2\pi J_0(\lambda)$$

die Behauptung (9.123).

(d) Für einen Potenzialtopf, $V(r) = \theta(a-r)V_0$, ist

$$\chi(b) = -\frac{1}{2v}V_0 \int_{-\sqrt{a^2-b^2}}^{\sqrt{a^2-b^2}} \mathrm{d}z = -\frac{V_0}{v}\sqrt{a^2-b^2}.$$

Die Vorwärtsstreuamplitude ist folglich

$$f(\theta = 0) = ik \int_0^a b\,\mathrm{d}b\left[1 - e^{-i\frac{2V_0}{v}\sqrt{a^2-b^2}}\right]. \qquad (17.104)$$

Mit dem optischen Theorem (9.96) ist der totale Wirkugsquerschnitt bestimmt. Die Integration gibt

$$\frac{\sigma}{\pi a^2} = 2 + \frac{1}{\alpha^2} - \frac{2}{\alpha}\left(\frac{\cos 2\alpha}{2\alpha} + \sin 2\alpha\right), \qquad (17.105)$$

wobei $\alpha := aV_0/v = V_0(am/k)$. Wir vergleichen dies mit der Born'schen Näherung (9.16)

$$f_{\text{Born}}(\boldsymbol{k}', \boldsymbol{k}) = -\frac{2m}{\hbar^2}\frac{1}{4\pi}\int e^{-i(\boldsymbol{k}'-\boldsymbol{k})\cdot\boldsymbol{x}}V(\boldsymbol{x})\,\mathrm{d}^3 x = -2m\int_0^\infty V(r)\frac{\sin qr}{q}r\mathrm{d}r.$$

Für den Potenzialtopf gibt dies

$$\frac{\mathrm{d}\sigma}{\mathrm{d}\Omega} = 4a^2(mV_0a^2)^2\frac{(\sin qa - qa\cos qa)^2}{(qa)^4}. \qquad (17.106)$$

und nach der Winkelintegration

$$\sigma_{\text{tot}}^{\text{Born}} = \frac{2\pi}{k^2}(mV_0a^2)^2\left[1 - \frac{1}{(2ka)^2} + \frac{\sin 4ka}{(2ka)^3} - \frac{\sin^2(2ka)}{(2ka)^4}\right]. \qquad (17.107)$$

Es ist dem Leser überlassen, die beiden Querschnitte grafisch darzustellen. Für $\alpha \ll 1$ sind diese nicht sehr verschieden, gehen aber für große α total auseinander. Die Glauber-Näherung für $\sigma/\pi a^2$ nähert sich asymptotisch dem Wert 2.

Kap. 10

Aufgabe 1

(ϱ, z, φ) seien zylindrische Koordinaten (siehe Abb. 17.1)
Wir transformieren (ρ, z) auf (μ, ν):

$$\mu = \frac{|\boldsymbol{x} - \boldsymbol{R}_A| + |\boldsymbol{x} - \boldsymbol{R}_B|}{R}, \qquad \nu = \frac{|\boldsymbol{x} - \boldsymbol{R}_A| - |\boldsymbol{x} - \boldsymbol{R}_B|}{R}. \qquad (17.108)$$

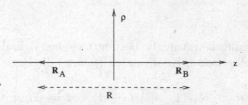

Abb. 17.1. Benutzte Bezeichnungen

Nun ist $|\boldsymbol{x} - \boldsymbol{R}_A| = \sqrt{\rho^2 + \left(z + \frac{R}{2}\right)^2}$, $|\boldsymbol{x} - \boldsymbol{R}_B| = \sqrt{\rho^2 + \left(z - \frac{R}{2}\right)^2}$,

$$\frac{\mu + \nu}{2} = \frac{1}{R}\sqrt{\rho^2 + \left(z + \frac{R}{2}\right)^2}, \qquad \frac{\mu - \nu}{2} = \frac{1}{R}\sqrt{\rho^2 + \left(z - \frac{R}{2}\right)^2}.$$

$$\Rightarrow \quad \begin{cases} z = \frac{1}{2}R\mu\nu \\ \frac{1}{4}(\mu^2 + \nu^2) = \frac{\rho^2}{R^2} + \frac{z^2}{R^2} + \frac{1}{4} \end{cases}$$

$$\Rightarrow \quad \rho/R = \frac{1}{2}\sqrt{\mu^2 + \nu^2 - \mu^2\nu^2 - 1} = \frac{1}{2}\sqrt{(1 - \nu^2)(\mu^2 - 1)}.$$

Linienelement: $\mathrm{d}s^2 = \mathrm{d}\rho^2 + \mathrm{d}z^2 + \rho^2\,\mathrm{d}\varphi^2$; $\mathrm{d}^3x = \rho\,\mathrm{d}\rho\,\mathrm{d}z\,\mathrm{d}\varphi$

$$\frac{\mathrm{d}\rho}{R}\frac{\mathrm{d}z}{R} = \left| \begin{matrix} \frac{1}{4}\frac{\mu}{\rho/R}(1 - \nu^2) & -\frac{1}{4}\frac{\nu}{\rho/R}(\mu^2 - 1) \\ \frac{1}{2}\nu & \frac{1}{2}\mu \end{matrix} \right| \mathrm{d}\mu\,\mathrm{d}\nu$$

$$= \frac{1}{8}\frac{1}{\rho/R}\left[\mu^2(1 - \nu^2) + \nu^2(\mu^2 - 1)\right] = \frac{1}{8}\frac{1}{\rho/R}(\mu^2 - \nu^2)$$

$$\Rightarrow \quad \underline{\mathrm{d}^3x = \frac{1}{8}R^3(\mu^2 - \nu^2)\mathrm{d}\mu\,\mathrm{d}\nu\,\mathrm{d}\varphi}.$$

Damit ist in atomaren Einheiten ($a_0 = 1$) das Überlappungsintegral

$$S(R) = \int_1^\infty \mathrm{d}\mu \int_{-1}^{+1} \mathrm{d}\nu \int_0^{2\pi} \mathrm{d}\varphi \frac{R^3}{8}(\mu^2 - \nu^2)\frac{1}{\pi}\underbrace{e^{-R(\mu+\nu)/2}e^{-R(\mu-\nu)/2}}_{e^{-R\mu}}$$

$$= \frac{R^3}{8\pi}2\pi \int_1^\infty e^{-R\mu}\,\mathrm{d}\mu \underbrace{\int_{-1}^{+1}(\mu^2 - \nu^2)\,\mathrm{d}\nu}_{2\mu^2 - 2/3}$$

$$= \frac{R^3}{2}\int_1^\infty e^{-R\mu}\left(\mu^2 - \frac{1}{3}\right)\mathrm{d}\mu = \left(1 + R + \frac{R^2}{3}\right)e^{-R}.$$

Aufgabe 2

Nach der vorangegangenen Aufgabe besteht zwischen Zylindrischenkoordinaten (ρ, z, φ) und elliptischen Koordinaten (μ, ν, φ) die Beziehung

$$\rho = \frac{1}{2} R \sqrt{(1 - \nu^2)(\mu^2 - 1)}, \quad z = \frac{1}{2} R \mu \nu. \tag{17.109}$$

Damit findet man mit einer kurzen Rechnung für das Linienelement

$$ds^2 = \frac{R^2}{4} \left\{ (\mu^2 - \nu^2) \left[\frac{d\mu^2}{\mu^2 - 1} + \frac{d\nu^2}{1 - \nu^2} \right] + (\mu^2 - 1)(1 - \nu^2) d\varphi^2 \right\}. \tag{17.110}$$

Davon kann der Laplace-Operator abgelesen werden (siehe (3.141)):

$$\triangle = \frac{4}{R^2} \frac{1}{\mu^2 - \nu^2} \left\{ \frac{\partial}{\partial \mu} \left[(\mu^2 - 1) \frac{\partial}{\partial \mu} \right] + \frac{\partial}{\partial \nu} \left[(\nu^2 - 1) \frac{\partial}{\partial \nu} \right] \right.$$
$$\left. + \left[\frac{1}{\mu^2 - 1} + \frac{1}{1 - \nu^2} \right] \frac{\partial^2}{\partial \varphi^2} \right\}.$$

Damit und (17.108) können wir nun die Schrödinger-Gleichung in elliptischen Koordinaten (und atomaren Einheiten) hinschreiben:

$$-\frac{1}{2} \triangle \psi(\mu, \nu, \varphi) - \frac{4}{R} \frac{\mu}{\mu^2 - \nu^2} \psi(\mu, \nu, \varphi) = \left[\varepsilon(R) - \frac{1}{R} \right] \psi(\mu, \nu, \varphi). \tag{17.111}$$

Mit dem angegebenen Separationsansatz $\psi(\mu, \nu, \varphi) = X(\mu) Y(\nu) \Phi(\varphi)$ erhält man in bekannter Weise drei gewöhnliche Differenzialgleichungen:

$$\frac{d^2 \Phi}{d\varphi^2} = -m^2 \Phi, \tag{17.112}$$

$$\frac{d}{d\mu} (\mu^2 - 1) \frac{dX}{d\mu} + \left[2R\mu + \lambda \mu^2 - \frac{m^2}{\mu^2 - 1} + A \right] X = 0, \tag{17.113}$$

$$\frac{d}{d\nu} (1 - \nu^2) \frac{dY}{d\nu} + \left[-\lambda \nu^2 - \frac{m^2}{1 - \nu^2} - A \right] Y = 0. \tag{17.114}$$

Dabei ist $\lambda = (R^2/2)(\varepsilon(R) - 1/R)$, und m, A sind Separationskonstanten.

Kap. 11

Aufgabe 1

Es ist

$$\boldsymbol{p}(t) = (\psi_W(t), \boldsymbol{d}^W(t) \psi_W(t)), \quad \psi_W(t) = U_W(t, t_0) \psi_0.$$

Für die lineare Näherung (11.100) in E genügt die erste Ordnung Störungstheorie:

$$U_W(t, t_0) = 1 - i \int_{t_0}^{t} V_W(t') \mathrm{d}t' + \dots.$$

Kein permanentes Dipolmoment bedeutet $(\psi_0, \boldsymbol{d}\psi_0) = 0$, also ist

$$\boldsymbol{p}(t) = i \int_{t_0}^{t} (\psi_0, [V_W(t'), \boldsymbol{d}^W(t)]\psi_0)$$

oder

$$p_k(t) = i \int_{t_0}^{t} (\psi_0, [d_k^W(t), d_l^W(t')]\psi_0) E_l(t') \mathrm{d}t'. \tag{17.115}$$

Der 1. Term im Kommutator gibt den Beitrag

$$i \int_{t_0}^{t} (\psi_0, d_k^W(t), d_l^W(t')\psi_0) E_l(t') \mathrm{d}t' =$$

$$\int_{t_0}^{t} \mathrm{d}t' e^{iE_0(t-t')} (\psi_0, d_k e^{-iH_0(t-t')} d_l \psi_0) E_l(l')$$

oder, mit Benutzung der Spektraldarstellung

$$e^{-iH_0(t-t')} = \int_{\sigma(H_0)} e^{-i\lambda(t-t')} \mathrm{d}E_{H_0}(\lambda),$$

$$i \int_{\sigma(H_0)} (\psi_0, d_k \, \mathrm{d}E_{H_0}(\lambda) d_l \psi_0) e^{i(E_0-\lambda)t} \int_{t_0}^{t} \mathrm{d}t' e^{-i(E_0-\lambda)t'} E_l(t').$$

Im letzten Faktor verwenden wir die Fourier-Darstellung von $E_l(t)$ und vertauschen die Reihenfolge der Integrationen. (Dies ist z. B. nach dem Satz von
Fubini erlaubt, wenn E_l und dessen Fouriertransformierte $\tilde{E}_l$ beide in $L^1(\mathbb{R})$
sind.) Das Zeitintegral im letzten Ausdruck ist gleich

$$\int \mathrm{d}\omega \frac{i}{E_0 - \lambda + \omega} \left[e^{-i(E_0-\lambda+\omega)t} \right]\Big|_{t_0}^{t}.$$

Mit der gemachten Annahme über supp($\tilde{E}_l$) folgt, dass der Beitrag von der
unteren Grenze im Limes $t_0 \to -\infty$ nach dem Riemann-Lebesque-Lemma
verschwindet, und es bleibt

$$-\int_{\sigma(H_0)} (\psi_0, d_k \, \mathrm{d}E_{H_0}(\lambda) d_l \psi_0) \int \mathrm{d}\omega \frac{\tilde{E}_l(\omega)}{E_0 - \lambda + \omega} e^{-i\omega t}.$$

Dieser Term gibt zu $\tilde{p}_k(\omega)$ den Beitrag

$$\int_{\sigma(H_0)} \frac{(\psi_0, d_k \, \mathrm{d}E_{H_0}(\lambda) d_l \psi_0)}{\lambda - E_0 - \omega} \tilde{E}_l(\omega).$$

Analog erhält man den Beitrag des 2. Terms im Kommutator, und damit
(11.100) sowie (11.104) der Aufgabe.

Für große Frequenzen erhält man im isotropen Fall mit Hilfe der kanonischen Vertauschungsrelationen (bei Vernachlässigung der Spin-Bahnkopplung)

$$
\begin{aligned}
\alpha(\omega) &\simeq -\frac{2}{3}\frac{1}{\omega^2}\int(\psi_0, \boldsymbol{d}\,\mathrm{d}E_{H_0}(\lambda)\boldsymbol{d}\,\psi_0)(\lambda - E_0) \\
&= -\frac{2}{3}\frac{1}{\omega^2}(\psi_0, \boldsymbol{d}\,(H_0 - E_0)\boldsymbol{d}\,\psi_0) = -\frac{1}{3}\frac{1}{\omega^2}(\psi_0, [\boldsymbol{d}, [H_0, \boldsymbol{d}]]\,\psi_0) \\
&= -\frac{Ze^2}{m\omega^2}\;.
\end{aligned}
$$

Bemerkungen.
1. Diesen Ausdruck erhält man auch klassisch.
2. Für eine korrekte Behandlung von Resonanzen benötigt man Hilfsmittel, die erst im Folgeband [15] entwickelt werden.

Aufgabe 2

Die Multipolentwicklung von V lautet (siehe (11.46))

$$
V = 4\pi e^2 \sum_{k=1}^{Z}\sum_{l=0}^{\infty}\sum_{m=-l}^{+l}\frac{1}{2l+1}\frac{r^l}{r'^{l+1}}Y_{lm}(\hat{\boldsymbol{x}})Y_{lm}^*(\hat{\boldsymbol{x}}_k)\;.
$$

Damit ist das Übergangsmatrixelement in der „Goldenen Regel" ($\boldsymbol{p}$: Impuls des emittierten Elektrons):

$$
\begin{aligned}
\langle\varphi_b, \boldsymbol{p}|V|\varphi_a\otimes\psi_0\rangle = 4\pi e^2\sum_{l,m}\frac{1}{2l+1}(2\pi\hbar)^{-3/2}\int\mathrm{d}^3x\,e^{-i\boldsymbol{p}\cdot\boldsymbol{x}/\hbar} \\
\times\frac{1}{r^{l+1}}Y_{lm}(\hat{\boldsymbol{x}})\psi_0(r)\left(\varphi_b, \sum_{k=1}^{Z}r_k^l Y_{lm}^*(\hat{\boldsymbol{x}}_k)\varphi_a\right).
\end{aligned}
$$

Das elektronische Matrixelement lässt sich mit der angegebenen Entwicklung einer ebenen Welle wie folgt umformen ($\boldsymbol{k} = \boldsymbol{p}/\hbar$)

$$
\int\mathrm{d}^3x\,e^{-i\boldsymbol{k}\cdot\boldsymbol{x}}\frac{1}{r^{l+1}}Y_{lm}(\hat{\boldsymbol{x}})\psi_0(r) = 4\pi\int_0^{\infty}\mathrm{d}r\,r^2(-i)^l j_l(kr)\frac{1}{r^{l+1}}\psi_0(r)Y_{lm}(\hat{\boldsymbol{k}}),
$$

wobei die Orthonormierungseigenschaften der Kugelfunktionen benutzt wurden. Damit kommt (a = Bohr-Radius)

$$
\begin{aligned}
\langle\varphi_b, \boldsymbol{p}|V|\varphi_a\otimes\psi_0\rangle = \frac{(4\pi e)^2}{(\pi a^3)^{1/2}}(2\pi\hbar)^{-3/2}\sum_{l,m}\frac{1}{2l+1}(-i)^l Y_{lm}(\hat{\boldsymbol{k}})\langle b|Q_{lm}^*|a\rangle \\
\times\int_0^{\infty}r^{1-l}j_l(kr)e^{-r/a}\,\mathrm{d}r. \qquad (17.116)
\end{aligned}
$$

Die Konversionsrate Γ_{ba} ist nach der Goldenen Regel

$$\Gamma_{ba} = \frac{2\pi}{\hbar} \int |\langle \varphi_b, \boldsymbol{p}|V|\varphi_a \otimes \psi_0 \rangle|^2 \delta \left(\frac{\hbar^2 k^2}{2m} - E \right) \hbar^3 \, \mathrm{d}^3 k,$$

wobei E die Energie ist, die das Elektron nach dem Energiesatz hat. Wir haben somit

$$\Gamma_{ba} = \frac{2\pi}{\hbar} \int |\langle \varphi_b, \boldsymbol{p}|V|\varphi_a \otimes \psi_0 \rangle|^2 \hbar k m \, \mathrm{d}\Omega_{\boldsymbol{k}},$$

mit $E = \hbar^2 k^2 / 2m$. Setzen wir darin (17.116) ein und führen die Winkelintegration mit den bekannten Eigenschaften der Kugelfunktionen aus, so erhalten wir das angegebene Ergebnis (11.105).

Bei der Mittelung und Summation über die magnetische Quantenzahlen des Kerns muss man $|\langle b|Q_{lm}|a\rangle|$ durch $B(EL; J_a \to J_b)$ ersetzen (siehe den Abschn. 11.3 über Coulomb-Anregung). Wir haben also endgültig

$$\Gamma_{ba} = 64\pi \frac{e^4 m}{(\hbar a)^3} k \sum_{L=0}^{\infty} \frac{B(EL; J_a \to J_b)}{(2L+1)^2} \left| \int_0^{\infty} r^{1-l} j_l(kr) e^{-r/a} \mathrm{d}r \right|^2 . \quad (17.117)$$

Bei einem bestimmten Übergang wird wiederum der tiefstmögliche Multipol dominieren. Aus der inneren Konversion erhält man grundsätzlich die gleiche Information wie bei der Coulombanregung.

Literaturverzeichnis

Lehrbücher der Quantenmechanik

1. G. Baym, *Lectures on Quantum Mechanics*, W.A. Benjamin, Inc, New York.
2. C. Cohen-Tannoudji, B. Diu, F. Laloe, *Quantum Mechanics 1- 2*, Wiley.
3. P.A.M. Dirac, *The Principles of Quantum Mechanics*, Clarendon.
4. A. Galindo, P. Pascual, *Quantum Mechanics 1-2*, Springer.
5. K. Gottfried, *Quantum Mechanics*, Benjamin.
6. G. Grawert, *Quantenmechanik*, Aula Verlag.
7. R. Jost, *Quantenmechanik I-II*, Autographie (VMP).
8. L.D. Landau, E.M. Lifschitz, *Lehrbuch der Theoretischen Physik*, Bd. III (Quantenmechanik), Akademie-Verlag (1986).
9. A. Messiah, *Quantenmechanik I, II*, de Gruyter.
10. W. Pauli, *Die allgemeinen Prinzipien der Wellenmechanik*, neu herausgegeben von N. Straumann (Springer).
11. J.J. Sakurai, *Modern Quantum Mechanics*, Addison-Wesley.
12. H. Weyl, *Gruppentheorie und Quantenmechanik*, Wissenschaftliche Buchgesellschaft, Darmstadt.
13. W. Thirring, *Lehrbuch der Mathematischen Physik* Bd. 3, Springer.
14. G. Ludwig, *Die Grundlagen der Quantenmechanik*, Springer-Verlag (1954).
15. N. Straumann, *Relativistische Quantentheorie*, Springer-Verlag (2005).

Klassische Mechanik und Elektrodynamik

16. W. Pauli, *Pauli Lectures on Physics*, Vol. 2, MIT Press (1973).
17. A. Sommerfeld, *Vorlesungen über Theoretische Physik*, Bd. IV (Optik), Harri Deutsch (1978).
18. N. Straumann, *Klassische Mechanik*, Springer Lecture Notes in Physics **289** (1987); www.vertigocenter.ch/straumann/norbert
19. N. Straumann, *Elektrodynamik*, Vorlesungsskript, www.vertigocenter.ch/straumann/norbert

Mathematische Hilfsmittel

20. M. Abramowitz, I.A. Stegun, *Handbook of Mathematical Functions*.
21. E. Hewitt, K. Stromberg, *Real and Abstract Analysis*, Springer (1965).
22. N. Straumann, *Mathematische Methoden der Physik*, Vorlesungsskript, www.vertigocenter.ch/straumann/norbert
23. N. Straumann, *Mathematische Methoden der Quantenmechanik*, Vorlesungsskript, www.vertigocenter.ch/straumann/norbert
24. L.S. Pontrjagin, *Topologische Gruppen*, Teubner (1957).

N. Straumann, *Quantenmechanik*, Springer-Lehrbuch   439
DOI 10.1007/978-3-642-32175-7, © Springer-Verlag Berlin Heidelberg 2013

25. W.S. Wladimirow, *Gleichungen der mathematischen Physik*, Deutscher Verlag der Wissenschaften.
26. M. Reed, B. Simon, *Methods in Modern Mathematical Physics*, Academic Press (1981).
27. H. Triebel, *Höhere Analysis*, Verlag der Wissenschaften, Berlin (1972).
28. R. Jost, Studies in Mathematical Physics, Princeton Univ. Press, 209 (1976).
29. S. Maeda, Reviews in Math. Phys. **1**, 235 (1990).
30. W.H. Greub, *Multilinear Algebra*, Springer (1967).
31. Y. Choquet-Bruhat, C. De Witt-Morette, *Analysis, Manifolds and Physics*, Part II, North-Holland, 389 (1989).
32. W. Rudin, *Functional Analysis*, McGraw-Hill (1991).
33. J. Weidmann, *Linear Operators in Hilbert Spaces*, Graduate Texts in Mathematics **68**, Springer-Verlag (1980).
34. J. Hilgert, K.-H. Neeb, *Lie-Gruppen und Lie-Algebren*, Vieweg (1991).
35. S. Lang, *Real and Functional Analysis*, Springer-Verlag (1993).
36. T. Kato, *Perturbation Theory of Linear Operators*, Springer-Verlag.
37. N. Straumann, *Selected Topics in Group Theory*, Vorlesungsnotizen, Universität Zürich (1970).
38. A. Sagle, R. Walde, *Introduction to Lie Groups and Lie Algebras*, Academic Press (1973).
39. W. Hein, *Struktur- und Darstellungstheorie der klassischen Gruppen*, Hochschultext, Springer (1990).

Spezielle Artikel und Bücher

40. A.R. Edmonds, *Drehimpulse in der Quantenmechanik*, Bibliographisches Institut, Mannheim (1964).
41. V.S. Varadarajan, *Geometry of Quantum Theory*, Vol. II, Van Nostrand (1970).
42. W. Pauli, *Phänomene und physikalische Realität*, in Aufsätze und Vorträge über Physik und Erkenntnistheorie, Vieweg & Sohn (1961). Eine Neuauflage erschien als Band 15 der Facetten der Physik, unter dem Titel *Physik und Erkenntnistheorie*, Vieweg, Braunschweig (1984).
43. Bates et al, Phil. Trans. Roy. Soc. London, Ser. A **246**, 215 (1953).
44. A. Zeilinger et al., Rev. Mod. Phys. **60**, 1067 (1988).
45. G.L. Trigg, *Experimente der modernen Physik*, Vieweg (1984).
46. R.G. Gehrenbeck, Physics Today **31**, No. 1, 34 (Jan. 1978).
47. C.P. Enz, A. Thellung, *Nullpunktsenergie und Anordnung nicht vertauschbarer Faktoren im Hamiltonoperator*, HPA **33**, 839 (1960).
48. A. Tonomura et al., Am. J. Phys. **57**, 117 (1989).
49. N. Bohr, *„Atomphysik und menschliche Erkenntnis"*, Vieweg (Neuausgabe 1985).
50. M.O. Scully, B.-G. Englert, H. Walther, Nature **351**, 111 (1991); Spektrum der Wissenschaft, 50 (Feb. 1995).
51. S. Dürr, T. Nonn, G. Rempe, Nature **395**, 33 (1998).
52. Y. Aharonov, D. Bohm, Phys. Rev. **115**, 485 (1959).
53. R.G. Chambers, PRL, **5**, 3 (1960).
54. B. Simon, *Quantum Dynamics: From Automorphism to Hamiltonian*, Studies in Mathematical Physics, Princeton Univ. Press, 327 (1976).
55. E. Prugověki, *Quantum Mechanics in Hilbert-Space*, Academic Press, Kap. IV (2. Auflage 1981).
56. N. Straumann, Helv. Phys. Acta **40**, 518 (1967).
57. R. Jost, *Physical Reality and Mathematical Description*, (Ch. Enz and I. Mehra eds.), Dordrecht-Boston, 234 (1974).

58. N. Straumann, *Statistische Mechanik*, Vorlesungsskript,
    www.vertigocenter.ch/straumann/norbert
59. D. Simms, *Lie Groups and Quantum Mechanics*, Lecture Notes in Mathematics,
    52 (1968).
60. S.L. Shapiro, S.A. Teukolsky: *Black Holes, White Dwarfs and Neutron Stars*,
    Wiley & Sons (1983).
61. R.H. Fowler, Mon. Not. Roy. Astron. Soc. **87**, 114 (1926).
62. W. Heitler, F. London, Z. Phys. **44**, 455 (1927).
63. W. Kolos, L. Wolniewicz, J. Chem. Phys. **41**, 3663 (1964).
64. H.F. Schäfer, *The Electronic Structure of Atoms and Molecules*, Addison-
    Wesley (1972).
65. V. Bargmann, Ann. of Math. **59**, 1 (1954).

Sachverzeichnis